# Qualidade – Gestão e Métodos

O GEN | Grupo Editorial Nacional – maior plataforma editorial brasileira no segmento científico, técnico e profissional – publica conteúdos nas áreas de ciências exatas, humanas, jurídicas, da saúde e sociais aplicadas, além de prover serviços direcionados à educação continuada e à preparação para concursos.

As editoras que integram o GEN, das mais respeitadas no mercado editorial, construíram catálogos inigualáveis, com obras decisivas para a formação acadêmica e o aperfeiçoamento de várias gerações de profissionais e estudantes, tendo se tornado sinônimo de qualidade e seriedade.

A missão do GEN e dos núcleos de conteúdo que o compõem é prover a melhor informação científica e distribuí-la de maneira flexível e conveniente, a preços justos, gerando benefícios e servindo a autores, docentes, livreiros, funcionários, colaboradores e acionistas.

Nosso comportamento ético incondicional e nossa responsabilidade social e ambiental são reforçados pela natureza educacional de nossa atividade e dão sustentabilidade ao crescimento contínuo e à rentabilidade do grupo.

# Qualidade – Gestão e Métodos

José Carlos de Toledo
Miguel Ángel Aires Borrás
Ricardo Coser Mergulhão
Glauco Henrique de Sousa Mendes

Os autores e a editora empenharam-se para citar adequadamente e dar o devido crédito a todos os detentores dos direitos autorais de qualquer material utilizado neste livro, dispondo-se a possíveis acertos caso, inadvertidamente, a identificação de algum deles tenha sido omitida.

Não é responsabilidade da editora nem dos autores a ocorrência de eventuais perdas ou danos a pessoas ou bens que tenham origem no uso desta publicação.

Apesar dos melhores esforços dos autores, do editor e dos revisores, é inevitável que surjam erros no texto. Assim, são bem-vindas as comunicações de usuários sobre correções ou sugestões referentes ao conteúdo ou ao nível pedagógico que auxiliem o aprimoramento de edições futuras. Os comentários dos leitores podem ser encaminhados à **LTC — Livros Técnicos e Científicos Editora** pelo e-mail faleconosco@grupogen.com.br.

Direitos exclusivos para a língua portuguesa
Copyright © 2013 by
**LTC — Livros Técnicos e Científicos Editora Ltda.**
**Uma editora integrante do GEN | Grupo Editorial Nacional**

Reservados todos os direitos. É proibida a duplicação ou reprodução deste volume, no todo ou em parte, sob quaisquer formas ou por quaisquer meios (eletrônico, mecânico, gravação, fotocópia, distribuição na internet ou outros), sem permissão expressa da editora.

Travessa do Ouvidor, 11
Rio de Janeiro, RJ – CEP 20040-040
Tels.: 21-3543-0770 / 11-5080-0770
Fax: 21-3543-0896
faleconosco@grupogen.com.br
www.grupogen.com.br

Capa: Studio Creamcrackers

Editoração Eletrônica: Arte & Ideia

**CIP-BRASIL. CATALOGAÇÃO-NA-FONTE**
**SINDICATO NACIONAL DOS EDITORES DE LIVROS, RJ**

Q23

Qualidade : gestão e métodos / José Carlos de Toledo ... [et al.]. - [Reimpr.]. - Rio de Janeiro : LTC, 2019.
il. ; 24 cm

Inclui bibliografia e índice
ISBN 978-85-216-2117-1

1. Controle da qualidade. I. Toledo, José Carlos de, 1956-.

12-5682.   CDD: 658.562
           CDU: 005.6

*Aos meus pais, Lidia e Joaquim, e aos meus filhos queridos, Felipe, Luisa e Mariana.*
José Carlos de Toledo

*À minha esposa, Juliana, e aos meus amados filhos, Rafael e Eduardo.*
Miguel Ángel Aires Borrás

*A Deus e a minha família.*
Ricardo Coser Mergulhão

*Aos meus pais, Antonio Gustavo e Maria Alice, e a minha querida filha, Helena.*
Glauco Henrique de Sousa Mendes

Agradecemos aos Departamentos de Engenharia de Produção da Universidade Federal de São Carlos, dos *campi* de São Carlos e Sorocaba.

# Prefácio

No Brasil, no início da década de 1990, por meio de pesquisas conduzidas pelo PBQP – Programa Brasileiro de Qualidade e Produtividade, coordenado por órgãos governamentais e por entidades industriais do setor privado, estimou-se que o país perdia cerca de 10% do PIB - Produto Interno Bruto devido a problemas causados por falta de qualidade de produtos e processos, tais como os custos com refugos, retrabalhos, produtos substituídos durante o período de garantia, devolução de lotes distribuídos no mercado local ou internacional etc. Diversas ações, de iniciativa pública ou privada, foram implementadas para reduzir esse custo geral do país com perdas econômicas por falta de qualidade. Assim, consolidaram-se no país redes de laboratórios de metrologia, programas de capacitação de recursos humanos, capacitação e infraestrutura para certificação de produtos e de sistemas de gestão, serviços especializados de consultoria etc. Esse índice de cerca de 10% de perdas foi reduzido nas últimas duas décadas, mas ainda deve estar aquém dos índices de países desenvolvidos e do que é possível ser atingido pelo país.

Também se estima que a chamada "fábrica invisível", que representa o conjunto de recursos de produção (equipamentos, mão de obra, espaço físico, materiais etc.) que existiriam nas empresas a mais do necessário, por causa da produção de refugos e retrabalhos, seja nos processos técnicos seja nos processos administrativos e de negócios, pode chegar a representar, no país, cerca de 20% da capacidade instalada em empresas de alguns segmentos industriais.

Esses são alguns sinais gerais que indicam o valor da qualidade e os ganhos econômicos que se pode obter com a melhoria da qualidade, o que se consegue com a adoção de estratégias e boas práticas de gestão da qualidade. Aparentemente, em termos de gestão da qualidade há muito a evoluir nas organizações brasileiras. São muitas as empresas que declaram atingir níveis de desempenho Seis Sigma em qualidade, ao mesmo tempo que são cada vez mais significativas as ocorrências de *recalls* nos mais diversos segmentos de bens e serviços e mesmo nas marcas mais tradicionais, e comprometendo a qualidade percebida de padrão elevado que já tiveram. Nos sites especializados (por exemplo, do Ministério da Justiça) podem ser identificados casos de *recalls*, por problemas de qualidade, praticamente para "todos" os tipos de produtos e marcas.

Se por um lado a qualidade é uma das palavras-chave mais difundidas junto à sociedade (ao lado de palavras como ecologia, cidadania, sustentabilidade, segurança etc.) e também nas empresas (ao lado de palavras como produtividade, competitividade, integração etc.), por outro existem pouco entendimento sobre o que é qualidade e, mesmo, uma certa confusão no uso da palavra. A confusão existe devido ao subjetivismo associado à qualidade e também ao uso genérico com que se emprega a palavra para representar coisas distintas.

A qualidade, em seu sentido genérico, é definida, nos dicionários, como *"propriedade, atributo ou condição das coisas ou das pessoas capaz de distingui-las das outras e de lhes determinar a natureza"*. Embora apareça aqui como um atributo intrínseco às coisas ou pessoas, é preciso ter claro que a qualidade não é algo identificável e observável diretamente. O que é identificável e observável diretamente são as características das coisas ou pessoas. Ou seja, a qualidade é vista por meio de características. É, portanto, resultante da interpretação de uma ou mais características das coisas ou pessoas. Por exemplo, a qualidade de uma pessoa pode ser vista por meio de características como honestidade, caráter, competência, ética etc. A qualidade de um automóvel, por sua vez, pode ser analisada por características como desempenho, durabilidade, segurança e confiabilidade. No caso do automóvel, as características de *status*, enquanto valor simbólico que o produto e a marca oferecem ao proprietário, ou de beleza e estética são exemplos de características subjetivas.

Esse subjetivismo contribui para a confusão na aplicação da palavra qualidade, uma vez que cada pessoa, quando se refere à mesma, pode estar querendo dizer coisas diferentes, a partir do seu ponto de vista.

O emprego genérico da palavra qualidade para representar coisas distintas se deve a que, geralmente, o usuário não explicita a que objeto se refere o atributo qualidade. Por exemplo, é comum usar-se o termo indistintamente para se referir a produtos, processos, sistemas e gerenciamento, sem que isso fique explícito. Assim, a qualidade se torna uma palavra que incorpora e se confunde com outros conceitos como produtividade, eficácia e eficiência.

A qualidade de produto pode assumir diferentes significados para diferentes pessoas e situações, seja um consumidor, um produtor, uma associação de classe ou uma entidade governamental. Também assume diferentes significados para cada área funcional de uma empresa: Marketing, Desenvolvimento de Produto, Engenharia de Processos, Suprimentos, Fabricação ou Assistência Técnica.

A qualidade normalmente é avaliada sob dois pontos de vista: objetivo e subjetivo. Sempre existiram duas dimensões associadas à qualidade. Uma **dimensão objetiva**, ou qualidade primária, que se refere à qualidade intrínseca da substância, ou seja, os aspectos relativos às propriedades físicas, impossível de ser separada desta e independentemente do ponto de vista do ser humano. Uma **dimensão subjetiva**, ou qualidade secundária, que se refere à percepção que as pessoas têm das características objetivas e subjetivas, ou seja, está associada à capacidade que o ser humano tem de pensar, sentir e de diferenciar em relação às características do produto.

A partir da década de 1970, observam-se quatro vertentes de definição da qualidade de produto: adequação ao uso (*fitness for use*); conformidade a requisitos (*conformance to requirements*); perda, mensurável e imensurável, que um produto impõe à sociedade após deixar a empresa, com exceção das perdas causadas por sua função intrínseca; e satisfação total do cliente.

A qualidade de um produto é função da gestão da qualidade do sistema de produção que gerou o produto. A **gestão da qualidade** é parte da tecnologia de gestão da empresa e, se bem concebida e gerenciada, contribui para se alcançarem os fatores de competitividade, por meio da garantia da qualidade dos produtos e de ações de melhoria contínua. A gestão da qualidade contribui para o alcance de todos os fatores de competitividade (custos, prazos, flexibilidade, qualidade, inovação, serviços agregados etc.), ou seja, para a qualidade total da empresa, e não apenas para a qualidade do produto e do processo.

A gestão da qualidade pode ser definida como o conjunto de ações planejadas e executadas em todo o ciclo de produção (da concepção do produto ao pós-venda), e que se estende à cadeia de produção (fornecedores e clientes), com a finalidade de garantir a qualidade requerida e planejada para o produto, ao menor custo possível.

A gestão da qualidade evoluiu ao longo do século XX em quatro principais estágios: controle do produto (ou inspeção), controle do processo, sistemas de gestão da qualidade e gestão da qualidade total. A visão de **controle do produto** se limita a um enfoque meramente corretivo de inspeção do produto acabado, com o propósito de segregar as unidades não conformes. O **controle do processo** é um enfoque preventivo centrado no acompanhamento e controle das variáveis do processo que podem influir na qualidade final do produto. Os **sistemas de gestão da qualidade** estão associados a um enfoque relativamente mais amplo e preventivo, que procura, por meio de um gerenciamento sistêmico em todos os processos da empresa (suprimentos, desenvolvimento de produto, manufatura, comercial, gestão de pessoas, serviços pós-venda etc.), garantir a qualidade em todas as etapas do ciclo de obtenção do produto. A **gestão da qualidade total** está associada a um estágio de incorporação da qualidade no âmbito estratégico das organizações, ampliação do escopo da gestão para toda a organização e à cadeia de produção, e representa uma visão de como gerenciar globalmente os negócios com uma orientação voltada para a satisfação total dos clientes. Trata-se de uma visão integrada segundo a qual se deve buscar a **qualidade total** (qualidade, prazo, serviços, lucro, atendimento de normas e legislação, enfim, o atendimento dos requisitos de todos os clientes/*stakeholders* envolvidos e influenciados pela empresa) em toda a empresa e nas suas relações com o ambiente.

A abordagem moderna e as melhores práticas empresariais da gestão da qualidade apontam em direção aos conceitos de satisfação total do cliente e de gestão da qualidade total, incorporando a melhoria contínua da satisfação dos clientes. Todas as operações, não importa quão bem gerenciadas, podem sofrer intervenção para melhoria.

Pode-se dizer que alguns princípios da moderna gestão da qualidade, tais como a orientação para a satisfação do cliente e a melhoria contínua de produtos e processos, se tornarão eternos, dadas sua racionalidade econômica e contribuição para o aumento da capacidade competitiva da empresa.

Nas próximas décadas, os requisitos de qualidade do produto tendem a mudar num ritmo cada vez maior, tendo em vista a dinâmica das mudanças nas exigências dos clientes e dos órgãos setoriais e governamentais de regulação da qualidade, e o ritmo intenso das inovações tecnológicas impondo novos atributos aos produtos e serviços. Essas mudanças impõem um dinamismo cada vez maior à gestão da qualidade.

Ao longo do tempo, muda o que se considera a melhor prática para a gestão da qualidade, mas as questões centrais dessa gestão, a saber, a identificação do nível de qualidade necessário para o produto ou serviço, o planejamento para se obter essa qualidade, o controle e a melhoria, são questões permanentes dos sistemas de produção e vão sempre fazer parte do conteúdo de qualquer abordagem para gestão da qualidade.

São diversas as forças em movimento que evidenciam e contribuem para a evolução e consolidação da gestão da qualidade. A primeira diz respeito às mudanças nas expectativas e nos critérios de decisão de compra dos consumidores. Influenciada pelo rápido e dinâmico aumento e mudança dos requisitos de qualidade dos produtos e serviços criados pela incessante superação da tecnologia em uso, a qualidade passou a ser considerada pelo mercado uma referência básica, e em muitos casos a principal, para escolha do produto.

Outra força diz respeito à mudança comportamental das pessoas, envolvendo pensamentos, aprendizados e ações, acreditando que elas próprias podem melhorar a qualidade de seus trabalhos, de forma contínua, e que podem criar e participar de times para melhorar os resultados. Outra tendência é o aperfeiçoamento dos instrumentos de quantificação e avaliação econômica dos custos e benefícios micro e macroeconômicos da qualidade.

Em termos de ferramentas de apoio à gestão da qualidade, as tendências são no sentido do desenvolvimento de ferramentas mais dedicadas a problemas específicos e de menor grau de controle, como são os casos dos problemas de identificação e tradução das necessidades do cliente e de medição do grau de satisfação do mesmo. Também é fundamental a busca de integração no uso das diversas ferramentas, bem como das ações de melhoria dispersas na empresa. Ainda em relação a ferramentas, continua sendo um desafio a evolução no sentido da adequação de ferramentas específicas a cada setor industrial, principalmente no caso dos setores de prestação de serviços.

Como obstáculos para a evolução da gestão da qualidade pode-se destacar: a visão imediatista que privilegia os resultados de curto prazo e a cultura da descontinuidade, que dificulta a consolidação de programas e ações; as dificuldades de integração da gestão da qualidade e outros programas e ações gerenciais; o risco de desequilíbrio entre a abordagem econômica da produtividade e a visão holística da qualidade, favorecendo a primeira; e a não implementação efetiva da distribuição dos benefícios, lucros e resultados das ações de melhoria.

No caso de países em desenvolvimento, podem-se destacar ainda as dificuldades para disseminação da cultura da qualidade junto à população, em linguagem acessível, e o baixo nível educacional e a insuficiente qualificação dos recursos humanos. O uso da qualidade como um modismo ou, até mesmo, como um instrumento de marketing também é um fator que impõe dificuldades à compreensão, ao uso dos princípios e ferramentas de melhoria e à própria evolução da gestão da qualidade.

Em relação aos atributos intrínsecos dos produtos industrializados, tipicamente os produtos das indústrias eletroeletrônica e automotiva, a qualidade tende a ser padronizada, transformando-se numa espécie de *commodity*. Portanto, a diferenciação em relação à qualidade do produto tende a se dar nos atributos associados a ele, daí a importância dos serviços associados ao uso do produto e ao seu descarte.

A gestão da qualidade está evoluindo para uma geração que incorpora a necessidade da gestão da empresa às necessidades e expectativas dos *stakeholders*, uma vez que os objetivos que as organizações estabelecem são *para* a organização e não *da* organização. Esses objetivos são conseguidos com a participação de todos os *stakeholders*, seja por retorno financeiro dos investimentos daqueles diretamente ligados a ela, seja por relações contratuais. A gestão da qualidade requer que se considere a valorização de todos os *stakeholders*, tanto os clientes tradicionais quanto os não clientes. A necessidade de atender simultaneamente a todos os *stakeholders*, que diferem em seu poder e grau de interesse na empresa, causa desequilíbrios entre os agentes envolvidos.

De qualquer forma, a qualidade no futuro se manifestará diferenciadamente conforme o tipo de indústria e a própria empresa. Para algumas empresas, o futuro pode ser a consolidação de um simples programa 5S e de práticas de controle do processo. Já para outras, será a consolidação da gestão da qualidade nas fases mais a montante do ciclo de produção, por exemplo, nas fases iniciais do ciclo de desenvolvimento de novos produtos, e de sua coordenação em toda a cadeia de produção e consumo.

# Sumário

**CAPÍTULO 1 CONCEITOS BÁSICOS DE QUALIDADE DE PRODUTO, 1**

1.1 O CONCEITO DA QUALIDADE, 1
1.2 ENFOQUES PARA A QUALIDADE, 5
    1.2.1 Enfoque Transcendental, 6
    1.2.2 Enfoque Baseado no Produto, 6
    1.2.3 Enfoque Baseado no Usuário, 7
    1.2.4 Enfoque Baseado na Fabricação, 7
    1.2.5 Enfoque Baseado no Valor, 9
1.3 ETAPAS DO CICLO DE PRODUÇÃO E A QUALIDADE, 10
1.4 PARÂMETROS E DIMENSÕES DA QUALIDADE TOTAL DO PRODUTO, 13
    QUESTÕES PARA DISCUSSÃO, 24
    BIBLIOGRAFIA, 24

**CAPÍTULO 2 CONCEITUAÇÃO DA GESTÃO DA QUALIDADE, 26**

2.1 INTRODUÇÃO, 26
2.2 CONCEITOS BÁSICOS, 27
2.3 EVOLUÇÃO DA GESTÃO DA QUALIDADE, 28
    2.3.1 A Era da Inspeção da Qualidade, 28
    2.3.2 A Era do Controle da Qualidade do Processo, 29
    2.3.3 As Eras da Garantia e do Gerenciamento Estratégico da Qualidade, 31
2.4 ENFOQUES DOS PRINCIPAIS AUTORES DA QUALIDADE, 39
    2.4.1 Armand Feigenbaum: Controle Total da Qualidade, 39
    2.4.2 Joseph Moses Juran: a Trilogia da Qualidade, 40
    2.4.3 Philip Crosby: A Qualidade na Administração, 42
    2.4.4 William Edwards Deming: A Qualidade no Processo, 43
    2.4.5 Kaoru Ishikawa: Sistema Japonês de Gestão da Qualidade, 45
    2.4.6 Genichi Taguchi: A Qualidade Robusta, 46
    2.4.7 Pontos em Comum dos Principais Autores da Qualidade, 46
    QUESTÕES PARA DISCUSSÃO, 47
    BIBLIOGRAFIA, 47

## CAPÍTULO 3  GERENCIAMENTO ESTRATÉGICO DA QUALIDADE, 48

3.1 INTRODUÇÃO, 48
3.2 CARACTERÍSTICAS DA GESTÃO ESTRATÉGICA DA QUALIDADE, 48
3.3 ELEMENTOS DA GESTÃO ESTRATÉGICA DA QUALIDADE, 50
    3.3.1 Foco no Cliente e Inovação na Qualidade de Produtos e Processos, 51
    3.3.2 Liderança, 53
    3.3.3 Melhoria Contínua, 53
    3.3.4 Planejamento Estratégico da Qualidade, 55
    3.3.5 Participação das Pessoas e Parceria com Fornecedores, 56
    3.3.6 Projeto da Qualidade, Velocidade de Aperfeiçoamento e Prevenção, 56
    3.3.7 Gestão Baseada em Fatos e Dados, 57
3.4 CARACTERÍSTICAS DE ESTRATÉGIAS PARA A QUALIDADE, 57
3.5 CONSIDERAÇÕES FINAIS SOBRE GESTÃO ESTRATÉGICA DA QUALIDADE, 60
    QUESTÕES PARA DISCUSSÃO, 61
    BIBLIOGRAFIA, 62

## CAPÍTULO 4  SISTEMAS DE GESTÃO DA QUALIDADE, 63

4.1 GESTÃO DA QUALIDADE TOTAL, 64
4.2 OS MODELOS DE EXCELÊNCIA DE GESTÃO DE NEGÓCIOS E OS PRÊMIOS DA QUALIDADE, 65
    4.2.1 Prêmio Deming, 67
    4.2.2 Prêmio *Malcolm Baldrige* (MBQNA), 69
    4.2.3 Prêmio Nacional da Qualidade (PNQ), 71
4.3 SISTEMA DE GESTÃO DA QUALIDADE – NORMA ISO 9000, 76
    4.3.1 A Série ISO 9000, 78
    4.3.2 Sistema Documental, 82
    4.3.3 Os Requisitos da Norma ISO 9001:2008, 84
    QUESTÕES PARA DISCUSSÃO, 95
    BIBLIOGRAFIA, 95

## CAPÍTULO 5  SISTEMAS DE GERENCIAMENTO DE APOIO À GESTÃO DA QUALIDADE, 96

5.1 GERENCIAMENTO PELAS DIRETRIZES (GPD), 97
    5.1.1 O que É uma Diretriz, 100
    5.1.2 Desdobramento das Diretrizes, 101
    5.1.3 Implantação do Gerenciamento pelas Diretrizes, 103
5.2 GERENCIAMENTO DE PROCESSOS, 104
    5.2.1 O que São Processos, 106
    5.2.2 Metodologia para o Gerenciamento de Processos, 108
    QUESTÕES PARA DISCUSSÃO, 115
    BIBLIOGRAFIA, 116

## CAPÍTULO 6  COORDENAÇÃO DA QUALIDADE NA CADEIA DE PRODUÇÃO, 117

6.1 INTRODUÇÃO, 117

6.2 CADEIA DE PRODUÇÃO: DISCUSSÃO E CONCEITUAÇÃO, 118

6.3 A COORDENAÇÃO DA QUALIDADE EM CADEIAS DE PRODUÇÃO, 125

   6.3.1 A Coordenação com Base na Gestão da Cadeia de Suprimento, 128
   6.3.2 A Coordenação com Base na Economia dos Custos de Transação, 134

6.4 ENTÃO POR QUE COORDENAR A CADEIA DE PRODUÇÃO, E POR QUE VIA COORDENAÇÃO DA QUALIDADE?, 139

   6.4.1 Definição de Coordenação da Qualidade e Sua Importância para o Incremento da Competitividade de Cadeias de Produção, 142

6.5 A ESTRUTURA, O MÉTODO E O AGENTE PARA COORDENAÇÃO DA QUALIDADE DE CADEIAS DE PRODUÇÃO, 146

   6.5.1 Requisitos da Qualidade do Produto e da Gestão da Qualidade, 146
   6.5.2 O Método para Coordenação da Qualidade (MCQ), 147
   6.5.3 O Agente Coordenador: Estrutura e Funções, 152

6.6 ATIVIDADES PARA IMPLANTAÇÃO DA ECQ E DO MCQ, 153

6.7 CONSIDERAÇÕES FINAIS, 155

   6.7.1 Quanto à Forma do MCQ, 155
   6.7.2 Quanto à Aplicabilidade da ECQ e do MCQ, 156
   QUESTÕES PARA DISCUSSÃO, 157
   BIBLIOGRAFIA, 157

## CAPÍTULO 7  MELHORIA DA QUALIDADE, 159

7.1 ASPECTOS GERAIS, 159

7.2 TIPOS DE MELHORIA CONTÍNUA, 161

7.3 HABILIDADES, COMPORTAMENTOS E MATURIDADE PARA MELHORIA CONTÍNUA, 164

7.4 MODELOS PARA GESTÃO DA MELHORIA CONTÍNUA, 168

7.5 MASP – MÉTODO PARA ANÁLISE E SOLUÇÃO DE PROBLEMAS, 169
   QUESTÕES PARA DISCUSSÃO, 172
   BIBLIOGRAFIA, 172

## CAPÍTULO 8  QUALIDADE EM SERVIÇOS, 173

8.1 A IMPORTÂNCIA DOS SERVIÇOS, 173

8.2 OS SERVIÇOS COMO ESTRATÉGIA DAS INDÚSTRIAS, 175

8.3 MAS O QUE SÃO OS SERVIÇOS?, 176

8.4 PACOTE DE SERVIÇOS, 177

8.5 CARACTERÍSTICAS DOS SERVIÇOS, 178

   8.5.1 Intangibilidade, 179
   8.5.2 Inseparabilidade, 179

8.5.3 Heterogeneidade, 180

8.5.4 Perecibilidade, 181

8.6 TIPOLOGIA DE SERVIÇOS, 182

8.7 O SISTEMA DE PRESTAÇÃO DE SERVIÇOS, 183

8.8 MOMENTOS DA VERDADE E CICLO DE SERVIÇOS, 184

8.9 AVALIAÇÃO DA QUALIDADE, 185

8.10 DIMENSÕES DA QUALIDADE EM SERVIÇOS, 187

8.11 MODELO DA QUALIDADE EM SERVIÇOS, 189

8.12 MODELO DE EXCELÊNCIA EM SERVIÇOS DA DISNEY E O MODELO DOS CINCO *GAPS*, 191

QUESTÕES PARA DISCUSSÃO, 194

BIBLIOGRAFIA, 194

## CAPÍTULO 9 FERRAMENTAS BÁSICAS DE SUPORTE À GESTÃO DA QUALIDADE, 195

9.1 INTRODUÇÃO, 195

9.2 AS SETE FERRAMENTAS BÁSICAS DA QUALIDADE, 195

9.2.1 Folha de Verificação ou Tabela de Contagem, 196

9.2.2 Histograma, 198

9.2.3 Diagrama de Dispersão-Correlação, 201

9.2.4 Estratificação, 203

9.2.5 Diagrama de Causa e Efeito ou Diagrama de Ishikawa, 203

9.2.6 Diagrama ou Análise de Pareto, 206

9.2.7 Técnica de Brainstorming, 208

9.3 AS SETE NOVAS FERRAMENTAS DA QUALIDADE, 209

9.3.1 Diagrama de Afinidades, 210

9.3.2 Diagrama de Relações ou Digráfico de Inter-relação, 211

9.3.3 Diagrama de Árvore ou Diagrama de Fluxo de Sistemas, 214

9.3.4 Diagrama de Matriz, 215

9.3.5 Diagrama de Matriz de Priorização, 218

9.3.6 Diagrama do Processo Decisório, 220

9.3.7 Diagrama de Setas, 223

QUESTÕES PARA DISCUSSÃO, 225

BIBLIOGRAFIA, 225

## CAPÍTULO 10 DESDOBRAMENTO DA FUNÇÃO QUALIDADE (DFQ), 226

10.1 INTRODUÇÃO, 226

10.2 CONCEITUANDO O *QUALITY FUNCTION DEPLOYMENT* – QFD, 227

10.3 APLICANDO A PRIMEIRA FASE DO *QUALITY FUNCTION DEPLOYMENT*, 230

    10.3.1 Definição da Qualidade Planejada, 240

    10.3.2 Definição da Qualidade Projetada, 244

10.4 AS FASES SUBSEQUENTES DO *QUALITY FUNCTION DEPLOYMENT*, 246

10.5 SUGESTÃO DE ROTEIRO PARA APLICAÇÃO DO *QUALITY FUNCTION DEPLOYMENT*, OU DESDOBRAMENTO DA FUNÇÃO QUALIDADE, 246

    QUESTÕES PARA DISCUSSÃO, 249

    BIBLIOGRAFIA, 249

## CAPÍTULO 11 CONTROLE ESTATÍSTICO DA QUALIDADE, 250

11.1 CEP – CONTROLE ESTATÍSTICO DE PROCESSOS, 250

    11.1.1 O Método de Controle da Qualidade e o CEP, 250

    11.1.2 Gráficos de Controle, 255

    11.1.3 Gráficos de Atributos, 260

    11.1.4 Gráficos de Variáveis, 267

    11.1.5 Gráficos de Pré-controle, 270

    11.1.6 Análise de Processos: Estabilidade e Capacidade, 275

11.2 INSPEÇÃO DA QUALIDADE E PLANOS DE AMOSTRAGEM, 282

    11.2.1 Inspeção, 282

    11.2.2 Planos de Amostragem, 285

    EXERCÍCIOS PROPOSTOS, 292

    BIBLIOGRAFIA, 294

## CAPÍTULO 12 ANÁLISE DE MODOS E EFEITOS DE FALHAS (FMEA), 295

12.1 INTRODUÇÃO, 295

12.2 TIPOS E APLICAÇÕES DE FMEA, 297

12.3 FUNCIONAMENTO BÁSICO E FORMULÁRIOS PARA A FMEA, 297

12.4 IMPORTÂNCIA DO FMEA, 303

12.5 ETAPAS PARA APLICAÇÃO DO FMEA, 304

    QUESTÕES PARA DISCUSSÃO, 307

    BIBLIOGRAFIA, 307

## CAPÍTULO 13 PROGRAMA SEIS SIGMA, 309

13.1 HISTÓRICO, 309

13.2 PERSPECTIVA ESTATÍSTICA, 310

13.3 PERSPECTIVA DO NEGÓCIO, 312

13.4 INDICADORES DE DESEMPENHO DO SEIS SIGMA, 312

    13.4.1 Terminologia, 312

    13.4.2 Indicadores de Desempenho Baseados em Defeituosos, 313

    13.4.3 Indicadores de Desempenho Baseados em Defeitos, 314

13.4.4 Indicadores de Desempenho Baseados em Capabilidade, 315

13.4.5 Considerações sobre os Indicadores de Desempenho Seis Sigma, 316

13.5 TREINAMENTO E ESTRUTURA HIERÁRQUICA DO SEIS SIGMA, 317

13.6 PROJETOS SEIS SIGMA, 319

13.6.1 Escopo, 320

13.6.2 Seleção e Priorização, 321

13.6.3 Contabilização dos Ganhos, 322

13.6.4 Método de Resolução de Problemas DMAIC, 323

QUESTÕES PARA DISCUSSÃO, 330

BIBLIOGRAFIA, 330

## CAPÍTULO 14 MÉTODO DE TAGUCHI E DELINEAMENTO DE EXPERIMENTOS, 331

14.1 MÉTODO TAGUCHI, 331

14.1.1 Fontes de Ruído e Controle da Qualidade *Off-Line*, 333

14.1.2 Função de Perda, Delineamento de Experimento e Razão Sinal/Ruído, 335

14.2 DELINEAMENTO DE EXPERIMENTOS, 339

14.2.1 Planejamento Experimental, 340

14.2.2 Procedimentos para o Planejamento de Experimentos, 340

14.3 CONSIDERAÇÕES FINAIS, 349

QUESTÕES PARA DISCUSSÃO, 349

BIBLIOGRAFIA, 350

## CAPÍTULO 15 MEDIÇÃO DE DESEMPENHO EM QUALIDADE, 351

15.1 DESEMPENHO, 351

15.2 INDICADORES DE DESEMPENHO EM QUALIDADE, 351

15.2.1 Controle de Processo, 352

15.2.2 Criação de Indicadores de Desempenho, 353

15.3 CATEGORIAS DE INDICADORES DE DESEMPENHO EM QUALIDADE, 353

15.3.1 Indicadores de Satisfação de Clientes, 353

15.3.2 Indicadores de Não Conformidades, 356

15.3.3 Indicadores de Custos da Qualidade, 357

15.3.4 Indicadores de Desempenho de Auditorias da Qualidade, 362

15.3.5 Indicadores de Desempenho de Fornecedores, 364

15.3.6 Indicadores de Deméritos, 367

15.3.7 Indicadores para o Processo de Desenvolvimento de Produtos, 369

15.4 FOCO NOS PROCESSOS, 369

15.5 FOCO NA ESTRATÉGIA, 370

15.6 *BENCHMARKING*, 371

15.7 QUALIDADE DOS DADOS E DAS INFORMAÇÕES, 371

15.8 CONSIDERAÇÕES FINAIS, 372

    QUESTÕES PARA DISCUSSÃO, 372

    BIBLIOGRAFIA, 372

## CAPÍTULO 16 TENDÊNCIAS DA GESTÃO DA QUALIDADE, 374

16.1 INTRODUÇÃO, 374

16.2 ELEMENTOS QUE ALICERÇAM O FUTURO DA QUALIDADE, 376

    16.2.1 Foco na Gestão de Pessoas, 376

    16.2.2 Estrutura de Gestão, 377

    16.2.3 Ferramentas da Qualidade, 377

    16.2.4 Apoio de e aos Fornecedores, 378

    16.2.5 Orientação para o Cliente, 378

    16.2.6 Foco na Inovação, 378

    16.2.7 Foco no Meio Ambiente e na Sociedade, 379

    16.2.8 Parcerias com os Clientes, 379

    16.2.9 Compreensão da Natureza do Processo, 380

16.3 TENDÊNCIAS EM RELAÇÃO AO CONTROLE DA QUALIDADE, 380

16.4 TENDÊNCIAS EM RELAÇÃO À ENGENHARIA DA QUALIDADE, 381

16.5 TENDÊNCIAS EM RELAÇÃO AOS SISTEMAS DE GESTÃO DA QUALIDADE, 381

16.6 TENDÊNCIAS EM RELAÇÃO À MELHORIA DA QUALIDADE, 382

16.7 TENDÊNCIAS EM RELAÇÃO À GESTÃO DA QUALIDADE TOTAL (TQM), 383

16.8 CONSIDERAÇÕES FINAIS, 384

    QUESTÕES PARA DISCUSSÃO, 385

    BIBLIOGRAFIA, 385

# Material Suplementar

Este livro conta com o seguinte material suplementar:

- Ilustrações da obra em formato de apresentação (restrito a docentes)

O acesso ao material suplementar é gratuito. Basta que o leitor se cadastre em nosso *site* (www.grupogen.com.br), faça seu *login* e clique em GEN-IO, no menu superior do lado direito. É rápido e fácil.

Caso haja alguma mudança no sistema ou dificuldade de acesso, entre em contato conosco (gendigital@grupogen.com.br).

GEN-IO (GEN | Informação Online) é o ambiente virtual de aprendizagem do GEN | Grupo Editorial Nacional, maior conglomerado brasileiro de editoras do ramo científico-técnico-profissional, composto por Guanabara Koogan, Santos, Roca, AC Farmacêutica, Forense, Método, Atlas, LTC, E.P.U. e Forense Universitária. Os materiais suplementares ficam disponíveis para acesso durante a vigência das edições atuais dos livros a que eles correspondem.

# Qualidade – Gestão e Métodos

# Conceitos Básicos de Qualidade de Produto

## 1.1 O CONCEITO DA QUALIDADE

Se de um lado a qualidade é uma das palavras-chave mais difundidas junto à sociedade (ao lado de palavras como ecologia, cidadania, sustentabilidade, segurança etc.) e também nas empresas (ao lado de palavras como produtividade, competitividade, integração, desempenho, ética etc.), por outro existe pouco entendimento sobre o que é qualidade e, mesmo, uma certa confusão no uso dessa palavra. A confusão existe devido ao subjetivismo associado à qualidade e também ao uso genérico com que se emprega essa palavra para representar coisas bastante distintas.

A qualidade, em seu sentido genérico, é definida, nos dicionários (por exemplo: Aurélio, Houaiss etc.), como **"propriedade, atributo ou condição das coisas ou das pessoas capaz de distingui-las das outras e de lhes determinar a natureza"**.

A partir dessa definição, podemos destacar três pontos:

- a qualidade é um atributo das coisas ou pessoas;
- a qualidade possibilita a distinção ou diferenciação das coisas ou pessoas;
- a qualidade determina a natureza das coisas ou pessoas.

Embora apareça aqui como um atributo intrínseco às coisas ou pessoas, é preciso estar claro que a qualidade não é algo identificável e observável diretamente. O que é identificável e observável diretamente são as características das coisas ou pessoas. Ou seja, a qualidade é vista por meio de características. É, portanto, resultante da interpretação de uma ou mais características das coisas ou pessoas. Por exemplo, a qualidade de uma pessoa pode ser vista por meio de características como honestidade, caráter, competência, ética etc. A qualidade de um automóvel, por sua vez, pode ser analisada por meio de características tais como desempenho, durabilidade, segurança e confiabilidade.

O fato de a qualidade ser vista por meio de características introduz uma dimensão subjetiva, uma vez que:

- a definição de quais características podem representar a qualidade é subjetiva;
- a intensidade da associação das características com a qualidade é subjetiva;
- a forma de mensuração e interpretação das características pode ser subjetiva;
- a própria característica pode ser subjetiva.

No caso do automóvel, a característica *status*, enquanto valor simbólico que o produto e a marca oferecem ao proprietário, ou a beleza e a estética são exemplos de características subjetivas.

Esse subjetivismo, como mencionado inicialmente, contribui para a confusão na aplicação da palavra qualidade, uma vez que cada pessoa, quando se refere a ela, está querendo dizer coisas diferentes, a partir do seu ponto de vista.

O emprego genérico da palavra qualidade para representar coisas distintas deve-se a que, geralmente, o usuário da expressão não explicita a que aspecto se refere o atributo qualidade. Por exemplo, é comum usar-se o termo indistintamente para se referir a produtos, processos, sistemas e gerenciamento sem que isso fique explícito. Assim, a qualidade torna-se uma palavra "guarda-chuva", que abriga e se confunde com outros conceitos como produtividade, eficácia e eficiência.

Embora essa observação seja óbvia, é preciso deixar claro que a palavra qualidade deve ser sempre empregada de forma composta, ou seja, é preciso explicitar sempre qual o substantivo a que se refere a qualidade. Assim, devem-se empregar as expressões: qualidade do produto, qualidade do processo, qualidade do sistema, qualidade da gestão, qualidade da mão de obra etc.

A qualidade de que vamos tratar neste livro está circunscrita principalmente a produtos industriais, ou seja, estaremos estudando a qualidade de produtos industriais. Entretanto, o livro contém também um capítulo sobre qualidade em serviços.

De modo geral, os autores que tratam do tema Gestão da Qualidade reconhecem a dificuldade de se definir precisamente o que seja o atributo qualidade. Como vimos, a qualidade de produto pode assumir diferentes significados para diferentes pessoas e situações: seja um consumidor, um produtor, uma associação de classe ou uma entidade governamental normativa ou reguladora. A qualidade também assume diferentes significados para cada área funcional de uma empresa, seja Marketing, Desenvolvimento de Produto, Engenharia de Processos, Suprimentos, Fabricação ou Assistência Técnica. E, muitas vezes, busca-se uma definição única que dê conta de todos esses pontos de vista, o que acaba tornando o conceito da qualidade excessivamente abrangente e analiticamente muito heterogêneo e, portanto, um conceito de pouca aplicação operacional.

Em que pese ao fato de a qualidade ter assumido significados diferentes ao longo do tempo, ela sempre foi avaliada sob dois pontos de vista: objetivo e subjetivo. Em suma, conforme Shewhart (1986), sempre existiram duas dimensões associadas à qualidade: uma **dimensão objetiva**, ou qualidade primária, que se refere à qualidade intrínseca da substância, ou seja, dos aspectos relativos às propriedades físicas, impossível de ser separada desta e independentemente de o ponto de vista do ser humano. Uma **dimensão subjetiva**, ou qualidade secundária, que se refere à percepção que as pessoas têm das características objetivas e subjetivas, ou seja, está associada à capacidade que o ser humano tem de pensar, sentir e de diferenciar em relação às características do produto.

Pode-se dizer que até essa época, décadas de 1930 e 1940, principalmente em nível de técnicos e engenheiros, o conceito da qualidade de produto sempre esteve mais próximo da ideia de "perfeição técnica", que está associada a uma visão objetiva da qualidade, do que da ideia de "satisfação das preferências do mercado", que, por sua vez, está associada a uma visão subjetiva.

Nas décadas de 1950 e 1960 intensificaram-se as publicações na área de controle da qualidade, a partir de novos autores que focaram sua atenção nos campos da Administração e da Engenharia da Qualidade. A maioria dos autores que são conhecidos como "gurus da qualidade" (Juran, Deming, Feigenbaum e Ishikawa) publicou suas obras básicas nessa época. Essas publicações representaram um marco na mudança do conceito da qualidade, aproximando-a mais da satisfação do consumidor e distanciando-se da visão, até então predominante, de "perfeição técnica".

As definições de qualidade dos principais teóricos da área eram praticamente iguais e seguiam o mesmo foco de satisfação do consumidor:

Deming (1950): qualidade de produto como a máxima utilidade para o consumidor.

Feigenbaum (1951): qualidade como o perfeito contentamento do usuário.

Juran (1954): qualidade como a satisfação das necessidades do cliente.

Ishikawa (1954): qualidade efetiva é a que realmente traz satisfação ao consumidor.

Feigenbaum (1961): qualidade como a maximização das aspirações do usuário.

A partir da década de 1970, observam-se três vertentes de definição da qualidade de produto. A **primeira** tem como principal expoente a definição da qualidade de Juran (1991) como **adequação ao uso** (*fitness for use*). Essa talvez seja a definição mais difundida e empregada até os dias atuais. A **segunda** segue a definição de Crosby (1994), que associa qualidade a **conformidade com requisitos** (*conformance to requirements*). A **terceira** é representada pela definição de Taguchi (1986), que conceitua qualidade como **"a perda, mensurável e imensurável, que um produto impõe à sociedade após o seu embarque (após deixar a empresa), com exceção das perdas causadas por sua função intrínseca"**. Uma quarta vertente, que poderíamos considerar, é a visão da qualidade de produto como **satisfação total do cliente**, apregoada pela filosofia japonesa da Gerência da Qualidade Total. Entretanto, consideramos que, em nível conceitual, essa visão representa uma extensão do conceito de adequação ao uso e, portanto, não será tratada isoladamente.

A primeira vertente, ou seja, a noção de qualidade como adequação ao uso, sugere que qualidade é o grau com que o produto atende satisfatoriamente às necessidades do usuário, durante o uso. Essa capacidade do produto caracteriza a sua propriedade de ser adequado ao uso. A qualidade passa a ser uma propriedade da relação do objeto com o usuário e com o uso pretendido, descrevendo a capacidade de um dado objeto satisfazer uma dada necessidade e não uma propriedade inerente que se afirma ou se nega de um produto.

A Figura 1.1 representa a relação entre o usuário e o produto.

Admitindo-se como válido o pressuposto da soberania do consumidor, por essa vertente a qualidade seria definida pelo ponto de vista do mercado. Entretanto, esse pressuposto nem sempre é uma boa aproximação do que ocorre na prática, onde se observa que, para alguns tipos de produtos, a lógica do consumo segue muito mais a lógica da geração e imposição de necessidades do que da autonomia das necessidades. De qualquer forma não pretendemos entrar nessa discussão aqui.

Essa noção da qualidade, ao contrário da ideia de perfeição técnica, torna-a mais assimilável pela alta administração das organizações, na medida em que esta passa a relacioná-la com o desempenho de mercado e econômico-financeiro da empresa. Ou seja, a qualidade passa a ter sentido e valor comercial e competitivo. Portanto, torna-se um conceito operacional e que permite a sua incorporação ao nível estratégico das empresas.

As necessidades do mercado podem ser tanto claramente expressas como imprecisas ou implícitas, além de evoluírem no tempo, uma vez que, para um mesmo produto, diferentes

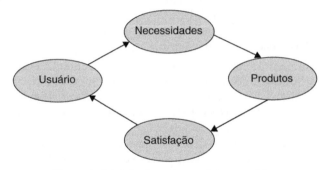

**Figura 1.1** | Relação entre produto e usuário.

clientes podem ter necessidades, hábitos e condições de uso peculiares. Assim, por essa definição não faz sentido pensar a qualidade em termos absolutos. Ela é relativa, não pode ser vista dissociada do preço que o cliente está predisposto a pagar e não pode ser confundida com perfeição técnica ou sofisticação. Por exemplo, um copo de plástico pode ser considerado, em termos absolutos, de qualidade inferior em relação a um copo de cristal. Entretanto, pelo enfoque da adequação ao uso, podem existir copos de plástico de boa ou de má qualidade e copos de cristal de boa ou de má qualidade, dependendo do uso que dele se pretende fazer. Para um vendedor de refrigerante em copo, um copo de plástico pode ter a qualidade adequada para o uso, em função da sua facilidade de operação e preço. Por outro lado, caso se pretenda usar esse copo para servir bebidas quentes, como café ou chá, o mesmo, sem um dispositivo para segurá-lo, não teria a qualidade adequada para o uso, dada a sua condutividade térmica, que causaria incômodo ao usuário.

A segunda vertente supõe que somente é possível pensar a qualidade de produto, de um ponto de vista prático, se houver um conjunto de especificações previamente definidas. A qualidade seria avaliada pelo grau de conformidade do produto real com suas especificações de projeto. Tomando o exemplo do copo de plástico, teríamos um conjunto de especificações (de materiais, dimensionais, propriedades físicas etc.) que caracterizariam o copo. Um copo produzido terá qualidade se estiver de acordo com as especificações. Essa conformidade pode ser vista de forma binária (a unidade do produto está conforme ou não) ou através do grau de conformidade (está conforme para algumas características e não para outras, portanto tem um grau de conformidade). Para o caso de um lote de copos, a qualidade seria avaliada pela porcentagem de unidades do lote em conformidade com as especificações.

Entre os profissionais da área, essa vertente da qualidade é geralmente associada a Philip Crosby, exposta em seu livro *Quality Is Free*. Entretanto, é preciso deixar claro que Crosby, na realidade, define qualidade como "conformidade com requisitos" (*conformance to requirements*) e não como conformidade a especificações. Para esse autor, a conformidade com especificações seria um meio para se atingir a conformidade com requisitos, e esta, por sua vez, seria a qualidade final pretendida.

A definição dos requisitos do produto, obviamente, exige a consideração do mercado, o que acaba aproximando, num certo sentido, as visões de Crosby e de Juran. Vale a pena mencionar que Juran também leva em conta a conformidade com especificações e a considera uma das características necessárias para se atingir a adequação ao uso.

Essa observação tem o intuito apenas de esclarecer o real entendimento da qualidade para Crosby. Entretanto, essa possível proximidade entre as concepções de Juran (*fitness for use*) e Crosby (*conformance to requirements*) não significa uma aproximação entre as duas vertentes aqui apresentadas.

Nas publicações internacionais da área de Gestão da Qualidade já houve um certo debate sobre essas duas vertentes sem que tenha levado a maiores conclusões.

A definição de Feigenbaum (1994), num certo sentido, pode ser vista como uma síntese dessas duas vertentes. A qualidade de produto é definida como **o composto de características de engenharia e de manufatura que determinam o grau com que o produto em uso satisfará as expectativas do usuário**.

Na norma ISO 9000 (SGQ – Fundamentos e Vocabulário), parte-se do pressuposto de que "adequação ao uso" e "conformidade com especificações" representam apenas certos aspectos da qualidade. A qualidade é definida como **a totalidade de características de uma entidade que lhe confere a capacidade de satisfazer as necessidades explícitas e implícitas.** Mais especificamente, Qualidade é o grau no qual um conjunto de características inerentes satisfaz a requisitos. O termo "qualidade" pode ser usado com adjetivos tais como má, boa ou excelente. "Inerente" significa a existência em alguma coisa, especialmente como uma característica permanente. Requisito é a necessidade ou expectativa que é expressa, geralmente, de forma implícita ou obrigatória. "Geralmente implícito" significa que é uma prática costumeira ou usual para a organização, seus clientes e outras partes interessadas, de que a necessidade ou expectativa sob consideração está implícita.

A terceira vertente, representada por Taguchi (1986), enfoca a questão pelo lado da não qualidade, ou da falta de qualidade. A qualidade é definida como a perda, em valores monetários, que um produto causa à sociedade após sua venda. Quanto maior a perda associada ao produto, menor a sua qualidade.

No âmbito dessa definição, as perdas se restringem a dois tipos:

i) perdas causadas pela variabilidade da função básica intrínseca do produto;

ii) perdas causadas pelos efeitos colaterais nocivos do produto.

Essas perdas são consideradas durante a fase de uso do produto. O primeiro tipo se refere às perdas causadas pela variabilidade da função básica do produto, durante a sua vida útil. O segundo se refere aos efeitos colaterais nocivos associados ao uso do produto. Por exemplo, um motor que operasse sempre a uma velocidade constante especificada, sem variabilidade, a despeito da variação das condições ambientais e do desgaste dos componentes, seria considerado perfeito em relação à qualidade funcional, ou seja, não causaria perdas pela variabilidade da sua função básica. Entretanto, se, em funcionamento, gerasse, por exemplo, grande quantidade de ruído, vibração e energia dissipada, ele seria classificado como de baixa qualidade no que diz respeito aos efeitos colaterais nocivos.

Voltando ao exemplo do copo de plástico, pelo enfoque de Taguchi esse copo poderia impor dois tipos de perdas à sociedade:

- os custos que o usuário incorre devido à variabilidade na conformação dos copos, que dificulta o uso e impõe perdas de unidades;
- os custos para descarte adequado do produto ou o custo associado ao impacto no meio ambiente devido a um descarte não adequado.

Essa vertente é muito mais uma forma de se avaliar a qualidade, que chama a atenção pelo lado dos efeitos e custos da não qualidade, do que uma concepção da qualidade propriamente dita.

Quanto às duas primeiras vertentes, a nosso ver, elas representam enfoques distintos e complementares para a qualidade dentro de uma atividade produtiva. O primeiro enfoque é dado pelo ponto de vista do mercado, e o segundo, pelo ponto de vista da produção. Esses enfoques, portanto, não deveriam concorrer entre si, uma vez que estão associados a pontos de vista e a segmentos específicos do ciclo de produção, conforme será visto na Seção 1.2.

Adotaremos, ao longo do livro, a definição de qualidade de produto como **uma propriedade síntese de múltiplos atributos do produto que determinam o grau de satisfação do cliente**. O produto é entendido aqui como envolvendo o produto físico e o produto ampliado. Ou seja, além do produto físico, envolve também a embalagem, orientação para uso, imagem, serviços pós-venda e outras características associadas ao produto.

Essas vertentes, descritas anteriormente, refletem a visão de pontos de vista distintos em relação à qualidade de produto. Nesse sentido, a seguir, abordaremos as possíveis visões ou enfoques para a qualidade.

## 1.2 ENFOQUES PARA A QUALIDADE

Como já mencionado, na literatura e entre os profissionais da área coexistem diversos conceitos sobre qualidade. Além disso, tradicionalmente, a qualidade tem sido estudada nas áreas de Economia, Marketing, Engenharia de Produção e Administração. Cada uma dessas áreas se volta para um aspecto específico da qualidade, o que também acaba implicando diferentes visões sobre o assunto, conforme será visto adiante.

Garvin (1992) elaborou uma importante contribuição sistematizando os enfoques existentes para a qualidade, os quais são, de modo geral, originários dessas áreas de conhecimento apontadas anteriormente. O autor identifica cinco enfoques principais para se definir qualidade:

- enfoque transcendental;
- enfoque baseado no produto;
- enfoque baseado no usuário;
- enfoque baseado na fabricação;
- enfoque baseado no valor.

A seguir apresentamos um resumo de cada um desses enfoques, conforme Garvin (1992).

## 1.2.1 Enfoque Transcendental

Segundo esse enfoque, qualidade é sinônimo de "excelência nata". Ela é absoluta e universalmente reconhecível. Entretanto, a qualidade não poderia ser precisamente definida, pois ela é uma propriedade simples e não analisável, que aprendemos a reconhecer somente através da experiência. A qualidade de um objeto somente poderia ser conhecida após uma extensiva aplicação do mesmo, mostrando suas reais características ao longo do tempo e para muitos usuários. Em suma, a qualidade de um objeto seria mais bem expressa pelo próprio objeto e por sua história.

Está implícito nesse enfoque que alta qualidade, ou excelência nata, é um atributo permanente de um bem e que independe de mudanças em gostos ou estilos.

De um ponto de vista prático, esse enfoque é pouco operacional. Entretanto, tentando aproximá-lo da realidade que nos interessa, poderíamos supor que, para uma dada família de produtos, a qualidade transcendental seria aquela associada a um produto tradicional, e de marca tradicional, reconhecido pela maioria dos usuários e especialistas como tendo qualidade superior e excelência em relação a todos os concorrentes.

Se fizéssemos uma pesquisa junto a usuários de automóvel, e com especialistas na área, perguntando qual o veículo de melhor qualidade, provavelmente haveria uma convergência de opiniões para uma determinada marca, como, por exemplo, o Rolls-Royce, o qual representaria a qualidade transcendental para a classe de produto automóvel. A qualidade do Rolls-Royce é mais bem expressa pelo próprio produto, através da sua história, da imagem criada e da experiência que se tem com ele.

## 1.2.2 Enfoque Baseado no Produto

Por esse enfoque, a qualidade é definida como uma variável precisa, mensurável e dependente do conteúdo de uma ou mais características do produto. As diferenças na qualidade entre produtos concorrentes seriam reflexo de diferenças qualitativas e quantitativas nas características desses produtos, não no sentido da variedade de características, mas do valor intrínseco da característica.

Esse enfoque permite a definição de uma dimensão vertical ou hierarquizada da qualidade para que produtos concorrentes possam ser classificados segundo as características desejadas que possuem. Assim, a qualidade do produto leite, por exemplo, poderia ser definida por características como a "quantidade de nutrientes" e a "quantidade de impurezas". Quanto maior a quantidade de nutrientes e menor a quantidade de impurezas, melhor a qualidade do produto. Portanto, dadas diferentes marcas de leite de determinado tipo, por exemplo, tipo A, seria possível hierarquizar essas marcas objetivamente em relação à qualidade.

Essa visão tem dois pressupostos básicos que a diferenciam das demais. Primeiro, que a qualidade é um atributo intrínseco ao produto e pode ser avaliada objetivamente. Segundo, que uma melhor qualidade tende a ser obtida a custos maiores, uma vez que a qualidade reflete a quantidade e o conteúdo de alguma característica que o produto contém, e, como as características são elementos que custam para produzir, os produtos com qualidade superior seriam mais caros.

O enfoque baseado no produto tem origem em pesquisas na área de Economia enfocando a qualidade. Do ponto de vista de estudos econômicos, é desejável que as diferenças em qualidade possam ser tratadas como diferenças em quantidade, uma vez que isso simplifica a incorporação da qualidade aos modelos econométricos.

A avaliação objetiva da qualidade por esse enfoque, entretanto, tem limitações. Uma delas é dada pelo fato de que esse tipo de classificação de produtos somente tem sentido se as características em questão forem igualmente valoradas e priorizadas pelos consumidores. Quando as características de qualidade são referentes a estética ou gosto, também se torna difícil a aplicação do enfoque, dado o caráter subjetivo das mesmas. Além disso, a correspondência biunívoca entre atributos específicos do produto e qualidade nem sempre existe.

### 1.2.3 Enfoque Baseado no Usuário

Esse enfoque parte da premissa, oposta à anterior, de que a qualidade está nos "olhos" e preferências do consumidor. A qualidade estaria associada a uma visão subjetiva, baseada em preferências pessoais. Supõe-se que os bens que melhor satisfazem as preferências do consumidor são por ele considerados como tendo alta qualidade.

Essa visão subsidia alguns conceitos associados à qualidade nas áreas de Marketing, Economia, Administração e Engenharia de Produção. No Marketing, tem-se o conceito de "pontos ideais" (*ideal points*), que se refere a combinações adequadas de atributos do produto que oferecem a máxima satisfação ao consumidor. Na Economia, tem-se o conceito de que as diferenças em qualidade se refletem nas mudanças na curva de demanda do produto. E na Administração e Engenharia de Produção, está associado ao conceito de qualidade como adequação ao uso.

O enfoque baseado no usuário enfrenta o problema básico de como agregar preferências individuais bastante diferenciadas, para cada consumidor, de maneira a obter uma configuração adequada da qualidade do produto a ser oferecido ao mercado.

Esse problema é resolvido ignorando-se os pesos diferentes que cada indivíduo atribui a uma característica de qualidade, assumindo-se que existe um consenso de desejabilidade em relação a certos atributos do produto e que os produtos considerados de alta qualidade são aqueles que melhor satisfazem as necessidades da maioria dos consumidores.

Mesmo características perfeitamente objetivas são sujeitas a diferentes interpretações por parte dos consumidores. A durabilidade do produto, por exemplo, que é uma característica de qualidade objetiva, não é por todos associada a melhor qualidade.

### 1.2.4 Enfoque Baseado na Fabricação

O enfoque baseado na fabricação identifica qualidade como "conformidade com especificações". Uma vez que uma especificação de projeto tenha sido estabelecida, qualquer desvio significa redução na qualidade. Por esse enfoque, identifica-se excelência em qualidade com o atendimento de especificações e com "fazer certo a primeira vez", ou seja, atender as especificações sem a necessidade de retrabalho ou recuperação do produto.

Com as especificações estando claramente definidas uma não conformidade detectada representa ausência de qualidade. Assim, os problemas de qualidade passam a ser problemas de não conformidade e a qualidade torna-se quantificável e possível de ser controlada. A qualidade é definida de maneira a simplificar a sua aplicação no projeto do produto e no controle da produção.

Um produto obtido conforme as especificações seria considerado de boa qualidade, independentemente do conteúdo, ou qualidade intrínseca, da especificação. Nesses termos, um Rolls-Royce e um Gol (VW), produzidos conforme as especificações, teriam ambos a mesma qualidade.

Embora esse enfoque reconheça o interesse do consumidor pela qualidade, uma vez que um produto que se desvia das especificações é provavelmente mal-acabado e de baixa confiabilidade, fornecendo menor satisfação do que um produzido em conformidade, seu foco de atenção principal é interno à empresa. Existe pouca preocupação com a associação que o consumidor faz entre a qualidade e outras características do produto além da conformação.

De acordo com o enfoque baseado na fabricação, as melhorias na qualidade, que são equivalentes a reduções na porcentagem (ou ppm) de produtos não conformes às especificações, levam a custos de produção menores, uma vez que os custos para prevenir a ocorrência de não conformidades são considerados, e comprovados na prática, como menores do que os custos com retrabalhos e refugos.

Assim, enquanto o enfoque baseado no usuário está voltado para as preferências do consumidor, o enfoque da fabricação volta-se para as atividades práticas de controle da qualidade durante a fabricação. Esse controle visa assegurar que o nível de qualidade planejado seja atingido e ao menor custo possível. Além da confiabilidade e do controle estatístico de processo, também se aplicam a esse enfoque os estudos de capacidade do processo e de custos da qualidade.

Nesse sentido, o enfoque baseado na fabricação aproxima a qualidade do conceito de eficiência técnica na produção e, portanto, da produtividade.

É importante registrar a existência de duas abordagens distintas para a conformação.

A primeira iguala conformação com atendimento a especificações. Todos os produtos envolvem especificações de algum tipo, e geralmente estas incluem um valor central (ou valor nominal) e uma amplitude de variação ou tolerância permissível. Desde que as dimensões reais caiam dentro da margem de tolerância, a qualidade é aceitável. Por essa abordagem, uma boa qualidade de conformação significa estar dentro das especificações, tendo pouco interesse se a dimensão central foi atingida ou não, ignorando-se, portanto, a dispersão dentro dos limites de especificação.

Um problema em relação a essa abordagem ocorre quando peças ou partes são combinadas. Nesse caso a dimensão relativa das peças dentro da faixa de tolerância determina quão bem elas se ajustarão e, consequentemente, o desempenho e a durabilidade do conjunto. Por exemplo, se a dimensão de uma peça está próxima do limite superior e a da outra próxima do limite inferior, a montagem poderá ser de difícil ajuste e a ligação entre elas poderá se desgastar mais rapidamente do que, por exemplo, se as peças tivessem as dimensões centrais das especificações. Nesse caso poderão ser afetados o desempenho, a confiabilidade e a durabilidade do conjunto.

A segunda abordagem para conformação tem origem a partir da visão de Taguchi (1986). Enquanto a primeira abordagem entende conformação como estar dentro das especificações, a visão de Taguchi a entende a partir do grau de variabilidade em torno do valor

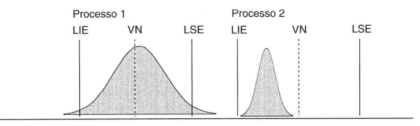

**Figura 1.2** | Distribuições de processos utilizando diferentes abordagens para conformação.

nominal. Assim, a variação dentro dos limites de especificação é explicitamente admitida pela segunda abordagem.

A Figura 1.2 ilustra a diferença entre as duas visões. Suponhamos que a especificação para uma determinada característica de qualidade seja 1,40 + − 0,05 mm e que existam dois processos alternativos (processo 1 e processo 2), com média e dispersão diferentes.

A abordagem tradicional tende a preferir o processo 2, uma vez que, embora as dimensões estejam afastadas do valor nominal, todas caem dentro dos limites de especificação e nada é rejeitado por falha de conformação. Já a visão de Taguchi opta pelo processo 1, uma vez que, de acordo com o conceito de função de perda quadrática, o mesmo implicará menores perdas durante a aplicação do produto. Embora no primeiro caso alguns itens sejam rejeitados por estarem fora dos limites de tolerância, a maioria estaria concentrada em torno do valor nominal, resultando em menos problemas durante a aplicação. E, em virtude da dependência entre confiabilidade e conformação, a perda global associada ao processo 1 seria menor.

Numa determinada situação prática, se é a abordagem tradicional que está sendo utilizada, os dados da porcentagem de defeituosos são suficientes para o monitoramento do processo. Caso seja a abordagem de Taguchi, há necessidade de indicadores mais elaborados que representem o comportamento do processo, tais como os índices de capacidade e a posição da média do processo em relação ao valor nominal da especificação.

### 1.2.5 Enfoque Baseado no Valor

Aqui se define qualidade em termos de custos e preços. De acordo com esse enfoque, um produto de qualidade é aquele que no mercado apresenta o desempenho esperado a um preço aceitável, e internamente à empresa apresenta conformidade a um custo aceitável.

Assim, um produto extremamente caro, em relação ao poder de compra do mercado, não importando quão bom ele é, não poderia ser considerado um produto de qualidade. Um nível de conformação quase perfeito, a um custo de produção extremamente elevado, também não poderia ser considerado como tendo qualidade adequada.

Na realidade esse enfoque não oferece uma visão alternativa da qualidade, como é o caso dos enfoques anteriores, mas sim uma medida monetária da qualidade e que poderia ser aplicada a qualquer das visões anteriores. Se o valor for medido pela razão entre preço e qualidade, ele representaria quanto custa para o consumidor cada unidade de qualidade de determinado produto. Essa visão se aproxima, portanto, de conceitos como segmentação de mercado, baseada num equilíbrio adequado entre o preço e a qualidade oferecida pelo produto, e utilidade marginal, que representa o máximo que o consumidor está disposto a pagar por um produto (entendendo por produto a sua qualidade). Supõe, portanto, que o consumidor escolheria o produto com base na maximização do valor (combinação de preço e qualidade) e não apenas numa comparação isolada de qualidade ou preço.

Os enfoques da qualidade que se aplicam mais intensamente na atividade produtiva são os do usuário, do produto, da fabricação e do valor. Estabelecer uma hierarquia de importância para esses enfoques seria uma atividade bastante complexa. Todos devem ser vistos como importantes e complementares, e estão associados a pontos de vista de áreas específicas da empresa e a segmentos do ciclo de produção. Na área de Marketing, tende a prevalecer o enfoque do usuário, na área de Desenvolvimento e Projeto, o enfoque do produto, e na área de Produção, o enfoque da fabricação. São complementares, pois, de um ponto de vista global, o produto deve satisfazer o cliente, ter qualidade intrínseca, qualidade de conformação e preço compatível com o poder de compra do mercado.

A seguir discutiremos as etapas do ciclo de produção e a contribuição de cada uma para a qualidade final do produto.

## 1.3 ETAPAS DO CICLO DE PRODUÇÃO E A QUALIDADE

O **ciclo de produção** desempenhado pelas empresas se dá em quatro etapas básicas, a saber:

- desenvolvimento do produto;
- desenvolvimento do processo;
- produção propriamente dita (ou fabricação);
- atividades pós-venda.

A qualidade final de um produto é resultante do conjunto de atividades que são desenvolvidas ao longo de todo o seu ciclo de produção. Mais especificamente, é resultante da qualidade de cada uma das etapas do ciclo de produção.

O **desenvolvimento do produto** pode ser visto como compreendendo todas as atividades que traduzem o conhecimento das necessidades do mercado e as oportunidades tecnológicas em informações para produção. Nessa etapa são definidos os conceitos, o desempenho e as especificações esperadas do produto.

Os produtos são projetados tendo em mente o nicho de mercado a que se destinam. A existência de diferentes nichos dá origem a "padrões" ou "graduações" intencionais de variação na qualidade do produto. Portanto, cada padrão, ou graduação, é obtido como resultado do desenvolvimento de produto para um nicho específico de mercado.

De modo geral, a literatura sobre gerência de produto (Clark; Fujimoto, 1991, Clark; Wheelwright, 1992, Rozenfeld *et al.* 2006) indica que as atividades principais no desenvolvimento de produto são:

1) *Identificação das necessidades do mercado.* É o resultado das pesquisas de mercado, identificando o que o consumidor deseja.

2) *Geração e escolha do conceito do produto.* É a tradução das necessidades do mercado em um conjunto escrito de conceitos do produto. Portanto, é uma resposta às necessidades identificadas.

3) *Planejamento do produto.* Corresponde à definição, a partir do conceito do produto, das metas para desempenho, custo e estilo.

4) *Engenharia do produto.* É o detalhamento das metas do produto em um conjunto de especificações. Essa atividade dá origem ao "desenho no papel ou no computador".

Para cada uma dessas quatro atividades podemos associar um tipo particular de qualidade.

A primeira é a qualidade da pesquisa de mercado, que se refere ao nível em que a adequação ao uso identificada corresponde às reais necessidades do usuário.

A segunda, a qualidade de concepção ou de conceito, se refere ao nível com que as características pretendidas para o produto, ou seja, o conceito do produto, atendem à adequação ao uso identificada. Está associada, portanto, à escolha de uma concepção do produto que atenda às necessidades do usuário. Um importante parâmetro de medida dessa qualidade é a aceitação do produto e a sua permanência no mercado. Por esse parâmetro, o automóvel Fusca (VW) pode ser considerado um produto de excelente qualidade de concepção, para a sua faixa de mercado, já que esse modelo teve uma aceitação e permanência no mercado brasileiro por mais de 30 anos sem alterações na sua concepção básica, numa indústria que se caracteriza pela constante diferenciação e alteração dos modelos.

A terceira se refere à qualidade do planejamento do produto e avalia o grau com que as metas estabelecidas para desempenho, custo e estilo correspondem ao conceito do produto.

A quarta, a qualidade de especificação, se refere a quanto as especificações estão de acordo com o planejamento do produto. Portanto, descreve a qualidade da tradução do conceito escolhido para o produto em um conjunto detalhado de especificações que, se executadas, atenderão ao que o consumidor deseja.

Usando uma terminologia já consagrada na área, podemos chamar a qualidade associada à etapa de desenvolvimento do produto (que envolve a identificação de necessidades, a concepção, o planejamento e as especificações do produto) de qualidade de projeto do produto.

A qualidade nessa etapa do ciclo de produção é, portanto, a qualidade de projeto do produto, a qual é definida pela estratégia de mercado, ou seja, pelo nicho de mercado, e é determinada pela capacitação mercadológica e tecnológica da empresa, ou seja, pela sua capacidade de definição das necessidades do mercado e de realização de projeto.

A segunda etapa consiste no **desenvolvimento do processo**. Ocorre quando especificações do projeto do produto são traduzidas em projeto do processo em vários níveis tais como fluxograma do processo, leiaute, projeto de ferramentas e equipamentos, projeto do trabalho etc.

É importante ressaltar que existem duas situações distintas de desenvolvimento de processo. Uma primeira ocorre quando se trata de processo para uma planta nova ou para uma planta existente que terá um processo novo específico para o produto desenvolvido. A segunda ocorre quando o processo será desenvolvido a partir da base técnica já instalada na empresa. Essa distinção deve ser feita, uma vez que as condições de produção, os coeficientes técnicos e a capacidade do processo no primeiro caso são definidos a partir da tecnologia disponível no mercado e no segundo caso, a partir da tecnologia já instalada na empresa.

Em ambos os casos deve existir uma forte interação entre as etapas de desenvolvimento do produto e de desenvolvimento do processo, de maneira a assegurar a manufaturabilidade (facilidade de produzir e montar, qualidade de conformação, produtividade do processo etc.) a partir do próprio projeto do produto.

As informações do projeto do processo são então transferidas para os recursos reais do processo produtivo, tais como as ferramentas, os equipamentos, os procedimentos e a qualificação da mão de obra, utilizando-se para tanto as experiências de produção piloto.

A qualidade aqui é a de projeto do processo, a qual está estreitamente vinculada à capacitação tecnológica e de engenharia da empresa.

Após essa etapa, ocorre a **produção propriamente dita**, da qual resultam as unidades reais do produto. A produção engloba o suprimento de matérias-primas, a fabricação e o gerenciamento da produção (controle da qualidade, planejamento e controle da produção, manutenção etc.).

Nessa etapa, busca-se atingir as especificações do projeto do produto e de produtividade do processo, definidas, respectivamente, nas etapas de desenvolvimento do produto e do processo.

Assim como o projeto do produto deve refletir as necessidades do consumidor, o produto real (o produto fabricado) deve estar de acordo com as especificações de projeto. O grau com que o produto real está de acordo com o projeto, ou o grau de tolerância com que o produto é reproduzido em relação ao projeto, é chamado de qualidade de conformação.

A qualidade, nessa etapa, é a de conformação e tem como principais determinantes a qualidade do processo, definida durante o desenvolvimento do processo, e a capacidade gerencial e de utilização dos recursos de produção, ou seja, a qualidade da gestão da produção.

A qualidade de conformação pode assumir duas conotações distintas. Uma que se refere à propriedade de uma unidade ou lote de produto estar conforme ou não às especificações. Outra que se refere a uma medida do desempenho da atividade de produção realizada, uma vez que a gerência da produção deve se orientar por três objetivos: atingir as especificações de projeto do produto, a produtividade do processo e a um mínimo custo de produção. Obviamente, a segunda conotação engloba a primeira, uma vez que o bom desempenho do processo supõe que os produtos foram fabricados conforme as especificações.

A etapa final é a de comercialização e das **atividades pós-venda**. Essa etapa envolve atividades de venda, marketing, e, dependendo do tipo de produto, atividades tais como instalação do produto, orientação quanto ao uso e assistência técnica.

Nessa etapa podemos pensar em duas qualidades: a de comercialização e a de serviços pós-venda. A qualidade de comercialização não consiste num atributo do produto, mas sim da gestão da empresa. Já a qualidade de serviços pós-venda é um atributo associado ao produto e se refere ao nível dos serviços de instalação, de orientação de uso e de assistência técnica oferecidos aos clientes.

A partir dessa etapa, o produto está à disposição do mercado e passa a ser consumido. Nessa etapa a qualidade experimentada pelo mercado é uma síntese de atributos do produto que foram incorporados ao longo de todo o seu ciclo de produção, incluindo o apoio durante o uso do produto (instalação, orientação, assistência técnica etc.).

A qualidade do produto seria, portanto, resultante do desempenho em todas as etapas do ciclo de produção. Ou seja, resultaria da qualidade de projeto do produto, da qualidade de projeto do processo, da qualidade de conformação e da qualidade dos serviços pós-venda. A Figura 1.3 representa a qualidade de produto como uma resultante dessas quatro categorias da qualidade.

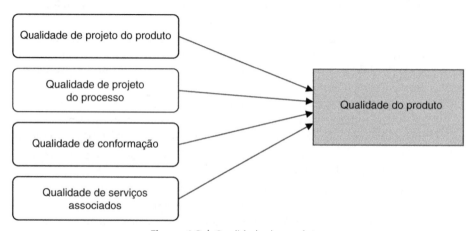

**Figura 1.3** | Qualidade do produto.

Tendo em vista essas quatro categorias da qualidade, é possível observar que a qualidade enquanto "adequação ao uso" está associada à capacidade da empresa de servir ao mercado e a qualidade enquanto "conformidade com especificações" está associada à correta execução dos procedimentos técnicos envolvidos no processo produtivo, ou seja, à capacidade produtiva da empresa. Assim, as atividades de qualidade na primeira e quarta etapas, que constituem a pré e a pós-produção, estariam voltadas para a adequação ao uso, e a segunda e terceira etapas, que constituem os estágios produtivos, estariam concentradas na conformidade com especificações.

É importante registrar que essas quatro etapas do ciclo de produção não são necessariamente estanques ou sequenciais, como apresentado aqui. A forma de articulação entre elas é diferente conforme o tipo de sistema produtivo, ou seja, se se trata de uma produção em unidades por encomenda, ou produção em massa ou ainda um processo contínuo.

Quanto aos enfoques da qualidade, descritos na Seção 1.2 deste capítulo, podemos dizer que na etapa de desenvolvimento do produto tendem a prevalecer os enfoques baseados no usuário e no produto. No desenvolvimento do processo, prevalece o enfoque baseado na fabricação; na etapa de produção, o enfoque baseado na fabricação; na etapa de atividades pós-venda, o enfoque baseado no usuário.

Como vimos, a qualidade do produto que é experimentada pelo usuário é uma síntese de múltiplos atributos, ou de qualidades parciais, do produto físico e dos serviços associados ao produto, que são gerados ao longo de todo o ciclo de produção.

A seguir apresentamos o conceito de qualidade total do produto e abordamos as múltiplas dimensões que compõem essa qualidade.

## 1.4 PARÂMETROS E DIMENSÕES DA QUALIDADE TOTAL DO PRODUTO

De modo genérico, característica de qualidade é definida como qualquer propriedade ou atributo de produtos, materiais ou processos necessária para se conseguir a adequação ao uso. Essas características podem ser de ordem tecnológica, psicológica, temporal, contratual ou ética (Juran; Gryna, 1991).

As características de qualidade que nos interessam aqui são as de produto, as quais estão presentes fisicamente no produto ou estão associadas a ele.

Como visto no início deste capítulo, a qualidade de um produto é representada pela característica ou conjunto de características que determinam a sua natureza. Pode-se pensar assim que um produto tem qualidades e não uma qualidade, uma vez que existe uma qualidade para cada característica do produto. E a qualidade global do produto pode ser vista como uma resultante de todas as qualidades parciais.

Se para cada característica de qualidade ($c_i$) do produto existe uma qualidade ($q_i$), a qualidade global, que passaremos a chamar de qualidade total do produto ($QTP$),[1] seria resultante de uma função dessas qualidades $q_i$. Assim, tem-se que:

$$QTP = f(q_1, q_2,..., q_n; a_1, a_2,..., a_n)$$

em que $q_i$ é a qualidade de cada característica e os $a_i$ são os parâmetros da função.

Entretanto, as características de qualidade do produto são muitas e de diversos tipos. Para efeito de simplificação, é conveniente agrupá-las em parâmetros da qualidade perceptíveis e valorizados pelo usuário.

---

[1] O conceito de QTP foi apresentado em TOLEDO, J.C.; ALMEIDA, H.S. A qualidade total do produto, *Revista Produção*, v. 2, n. 1, p. 21-37, 1990.

Chamaremos de parâmetros da qualidade de produto as características específicas ou conjunto de características do produto que compõem um determinado aspecto da qualidade. E chamaremos de dimensão um agrupamento, ou composição, de parâmetros da qualidade, em função da similaridade de sua contribuição para a qualidade total do produto. Por exemplo: diversas características de qualidade de projeto e de conformação compõem o parâmetro confiabilidade do produto. Esse parâmetro, por sua vez, em conjunto com outros, como a disponibilidade e a manutenibilidade, compõem uma dimensão da qualidade que representa a qualidade de características funcionais temporais do produto. Essa dimensão procura refletir a qualidade de funcionamento do produto ao longo do tempo.

Tendo como ponto de partida o trabalho de Garvin (1992) e Toledo (1990), propõe-se o agrupamento dos parâmetros da qualidade nas seguintes dimensões:

**a) Qualidade de características funcionais intrínsecas ao produto**

Parâmetros:
- desempenho técnico ou funcional
- facilidade ou conveniência de uso

**b) Qualidade de características funcionais temporais (dependentes do tempo)**

Parâmetros:
- disponibilidade[2]
- confiabilidade
- manutenibilidade (mantenabilidade)
- durabilidade

**c) Qualidade de conformação**

Parâmetro:
- grau de conformidade do produto

**d) Qualidade dos serviços associados ao produto**

Parâmetros:
- instalação e orientação de uso
- assistência técnica

**e) Qualidade da interface do produto com o meio**

Parâmetros:
- interface com o usuário
- interface com o meio ambiente (impacto no meio ambiente)

**f) Qualidade de características subjetivas associadas ao produto**

Parâmetros:
- estética
- qualidade percebida e imagem da marca

**g) Custo do ciclo de vida do produto para o usuário**

O custo do ciclo de vida do produto para o usuário compreende a soma dos custos de aquisição, de operação, de manutenção e de descarte do produto.

---

[2] Um conceito associado a essa dimensão da qualidade e que vem sendo difundido é o de **dependabilidade**. Entretanto, esta não será considerada aqui, uma vez que se trata de uma derivação do conceito de **disponibilidade**. A norma ISO 9000 define dependabilidade como "termo coletivo para descrever o desempenho quanto a disponibilidade e seus fatores de influência: confiabilidade, mantenabilidade e logística de manutenção".

O conjunto dessas dimensões e parâmetros compõe o que estamos chamando de qualidade total do produto. A qualidade total do produto representa, portanto, a qualidade experimentada e avaliada pelo consumidor, objetiva ou subjetivamente, na etapa de consumo do produto e em todas as suas dimensões, sejam intrínsecas ou associadas ao produto.

A seguir detalhamos os parâmetros associados a cada uma dessas dimensões da qualidade.

a) **Qualidade de características funcionais intrínsecas ao produto**

**Desempenho**

Antes de entrarmos na discussão de desempenho, é preciso entender os conceitos de missão e função do produto.

Todo produto é concebido tendo em vista uma missão ou conjunto de missões fundamentais, também chamadas de funções básicas ou primárias. A partir das missões fundamentais obtém-se a definição das funções para todos os subsistemas e componentes do produto.

O desempenho se refere à adequação do projeto às missões fundamentais, desde que o produto seja operado apropriadamente. É, portanto, concernente à capacidade inerente do produto para realizar sua missão quando em operação.

É importante ressaltar que o desempenho é independente de qualquer categoria de tempo em que o sistema possa ser classificado, ao contrário de outros parâmetros tais como a confiabilidade e a durabilidade, que se referem à qualidade no tempo, conforme será visto adiante.

O desempenho do produto é avaliado por meio de medidas que quantificam, para cada função básica, a extensão em que se atingem os requisitos operacionais associados às mesmas. Essa avaliação deve ocorrer quando o produto está realizando sua missão em um ambiente para o qual foi projetado, ou outro ambiente satisfatoriamente simulado. Entretanto, o desempenho pode ser estimado quando o produto ainda encontra-se nas fases de concepção e de desenvolvimento, por meio de simulações e avaliações pertinentes.

Embora o desempenho seja uma característica objetiva do produto, a associação entre desempenho e qualidade é dependente das circunstâncias e percepções. Ou seja, as diferenças de desempenho interprodutos são percebidas, ou não, como diferenças de qualidade, dependendo das preferências de cada usuário.

Considerando que um refrigerador tem como função básica "conservar alimentos", o seu desempenho, por exemplo, seria medido em termos da "quantidade de calor extraída por unidade de volume do alimento, por unidade de tempo e por unidade de consumo de energia".

**Facilidade e Conveniência de Uso**

Esse parâmetro é referente às características funcionais secundárias que suplementam o funcionamento básico do produto. Estão associadas ao funcionamento básico, mas não representam diretamente a missão básica do produto. Portanto, elas não determinam diretamente o desempenho do produto e passam a ser inúteis caso a função básica falhe.

Podemos pensar em três tipos de características funcionais secundárias:

1) Características que contribuem para a realização da missão básica do produto. Um exemplo é o controle adequado da temperatura e da umidade do ar no compartimento do refrigerador destinado à conservação de verduras e legumes. Esse controle permite uma melhor conservação de verduras e legumes e, consequentemente, contribui para a realização da missão básica do refrigerador: a conservação de alimentos.

2) Características que elevam a conveniência e facilidade de uso do produto. Exemplos: o sistema *frost-free*, que dispensa o degelo do refrigerador, o controle remoto de um televisor etc.

3) Funções adicionais, ou funções adquiridas, que são incorporadas ao produto e que oferecem outros serviços ao usuário, além das funções básicas. Na realidade esse terceiro tipo não se refere a características que apoiam a realização da função básica e nem que facilitam o uso do produto, mas trata-se sim de novas funções introduzidas ao produto. É o caso, por exemplo, das funções de calculadora e de despertador que são incorporadas ao relógio de pulso tradicional.

A linha divisória entre as funções básicas e as funções secundárias muitas vezes é difícil de ser delimitada.

A facilidade e conveniência de uso, ou características funcionais secundárias, assim como o desempenho, as características funcionais básicas, envolvem atributos objetivos e mensuráveis do produto e combinam elementos dos enfoques da qualidade baseados no usuário e no produto. A sua tradução em diferenças de qualidade é igualmente afetada por preferências individuais, ou seja, enquanto podem ser avaliadas objetivamente, a sua associação com qualidade é subjetiva.

**b) Qualidade de características funcionais temporais**

No caso de bens duráveis, parâmetros de qualidade funcionais associados com o tempo se tornam particularmente importantes. É o caso de parâmetros como a disponibilidade, a confiabilidade, a manutenibilidade e a durabilidade dos bens, os quais serão tratados a seguir.

A disponibilidade se refere ao requisito de máximo tempo de operação disponível que se exige de um equipamento ou bem de consumo durável. Ela avalia, portanto, a capacidade ou aptidão de que um bem esteja operando satisfatoriamente ou esteja pronto a ser colocado em operação quando solicitado.

A preocupação com a disponibilidade remonta ao início da era industrial. Entretanto, foi somente a partir da Segunda Guerra Mundial, com o advento dos primeiros equipamentos eletrônicos, que a disponibilidade, enquanto conjunto de conceitos e de métodos de previsão e avaliação, se consolidou como uma disciplina da Engenharia.

Partindo-se do pressuposto de que um equipamento pode falhar e, portanto, entrar em estado de não disponibilidade, e que, consequentemente, será necessário um intervalo de tempo para realização de atividades de manutenção, a disponibilidade passa a ser função da taxa de falhas do equipamento e do tempo necessário para manutenção corretiva. A taxa de falhas está associada ao conceito de confiabilidade, e o tempo de manutenção, ao conceito de manutenibilidade.

A primeira grande questão consistia em compreender em que momento se podia contar com um equipamento e quando se corria o risco de ele entrar em pane. As primeiras contribuições nesse sentido vieram do desenvolvimento do conceito de confiabilidade.

A formalização do conceito de disponibilidade passou pela formalização dos conceitos de confiabilidade e de manutenibilidade. Assim, primeiramente, apresentamos esses dois conceitos para, em seguida, podermos detalhar o conceito de disponibilidade.

**Confiabilidade**

A confiabilidade é a característica de um bem expressa pela probabilidade de que este realize uma função requerida, durante certo intervalo de tempo e sob determinadas condições de uso para o qual foi concebido. Normalmente é representada com base em parâmetros médios de número de falhas ou do intervalo de tempo entre falhas. Procura representar, portanto, a confiança que se pode ter no desempenho dos produtos.

A preocupação com a confiabilidade de equipamentos data de princípios do século XX, sobretudo a partir do desenvolvimento da indústria aeronáutica. Entretanto, como já mencionado, foi a partir da Segunda Guerra que se passou a estudar o problema da confiabilidade com base em técnicas mais avançadas, dando origem à chamada Teoria da Confiabilidade e à Engenharia da Confiabilidade.

O conceito de confiabilidade se aplica tanto para sistemas complexos, como, por exemplo, um computador, um automóvel ou uma aeronave, bem como para os componentes desses sistemas. A confiabilidade de um componente ou sistema depende diretamente dos princípios técnicos que estão sendo aplicados. Os equipamentos eletrônicos, por exemplo, são mais confiáveis que os eletromecânicos.

Retomando o conceito de confiabilidade podemos destacar três aspectos:

- desempenho adequado, sem falhas, de uma função especificada;
- por um período de tempo; e
- sob condições especificadas de uso.

O desempenho adequado não significa, necessariamente, que o equipamento deva funcionar segundo um esquema binário do tipo "funciona-não funciona", uma vez que podem existir vários estados de funcionamento adequados, em maior ou menor grau. O período de tempo para medição da confiabilidade deve ser limitado, uma vez que o tempo de vida pode afetar significativamente as características do sistema que está sendo avaliado. Por fim, é necessário destacar que o ambiente e as condições de operação interferem decisivamente no desempenho.

Assim, a maneira de se conhecer a confiabilidade de um sistema é submetê-lo a desempenho sob condições especificadas e medir seu tempo de funcionamento até que falhe.

A formalização quantitativa da confiabilidade pode se apresentar de diversas formas. Todas elas, entretanto, têm um ponto em comum que é o desempenho ao longo do tempo. Os principais parâmetros de quantificação da confiabilidade são:

a) TMEF – Tempo médio entre falhas. Refere-se ao tempo médio entre sucessivas falhas de um sistema reparável.

b) TMAF – Tempo médio até a falha. Refere-se ao tempo médio até a falha de um sistema não reparável ou até a primeira falha de um sistema reparável.

c) Taxa de falhas. Refere-se à quantidade de falhas por unidade de tempo.

A partir do conhecimento do TMEF, é possível prever as falhas do equipamento e planejar as atividades de manutenção, desde que conhecido o tempo necessário de intervenção. Daí a emergência e o desenvolvimento do conceito de manutenibilidade.

## Manutenibilidade (Mantenabilidade)

O conceito de manutenibilidade se desenvolveu tendo em vista que durante uma parcela considerável de tempo um equipamento pode estar indisponível, seja por estar num estado de manutenção ou por estar esperando uma atividade de manutenção.

A manutenibilidade está intuitivamente associada à noção de "facilidade de executar a manutenção" de um equipamento ou sistema. Seu objetivo é facilitar, agilizar e baratear a manutenção. Essa facilidade dependerá de fatores tais como: o projeto do sistema e sua acessibilidade para reparos; os recursos para diagnóstico das falhas; os recursos disponíveis para reparação; a disponibilidade e o acesso a materiais de reposição; o índice de falhas etc. Pode ser definida como uma característica inerente ao projeto e à instalação de um equipamento, que se relaciona com a facilidade, economia, segurança e precisão no desempenho das ações de manutenção. Está relacionada com os tempos de manutenção, com as características de receber manutenção própria do projeto e com os custos de manutenção.

Assim, enquanto a manutenibilidade é a aptidão de um equipamento receber manutenção, esta, por sua vez, se constitui em uma série de ações a serem tomadas para retornar, ou manter, um determinado equipamento no estado operacional.

A quantificação da manutenibilidade requer a definição de dois tipos de parâmetros: um parâmetro temporal, que expresse o período durante o qual as condições de operação devem ser restabelecidas, e um parâmetro probabilístico, que represente a probabilidade de se atingir esse parâmetro temporal. A manutenibilidade pode ser vista então como a probabilidade de que um sistema será colocado em condições de operação satisfatória, ou será restaurado às condições de especificação, dentro de um certo período de tempo, desde que as ações de manutenção se realizem de acordo com procedimentos e recursos previstos. Esse valor é obtido a partir do TMPR – Tempo médio para reparar.

Existem várias outras medidas de tempo, além do TMPR, pelas quais os requisitos operacionais podem ser traduzidos, tais como:

- tempo inativo médio. Tempo médio durante o qual um sistema não está em condições de operar por qualquer razão;
- tempo médio de manutenção corretiva ativa;
- tempo médio de manutenção preventiva ativa;
- tempo máximo de manutenção.

**Disponibilidade**

Como mencionado, a disponibilidade avalia a capacidade de que um bem esteja operando satisfatoriamente ou esteja pronto a ser colocado em operação quando solicitado. Pode ser definida como uma combinação de parâmetros de confiabilidade e de manutenibilidade: a capacidade de um bem (por diversas combinações de suas qualidades em confiabilidade, manutenibilidade e manutenção) realizar uma função requerida em um instante determinado ou durante um tempo específico.

Existem três indicadores básicos para a disponibilidade:

- disponibilidade operacional;
- disponibilidade alcançada ou atingida;
- disponibilidade inerente.

A disponibilidade inerente mede o limite superior, e a disponibilidade operacional mede o limite inferior das disponibilidades. A disponibilidade operacional (DO) é conceituada como a probabilidade de que um sistema, quando usado sob determinadas condições, em uma situação de apoio logístico real (não ideal), opere satisfatoriamente em qualquer instante de tempo arbitrado, escolhido aleatoriamente. A disponibilidade alcançada (DA) é conceituada como a probabilidade de que um sistema, quando usado sob condições preestabelecidas, e sob condições ideais de apoio logístico, possa operar satisfatoriamente em qualquer instante de tempo. Em consequência, são desconsideradas as categorias de tempo logístico, administrativo e de não operação. A disponibilidade inerente (DI) é a probabilidade de que um sistema, quando usado sob condições preestabelecidas, sem consideração de qualquer esforço de manutenção preventiva, e sob condições de apoio logístico ideal, ou seja, sem restrições de ferramentas, peças sobressalentes e mão de obra, possa operar satisfatoriamente em qualquer instante de tempo. Em consequência, são desconsideradas as categorias de tempo logístico, administrativo, não operando e em manutenção preventiva. A disponibilidade inerente representa o melhor que o usuário pode esperar; já a disponibilidade operacional é muito mais uma medida da eficácia de um sistema, incluindo o equipamento, a logística e a administração, do que uma indicação combinada da confiabilidade e manutenibilidade do equipamento.

## Durabilidade

A durabilidade é uma medida da vida do produto e tem duas dimensões: uma econômica e outra técnica.

Do ponto de vista técnico, a durabilidade pode ser definida como a quantidade de uso, em termos de tempo ou de desempenho, que se obtém de um produto antes que este se deteriore fisicamente. Existem produtos que falham uma única vez e "morrem", não tendo mais possibilidade de realizar sua função básica. É o que acontece, por exemplo, com a lâmpada incandescente, que falha uma única vez. Nesse caso, é relativamente fácil determinar a durabilidade do produto.

A durabilidade técnica depende basicamente da qualidade de projeto do produto, da qualidade dos materiais e componentes e das condições de uso do produto.

É importante diferenciar aqui dois conceitos relativos a durabilidade: a vida útil média e a longevidade. A vida útil média se refere ao tempo de vida médio, ou esperado, de um produto ou sistema. Já a longevidade se refere ao tempo até o desgaste total de uma unidade do produto. Assim, a vida útil média seria obtida a partir da determinação da longevidade das diversas unidades de um mesmo tipo de produto.

Quando é possível o reparo do produto, a durabilidade adquire uma dimensão econômica, além da técnica, uma vez que nesse caso irá depender de mudanças no gosto do consumidor e nas condições econômicas do produto ao longo do tempo. A durabilidade passa a ser, portanto, a quantidade de uso que se obtém de um produto até o instante que ele falha e a substituição por um novo se torna economicamente mais vantajosa. Assim, a vida do produto é determinada mais por fatores como os custos de reparo, as inconveniências pessoais, os custos associados ao tempo de parada, as mudanças de moda e tecnológicas e os custos de substituição do produto do que pela qualidade dos componentes e materiais.

Nesse segundo caso pode-se observar um estreito relacionamento entre durabilidade e confiabilidade, uma vez que um produto que falha frequentemente tenderá a ser substituído mais rapidamente do que um de maior confiabilidade.

Algumas vezes pode ocorrer aumento da durabilidade do ponto de vista econômico exclusivamente em função de mudanças na conjuntura econômica e não em função de um correspondente melhoramento técnico do produto. É o que teria acontecido com os automóveis nos EUA, cuja vida média aumentou significativamente nas décadas de 1970 e 1980 em função da elevação dos custos de combustíveis e da crise econômica. A mudança da conjuntura econômica americana tem feito com que os usuários reduzam a quilometragem média percorrida por ano e tenham maior interesse em prolongar o período de tempo de posse do produto.

### c) Qualidade de conformação

A qualidade de conformação pode ser vista para cada característica de qualidade do produto. Ou seja, cada característica do produto real pode estar conforme, ou não, à sua especificação.

Assim, dada uma unidade de produto real, ela pode estar conforme as especificações para uma (ou algumas) característica(s) e não conforme para outra (ou outras) característica(s).

A qualidade de conformação geralmente é vista de forma binária, ou seja, uma característica do produto real pode estar conforme ou não conforme à especificação. Entretanto, é possível se avaliar também o quanto uma característica está dentro ou fora das especificações.

Um critério para se avaliar a qualidade de conformação de uma unidade de produto, de múltiplas características, é através da análise de quantas e quais características estão dentro e fora das especificações.

Tendo um critério para avaliar a conformidade de cada característica e do conjunto de características, tem-se, portanto, um critério para avaliação de uma unidade de produto. Já a qualidade de conformação de um lote de produto seria avaliada pela porcentagem de unidades conforme as especificações.

É importante registrar que a "não conformidade" não implica, necessariamente, a "não adequação ao uso" do produto. É possível que um produto esteja fora das especificações e, mesmo assim, após uma avaliação, seja considerado adequado ao uso.

Em relação a esse parâmetro, o consumidor não experimenta a qualidade de conformação enquanto qualidade do processo de produção, ou desempenho do processo, mas sim a conformidade do produto, que se traduz num desempenho conforme o esperado e numa conformidade que não prejudique a aparência e o uso do produto. O que é indesejável para o consumidor são os defeitos e falhas do produto no campo, e não os defeitos, refugos e retrabalho durante a produção propriamente dita.

**d) Qualidade dos serviços associados ao produto**

O apoio oferecido ao usuário para instalação do produto, a orientação para uso, bem como os serviços de assistência técnica, constituem importante dimensão da qualidade associada a muitos tipos de produtos.

Antes de mais nada é preciso deixar clara a diferença entre manutenibilidade e qualidade dos serviços associados ao produto. A manutenibilidade, como já visto, se refere à facilidade de realizar a atividade de manutenção e depende do projeto do produto e da sua confiabilidade. Já a qualidade dos serviços associados ao produto está relacionada à velocidade, cortesia e competência de atendimento dos serviços de instalação e de assistência técnica.

Obviamente ao usuário interessa que o produto não falhe, ou seja, que tenha alta confiabilidade e disponibilidade. Entretanto, os usuários estão preocupados não somente com a parada por quebra de um equipamento, mas também com o tempo gasto até que ele seja restabelecido, a rapidez com que as solicitações de serviços são atendidas, a frequência com que os serviços são solicitados para um mesmo tipo de reparo e a natureza do relacionamento com o pessoal de assistência técnica.

Algumas dessas variáveis podem ser medidas objetivamente, enquanto outras refletem preferências pessoais quanto ao que seria um nível de serviço aceitável. A competência técnica, por exemplo, pode ser avaliada pela incidência de chamadas de serviços requerida para corrigir um mesmo tipo de problema. Muitos consumidores associam reparo mais rápido e tempo de parada reduzido a alta qualidade, e, portanto, esses componentes da qualidade da assistência técnica são menos sujeitos a interpretações pessoais do que aqueles que envolvem avaliações de cortesia ou padrões de comportamento dos profissionais. Nos casos em que as solicitações de serviço dos clientes não são atendidas imediatamente, e entram em uma fila, a política e os procedimentos de atendimento da empresa provavelmente também afetarão a avaliação que o cliente faz dessa dimensão da qualidade.

Em alguns mercados, como é o caso de máquinas e equipamentos industriais, a oferta de um serviço superior pode ser uma estratégia de diferenciação da qualidade bastante poderosa. Isso pode ser feito por meio de uma política de pronto atendimento, disponibilidade imediata de peças e componentes ou mesmo do oferecimento de um equipamento substituto enquanto se realizam os serviços de assistência técnica.

### e) Qualidade da interface do produto com o meio

Essa dimensão da qualidade pode ser desagregada em dois parâmetros: qualidade da interface do produto com o usuário e qualidade da interface com o meio ambiente.

Em relação ao usuário, podemos pensar em dois tipos de interface com o produto: uma primeira que se refere ao grau de facilidade de operação e manuseio do produto (que em parte se confunde com o parâmetro "facilidade e conveniência de uso"), e uma segunda que diz respeito aos danos à saúde e aos riscos de acidente impostos pelo produto.

A facilidade de operação e manuseio depende de fatores ergonômicos do produto. Estes tratam das relações não emotivas entre o usuário e o produto e envolvem a adequação entre as dimensões, forma e textura das partes do produto às características anatômicas do usuário tais como força dos músculos, dimensão dos membros inferiores e superiores etc. Envolve também a adequação entre os dispositivos de comunicação do produto e as características de percepção do ser humano, de tal forma que as informações necessárias para operação sejam claramente percebidas pelo órgão sensorial apropriado e interpretadas pela pessoa.

Os riscos de acidente associados ao produto estão afetos ao campo da segurança e dependem de aspectos da confiabilidade do produto.

O estudo da segurança do produto procura identificar os perigos latentes de agressão ao homem, ao meio ambiente e a si mesmo. A preocupação com a segurança do produto existe não só em função das consequências econômicas, ambientais, de risco de vida e de desgaste da imagem da empresa, como também em função de legislação governamental, existente em um número cada vez maior de países, que define os requisitos de segurança que o produto deve satisfazer e as responsabilidades civis a que o produtor está sujeito em casos de acidentes.

A redução no nível de acidentes com um produto pode ser obtida modificando-se tanto o comportamento humano no manuseio como melhorando o próprio produto e o ambiente em que ele é usado. Em outras palavras isso significa: 1) incentivar o uso seguro de produtos; 2) projetar com base em critérios de segurança; e 3) buscar a melhoria no ambiente de uso do produto.

Os produtos, assim, devem ser projetados tendo em mente o uso pretendido, outras aplicações potenciais, bem como o perfil dos possíveis usuários. Considera-se que é mais provável que os usuários estejam inclinados a operar o produto com os cuidados de segurança pertinentes se ele é projetado considerando as suas necessidades e são adequados do ponto de vista ergonômico.

Seguro, em relação a qualquer bem, significa que não existem riscos, além daqueles reduzidos ao mínimo, de que durante a fabricação, montagem, armazenagem, posse ou uso o bem poderá causar a morte ou danos pessoais a qualquer pessoa, seja imediatamente ou após um período definido ou indefinido de tempo. Portanto, o requisito de ser "razoavelmente seguro" exige um compromisso de longo prazo do produtor para assegurar que o bem permanecerá nesse estado durante a sua vida prevista.

Na fase de projeto de um bem, os "modos de falhas de segurança" devem ser identificados, e, caso as consequências mais graves não possam ser eliminadas, a sua extensão ou severidade deverá ser minimizada e alertas adequados fornecidos onde e quando for apropriado. As técnicas da Teoria da Confiabilidade são auxiliares para quantificação e análise dos problemas de segurança do produto.

Em relação ao meio ambiente, podemos pensar em dois tipos de interface do produto. Primeiro: o próprio processo de produção do produto pode causar impactos negativos sobre o ambiente. Segundo: é o impacto que ocorre durante a etapa de consumo, através de risco de acidente, de subprodutos e de rejeitos poluentes do produto e de seu descarte. O descarte é o ponto terminal da etapa de consumo do produto e se constitui em outro momento de impacto ambiental. Em relação ao descarte, o produto pode ser mais ou menos difícil de ser descartado, seu descarte pode causar maior ou menor impacto no meio ambiente, e, ainda, o produto pode ser passível de reaproveitamento e utilizar ou não recursos renováveis.

A dimensão ambiental da qualidade do produto passou a ser significativa nos países desenvolvidos. Nas últimas décadas, nos países desenvolvidos, por exemplo, cresceu significativamente a porcentagem de consumidores que adquirem produtos com base no critério do impacto ambiental. O apelo ambiental tem sido cada vez mais adotado e associado às marcas e com informações destacadas nas embalagens dos produtos.

**f) Qualidade de características subjetivas associadas ao produto**

**Estética**

A estética se refere à percepção e interpretação que se tem do produto formada por julgamentos e preferências pessoais, a partir dos cinco sentidos do ser humano. Está diretamente relacionada à aparência do produto e é, assim, uma forma de expressão da sua qualidade. Por ser o primeiro contato que se tem com o produto, a aparência tem um efeito sobre o consumidor que se estende por um período de tempo.

Os atributos de estética tais como desenho, forma, cor, textura, gosto ou cheiro podem adicionar atração ao produto, aumentando, consequentemente, a sua preferência. São afetados pela moda, pela época e pelo local.

Nenhum produto pode ser dissociado, ao longo do seu ciclo de vida, da qualidade de aparência. Entretanto, a aparência é determinada não somente por razões estéticas, mas também reflete requisitos funcionais do produto. Assim, além de a aparência refletir aspectos de estética adequados ao usuário e ao ambiente, ela deverá refletir a funcionalidade e não prejudicar o desempenho do produto.

**Qualidade Percebida e Imagem da Marca**

A qualidade percebida e a imagem da marca se referem à reputação do produto no mercado, portanto dizem respeito à percepção que o usuário tem da qualidade do produto, a partir de seus sentidos próprios e da imagem já formada no mercado, seja através da publicidade ou da tradição associada à marca. A qualidade percebida pode ser definida como a soma de todos os conhecimentos, crenças e impressões que o consumidor pode ter do produto.

Essa dimensão da qualidade do produto é relevante, uma vez que nem sempre os consumidores possuem informações completas sobre as propriedades e atributos do produto e, portanto, necessitam de indicadores indiretos para avaliar a qualidade e escolher entre as marcas oferecidas. Por exemplo, o corte e o feitio de uma roupa podem ser avaliados no ato da compra; já as qualidades de um medicamento ou de um eletrodoméstico só podem ser avaliadas após o uso. Nesse último caso, é a percepção, mais do que a própria realidade, que determina a avaliação que se tem da qualidade.

Além da marca, o país de origem do produto também pode exercer importante influência como indicador da qualidade do produto. Alguns exemplos são as concepções comuns do tipo: "ferramenta boa é a alemã", "calçado bom é o italiano", "automóvel bom é o japonês" etc.

É importante ter claro que o uso da reputação como um indicador da qualidade tem como pressuposto que a qualidade das unidades ou lotes de produtos produzidos atualmente por uma empresa mantêm a mesma qualidade que os produzidos anteriormente ou que os novos produtos lançados pela empresa têm qualidade similar à dos produtos já consolidados. Como esse pressuposto implícito pode ser considerado válido para a maioria das pessoas, isso faz com que a reputação da marca tenha valor real como uma dimensão da qualidade.

**g) Custo do ciclo de vida do produto para o usuário**

A análise da qualidade do produto se reveste de pouco sentido prático se não for acompanhada da correspondente análise econômica do ponto de vista do usuário.

O usuário incorre em custos com o produto desde o instante em que este é adquirido até o seu descarte. A soma de todos os custos de responsabilidade do usuário, durante a vida útil do produto, é chamada de custo do ciclo de vida do produto.

Aqui o termo "vida" relaciona-se ao ponto de vista do usuário, isto é, por quanto tempo ele usará o produto. Esse conceito é diferente da "vida em garantia", em torno da qual o produtor estrutura muitos controles e decisões. Para o usuário, os custos incorridos após o período de garantia são mais importantes do que durante a garantia, uma vez que agora ele responderá por todas as despesas.

Com o desenvolvimento tecnológico e a ampliação das possibilidades de aplicação de bens duráveis, tornou-se relevante o conceito de custo total para o usuário durante a vida do produto. Para os produtos de curta duração (bens de consumo imediato e semiduráveis), esse custo é pouco diferente do custo de aquisição; entretanto, para os bens de maior durabilidade, ele pode ser várias vezes maior.

Se um bem durável é adquirido para uso, existem diversas categorias de custos presentes e futuros implícitos na compra. As categorias de custo aqui consideradas são desenvolvidas a partir de Juran e Gryna (1991).

A primeira dessas categorias é o **custo de aquisição**, que envolve o preço de compra, as taxas e impostos e os custos de transporte e instalação.

A segunda categoria são os **custos de operação**, que para muitos produtos são basicamente o custo de energia e para outros podem envolver também os custos de insumos e de mão de obra.

A terceira são os **custos de manutenção e reparo**. Estes incluem a manutenção rotineira enquanto o produto está operando normalmente e os custos de reparo quando o produto falha. Não incluem os custos durante a garantia, uma vez que estes estão incluídos no preço de compra.

A quarta categoria, **custos de descarte**, envolve os custos para se descartar o produto no final da sua vida útil. Para produtos de pequeno porte esse custo é praticamente nulo, mas poderá adquirir uma ordem de grandeza significativa para produtos de grande porte. Esse custo poderá se tornar mais relevante à medida que adquirem maior importância os estudos e a legislação sobre os impactos do produto no meio ambiente e se contabilizam os custos pertinentes. Em alguns casos o produto poderá ter um valor de mercado no final da sua vida, tornando o descarte um valor positivo e não um custo.

O uso do critério do custo do ciclo de vida do produto coloca em evidência o desempenho ao longo da sua vida útil, uma vez que esse custo é fortemente influenciado por parâmetros como a confiabilidade, a manutenibilidade, a durabilidade e a eficiência energética do produto. Por exemplo, um produto que tenha relativamente melhor confiabilidade, durabilidade e desempenho poderá ter um custo de aquisição maior, mas o custo do ciclo de vida poderá ser significativamente menor.

A questão do uso desse critério está na viabilidade de o consumidor ter acesso às informações sobre o custo do ciclo de vida do produto no ato da compra. Caso seja possível ao consumidor basear suas decisões de compra no custo esperado do ciclo de vida, isso poderá vir a transformar o processo de decisão modificando a tendência de uso do preço de aquisição como o critério econômico exclusivo.

Como conclusão, pode-se dizer que a ausência de qualquer um desses parâmetros e dimensões pode prejudicar a qualidade do produto, mas a sua presença, isoladamente, não assegura que o produto seja competitivo.

Tendo em vista que a satisfação do consumidor é com a qualidade total do produto, esse conceito é útil na medida em que permite visualizar, de forma global, as dimensões da qualidade do produto. Do ponto de vista de um produtor, essa estrutura pode ser um ponto de partida que auxilia na realização de análises para posicionar o seu produto em relação à concorrência em dimensões da qualidade perceptíveis e valorizadas pelo consumidor. Também auxilia o produtor na formulação de estratégias de concorrência e de mudança da qualidade do produto. Já para o consumidor, o conceito pode ser útil na avaliação da qualidade e na tomada de decisão para escolha entre alternativas de produto, ainda que alguns desses parâmetros sejam difíceis de avaliação objetiva antes do consumo.

## QUESTÕES PARA DISCUSSÃO

1) Discuta qual seria uma próxima e/ou emergente nova era de conceito sobre qualidade de produto (após a era "satisfação total do cliente")?
2) Com a emergência e a consolidação de valores socioculturais como "preservação do meio ambiente", "desenvolvimento e consumo sustentável", "ética e responsabilidade socioeconômica" etc., quais parâmetros da qualidade você considera que deverão ser mais valorizados na análise da qualidade total do produto, por clientes, consumidores e organismos de regulamentação?
3) No futuro poderá haver uma maior valorização e recuperação da visão de qualidade de produto como "perfeição técnica"? Por quê?
4) Considere o produto "colheitadeira de grãos mecânica e eletrônica" e analise esse produto considerando, e aplicando, os enfoques da qualidade propostos por Garvin.
5) Considere o produto "colheitadeira de grãos mecânica e eletrônica" e analise esse produto considerando, e aplicando, as dimensões e parâmetros da qualidade propostos por Garvin.
6) Considere o produto "um modelo e marca específicos de telefone celular" e analise esse produto considerando, e aplicando, os enfoques da qualidade propostos por Garvin.
7) Considere o produto "um modelo e marca específicos de telefone celular" e analise esse produto considerando, e aplicando, as dimensões e parâmetros da qualidade propostos por Garvin.
8) Em sua opinião, quais são as perspectivas quanto a os consumidores e clientes perceberem e valorizarem, na análise e escolha de produtos no mercado, mais os custos do ciclo de vida do produto em relação a considerar apenas o preço do produto?
9) Quais são as perspectivas quanto a mensurar, avaliar e considerar o custo de descarte entre os critérios adotados na aquisição de um novo produto?

## BIBLIOGRAFIA

CLARK, K.B.; FUJIMOTO, T. *Product development performance*: strategy, organization and management in the world auto industry. Boston: HBS Press, 1991.

_____; WHEELWRIGHT, S.C. *Managing new product and process development*: text and cases. New York: Free Press, 1992.

CROSBY, P. *Qualidade é investimento*. Rio de Janeiro: José Olympio, 1994.

DEMING, W.E. *Qualidade:* a revolução da administração. Rio de Janeiro: Marques Saraiva, 1990.

FEIGENBAUM, A.V. *Controle da qualidade total*. São Paulo: Makron Books, 1994, v. 1, 2, 3 e 4.

GARVIN, D. *Gerenciando a qualidade*. Rio de Janeiro: Qualitymark, 1992.

ISHIKAWA, K. *TQC – Total quality control:* estratégia e administração da qualidade. São Paulo: IM&C, 1994.

JURAN, J.M.; GRYNA, F.M. *Controle da qualidade – handbook*. São Paulo: Makron Books, 1991, 10 v.

ROZENFELD, H. et al. *Gestão de desenvolvimento de produto*: uma referência para melhoria do processo. São Paulo: Saraiva, 2006.

SHEWHART, W.A. *Statistical method from the viewpoint of quality control*. New York: Dover Publications, 1986.

TAGUCHI, G. *Introduction to quality engineering*. Tokyo: Asian Productivity Organization, 1986.

TOLEDO, J.C.; ALMEIDA, H.S. A qualidade total do produto. *Revista Produção*, v. 2, n. 1, p. 21-37, 1990.

# Conceituação da Gestão da Qualidade

## 2.1 INTRODUÇÃO

O entendimento predominante nas últimas décadas, e que representa a tendência futura, é a conceituação de qualidade de produtos como a "satisfação total dos clientes". Ou seja, essa definição contempla adequação ao uso, ao mesmo tempo que contempla conformidade com as especificações do produto. Nas normas da série ISO 9000, historicamente, a qualidade é definida como "a totalidade de características de uma entidade que lhe confere a capacidade de satisfazer as necessidades explícitas e implícitas".

A partir de versão do ano 2000 da série ISO 9000, a qualidade passa a ser definida como o grau em que um conjunto de características inerentes satisfaz a requisitos. O termo "qualidade" pode ser usado com adjetivos tais como má, boa ou excelente. "Inerente" significa a existência em alguma coisa, especialmente como uma característica permanente. Requisito se refere a uma necessidade ou expectativa que é expressa, geralmente, de forma implícita ou obrigatória. "Geralmente implícito" significa que é uma prática costumeira ou usual para a organização, seus clientes e outras partes interessadas de que a necessidade ou expectativa sob consideração está implícita. Um qualificador pode ser usado para distinguir um tipo específico de requisito, como por exemplo requisito do produto, requisito da gestão da qualidade, requisito do cliente. Um requisito especificado é um requisito declarado, por exemplo, em um documento. Os requisitos podem ser gerados pelas diferentes partes interessadas no produto. Classe se refere à categoria ou classificação atribuída a diferentes requisitos da qualidade para produtos, processos ou sistemas que têm o mesmo uso funcional. Quando se estabelece um requisito da qualidade, a classe geralmente é especificada.

A qualidade necessária e/ou planejada para um produto (bem ou serviço) é obtida por meio de práticas associadas ao que se chama de Gestão da Qualidade.

A importância da gestão da qualidade da organização levou ao desenvolvimento das teorias e práticas, mais evoluídas, da chamada Gestão da Qualidade Total. Bastante conhecida nos países ocidentais como TQM (*Total Quality Management*), da sigla em inglês para Gestão da Qualidade Total, essa filosofia de gestão é baseada no princípio de melhoria contínua de produtos e processos visando satisfazer as expectativas de todos os clientes, de todas as fases do ciclo de vida dos produtos, com relação a qualidade, custos, entrega, serviços etc., à medida que se passa a considerar a qualidade total e não apenas a qualidade *stricto sensu* do produto.

A melhoria contínua adota uma abordagem de melhoramento incremental, ou seja, de melhoramentos contínuos. Nessa abordagem, a continuidade do processo de melhoria é mais importante do que "o tamanho de cada passo" de melhoria.

O TQM se alicerçou em práticas da qualidade e, principalmente, em alguns princípios ou características organizacionais críticas, como educação e treinamento, trabalho em equipes, comprometimento e envolvimento de todos com o processo de melhoria. Emblemáticos do movimento da qualidade que se consolidou na década de 1980 são os Modelos de Excelência de Gestão de Negócios, tais como os modelos do prêmio da qualidade americano Malcom Baldrige ou o Prêmio Nacional da Qualidade (inspirado no Malcom Baldrige) instituído no Brasil no começo da década de 1990 como parte de uma política nacional de valorização da qualidade e da produtividade da indústria nacional.

As teorias do TQM também difundiram várias ferramentas e métodos para melhoria da qualidade, como as sete ferramentas estatísticas e gerenciais, métodos como Ciclo PDCA, QFD (*Quality Function Deployment*), FMEA (*Failure Mode and Effect Analysis*), Método Taguchi, Método de Análise e Solução de Problemas (MASP), *Benchmarking* e um incontável número de outras ferramentas, auxiliares no processo de identificação de problemas, tomada de decisão e monitoramento do processo de melhoria.

Ao longo deste livro, todos esses aspectos serão abordados mais aprofundadamente. Neste capítulo, focaremos os conceitos básicos da gestão da qualidade, sua evolução e os enfoques dados pelos principais autores da qualidade.

## 2.2 CONCEITOS BÁSICOS

Genericamente, "qualidade" pode ser definida conforme o indicado em Larousse (1992, p. 926), como "1. Característica peculiar, particularidade. 2. Atributo, predicado. 3. Espécie, gênero. 4. Virtude, mérito. 5. Superioridade, excelência".

> *Qual-i-dad-e – substantivo feminino – do latim:* qualitas, qualitatis *– o que caracteriza alguma coisa; característica de alguma coisa; o que faz com que uma coisa seja tal como se a considera; caráter, índole; o que constitui o modo de ser das coisas; essência, natureza; prosperidade de, excelência, virtude; disposição moral ou intelectual; importância, gravidade de alguma situação, de algum negócio; natureza, condições próprias de alguma; caracteres valorizadores ou depreciadores* (Prazeres, 1996, p. 336-337).

Na medida em que qualidade é um atributo das coisas ou pessoas, a qualidade possibilita a distinção ou diferenciação das coisas ou pessoas e determina a natureza das coisas ou pessoas. Desse modo, é necessário sempre definir de qual "coisa ou pessoa" a qualidade é um atributo, de qual "coisa ou pessoa" a qualidade possibilita distinção ou diferenciação ou, ainda, de qual "coisa ou pessoa" a qualidade determina sua natureza.

A utilização conjugada de diferentes substantivos com o termo qualidade resulta em diferentes abordagens ou tipos de qualidade. Para cada tipo, o foco da gestão da qualidade também se altera, exigindo diferentes comportamentos por parte das organizações.

Quando direcionado para a gestão da qualidade, o conceito genérico de qualidade assimila novas nuances, todas relacionadas ao desempenho das operações desenvolvidas nas organizações. Esse conceito genérico é proposto diferentemente por diversos autores estudiosos da qualidade e baseia-se, comumentemente, na proposição de que a qualidade é o resultado do que o cliente quer e como ele julga ser, constituindo-se em diretriz na busca da excelência pelas organizações.

## 2.3 EVOLUÇÃO DA GESTÃO DA QUALIDADE

Apesar de muitas, as definições de gestão da qualidade geralmente se referem ao conjunto de atividades, planejadas e executadas, no ciclo de produção e na cadeia de produção, necessárias para se obter a qualidade planejada, ao menor custo possível.

> **GESTÃO DA QUALIDADE:**
> - TOTALIDADE DAS FUNÇÕES ENVOLVIDAS NA DETERMINAÇÃO E OBTENÇÃO DA QUALIDADE;
> - CONJUNTO DE TODAS AS ATIVIDADES DE TODAS AS FUNÇÕES GERENCIAIS QUE DETERMINA A POLÍTICA DA QUALIDADE, OBJETIVOS E RESPONSABILIDADES E OS IMPLEMENTA ATRAVÉS DO PLANEJAMENTO DA QUALIDADE, GARANTIA E CONTROLE DA QUALIDADE E MELHORIAS CONTÍNUAS DA QUALIDADE, COMO PARTE DO SISTEMA DA QUALIDADE (PRAZERES, 1996, P. 193).

Para Toledo (2001), a gestão da qualidade é a abordagem adotada e o conjunto de práticas utilizadas pela empresa para se obter, de forma eficiente e eficaz, a qualidade pretendida para o produto.

Tais definições de gestão da qualidade são fruto de décadas de aperfeiçoamento das práticas de gerenciamento da qualidade, especialmente nos EUA e no Japão.

As atuais abordagens da gestão da qualidade são resultado natural da evolução dos objetivos, focos e métodos para a qualidade.

Tal evolução teve início antes de 1920, quando a qualidade de um produto somente era verificada após a sua total elaboração, ou seja, através da inspeção e controle da qualidade do produto final. Em constante evolução, costuma-se descrever o desenvolvimento da qualidade em quatro fases, especialmente com base no conceito das Eras da Qualidade, de David Garvin: a de inspeção, a de controle do processo ou controle estatístico da qualidade, a de garantia ou gestão da qualidade e a de gerenciamento estratégico da qualidade. Alguns autores procuram caracterizar essa última fase como a de adoção dos princípios da Gestão da Qualidade Total, ou *Total Quality Management* (TQM), o que será adiante detalhado no Capítulo 3.

Apesar da evolução da qualidade organizada por Eras da Qualidade, descritas por Garvin (1992), não há nenhum fato que tenha ocorrido nos últimos anos que determine de forma clara a evolução da fase de garantia para a fase de gestão ou gerenciamento estratégico da qualidade. A seguir apresenta-se uma breve descrição das fases ou Eras da qualidade.

### 2.3.1 A Era da Inspeção da Qualidade

O desenvolvimento da qualidade se iniciou antes de 1920, com a inspeção de produtos acabados realizada por especialistas alocados no final da produção. Nessa época, praticava-se a inspeção 100%, e os custos de remanufatura e refugos eram bastante elevados.

Entre os anos 1914 e 1930, com o advento da Primeira Guerra Mundial, da organização da mão de obra fabril em sindicatos e da quebra da bolsa de Nova Iorque, surge a necessidade de uma reformulação dos processos de produção, tornando-os menos custosos e capazes de gerar produtos mais acessíveis ao mercado em crise financeira.

O advento de novas tecnologias de processos de fabricação possibilitou a adoção de um maior grau de padronização dos produtos e a geração de projetos de produto que consideravam o intercâmbio de peças e componentes, bem como a reposição em caso de quebras, possibilitando a extensão da vida útil ou durabilidade do produto.

Particularmente, a Primeira Guerra Mundial deu um impulso fundamental para o aumento do número de inspeções do produto, uma vez que era preciso produzir armamentos em grande escala, com número elevado de componentes intercambiáveis.

Esse aumento no nível de inspeção de produto caracteriza-se, principalmente, por levar a inspeção do final da produção também para outras etapas do processo de fabricação, de modo a detectar e prevenir uma possível falha no produto final o mais cedo possível. Desse modo, a inspeção passa a atuar desde a recepção de matérias-primas e insumos de fornecedores até a já praticada inspeção do produto acabado.

A crescente adoção de padrões e tolerâncias para fabricação de produtos facilita a inspeção intermediária. O uso de tolerâncias para produtos cria e estimula desenvolvimentos na área de Metrologia, bem como o projeto, a manufatura e a adoção nas práticas de fabricação e inspeção, de instrumentos de medição e de verificação.

A prática da metrologia e a adoção de instrumentos de medição e verificação nas plantas industriais possibilitaram que a tarefa do inspetor se tornasse mais eficaz em termos de confiabilidade e tempo de execução, reduzindo assim os custos de produção e da qualidade, uma vez que as inspeções, até esse momento, demandavam muitas horas de trabalho.

A adoção de inspeções intermediárias e de práticas da metrologia fez com que, em torno de 1930, a inspeção evoluísse e a qualidade deixasse de se resumir ao controle do produto acabado e passasse a haver o controle de toda a produção. Com isso, iniciou-se o controle de processos e se preparou para a era seguinte, a do controle da qualidade dos processos.

As características dessa Era da Inspeção encontram-se resumidas no Quadro 2.1.

**Quadro 2.1 Características da Era da Inspeção da Qualidade**

| Identificação das características | Descrição das características |
|---|---|
| Período da Era ou Fase da Qualidade | Décadas de 1910, 1920 e 1930 |
| Objetivo da Qualidade | Detecção de não conformidades |
| Preocupação básica ou visão da Qualidade | Verificação/Um problema a ser resolvido |
| Ênfase da Qualidade | Uniformidade do produto |
| Métodos da Qualidade | Inspeção da produção e instrumentos de medição |
| Papel dos profissionais da Qualidade | Inspeção, classificação, contagem e avaliação |
| Quem é o responsável pela Qualidade | O departamento de inspeção |
| Orientação da Qualidade | Em direção ao produto |
| Caráter ou base de atuação da Qualidade | Técnico |
| Abordagem ou enfoque da Qualidade | Inspeciona, comprova a qualidade |
| Funções comprometidas | Produção e controle do produto acabado |

## 2.3.2 A Era do Controle da Qualidade do Processo

O início da inspeção intermediária e do uso de instrumentos de medição para o controle da produção não solucionou os problemas de qualidade dos produtos.

Apesar de ter evoluído da prática comum do controle do produto acabado, as inspeções intermediárias e o controle da produção continuavam a ser praticados com inspeção 100%. Essa era uma atividade custosa, repetitiva para os inspetores e cansativa, e, por essas características, fazia com que em pouco tempo os erros de verificação se acumulassem, prejudicando sobremaneira o desempenho da produção com a exigência de uso de horas extras para a prática de remanufatura, perdas de materiais e outros custos relativos à não qualidade. Essa realidade fazia com que a adoção das inspeções intermediárias pouco agregasse em termos de eficácia de produção.

Para corrigir esse cenário, em torno de 1940 inicia-se a adoção de conceitos e ferramental estatístico para o controle dos processos de produção. A aplicação de princípios e métodos estatísticos e de probabilidade a processos de fabricação já havia começado a ser desenvolvida pelo físico Walter Andrew Shewhart em 1924, na Bell Telephone Laboratories.

Shewhart desenvolveu conceitos fundamentais para a concepção do controle estatístico da qualidade por meio da descrição da natureza e do comportamento de processos de fabricação por fundamentos, métodos e análises estatísticos e de probabilidade. Como se vê no Capítulo 11 deste livro, o controle estatístico de processos parte do princípio de que todo processo de fabricação se caracteriza pela variabilidade entre unidades de produto através dele obtidas ou obtidas por processos diferentes. Essa variabilidade se mostra por meio de atributos ou variáveis, discretas ou contínuas associadas ao produto e que o caracterizem de modo inequívoco quanto a padrões de aceite e rejeição. Em outras palavras, nesta Era da qualidade se queria determinar qual grau de variação do processo era aceitável e qual não era, ou seja, determinar os limites de variação.

Esse esforço foi iniciado com o intuito de se conseguir um sistema de produção estável, com a eliminação das causas especiais (esporádicas) ou identificáveis de variação (por exemplo, erro humano na realização de uma tarefa) e fazê-lo ficar sujeito apenas à variação aleatória do processo, gerado pelas causas comuns (crônicas) inerentes às tarefas de produção (por exemplo, variação na largura de uma chapa de aço devido ao erro padrão ou margem de variação intrínseco à ferramenta de corte). Desse modo buscava-se que o processo tivesse sua variabilidade influenciada por causas comuns do processo, inevitáveis, porém limitadas em número e locais de ocorrência, facilitando o controle do processo com a previsibilidade da falha.

Com o uso de conceitos e técnicas estatísticas no controle de processos e, portanto, da adoção de um controle estatístico da qualidade dos processos e, consequentemente, dos produtos, a inspeção 100% foi paulatinamente substituída pela inspeção por amostragem. Desse modo, o tempo e recursos gastos com verificação são reduzidos e os problemas oriundos do cansaço dos inspetores na tarefa de verificação, minimizados, uma vez que:

a) com um tamanho mínimo de unidades de produto amostrados, permite-se determinar e julgar a qualidade do produto controlado;

b) o tempo de duração da inspeção passa a ser mais curto;

c) o custo financeiro do processo de inspeção passa a ser menor;

d) passa a ser possível a inspeção simultânea ao processo de fabricação, ou seja, a atividade de inspeção não mais necessita que a produção seja paralisada para que ela seja realizada, diminuindo assim o desperdício;

e) torna viável o teste destrutível de produtos; e

f) torna viável o teste acelerado de vida útil do produto.

O controle estatístico da qualidade mediante inspeção por amostragem e utilização de gráficos de controle permitiu a inspeção junto à máquina de um posto de trabalho em detrimento da inspeção centralizada: surge o processo sob inspeção, no qual o inspetor da qualidade vai à máquina de tempos em tempos para comprovar a qualidade dos produtos que estão sendo fabricados. Isso significa que a necessidade de espaço físico na planta industrial para a realização da inspeção e verificação se reduz drasticamente, a necessidade de deslocamento de produtos é reduzida, o tempo de parada de etapas intermediárias da produção é diminuído e a geração de desperdícios e de remanufatura é levada a patamares mínimos de ocorrência com a detecção precoce de falhas de processo.

Os procedimentos de controle estatístico da qualidade foram impulsionados na década de 1940 com a Segunda Guerra Mundial, especialmente com o desenvolvimento e a implantação das normas militares de amostragem geradas pelo Departamento de Guerra dos EUA.

A partir desse momento, foram observadas algumas mudanças nas organizações empresariais:

a) O conceito de qualidade industrial passa a ser considerado parte da cultura da organização.

b) A função qualidade é institucionalizada dentro das empresas.

c) A qualidade se converte em um objetivo não apenas do setor de produção, mas também da direção da empresa.

d) Os procedimentos estatísticos aplicados no controle da qualidade são aceitos universalmente como método eficaz de controle e redução de custos de produção.

e) Surgem estruturas e departamentos formados por especialistas em controle estatístico da qualidade na estrutura organizacional das empresas.

As características dessa Era do Controle da Qualidade dos Processos encontram-se resumidas no Quadro 2.2.

**Quadro 2.2 — Características da Era do Controle da Qualidade dos Processos**

| Identificação das características | Descrição das características |
|---|---|
| Período da Era ou Fase da Qualidade | Décadas de 1940 e 1950 |
| Objetivo da Qualidade | Controle de processos de fabricação |
| Preocupação básica ou visão da Qualidade | Controle/Um problema a ser resolvido |
| Ênfase da Qualidade | Uniformidade do produto com menos inspeção e o fornecimento de peças uniformes |
| Métodos da Qualidade | Instrumentos e técnicas estatísticos |
| Papel dos profissionais da Qualidade | Solução de problemas e a aplicação de métodos estatísticos |
| Quem é o responsável pela Qualidade | Os departamentos de produção e engenharia |
| Orientação da Qualidade | Em direção ao processo |
| Caráter ou base de atuação da Qualidade | Técnico |
| Abordagem ou enfoque da Qualidade | Controla a qualidade |
| Função comprometida | Produção e projetos do produto e do processo |

### 2.3.3 As Eras da Garantia e do Gerenciamento Estratégico da Qualidade

Como o próprio nome sugere, a era intitulada Garantia ou Gestão da Qualidade tem como principal objetivo garantir a qualidade dos produtos e dos processos utilizados para obtê-los, por meio do gerenciamento de todos os processos de influência na qualidade do produto final. Também esse é o sentido da definição de garantia da qualidade posta como sinônimo de *qualidade assegurada*.

> **QUALIDADE ASSEGURADA É:**
>
> - Conjunto de ações sistematizadas necessárias e suficientes para prover confiança de que um produto ou serviço irá satisfazer os requisitos definidos da qualidade que, por sua vez, devem refletir as necessidades e as expectativas implícitas e explícitas dos clientes.
> - Estrutura e atividades desenvolvidas pelo fabricante ou fornecedor para assegurar plenamente a qualidade que gerará satisfação aos clientes.
> - Conjunto de atividades que proporcionam evidência objetiva, a todos os interessados, de que a função qualidade está sendo adequadamente conduzida.
> - Compromisso entre fornecedor e cliente em que cada etapa do processo é fornecedora da etapa seguinte, que, portanto, é seu cliente (Prazeres, 1996, p. 192).

A garantia da qualidade também significa que os processos de elaboração de um produto, desde seu projeto, estão suficientemente ajustados para que o sistema de produção seja capaz de dar a certeza de que a qualidade está como deveria estar.

A Era da Garantia da Qualidade elevou a qualidade de um patamar operacional em direção aos níveis mais elevados da administração da organização.

Foi nessa era que quatro elementos distintos proporcionaram a expansão da importância da qualidade para o gerenciamento empresarial: quantificação dos custos da qualidade, controle total da qualidade, engenharia da confiabilidade e o zero defeito.

A *quantificação do custo da qualidade* significou que os responsáveis pela qualidade, em uma determinada organização, poderiam saber o quanto deveriam investir na melhoria da qualidade e o quanto custava a falta de qualidade.

O custo da qualidade pode ser entendido como o total de custos incidentes em decorrência dos esforços para obtenção da qualidade, de sua garantia, e os incorridos quando a qualidade satisfatória não é obtida. Tais custos podem ser classificados em evitáveis ou inevitáveis. Juran apresentou a primeira referência de custos evitáveis (como os custos advindos de defeitos e falhas dos produtos) e os custos inevitáveis (como custos de inspeção e amostragem). Assim, a quantidade despendida com custos evitáveis passaria a ser uma referência para saber o quanto de investimento poderia, ou deveria, ser feito na melhoria da qualidade em determinada organização.

A quantificação dos custos da qualidade também contribuiu para ilustrar que as decisões tomadas no início da cadeia de produção (por exemplo: na fase de projeto) tinham implicações para o nível de custos da qualidade em que se incorria mais adiante, tanto na fábrica quanto no campo.

O conceito de *Controle Total da Qualidade (CTQ)*, na época introduzido na gestão da qualidade, baseia-se no princípio de que um produto de alta qualidade não pode ser produzido, por exemplo, se o departamento de fabricação trabalhar isolado em relação ao resto da organização. Ou seja, a obtenção da qualidade do produto final depende de ações integradas de garantia da qualidade em todos os processos e setores da empresa que, direta ou indiretamente, possam influenciar na qualidade, como, por exemplo, as áreas de Marketing, Vendas, Suprimentos, Engenharia do Produto, Distribuição e Armazenagem etc.

Isso se deve ao fato de que, para se conseguir uma verdadeira eficácia na busca pela qualidade, o controle precisa começar pelo projeto do produto e só terminar quando o produto tiver chegado às mãos de um consumidor que fique satisfeito: o primeiro princípio a ser reconhecido é o de que qualidade é um trabalho de todos.

Pela primeira vez, Armand Feigenbaum definiu o que era o CTQ em artigo publicado em 1957 no periódico *Quality Control,* editado pela American Society for Quality Control (ASQC), como um sistema eficaz para a integração dos esforços de desenvolvimento, manutenção e melhoria da qualidade dos vários grupos da organização a fim de que os processos e produtos apresentem os níveis mais econômicos possíveis, que permitam a satisfação total dos clientes.

Com outras palavras, o CTQ também pode ser definido como um sistema voltado para proporcionar satisfação ao cliente, gerando produtos e serviços de forma organizada e econômica, com assistência ao cliente/consumidor, e estruturado de forma que todos os funcionários da organização possam participar, contribuir e estar comprometidos com os esforços de desenvolvimento, manutenção e melhoria da qualidade de forma global.

Outro conceito para CTQ é dado por Campos (1995), que o define como o controle exercido por todas as pessoas para a satisfação das necessidades de todas as pessoas, estando baseado nos seguintes princípios básicos:

a) Produzir e fornecer produtos/serviços que atendam concretamente às necessidades do cliente/consumidor, satisfazendo as necessidades humanas.

b) Garantir a sobrevivência da organização através do lucro contínuo adquirido pelo domínio da qualidade, onde quanto maior a qualidade, maior a produtividade.

c) Identificar o problema mais crítico e solucioná-lo pelo critério de prioridade.

d) Falar, raciocinar e decidir com base em fatos e dados.

e) Gerenciar a empresa ao longo do processo e não por resultado.

f) Reduzir metodicamente as dispersões através do isolamento de suas causas fundamentais.

g) Não permitir a venda de produtos defeituosos.

h) Procurar prevenir a origem de problemas cada vez mais a montante, ou seja, cada vez mais próximo do início da cadeia de produção.

i) Nunca permitir que o mesmo problema se repita devido a uma mesma causa.

j) Respeitar os empregados como seres humanos independentes.

k) Definir e garantir a execução da visão e da estratégia da alta direção da organização.

A *Engenharia da Confiabilidade* apresenta como objetivo principal a prevenção de ocorrência de defeitos, e o aumento da probabilidade do produto funcionar sem falhas, envolvendo aspectos de predição, avaliação e melhoria das falhas de produtos. A Confiabilidade pressupõe o uso de conceitos e técnicas para medição, avaliação e melhoria da confiabilidade de produtos, por meio da aplicação de técnicas estatísticas, modelos de simulação, softwares de modelagem, equipamentos para realização de ensaios comuns e acelerados para prever a confiabilidade dos produtos etc.

O Programa Zero Defeito teve sua origem na Martin Company nos anos de 1961 e 1962, num projeto para a produção de mísseis *Pershing* para o exército dos EUA. O princípio do Zero Defeito baseia-se na afirmação de Philip Crosby, publicada em seu livro *Quality Is Free,* de que a qualidade perfeita é não só tecnicamente possível como também economicamente desejável.

O Zero Defeito constitui-se numa meta de longo prazo que estimula a organização à melhoria contínua da qualidade praticada e influenciada por todas as áreas funcionais.

Como discutido anteriormente, percebe-se claramente o teor corretivo e preventivo da garantia da qualidade, voltada basicamente para a solução de problemas existentes e para o aprimoramento de processos em direção a um patamar de eficiência tal que os problemas não mais ocorrerão.

Uma das diferenças entre a Garantia e a Gerência Estratégica da Qualidade (GEQ) está no fato de que, enquanto a primeira relaciona a qualidade aos níveis tático e operacional da organização, a segunda relaciona a qualidade ao nível estratégico. Outra diferença está no fato de que o GEQ passa a considerar o ambiente além da organização para determinar as políticas, metas e padrões da qualidade, fazendo do cliente/consumidor o mais importante colaborador.

Juran (2001) indica que os termos "Controle da Qualidade por toda a Empresa", "Planejamento Estratégico da Qualidade", "Gestão da Qualidade Total (GQT) ou *Total Quality Management* (TQM)" e "Controle da Qualidade Total" apresentam o mesmo significado proposto ao GEQ.

O GEQ, ou a GQT, é um processo estruturado para o estabelecimento de metas de qualidade a longo prazo nos níveis mais altos da organização e a definição dos meios a serem usados para o cumprimento dessas metas.

O autor também explicita a semelhança entre a estrutura do GEQ e a Gerência Estratégica Financeira (GEF). As características genéricas da GEF, listadas por ele, e que seriam aplicáveis à função qualidade, são:

- **Hierarquia de metas:** as metas corporativas estão sustentadas por metas instituídas em níveis divisionais, departamentais, operacionais etc. Essa hierarquia de metas permite que a meta global seja alcançada por meio do controle mais simples de metas focadas em partes da organização;
- **Metodologia formalizada:** necessária para o estabelecimento de metas e a provisão de recursos necessários para o seu atingimento;
- **Infraestrutura:** inclui todas as áreas da organização;
- **Processo de controle:** inclui sistemas para a coleta e análise de dados, relatórios e revisões de desempenho em relação às metas;
- **Provisão de recompensa:** o desempenho em relação às metas tem peso substancial no sistema de avaliação e reconhecimento de mérito;
- **Participação universal:** as informações devem ser estruturadas e fluir de tal maneira que os gerentes de todos os níveis deem apoio aos altos gerentes;
- **Linguagem comum:** padronização de terminologia para o incremento da precisão da informação;
- **Treinamento:** treinamento de gerentes de todos os níveis sobre conceitos financeiros, processos, métodos, ferramentas etc., para o incremento da competitividade.

Para Garvin (1992), a essência do GEQ é formada pelas seguintes afirmações:

a) Não são os fornecedores do produto, mas aqueles para quem eles servem que têm a última palavra em quanto e até que ponto um produto atende às suas necessidades e satisfaz às suas expectativas.

b) A satisfação relaciona-se com o que a concorrência oferece.

c) A satisfação, relacionada com o que a concorrência oferece é conseguida durante a vida útil do produto, e não apenas na ocasião da compra.

d) É preciso um conjunto de atributos para proporcionar o máximo de satisfação àqueles a quem o produto atende.

O estabelecimento de responsabilidades, a formalização de metodologias, a presença de infraestrutura apropriada, o controle das operações, a distribuição de recompensas, a participação de todos, a padronização de linguagem e o aperfeiçoamento constante, além de importantes para a GQT interdepartamental, também podem ser considerados importantes quando analisada a necessidade de gestão da qualidade interfirmas.

Todos esses fatores básicos estão representados nas características da GQT. Dessa maneira, poder-se-ia concluir que a lógica do GEQ e da GQT seria adequada para promover as parcerias entre os agentes de uma cadeia produtiva, viabilizando a gestão e a coordenação da qualidade através de seus segmentos.

Vale salientar que o GEQ engloba princípios de garantia da qualidade, pois, como já visto, um dos pilares do GEQ é justamente a necessidade de metodologias formalizadas para o estabelecimento de metas.

Tais metodologias são estabelecidas para garantir que as características do produto e do processo sejam consistentes com o especificado, sendo essencial a definição de um sistema da qualidade definido e bem estruturado, indicando quais atividades são necessárias para garantir a qualidade ao longo de todas as operações.

Um sistema da qualidade pode ser visto como sistema de administração, de garantia, de gerenciamento ou de gestão da qualidade, definido como consta no boxe a seguir.

---

**O SISTEMA DA QUALIDADE É:**

- ESTRUTURA ORGANIZACIONAL, PROCEDIMENTOS, RESPONSABILIDADES, PROCESSOS, ATIVIDADES E RECURSOS PARA IMPLEMENTAÇÃO DA GESTÃO DA QUALIDADE E ATINGIMENTO DOS OBJETIVOS DA QUALIDADE: GARANTIA DE QUE PROJETOS, PROCESSOS, PRODUTOS E SERVIÇOS IRÃO SATISFAZER ÀS NECESSIDADES E ÀS EXPECTATIVAS EXPLÍCITAS E IMPLÍCITAS DOS CLIENTES, EM CONSONÂNCIA COM A MISSÃO, OS OBJETIVOS E AS METAS DA ORGANIZAÇÃO.

- SISTEMA GERENCIAL PLANEJADO E DOCUMENTADO EM UM MANUAL DA QUALIDADE CONTENDO A POLÍTICA E OS PROCEDIMENTOS ATRAVÉS DOS QUAIS DEVERÁ SER OBTIDA A QUALIDADE EM UMA ORGANIZAÇÃO.

- CONJUNTO DE PLANOS, ATIVIDADES E EVENTOS QUE VISAM A FORNECER GARANTIA DE QUE PROJETOS, PROCESSOS, PRODUTOS E SERVIÇOS ATENDAM ÀS NECESSIDADES E ÀS EXPECTATIVAS DOS CLIENTES E DA PRÓPRIA ORGANIZAÇÃO (PRAZERES, 1996, P. 374-375).

---

O objetivo do sistema de gestão da qualidade é tornar mais efetivo o trabalho das pessoas, equipamentos e informações, a fim de assegurar a satisfação do consumidor a custos mínimos, sendo a coordenação e cooperação as bases para o gerenciamento do sistema da qualidade.

As características dessas Eras da Garantia e do Gerenciamento Estratégico da Qualidade encontram-se resumidas nos Quadros 2.3 e 2.4.

No Quadro 2.4, resumem-se as características da Era do Gerenciamento Estratégico da Qualidade.

A próxima Era da Qualidade deverá considerar com maior destaque o impacto social, econômico e ambiental da qualidade dos produtos e processos, tomando isso como oportunidade de diferenciação do negócio, considerando as necessidades da sociedade e não somente do mercado e do consumidor, rediscutindo o uso das ferramentas estatísticas, com uma orientação relacional em referência à cadeia de produção em que se encontra a empresa, de caráter humano, com uma abordagem preditiva da qualidade orientada para a sociedade de modo amplo. Todos esses aspectos serão abordados detalhadamente no Capítulo 16, sobre tendências da qualidade.

Com o intuito de sintetizar todas as características das Eras da Qualidade, apresenta-se o Quadro 2.5.

### Quadro 2.3 — Características da Era da Garantia da Qualidade

| Identificação das características | Descrição das características |
|---|---|
| Período da Era ou Fase da Qualidade | Décadas de 1960 e 1970 |
| Objetivo da Qualidade | Coordenação dos processos de fabricação, confiabilidade e manutenabilidade |
| Preocupação básica ou visão da Qualidade | Coordenação/Um problema a ser resolvido, mas que seja enfrentado pró-ativamente |
| Ênfase da Qualidade | Todas as etapas de produção e toda a cadeia de adição de valor, desde o projeto até o mercado, e a contribuição de todos os grupos funcionais, especialmente os projetistas, para impedir falhas de qualidade |
| Métodos da Qualidade | Programas e sistemas |
| Papel dos profissionais da Qualidade | Mensuração da qualidade, planejamento da qualidade e projeto de programas |
| Quem é o responsável pela Qualidade | Todos os departamentos, embora a alta gerência só se envolva perifericamente com o projeto, o planejamento e a execução das políticas da qualidade |
| Orientação da Qualidade | Em direção ao sistema |
| Caráter ou base de atuação da Qualidade | Negócios e Técnico |
| Abordagem ou enfoque da Qualidade | Constrói ou produz a qualidade |
| Função comprometida | Projetos e outras funções |

### Quadro 2.4 — Características da Era do Gerenciamento Estratégico da Qualidade

| Identificação das características | Descrição das características |
|---|---|
| Período da Era ou Fase da Qualidade | Décadas de 1980 e 1990 |
| Objetivo da Qualidade | Impacto estratégico da qualidade |
| Preocupação básica ou visão da Qualidade | Impacto estratégico/Uma oportunidade de concorrência |
| Ênfase da Qualidade | As necessidades de mercado e do consumidor |
| Métodos da Qualidade | Planejamento estratégico, estabelecimento de objetivos e a mobilização da organização |
| Papel dos profissionais da Qualidade | Estabelecimento de objetivos, educação e treinamento, trabalho consultivo com outros departamentos e delineamento de programas |
| Quem é o responsável pela Qualidade | Todos na empresa, com a alta gerência exercendo forte liderança |
| Orientação da Qualidade | Humanística, em direção à sociedade, ao custo e ao consumidor |
| Caráter ou base de atuação da Qualidade | Estratégico e humano |
| Abordagem ou enfoque da Qualidade | Gerencia a qualidade |
| Função comprometida | Organização e gestão da empresa |

**Quadro 2.5** — Características das Eras da Qualidade

| Identificação das características | Eras da Qualidade e descrição das características |||||
|---|---|---|---|---|---|
| | Inspeção do produto | Controle do processo | Sistema de gestão/garantia | Gerenciamento estratégico | Futuro... |
| Período da Era da Qualidade | Décadas de 1910 a 1930 | Décadas de 1940 e 1950 | Décadas de 1960 e 1970 | Décadas de 1980 e 1990 | Década de 2000 em diante |
| Objetivo da Qualidade | Detecção de não conformidades | Controle de processos de fabricação | Coordenação dos processos de fabricação, confiabilidade e manutenabilidade | Impacto estratégico da qualidade | Impacto social, econômico e ambiental |
| Preocupação básica ou visão da Qualidade | Verificação/Um problema a ser resolvido | Controle/Um problema a ser resolvido | Coordenação/Um problema a ser resolvido, mas que seja enfrentado pró-ativamente | Impacto estratégico/Uma oportunidade de concorrência | Impacto social, econômico e ambiental/Uma oportunidade de diferenciação |
| Ênfase da Qualidade | Uniformidade do produto | Uniformidade do produto com menos inspeção e o fornecimento de peças uniformes | Todas as etapas de produção e toda a cadeia de adição de valor, desde o projeto até o mercado, e a contribuição de todos os grupos funcionais, especialmente os projetistas, para impedir falhas de qualidade | As necessidades de mercado e do consumidor | As necessidades da sociedade, do mercado e do consumidor |
| Métodos da Qualidade | Inspeção da produção e Instrumentos de medição | Instrumentos e técnicas estatísticas | Programas e sistemas | Planejamento estratégico, estabelecimento de objetivos e a mobilização da organização | Métodos e ferramentas estatísticas sofisticadas, prática da inovação e capacitação de pessoal |
| Papel dos profissionais da Qualidade | Inspeção, classificação, contagem e avaliação | Solução de problemas e a aplicação de métodos estatísticos | Mensuração da qualidade, planejamento da qualidade e projeto de programas | Estabelecimento de objetivos, educação e treinamento, trabalho consultivo com outros departamentos e delineamento de programas | Estabelecimento de objetivos, educação e treinamento, trabalho consultivo com outros atores da cadeia produtiva |

*(continua)*

## Quadro 2.5 — Características das Eras da Qualidade (Continuação)

### Eras da Qualidade e descrição das características

| Identificação das características | Inspeção do produto | Controle do processo | Sistema de gestão/garantia | Gerenciamento estratégico | Futuro... |
|---|---|---|---|---|---|
| Quem é o responsável pela Qualidade | O departamento de inspeção | Os departamentos de produção e engenharia | Todos os departamentos, embora a alta gerência só se envolva perifericamente com o projeto, o planejamento e a execução das políticas da qualidade | Todos na empresa, com a alta gerência exercendo forte liderança | Todos na cadeia de produção |
| Orientação da Qualidade | Em direção ao produto | Em direção ao processo | Em direção ao sistema | Humanística, em direção à sociedade, ao custo e ao consumidor | Relacional entre atores da cadeia de produção |
| Caráter ou base de atuação da Qualidade | Técnico | Técnico | Técnico | Estratégico e humano | Humano e social |
| Abordagem ou enfoque da Qualidade | Inspeciona, comprova a qualidade | Controla a qualidade | Constrói ou produz a qualidade | Gerencia a qualidade | Coordena a qualidade na cadeia de produção |
| Função comprometida | Produção e controle do produto acabado | Produção e projetos do produto e do processo | Projetos e outras funções | Toda a organização e gestão da empresa e da cadeia de produção | Gestão da integrada da cadeia de produção e do relacionamento com a sociedade |

## 2.4 ENFOQUES DOS PRINCIPAIS AUTORES DA QUALIDADE

Como visto anteriormente, o intuito dos sistemas de gestão da qualidade (SGQ) é garantir e melhorar a qualidade esperada pelo cliente/consumidor, por meio de métodos e ferramentas que façam com que essa qualidade seja alcançada e melhorada e trazendo, paralelamente, a redução dos custos da qualidade através da eliminação dos custos evitáveis e da minimização dos custos inevitáveis dos processos produtivos envolvidos. As abordagens tradicionais e mais conhecidas para a gestão da qualidade são:

1) Os enfoques dos principais autores da área da qualidade.
2) Os critérios dos Modelos de Excelência de Gestão de Negócios, por meio dos conhecidos Prêmios da Qualidade.
3) Os modelos de GQT.
4) Os modelos baseados em normas de sistemas de gestão da qualidade (SGQ).

Os itens 2 a 4 serão vistos nos Capítulos 4 e 5. Neste capítulo serão abordados os enfoques dos principais autores da área da qualidade.

Vários autores formalizaram conceitos e táticas diferentes para a operacionalização de um Sistema de Gestão da Qualidade. A diferença entre as táticas (abordagens, ferramentas etc.) depende basicamente da conceituação adotada para a qualidade e da ênfase que eventualmente é dada a um particular subsistema ou dimensão da gestão. Por exemplo, alguns dos autores focam mais sua atenção nas atividades da linha de produção e no controle do processo, enquanto outros focam mais as atitudes organizacionais, administrativas ou comportamentais.

Apresenta-se, a seguir, uma síntese dos conceitos relativos à concepção de Sistemas de Gestão da Qualidade defendidos por alguns dos principais e mais clássicos autores da área. A intenção não é explorar totalmente a visão da Qualidade de cada um desses autores, mas sim exemplificar alguns conceitos e abordagens utilizados na elaboração de planos para a consolidação de Sistemas de Gestão da Qualidade. Esses autores, dentre os quais se destacam Juran, Feigenbaum, Deming, Crosby, Ishikawa e Taguchi, de modo geral não possuem pontos de vista significativamente conflitantes. As diferenças estão mais na importância dada por eles a alguns aspectos da gestão da qualidade e na análise de tais aspectos sob pontos de vista não inteiramente coincidentes.

### 2.4.1 Armand Feigenbaum: Controle Total da Qualidade

Armand Feigenbaum define o Controle Total da Qualidade (CTQ) como um sistema efetivo de integração de esforços para o desenvolvimento, a manutenção e o aprimoramento da qualidade dos vários grupos em uma organização, para capacitar os departamentos responsáveis pela produção de um bem ou serviço a atender plenamente as necessidades dos clientes/consumidores de maneira mais econômica.

Esse autor estabeleceu quatro tarefas básicas que uma organização deve cumprir para o eficaz e global controle da qualidade:

1) Controle de novos projetos.
2) Controle de recebimento de materiais.
3) Controle do produto.
4) Estudos especiais dos processos.

Para a consecução dessas tarefas, o autor propôs alguns subsistemas para efetivar o sistema de CTQ:

a) Avaliação da qualidade na pré-produção.
b) Planejamento da qualidade do produto e do processo.
c) Avaliação e controle da qualidade dos materiais comprados.
d) Avaliação e controle da qualidade dos produtos e processos.
e) Sistema de informação da qualidade.
f) Mecânica da informação da qualidade.
g) Desenvolvimento do pessoal, motivação e treinamento para a qualidade.
h) Qualidade pós-venda.
i) Administração da função controle de qualidade.
j) Estudos especiais da qualidade (projetos de melhoria).

A ênfase apresentada é a da organização e da sistematização para alcançar os objetivos da Qualidade. A empresa deverá estar baseada numa forte infraestrutura técnica e administrativa, com procedimentos de trabalho claramente estabelecidos, formalizados e integrados em toda a organização.

Essa abordagem indica que a qualidade tem sua origem numa estrutura organizacional bem definida, acompanhada de um conjunto de procedimentos operacionais fielmente seguidos, em que a empresa só alcança altos níveis de qualidade quando é plena e formalmente definida a divisão de responsabilidades.

A formalização exige documentação. Manuais indicativos, normas e procedimentos operacionais específicos devem dirigir as tarefas e os processos dentro da empresa. As não conformidades são vistas como ocorrências possíveis e, como tal, devem ser previstas, e os procedimentos para a prevenção e correção devem ser formalizados.

As proposições de Armand Feigenbaum constituem a base dos sistemas de gestão da qualidade definidos nas normas da série ISO 9000.

## 2.4.2 Joseph Moses Juran: a Trilogia da Qualidade

A maior contribuição de Joseph Moses Juran para a gestão da qualidade foi o estabelecimento de três processos administrativos para auxiliar o gerenciamento da qualidade e que são conhecidos como "Trilogia da Qualidade". Tais processos básicos são: planejamento da qualidade, controle da qualidade e aprimoramento da qualidade.

O *planejamento da qualidade* é a atividade de desenvolvimento de produtos que atendem às necessidades do cliente: é o ponto inicial, cuja finalidade é a de criar um produto e um processo capazes de atender às metas de qualidade estipuladas pela organização em condições normais de operação. O processo de planejamento da qualidade consiste em:

a) Determinar quem são os clientes, tanto internos quanto externos.
b) Determinar as necessidades dos clientes.
c) Desenvolver produtos e serviços com características que atendam às necessidades dos clientes.
d) Estabelecer especificações de qualidade para atender às necessidades dos consumidores dentro das condições impostas pelos fornecedores, obedecendo o critério de custo total mínimo.
e) Desenvolver um processo capaz de produzir os produtos com as características desejadas.
f) Provar que o processo é capaz de atender às especificações de qualidade dentro de condições normais de trabalho.
g) Transferir o resultado do planejamento para os grupos operativos.

Após a etapa de planejamento, o grupo que opera o processo de melhoria da gestão da qualidade tem a responsabilidade de atingir o nível de eficiência ótima. Devido a deficiências no planejamento original, os processos podem operar em níveis altos de desperdício ou perdas.

Essas perdas crônicas, inerentes ao próprio projeto do processo, não são de responsabilidade do pessoal de operação, que tem como objetivo básico o *controle da qualidade*, ou seja, estabelecer e executar processo usado pelos grupos operacionais como auxílio para atender aos objetivos do processo e do produto.

O intuito do controle da qualidade é o de não deixar que esses níveis de perdas sejam ultrapassados. Se em algum momento uma causa esporádica elevar o nível de perdas, deverão ser tomadas as ações que minimizem as perdas e investigadas e eliminadas as causas dessa ocorrência. São etapas do controle da qualidade:

a) Definir o que deve ser controlado.

b) Escolher qual o tipo de medida que será utilizada.

c) Estabelecer a mecânica de medição.

d) Estabelecer os padrões de desempenho.

e) Avaliar o desempenho operacional real.

f) Interpretar as diferenças entre o desempenho real e os objetivos.

g) Tomar ações corretivas em face das diferenças.

O último processo, o de *aprimoramento, aperfeiçoamento ou melhoria da qualidade*, tem por objetivo atingir níveis de desempenho sem precedentes, ou seja, níveis significativamente melhores do que qualquer outro no passado.

Isso significa que o nível crônico de perdas do processo deve ser atacado com ações dirigidas pela alta administração no sentido de atribuir a responsabilidade pelo processo de aprimoramento da qualidade aos gerentes da organização. Esse processo deve ser superposto ao processo de controle da qualidade, para sua complementação e não sua substituição. São etapas do processo de aprimoramento da qualidade:

a) Provar a necessidade do aprimoramento.

b) Identificar projetos específicos para o aprimoramento.

c) Estabelecer os objetivos do projeto.

d) Estabelecer a organização necessária para poder executar diagnósticos (descobrir causas).

e) Executar a mecânica necessária para construir os diagnósticos.

f) Estabelecer os rumos de ação com base nos diagnósticos.

g) Provar que as ações pretendidas são eficazes sob condições normais de trabalho.

h) Estabelecer um controle para perpetuar os aprimoramentos.

O sistema da qualidade preconizado por Juran dá ênfase ao controle dos custos da qualidade (prevenção, avaliação, falhas internas e externas). Tanto o nível da qualidade do produto quanto o nível de controle da empresa devem ser escolhidos em função do diferencial entre custos e benefícios. Os níveis ótimos são os que fornecem os maiores ganhos à empresa.

Os três processos da Trilogia da Qualidade se inter-relacionam por meio da chamada Trilogia de Juran.

> "OS PLANEJADORES DETERMINAM QUEM SÃO OS CLIENTES E QUAIS AS SUAS NECESSIDADES. A PARTIR DAÍ, DESENVOLVEM O PRODUTO E OS PROCESSOS CAPAZES DE ATENDER A ESSAS NECESSIDADES. FINALMENTE, OS PLANEJADORES TRANSFEREM OS PLANOS PARA OS GRUPOS OPERACIONAIS. O TRABALHO DOS GRUPOS OPERACIONAIS CONSISTE EM EXECUTAR OS PROCESSOS E PRODUZIR OS PRODUTOS" (JURAN E GRYNA, 1994, P. 20).

A Figura 2.1 demonstra o relacionamento entre os três processos da Trilogia da Qualidade esquematizando, assim, a Trilogia de Juran.

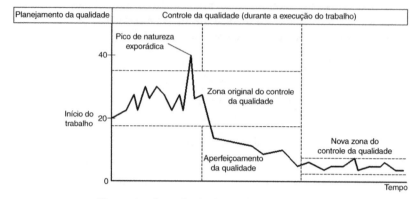

**Figura 2.1** | A Trilogia da Qualidade de Juran.

A seguir são apresentados os conceitos básicos para gestão da qualidade propostos por Crosby.

## 2.4.3 Philip Crosby: A Qualidade na Administração

De acordo com Philip Crosby, a qualidade de uma empresa não pode ser medida apenas pela qualidade de seus produtos finais. A qualidade seria a soma das qualidades obtidas nas diversas atividades e processos da empresa, uma das quais é a produção. Se qualidade for definida como conformidade aos requisitos, ou aos padrões exigidos, todas as atividades e processos estarão sujeitos ao mesmo tipo de conceito e de controle.

Philip Crosby define quatro princípios universais para a gestão da qualidade:

- *Definição da qualidade:* cada indivíduo tem sua definição pessoal do que é qualidade, como um conceito básico e intrínseco ao ser humano. Se a qualidade for definida como conformidade com requisitos, fica estabelecida uma base para um entendimento comum do que seja qualidade, em todos os processos e áreas da organização. Assim, não existe alta ou baixa qualidade. O que se pode dizer é se a qualidade está ou não está presente num produto ou processo.
- *Sistema da qualidade:* para que a qualidade possa ser alcançada, deve haver um sistema que a suporte e com foco na prevenção. A maioria dos sistemas tradicionalmente existentes nas organizações funciona como controladores da qualidade dos produtos já elaborados, procurando e corrigindo defeitos depois de sua produção. Um sistema só será gerador da qualidade se for voltado para a prevenção, ou seja, para prevenir e eliminar os erros antes de sua ocorrência.

- *Padrão de desempenho:* a resposta à pergunta "o desempenho está suficientemente bom?" é sempre NÃO. Suficientemente bom quer dizer coisas diferentes para diferentes pessoas. Uma resposta positiva indica que não conformidades são permitidas e até esperadas. O padrão de desempenho deve ser o zero defeito, o quer dizer que se devem atingir os requisitos, ou as especificações, na primeira vez que o produto for produzido ou que a atividade for realizada, e que, cada vez que esse produto for produzido, as especificações serão alcançadas.
- *Medidas da qualidade:* nas diferentes organizações são utilizados diferentes tipos de indicadores de desempenho em qualidade. Porém, a qualidade deve ser medida quantificando e avaliando o custo dos erros ou falhas ocorridos, por falta de qualidade, e de suas consequências econômicas, ou seja, o custo das não conformidades, também conhecido como o custo da não qualidade.

Crosby dá ênfase à importância da motivação para obtenção da Qualidade. Segundo sua visão, é obrigação da alta administração organizar programas e ações para conseguir uma boa receptividade para questões relacionadas à qualidade, em todos os níveis hierárquicos e processos da empresa. O tema principal sugerido pelo autor para os Programas de Gestão da Qualidade é "*do it right the first time!*" (faça certo da primeira vez!), por meio da busca de maiores níveis de motivação e comprometimento das pessoas.

## 2.4.4 William Edwards Deming: A Qualidade no Processo

Com base nas diferenças constatadas das práticas de gestão e do desempenho empresarial entre a indústria americana e a indústria japonesa, Deming estruturou sua filosofia de gestão da qualidade sobre a importância estratégica da qualidade como fator para aumento da competitividade de uma empresa. As diferenças mais marcantes observadas pelo autor, entre os modelos de gestão praticados nos EUA e no Japão na época, foram as seguintes constatações na indústria americana:

a) falta de envolvimento da alta administração com os problemas da Produção;

b) a Qualidade era encarada como tarefa e responsabilidade exclusivamente das áreas da Qualidade e da Produção;

c) treinamento do pessoal completamente inadequado para tratar com os problemas relacionados à Qualidade; e

d) forte dependência da inspeção 100% para a Garantia da Qualidade.

Com base nessas diferenças, Deming propôs um conjunto de 14 pontos, que serviriam de base para o estabelecimento de um efetivo Programa de Gestão da Qualidade:

1) Mantenha a constância de propósito no sentido de uma contínua melhoria de produtos e serviços, com o objetivo de tornar-se competitivo e perpetuar-se no mercado, gerando e mantendo empregos.

2) Adote uma filosofia de trabalho moderna. Estamos em uma nova era econômica. Não aceite a convivência com atrasos, erros, materiais defeituosos e mão de obra inadequada, enfim, defeitos seus ou de terceiros, como se isso fosse inevitável. A administração ocidental deve despertar para o desafio, conscientizar-se de suas responsabilidades e assumir a liderança em direção à transformação.

3) Termine com a dependência da inspeção em massa se quiser conquistar efetivamente a qualidade. Fundamente-se na Garantia da Qualidade do Processo, priorizando a internalização da qualidade no produto e durante o processo.

4) Pare com a prática de fazer negócios apenas com base no preço. Em vez disso, procure focar na minimização do custo total do produto. Elimine fornecedores que não podem se qualificar com evidências da qualidade e na confiança.

5) Antecipe-se às consequências da falta de qualidade. Identifique problemas existentes ou que possam vir a ocorrer. Descubra suas causas e trate de eliminá-las.
6) Institua métodos atualizados de treinamento no trabalho. O treinamento é um processo pelo qual cada supervisor ou gerente é responsável e como tal deve ser tratado.
7) Introduza modernos métodos de supervisão. Crie condições para a realização adequada do trabalho. Institua lideranças.
8) Afaste o medo. Crie um clima de confiança e respeito mútuo para que todos possam trabalhar de forma efetiva para melhoria da organização.
9) Elimine as barreiras entre departamentos. Os funcionários dos diversos setores precisam trabalhar em equipe, tornando-se capazes de antecipar e solucionar problemas que possam vir a ocorrer durante a produção ou utilização dos produtos (bens e/ou serviços). Descubra e conheça seus clientes. Identifique e atenda às suas necessidades.
10) Elimine metas numéricas, cartazes e *slogans* que apenas solicitam maiores níveis de produtividade e qualidade para os trabalhadores, sem indicar métodos ou ideias para atingi-los. Só estabeleça metas com a clara indicação do modo ou método para atingi-las.
11) Não imponha padrões de trabalho inconsistentes. Use apenas os padrões numéricos como instrumentos para que todos tenham consciência de sua situação e do resultado de seus esforços.
12) Remova as barreiras que não permitem aos empregados, de todos os setores, o justo direito de orgulhar-se do produto do seu trabalho. Motive-os e crie sinergia entre eles.
13) Mantenha sua equipe atualizada. Faça com que todos estejam em dia com mudanças de modelo, estilo, materiais, métodos e, quando necessário, novas máquinas.
14) Crie uma estrutura na alta administração que incentive todos os dias a prática dos 13 pontos anteriores. Faça com que todos na organização trabalhem para concretizar a transformação. A transformação é tarefa de todos.

Deming acreditava que, uma vez atingido o autocontrole em cada ponto da organização, toda a organização estaria sob controle. O autor pressupunha atingir um estado de controle estatístico de todos os processos técnicos e administrativos da organização.

O controle, como visto por Deming, tem uma atuação bastante prática, desde que entendidas as diferenças entre causas especiais (ou esporádicas) e causas comuns (ou crônicas) como origem dos problemas.

Um princípio básico de controle é que ninguém deve ser culpado ou penalizado por algo que não pode controlar ou gerenciar. A violação desse princípio leva à insatisfação e à frustração no trabalho.

A responsabilidade básica de quem opera um processo é obter a sua estabilidade, do ponto de vista tanto técnico como estatístico.

Um processo estável permite previsões que tornam eficientes o planejamento e a programação de recursos e da mão de obra, possibilitando também a análise de possíveis melhorias.

A gerência de um processo deve responder pelo seu desempenho em relação aos recursos disponíveis e às necessidades dos clientes. Assim, a operação do processo é responsável pela detecção e correção das causas especiais, enquanto a gerência será responsável pelo aprimoramento desse processo, por meio da eliminação das causas comuns.

A sequência de atuação gerencial preconizada por Deming consiste em primeiramente tratar e eliminar as causas especiais e depois as causas comuns. As causas especiais podem e devem ser tratadas em níveis mais operacionais da organização, além de normalmente não necessitarem de altos investimentos para a sua eliminação. As causas comuns são removidas pelo reprojeto do sistema ou processo e, normalmente, envolvem investimentos maiores.

Deming enfatiza a criação de grupos de trabalho e de melhoria, com a finalidade de eliminar instabilidades na operação dos processos, com uso intenso de ferramentas estatísticas básicas, que devem ser compreendidas e utilizadas por todos para atingir o autocontrole dos processos.

## 2.4.5 Kaoru Ishikawa: Sistema Japonês de Gestão da Qualidade

Os nomes de Kaoru Ishikawa e da JUSE – Union Japanese of Scientists and Engineers estão diretamente associados ao sucesso em qualidade do Japão, pelo papel que desempenharam na difusão de atividades de melhoria da qualidade entre as empresas japonesas.

A inferioridade japonesa em qualidade, nas décadas de 1940 e 1950, foi publicamente reconhecida pelo país, e gradualmente o governo, empresários e gerentes desenvolveram e aperfeiçoaram o mote central para a estratégia da qualidade do país no período pós-guerra: a melhoria da qualidade poderia ser usada como um vetor para a redução de custos e a melhoria da produtividade, especialmente na indústria de produção em massa.

A chave para implementação dessa estratégia era que todos os empregados e todos os departamentos das empresas tinham que assumir responsabilidade pela melhoria da qualidade.

Em 1943, com o desenvolvimento do Diagrama de Causa e Efeito, Kaoru Ishikawa começou a estabelecer um conjunto de princípios que, ao contrário do pensamento norte-americano, eram baseados na ideia de que os custos da não qualidade não deveriam guiar a melhoria da qualidade, mas sim a opinião e a satisfação dos clientes e consumidores.

De fato, é esse o tema (satisfação do consumidor) que domina quase toda a discussão japonesa sobre melhoria da qualidade e da competitividade sustentada no longo prazo.

A ênfase é no sentido de incorporar intimamente o consumidor à administração da empresa, desde as etapas iniciais da concepção e desenvolvimento do produto. Essa ênfase é uma extensão do *slogan* genérico: "Faça do próximo processo, ou atividade, o seu cliente." Foi o próprio Ishikawa quem introduziu esse conceito após visitar uma usina de aço em 1950. Quando examinava o relatório de não conformidades na empresa, ele observou um forte seccionalismo (departamentalização, barreiras etc.) que inibia os funcionários de se comunicarem e cooperarem para eliminação dos defeitos.

Ao tentar explicar a necessidade de cooperação, ele desenvolveu a ideia: "Você deve imaginar que o próximo processo (etapa, posto de trabalho etc.) é seu cliente."

A mudança estrutural na gestão das empresas japonesas, preconizada por Ishikawa, pode ser resumida nos sete seguintes tópicos:

1) Primazia pela qualidade: perseguir o lucro imediato implica um risco que, a longo prazo, significará perda de competitividade, com consequente redução de ganhos.

2) Postura orientada para o cliente: tudo deve ser orientado e dirigido colocando-se na posição do usuário, não impondo o ponto de vista do produtor.

3) A etapa subsequente do processo é cliente da precedente: destruir os seccionalismos existentes entre os setores.

4) Descrever e representar os fatos com base em dados reais: utilização das técnicas estatísticas.

5) Administração com respeito à pessoa humana: administração participativa.

6) Gestão e controle por fatores de competitividade e não por departamentos: ênfase na integração horizontal entre os departamentos a partir dos fatores competitivos (qualidade, custo, prazos, atendimento etc.). A estrutura orgânica vertical apenas define a hierarquia e não proporciona a integração horizontal dos diversos processos e fatores ou objetivos de competitividade.

7) Gestão da qualidade conduzida por todas as pessoas e áreas da empresa e incorporação de inovações e mudanças tecnológicas (de produto, processo e gestão).

Ishikawa e a JUSE estão associados à criação e à difusão dos conceitos japoneses de TQM (*Total Quality Management*) e de CWQC (*Company Wide Quality Control*), amplamente difundidos em empresas de todo o mundo.

### 2.4.6 Genichi Taguchi: A Qualidade Robusta

Genichi Taguchi desenvolveu um método para melhoria da qualidade e redução de custos, que passou a ser denominado Método Taguchi.

A abordagem para a garantia da qualidade com enfoque no projeto do produto e do processo é chamada de *qualidade robusta*. Sua premissa básica é bastante simples: em vez de se concentrar os esforços constantemente no processo de produção para assegurar uma qualidade consistente, deve-se procurar projetar um produto que seja robusto o suficiente para assegurar alta qualidade a despeito de variações que venham a ocorrer no processo de produção, bem como no ambiente de uso do produto.

Taguchi também foi o autor que desenvolveu o conceito da Função Perda da Qualidade. A qualidade é definida pelo autor como a perda, em valores monetários, que um produto causa à sociedade após sua venda. Quanto maior a perda associada ao produto, menor sua qualidade. Essas perdas se restringem a dois tipos:

1) Perdas causadas pela variabilidade da função básica intrínseca do produto.

2) Perdas causadas pelos efeitos colaterais nocivos do produto.

Essas perdas são consideradas durante a fase de uso do produto. O primeiro tipo refere-se às perdas causadas pela variabilidade do desempenho da função básica do produto, durante sua vida útil. O segundo refere-se às perdas associadas aos efeitos colaterais nocivos inerentes ao uso do produto.

O Método Taguchi é detalhado no Capítulo 14 deste livro.

### 2.4.7 Pontos em Comum dos Principais Autores da Qualidade

Considera-se que existem os seguintes principais pontos comuns nas recomendações básicas desses autores para a gestão da qualidade:

a) Compromisso da alta administração para com a qualidade e sua melhoria.

b) A organização deve elaborar e implementar uma política ou diretriz específica para o aperfeiçoamento contínuo (ou seja, ter uma política de melhoria contínua).

c) Gerenciamento e investimento no treinamento, na capacitação e no desenvolvimento do pessoal de todos os níveis hierárquicos da organização.

d) Adoção de sistemáticas e padronização de procedimentos de trabalho para os processos da organização, os quais representam a base para a previsibilidade e para a melhoria do desempenho.

e) Adoção de uma visão e prática de envolvimento e participação das pessoas na resolução de problemas.

f) Busca da integração nos níveis horizontal (entre processos, departamentos etc.) e vertical (entre níveis hierárquicos) da organização.

g) Valorização e foco na constância de propósitos, ou seja, na perseverança, com sabedoria, na busca dos objetivos estabelecidos.

## QUESTÕES PARA DISCUSSÃO

1) Monte um diagrama que sintetize a evolução histórica do conceito da gestão da qualidade, indicando as principais características de cada fase.

2) Considere como referência as características das Eras da Qualidade, que constam no Quadro 2.5. Com base nessas características, classifique três empresas, que você conheça ou venha a obter informações, indicando em qual Era da Gestão da Qualidade elas se enquadrariam.

3) Identifique e discuta as principais diferenças entre os enfoques para gestão da qualidade dados pelos principais autores da qualidade.

4) Identifique e discuta os conceitos e práticas da gestão da qualidade que podem levar ao objetivo de se ter previsibilidade dos resultados de um processo.

5) Identifique e discuta os conceitos e práticas da gestão da qualidade que podem levar ao objetivo, complementar ao de previsibilidade, de se conseguir melhoria da competitividade dos resultados de um processo.

6) Discuta o significado dos principais pontos em comum nas recomendações para gestão da qualidade dos principais autores da área.

7) Associe a cada um desses pontos comuns, nas recomendações dos autores, um conjunto de conceitos, práticas e métodos que podem auxiliar na sua efetivação, ou seja, na implementação de cada um desses pontos comuns.

## BIBLIOGRAFIA

CAMPOS, V.F. *Gestão da qualidade total, estilo japonês*. Belo Horizonte: QFCO, 1995.

CROSBY, P. *Qualidade é investimento*. Rio de Janeiro: José Olympio, 1994.

DEMING, W.E. *Qualidade*: a revolução da administração. Rio de Janeiro: Marques Saraiva, 1990.

FEIGENBAUM, A.V. *Controle da qualidade total*. São Paulo: Makron Books, 1994, v. 1, 2, 3 e 4.

GARVIN, D. *Gerenciando a qualidade*. Rio de Janeiro: Qualitymark, 1992.

ISHIKAWA, K. *TQC – Total quality control*: estratégia e administração da qualidade. São Paulo: IM&C, 1994.

JURAN, J.M. *A qualidade desde o projeto*. São Paulo: Pioneira, 2001.

_____; GRYNA, F.M. *Controle da qualidade – Handbook. Volume I*: conceitos, políticas e filosofias da qualidade. São Paulo: Makron Books, 1994.

LAROUSSE Cultural. *Dicionário da língua portuguesa*. São Paulo: Nova Cultural, 1992.

PRAZERES, P.M. *Dicionário de termos da qualidade*. São Paulo: Atlas, 1996.

TOLEDO, J.C. Gestão da qualidade na agroindústria. In: BATALHA, M.O. (org.). *Gestão agroindustrial*. 2. ed. São Paulo: Atlas, 2001, v. 1, p. 465-517.

_____. *Qualidade industrial*: conceitos, sistemas e abordagens. São Paulo: Atlas, 1986.

# Gerenciamento Estratégico da Qualidade

## 3.1 INTRODUÇÃO

O Capítulo 2 indicou a evolução da Gestão da Qualidade, da Inspeção no final da linha de produção até a Gestão Estratégica da Qualidade. O conteúdo do capítulo focou as três primeiras Eras da Gestão da Qualidade: Inspeção, Controle do Processo e Sistemas de Garantia da Qualidade. A Gestão Estratégica da Qualidade (GEQ) é abordada no presente capítulo.

Essa evolução culmina com o envolvimento das áreas e decisões estratégicas da empresa no objetivo de se gerenciar a qualidade, contribuindo para o desempenho estratégico da empresa, passando a englobar preocupações mais contundentes em relação à qualidade para o cliente, à qualidade nos processos internos e à qualidade advinda dos fornecedores, com estes passando a integrar os processos de pesquisa e desenvolvimento de novos produtos.

O papel do cliente passa a ser fundamental e estratégico. Todas as chamadas abordagens modernas para a gestão da qualidade consideram o cliente o ponto de partida das informações que nortearão a conquista da efetiva qualidade de produtos e processos e a consequente competitividade.

A gestão da qualidade, em sua Era atual, adota os princípios da qualidade total, internalizando conceitos que a aproximam da necessidade de uma gestão efetiva da qualidade ao longo de toda a cadeia produtiva e, consequentemente, dos princípios que orientam a gestão da cadeia de suprimentos.

O papel do gerenciamento da informação também ganha força com a relativamente recente característica pró-ativa da gestão da qualidade. Obter informação para explorar e evitar os problemas passa a ser fundamental para a redução de perdas financeiras e materiais, para a redução dos custos de produção e para o aumento da eficiência produtiva que, quando todos os agentes de uma cadeia de produção a conseguem, resulta no aumento da competitividade da mesma.

## 3.2 CARACTERÍSTICAS DA GESTÃO ESTRATÉGICA DA QUALIDADE

A Era da Garantia da Qualidade elevou a qualidade de um patamar operacional em direção aos níveis mais elevados da administração do negócio. O teor corretivo e preventivo da garantia da qualidade, conforme observado na Seção 2.3.3 do Capítulo 2, orienta a gestão da qualidade basicamente para a solução de problemas existentes e para o aprimoramento de processos, em direção a um patamar de eficiência tal que os problemas não mais ocorreriam.

Uma das diferenças entre a GEQ e a Era anterior, da Garantia da Qualidade, está no fato de que, enquanto esta relaciona a qualidade aos níveis tático e operacional da organização, a GEQ relaciona a qualidade ao nível estratégico da estrutura e das decisões da organização. Outra diferença está no fato de que a GEQ passa a considerar o ambiente além da organização para determinar as políticas, metas e padrões da qualidade, fazendo dos clientes e consumidores os mais importantes colaboradores.

A GEQ é um "(...) processo estruturado para o estabelecimento de metas de qualidade a longo prazo nos níveis mais altos da organização e a definição dos meios a serem usados para o cumprimento dessas metas" (Juran, 2009, p. 307). Esse autor sugere que os termos "Controle de Qualidade por Toda a Empresa", "Planejamento Estratégico da Qualidade", "Gestão da Qualidade Total (GQT), ou *Total Quality Management* (TQM)", e "Controle da Qualidade Total" apresentam o mesmo significado proposto ao GEQ.

Juran (2009) também explicita a semelhança entre a estrutura da GEQ e a Gerência Estratégica Financeira (GEF). As características genéricas da GEF e que seriam aplicáveis à função qualidade são:

- **Hierarquia de metas:** as metas corporativas estão sustentadas por metas instituídas em níveis divisionais, departamentais, operacionais etc. Essa hierarquia de metas permitiria que a meta global seja alcançada por meio do controle mais simples de metas focadas em partes da organização.
- **Metodologia formalizada:** necessária para o estabelecimento de metas e provisão de recursos necessários para o seu atingimento.
- **Infraestrutura:** inclui todas as áreas da organização.
- **Processo de controle:** inclui sistemas para a coleta e análise de dados, relatórios e revisões de desempenho em relação às metas.
- **Provisão de recompensa:** o desempenho em relação às metas tem peso substancial no sistema de avaliação e reconhecimento de mérito.
- **Participação universal:** as informações devem ser estruturadas e fluir de tal maneira que os gerentes de todos os níveis deem apoio aos altos gerentes.
- **Linguagem comum:** padronização de terminologia para o incremento da precisão da informação.
- **Treinamento:** treinamento de gerentes de todos os níveis sobre conceitos financeiros, processos, métodos, ferramentas etc., para o incremento da competitividade.

Garvin (2002) cita a ASQ – American Society for Quality para definir os elementos centrais da abordagem estratégica da qualidade. Para o autor, a essência da GEQ é formada pelas seguintes afirmações:

a) Não são os fornecedores do produto, mas aqueles para quem eles servem que têm a última palavra em quanto e até que ponto um produto atende às suas necessidades e satisfaz suas expectativas.

b) A satisfação relaciona-se com o que a concorrência oferece.

c) A satisfação, relacionada com o que a concorrência oferece, é conseguida durante a vida útil do produto, e não apenas na ocasião da compra.

d) É preciso um conjunto de atributos para proporcionar o máximo de satisfação àqueles a quem o produto atende.

O estabelecimento de responsabilidades, a formalização de métodos, a presença de infraestrutura apropriada, o controle das operações, a distribuição de recompensas, a participação de todos, a padronização de linguagem e o aperfeiçoamento constante, além de importantes para o GEQ interdepartamental, também podem ser considerados importantes quando se analisa a necessidade de gestão da qualidade interfirmas.

Todos esses fatores básicos também estão representados nas características da GQT. Dessa maneira, poder-se-ia concluir que a lógica do GEQ e da GQT seria adequada para promover as parcerias entre os agentes de uma cadeia produtiva, viabilizando a gestão e coordenação da qualidade através de seus segmentos.

O GEQ engloba princípios de garantia da qualidade, pois, como já visto, um dos pilares do GEQ é justamente a necessidade de métodos e procedimentos padronizados e formalizados para o estabelecimento de metas.

Esses métodos são estabelecidos para garantir que as características do produto e do processo sejam consistentes com o especificado, e é essencial a definição de um sistema da qualidade definido e bem estruturado, indicando quais atividades são necessárias para garantir a qualidade ao longo de todas as operações.

O Quadro 3.1 resume as características da Era do Gerenciamento Estratégico da Qualidade.

**Quadro 3.1 — Características da Era do Gerenciamento Estratégico da Qualidade**

| Identificação das características | Descrição das características |
|---|---|
| Período de desenvolvimento da Era ou Fase da Qualidade | Décadas de 1980 e 1990 |
| Objetivo da Qualidade | Impacto estratégico da qualidade |
| Preocupação básica ou visão da Qualidade | Impacto estratégico. Uma oportunidade de concorrência |
| Ênfase da Qualidade | As necessidades de mercado e do consumidor |
| Métodos da Qualidade | Planejamento estratégico, estabelecimento de objetivos, mobilização da organização e melhoria contínua |
| Papel dos profissionais da Qualidade | Estabelecimento de objetivos, educação e treinamento, trabalho consultivo com outros departamentos e delineamento de programas |
| Quem é o responsável pela Qualidade | Todos na empresa, com a alta gerência exercendo forte liderança |
| Orientação da Qualidade | Humanística, em direção à sociedade, ao custo e ao consumidor |
| Caráter ou base de atuação da Qualidade | Estratégico e humano |
| Abordagem ou enfoque da Qualidade | Gerencia a qualidade |
| Função comprometida | Toda a organização e gestão da empresa |

Fonte: Adaptado a partir de Garvin (2002).

## 3.3 ELEMENTOS DA GESTÃO ESTRATÉGICA DA QUALIDADE

Quando se trata da Gestão Estratégica da Qualidade (GEQ), consideram-se dois conceitos importantes: a importância estratégica da qualidade para a competitividade do produto e o planejamento da qualidade como base para o gerenciamento da qualidade como fator estratégico.

Tummala e Tang (1995) listaram um conjunto de princípios que fundamentam a GEQ: focar a qualidade no cliente; liderar; praticar a melhoria contínua; planejar a qualidade estrategicamente; estimular a participação das pessoas e o estabelecimento de parcerias na busca por graus mais elevados da qualidade; projetar a qualidade, a velocidade de adequação de produtos e a prevenção de falhas; e gerenciar utilizando fatos e dados como base para a tomada de decisões.

A seguir cada um desses elementos são brevemente discutidos e relacionados com outros aspectos que influenciam a GEQ.

### 3.3.1 Foco no Cliente e Inovação na Qualidade de Produtos e Processos

Assim como adotado por autores da Qualidade como Juran e Crosby e em modelos de sistemas de gestão da qualidade como a NBR ISO 9001:2008 e o Prêmio Nacional da Qualidade (ver Capítulos 2 e 4), esse elemento ou princípio da GEQ prevê que o processo se inicia e termina no cliente. A ideia central é a de que todos os atributos da qualidade que agregam valor aos bens e serviços sejam oriundos das necessidades dos clientes e, ao mesmo tempo, direcionados para a satisfação dessas mesmas necessidades.

No entanto, apesar de esse princípio ser interpretado como a diretriz que deve nortear a implantação da GEQ, é importante mencionar o que será abordado no Capítulo 6, que trata da coordenação da qualidade: o conjunto de requisitos para o projeto da qualidade do produto e do processo, além do mercado (requisitos do cliente), deve considerar os aspectos legais, como normas, leis e portarias (requisitos legais); o planejamento estratégico das empresas (requisitos da empresa e cadeia de produção); e os aspectos socioambientais relacionados ao produto (requisitos sociais). Ou seja, por cliente devem-se entender todos os clientes, consumidores e partes interessadas no negócio, considerando todas as fases do ciclo de vida do produto e do negócio.

A satisfação do cliente relaciona-se ao que a concorrência oferece. A concorrência em qualidade exige esforços para atrair consumidores através da oferta de produtos de qualidade diferentes e para realizar aperfeiçoamentos de produto ao longo do tempo.

Se a qualidade do produto de empresas concorrentes não é passível de mudanças, não existe nenhuma razão para evolução e continuidade da concorrência em qualidade. Ou seja, se as qualidades relativas dos produtos, num dado mercado, permanecem constantes ao longo do tempo, as posições relativas dos concorrentes se mantêm e o nível de competição não se altera. Mas, se a qualidade do produto ofertado pode variar, a constante renovação dos produtos passa a ser uma prática comum entre os concorrentes. A continuidade da concorrência em qualidade num determinado mercado, portanto, depende diretamente da mudança da qualidade.

A razão fundamental para a mudança contínua da qualidade é a existência de imperfeições e insatisfações no atendimento das necessidades dos consumidores, seja porque o produto não atende às necessidades existentes ou porque as necessidades mudaram.

Admitindo-se que a satisfação plena das necessidades do mercado é buscada continuamente pelo produtor, isso faz com que a qualidade dos produtos ofertados tenda a evoluir ao longo do tempo. Essa mudança evolucionária é parte integrante do processo econômico e uma consequência inevitável do comportamento de busca de maximização do desempenho da empresa no mercado.

Comparativamente à concorrência por preço, a concorrência em qualidade está sujeita a um elevado grau de incerteza, tendo em vista as suas especificidades em termos de subjetivismo e complexidade. Enquanto a comparação de preços é relativamente simples, dado que a variação e análise são unidimensionais, a comparação da qualidade, por outro lado, geralmente é complexa, uma vez que é composta de diversas dimensões, cada uma delas variável, e muitas são de avaliação subjetiva (ver Capítulo 1).

As mudanças introduzidas na qualidade de um produto resultam de um processo de mudança tecnológica e de mudança técnica, especialmente quando estimuladas pelos clientes. Além da mudança das necessidades e expectativas dos clientes, outros elementos que estimulam a inovação na qualidade de produtos e processos são:

- **Estrutura de mercado:** consideram-se quatro tipos de estrutura de mercado. São eles: o mercado competitivo homogêneo (há competição por preço, mas não por diferenciação de produto); o mercado competitivo diferenciado (há competição por preço e por diferenciação de produto); o mercado oligopolista homogêneo (não há competição nem por preço, nem por diferenciação de produto); e o mercado oligopolista diferenciado (há competição por diferenciação de produto, mas não por preço). Há um maior espaço para a concorrência em qualidade nos mercados competitivos e oligopolistas diferenciados. O que distingue essas duas situações é que no mercado competitivo diferenciado a concorrência por preços coexiste com a concorrência por diferenciação de produto em qualidade. Quanto maior a pressão competitiva num dado mercado, maior a necessidade de inovação em qualidade para concorrer por diferenciação de produtos.

- **Inovações tecnológicas:** elas podem ser divididas em dois tipos, a inovação tecnológica que ocorre no setor ou indústria e a inovação tecnológica induzida ou estimulada. A primeira diz respeito ao avanço tecnológico desenvolvido por fornecedores, produtores e clientes de um mesmo setor econômico ou indústria, e para fazer frente aos concorrentes desse setor a organização deve evitar sua defasagem tecnológica, adotando as inovações mais recentes. A segunda trata da origem da inovação tecnológica, também chamada de *demand-pull*, segundo a qual as forças do mercado representariam os principais determinantes da direção e do ritmo da mudança técnica. A abordagem da *demand-pull* compreende o desenvolvimento das seguintes atividades: observar e analisar, o mais diretamente possível, as necessidades dos clientes; descrever suas expectativas, desejos e insatisfações; identificar o valor que o mercado atribui a essas expectativas; medir o grau com que os concorrentes satisfazem essas necessidades; e, caso se mostre viável, introduzir no produto as inovações que permitirão satisfazer a necessidade demandada. Em ambos os casos, o esforço necessário será tanto maior quanto mais intenso for o ritmo de expansão das fronteiras tecnológicas e quanto maior a defasagem tecnológica da organização. É preciso entender que as características tecnológicas e as funções básicas dos produtos, bem como a natureza dos compradores potenciais, são fatores cruciais que, anteriormente a qualquer outra característica da estrutura do mercado, respondem pelos comportamentos distintos em relação à inovação de produtos e processos.

- **Requisitos legais:** como será visto no Capítulo 6, os Requisitos Legais se referem ao conjunto de normas, regulamentos, códigos e procedimentos formalizados por legislação e atos normativos que podem influenciar ou definir as características da qualidade de produtos e processos. Alguns exemplos seriam as normas técnicas da Anvisa – Agência Nacional de Vigilância Sanitária e do Inmetro – Instituto Nacional de Metrologia, Normalização e Qualidade Industrial, e exigências específicas de mercado para adoção de selos tais como a certificação da associação norte-americana National Sanitation Foundation (NSF) para comercialização de água mineral, inclusive no Brasil.

- **Ambiente institucional:** confundindo-se com o elemento anterior, especialmente no que tange às políticas industriais e de comércio exterior, as restrições do ambiente institucional influenciam o direcionamento dos esforços para adaptação de produtos e processos. Um dos aspectos da política industrial adotada pelo governo de Barack Obama, por exemplo, obriga que a indústria automotiva que atua nos EUA desenvolva veículos que tenham motores com desempenho médio superior a 15 quilômetros por litro. Também se estimulará o uso de biocombustíveis. No Brasil, a partir de

2014, serão obrigatórios como itens de série nos veículos comercializados no país *airbags* frontais e freios ABS. Esses tipos de políticas públicas obrigam a indústria a inovações da qualidade de produtos e processos.

- **Estratégias da organização:** podem ser classificadas em: estratégias competitivas (a estratégia competitiva define o modo como a empresa pode competir com maior eficácia para fortalecer sua posição no mercado); estratégias tecnológicas (a estratégia tecnológica é o enfoque que a empresa adota para o desenvolvimento e uso da tecnologia, constituindo em elemento de sua estratégia competitiva. Objetiva orientar a empresa na aquisição, no desenvolvimento e na aplicação da capacidade tecnológica para obtenção de vantagem competitiva. Ela deve contemplar o foco, as fontes de capacitação e o momento e a frequência de implantação das inovações); estratégias de produto e mercado (a estratégia de produto e de mercado envolve a definição do número de produtos básicos e de produtos derivados a serem oferecidos, bem como a frequência de introdução de novos produtos. Os produtos básicos representam os projetos básicos a partir dos quais são desenvolvidos os diversos modelos e versões do produto. Os produtos derivados podem ser desde versões de menor custo dos produtos básicos com menos ou diferentes atributos, versões mais sofisticadas, ou versões híbridas, que constituem a junção de características de duas ou mais versões básicas de produtos); e estratégias da qualidade (diretrizes gerais seguidas por uma organização para o cumprimento de sua política, de seus objetivos e de suas metas da qualidade. Podem seguir os modelos *in-line* ou os modelos *on-line*. Os primeiros tratam do estímulo à adoção de práticas de melhorias no processo produtivo, e os outros priorizam práticas de melhoria desenvolvidas diretamente com os clientes).

## 3.3.2 Liderança

O envolvimento da gerência no desenvolvimento da qualidade na organização é de fundamental importância para a GEQ. Se de um lado o nível gerencial da empresa deve definir claramente a política e os objetivos da qualidade que direcionarão todas as atividades da organização, também deve buscar que esses elementos da qualidade estejam alinhados com as metas e objetivos estratégicos da organização.

Faz-se importante a prática da liderança em todos os níveis gerenciais, de modo que os objetivos e as metas da qualidade sejam satisfatoriamente transmitidos a todos da organização, capacitando e educando as pessoas da empresa para que coloquem a busca pela qualidade como a principal prioridade em suas atividades, especialmente através do cumprimento da melhoria contínua.

## 3.3.3 Melhoria Contínua

O princípio de melhorar produtos e processos continuamente é central para a GEQ. A melhoria contínua compreende a agregação de valor ao cliente através do desenvolvimento e aperfeiçoamento de produtos e processos novos ou já existentes, em busca da redução de variabilidade, da redução do número de defeitos e do incremento da produtividade.

De acordo com Deming e Juran, o alicerce da melhoria contínua é o controle de processos e a redução da variabilidade e dos desperdícios.

A melhoria contínua é uma filosofia que considera o desafio da melhoria dos produtos, processos e serviços um procedimento sem fim permeado de pequenas conquistas.

A melhoria contínua procura melhorar continuamente os equipamentos, os materiais, a utilização do pessoal e os métodos de produção, por meio da aplicação de sugestões e ideias dos integrantes das equipes de trabalho.

Dessa forma, pode-se definir o processo de melhoria contínua como o conjunto de enfoques, atividades e ações que se deve executar para integrar, no processo de direção, os conceitos e práticas da melhoria da qualidade, para construir e sustentar, em todos os níveis da empresa, um compromisso em busca da qualidade que permita:

a) a adaptação permanente da organização aos requisitos e às necessidades dos clientes, com o objetivo de aumentar o volume de vendas, a quota de mercado e a satisfação do cliente e dos empregados;

b) a detecção das ineficiências internas e sua solução permanente, melhorando a qualidade da gestão e reduzindo os custos operacionais; e

c) a prevenção de falhas em todas as áreas funcionais da empresa, melhorando os bens e serviços entregues ao cliente, para evitar posteriores recusas, devoluções, reclamações e insatisfação dos clientes.

Para que o processo de melhoria contínua seja viável, faz-se necessário cumprir dois requisitos básicos:

1) Criar as condições adequadas para que todos os empregados adquiram um compromisso contínuo com a qualidade. O compromisso deve começar pela alta gerência da empresa.

2) Criar uma estrutura que mantenha o processo e gere a informação que os diretores da empresa requerem para fazer parte de sua gestão diária.

O processo de implantação de melhoria contínua divide-se em quatro etapas básicas:

1) **Preparação do processo:** deve-se criar um ambiente adequado que favoreça a mudança cultural necessária, assim como os mecanismos de suporte. Identificam-se as necessidades.

2) **Planejamento do processo:** programar a implantação do processo (objetivos, estratégias, recursos etc.).

3) **Desenvolvimento da experiência-piloto:** implantar Grupos de Melhoria e/ou de Trabalho, ou qualquer outro tipo em nível organizacional restrito, que comecem a gerar resultados.

4) **Extensão do processo:** de acordo com os resultados obtidos na etapa anterior, fazer as adaptações oportunas e criar os sistemas que garantam a continuidade do processo, estendendo-o a toda a empresa.

Cada empresa é diferente das demais e requer um programa para a implantação do sistema de melhoria contínua específico. Não obstante, qualquer programa deve incluir os elementos mostrados nas subseções que se seguem.

A preparação do processo deve começar com a declaração expressa do comprometimento da alta direção com a melhoria contínua da qualidade e a criação de um comitê de qualidade que inicie os trabalhos de análise da situação, de identificação de necessidades e de planejamento.

O planejamento do processo de melhoria contínua deve incluir os objetivos, as estratégias, os planos de atuação específicos e a determinação dos recursos necessários para a implantação, estabelecendo o cronograma correspondente.

A implantação do processo de melhoria contínua pode ser iniciada mediante uma experiência-piloto, de alcance limitado, e sua posterior extensão ao restante da empresa dependerá dos resultados obtidos e da aprendizagem nessa experiência-piloto.

Se a qualidade é a conformidade com os requisitos e as necessidades dos clientes, para melhorar a qualidade faz-se necessário compreender os clientes, tanto externos quanto internos.

Na empresa, cada função é cliente da anterior e fornecedora da seguinte. É necessário encontrar modos adequados para trabalhar com os clientes, externos e internos, na definição dos requisitos do produto.

É necessário compreender a relação entre os processos internos e a satisfação das necessidades dos clientes externos. Para melhorar a atuação da empresa, deve-se melhorar a atuação dos processos.

Como a qualidade é o resultado do trabalho de todos os empregados da empresa, a melhor via, e possivelmente a única para se conseguir uma participação global, é mediante um tipo participativo de direção.

Ainda que a qualidade seja o trabalho de todos, para que não se converta em trabalho de ninguém, faz-se necessário criar uma estrutura que impulsione o processo de melhoria contínua. A estrutura deve abarcar os objetivos estratégicos da empresa e permitir que cada empregado participe no processo. Ainda que dependa do tamanho da empresa, uma estrutura típica pode ser a seguinte:

**Diretor do programa:** tem a função de garantir a integração do programa com os objetivos estratégicos da organização. O diretor do programa deve ser um membro do comitê de direção da empresa.

**Comitê da qualidade:** nele devem estar representadas todas as áreas funcionais da empresa, com delegação de autoridade suficiente para poder comprometer recursos quando necessário.

**Grupos de trabalho:** dependendo do tamanho da empresa, o comitê da qualidade realizará a implantação do programa através dos grupos de trabalho. Os grupos de trabalho mais comuns são os de conscientização, formação, custos totais da qualidade, indicadores da qualidade e ações corretivas. Este último, por sua vez, gera os grupos de melhoria contínua.

O melhor indicador do processo de melhoria é a avaliação dos custos totais da qualidade. A identificação de sua magnitude e de quais são suas origens permite à direção da empresa melhorar a utilização dos recursos.

À medida que a empresa vai se familiarizando com o plano de melhoria contínua, vai adquirindo maior capacidade para empreender ações por si só, sem a ajuda de especialistas vindos de fora, como consultores e assessores externos. Além disso, ao assumir progressivamente esse papel de autossuficiência, vai-se comprovando o êxito da implantação.

Quando o objetivo principal deixa de ser a resolução de problemas e passa a ser a identificação de oportunidades de melhoria para aumentar a satisfação do cliente e a eficiência, pode-se dizer que o processo da Qualidade Total alcançou sua maturidade.

### 3.3.4 Planejamento Estratégico da Qualidade

Os planos estratégicos da qualidade são a força motriz dos esforços de incremento da qualidade realizados por qualquer organização.

A função desses planos é procurar identificar e compreender cenários futuros de mercado para servirem de orientadores na adoção de ações para o alcance da excelência em qualidade e liderança de mercado. Compreender o cenário futuro de mercado significa buscar enxergar as prováveis necessidades futuras dos clientes, e acionistas da organização, bem como as suas necessidades para o desenvolvimento de parcerias de longo prazo com fornecedores e capacitação de seus empregados. É importante que os planos estratégicos da qualidade estejam ajustados com os objetivos e metas estratégicos da empresa.

David Garvin foi o primeiro a reconhecer a importância do processo de planejamento estratégico da qualidade dentro da formulação de estratégias para a melhoria da qualidade. Uma adequada estratégia da qualidade deve permitir responder às seguintes questões:

1) Por que os clientes irão preferir os produtos da empresa em relação à concorrência, ou seja, quais os atributos que diferenciam o produto oferecido perante o dos meus concorrentes?
2) Quais métodos de gestão deverão ser empregados para se atingir o controle e a melhoria contínua da qualidade almejada?

### 3.3.5 Participação das Pessoas e Parceria com Fornecedores

Num sistema de gestão da qualidade, o mais importante são as pessoas, convertendo a gestão de pessoas em um fator-chave. Poder-se-ia dizer que o fator mais importante em qualquer organização é o conjunto de pessoas que a compõem.

Antes de qualquer coisa, é preciso ter um responsável disposto a coletar informação sobre a situação na empresa de outras empresas cuja atividade possa ser similar (*Benchmarking*) e informar-se sobre os novos sistemas e normativas. É necessário que também os diretores se comprometam com a qualidade, adotando um estilo unificado que estimule a integração do pessoal, a cooperação, a indicação de sugestões, a participação e o comprometimento com seu futuro, com o da empresa e com o da qualidade.

Globalmente, é indispensável que todos sintam a qualidade como algo próprio e conheçam, para cada atividade, o objetivo e a forma de realizá-la. Para tanto, dois fatores são fundamentais:

1) **Formação:** exige-se que todas as pessoas estejam adequadamente formadas para realizar seu trabalho, tanto no aspecto tecnológico como no que se refere à gestão e técnicas da qualidade. Os funcionários de cargos estratégicos (diretores, gerentes, chefes de seção, supervisores etc.) devem receber um bom treinamento que os capacite como "guias da equipe humana". Não se nasce sabendo comandar e liderar, é preciso que seja desenvolvido e aprendido. A formação deve ser sistêmica e sustentável.

2) **Motivação:** a motivação é indispensável para que cada indivíduo atue fazendo as coisas o melhor possível e para permitir uma participação e sensibilização por parte de todo o pessoal da empresa na consecução dos objetivos da qualidade.

Como será visto no Capítulo 6, sobre coordenação da qualidade na cadeia de produção, o desenvolvimento de parcerias de longo prazo é fundamental para o alcance de níveis da qualidade mais elevados de produtos e processos. A construção de parcerias de longo prazo estimula o investimento em projetos em que clientes e fornecedores participam como parceiros de negócio.

### 3.3.6 Projeto da Qualidade, Velocidade de Aperfeiçoamento e Prevenção

A GEQ deve estimular a prática de projetar a qualidade como forma de a organização alcançar graus mais elevados de qualidade para seus produtos e processos.

Como visto no Capítulo 1, sobre conceitos básicos de qualidade de produto, a qualidade de qualquer produto está diretamente relacionada à qualidade do projeto do próprio produto e do processo que irá produzi-lo. Um bom projeto do produto deve considerar todos os requisitos da qualidade necessários para satisfazer ao máximo as necessidades do cliente e da sociedade, bem como cumprir com os requisitos legais e auxiliar a organização a alcançar suas metas e objetivos estratégicos. Um bom projeto de processo deve gerar meios para que a fabricação gere produtos em conformidade com seu projeto e, assim, atenda aos requisitos da qualidade estabelecidos.

Na realidade bastante dinâmica do mercado, adequar os projetos de produto e processo às rápidas mudanças das exigências dos clientes e da sociedade requer uma organização que saiba trabalhar com rápida troca de comunicação entre seus níveis hierárquicos, acelerando as tomadas de decisão no sentido de adaptar rapidamente seus produtos e processos a necessidades novas e urgentes.

A prevenção ao erro e à geração de defeitos também é outro princípio fundamental da GEQ. Quando buscado pela organização, esse princípio tende a reduzir os custos da não qualidade e, possivelmente, os custos de produção, proporcionando vantagem competitiva perante a concorrência.

### 3.3.7 Gestão Baseada em Fatos e Dados

O alcance dos objetivos estratégicos da qualidade e de desempenho de processos dentro do âmbito da GEQ pressupõe que as operações e tomadas de decisão sejam feitas com base na correta análise de informações e dados confiáveis.

Esses dados e informações devem gerar indicadores, projeções e análises de mercado, de tal modo que reflitam características de produtos, processos e atividades desenvolvidos pela organização que possam ser utilizados para avaliar o desempenho e o resultado de suas operações perante o mercado e a concorrência, bem como o nível de satisfação alcançado junto aos seus clientes, funcionários e fornecedores.

## 3.4 CARACTERÍSTICAS DE ESTRATÉGIAS PARA A QUALIDADE

O Quadro 3.2 resume algumas estratégias para qualidade encontradas nas principais publicações da área da Qualidade.

**Quadro 3.2 — Caracterização de Estratégias para a Qualidade**

**Estratégias para a qualidade**

**Ambiente *in-line***
- *Foco direto no processo de produção.*
- *Exemplos de metas: ganho de produtividade, redução de desperdício, minimização de erros, otimização do uso de todos os recursos da organização (mão de obra, materiais, equipamentos, energia, tempo, espaço, métodos de trabalho).*

| Estratégia | Objetivo |
|---|---|
| Eliminar atividades e resultados que não agregam valor ao produto | Evitar reuniões improdutivas; evitar retrabalho; evitar ajustes desnecessários de máquinas; adotar processo eficaz de gestão de projetos; coletar dados adequadamente; analisar os dados adequadamente; trabalhar com política de estoques mínimos; adequar as ações da qualidade às estratégias da empresa e buscar o envolvimento da gerência nos programas da qualidade. |
| Ordenar o processo produtivo | Determinar a produção apenas dos itens exigidos por demandas efetivas, evitando desperdícios e inchaço de estoques intermediários e de produtos acabados. Aqui se aplicam processos *just-in-time* de produção e seu modelo típico, o *kanban*. |
| Estruturar o fluxo de produção | Otimizar processos com o estabelecimento de produção com foco bem-definido, como, por exemplo, a adoção de células de produção. Definir o cliente como o elemento que "puxa" a produção, orientando o processo produtivo sempre para a frente. Buscar um fluxo contínuo de produção, sem paradas desnecessárias e com a adoção de uma gestão eficaz de manutenção dos equipamentos. |

*(continua)*

## Quadro 3.2 — Caracterização de Estratégias para a Qualidade *(Continuação)*

**Estratégias para a qualidade**

| Estratégia | Objetivo |
|---|---|
| Organizar os setores internos à empresa | Caracterizar o fluxo do processo produtivo, eliminando etapas obsoletas ou desnecessárias de produção, otimizando o processo produtivo sem gerar seu "enxugamento" excessivo e prejudicial. |
| Organizar o espaço físico | Desenvolver um *layout* que favoreça a execução da atividade o mais próximo possível de suas fontes de recursos e do destino do resultado de seu trabalho, minimizando o transporte interno. Também se deve considerar o conforto do trabalhador com projetos de postos de trabalho organizados considerando o modo de acesso do trabalhador a ferramentas, peças e equipamentos. |
| Estimular o fácil acesso e a utilização dos equipamentos | Permitir o fácil acesso a equipamentos, facilitando o fluxo de materiais (entradas e saídas). Considerar as manutenções preventivas (evita a quebra), corretivas (conserta quando quebra) e produtivas (a responsabilidade da manutenção é do próprio operador). |
| Promover o envolvimento das pessoas no processo de aprimoramento da qualidade | Envolver as pessoas no processo de produção da qualidade. Elas devem saber o quê, como, para quem e quando fazer, devendo-se estabelecer canais para sua participação efetiva nos processos de projetação, implantação, controle e aprimoramento da qualidade na organização. |
| Planejar o processo | Identificar as demandas e necessidades do cliente externo. Estabelecer as responsabilidades e especificações de cada cliente interno da organização para atender às necessidades e demandas do cliente externo. |
| Planejar a produção | Adotar a ideia do zero defeito, passando a noção aos empregados de que se deve fazer certo da primeira vez. Adotar programas de eliminação dos *erros técnicos* (gerados pela falta de habilidade e competência), dos *erros por inadvertência* (não intencionais, gerados pela desatenção do operador) e dos *erros intencionais* (propositais e cometidos deliberadamente). |
| Automatizar | Estabelecer ambientes que propiciem a manufatura integrada por computador (*Computer Integrated Manufacturing* – CIM). Basicamente, esses ambientes são formados por sistemas de informação informatizados, de controle da qualidade assistidos por computador (*Computer Aided Quality Control* – CAQC) e sistemas CAD/CAM (*Computer Aided Design/Computer Aided Manufacturing*) de projetos e manufatura. |
| Controlar os processos | Desenvolver formas de detecção e alterações no processo produtivo o mais cedo possível, ou seja, o mais próximo da primeira etapa de produção. Adotar o uso de ferramentas e métodos estatísticos para controle da qualidade de processos e produtos. |

*(continua)*

## Quadro 3.2 — Caracterização de Estratégias para a Qualidade *(Continuação)*

**Estratégias para a qualidade**

**Ambiente *on-line***
- *Foco direto na satisfação do cliente.*
- *Exemplos de metas: direcionar os projetos de produto e processo, bem como as operações de produção desenvolvidas pelas áreas meio e fim da organização, para o pleno atendimento das necessidades do cliente. Identifica as necessidades e as traduz em especificações e atributos de produto e processo, bem como determina mecanismos e indicadores para garantir que o produto final esteja em conformidade com seu projeto.*

| Estratégia | Objetivo |
|---|---|
| Projetar a qualidade | Adotar métodos e abordagens tais como a Engenharia Simultânea (buscando melhorar a eficácia e eficiência do processo de desenvolvimento de produto) e o DFQ (Desdobramento da Função Qualidade) ou QFD (*Quality Function Deployment*), que tem o objetivo de traduzir as exigências do cliente em especificações técnicas apropriadas para cada estágio do desenvolvimento do produto e do processo produtivo (ver Capítulo 10). |
| Otimizar o valor dos produtos | Ao se desenvolver e aperfeiçoar produtos, praticar a Análise de Valor, ou seja, verificar quais os elementos do produto que agregam valor ao usuário e quais não agregam, devendo ter seu uso minimizado ou eliminado do produto. A ideia é a de que se pode agregar valor ao produto sem aumentar seus custos de produção. Trata-se do desenvolvimento dos processos de adição de valor, definidos como o conjunto de atividades que transformam um insumo em uma saída adequada ao consumidor interno ou externo à organização. |
| Aprender com a concorrência | Buscar fixar objetivos da qualidade em função de um referencial estabelecido. Adotar o uso do *Benchmarking*, que, diferentemente do DFQ, que prioriza os clientes, prioriza a análise dos concorrentes. Porém, o DFQ e o *Benchmarking* são complementares, e esse último pode ser utilizado como um dos instrumentos de identificação de dados de entrada para o DFQ. |

**Ambiente *off-line***
- *Foco direto nas operações de apoio ao processo de produção.*
- *Exemplos de metas: enxergar as programações e orçamentações como algo estrategicamente importante, definir os responsáveis pelo cumprimento das metas, prever e prover recursos adequados para o processo produtivo, capacitar e desenvolver pessoas motivando-as para a qualidade.*

| Estratégia | Objetivo |
|---|---|
| Aprimorar a gestão de pessoas | Capacitar e motivar as pessoas para a qualidade, envolvendo-se nas atividades de adoção, controle e melhoria da qualidade. Capacitar altos gerentes, planejadores e equipes de melhoria da qualidade para operar a GEQ. |
| Estimular o estudo dos ambientes de mercado | Adotar práticas de prospecção de mercados, análise de concorrentes e do ambiente institucional, análise de outras variáveis ambientais e de mercado relevantes ao negócio da organização. Antecipar-se a cenários futuros para tornar-se eficaz na conquista de novos mercados e nichos de clientes. |
| Estabelecer responsabilidades | Identificar as operações de apoio relevantes e determinar responsáveis pelos setores ou departamentos que as executam com o intuito de cobrar resultados e estabelecer multiplicadores dos conceitos da GEQ. |
| Pensar estrategicamente | Fazer com que os departamentos da empresa compreendam os planos estratégicos da organização e, a partir disso, estabeleçam suas metas de produtividade e qualidade enxergando-as como importantes para o negócio e para o alcance dos objetivos estratégicos da organização, e não somente como algo importante para si. |

## 3.5 CONSIDERAÇÕES FINAIS SOBRE GESTÃO ESTRATÉGICA DA QUALIDADE

Neste capítulo discutiu-se o que é a GEQ e quais os elementos que a constituem, bem como se apresentou um quadro-resumo (Seção 3.4) com algumas estratégias para qualidade.

Porém, qual o primeiro passo para a implantação da GEQ? A primeira coisa a fazer é realizar um diagnóstico interno da organização e verificar se ela está preparada para isso.

A alta gerência deve iniciar a melhoria da gestão da qualidade da organização pela geração de planos estratégicos da qualidade. Esses planos devem ser baseados nas necessidades do mercado, buscando maximizar o resultado dos indicadores de satisfação dos clientes. A utilização de modelos *on-line* de estratégias para a qualidade mostra-se bastante útil para a geração desses planos.

A operacionalização desses planos solicita a participação das pessoas e, quando necessário, o estabelecimento de parcerias com fornecedores e clientes. O adequado planejamento do processo de produção e da produção em si também é fator decisivo para o sucesso da implantação dos planos estratégicos da qualidade.

Toda operacionalização deve ser testada, controlada e avaliada com base em fatos, de modo a se conseguir um sistema de gestão da qualidade bem definido e bem projetado.

Nesse sentido, faz-se importante que os projetos de produto e de processos sejam bem executados, estando alinhados com as necessidades dos clientes.

Os funcionários e fornecedores devem estar bem treinados e capacitados para implantar adequadamente os planos estratégicos da qualidade. A implantação desses planos deve ser controlada e avaliada com base em indicadores confiáveis e considerando referências da concorrência quanto à satisfação dos clientes conseguida e ao desempenho dos processos produtivos. Para o sucesso da implantação dos planos estratégicos da qualidade, os modelos *in-line* de estratégias da qualidade são de grande utilidade.

O sucesso da implantação dos planos estratégicos da qualidade deve gerar a satisfação dos clientes e incrementar o desempenho operacional e financeiro da organização.

De acordo com Garvin (2002), a GEQ trouxe a responsabilidade pela qualidade do departamento de produção e da fábrica para a sala da alta gerência. De fato, gerenciar a função qualidade não é diferente de gerenciar outros aspectos da organização, não podendo ser vista como responsável apenas pela função de controle de produtos e processos: deve integrar as preocupações e atividades gerenciais da empresa como um todo.

De simples conjunto de ações operacionais, localizadas em pequenas melhorias do processo produtivo, a qualidade passou a ser vista como um dos elementos fundamentais do gerenciamento das organizações, tornando-se fator estratégico para sua sobrevivência no mercado.

Decisões estratégicas consideram análises abrangentes e de longo prazo. São geralmente tomadas pela alta direção, mas não exclui os níveis gerenciais táticos e operacionais. As organizações que desejam se manter no mercado devem incentivar que todos, independentemente do nível hierárquico que ocupam, adotem posturas estratégicas. A perspectiva estratégica da qualidade refere-se à inserção da qualidade em um contexto amplo, em que a qualidade não é vista de forma isolada, mas inserida em um sistema em que são considerados os aspectos essenciais da sobrevivência da organização e o modo como a qualidade os afeta ou é afetada.

A construção da visão estratégica da qualidade consiste na transformação do conceito da qualidade em um valor, fazendo com que as pessoas passem a acreditar que, efetivamente, a qualidade é fundamental para a sobrevivência da organização e delas próprias. O desafio da gestão da qualidade é estabelecer diferencial competitivo para a organização, colocando-a à frente da concorrência. A qualidade pode oferecer contribuições interessantes para a organização: em nível operacional, proporcionando a redução de custos, de defeitos e de retrabalho, bem como o aumento de produtividade. Mas as contribuições mais relevantes são de natureza estratégica: garantir não apenas a sobrevivência da empresa, mas seu contínuo crescimento.

Ou seja, a qualidade não deve estar apenas no processo produtivo ou no produto, vai além: é diferencial competitivo das organizações.

A abordagem básica para a definição da qualidade enfatiza o pleno atendimento às necessidades e expectativas dos clientes. Contudo, esse conceito abrange vários aspectos, que incluem preço, características de operação, padrões de eficiência, processo de fabricação, logística de distribuição, acesso ao produto, marca, entre outros. Dependendo do produto e do mercado, alguns desses itens serão mais relevantes que outros. Assim, a qualidade envolve muitos aspectos simultaneamente, ou seja, uma multiplicidade de itens ou fatores.

A qualidade sofre alterações conceituais ao longo do tempo, à medida que mudam as posturas, necessidades, preferências e expectativas dos clientes. Nessa concepção, o potencial estratégico da qualidade passa a ser outro: transformar em clientes da organização pessoas que hoje ainda não o são. Isso determina uma postura estratégica: investir em um processo de monitoramento constante do ambiente externo da organização

A gestão estratégica da qualidade enfatiza a diferenciação, em sentido amplo, podendo incluir uma diversidade de ações para adequar e melhorar:

- **A confiança no processo produtivo:** essa estratégia se fixa no esforço para que o processo de produção tenha meios para que os bens e serviços atendam as especificações fixadas em projeto e no planejamento da produção.
- **A confiança na imagem e na marca:** estratégia que consiste em garantir a identificação do cliente com a marca ou com a imagem da organização.
- **A atenção ao meio ambiente:** bens e serviços desenvolvidos em condições de preservação dos recursos naturais possuem elevada aceitação em qualquer mercado do mundo.
- **Ação de responsabilidade social da organização:** projetos de ação social melhoram a imagem da organização no mercado e criam relações mais estreitas da organização com a comunidade na qual está inserida.

O que confere o grau estratégico à Qualidade nas organizações é, em primeiro lugar, a visão que as pessoas que a compõem têm sobre essa questão. Assim, o desenvolvimento da visão estratégica da qualidade nas pessoas é o primeiro passo para a consolidação da visão estratégica da qualidade na organização.

## QUESTÕES PARA DISCUSSÃO

1) Diferencie as Eras de Garantia da Qualidade e da Gestão Estratégica da Qualidade.
2) Procure estudar o caso de alguma empresa quanto à sua política, metas e práticas da qualidade adotadas. Quais das estratégias para a qualidade abordadas neste capítulo, essa empresa utiliza?
3) Procure estudar o caso de outra empresa, também quanto à sua política, metas e práticas da qualidade adotadas. Essa empresa exerce a GEQ? Justifique sua resposta.
4) Faça uma comparação entre os princípios e requisitos da NBR ISO 9001:2008 e os princípios da GEQ. Identifique os pontos em comum e os pontos distintos entre ambos. Discuta os resultados.

5) Consulte o Capítulo 4 deste livro. Escolha um dos Modelos de Excelência de Gestão de Negócios ou de Prêmio da Qualidade ali discutido e realize as mesmas tarefas da questão anterior.

## BIBLIOGRAFIA

CAMPOS, V.F. *Controle da qualidade total:* no estilo japonês. Belo Horizonte: Fundação Christiano Ottoni, 1994. 224 p.

GARVIN, D. *Gerenciando a qualidade.* Rio de Janeiro: Qualitymark, 2002. 357 p.

JURAN, J.M. *A qualidade desde o projeto.* São Paulo: Cengage Learning, 2009. 558 p.

PALADINI, E.P. *Qualidade total na prática:* implantação e avaliação de sistemas de qualidade total. São Paulo: Atlas, 1994. 214 p.

TUMMALA, V.M.R.; TANG, C.L. Strategic Quality Management, Malcolm Baldrige and European Quality Awards and ISO 9000 Certification: core concepts and comparative analysis. *Annual Issue of Institute of Industrial Engineers,* p. 40-54, 1995.

# 4 Sistemas de Gestão da Qualidade

A **Gestão da Qualidade** é operacionalizada por um sistema de gestão formado por princípios, métodos e ferramentas que abrange toda a organização no controle e na melhoria dos processos de trabalho. Em muitos casos, essa gestão não se limita à própria organização, estendendo-se para toda a cadeia produtiva, englobando fornecedores e clientes no processo.

A gestão da qualidade evoluiu ao longo do tempo e em resposta à dinâmica das necessidades de desempenho e gestão, com foco cada vez mais amplo, para a abordagem de Gestão da Qualidade Total.

Deve ser entendida como uma maneira de pensar, agir e produzir cujo sucesso depende da incorporação de novos valores à cultura organizacional da empresa. Logo, é fundamental a construção de valores compartilhados entre todos os membros da organização e com os atores e agentes envolvidos com esta. Uma mudança cultural, como a requerida pela Qualidade, depende do tipo de liderança e compromisso exercido pela alta administração; do apoio, participação e liderança da gerência média; de políticas de motivação e reconhecimento para os empregados; e da construção de estruturas de trabalho, recompensa e responsabilidades mais condizentes com esse novo ambiente.

A adoção de sistemas de gestão da qualidade auxilia as organizações a analisar os requisitos dos clientes e das demais partes interessadas nos resultados da organização, assim como na definição e gestão dos processos que contribuem para que a organização alcance esses objetivos.

Pode-se definir um sistema de gestão da qualidade como um conjunto de recursos, regras e procedimentos que são implantados numa organização para satisfazer as necessidades e expectativas das partes interessadas (clientes, acionistas, fornecedores, sociedade etc.). O sistema de gestão da qualidade representa uma parte do sistema de gestão da organização (ABNT, 2000a).

Na busca da Qualidade, pode-se fazer uso de modelos de referência que auxiliam a concepção e implantação da gestão da qualidade. Esses modelos de referência funcionam como estruturas norteadoras das políticas, processos e práticas relacionados ao planejamento, ao controle e à melhoria da qualidade.

Entre esses modelos destacam-se:

- Gestão da Qualidade Total (por exemplo, o chamado TQC estilo japonês etc.)
- Modelos de Excelência de Gestão de Negócios (por exemplo, o modelo do Prêmio Nacional da Qualidade – PNQ etc.)
- Modelos de Sistemas de Gestão da Qualidade (por exemplo, os sistemas normalizados ISO9001, TS 16949 etc.).

Esses modelos não são concorrentes entre si, mas sim complementares, e estão associados à evolução da maturidade da gestão da qualidade na empresa. Assim, por exemplo, os Modelos de Excelência de Gestão e da Gestão da Qualidade Total deveriam ou poderiam ser precedidos de uma boa consolidação de um modelo de SGQ ISO 9001. A definição de qual o modelo mais adequado a uma organização vai depender de seu contexto de mercado e tecnológico, estágio de evolução da gestão, estratégia competitiva etc.

A seguir são descritas as principais características desses modelos de referência.

## 4.1 GESTÃO DA QUALIDADE TOTAL

A Gestão ou o Controle da Qualidade Total (*Total Quality Control – TQC*) apresenta duas abordagens similares. Uma delas é a abordagem japonesa, também conhecida como CWQC (*Company-wide Quality Control* – Controle da Qualidade por toda a empresa). Nos países ocidentais, é chamada de Gestão da Qualidade Total (*Total Quality Management – TQM*). Nessas duas abordagens existem muitas similaridades e poucas diferenças.

O TQC foi introduzido no Japão na década de 1960. Kaoru Ishikawa, um dos principais teóricos japoneses para a gestão da qualidade, considera o controle da qualidade como o desenvolvimento, o projeto, a produção e o marketing de produtos e os serviços associados visando à satisfação total do cliente. Isso exige a participação de todas as áreas funcionais nas atividades voltadas à obtenção da satisfação dos clientes.

O TQC japonês (CWQC) enaltece o compromisso de todos os funcionários da empresa com a qualidade total e conta com um forte apoio da alta administração para atingir esse objetivo. Outros três pilares do TQC japonês são os sistemas de gerenciamento:

- Gerenciamento pelas e das diretrizes
- Gerenciamento por e de processos
- Gerenciamento da rotina ou das atividades do dia a dia

Esses três sistemas de gerenciamento serão tratados no Capítulo 5.

O *Total Quality Management* (TQM) tornou-se uma prática de gestão bastante popular nos países ocidentais a partir das décadas de 1980 e 1990. Ele pode ser entendido como uma adequação, ou customização, do modelo de TQC japonês. O termo "controle" tem conotações diferentes no Japão e no Ocidente. No Japão, no âmbito do TQC, "controle" (de processo) é entendido como o "gerenciamento" para a manutenção da rotina (para assegurar a previsibilidade dos processos) e para obter melhorias (inovações incrementais) dos processos. Por sua vez, no TQM, e na cultura ocidental, "controle" está associado a acompanhamento, com uma conotação de "policiamento". Desse modo, pode-se alegar que os americanos criaram o termo TQM, substituindo a palavra "controle" por "gerenciamento", para que não existam dúvidas de que o objetivo não é "controlar, acompanhar ou policiar", mas sim "administrar" a qualidade.

O TQM pode ser definido como uma abordagem e filosofia de gestão integrada com um conjunto de práticas que enfatiza a melhoria contínua, o atendimento às expectativas e às necessidades dos clientes, a redução do retrabalho, o planejamento de longo prazo, o redesenho de processos, o *benchmarking* competitivo, o trabalho em equipe, a constante medição de resultados e um relacionamento próximo com fornecedores, clientes e demais agentes governamentais e setoriais relacionados com o negócio.

A ideia central dessa abordagem de gestão é que a qualidade esteja presente no gerenciamento organizacional como um todo, não se limitando às atividades inerentes ao controle da qualidade. Além disso, compreende o gerenciamento das relações entre todos os envolvidos com a existência da empresa, não se restringindo ao relacionamento com o cliente, o que inclui os colaboradores, os fornecedores e a própria sociedade, em sentido local e amplo.

Alguns dos elementos centrais das abordagens TQC e TQM são apresentados a seguir:

- **Foco no cliente:** as organizações dependem de seus clientes e, portanto, precisam identificar as necessidades atuais e futuras dos clientes.

- **Liderança e apoio da alta administração:** os líderes estabelecem unidade de propósito e o rumo da organização. Convém que eles criem e mantenham um ambiente interno, no qual as pessoas possam estar totalmente envolvidas no propósito de atingir os objetivos da organização.
- **Envolvimento das pessoas:** as pessoas são a essência de uma organização. Deve-se buscar o total envolvimento das pessoas para a satisfação das expectativas das partes interessadas na organização.
- **Abordagem de processo:** um resultado desejado é alcançado mais eficientemente quando as atividades e os recursos relacionados são gerenciados como um processo.
- **Melhoria contínua:** deve-se buscar a melhoria contínua do desempenho global da organização.
- **Abordagem factual para tomada de decisão:** decisões eficazes são baseadas na análise de dados e informações.
- **Relação com os fornecedores:** uma organização e seus fornecedores são interdependentes. Portanto, devem estabelecer uma relação de benefícios mútuos para aumentar a capacidade de ambas para agregar valor.

Apesar de bastante difundida e relevante para a gestão da qualidade e desempenho das organizações, a implantação dessa abordagem de gestão não foi e não é um processo fácil. Os principais problemas na aplicação da gestão da qualidade são:

- **Não comprometimento da alta direção da empresa:** os principais executivos das organizações não devem somente "pagar a conta", mas, sim, comprometerem-se, conversando com seus funcionários, entendendo que qualidade é algo bom para todos: empresa, clientes, funcionários, fornecedores e sociedade. Eles devem ser os principais incentivadores na busca da qualidade.
- **Ansiedade por resultados de curto prazo:** a gestão da qualidade deve ser entendida como um programa de mudança de cultura na organização e, por isso, pode levar tempo para mostrar resultados. É preciso entender que qualidade não acontece por conta própria, é um contínuo envolvimento de pessoas que, no decorrer do tempo e com estímulo constante, deve apresentar resultados crescentes. Portanto, a busca por resultados rápidos pode inibir o desenvolvimento da qualidade.
- **Desinteresse do nível gerencial:** além da alta administração, é importante que a gerência média realmente se envolva nas atividades de gestão da qualidade.
- **Falta de planejamento:** A implantação da qualidade é um projeto de longo prazo, portanto prescreve planejamento. A falta deste pode levar a situações indesejáveis e à falta de definição de objetivos concretos;
- **Outros problemas de implantação:** o treinamento precário, a falta de apoio técnico e sistemas de remuneração e de motivação inconsistentes são outros problemas que podem dificultar o sucesso na implantação de programas de Gestão da Qualidade Total.

Os métodos e abordagens da Gestão da Qualidade e do TQC estão presentes ao longo de todo este livro.

## 4.2 OS MODELOS DE EXCELÊNCIA DE GESTÃO DE NEGÓCIOS E OS PRÊMIOS DA QUALIDADE

O Prêmio Deming, criado no Japão em 1951, foi o primeiro prêmio da qualidade lançado no mundo. Ele recebeu esse nome em homenagem a William Edwards Deming, que contribuiu para a difusão das ideias sobre gestão da qualidade e controle estatístico da qualidade no Japão, após a Segunda Guerra Mundial. Diferentemente dos demais modelos de prêmios, o Prêmio Deming é prescritivo, ou seja, faz a indicação de práticas, métodos e ferramentas que devem ser adotados pelas empresas.

Nos Estados Unidos, foi tomada uma iniciativa semelhante à japonesa quase quatro décadas depois. O Prêmio Malcolm Baldrige foi estabelecido em 1987 e pode ser considerado uma resposta americana ao sucesso dos produtos japoneses na época. Aparelhos de imagem, eletrônicos, motos e automóveis japoneses possuíam qualidade superior e preços inferiores aos similares americanos, o que resultou em perda de participação de mercado para as empresas americanas. O Malcolm Baldrige National Quality Award inovou ao preconizar a excelência na gestão organizacional. Portanto, seu escopo não está relacionado somente à gestão da qualidade, mas refere-se às práticas voltadas para a gestão de toda a organização e que conduzem a resultados de excelência. O prêmio americano serviu de referência para a criação de outros modelos de prêmios nacionais, inclusive o Prêmio Nacional da Qualidade® (PNQ) no Brasil.

Também em 1989, 14 grandes empresas europeias fundaram a European Foundation for Quality Management (EFQM), com a missão de administrar o Prêmio Europeu da Qualidade. Seguindo o modelo americano, o prêmio europeu baseia-se numa estrutura não prescritiva composta por critérios de excelência. Destes, cinco critérios relacionam-se com o que a organização faz (Liderança, Pessoas, Estratégia, Parceria e Recursos) e quatro abordam os resultados alcançados (Resultados-chave, Resultados relativos às pessoas, Resultados relativos aos clientes e Resultados relativos à sociedade).

No Brasil, o Prêmio Nacional da Qualidade® (PNQ) é um reconhecimento da excelência na gestão das organizações, cabendo sua administração à Fundação Nacional da Qualidade (FNQ), uma entidade privada sem fins lucrativos criada em 1991. Desde 2005, essa instituição, anteriormente chamada de Fundação para o Prêmio Nacional da Qualidade (FPNQ), passou a ser denominada Fundação Nacional da Qualidade (FNQ).

Para difundir as práticas de gestão da qualidade e melhorar a competitividade de suas empresas, governos e organizações não governamentais vêm fazendo uso dos modelos dos prêmios. Hoje, em cerca de 100 países, há mais de 75 modelos de prêmios relativos à qualidade, que são orientados a empresas privadas e públicas. De modo geral, os prêmios têm os seguintes objetivos:

- Difundir práticas de gestão compatíveis com as empresas consideradas de "classe mundial" para estimular o desenvolvimento da cultura empresarial.
- Fornecer referências de gestão (*benchmarking*) para promover o contínuo aperfeiçoamento das organizações.
- Conceder reconhecimento público às organizações que se destacam na geração de resultados para seus *stakeholders* (acionistas, proprietários, colaboradores, clientes, governo e a própria sociedade).
- Contribuir para o aumento da competitividade do país, gerando desenvolvimento econômico e social.

Na evolução dos modelos dos prêmios, percebe-se uma transição e adequação dos modelos de gestão qualidade total para os modelos de excelência na gestão. Atualmente, os prêmios evoluíram para incorporar os interesses dos diversos *stakeholders* (partes interessadas). Por isso, tratam da gestão da organização de maneira mais sistêmica, e não apenas de práticas relativas à gestão da qualidade. Os modelos de excelência, que subsidiam os prêmios, servem como referência para avaliação de práticas de gestão relacionadas à liderança da organização, à formulação e à implementação da estratégia da organização, ao gerenciamento das pessoas, aos processos de negócio e aos relacionamentos da organização com os clientes, fornecedores e com a sociedade. Enfim, uma organização deve produzir resultados de excelência que atendam a todos os seus *stakeholders*, e por isso necessita aplicar boas práticas em todas as áreas de sua gestão.

No geral, os prêmios são compostos por critérios e itens de avaliação que recebem uma pontuação máxima (1000 pontos no total). As organizações que concorrem a determinado prêmio precisam demonstrar aos avaliadores que adotam práticas de gestão e geram resultados compatíveis com o que é solicitado pelo modelo. As premiações são dadas por categorias, que variam por modelo, mas em geral incluem empresas de diferentes setores econômicos e de diferentes portes.

A seguir são apresentadas mais informações sobre os prêmios Deming, americano e brasileiro.

### 4.2.1 Prêmio Deming

A JUSE (Union Japanese of Scientists and Engineers) é uma agência governamental japonesa, criada em 1946, que tem o objetivo de promover o desenvolvimento industrial japonês por meio de estudos, treinamento e educação de temas relacionados à ciência e à tecnologia. A JUSE sempre teve um papel importante na difusão das práticas de gestão da qualidade no Japão e é a organização responsável pelo gerenciamento do Prêmio Deming.

Em 1950, Deming realizou seminários no Japão, nos quais transmitiu os conceitos do controle estatístico da qualidade para diretores, gerentes, coordenadores e pesquisadores das indústrias japonesas. Os direitos desses seminários (*royalties*) foram doados para a JUSE, que, como forma de retribuição, propôs usá-los para financiar um prêmio que reconhecesse o empenho das empresas japonesas na aplicação das práticas de gestão da qualidade. Assim, em 1951, foi criado no Japão o Prêmio Deming da Qualidade.

O Prêmio Deming é concedido nas seguintes categorias:

- **Prêmio Deming Indivíduos (*Deming Prize for Individual*):** instituído em 1951, é destinado às pessoas que contribuíram significativamente para o estudo e para o desenvolvimento da Qualidade Total ou de métodos estatísticos nela utilizados. Também podem ser dados para pessoas que ajudaram na difusão das práticas de gestão da qualidade.
- **Prêmio Deming Aplicação (*Deming Application Prize*):** teve sua primeira premiação também em 1951 e é concedido às organizações que praticam eficazmente o modelo japonês de Controle da Qualidade (*Company-wide Quality Control*) e que alcançaram melhorias em seu desempenho organizacional a partir da aplicação dos princípios, métodos e ferramentas da gestão da qualidade no ano em questão.
- **Prêmio Deming Estrangeiro (*Deming Distinguished Service Award for Dissemination and Promotion - Overseas*):** é concedido a indivíduos cujas atividades de aplicação, promoção e disseminação da gestão da qualidade foram realizadas fora do Japão. Consiste num reconhecimento às contribuições de não japoneses para a gestão da qualidade. Sua primeira premiação foi em 2007.
- **Prêmio Japonês de Qualidade (*The Japan Quality Medal*):** é destinado somente aos ganhadores do Prêmio Deming Aplicação. Foi criado em 1970 para estimular que os ganhadores continuassem a desenvolver suas práticas de gestão da qualidade.
- **Prêmio Nikkei de Literatura sobre Controle da Qualidade (*Nikkei QC Literature Prize*):** dado para autores de estudos referentes às práticas de gestão da qualidade e métodos estatísticos. Textos, softwares ou tabelas numéricas são considerados elegíveis quando publicados no ano anterior ao da premiação.

Para concessão do Prêmio Deming Aplicação, os avaliadores observam se os objetivos e as estratégias das candidatas estão orientados para os clientes, se foram estabelecidos de maneira positiva e se estão em consonância com a filosofia e o ambiente de negócios da organização. Também avaliam se as práticas de gestão da qualidade foram implementadas corretamente e se os resultados gerados atendem aos objetivos propostos.

O sistema de avaliação é composto por análises referente às categorias básicas, às atividades únicas e aos papéis da alta administração. Os itens e pontos atribuídos a cada categoria básica são apresentados no Quadro 4.1.

A alta administração desempenha um papel importante na promoção da gestão da qualidade. Por isso, o Prêmio avalia o entendimento, o entusiasmo, a capacidade da alta administração para estabelecer e implantar políticas relacionadas à qualidade. Já as categorias básicas são avaliadas quanto à sua efetividade, consistência, continuidade e completa implementação. As atividades únicas referem-se às práticas essenciais e são analisadas quanto a efetividade, reprodutibilidade e inovação. No total, são atribuídos 100 pontos.

O site http://www.juse.or.jp/e/deming/ apresenta todas as informações sobre esse modelo, que são atualizadas anualmente.

**Quadro 4.1 — Itens de Avaliação do Prêmio Deming**

| | Itens de avaliação | Pontos |
|---|---|---|
| 1. | **Políticas de gestão e sua implantação em relação à gestão da qualidade** | 20 |
| | a. As políticas de gestão estão claras e refletem a filosofia da organização, o ambiente da indústria, o alcance dos negócios. A organização tem estabelecido objetivos e estratégias desafiadores, orientados para a qualidade e orientados para o cliente. | (10) |
| | b. As políticas de gestão são implantadas em toda a organização e implementadas de uma forma integrada. | (10) |
| 2. | **Desenvolvimento de novos produtos e/ou processo de inovação do trabalho** | 20 |
| | a. A organização desenvolve ativamente novos produtos/serviços ou inova nos processos de trabalho. | (10) |
| | b. Os novos produtos satisfazem os requisitos dos clientes. As inovações no processo de trabalho contribuem significativamente para a eficiência. | (10) |
| 3. | **Manutenção e melhoria dos produtos e qualidades operacionais** | 20 |
| | a. Gerenciamento do trabalho diário: Por meio da padronização e da educação, a organização raramente tem problemas no trabalho diário, e as principais atividades em cada departamento são realizadas de maneira padronizada. | (10) |
| | b. Melhoria contínua: A organização promove melhorias da qualidade e em outros aspectos do negócio de forma planejada e contínua. Ela reduziu os índices de reclamações e defeitos de produtos e processos. A taxa de satisfação do cliente melhorou. | (10) |
| 4. | **Criação de sistemas de gerenciamento da qualidade, quantidade, entrega, custos, segurança, meio ambiente etc.** | 10 |
| 5 | **Coleta e análise de informação sobre a qualidade e utilização da tecnologia da informação** | 15 |
| | A organização coleta informações sobre a qualidade a partir do mercado e da sua organização de uma forma organizada e as utiliza efetivamente. Com o uso de métodos estatísticos e de tecnologia da informação, tal informação é utilizada efetivamente para o desenvolvimento de novos produtos e melhorias do processo. | |
| 6. | **Desenvolvimento de recursos humanos** | 15 |
| | A organização educa e desenvolve os seus recursos humanos de forma planejada, resultando na manutenção e melhoria de produtos e processos. | |

## 4.2.2 Prêmio *Malcolm Baldrige* (MBQNA)

O prêmio Nacional da Qualidade Malcolm Baldrige (Malcom Baldrige Quality National Award – MBQNA) foi criado em 1987 pela necessidade de estimular a competitividade da indústria americana. Ele se diferencia do Prêmio Deming ao adotar uma perspectiva sistêmica de gestão e ter sido desenvolvido como modelo de excelência chamado de Baldrige Criteria for Performance Excellence. O modelo serve para identificar os ganhadores do Prêmio e para ajudar outras organizações a avaliar seus esforços de melhoria, diagnosticar o seu sistema de gestão, avaliar seu desempenho e identificar seus pontos fortes e oportunidades de melhoria. De forma geral, o prêmio americano tem os seguintes objetivos:

- Auxiliar na melhoria das práticas de desempenho organizacional, recursos e resultado das empresas que adotam o modelo proposto.
- Facilitar a comunicação e o compartilhamento de informações sobre as melhores práticas entre as organizações americanas.
- Servir como uma ferramenta para entender e gerenciar o desempenho e para orientar o planejamento e as oportunidades de aprendizagem.

O prêmio americano é concebido como uma parceria público-privada. O setor privado pode apoiá-lo por meio da doação de fundos ou pela cessão de recursos humanos ou transferência de informações. A Fundação para o Prêmio Nacional da Qualidade Malcolm Baldrige encarrega-se da arrecadação de fundos para a continuidade do programa de premiação. A administração executiva do prêmio é de responsabilidade do Instituto Nacional de Padrão e Tecnologia (NIST), um órgão do governo americano, sediado em Washington. São seis as categorias de premiação: **indústria, serviços, pequenas empresas, educação, saúde e organizações sem fins lucrativos**.

O modelo de excelência em gestão do prêmio americano é formado por sete critérios inter-relacionados, conforme apresentado na Figura 4.1. Cada critério é composto por itens de avaliação e questões específicas (*areas to address*), que precisam ser respondidos pelas organizações participantes.

No topo da figura está o **Perfil Organizacional**, que caracteriza a organização (ambiente, relacionamentos-chave e situação estratégica) e auxilia no seu entendimento pelos avaliadores do modelo do Prêmio.

O critério **Liderança** (*Leadership*) examina como os responsáveis pela administração da organização exercem a sua liderança, como demonstram o compromisso com a excelência na gestão e como a organização cumpre suas responsabilidades legais, sociais, éticas e de apoio às comunidades-chave. O critério **Planejamento Estratégico** (*Strategic Planning*) volta-se para saber como a organização define seus objetivos e como cria planos de ação para implementá-los. O critério **Foco no Cliente** (*Customer Focus*) examina como a organização se dedica para construir um relacionamento de longo prazo com seus clientes, ou seja, como ela escuta a voz de seus clientes e usa as informações do cliente para melhorar e identificar oportunidades de inovação. Na figura, esses três critérios são colocados juntos para enfatizar a importância de um foco de liderança na estratégia e nos clientes.

O critério **Medição, Análise e Gestão do Conhecimento** (*Measurement, Analsys and Knowledge Management*) tem seu enfoque na maneira como a organização seleciona, organiza, analisa e gerencia suas informações e ativos intangíveis. Examina o uso da tecnologia da informação e a gestão do conhecimento. O critério **Força de Trabalho** (*Workforce Focus*) analisa como a organização gerencia e desenvolve sua força de trabalho. O critério **Operações** (*Operation Focus*) examina como o sistema de trabalho e os processos da organização são gerenciados e aperfeiçoados de forma a atender os clientes e o sucesso organizacional. Informações, força de trabalho e processos operacionais são geradores de resultados na organização.

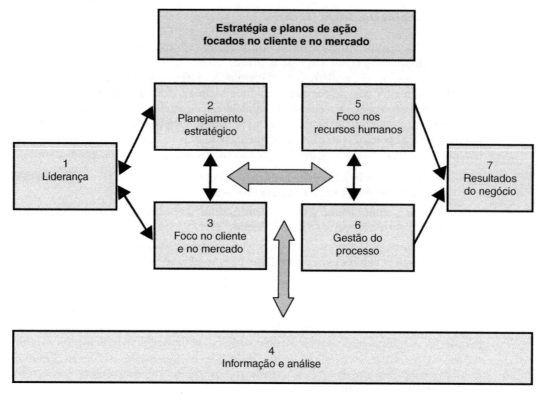

**Figura 4.1** | Modelo conceitual do Prêmio Malcolm Baldrige.

Todos esses seis critérios apontam para o critério **Resultados (*Results*)**, que analisa os resultados alcançados pela organização em termos de seus produtos, processos, clientes, força de trabalho, liderança, mercado e sustentabilidade financeira. O desempenho da organização é comparado em relação aos seus próprios objetivos e aos concorrentes.

Cada critério de excelência recebe uma quantidade de pontos. Quanto maior a pontuação geral obtida pela organização, mais seus processos e resultados refletem uma gestão de excelência. A Tabela 4.1 apresenta o sistema de pontuação do prêmio Malcolm Baldrige para o período 2011-2012.

O site http://www.nist.gov/baldrige/ apresenta todas as informações sobre o prêmio, que são atualizadas anualmente.

**Tabela 4.1 Pontuação dos critérios de excelência do Prêmio Malcolm Baldrige**

| Critérios de excelência | Pontuação |
| --- | --- |
| Liderança | 120 |
| Planejamento estratégico | 85 |
| Foco no cliente | 85 |
| Medição, análise e gestão do conhecimento | 90 |
| Força de trabalho | 85 |
| Operações | 85 |
| Resultados | 450 |
| **Total** | 1000 |

### 4.2.3 Prêmio Nacional da Qualidade (PNQ)

O Brasil instituiu o seu Prêmio Nacional da Qualidade em 1992. No ano anterior, em 11 de outubro de 1991, foi criada a Fundação para o Prêmio Nacional da Qualidade (atualmente Fundação Nacional da Qualidade – FNQ). A FNQ é uma organização não governamental sem fins lucrativos, fundada por 39 organizações privadas e públicas para administrar o Prêmio Nacional da Qualidade® (PNQ).

Seguindo a tendência mundial, o prêmio brasileiro passou por uma ampliação em seu escopo, não se restringindo a disseminar somente as práticas de gestão da qualidade. Atualmente, o PNQ é um instrumento importante para o incentivo à competitividade das empresas brasileiras, já que reconhece e incentiva a adoção de modelos de excelência na gestão como um todo.

O Prêmio Nacional da Qualidade® (PNQ) é um reconhecimento, na forma de um troféu, à excelência na gestão das organizações sediadas no Brasil. O prêmio busca promover:

- o amplo entendimento dos requisitos para se alcançar a excelência do desempenho e, portanto, a melhoria da competitividade; e
- a ampla troca de informações sobre métodos e sistemas de gestão que alcançaram sucesso e sobre os benefícios decorrentes da utilização dessas estratégias.

Podem se inscrever e concorrer ao PNQ: grandes empresas, médias empresas, pequenas e microempresas, órgãos da administração pública (federal, estadual e municipal) e organizações sem fins lucrativos. São três as formas de reconhecimento adotadas pelo PNQ:

- **Premiada:** é a organização que se candidatou e se submeteu ao processo de avaliação do PNQ, atendendo aos fundamentos da excelência, aos critérios de excelência e aos itens de avaliação. Também demonstrou possuir resultados no desempenho de sua gestão, podendo ser considerada referencial de excelência em quase todas as práticas e resultados. São as ganhadoras do PNQ.
- **Finalista:** organização que se candidatou ao PNQ e, consequentemente, se submeteu a um processo de avaliação, atendendo de forma harmônica e balanceada à maioria dos Fundamentos da Excelência avaliados pelos Critérios de Excelência, demonstrando bons resultados no desempenho de sua gestão, podendo ser considerada referencial de excelência em muitas práticas e resultados.
- **Destaque por critério:** é a organização que se candidatou ao PNQ e que se destacou no atendimento a um determinado critério, evidenciado por meio da pontuação e do atendimento harmônico e balanceado daqueles itens. Para isso, a organização deve alcançar, no mínimo, 70% da pontuação do critério e apresentar resultados relevantes.

O modelo do PNQ avalia a gestão de uma organização com relação às práticas de gestão utilizadas e aos resultados organizacionais, de forma a atender as necessidades de todas as partes interessadas (*stakeholders*) em seu desempenho. Assim, os interesses dos acionistas, clientes, fornecedores, colaboradores e sociedade em geral devem ser contemplados e atendidos na gestão de excelência. A implementação de modelos de excelência não somente melhora a qualidade, mas também leva a um aumento da participação de mercado, satisfação do cliente, lucratividade, processos, desempenho de fornecedores, moral dos empregados e competitividade.

O Modelo de Excelência da Gestão® (MEG) proposto pelo PNQ é apresentado na Figura 4.2 (FNQ, 2010). Por não prescrever ferramentas e práticas de gestão específicas, pode ser útil para a avaliação, o diagnóstico e o desenvolvimento do sistema de gestão de qualquer tipo de organização.

A Figura 4.2 apresenta a organização como um sistema aberto que interage com o ambiente externo. Os elementos do modelo permanecem imersos num ambiente de

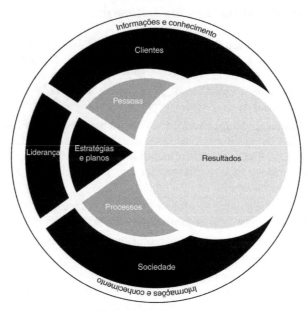

**Figura 4.2** | Modelo de Excelência da Gestão® (MEG) (Fonte: FNQ, 2010).

informação e conhecimento, relacionam-se de forma integrada e estão voltados para a geração de Resultados.

O modelo de excelência está alicerçado sobre um conjunto de conceitos ou princípios comuns às melhores organizações do mundo (Organizações de Classe Mundial), que buscam, constantemente, aperfeiçoar-se e adaptar-se às mudanças globais. Esses conceitos são:

- **Pensamento sistêmico:** compreensão das relações de interdependência entre as partes de uma organização e desta com seu próprio ambiente externo.
- **Aprendizado organizacional:** percepção, reflexão, avaliação e compartilhamento de experiências de forma a captar e gerir o conhecimento da organização e torná-lo acessível a todos.
- **Cultura de inovação:** criação de um ambiente favorável ao surgimento de novas ideias e ao desenvolvimento da inovação de forma a gerar diferenciais competitivos para a organização.
- **Liderança e constância de propósitos:** atuação da liderança da organização para criar um ambiente que promova a participação e a motivação das pessoas, a cultura de excelência, a promoção à qualidade e a defesa dos interesses dos *stakeholders* da organização.
- **Orientação por processos e informações:** entendimento da organização como um conjunto de processos que agregam valor às partes interessadas e a tomada de decisão e a execução de ações a partir das informações disponíveis.
- **Visão de futuro:** compreensão dos fatores que afetam a organização e de seu ambiente externo visando à sua sobrevivência.
- **Geração de valor:** alcance dos resultados da organização de maneira consistente a fim de atender aos interesses dos *stakeholders*.
- **Valorização das pessoas:** compreensão de que as pessoas são essenciais para o sucesso da organização. Por isso, a organização precisa criar condições para que elas se realizem profissionalmente e humanamente.

- **Conhecimento sobre o cliente e o mercado:** conhecimento e entendimento do cliente e do mercado visando à criação de valor e à competitividade da organização.

- **Desenvolvimento de parcerias:** formação de parcerias com outras organizações, potencializando competências complementares e buscando o desenvolvimento conjunto dos parceiros.

- **Responsabilidade social:** as ações da organização devem ser baseadas na ética e na transparência, estando ela voltada para o desenvolvimento sustentável da sociedade, respeitando a diversidade e promovendo a redução das desigualdades sociais.

Esses conceitos ou princípios são desdobrados em critérios de excelência. O modelo de excelência do PNQ (MEG) é composto por oito critérios de excelência (FNQ, 2010), descritos a seguir:

- **Liderança:** esse critério examina o sistema de *liderança* da organização e o comprometimento da direção no estabelecimento, na disseminação e na atualização de valores e princípios organizacionais que promovam a cultura da excelência, considerando as necessidades de todas as partes interessadas. Também examina como é implementada a *governança*, como é analisado o desempenho da organização e como são implementadas as práticas voltadas para assegurar a consolidação do aprendizado organizacional.

- **Estratégias e planos:** esse critério examina o processo de formulação das estratégias. Também examina o processo de implementação das estratégias, incluindo a definição de indicadores, o desdobramento das metas e planos para todos os setores da organização e o acompanhamento dos ambientes internos e externos.

- **Clientes:** esse critério examina como a organização identifica, analisa e compreende as necessidades e expectativas dos clientes e dos mercados; divulga seus produtos, marcas e ações de melhoria; e estreita seu relacionamento com os clientes. Também examina como a organização mede e intensifica a satisfação e a fidelidade dos clientes em relação a seus produtos e marcas, bem como avalia a insatisfação.

- **Sociedade:** esse critério examina como a organização contribui para o desenvolvimento econômico, social e ambiental de forma sustentável – por meio da minimização dos impactos negativos potenciais de seus produtos e operações na sociedade – e como interage com a sociedade de forma ética e transparente.

- **Informações e conhecimento:** esse critério examina a gestão e a utilização das informações da organização e de informações comparativas pertinentes (de concorrentes, de empresas líderes etc.), bem como a gestão de seus ativos intangíveis.

- **Pessoas:** esse critério examina como são proporcionadas as condições para o desenvolvimento e a utilização plena do potencial das pessoas que compõem a força de trabalho, em consonância com as estratégias organizacionais. Também examina os esforços para criar e manter um ambiente de trabalho e um clima organizacional que conduzam à excelência do desempenho, à plena participação e ao crescimento das pessoas.

- **Processos:** esse critério examina como a organização identifica os *processos de agregação de valor* e identifica, gerencia, analisa e melhora os processos principais do negócio e os processos de apoio. Também examina como a organização gerencia o relacionamento com os fornecedores e conduz a sua gestão financeira, visando à sustentabilidade econômica do negócio.

- **Resultados:** esse critério examina os resultados da organização, abrangendo os econômico-financeiros e os relativos aos clientes e mercados, sociedade, pessoas, processos principais do negócio e de apoio, assim como os relativos ao relacionamento com os fornecedores.

O Quadro 4.2 apresenta a relação dos critérios e itens de avaliação (FNQ, 2010). Entre os itens dos critérios, há os de processos gerenciais e os de resultados organizacionais. Os itens de processos gerenciais (1.1 a 7.3) solicitam informações relacionadas ao sistema de gestão da organização, sem prescrever práticas, métodos de trabalho ou ferramentas. Os itens relacionados aos resultados organizacionais (8.1 a 8.6) solicitam a apresentação

**Quadro 4.2** — Itens de avaliação do Prêmio Nacional da Qualidade (Fonte: FNQ, 2010)

| Critérios e itens de avaliação | Pontuação máxima |
|---|---|
| **1. Liderança** | **110** |
| 1.1 Governança corporativa | 40 |
| 1.2 Exercício da liderança e promoção da cultura da excelência | 40 |
| 1.3 Análise do desempenho da organização | 30 |
| **2. Estratégias e planos** | **60** |
| 2.1 Formulação das estratégias | 30 |
| 2.2 Implementação das estratégias | 30 |
| **3. Clientes** | **60** |
| 3.1 Imagem e conhecimento de mercado | 30 |
| 3.2 Relacionamento com clientes | 30 |
| **4. Sociedade** | **60** |
| 4.1 Responsabilidade socioambiental | 30 |
| 4.2 Desenvolvimento social | 30 |
| **5. Informações e conhecimento** | **60** |
| 5.1 Informações da organização | 30 |
| 5.2 Ativos intangíveis e conhecimento organizacional | 30 |
| **6. Pessoas** | **90** |
| 6.1 Sistemas de trabalho | 30 |
| 6.2 Capacitação e desenvolvimento | 30 |
| 6.3 Qualidade de vida | 30 |
| **7. Processos** | **110** |
| 7.1 Processos principais do negócio e processos de apoio | 50 |
| 7.2 Processos relativos a fornecedores | 30 |
| 7.3 Processos econômico-financeiros | 30 |
| **8. Resultados** | **450** |
| 8.1 Resultados econômico-financeiros | 100 |
| 8.2 Resultados relativos a clientes e ao mercado | 100 |
| 8.3 Resultados relativos à sociedade | 60 |
| 8.4 Resultados relativos às pessoas | 60 |
| 8.5 Resultados relativos a processos | 100 |
| 8.6 Resultados relativos a fornecedores | 30 |
| **Total de pontos possíveis** | **1000** |

de séries históricas de resultados, informações comparativas e explicações sobre resultados.

O PNQ possui um sistema de pontuação que visa determinar o estágio de maturidade da gestão da organização. Os Processos Gerenciais são avaliados quanto a **enfoque, aplicação, aprendizado e integração**. O enfoque refere-se ao grau em que as práticas de gestão para um determinado item de avaliação são adequadas e implementadas para evitar a ocorrência de situações indesejadas e garantir a produção de bons resultados. A aplicação analisa se a prática é implementada por toda a organização ou em apenas uma área (abrangência) e se existe a utilização contínua ou esporádica da prática (continuidade). O fator aprendizado refere-se ao grau em que os processos gerenciais do item de avaliação são melhorados. Por fim, a integração visa observar se as práticas estão coerentes com a estratégia da organização, se são complementadas por outras práticas e se há a colaboração de outras áreas ou outras partes interessadas em sua implementação.

Os resultados organizacionais são avaliados quanto a **relevância, tendência e nível atual**. A relevância denota a importância dos resultados do item para o alcance dos objetivos da organização. A tendência demonstra a evolução positiva ou negativa dos resultados nos últimos três períodos consecutivos. O nível atual compara os resultados da organização com *benchmarks* externos (concorrentes, líderes de mercado, empresas de classe mundial etc.).

A pontuação global é um indicativo do nível de maturidade alcançado pela gestão de uma organização. Durante o processo de avaliação, os avaliadores consideram se existe uma relação consistente entre as práticas da organização e os resultados alcançados. Geralmente, as empresas premiadas acumulam mais de 700 pontos dos 1000 pontos totais. Elas são caracterizadas pela adoção de práticas de gestão adequadas, de uso continuado, disseminadas por toda a organização, aperfeiçoadas e implementadas colaborativamente. Seus resultados caracterizam-se pela relevância, por tendências favoráveis e desempenho comparável às melhores.

O Quadro 4.3 apresenta os ganhadores do Prêmio Nacional da Qualidade.

**Quadro 4.3** — Empresas ganhadoras do PNQ

| Empresa premiada (categoria) | Ano | Empresa premiada (categoria) | Ano |
|---|---|---|---|
| IBM Sumaré (manufatura) | 1992 | Gerdau Aços Finos Piratini (grandes empresas)<br>Irmandade Santa Casa de Misericórdia de Porto Alegre (organizações sem fins lucrativos)<br>Politeno Indústria e Comércio S.A. (médias empresas) | 2002 |
| Xerox do Brasil | 1993 | Dana Albarus – Divisão de Cardans (grandes empresas)<br>Escritório de Engenharia Joal Teitelbaum (médias empresas) | 2003 |
| Citibank – pessoa física (prestadora de serviços) | 1994 | Belgo Juiz de Fora (grandes empresas) | 2004 |
| Serasa (prestadoras de serviços) | 1995 | Companhia Paulista de Força e Luz (grandes empresas)<br>Petroquímica União S.A. (grandes empresas)<br>Serasa S.A. (grandes empresas)<br>Suzano Petroquímica S.A. (médias empresas) | 2005 |
| Alcoa Poços de Caldas | 1996 | Belgo Siderurgia S.A. – Usina de Monlevade (grandes empresas) | 2006 |

*(continua)*

### Quadro 4.3 — Empresas ganhadoras do PNQ *(Continuação)*

| Empresa premiada (categoria) | Ano | Empresa premiada (categoria) | Ano |
|---|---|---|---|
| Weg Motores (manufatura)<br>Copesul – Companhia do Sul (manufatura)<br>Citibank Corporate Banking (prestadoras de serviços) | 1997 | Albras Alumínio Brasileiro S.A. (grandes empresas)<br>Fras-le S.A. (grandes empresas)<br>Gerdau Aços Longos S.A. – Unidade Gerdau Riograndense (grandes empresas)<br>• Petróleo Brasileiro S.A. – Área de Negócio Abastecimento (grandes empresas)<br>• Promon S.A. (grandes empresas) | 2007 |
| Siemens (manufatura) | 1998 | CPFL Paulista (grandes empresas)<br>Suzano Papel e Celulose (grandes empresas) | 2008 |
| Cetrel S.A. – Empresa de Proteção Ambiental (média empresa)<br>Caterpillar (manufatura) | 1999 | AES Eletropaulo (grandes empresas)<br>Brasal Refrigerantes (grandes empresas)<br>CPFL Piratininga (grandes empresas)<br>Volvo Caminhões (Grandes empresas) | 2009 |
| Serasa (grandes empresas) | 2000 | AES Sul (grandes empresas)<br>Elektro (grandes empresas) | 2010 |
| Bahia Sul Celulose S.A. (grandes empresas) | 2001 | | |

O site http://www.fnq.org.br/ apresenta as informações sobre o modelo do PNQ, que são atualizadas anualmente.

## 4.3 SISTEMA DE GESTÃO DA QUALIDADE – NORMA ISO 9000

Um dos mais populares modelos de referência para estruturar sistemas de gestão da qualidade é o modelo dado pelas normas da série ISO 9000. Desde sua primeira publicação, em 1987, as normas da série ISO 9000 têm obtido reputação mundial.

A série ISO 9000 apresenta requisitos e diretrizes para os sistemas de gestão da qualidade, e é reconhecida como padrão internacional para comprovar a capacidade de uma organização em satisfazer e aumentar a satisfação do cliente nas relações envolvendo cliente-fornecedor. Até o final de dezembro de 2009, mais de um milhão de certificados foi emitido por muitos países em que a norma está presente. Entre os países que mais se destacam na implantação da norma estão: China, Itália, Espanha, Japão, Alemanha, Reino Unido e Índia (ISO, 2008). No Brasil, existem cerca de 6.700 certificados válidos (INMETRO, 2011). Apesar de significativo, os números brasileiros estão bem abaixo de países como China e Itália, que possuem cerca de 220.000 e 118.000 certificados, respectivamente.

A Tabela 4.2 apresenta a evolução da implantação da norma no Brasil e no mundo.

A International Organization for Standardization (ISO) é um organismo internacional, com sede em Genebra, na Suíça, fundado em 1945. O objetivo era criar um organismo mundial com o propósito de facilitar a coordenação internacional para a criação de normas para produtos, materiais, processos e sistemas. A ISO é responsável por mais de 18.000 normas que fornecem padrões para quase todos os setores da economia e da tecnologia. Entre as normas da entidade estão as dedicadas aos sistemas de gestão da qualidade (série 9000).

| Tabela 4.2 | Histórico de certificados emitidos – a(s) norma(s) 9001:2000, 9001:2008 |||||
|---|---|---|---|---|---|
| | Dezembro 2004 | Dezembro 2005 | Dezembro 2006 | Dezembro 2007 | Dezembro 2008 |
| Mundo | 660.132 | 773.867 | 896.929 | 951.486 | 982.832 |
| Brasil | 7.976 | 6.528 | 7.200 | 7.745 | 7.063 |
| Nº de países | 154 | 161 | 170 | 175 | 176 |

Fontes: ISO (2008); INMETRO (2011).

A evolução da aplicação dos conceitos da qualidade nas organizações está relacionada à normalização. Podemos entender normalização como a atividade destinada a estabelecer, em face de problemas reais ou potenciais de mercado e tecnologia, diretrizes para utilização comum e repetida, tendo em vista a obtenção de previsibilidade nos resultados. A normalização resulta na elaboração, publicação e divulgação de diversos documentos; dentre esses têm destaque as normas.

Uma norma consiste num documento, estabelecido por consenso e aprovado por um organismo reconhecido, que define regras, linhas de orientação ou características para atividades ou produtos destinados à utilização comum. As normas devem ser baseadas nos resultados consolidados da ciência, da tecnologia e da experiência, visando ao desenvolvimento da sociedade.

Quando a ISO foi criada, havia milhares de normas nacionais no mundo. Consequentemente, os esforços foram concentrados na tentativa de harmonizar essas normas. Foi particularmente na década de 1960 que a normalização realmente se tornou fundamental para facilitar as trocas internacionais de bens e serviços, dentro dos princípios da Organização Mundial do Comércio (OMC). As razões que estimularam o desenvolvimento de normas internacionais foram:

- A evolução nos meios de transporte, que contribuiu para o crescimento do comércio internacional.
- O desenvolvimento das empresas multinacionais.
- O interesse dos governos em criar uma plataforma técnica internacional para o desenvolvimento de regulamentos não conflitantes.
- A criação de institutos de normalização em muitos países e a necessidade de pautar as normas nacionais em bases internacionais.
- O reconhecimento das organizações internacionais da necessidade de regras em questões técnicas.

Atualmente a ISO é composta por mais de 160 países. Todas as normas desenvolvidas pela ISO são voluntárias, mas os países participantes adotam as normas da ISO e as tornam compulsórias. O Brasil participa da ISO por meio da Associação Brasileira de Normas Técnicas (ABNT), que é uma sociedade privada, sem fins lucrativos, e reconhecida pelo governo brasileiro como foro nacional de normalização. É o Comitê Brasileiro da Qualidade (ABNT/CB-25) que faz a produção das normas brasileiras equivalente às normas produzidas pela ISO.

Na ISO existem os comitês técnicos (TC – Technical Committee), que cuidam do processo de desenvolvimento de normas. Antes de promulgar uma norma, a ISO recebe informações de governos, setores industriais e outras partes interessadas. Após a versão preliminar de uma norma ser votada por todos os países-membros, ela é publicada em forma de norma internacional. O comitê técnico da ISO (ISO TC 176) tem a responsabilidade de atualização das normas da série 9000.

Além das normas, a ISO também publica outros tipos de documentos normativos:

- **Especificação Técnica (ISO/TS):** documento normativo representando o consenso técnico. Por exemplo, a ISO/TS 16949 é uma especificação técnica que especifica os requisitos do sistema da qualidade para projeto/desenvolvimento, produção, instalação e assistência técnica de produtos relacionados à indústria automotiva. Portanto, é uma especificação técnica relevante para todos os fornecedores da cadeia automotiva.
- **Relatório Técnico (ISO/TR):** documento que apresenta informações diferentes daquelas contidas nas normas ou especificações técnicas. Os ISO/TR podem ser documentos inicialmente destinados a tornar-se normas mas que não obtiveram os níveis de aprovação requeridos. Também podem ser documentos com uma função meramente informativa.

Na próxima seção são apresentados mais detalhes sobre as normas pertencentes à série 9000.

### 4.3.1 A Série ISO 9000

A criação de normas para sistemas de gestão da qualidade teve sua origem nas exigências governamentais impostas aos fornecedores de material bélico. Em 1963, o exército americano publicou a norma MIL-Q-9858A, que exigia que seus fornecedores adotassem práticas de qualidade como forma de atender aos requisitos de qualidade exigidos pelo exército. Outro marco foi a criação, em 1979, da norma inglesa BS 5750, elaborada pela British Standard Institution (BSI), que pode ser considerada a primeira norma mundialmente estabelecida para Sistemas de Gestão da Qualidade. Essa norma é importante porque serviu de referência para que a ISO criasse suas normas para sistemas de gestão da qualidade.

A primeira versão da norma ISO 9000 foi publicada em 1987. Periodicamente as normas são revisadas visando adequá-las às condições do mercado e às necessidades das organizações. Atualmente as principais normas da série ISO 9000 são as apresentadas no Quadro 4.4.

A ISO 9000:2005 (NBR ISO 9000:2005, no caso brasileiro) serve de referência para as demais normas da série, pois descreve os fundamentos de sistemas de gestão da qualidade e apresenta um glossário de termos usados nas normas. É uma norma aplicável a qualquer organização que busca aumentar sua vantagem competitiva a partir da qualidade e, principalmente, para aqueles que têm interesse na utilização da terminologia adequada à gestão da qualidade (por exemplo, fornecedores, clientes, órgãos reguladores) e pessoas que atuam na auditoria de sistemas de gestão da qualidade.

**Quadro 4.4 — Família das normas ISO 9001**

| | |
|---|---|
| ISO 9000:2005 **Sistemas de Gestão da Qualidade** – Fundamentos e vocabulário | Apresenta os princípios de gestão da qualidade e define os termos usados na série 9000. |
| ISO 9001:2008 **Sistemas de Gestão da Qualidade** – Requisitos | Define os requisitos básicos para a implantação de um sistema de gestão da qualidade. Essa é a norma de certificação. |
| ISO 9004:2010 **Sistemas de Gestão da Qualidade** – Gestão para o sucesso sustentado de uma organização — Uma abordagem da gestão da qualidade | Fornece orientação às organizações para o alcance do sucesso sustentado por meio de uma abordagem da gestão da qualidade. |
| ISO 19011:2002 **Diretrizes para auditorias de sistemas de gestão da qualidade e/ou ambiental** | Estabelece diretrizes para auditorias de primeira, segunda e terceira partes, para ambos os sistemas de gestão, o da qualidade e o ambiental. |

A norma ISO 9004:2010 (NBR ISO 9004:2010, no caso brasileiro) não tem propósito de certificação. Ela fornece diretrizes para que uma organização alcance o seu sucesso sustentado, ou seja, seja capaz de atender às necessidades e expectativas dos seus clientes e demais partes interessadas, a longo prazo e de forma equilibrada. O sucesso sustentado pode ser alcançado pela gestão eficaz da organização, priorizando a consciência do ambiente organizacional, o aprendizado e a introdução de melhorias.

A ISO 9004:2010 foi desenvolvida de forma a manter a coerência com a ISO 9001:2008 e ser compatível com outras normas de sistema de gestão, principalmente as normas de gestão ambiental. Uma das novidades da versão 2010 dessa norma é que ela estimula que a organização faça a sua autoavaliação como uma análise crítica de seu nível de maturidade, abrangendo sua liderança, estratégia, sistema da gestão, recursos e processos, para identificar pontos fortes e fracos, bem como oportunidades tanto de melhoria quanto de inovação, ou ambas.

A ISO 9001:2008 (NBR ISO 9001:2008, no caso brasileiro) especifica os requisitos de sistemas de gestão da qualidade. Todos os requisitos são genéricos e podem ser aplicados em quaisquer organizações, independentemente do seu porte ou tipo de produto (bens e serviços). Atualmente, as organizações que desejam certificar seus sistemas de gestão da qualidade devem fazê-lo somente com essa norma. A certificação significa que o sistema de gestão da qualidade da organização foi auditado em relação aos requisitos da norma, e, estando as exigências cumpridas, um órgão "certificador" emite um certificado de conformidade. A certificação será mais bem abordada ao final deste capítulo.

A norma ISO 9001 foi publicada inicialmente em 1987, e já passou por revisões em 1994, 2000 e 2008. As versões de 1987 e 1994 apresentavam pequenas modificações entre si. O mesmo ocorreu com as versões 2000 e 2008. As grandes alterações na norma 9001 são registradas entre as versões de 1994 e 2000 e ratificadas pela versão atual. A seguir discutiremos algumas dessas mudanças.

Até a versão de 1994, as organizações podiam buscar a certificação com base nas normas ISO 9001, 9002 e 9003, que se diferenciavam em função da abrangência do sistema de gestão da qualidade. A ISO 9001:1994 apresentava requisitos para a garantia da qualidade em atividades de projeto, desenvolvimento, produção, instalação e serviços. Já a ISO 9002:1994 apresentava requisitos para a garantia da qualidade em atividades de produção, instalação e serviços, e a ISO 9003:1994, menos abrangente, definia requisitos apenas para as atividades de inspeção final e teste.

Essa situação permitia que uma organização decidisse acerca da abrangência de seu sistema de gestão da qualidade. Ao optar por estruturar e certificar apenas uma parte de seu sistema (no caso das antigas ISO 9002 e 9003), as organizações comprometiam os resultados da qualidade, pois processos importantes ficavam alheios à sistematização e ao controle. Infelizmente, isso acontecia porque muitas organizações se interessavam mais pelo certificado do que pelos benefícios de melhoria da gestão e da qualidade proporcionados pela correta implantação da norma. Essa situação também contribuiu para a criação da "indústria da certificação" e, consequentemente, a perda de credibilidade da norma.

Desde a versão atual não há mais essa opção, pois existe somente uma norma possível de certificação. A ISO 9001:2008 é uma norma genérica e, por isso, pode ser aplicada por organizações de diversos segmentos de atuação ou tipo de produto (bens ou serviços). É obrigatório que a organização contemple todos os requisitos da norma em seu sistema de gestão da qualidade. Algumas exclusões são possíveis, desde que definidas previamente e justificadas em seu manual da qualidade. Normalmente, as exclusões permitidas são relativas às atividades de desenvolvimento de produto, pois nem todas as organizações desenvolvem novos produtos.

Outra alteração importante foi a redução do sistema de documentação. As versões de 1987 e 1994 exigiam que as organizações estabelecessem, implementassem e controlassem uma quantidade enorme de documentos (procedimentos, instruções de trabalho, registros etc.). Muitas vezes, um único requisito da norma era evidenciado por vários documentos. Essa situação gerou críticas de excesso de burocracia, excesso de papéis e, principalmente, dificuldades de promover melhorias. Para sanar essas dificuldades, a ISO 9001:2008 manteve a necessidade de documentação para apenas seis requisitos (controle de documentos, controle de registros, resultados de auditoria, controle de produtos não conformes, tratamento de ações corretivas e tratamento de ações preventivas). Embora seja desejável que as organizações tenham seus processos e resultados documentados, a simplificação da documentação fez com que as auditorias buscassem evidências reais para comprovar a eficácia do sistema de gestão da qualidade de uma organização.

Outra evolução foi a mudança da essência da norma, ou seja, de garantia para gestão da qualidade. Ambas têm o objetivo de prover confiança de que a organização atende aos requisitos do cliente. As primeiras versões utilizavam o termo garantia da qualidade, e as novas versões fazem o uso de gestão da qualidade. Essa mudança é evidenciada pela incorporação de princípios como abordagem de processos, comprometimento da alta administração e melhoria contínua na concepção da norma. Do mesmo modo, o importante não é prover confiança por meio de documentos, mas pela ênfase na gestão da qualidade.

Quando usada em um sistema de gestão da qualidade, essa abordagem enfatiza a importância:

- do entendimento e atendimento dos requisitos dos clientes e das partes interessadas;
- da necessidade de considerar os processos em termos de valor agregado;
- da obtenção de resultados de desempenho e eficácia de processo; e
- da melhoria contínua de processos baseada em medições objetivas.

A Figura 4.3 ilustra um sistema de gestão da qualidade com base na norma ISO 9001:2008. O modelo mostra que os clientes desempenham um papel significativo na definição dos

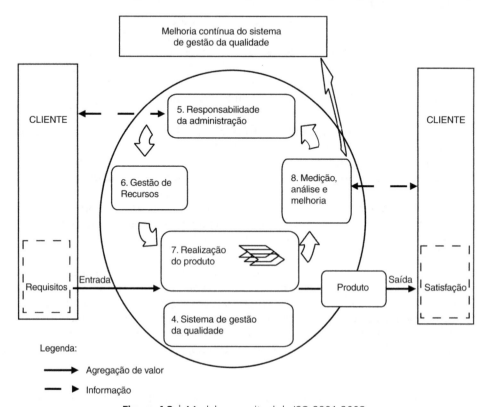

**Figura 4.3** | Modelo conceitual da ISO 9001:2008.

requisitos como entrada. O monitoramento da satisfação do cliente requer a avaliação de informações relativas à percepção do cliente sobre se a organização atendeu aos seus requisitos. O modelo também apresenta todos os requisitos dessa norma ISO 9001:2008 e a inter-relação entre eles.

O requisito **Sistema de Gestão da Qualidade** (requisito 4) apresenta os requisitos gerais do sistema da qualidade e os requisitos de documentação tais como manual da qualidade, controle de documentos e controle de registros. O requisito **Responsabilidade da Administração/Direção** (requisito 5) evidencia o comprometimento da alta direção da organização com o desenvolvimento, a implantação e a melhoria do sistema de gestão da qualidade. Esse comprometimento é demonstrado pelas ações da alta direção em estabelecer a política e os objetivos da qualidade, compreender e garantir que os requisitos do cliente sejam atendidos, garantir os recursos para os sistemas da qualidade e acompanhar seus resultados por meio de análises críticas.

O requisito **Gestão de Recursos** (requisito 6) aborda a provisão de recursos, sejam eles recursos humanos, de infraestrutura ou relativos à manutenção de um bom ambiente de trabalho. A garantia desses recursos é fundamental para que os requisitos dos clientes sejam atendidos. O requisito **Realização do Produto** (requisito 7) congrega os processos de realização do produto, ou seja, aborda os processos relativos ao planejamento da realização do produto, aos processos relacionados a clientes (determinação dos requisitos relacionados ao produto e comunicação com o cliente), ao projeto e desenvolvimento, à aquisição, à produção e ao controle dos equipamentos de monitoramento e medição.

Por fim, o requisito **Medição, Análise e Melhoria** (requisito 8) estabelece que a empresa deve medir, analisar e melhorar os resultados relativos à satisfação do cliente, à conformidade de produto e dos processos. Esse requisito coloca em prática o princípio da melhoria contínua.

As quatro normas principais da série ISO 9000 são complementadas por um conjunto de documentos normativos e auxiliares, apresentados na Tabela 4.3.

| Tabela 4.3 | Documentos normativos e auxiliares da série ISO 9000 | |
|---|---|---|
| **Norma** | **Descrição** | **Publicação** |
| ABNT NBR ISO 9000 | Sistemas de gestão da qualidade – Fundamentos e vocabulário | 2005 |
| ABNT NBR ISO 9001 | Sistemas de gestão da qualidade - Requisitos - Versão corrigida: 2009 | 2009 |
| ABNT NBR ISO 9004 | Sistemas de gestão da qualidade – Gestão para o sucesso sustentado de uma organização — Uma abordagem da gestão da qualidade | 2010 |
| ABNT NBR ISO 10002 | Gestão da Qualidade – Satisfação de clientes – Diretriz para o tratamento de reclamações nas organizações | 2005 |
| ABNT NBR ISO 10005 | Gestão da qualidade - Diretriz para planos da qualidade | 2007 |
| ABNT NBR ISO 10006 | Sistemas de gestão da qualidade – Diretriz para a gestão da qualidade em empreendimentos | 2006 |
| ABNT NBR ISO 10007 | Sistemas de gestão da qualidade – Diretriz para a gestão de configuração | 2005 |
| ABNT NBR ISO 10012 | Sistemas de gestão de medição - Requisitos para o processo de medição e equipamento de medição (*Anula as normas NBR ISO10012-1 e NBR ISO 10012-2*) | 2004 |
| ABNT ISO/TR 10013 | Diretriz para a documentação de sistema de gestão da qualidade | 2002 |
| ABNT ISO/TR 10014 | Gestão da Qualidade – Diretriz para percepção de benefícios financeiros e econômicos | 2008 |

*(continua)*

| Tabela 4.3 | Documentos normativos e auxiliares da série ISO 9000 *(Continuação)* ||
|---|---|---|
| **Norma** | **Descrição** | **Publicação** |
| ABNT NBR ISO 10015 | Gestão da qualidade - Diretriz para treinamento | 2001 |
| ABNT ISO/TR 10017 | Guias sobre técnicas estatísticas para a ABNT NBR ISO 9001:2000 | 2005 |
| ABNT ISO/TR 10019 | Diretrizes para a seleção de consultores de sistema de gestão da qualidade e uso de seus serviços | 2007 |
| ABNT NBR ISO 19011 | Diretrizes para auditorias de sistema de gestão da qualidade e/ou ambiental | 2002 |
| ABNT NBR 14919 | Sistemas de gestão da qualidade – Setor Farmacêutico – Requisitos específicos para aplicação da NBR ISO 9001:2000 em conjunto com as práticas de fabricação para a indústria farmacêutica (BPF) | 2002 |
| ABNT NBR 15075 | Sistemas de gestão da qualidade – Requisitos particulares para aplicação da ABNT NBR ISO 9001:2000 a empresas de serviços de conservação de energia (ESCO) | 2004 |
| ABNT ISO/TS 16949 | Sistemas de gestão da qualidade – Requisitos particulares para aplicação da ABNT NBR ISO 9001:2008 a organizações de produção automotiva e peças de reposição pertinentes | 2004 |
| ABNT NBR 15419 | Sistemas de gestão da qualidade – Diretrizes para a aplicação da ABNT NBR ISO 9001:2000 às organizações educacionais | 2006 |

Fonte: ABNT – CB25: http://www.abntcb25.com.br/

## 4.3.2 Sistema Documental

A complexidade do sistema documental do sistema de gestão da qualidade pode depender do porte da organização, de seu setor de atividade, da natureza de seus processos produtivos, das exigências de clientes etc.

A Figura 4.4 apresenta a hierarquia de documentos de um sistema de gestão da qualidade.

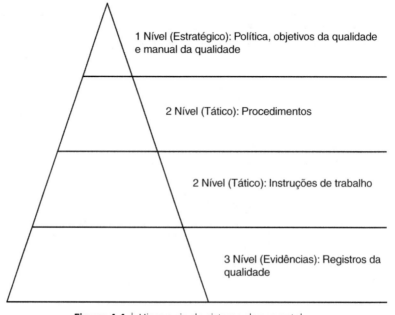

**Figura 4.4** | Hierarquia do sistema documental.

De modo geral, a documentação exigida pela norma ISO 9001:2008 deve incluir:

- **Política da qualidade e objetivos da qualidade:** devem ser formalizados em documentos e estão no topo da hierarquia do sistema documental. A política e os objetivos da qualidade fornecem evidências do planejamento da qualidade e devem nortear todo o processo de implementação e manutenção do sistema de gestão da qualidade. Consistem em intenções e resultados a serem alcançados quanto ao atendimento de requisitos dos clientes e do próprio sistema de gestão da qualidade. São componentes estratégicos que devem ser desdobrados para os demais níveis da organização. Podem estar definidos em documentos separados ou no próprio manual da qualidade. O requisito 5.3 da norma trata da definição da política da qualidade, e o requisito 5.4.1, dos objetivos da qualidade.
- **Manual da qualidade:** é o documento que descreve o sistema de gestão da qualidade da organização. Portanto, é obrigatório, importante e definido pelo requisito 4.2.2. Normalmente, os manuais da qualidade apresentam informações como:
    - Apresentação da organização (histórico, linhas de produtos, principais mercados e clientes, processos de negócio, descrição da estrutura organizacional, organograma etc.).
    - Política da qualidade.
    - Abrangência do sistema: a organização deve deixar claro o escopo do sistema de gestão da qualidade, que pode abranger uma ou várias unidades de negócio ou uma ou várias linhas de produto. Assim, a organização pode escolher quais negócios ou linhas o seu sistema poderá abranger, mas deverá implantar os requisitos na norma, desde que não haja exclusões.
    - Exclusões: referem-se aos requisitos que serão excluídos pela organização. A norma permite a exclusão de requisitos relacionados à realização do produto, desde que devidamente justificados pela organização. Isso somente deve ocorrer quando, efetivamente, a organização não possui as atividades do requisito em questão. Todavia, atividades terceirizadas não devem ser entendidas como exclusões, pois devem estar sujeitas ao controle da organização.
    - Representante da direção: a organização deve designar um membro da gestão que terá a responsabilidade e a autoridade para assegurar que os processos do sistema de gestão da qualidade sejam estabelecidos, repassar à alta direção qualquer necessidade de melhoria no sistema e difundir a conscientização de atendimento dos requisitos dos clientes pela organização.
    - Procedimentos de gestão da qualidade.
    - Interação entre os processos que fazem parte do sistema de gestão da qualidade da organização.
- **Procedimentos:** consistem numa descrição das principais atividades de um processo. Portanto, são rotinas padronizadas que facilitam a execução de uma operação, e, por isso, são chamadas de Procedimentos Operacionais Padrão (POP). A norma utiliza o termo "procedimento documentado" para qualquer procedimento registrado na forma de documento. O requisito 4.2.3 da norma trata do controle de documentos. São exemplos de procedimentos: procedimento de aquisição de materiais, de seleção de fornecedores, de contratação de serviço etc.
- **Instruções de trabalho:** são documentos que detalham a execução de uma atividade pertencente a um determinado processo. Portanto, são mais operacionais que os procedimentos. Um exemplo seria a instrução de trabalho que detalha a emissão do pedido dentro de um processo de vendas.
- **Registros:** são um tipo especial de documento que devem ser estabelecidos e mantidos para prover evidências de que as atividades realizadas pela organização estão em

consonância com a norma e com o seu sistema de gestão da qualidade. Também demonstram os resultados obtidos. Os registros devem ser mantidos legíveis, identificáveis e recuperáveis. O requisito 4.2.4 da norma ISO 9001:2008 estabelece que a organização deve ter um procedimento documentado para o controle de registros. São exemplos de registros: atas de reuniões, fichas de recebimento, resultados de pesquisas de satisfação do cliente, formulário de aprovação de matéria-prima etc.

A ISO 9001:2008, como visto anteriormente, exige que a organização crie procedimentos documentados para apenas seis requisitos. Porém, uma organização pode ter tantos procedimentos documentados quantos forem necessários. Esse número depende da complexidade de seus processos, de suas interações e da competência do pessoal da organização. A padronização dos processos e atividades traz vários benefícios relativos a previsibilidade dos resultados, diminuição da variabilidade e facilidade de treinamento. Assim, sempre que a padronização for vantajosa, a organização deve optar pela formalização de seus procedimentos e instruções de trabalho.

## 4.3.3 Os Requisitos da Norma ISO 9001:2008

Vimos que o modelo de sistema de gestão da qualidade definido pela ISO 9001:2008 estabelece cinco requisitos. Nesta seção faremos uma discussão sobre cada um desses requisitos.

### 4.3.3.1 Sistema de gestão da qualidade

Esta seção da norma trata da caracterização do sistema de gestão da qualidade e da documentação necessária para sua implantação. No requisito 4.1 (Requisitos Gerais), a norma afirma que a organização deve estabelecer, documentar, implementar e manter um sistema de gestão da qualidade, e melhorar continuamente a sua eficácia. Para isso, a organização deve determinar os processos que farão parte do sistema de gestão da qualidade, assim como definir a interação entre eles. A correta operação desses processos exigirá recursos e comprometimento da direção e das pessoas que trabalham na organização. Por fim, os processos devem ser continuamente monitorados e melhorados a partir dos resultados alcançados. Portanto, esse requisito conduz para a visão sistêmica e a melhoria contínua.

O requisito 4.2 trata da documentação do sistema de gestão da qualidade, que deve incluir: declarações documentadas de uma política da qualidade e dos objetivos da qualidade, um manual da qualidade, procedimentos documentados, registros requeridos pela norma e demais documentos especificados pela organização como necessários para assegurar o planejamento, a operação e o controle de seus processos. Os conceitos desses documentos foram estudados na seção anterior.

A norma não descreve a natureza ou a extensão dos documentos, mas exige que a organização tenha, pelo menos, seis procedimentos documentados para:

- Controle de documentos;
- Controle de registros;
- Resultados da auditoria interna;
- Controle de produto não conformes;
- Tratamento de ações corretivas;
- Tratamento de ações preventivas.

Os documentos requeridos pelo sistema de gestão da qualidade devem ser controlados, ou seja, devem ser estabelecidos controles para a aprovação, identificação, disponibilização, distribuição correta e atualização dos documentos. No caso dos registros, a organização deve estabelecer um procedimento documentado para definir os controles necessários para identificação, armazenamento, proteção, recuperação, retenção e disposição dos registros.

### 4.3.3.2 Responsabilidade da direção

Um dos elementos essenciais para a gestão da qualidade é o comprometimento da alta direção. A ISO 9001:2008 possui um requisito (requisito 5) que aborda o compromisso da alta direção com a eficácia do sistema de gestão da qualidade.

Esta seção da norma se divide em seis requisitos. O primeiro (requisito 5.1) fornece diretrizes do papel da alta direção no desenvolvimento e na implementação do sistema de gestão da qualidade e na melhoria contínua de sua eficácia mediante:

- Criação de uma cultura voltada para a qualidade e que o atendimento dos requisitos do cliente seja um valor central na organização.
- Estabelecer a política e os objetivos da qualidade.
- Comunicar à organização sobre a importância de atender aos requisitos dos clientes, como também aos requisitos estatutários e regulamentares.
- Assegurar a disponibilidade de recursos necessários ao bom desempenho e à melhoria do sistema de gestão da qualidade.
- Ser responsável por analisar criticamente o sistema de gestão da qualidade de forma a garantir sua correção quando necessário ou implementar ações de melhoria.

A satisfação do cliente deve ser responsabilidade primária da alta direção (requisito 5.2). Para isso, ela deve assegurar que os requisitos do cliente sejam identificados e atendidos pela organização. Essa identificação pode ser feita por diversas estratégias para "ouvir" os clientes, tais como: pesquisas de mercado, entrevistas com os clientes, análise de reclamações, relatórios de organizações de consumidores etc. Posteriormente, deve-se garantir que essas informações sejam desdobradas em características do produto ou serviço.

Os princípios e valores relacionados à gestão da qualidade na organização devem ser formalizados e documentados na forma de uma política da qualidade (requisito 5.3), que deve ser declarada e comunicada a todos. Além disso, esse requisito da norma exige que a política seja analisada criticamente quanto à sua coesão, clareza, autenticidade, consistência e necessidade de adequação ou não.

A alta direção tem por responsabilidade realizar o planejamento da qualidade (requisito 5.4). Nesse caso, compete a ela estabelecer objetivos da qualidade (requisito 5.4.1) coerentes com a política da qualidade. Os objetivos exprimem os resultados que deverão ser alcançados pela organização relativos à gestão da qualidade, servem como base para as análises críticas do sistema e fixam alvos para a melhoria contínua. Para facilitar seu acompanhamento e controle, os objetivos precisam ser acompanhados por indicadores de desempenho.

A implementação do planejamento da qualidade pode ser feita por meio de um plano da qualidade do produto/ou do serviço de modo a satisfazer os requisitos 4.1 da norma e os objetivos da qualidade (requisito 5.4.1). Da mesma forma, a integridade do sistema de gestão da qualidade deve ser mantida quando mudanças forem planejadas e implementadas.

O requisito 5.5 da norma ISO 9001:2008 aborda a definição de responsabilidades e autoridades no sistema de gestão da qualidade e enfatiza os processos de comunicação. A alta direção deve assegurar que as responsabilidades e a autoridade sejam definidas e comunicadas em toda a organização (requisito 5.5.1). O objetivo é fazer com que todos saibam a sua contribuição para a gestão da qualidade. Para isso, muitas organizações utilizam organogramas, descrições de cargos, procedimentos documentados e matrizes de responsabilidades para cumprir esse requisito da norma.

A organização também deve nomear um representante da direção (requisito 5.5.2). Ele será a pessoa que terá a responsabilidade por zelar pela eficácia do sistema de gestão da qualidade. É importante que o representante tenha um perfil adequado para a função, ou seja, tenha um bom conhecimento dos processos da organização, domine os requisitos das normas relacionadas à gestão da qualidade, seja respeitado profissional e hierarquicamente por seus colegas gerentes e diretores, seja organizado, atue como facilitador e tenha boa capacidade de negociação e comunicação. Segundo a norma, as principais atribuições do representante da alta direção são:

- assegurar que os processos do sistema de gestão da qualidade sejam estabelecidos,
- repassar à alta direção qualquer necessidade de melhoria no sistema, e
- difundir a conscientização de atendimento dos requisitos dos clientes pela organização.

A alta direção deve estabelecer canais de comunicação apropriados na organização para que a política da qualidade, os objetivos da qualidade, os procedimentos, as informações e os resultados do sistema de gestão da qualidade sejam plenamente divulgados (requisito 5.5.3). As seguintes estratégias podem ser usadas como formas de implementação da comunicação interna: palestras, reuniões informativas, quadros de avisos afixados nos postos de trabalho, jornais internos, emails, intranets, programas de sugestões etc.

O último requisito desta seção trata da análise crítica da direção (requisito 5.6). A alta direção deve analisar criticamente o sistema de gestão da qualidade da organização, em intervalos planejados, para assegurar sua contínua adequação, suficiência e eficácia. Essa análise crítica deve incluir a avaliação de oportunidades para melhoria e necessidade de mudanças no sistema de gestão da qualidade, incluindo a política da qualidade e os objetivos da qualidade.

As análises críticas são conduzidas pela alta administração e devem ser realizadas, no mínimo, semestralmente. Os intervalos entre as reuniões podem ser menores, dependendo do estágio de implantação do sistema de gestão da qualidade. O objetivo é avaliar o sistema de gestão da qualidade da organização e identificar áreas de melhoria. Para isso, devem ser analisados os seguintes dados e informações (entradas para a análise crítica): resultados de auditorias internas e externas, satisfação do cliente, conformidade do produto e dos processos, situação das ações corretivas e preventivas, resultados de análises críticas já realizadas etc.

Como resultados dessa análise devem surgir decisões e ações relacionadas a:

- melhoria da eficácia do sistema de gestão da qualidade e de seus processos;
- melhoria do produto em relação aos requisitos do cliente; e
- necessidades de recursos.

### 4.3.3.3 Gestão de recursos

A implementação, manutenção e melhoria do sistema de gestão da qualidade dependem da disponibilidade de recursos. A partir de 2000, as versões da norma ISO 9001 responsabilizam a alta direção pelo provimento dos recursos necessários à gestão da qualidade, sejam eles recursos humanos, físicos (instalações e equipamentos) ou organizacionais (requisito 6.1). Apesar de a norma não abordar os recursos financeiros, eles não devem ser ignorados, pois são essenciais ao bom funcionamento do sistema.

A organização deve fornecer evidências tangíveis de que se compromete com o sucesso do sistema de gestão da qualidade ao prover os recursos de infraestrutura, pessoas e condições de trabalho adequadas (ambiente de trabalho). Os recursos são requeridos por três motivos:

1) Implementação e manutenção dos processos do sistema de gestão da qualidade.
2) Melhoria dos processos.
3) Assegurar a satisfação do cliente.

O requisito 6.2 trata da gestão de pessoas. Segundo esse requisito, a organização deve determinar as competências necessárias às pessoas que executam atividades relacionadas à qualidade do produto; fornecer treinamento para desenvolver essas competências; avaliar a eficácia das ações de capacitação; assegurar o comprometimento das pessoas quanto aos objetivos da qualidade; e manter registradas as ações de educação e treinamento.

Praticamente todas as pessoas na organização afetam a conformidade do produto e, por isso, devem estar capacitadas para executar suas atividades. A norma entende que o desenvolvimento de competências é formado por educação, treinamento, habilidades e experiência. Compete à área de recursos humanos da organização definir as competências exigidas para cada função do sistema de gestão da qualidade e, a partir disso, elaborar um mapeamento das competências por meio de uma matriz de competência. A matriz indicará se as pessoas possuem ou não os requisitos de formação, habilidades e experiência necessários ao cargo. Esse diagnóstico auxiliará a organização em seu planejamento de treinamentos a fim de que as pessoas cheguem até o nível de competência necessária. Posteriormente, a eficácia das ações de treinamento deve ser avaliada. Recomenda-se que as organizações façam o planejamento e as avaliações dos treinamentos junto aos empregados de maneira sistemática e em intervalos regulares. Ao fazer isso, ela estará fornecendo evidências de que atende a esse requisito da norma.

Além da gestão de recursos humanos, a ISO 9001:2008 aponta que a organização deve prover e manter a infraestrutura necessária para a operação e melhoria do sistema de gestão da qualidade. Nessa infraestrutura estão incluídos: a) edifícios, espaço de trabalho e instalações associadas; b) equipamentos de processo, materiais e softwares; e c) serviços de apoio tais como transporte ou comunicação (requisito 6.3).

A organização deve possuir o controle sobre a infraestrutura necessária, tanto de hardware quanto de software. Uma forma de atender a esse requisito é adotar práticas de realização de backups de sistemas e de programas de manutenção corretiva, preventiva e preditiva dos recursos fabris. Quanto maior o controle da infraestrutura, maiores a disponibilidade e confiabilidade desses equipamentos para o atendimento aos objetivos da qualidade.

O último requisito desta seção (requisito 6.4) aborda as condições do ambiente de trabalho. A organização deve gerenciar as condições do ambiente de trabalho, deixando-o condizente com a conformidade do produto. É preciso estar atento à legislação referente às exigências de condições de trabalho. Isso significa que fatores físicos, ambientais e de risco devem ser adequados e controlados. Nessa questão, destacam-se as condições de higiene, saúde e segurança do ambiente de trabalho. Recomenda-se a aplicação da ISO 9001:2008 em parceria com a norma BS OHSAS 18001 (Sistema de Gestão da Saúde e Segurança Ocupacional – requisitos).

A preocupação com a organização do ambiente de trabalho também se faz presente. O Programa 5S, uma filosofia japonesa de trabalho que busca tornar o ambiente de trabalho mais organizado, agradável, seguro e produtivo, tem sido bastante aplicado como forma de atender esse requisito da norma. Também pesquisas de clima organizacional podem ser desenvolvidas para captar a percepção de satisfação ou insatisfação dos empregados em relação às condições de trabalho.

#### 4.3.3.4 Realização do produto

A seção 7 da ISO 9001:2008 trata das atividades relacionadas aos processos de realização de um produto ou prestação de um serviço. Corresponde aos processos de transformação dos requisitos dos clientes num produto ou serviços. Basicamente, ela se divide em seis grandes tópicos:

1) Planejamento
2) Processos relacionados ao cliente

3) Projeto e desenvolvimento
4) Compras
5) Produção e prestação de serviço
6) Controle de equipamentos de monitoramento e medição

### Planejamento da Realização

O requisito 7.1 (Planejamento da realização do produto) afirma que deve haver coerência entre o planejamento da produção e os demais requisitos do sistema de gestão da qualidade descritos no Requisitos do Sistema de Gestão da Qualidade para que o sistema em si se mantenha coeso. Ao planejar a realização do produto, a organização deve determinar, quando apropriado:

- os objetivos da qualidade e os requisitos para o produto;
- a necessidade de estabelecer processos e documentos e prover recursos específicos para o produto;
- a verificação, validação, monitoramento, medição, inspeção e atividades de ensaio requeridos, específicos para o produto, bem como os critérios para a aceitação do produto;
- os registros necessários para fornecer evidência de que os processos de realização e o produto resultante atendem aos requisitos.

### *Relacionamento com o Cliente*

O requisito de relacionamento com o cliente (requisito 7.2) estabelece os processos pelos quais a organização irá interagir com seus clientes. A norma se preocupa com a entrada dos requisitos do cliente. Muitas vezes, o cliente, ao solicitar um produto ou serviço, define as características desejadas, ou seja, aponta quais são os requisitos declarados. Porém, os requisitos declarados são apenas uma parte de todos os requisitos que uma organização deve considerar ao desenvolver e produzir um produto ou serviço.

A organização deve identificar todos os requisitos do produto. Entre os requisitos, tem-se:

- **Requisitos declarados pelo cliente:** solicitações expressas verbalmente ou descritas no pedido ou contrato. Normalmente, esses requisitos são: tipo de produto, quantidade, prazo de entrega e forma de entrega.
- **Requisitos de pós-venda:** são ofertados pela organização, mas podem também fazer parte dos requisitos declarados do cliente. Podemos citar como exemplos de requisito de pós-venda garantia, garantia estendida, seguro, revisão, orientações na instalação etc.
- **Requisitos não declarados:** muitas vezes são necessários para o uso, mas não explicitadas pelo cliente. Esses requisitos devem ser igualmente identificados nessa fase. Como exemplo de requisitos não declarados podemos relacionar: o carregador de bateria em um aparelho celular; o manual do usuário de um veículo; a bomba para encher pneus em uma bicicleta etc.
- **Requisitos adicionais considerados necessários pela organização:** além dos requisitos básicos, o fabricante ou o fornecedor do serviço pode identificar alguns requisitos adicionais; estes devem também ser relacionados.
- **Requisitos estatutários e regulamentares aplicáveis ao produto:** correspondem às normas legais específicas ao tipo de produto produzido ou comercializado pela empresa e que devem ser cumpridas. Por exemplo, o atendimento de normas específicas definidas pela Agência Nacional de Vigilância Sanitária – Anvisa para os produtos farmacêuticos.

Após a identificação dos requisitos citados anteriormente, a organização deve certificar-se de que analisou profundamente os requisitos relacionados ao produto ou serviço e de que tem condições de cumpri-los. Essa análise crítica deve ser feita para os requisitos técnicos do produto, assim como para condições de prazo, entrega e serviços associados. Todos os requisitos relacionados ao produto devem ser registrados e guardados por um tempo determinado para comprovar que a organização cumpriu esse requisito da norma.

Ainda nesse requisito, a organização deve determinar e implementar providências eficazes para se comunicar com os clientes. Dentre as comunicações possíveis, a norma estabelece que a organização deve repassar as informações do produto aos clientes e analisar e responder a consultas, contratos ou reclamações dos clientes.

As informações do produto aos clientes podem ser feitas por meio de diversas estratégias: web site na internet, com detalhes, catálogos, especificações escritas, instruções de uso, instruções de instalação e montagem, vídeo demonstrativo, tutorial etc. Para tratamento de consultas, contratos e pedidos, as organizações têm disponíveis várias tecnologias, que vão desde um call-center (serviços de 0800) até sofisticados sistemas on-line de atendimento. Esses canais também podem servir de entrada para reclamações dos clientes. Muitas vezes, a reclamação pode nem ser procedente, porém devem sempre ser analisadas pela empresa como uma oportunidade de melhoria.

### Projeto e Desenvolvimento

O requisito 7.3 se aplica ao projeto e desenvolvimento de produtos. Por isso, muitas organizações que não possuem esse processo solicitam a sua exclusão. Como o desenvolvimento de produto é um processo complexo que envolve muitas atividades e áreas da empresa, é importante que a organização planeje a sua realização. Esse planejamento requer que a equipe divida o projeto e desenvolvimento em estágios.

Os estágios do projeto e desenvolvimento devem demarcar importantes etapas, ao mesmo tempo que marcam o ritmo de progresso do projeto baseado no atendimento aos requisitos do projeto e desenvolvimento. Para cada uma dessas etapas, deve ser prevista uma análise crítica, com os profissionais envolvidos das áreas. Nessas análises, devem ser apresentadas as evidências de verificação, ou seja, deve ser provado que os requisitos de cada etapa foram atingidos, comparando-se as entradas previstas com as saídas. Também devem ser feitas validações para saber se o projeto está coerente com os requisitos do cliente, antes da entrega ou da implantação do produto. Diferentemente de verificação, a validação deve ser feita diretamente no objeto final do projeto e desenvolvimento.

A ISO 9001:2008 define algumas entradas obrigatórias e as saídas do projeto e desenvolvimento. As entradas são todas as informações e documentos necessários aos projeto e desenvolvimento e que, portanto, devem ser devidamente documentados e anexados ao processo. Entre as entradas do projeto estão: requisitos de funcionamento, requisitos de desempenho, requisitos estatutários, requisitos regulamentares aplicáveis e outras informações vindas de projetos similares.

Da mesma forma, as saídas do projeto e desenvolvimetno devem ser evidenciadas para facilitar a verificação entre as entradas e as saídas. Entre as possíveis saídas de um projeto estão: características e especificações de produto que atendem os requisitos do cliente, informações para aquisição de insumos, informações para produção do produto, critérios de aceitação do produto etc.

No planejamento do projeto e desenvolvimento, a organização deve prever uma etapa para análise crítica dessas saídas. A análise crítica é uma avaliação geral do andamento do projeto e desenvolvimento com relação aos requisitos planejados, tendo como objetivo a identificação de problemas, visando à solução destes ainda na fase inicial, no momento em que a solução é mais viável técnica e economicamente.

Durante ou até mesmo após a conclusão de um projeto ou de um desenvolvimento, podem ser identificadas oportunidades de melhoria daquilo que já foi realizado. Quando isso ocorre, a norma exige da organização que essas alterações sejam devidamente controladas.

## Aquisição

Os processos de aquisição são críticos para o atendimento dos requisitos dos clientes. Por isso, são abordados no requisito 7.4 da ISO 9001:2008. O processo de aquisição consiste nas seguintes etapas:

- Definição das características e especificações do produto.
- Escolha e homologação do fornecedor.
- Avaliação da qualificação do fornecedor em produzir e fornecer o item adquirido.
- Verificação do produto entregue pelo fornecedor.

Os produtos e serviços a serem adquiridos devem ser adequadamente especificados. Essas especificações precisam ser de conhecimento do fornecedor para que ele possa cumprir o seu papel. Uma forma de atender esse requisito é inserir nos documentos de aquisição (pedidos de compra, as especificações associadas etc.) campos relativos às informações de aquisição. Os produtos adquiridos podem ser especificados também por meio de desenhos técnicos, especificações, lista de materiais, roteiros de montagem etc.

Além disso, quando necessário, as informações de aquisição devem conter os requisitos tanto do sistema de gestão da qualidade quanto os requisitos para a qualificação do pessoal envolvido com o produto em questão.

A organização deve avaliar e selecionar fornecedores com base em sua capacidade em fornecer produtos de acordo com os requisitos da organização. Critérios (preço, qualidade, confiabilidade, tempo de entrega etc.) para seleção, avaliação e reavaliação dos fornecedores devem ser instituídos. Também devem ser mantidos registros dos resultados das avaliações e de quaisquer ações necessárias, oriundas da avaliação.

Existem várias formas de se selecionar um fornecedor com base na sua qualidade, entre elas temos:

- Exigir uma certificação ISO 9001 do fornecedor.
- Testar a qualidade do produto, adquirindo uma amostra e submetendo-a a testes de laboratório ou a testes funcionais.
- Auditar o sistema de gestão da qualidade do fornecedor (auditoria de segunda parte).
- Testar os produtos durante certo tempo.
- Consultar um histórico de fornecimentos e analisar o fornecedor estatisticamente etc.

O processo e os resultados obtidos durante o processo de seleção, de avaliação e periodicamente de reavaliação dos fornecedores devem ser devidamente mantidos para consultas futuras. É claro que esse tipo de controle não deve ser feito para todos os produtos ou serviços adquiridos. O tipo e a extensão do controle aplicados ao fornecedor devem depender do efeito do produto adquirido na realização subsequente do produto ou no produto final.

Os produtos adquiridos devem ser inspecionados no ato de recebimento, de tal forma que a organização possa, com certa margem de confiança, se assegurar de que o produto adquirido atende a todos os requisitos especificados no momento da aquisição. Nessa avaliação, a organização deve definir um plano de inspeção que contemple: tipo de produto, tamanho da amostra (se 100% ou por amostragem), critérios de aprovação, responsável pela aprovação, dados do fornecedor etc. Feito isso, todos os registros obtidos devem ser armazenados com a devida rastreabilidade.

A ISO 9001:2008 prevê ainda que seja feita a verificação do produto nas instalações do fornecedor. Nesse caso, a organização deve incluir nas informações de aquisição as providências de verificação desejadas, bem como o método de aprovação, exatamente como seriam realizadas nas dependências da organização no momento do recebimento.

### Produção e Fornecimento de Serviço

A ISO 9001:2008 divide as atividades produtivas em cinco grandes grupos: controle de produção e prestação de serviço; validação dos processos de produção e prestação de serviço; identificação e rastreabilidade; propriedade do cliente; e preservação do produto.

O controle de produção e prestação de serviço exige que a organização mantenha controle sobre os processos de produção para garantir a qualidade do produto final e, com isso, minimizar a ocorrência de não conformidades. Segundo a norma, a organização deve garantir condições controladas na realização do produto, ou seja, deve se certificar de desempenhar as atividades conforme elas foram planejadas. Esse controle pode ser alcançado a partir:

- da disponibilidade de informações que descrevam as características do produto,
- da disponibilidade de instruções de trabalho, quando necessárias,
- do uso de equipamento adequado,
- da disponibilidade e uso de equipamento de monitoramento e medição,
- da implementação de monitoramento e medição, e
- da implementação de atividades de liberação, entrega e pós-entrega do produto.

Os processos de produção ou fornecimento do serviço devem ser monitorados. Quando isso não puder ser feito por ser inviável economicamente (por exemplo, nos casos de produtos cujo teste exige ensaios destrutivos), a organização deve validar esses processos. A validação tem o objetivo de demonstrar que o processo tem a capacidade de alcançar os objetivos planejados. Para isso, a norma exige que a organização tome as providências, sempre que possível, quanto:

- à definição dos critérios para a análise crítica;
- à definição dos critérios para aprovação;
- à realização da aprovação do equipamentos utilizados;
- à realização da qualificação do pessoal envolvido;
- à definição dos métodos e procedimentos necessários;
- à revalidação, se preciso for, do produto e serviço; e
- ao registros dessas validações.

Todos os produtos devem ser identificados e rastreados. Por identificação, devemos entender que os produtos finais e suas partes intermediárias (matérias-primas, peças e componentes) devem ser identificados ao longo dos processos de fabricação e processos de expedição. A identificação pode ser feita por meio de etiquetas, embalagens, códigos de barras etc. Já a rastreabilidade é a capacidade de recuperar o histórico de um produto, indicando os materiais e as peças utilizados, as operações realizadas, as máquinas e operadores que nele trabalharam e a distribuição e localização do produto depois da entrega.

A partir da identificação e da rastreabilidade, a organização terá condições de localizar efetivamente a origem de uma não conformidade. Por exemplo, uma montadora de automóveis observou que um parafuso foi montado invertido. Com os processos de identificação e rastreabilidade, poderá localizar o número de série do veículo, saber em que dia, em que turno e qual o montador que colocou aquele parafuso errado. Desse modo, poderá tomar providências para eliminar a causa desse problema e evitar que ele volte a ocorrer.

A norma também trata da propriedade do cliente, ou seja, qualquer item que está sob posse da organização, mas cuja propriedade é do cliente. Entre essses itens estão: produtos que serão incorporados, informações, desenhos, especificações, equipamentos, veículos etc. Por exemplo, um armazém recebe um carregamento de geladeiras para guardar. Apesar de executar o serviço de armazenagem, as geladeiras são de propriedade do cliente e devem ser cuidadas pela prestadora do serviço.

Para cumprir esse requisito, a organização deve pelo menos:

- identificar o que é de propriedade do cliente;
- verificar em momentos planejados a propriedade do cliente. No mínimo, essa verificação deve ser no recebimento e na entrega;
- proteger para que a propriedade do cliente se mantenha intacta;
- informar e manter registros dos itens dos clientes em casos de perda, roubo ou danos.

A preservação do produto cobra que a organização mantenha seus produtos protegidos de qualquer coisa que possa danificá-los. É claro que não são apenas os produtos acabados que devem ser resguardados e protegidos; as suas partes integrantes também. Portanto, o cuidado deve ser desde o recebimento da matéria-prima até a entrega do produto acabado para o cliente.

Sempre que necessário, a preservação do produto deve incluir procedimentos para:

- identificação: para evitar trocas e uso de produtos não conformes;
- manuseio: descrever como o produto deve ser manipulado para evitar danos;
- embalagem: devem ser utilizadas formas adequadas de acondicionamento, incluindo indicações de proteção;
- armazenamento: descrever como e onde o produto deve ser guardado;
- proteção: definir como o produto deve ser protegido para manter a sua integridade;
- validade: identificar o prazo de validade e uma rotina para garantir que o produto e suas partes cheguem ao cliente em tempo para o uso.

### Controle de Equipamento de Monitoramento e Medição

O último requisito da seção Realização do Produto dispõe sobre o controle de equipamentos de monitoramento e medição. Para atender a esse requisito, a organização deve determinar as medições e monitoramentos a serem realizados e os dispositivos de monitoramento e medição necessários (paquímetros, balanças, trenas, réguas, termômetros, sensores etc.) para evidenciar a conformidade do produto com os requisitos determinados. Para isso, deve:

- calibrar ou verificar os equipamentos em intervalos determinados;
- usar padrões de medição rastreáveis a padrões nacionais ou internacionais;
- guardar os registros dessas calibrações (certificado de calibração);
- quando estiver descalibrado, o equipamento ser ajustado e os produtos por ele medidos verificados;
- o equipamento possuir uma identificação única para determinar a sua situação de calibração;

- o equipamento estar protegido contra ajustes que comprometam a sua calibração;
- o equipamento estar protegido contra danos durante o seu manuseio.

Quando for detectado que os produtos foram controlados por equipamentos e dispositivos que não estavam em conformidade, a organização deve tomar providências para reavaliar os produtos supostamentes controlados e definir as ações apropriadas (validar ou retrabalhar, por exemplo).

### 4.3.3.5 Medição, análise e melhoria

O requisito 8 da ISO 9001:2008 é destinado a monitorar e medir o sistema de gestão da qualidade. Isso é importante para demonstrar a conformidade aos requisitos do produto, assegurar a conformidade do sistema de gestão da qualidade e melhorar continuamente a eficácia do sistema de gestão da qualidade. A norma estabelece quatro atividades básicas nesse requisito:

1) medição e monitoramento;
2) controle de produtos não conformes;
3) análise de dados;
4) melhorias.

As atividades de monitoramento e medição devem ser realizadas em diversos pontos do sistema de gestão da qualidade. Os resultados dessas atividades irão realimentar todo o sistema, fazendo com que a organização possa tomar decisões em bases confiáveis de dados. Satisfação dos clientes, resultados de auditoria interna, produtos e processos são focos essenciais de monitoramento e medição.

Quanto à satisfação dos clientes, podem ser utilizadas diversas ferramentas e mecanismos para realizar esse monitoramento. O importante é garantir que a satisfação ou insatisfação do cliente em relação ao produto ou ao serviço seja identificada. Entre as formas de se realizar esse monitoramento, podemos citar: pesquisa de satisfação periódica; pesquisa de satisfação após cada entrega de produto ou serviço; caixa de sugestões; índice de reclamações; índice de retorno de produtos em garantia; comentários em fóruns etc.

A medição do grau de satisfação do cliente tem o objetivo de verificar se a organização vem cumprindo a sua missão e avaliar a eficácia do sistema de gestão da qualidade em atender aos requisitos do cliente. A organização deve fornecer evidências de que faz esse acompanhamento, seja de forma ativa (quando ela própria questiona o cliente por meio de uma pesquisa) ou passiva (quando ela se utiliza de informações dos clientes presentes em fontes secundárias de pesquisa).

A ISO 9001:2008 prevê que sejam realizadas auditorias internas em intervalos regulares para avaliar se o sistema de gestão da qualidade da organização está condizente com os requisitos da própria norma, com as disposições planejadas para realização e com os requisitos do sistema de gestão da qualidade estabelecidos pela organização. Além disso, as auditorias devem avaliar se o sistema de gestão da qualidade está sendo mantido, implementado e documentado eficazmente.

A organização deve estabelecer um procedimento documentado para realização das auditorias internas. Esse documento deve definir as responsabilidades e os requisitos para planejamento e execução de auditorias, as formas de registros e divulgação dos resultados. Antes de iniciar a auditoria, deve ser estabelecido um planejamento para garantir que todos os processos serão auditados, levando-se em consideração sua situação e importância para o sistema de gestão. Também deve ser evitado que um auditor treinado e qualificado pela organização audite a sua própria área de trabalho.

A auditoria deve considerar os resultados das auditorias anteriores, as não conformidades em aberto e, principalmente, eventuais recorrências. Como resultado, a auditoria deve relacionar as não conformidades encontradas, as não conformidades em potencial e as oportunidades de melhoria para que a alta direção tome as providências cabíveis.

Segundo a ISO 9001:2008, a organização deve aplicar métodos adequados para monitoramento e medição dos processos do sistema de gestão da qualidade. Esses métodos devem demonstrar a capacidade dos processos em alcançar os resultados planejados. Quando os resultados planejados não são alcançados, devem ser tomadas correções e ações corretivas, como apropriado, para assegurar a conformidade do produto. Já o monitoramento e medição de produto busca garantir que as características do produto atendam aos requisitos do produto. Isso deve ser realizado em estágios apropriados do processo de realização do produto de acordo com o planejamento do produto.

Há um requisito específico (requisito 8.3) que trata do controle dos produtos não conformes. O importante é assegurar que produtos que não estejam conformes em relação aos seus requisitos sejam identificados e controlados de tal forma que não cheguem às mãos dos clientes. Portanto, esse requisito solicita que a organização tenha um procedimento documentado para o controle dos produtos não conformes. Nesse documento devem constar atividades relacionadas às formas de identificação e localização desses produtos, à definição da destinação dos não conformes, ações de eliminação das causas da não conformidade e responsabilidades para decisão sobre os produtos não conformes.

A ISO 9001:2008 estabelece ainda que sejam mantidos registros sobre os tipos de não conformidades detectadas e sobre as ações tomadas, incluindo novas verificações de produtos retrabalhados ou concessões obtidas junto aos clientes.

A análise de dados deve fornecer informações relativas à satisfação dos clientes, à conformidade com os requisitos do produto, às características e tendências dos processos e produtos, incluindo oportunidades para ações preventivas na organização e nos fornecedores. Compete à organização determinar, coletar e analisar dados apropriados para demonstrar a adequação e eficácia do sistema de gestão da qualidade e produzir as melhorias necessárias. Vale lembrar ainda que toda essa análise deve servir de entrada às análises críticas do sistema.

O último requisito da norma (requisito 8.5) aborda a melhoria contínua, cujo objetivo é aumentar a probabilidade de melhorar a satisfação dos clientes e de outras partes interessadas na organização. Isso é alcançado quando são desenvolvidas ações de melhoria do próprio sistema de gestão da qualidade da organização. A realimentação dos clientes e de outras partes interessadas, as auditorias e as análises críticas do sistema de gestão da qualidade são ações para identificar as oportunidades de melhoria.

A norma enfatiza duas importantes fontes de melhoria: o tratamento das ações corretivas e das ações preventivas. As primeiras identificam não conformidades que devem ser eliminadas, e, por isso, a ISO 9001:2008 exige que se tenha um documento definindo o processo de ação corretiva. A primeira coisa a ser feita é uma análise crítica da não conformidade a fim de se identificar o real problema, ou seja, identificar a causa raiz desse problema. Por fim, deve ser encontrada uma solução. Não se deve esquecer que todo o histórico do problema à solução deve ser devidamente guardado para consultas futuras, conforme estabelece o requisito 4.2.4 (Controle de registros da qualidade), além de gerar oportunidades de aprendizagem organizacional.

O tratamento das ações preventivas também necessita ser documentado e controlado. Por ação preventiva devemos entender algo que fazemos para garantir que um problema em potencial nunca venha a ocorrer. A norma estabelece que a organização tem que definir ações para eliminar as causas das não conformidades potenciais para garantir a sua não ocorrência.

## QUESTÕES PARA DISCUSSÃO

1) Quais os princípios básicos da gestão da qualidade?
2) O que são modelos de referência para a gestão da qualidade?
3) Quais são os modelos básicos de referência para gestão da qualidade?
4) Caracterize a gestão da qualidade total quanto a seus propósitos, princípios e abordagens.
5) O que caracteriza os modelos de excelência em gestão como o Prêmio Nacional da Qualidade?
6) O que é um sistema de gestão da qualidade?
7) Quais as principais normas da família 9000 da ISO?
8) Quais os benefícios de implantação da ISO 9001:2008?
9) Quais os requisitos da ISO 9001:2008, e como eles se relacionam?
10) Quais os principais documentos de um sistema de gestão da qualidade baseado na norma ISO 9001:2008?
11) Explique os pontos que devem ser observados por uma organização em relação aos requisitos de Realização de Produto da norma ISO 9001:2008.
12) Qual o papel de uma auditoria interna segundo a norma ISO 9001:2008?

## BIBLIOGRAFIA

ASSOCIAÇÃO BRASILEIRA DE NORMAS TÉCNICAS (ABNT). *Sistema de Gestão da Qualidade*: Diretrizes para melhorias de desempenho. Rio de Janeiro: ABNT, 2005.

_____. NBR ISO 9004. *Sistemas de gestão da qualidade* – Gestão para o sucesso sustentado de uma organização – Uma abordagem da gestão da qualidade. Rio de Janeiro: ABNT, 2010.

_____. NBR ISO 9001. *Sistemas de gestão da qualidade* – requisitos. Rio de Janeiro: ABNT, 2008.

FUNDAÇÃO NACIONAL DA QUALIDADE (FNQ). *Critérios de Excelência/Fundação Nacional da Qualidade*. São Paulo: Fundação Nacional da Qualidade, 2009.

FUNDAÇÃO NACIONAL DA QUALIDADE (FNQ). Disponível em: <http://www.fnq.gov.br>. Acesso em: 18 fev. 2010.

# Sistemas de Gerenciamento de Apoio à Gestão da Qualidade

As organizações fazem o uso de diversos métodos de gerenciamento para alcançar seus objetivos, implementar estratégias, coordenar os esforços das pessoas, organizar o trabalho etc. Entre esses métodos de gerenciamento, o gerenciamento funcional é o mais tradicional.

Por meio de uma estrutura funcional, as atividades são agrupadas por similaridade e alocadas num "departamento", que, geralmente, representa uma função da organização (vendas, produção, finanças etc.). Além disso, são estabelecidas linhas de comando entre os departamentos, demarcando o sistema de autoridade e comunicação. Apesar de estar presente na maioria das organizações, o gerenciamento funcional apresenta algumas fragilidades, as quais serão discutidas nas próximas seções.

As organizações que adotam a gestão da qualidade como modelo de gestão combinam o gerenciamento funcional a outros métodos, formando um sistema de gerenciamento de apoio à gestão da qualidade. Esse sistema é formado pelas seguintes abordagens e métodos de gestão:

- **Gerenciamento pelas diretrizes:** consiste num método de priorização de objetivos estratégicos e de desdobramento desses objetivos por todos os níveis hierárquicos da organização. Auxilia na implementação do planejamento estratégico da organização e deve ser de responsabilidade da alta administração.
- **Gerenciamento de processos:** consiste num método no qual uma organização define, analisa e melhora seus processos a fim de atender às necessidades de seus clientes. Esse método traz um novo olhar sobre a organização, supõe que ela possa ser vista como um conjunto de processos, constituídos por atividades e recursos interligados, e não apenas por meio de departamentos.
- **Gerenciamento da rotina:** consiste num método de estabelecimento de padrões de trabalho e realização de verificações diárias por aqueles que executam essas atividades do dia a dia. O próprio executor da atividade assume a responsabilidade pelo controle da qualidade e garante a previsibilidade dos resultados. O gerenciamento da rotina busca a manutenção e a melhoria incremental do nível de controle.
- **Gerenciamento interfuncional:** trata de um método que promove a integração dos diversos departamentos de uma organização. Uma forma de executá-lo é por meio de estratégias como, por exemplo, a criação de comitês interfuncionais. É adequado para lidar com situações e resolver problemas prioritários (qualidade, redução de custos, lançamento de produtos etc.) que necessitem da colaboração e intervenção de mais de uma área funcional.
- **Gerenciamento funcional:** é representado por meio do organograma da organização. No gerenciamento funcional, os departamentos de uma organização atuam para aumentar a sua própria eficiência por meio da definição e do controle dos padrões de trabalho sob sua responsabilidade e autoridade.

Neste capítulo será realizada uma breve descrição do gerenciamento pelas diretrizes e do gerenciamento de processo.

## 5.1 GERENCIAMENTO PELAS DIRETRIZES (GPD)

O Gerenciamento pelas Diretrizes (GPD) foi criado no Japão por empresas ganhadoras do Prêmio Deming. É também conhecido como *Hoshin Kanri*. O termo *Hoshin* é composto de dois caracteres chineses: *ho* e *shin*. O primeiro (*ho*) significa método ou estrutura. O segundo (*shin*) significa agulha brilhante ou bússola. A palavra *kanri*, por sua vez, tem o significado de controle e gestão. Considerados juntamente, podem ser interpretados como um método de gestão para estabelecer a direção estratégica numa organização.

A origem do GPD pode ser relacionada aos esforços da Bridgestone Tire Company, uma famosa fabricante japonesa de pneus que em 1968 foi ganhadora do Prêmio Deming de Aplicação. Nessa oportunidade, a alta administração estabeleceu objetivos anuais estratégicos relacionados à garantia da qualidade, que foram desdobrados em ações implementadas nos departamentos da empresa. A alta administração assumiu também o papel de examinar os resultados alcançados e solucionar qualquer problema que impedisse o cumprimento dos objetivos traçados. A companhia denominou esse método como *Hoshin Kanri*. Depois de ser sucesso entre as empresas japonesas, o GPD chegou aos Estados Unidos na década de 1980 e na Europa na década seguinte. Hoje, é utilizado pela maioria das firmas japonesas que operam internacionalmente e por algumas grandes empresas ocidentais. Entretanto, seus princípios e métodos podem ser implementados por qualquer organização.

O GPD é uma adaptação japonesa da Administração por Objetivos que foi melhorada com a adoção do ciclo PDCA. É um sistema administrativo que determina os objetivos da organização por meio do planejamento estratégico e permite o seu desdobramento em todos os níveis hierárquicos, sem se desviar desse rumo estratégico. É um sistema para o controle da qualidade e para a obtenção de melhoria.

O planejamento estratégico é definido como um processo abrangente no qual a organização faz uma análise de seu ambiente externo e interno a fim de identificar suas oportunidades, ameaças, potencialidades e fragilidades. A partir desse diagnóstico e da revisão profunda dos valores, crenças e objetivos de seus *stakeholders*, a organização estabelece sua visão estratégica, seus objetivos e as ações necessárias para concretização desses objetivos. A Figura 5.1 ilustra as etapas básicas de um processo de planejamento estratégico e sua relação com o GPD.

A desconexão entre os objetivos da alta administração e o gerenciamento do dia a dia nos níveis operacionais é uma das principais causas de insucesso de implantação do planejamento estratégico. Em muitas organizações, o que é planejado, no final, resulta diferente do que é realizado. Nesse aspecto, o GPD é um sistema interessante, pois auxilia na implementação do planejamento estratégico por toda a organização.

O planejamento estratégico nas organizações é desenvolvido, geralmente, por meio de uma sequência de etapas e atividades. O diagnóstico estratégico pode ser considerado uma das etapas iniciais do planejamento estratégico. Considera-se nessa etapa a análise do ambiente externo e interno da organização. Na análise do ambiente externo, a organização deve observar fatores, situações e mudanças que podem ter um impacto positivo (oportunidades) ou negativo (ameaças) em seu desempenho. Devem ser analisadas as questões relacionadas à economia, à tecnologia, à demografia, à legislação que incide sobre a organização, ao meio ambiente, à concorrência, ao mercado-alvo etc. Na análise do ambiente interno, a organização volta sua atenção para suas competências, recursos e atividades. O objetivo é identificar seus pontos fortes e fracos, e, por isso, devem ser analisados os seguintes fatores: estrutura, suprimentos, tecnologia, mão de obra, recursos financeiros etc.

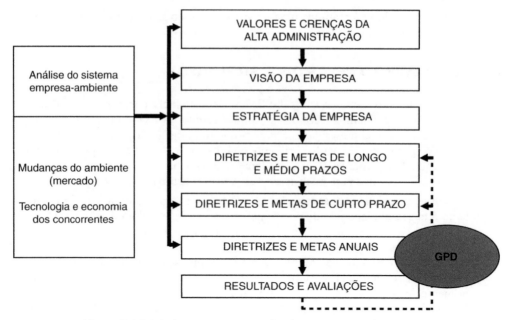

**Figura 5.1** | Relacionamento entre o planejamento estratégico e o GPD.

A organização também deve revisar seus valores, sua missão e sua visão. Essa etapa é chamada de intenção estratégica. Os valores representam as crenças que traduzem os princípios que orientam sua atuação em termos de decisões e comportamentos, ou seja, formam a ideologia da organização. A missão expressa a razão de ser da organização. Para isso, devem ser considerados: o negócio, o segmento-alvo, tecnologia, escopo geográfico, crenças e valores dos dirigentes. Por fim, a visão deve apontar para o futuro da organização, indicando aonde ela quer chegar. A declaração de visão prevê uma direção geral, estabelecendo um resultado futuro a ser alcançado, uma imagem desse novo futuro e uma filosofia que guiarão a organização.

Com base nos resultados das etapas de diagnóstico e intenção estratégica, a organização poderá formular um conjunto de objetivos e estratégias para alcançá-los. Os objetivos são resultados qualitativos (objetivos) e quantitativos (metas) esperados da organização para o horizonte de tempo vinculado ao planejamento estratégico. As estratégias correspondem às ações, projetos e recursos que serão empregados para se atingir os objetivos planejados e cumprir a missão da organização, respeitando as políticas e a filosofia adotada por ela.

Objetivos e estratégias são formalizados em planos em ações concretas. A dimensão do horizonte de planejamento varia em função das características da organização (seu porte, negócio, produtos). Dependendo do horizonte de tempo, esses planos podem ser considerados:

- De longo prazo: contemplam objetivos, metas e ações para implementação num período de cinco anos ou mais. São estratégicos e genéricos.
- De médio prazo: contemplam objetivos, metas e ações para implementação num período de três anos. São derivados dos planos de longo prazo.
- De curto prazo: contemplam objetivos, metas e ações para implementação num período inferior a três anos. São derivados dos planos de médio prazo e dão origem à definição das metas anuais que deverão ser alcançadas pela organização.

Na administração tradicional, o planejamento estratégico iria até a definição das diretrizes e metas anuais da alta administração. As etapas seguintes necessárias do planejamento estratégico seriam a implementação e o controle. Como já mencionado, são fases extremamente delicadas, pois transformam as intenções e os desejos estabelecidos nas etapas anteriores em ações e resultados concretos. Nelas residem os maiores casos de insucessos na utilização do planejamento estratégico como ferramenta de gestão.

O GPD auxilia na implementação e no gerenciamento das estratégias nos distintos níveis da empresa, possibilitando a união dos esforços de toda a organização para alcançar os objetivos e metas de curto prazo. Além disso, o GPD volta-se para a melhoria do desempenho da organização. O objetivo é concentrar os esforços para um pequeno número de prioridades (por exemplo, a melhoria da qualidade do produto, a redução do tempo de ciclo de produção etc.) de forma a atingir os objetivos estratégicos (de longo e médio prazos) e produzir rupturas em relação ao desempenho atual da organização.

A Figura 5.2 mostra que o GPD, quando aplicado em processos ou áreas críticas da organização, tem o potencial de produzir rupturas em relação ao gerenciamento convencional.

O elemento central no GPD é o ciclo PDCA. Na fase de planejamento do ciclo (*Plan*), a alta administração estabelece e desdobra as diretrizes para todos os níveis gerenciais. Na fase de execução (*Do*), ocorre a execução das medidas prioritárias. Na fase de verificação (*Check*), acontece a verificação dos resultados em relação às metas estabelecidas. Na fase de agir (*Act*), ocorrem a análise da diferença entre as metas e os resultados alcançados, a determinação das causas desse desvio e as recomendações de medidas corretivas. Com isso, o GPD garante a implantação do planejamento estratégico, pois existe um contínuo processo de controle sobre o que está sendo realizado.

A responsabilidade pelo sucesso do GPD recai sobre a alta administração, que tem os papéis de definir as diretrizes prioritárias da organização, assim como acompanhar e controlar essas diretrizes. A divulgação das diretrizes é realizada de forma metódica por meio do desdobramento das diretrizes, cujo processo será visto adiante.

A implementação do GPD perpassa a organização de forma vertical (gerenciamento funcional) e horizontal (gerenciamento interfuncional). Por isso, o GPD é constituído por dois sistemas de gerenciamento que são conduzidos simultaneamente:

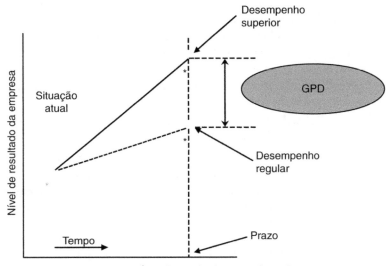

**Figura 5.2** | Melhoria do desempenho e GPD.

- **Gerenciamento interfuncional:** cuida da solução de problemas prioritários da alta administração por meio do desdobramento das diretrizes e seu controle entre departamentos. Tem como função olhar para o futuro da organização. É o gerenciamento ao nível do planejamento estratégico e de responsabilidade da alta administração.
- **Gerenciamento funcional:** cuida da manutenção e melhoria contínua das operações do dia a dia de uma organização. Representa a administração da rotina do trabalho diário com a prática da gestão da qualidade. Trata dos aspectos mais básicos ou rotineiros da operação do negócio.

Antes de discutirmos alguns aspectos mais operacionais sobre o GPD, vamos apontar algumas de suas características mais importantes:

- Relacionado diretamente ao planejamento estratégico da organização.
- Papel essencial da alta administração e abordagem *top-down* de implementação.
- Baseados em poucas e vitais prioridades para o sucesso da organização. Normalmente esse número varia entre uma a três diretrizes prioritárias.
- Identificação conjunta das metas e meios (diretrizes) necessários para concretização dos resultados da organização.
- Conversão das diretrizes por toda a organização utilizando-se do gerenciamento interfuncional e do gerenciamento de rotina.
- Utilização de processos de negociação (*catchball*) realizados por meio de reuniões formais e informais para acordar metas e meios, estabelecer o uso de recursos e converter os objetivos dos diversos níveis da organização em metas acordadas entre todos.
- Aplicação sistemática do ciclo PDCA.
- Realização de auditorias para acompanhamento dos resultados.

### 5.1.1 O que É uma Diretriz

Existem diferentes entendimentos e definições para **diretriz**, que é também chamada pela expressão japonesa ***hoshin***. O conceito de diretriz no GPD difere do entendimento tradicional de meta. Uma diretriz é constituída por vários elementos:

- **Meta:** é resultado a ser alcançado pela organização, mas definido operacionalmente. Portanto, uma meta não é uma descrição qualitativa do que deve ser atingido, pois isso seria um objetivo. Uma meta apresenta um valor numérico e, normalmente, um prazo para que esse resultado seja realizado.
- **Medidas:** são as ações que serão executadas para se atingir uma meta proposta. Portanto, consistem nas estratégias (ações, atividades, projetos etc.) que garantirão a consecução da meta.
- **Condições de contorno:** são os fatores restritivos ou situações que devem ser observados e respeitados na realização da diretriz.

O Quadro 5.1 apresenta exemplos de diretrizes e seus elementos.

Devemos guardar que uma **diretriz** é composta por dois elementos principais. Uma diretriz é definida como uma **META + MEDIDAS**. A meta deve sempre vir acompanhada de uma unidade de quantificação e de um prazo para sua consecução. Quando for impossível quantificar a meta, ela deve ser explicada de forma qualitativa e detalhada. As medidas são as ações, procedimentos e providências a serem seguidos para o cumprimento da meta. Tanto as metas como as medidas devem ser definidas com base na análise dos dados disponíveis e nos resultados anteriores.

### Quadro 5.1 — Exemplos de diretrizes

| Meta | Medida | Condições de contorno |
|---|---|---|
| Aumentar a produtividade em 6% até o final do ano | Reduzir custo fixo<br>Reduzir desperdícios da produção<br>Aumentar disponibilidade de equipamentos | Manter o nível de qualidade dos produtos<br>Não gerar investimentos excessivos |
| Aumentar a participação de mercado da empresa em 10% nos próximos três anos | Desenvolver novos produtos<br>Expandir vendas da empresa para a Região Sul do país<br>Desenvolver novos canais de vendas | Priorizar o segmento-alvo da empresa<br>Não comprometer o desempenho da empresa nas demais regiões |

## 5.1.2 Desdobramento das Diretrizes

Desdobrar uma diretriz significa dividi-la em outras diretrizes e colocá-las sob a responsabilidade de outras pessoas. Muitas vezes, o desdobramento das diretrizes é confundido com o próprio gerenciamento pelas diretrizes, mas este é apenas uma etapa importante do GPD.

O GPD se inicia com a formulação das metas anuais do presidente (alta direção) a partir do planejamento estratégico. A partir dessas poucas e vitais prioridades estratégicas, é conduzido o desdobramento. O importante é conseguir estabelecer uma relação de causa e efeito entre as diretrizes desdobradas e a diretriz original, pois a execução das diretrizes desdobradas deverá garantir o cumprimento da diretriz original.

Existem dois métodos de desdobrar uma diretriz:

- **Método vertical:** são feitos os desdobramentos das metas entre os níveis hierárquicos. Posteriormente, as medidas são identificadas em cada nível (Figura 5.3).
- **Método horizontal:** para cada meta de um departamento são estabelecidas medidas necessárias à consecução da meta. Dessas medidas se originam novas metas em níveis hierárquicos inferiores (Figura 5.4).

O método vertical é mais comum e mais simples de ser implantado. Conforme demonstrado na Figura 5.3, a diretriz (META + MEDIDAS) da presidência desencadeia o desdobramento. As medidas do nível da presidência se tornam metas para o nível hierárquico inferior, que, por sua vez, estabelece novas medidas para atingir suas metas. Esse mecanismo de desdobramento vertical continua sucessivamente até os níveis operacionais da empresa, caracterizando uma abordagem *top-down* e de relacionamento meio-fim que direciona toda a organização em prol de metas prioritárias.

Quando um departamento de um determinado nível hierárquico não desdobra uma medida para outro de nível hierárquico inferior, ele se torna responsável por executar aquela medida. Nesse caso, deve elaborar um plano de ação (por exemplo, na forma de 5W2H). Ao final do desdobramento, todas as medidas deverão ser transformadas em planos de ação.

No método horizontal, as medidas são desdobradas, inicialmente, entre os departamentos da organização e nos diferentes níveis hierárquicos. Em seguida, cada nível define as medidas necessárias para a consecução das suas metas. A fim de garantir a coerência entre metas e medidas departamentais, assim como o alinhamento das diretrizes entre os diversos níveis hierárquicos, a alta direção deve incentivar processos de discussão e de negociação por toda a organização. A Figura 5.4 representa o método horizontal de desdobramento.

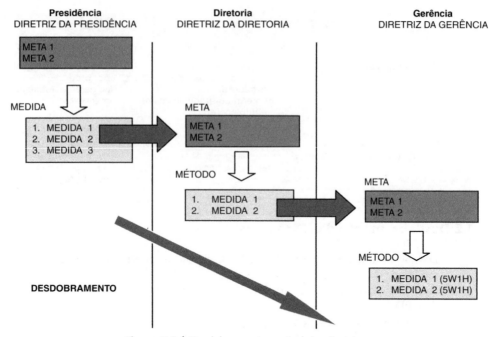

**Figura 5.3** | Desdobramento vertical das diretrizes.

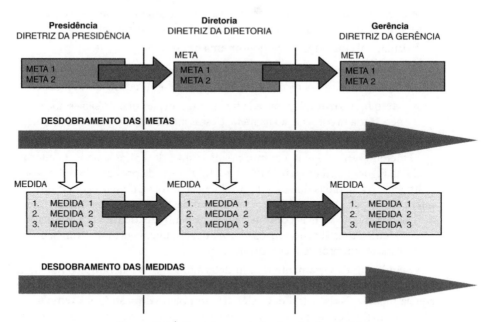

**Figura 5.4** | Desdobramento horizontal das diretrizes.

O alinhamento entre diretrizes de diferentes níveis é feito por meio de um processo de discussão e negociação chamado *catchball*. Os objetivos desse processo são garantir a concordância entre as pessoas e os departamentos envolvidos acerca das metas e medidas e prevenir a prática de otimização local em detrimento do desempenho global. Nesse caso, o cumprimento das metas interfuncionais como qualidade, custo, tempo de entrega e segurança deve ser priorizado em relação às metas individuais de cada departamento.

As negociações do *catchball* são feitas em diversas direções: verticalmente e horizontalmente entre os envolvidos. Esse processo encoraja a cooperação e a criatividade necessária para a excelência do GPD.

## 5.1.3 Implantação do Gerenciamento pelas Diretrizes

A implantação do GPD pressupõe um comprometimento do presidente e requer algumas condições essenciais: um bom sistema de coleta e análise de informações, uma elevada competência em métodos de solução de problemas e um sólido gerenciamento interfuncional e de rotina. Toda a implantação deve estar baseada no ciclo PDCA. Além disso, as pessoas devem ser treinadas nessa metodologia e compreender o relacionamento entre seu trabalho e as metas da empresa.

A seguir são abordados passos que compõem a implantação do GPD.

- **Passo 1: Preparação.** O objetivo deste passo é preparar a organização para a implantação do GPD. Essa responsabilidade é da área de gestão da qualidade da organização, que deve elaborar um planejamento do gerenciamento pelas diretrizes definindo as ações que serão tomadas, as medidas de acompanhamento e controle, o fluxograma do GPD e os formulários a serem utilizados. Outra responsabilidade é fornecer o treinamento sobre a metodologia para todos os níveis hierárquicos envolvidos, explicitando as responsabilidades de cada um, as habilidades de negociação necessárias e as formas de controle que serão utilizadas durante o GPD.

- **Passo 2: Definição das metas anuais.** Conforme apresentado na Figura 5.1, as metas anuais são estabelecidas em conformidade com os planos de médio e longo prazo e com as informações provenientes da situação atual da organização. Caso a organização já tenha experiência prévia com o GPD, os resultados de anos anteriores devem ser também considerados. Recomenda-se o estabelecimento de poucas metas vitais para não dificultar a implantação e concentrar os esforços da organização nessas prioridades.

- **Passo 3: Diretriz anual do presidente.** A diretriz original pode ser estabelecida pela alta direção da organização (presidente, diretores e gestores da qualidade). Apesar de ser definida em grupo, a grande responsabilidade recai sobre a autoridade máxima da organização, ou seja, seu presidente. Ele será o grande "patrocinador" do GPD, pois é a diretriz do presidente que desencadeará todo o processo de desdobramento. A partir das metas anuais do passo anterior, são determinadas as medidas por meio das quais se pretende alcançá-las. O conjunto "metas, medidas e condições de contorno" forma a primeira diretriz da organização. As medidas não desdobráveis constituirão o plano de ação do presidente, e as desdobráveis serão apresentadas aos diretores, para que estes estabeleçam suas metas gerenciais.

- **Passo 4: Desdobramento das diretrizes.** Nesse momento, ocorre o desdobramento das diretrizes, que pode ser feito pelo método vertical ou horizontal vistos anteriormente. O processo de estabelecimento das metas e medidas exige a utilização do *catchball* para a negociação entre os diferentes níveis hierárquicos e o estabelecimento de um plano de ação coerente, alinhado e factível. O processo de *catchball* também deve ser realizado entre departamentos de um mesmo nível para evitar redundância. Para finalizar, todas as diretrizes devem ser traduzidas em planos de ação e devem ser estabelecidos os itens de controle e de verificação para acompanhamento dos resultados. Estes serão explicados a seguir, em Gerenciamento de Processos.

- **Passo 5: Execução.** Corresponde à execução das ações propostas nos planos de ação. Nem sempre as ações planejadas gerarão os resultados esperados. Por isso, durante a execução, deve-se assegurar que as pessoas envolvidas dominam a utilização do ciclo PDCA para a resolução de problemas enfrentados durante a implantação do GPD. A habilidade em solução de problemas é fundamental para o sucesso do GPD.

- **Passo 6: Acompanhamento.** Os itens de controle e de verificação devem ser acompanhados para verificar se as metas estão sendo atingidas. Em caso de desvio, deve-se analisar o processo para detectar se existem fatores que afetam o resultado e que não foram considerados. O importante é eliminar a causa de desvio. Sugere-se a realização de reuniões periódicas (mensais ou bimestrais) de análise crítica a fim de que cada gerente da organização e seus superiores possam apresentar os resultados indesejados e as providências tomadas para corrigi-los.

- **Passo 7: Diagnóstico da presidência.** Este diagnóstico é feito pelo presidente da organização para verificar o grau de consecução das metas e do próprio GPD. O diagnóstico do presidente ocorre no final do ano, e, desde que possível, ele deve visitar pessoalmente cada uma das unidades da organização, já que outro objetivo é a motivação dos empregados. O diagnóstico deve ser formalizado no Relatório Final da Presidência. Além de uma síntese do próprio GPD e de seus resultados, o relatório deve conter uma reflexão dos resultados. Essa reflexão compreende: (i) identificação dos pontos problemáticos ou das metas não atingidas; (ii) identificação das características importantes desses problemas; (iii) identificação das causas importantes das características importantes; (iv) estabelecimento de medidas para eliminar as causas importantes; (v) estabelecimento de itens de controle sobre os pontos problemáticos e itens de verificação sobre as medidas. O diagnóstico servirá para orientar a definição de diretrizes para o ano seguinte.

- **Passo 8: Apropriação.** Finalmente, o GPD fecha um ciclo quando as melhorias alcançadas são padronizadas na organização e executadas no gerenciamento do trabalho diário.

## 5.2 GERENCIAMENTO DE PROCESSOS

Todas as atividades necessárias ao atendimento do cliente podem ser agrupadas em processos. A norma ISO 9000:2005 requer que as organizações adotem a abordagem por processos, já que os *outputs* da organização (produtos, serviços etc.) resultam de processos e não de departamentos ou funções. Na maioria das vezes, os processos atravessam os mais diversos departamentos da empresa e em diferentes níveis hierárquicos. Isso implica abandonar a visão tradicional de que as organizações são coleções de departamentos e aceitar uma visão de que as organizações são coleções de processos.

O modelo tradicional de gerenciamento das empresas com base na estrutura funcional é adotado há décadas. Considera-se que essa estrutura apresenta as seguintes **vantagens**:

- é fácil atribuir, localizar e cobrar responsabilidades, pois a divisão de tarefas é mais nítida;
- cada função tem tarefas bem definidas;
- favorece a especialização e a competência nos conhecimentos e nas técnicas específicas da área funcional; as decisões são hierarquizadas e centralizadas.

Por outro lado, essa estrutura tem se mostrado cada vez mais limitada, por apresentar **desvantagens** tais como:

- tende a favorecer a otimização de partes da empresa (departamentos, funções), em detrimento da otimização do todo;

- favorece a criação de barreiras departamentais (os departamentos acabam funcionando como a figura de um silo: é profundo, escuro, quem está de fora não sabe o que ocorre lá dentro etc.);
- não favorece a aprendizagem do todo, pois os problemas interfuncionais são mal resolvidos;
- não é orientada para o cliente externo.

Assim, a tendência é que as atividades empresariais sejam vistas não em termos de funções, departamentos ou produtos, mas em termos de processos de negócio (Figura 5.5). Melhorar os processos é fator essencial para melhorar a qualidade dos produtos e serviços da organização. Adicionalmente, as necessidades e desejos dos clientes devem ser básicos na orientação que as organizações dão aos seus negócios. Os processos devem ser criados e gerenciados com orientação para a satisfação dessas necessidades e desejos.

As limitações da estrutura funcional tradicional e a necessidade de satisfação dos clientes decorrentes do movimento da qualidade fizeram surgir uma nova concepção de gerenciamento. O gerenciamento da empresa com foco nos processos é conhecido como **gerência por processos**. Já o método para gerenciamento de um processo específico é conhecido como **gerenciamento de processo**.

O gerenciamento de processo é a metodologia para a contínua avaliação, análise e melhoria do desempenho dos processos de negócio de uma organização. Por meio dessa concepção, os processos são delineados com:

- necessidades (requisitos) e indicadores de desempenho para clientes internos e externos claramente definidos e contratados;
- procedimentos simplificados e burocracia reduzida;
- altos níveis de desempenho no fornecimento (entradas) de serviços e produtos que alimentam o processo;
- estabelecimento de consenso na visão, direcionamento e prioridades dos processos;
- rompimento de barreiras e melhor regularidade no fluxo das informações;
- descrição mais clara das atividades;
- melhor desenvolvimento de habilidades;
- aumento da autoridade e autonomia individuais.

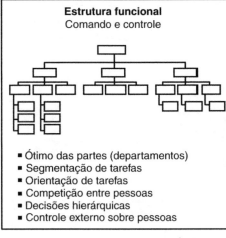 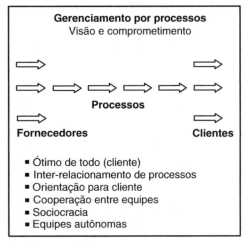

**Figura 5.5** | Visão tradicional × visão por processos.

### 5.2.1 O que São Processos

Um processo pode ser definido de diferentes formas. Na visão mais clássica, podemos defini-lo como um conjunto de atividades interligadas realizadas numa sequência lógica com o objetivo de produzir um bem ou um serviço que tem valor para um grupo específico de clientes.

Outra maneira é entender o processo como um conjunto de recursos (humanos, materiais e de informação) dedicados às atividades necessárias à produção de um resultado final específico, independentemente do relacionamento hierárquico. Essa visão aponta que os processos rompem as barreiras organizacionais, já que suas atividades e recursos podem estar alocados em diversos departamentos.

Um processo é também uma cadeia cliente-fornecedor na qual cada um dos elos contribui para se atingir o fim (objetivo) comum, ou seja, a satisfação do cliente externo. Portanto, um processo é um conjunto estruturado de atividades e recursos que conduzem a um resultado final que deve promover a satisfação do cliente.

A Figura 5.6 apresenta uma visão esquemática de um processo.

Talvez a melhor forma de entender um processo seja por meio das seguintes características:

- **Atividades interdependentes:** as atividades de um processo devem ser interdependentes, ou seja, é a execução de um conjunto de atividades que leva à produção de um resultado específico. Caso contrário, teremos atividades avulsas.
- **Entradas mensuráveis:** cada atividade do processo recebe entradas (insumos ou *inputs*) que podem ser: materiais, informações, documentos etc. A qualidade do produto final do processo depende da qualidade dessas entradas. Assim, é importante que elas sejam especificadas em termos de qualidade.
- **Transformação:** consiste na transformação das entradas em saídas. As atividades de um processo devem sempre agregar valor e modificar os insumos. Caso contrário, apenas desperdiçam recursos e, portanto, devem ser eliminadas.
- **Saídas mensuráveis:** cada atividade do processo produz saídas (*outputs*) que podem ser: materiais, informações, documentos etc. As mesmas observações quanto às entradas são válidas para as saídas.
- **Repetição:** diferentemente dos projetos, os processos se caracterizam pela natureza repetitiva. Por exemplo, atender ao pedido do cliente, produzir um produto e realizar um pedido de compra são processos que se repetem nas organizações.

A partir dessas características, é possível imaginar o grande número de processos que existem numa organização. Podemos pensar nos seguintes processos: processamentos de

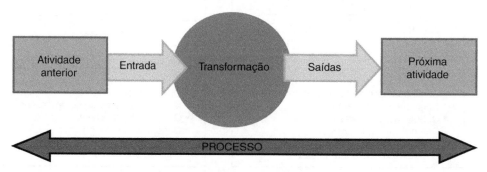

**Figura 5.6** | Esquema de processo.

pedidos, faturamento, vendas, entrega de produto, compras, fabricação, recrutamento e seleção, desenvolvimento de produto, contabilidade etc. Enfim, a partir desse olhar realmente podemos entender as organizações como coleções de processos. Dessa forma, podemos classificar os processos em:

- **Primários ou chaves:** estão ligados diretamente à produção do produto que a organização tem por objetivo disponibilizar para seus clientes. São exemplo dessa categoria: fabricação, vendas etc.
- **Suporte ou de apoio:** são todos os processos que suportam os processos primários, dando-lhes apoio para que possam existir. Estão voltados à administração de recursos. Os processos de recrutamento e seleção de pessoas e de contabilidade são exemplos dessa categoria.
- **Gerenciais:** são centrados nos gerentes e nas suas relações. Incluem ações de medição e ajuste do desenvolvimento da organização. Por exemplo, os processos de planejamento e controle da qualidade.

Outra característica dos processos é que existe uma hierarquia entre eles, como ilustrado na Figura 5.7. Vimos que um processo é formado por um conjunto de atividades, que, por sua vez, são também compostas por outras atividades. Assim, podemos subdividir um processo em subprocessos, atividades e tarefas.

Os macroprocessos ou processos principais são processos que geralmente envolvem mais de um departamento na estrutura organizacional, e sua operação tem um impacto significativo no funcionamento da organização. Dependendo da complexidade do processo, este é dividido em subprocessos. Como exemplo, temos o processo de desenvolvimento de produto.

Um subprocesso é uma parte de um macroprocesso que desempenha um objetivo específico dentro do processo principal. Todo subprocesso é constituído de um determinado número de atividades que podem ou não fazer parte de um mesmo departamento. Como

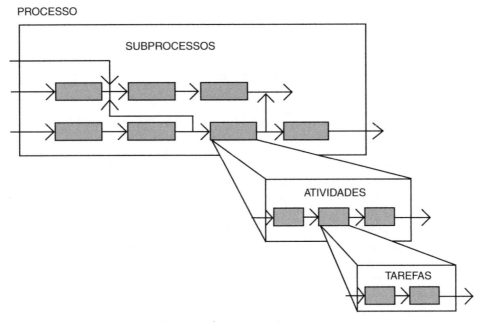

**Figura 5.7** | Hierarquia de processo.

exemplo, temos o subprocesso de desenvolvimento do conceito do produto dentro do processo de desenvolvimento de produto.

As atividades são ações executadas dentro dos processos, necessárias para produzir resultados específicos. Cada atividade é constituída por um determinado número de tarefas, que normalmente indicam como um determinado trabalho é executado. Como exemplo, temos a atividade de pesquisa de mercado e as tarefas de seleção da amostra de clientes que serão estudados e montagem do questionário da pesquisa.

A hierarquia, ao facilitar a compreensão dos diversos níveis de um processo, facilita o seu gerenciamento. Muitas vezes, um macroprocesso com muitas atividades pode ser dividido e gerenciado em separado por meio de dois subprocessos. Por conseguinte, quando da seleção dos macroprocessos que serão trabalhados na organização, deve-se estabelecer claramente os limites que o delimitam e a sua importância relativa. É importante salientar que essa é uma atividade interativa, pois a seleção poderá ser mudada e negociada.

A próxima seção apresenta uma metodologia para o gerenciamento de processos.

## 5.2.1 Metodologia para o Gerenciamento de Processos

O objetivo central da Gestão por Processos é torná-los mais eficazes, eficientes e adaptáveis. Isso significa:

- *Eficácia*: o processo está em condições de satisfazer as necessidades dos clientes.
- *Eficiência*: o processo tem condições para ser eficaz utilizando o mínimo dos recursos disponíveis.
- *Adaptabilidade*: o processo tem condições para se regular no sentido de satisfazer novos requisitos (atender as mudanças nos requisitos).

A metodologia apresentada aqui consiste num conjunto de ações desenvolvidas para aprimorar os processos e agregar valor aos produtos e aos serviços que as organizações prestam aos seus clientes. O gerenciamento de processo é formado pelas seguintes etapas:

- Seleção do Processo
- Definição da Equipe
- Mapeamento do Processo
- Análise das Atividades
- Estabelecimento de Indicadores da Qualidade
- Acordos entre Fornecedores e Clientes
- Formalização do Processo

### 5.2.1.1 Seleção do processo

O primeiro passo, naturalmente, será escolher o processo de trabalho no qual a metodologia será aplicada. Isso pode ser feito de maneira ampla ou limitada. A primeira consiste em aplicar a metodologia nos principais processos da organização. Isso exigirá um esforço maior e é adequado para organizações que já possuem experiência na gestão da qualidade. Outra opção é iniciar a aplicação em um processo-piloto para que a equipe responsável possa ganhar experiência e, depois, difundir a metodologia para os demais processos da organização.

A indicação dos processos prioritários pode ser feita por entrevistas com a alta direção da organização, que irá relacionar os processos que apresentam maior potencial de retorno para a organização. Junto com as indicações, é importante estabelecer os limites do processo, com seu início e fim bem definidos.

**Tabela 5.1 — Matriz para priorização de processos**

| Desempenho (Q) | Impacto nos negócios (N) | | | |
|---|---|---|---|---|
| | 4. Elevado | 3. Médio | 2. Modesto | 1. Fraco |
| 5. Ótimo | Processo I | | | |
| 4. Bom | | Processo J | | Processo K |
| 3. Regular | | | | |
| 2. Suficiente | | | | |
| 1. Insuficiente | Processo N | | | |

A seguir, os processos listados devem ser classificados seguindo uma ordem de prioridade para receberem o tratamento do gerenciamento de processo. Isso pode ser feito por meio de consenso entre os membros da alta direção ou equipe designada para essa finalidade e os responsáveis pela gestão da qualidade da organização ou seguindo uma abordagem mais técnica, como a descrita a seguir:

- Seleção dos objetivos estratégicos de referência da empresa.
- Seleção dos fatores-chave (que permitem à organização perseguir os objetivos do negócio).
- Seleção dos processos relacionados aos fatores-chave.
- Seleção dos processos prioritários.

Esses processos são associados (analisados) quanto a seu impacto sobre os negócios (N) e com a qualidade de seu desempenho (Q), conforme a Tabela 5.1.

Observando a Tabela 5.1, o processo N seria prioritário, pois tem um impacto elevado no êxito dos negócios e tem um desempenho insuficiente. Na escolha dos processos, os fatores que podem ser considerados são:

- Potencial para obtenção de benefícios: financeiros, mercadológicos, estratégicos etc.
- Potencial de melhoria na satisfação de clientes, funcionários, fornecedores.
- Grau de relacionamento do processo com os objetivos estratégicos da organização.
- Impacto em: segurança física do pessoal e do patrimônio, segurança das informações da empresa, proteção do meio ambiente, imagem global da empresa na comunidade.
- Capacidade de aplicação da metodologia de gerenciamento do processo.
- Disponibilidade de recursos da organização.

Essa lista apresenta algumas sugestões e deve, naturalmente, ser adaptada a cada caso específico. Na seleção, os responsáveis devem conhecer os limites de cada processo. Para isso, é importante que os processos analisados sejam acompanhados de seus respectivos macrofluxos, especificando suas principais atividades e departamentos envolvidos.

Após a priorização dos processos, a organização deve nomear uma equipe com a responsabilidade de aplicar a metodologia de gerenciamento de processo.

### 5.2.1.2 Definição da equipe

A equipe de melhoria será formada por um líder (dono ou gerente do processo) e pelos responsáveis das atividades que compõem o processo. Quando falamos em responsáveis estamos nos referindo aos gerentes que supervisionam as atividades do processo e não aos próprios executantes. Se as gerências não estiverem comprometidas, certamente elas não concordarão com as melhorias propostas, gerando perda de tempo e recursos. Portanto, se pensarmos num processo que envolve vários departamentos da organização, a equipe será formada pelo dono e pelos gerentes desses departamentos.

Em assuntos relacionados à qualidade, é muito importante conseguir o comprometimento das pessoas. Isso também é válido para a implantação do gerenciamento de processo. Dessa maneira, conseguiremos o comprometimento dos gerentes, que deverão envolver os seus colaboradores nas atividades de análise e melhoria do processo.

O dono do processo liderará a equipe de melhoria. Ele é o principal responsável pela implantação do gerenciamento de processo. Normalmente, o dono é aquele que gerencia o maior número de atividades que compõem o processo, aquele que sofre maior impacto quando o processo apresenta um desempenho ruim ou alguém designado pela direção. Hierarquicamente, o dono deve estar num nível superior ou no mesmo nível dos demais gerentes da equipe de melhoria.

Os requisitos para o dono do processo são:

- Ter uma posição hierárquica que lhe dê equidade e respeitabilidade.
- Compreender o funcionamento de todo o processo.
- Saber do efeito do ambiente sobre o processo e do efeito do processo sobre o negócio da organização.
- Ter habilidade pessoal para influenciar as decisões e as pessoas acerca de assuntos relacionados ao processo.
- Possuir habilidade para negociar com os demais gerentes e obter consenso sobre providências necessárias.
- Motivar os membros da equipe de melhoria.

As atribuições do dono do processo são:

- Garantir treinamento para a equipe de melhoria.
- Garantir o andamento adequado ao fluxo do processo.
- Facilitar os relacionamentos dos recursos aplicados ao processo.
- Promover os acordos nos elos fornecedores-clientes ao longo do processo.
- Avaliar o funcionamento do processo.
- Aperfeiçoar o funcionamento do processo.
- Aprovar mudanças em relação às atividades do processo.

É de responsabilidade dos representantes das atividades:

- Analisar o processo atual.
- Projetar o processo ideal (redesenhar) e recomendar mudanças.
- Planejar a implementação das melhorias propostas.
- Implementar o novo processo e fazer as mudanças necessárias.

A equipe de melhoria também pode contar com o auxílio de um facilitador ou patrocinador. Algumas organizações nomeiam um representante da alta direção para apoiar e defender a ideia do gerenciamento de processo por toda a organização. Ele deve trabalhar em sintonia com os donos do processo da organização. Compete a essa pessoa:

- Assegurar recursos suficientes ao gerenciamento de processo.
- Integrar os projetos de melhoria de processos.
- Garantir treinamento às equipes em conceitos/ferramentas de melhoria de processos.
- Servir de consultor ao comitê executivo.

- Endossar as mudanças.
- Assegurar a implementação bem-sucedida das mudanças nas suas funções.

O sucesso da implantação do gerenciamento de processo dependerá da qualidade das pessoas participantes da equipe de melhoria. Portanto, além do treinamento, a organização deve indicar pessoas que sejam competentes, abertas às mudanças, cooperativas, comunicadoras e que realmente acreditam naquilo que fazem. Ao seguir essa recomendação, a organização já vai garantir grande parte do sucesso na melhoria de seus processos.

Para finalizar essa etapa, a equipe de melhoria formada poderá estabelecer diretrizes gerais de trabalho. Elas devem expressar os princípios que serão seguidos pela equipe e deverá conter referências específicas ao próprio processo. O objetivo deste passo é criar um propósito comum em relação ao processo e às atividades de melhoria que serão desenvolvidas pela equipe.

### 5.2.1.3 Mapeamento do processo

O mapeamento de processos é uma etapa gerencial analítica e de comunicação. Serve para indicar a sequência das atividades dentro de um processo de trabalho. Deve ser feito pela equipe de melhoria, pois seus membros conhecem a realidade do processo. Num primeiro momento, é importante retratar **como o processo realmente funciona**. Somente com o conhecimento da situação real é que podemos pensar em melhorar o processo.

Nessa etapa devemos elaborar o fluxograma do processo. O fluxograma é uma ferramenta de baixo custo e de fácil utilização comumente usada para analisar fluxos de trabalho e identificar oportunidades de melhoria. São diagramas que representam graficamente como o trabalho acontece, seus executores, as informações e os documentos utilizados num processo.

O fluxograma permite uma ampla visualização do processo e facilita a participação das pessoas. O fluxo desenhado deve retratar com clareza as relações entre as áreas funcionais da organização, já que o maior potencial de melhoria, muitas vezes, está nas interfaces das áreas funcionais.

Para a elaboração do fluxograma é necessário decidir o nível de detalhamento que será utilizado. Inicialmente podemos construir um macrofluxo representado por um fluxograma mais geral (fluxograma de blocos) e depois detalhamos essa informação por meio de fluxogramas descritivos ou funcionais (representam as atividades e os setores responsáveis).

Na elaboração do fluxograma, devemos utilizar algumas figuras que padronizam as tarefas que estão sendo realizadas. O importante é que cada organização defina os seus padrões e os siga, podendo criar novos símbolos conforme necessário. Se o processo for muito grande (por exemplo, com mais de 20 atividades), é mais conveniente dividi-lo em dois subprocessos e aplicar a metodologia separadamente a fim de diminuir a complexidade na execução das atividades do gerenciamento de processo.

Quando o fluxograma estiver pronto, a equipe de melhoria deve criticá-lo. Algumas perguntas devem ser feitas:

- Este processo é necessário?
- Cada etapa do processo é necessária?
- É possível simplificar?
- É possível adotar novas tecnologias (no todo ou em parte)?
- O que é possível centralizar/descentralizar?

O dono e os membros da equipe discutirão a viabilidade das propostas. É possível que as ideias sejam de supressão de atividades, reposicionamento de atividades, inclusão de atividades, mudanças nos *inputs* de alguma atividade etc. O importante é analisar se essas mudanças contribuem para aumentar a eficiência e eficácia do processo como um todo e não apenas de uma área funcional. Ao final, um novo fluxograma deve ser elaborado, e as mudanças realizadas devem ser registradas para que se mantenha um histórico do processo.

### 5.2.1.4 Análise das atividades

Cada atividade do fluxograma revisto será descrita pelo membro da equipe de melhoria do departamento de origem da atividade. Isso pode ser feito utilizando-se um diagrama denominado SIPOC, muito em uso atualmente dentro do método de solução de problemas e na gestão da qualidade.

A sigla SIPOC apresenta os principais elementos de um processo: *Suppliers* (Fornecedores), *Inputs* (Entradas), *Process* (Processo), *Outputs* (Saídas) e *Customers* (Clientes ou Consumidores). O uso de tal diagrama permite uma representação abrangente e interessante de cada atividade do processo. A Figura 5.8 mostra um formulário criado a partir do SIPOC que pode ser utilizado pela organização para essa tarefa. Naturalmente, a organização deve modificar os formulários apresentados em virtude de suas particularidades e objetivos.

A primeira parte do formulário é dedicada à descrição das entradas. Devem-se registrar as entradas que o setor responsável pela atividade necessita receber da atividade que a precede, de quem recebe (fornecedores), com que frequência recebe esses inputs e quais os fatores que são importantes para que a atividade possa ser executada com qualidade. Esses fatores críticos devem ser acordados com os fornecedores.

No campo processamento, anota-se o que o setor executante realiza com os *inputs*. Especificamente, as tarefas executadas na atividade devem ser descritas. Essa é mais uma oportunidade de melhoria ao refletir e, se necessário, modificar as tarefas para aumentar a eficácia e eficiência do processo. Essas possíveis mudanças na execução da atividade devem ser registradas no campo melhoria para análise do dono do processo.

| Processo: | | Atividade: | |
|---|---|---|---|
| Responsável: | | | |
| ENTRADAS ||||
| FORNECEDORES (SUPPLIERS) | INSUMOS (INPUTS) | FREQUÊNCIA | FATOR CRÍTICO |
| | | | |
| PROCESSAMENTO (*PROCESS*) ||||
| | | | |
| SAÍDAS ||||
| CLIENTES (CLIENTS) | RESULTADOS (OUTPUTS) | FREQUÊNCIA | FATOR CRÍTICO |
| | | | |
| INDICADOR || MELHORIA ||
| || ||

**Figura 5.8** | Formulário de análise de atividades.

Nesse momento, a equipe pode sentir a necessidade de estabelecer um procedimento operacional padrão (POP) para a atividade. O POP é um documento que expressa o planejamento do trabalho repetitivo que deve ser executado para o alcance de uma meta-padrão. Tem como objetivo padronizar e minimizar a ocorrência de desvios na execução de tarefas fundamentais para o bom funcionamento do processo. Os POPs são a base do gerenciamento de rotina.

Da mesma forma, devem-se especificar os resultados da atividade. Listam-se o que é gerado pela atividade (*outputs*), para quem isso é gerado (clientes), a frequência com que essa entrega é feita (diária, mensal etc.) e quais os fatores ou características das saídas que devem ser respeitados pelo setor executante. Esses fatores críticos também devem ser acordados com o setor cliente.

### 5.2.1.5 Estabelecimento de indicadores da qualidade

Quando necessária a adoção de um indicador da qualidade, este deve ser claramente definido. O setor executante da atividade deve aferir a qualidade de suas atividades ou de seus produtos (*outputs*). A partir desse controle, o setor tem condições de avaliar se existem desvios em relação ao padrão especificado e pode tomar ações para corrigi-los.

Os indicadores são formas de representações quantificáveis das características de um processo e de seus produtos, usados para controlar e melhorar a qualidade e o desempenho desses produtos ou serviços ao longo do tempo. Muitas organizações têm dificuldades em criar indicadores de desempenho porque eles enfatizam os indicadores de resultado e não a maneira como os processos estão sendo desempenhados.

Podem ser estabelecidos dois tipos de indicadores:

- **Itens de controle:** referem-se ao efeito, à saída ou produto da atividade ou processo. São índices numéricos estabelecidos sobre os efeitos. Um conjunto de características mensuráveis para se garantir as exigências do cliente (explícitas) e as exigências que estão implícitas. Os itens de controle de um processo fornecedor devem ser definidos em conjunto com o cliente (a partir de suas necessidades).
- **Itens de verificação:** referem-se às causas ou condições, isto é, às entradas e ao processamento interno ao processo ou atividades. São índices numéricos estabelecidos sobre as principais causas que afetam determinado item de controle. Os itens de controle são garantidos pelo acompanhamento dos itens de verificação.

Os itens de verificação medem as causas que levam aos efeitos. Estes, por sua vez, são monitorados pelos itens de controle. Entre eles existe uma relação de causa e efeito que auxilia no gerenciamento do processo e na tomada de decisão.

O formulário (Figura 5.9) a seguir tem como objetivo auxiliar a criação dos indicadores da qualidade, determinando informações mínimas necessárias para sua especificação.

O indicador criado para acompanhar o processo será descrito num formulário como este apresentado na Figura 5.9. Além das informações básicas relativas ao processo, atividade e setor, a equipe de melhoria irá definir o indicador apresentando seu nome, tipo (item de controle ou verificação), definição, meta (padrão a ser atingido) e fórmula para cálculo do indicador. Nesse campo, poderá ser incluído um exemplo para facilitar o entendimento de cálculo. Se se tratar de indicador da qualidade de outra atividade, isso deverá ser explicitado no campo definição.

Seguem-se os campos que especificam a coleta do indicador: procedimentos de coleta, frequência de coleta, responsável pela coleta, distribuição dos resultados incluindo quem deve receber essas informações (dono do processo, setor executante, pelo menos), com qual frequência e datas-limite para distribuição, tipo de divulgação (relatórios, sistema informatizado, murais de avisos etc.). Por fim, podem ser descritas observações quanto ao indicador

| INDICADOR DA QUALIDADE ||
|---|---|
| Processo: | |
| Atividade: | |
| Setor: | |
|  | |
| **Indicador** | |
| **Tipo** | ( ) controle ( ) verificação |
| **Definição** | |
| **Meta** | |
| **Fórmula** | |
| **Procedimentos de Coleta** | |
| **Frequência** | |
| **Responsável (nome/setor)** | |
| **Distribuição** | |
| **Divulgação** | |
| **Observações** | |

**Figura 5.9** | Formulário para especificação de indicadores de desempenho.

e sua coleta. Cabe ao dono do processo definir uma data para o início de apuração dos indicadores da qualidade.

Não se deve estabelecer um indicador sobre algo que não se possa exercer controle. Portanto, a equipe de melhoria precisa ter esse princípio em mente na hora de criar indicadores. Também deve pensar no custo e no tempo de coleta dessas informações, evitando a multiplicação de indicadores sem uma real necessidade.

### 5.2.1.6 Acordos entre fornecedores e clientes

A equipe de melhoria, além de descrever as atividades como sugerido, deve estabelecer um consenso entre as atividades interdependentes do processo. É importante que elas estejam em sintonia, ou seja, que as saídas de uma atividade precedente sejam iguais às entradas da atividade seguinte. Com isso, o dono do processo deve estabelecer acordos entre os pares de fornecedores e clientes, fazendo com que cada elo tenha um entendimento mútuo do processo.

Assim como as entradas e saídas precisam ser acordadas junto a fornecedores e clientes, os indicadores que envolvem outros setores além do setor executante também devem ter o mesmo tratamento.

A equipe e as demais pessoas envolvidas no gerenciamento do processo vão sugerindo ações para sua melhoria (anotadas no formulário para análise das atividades). Algumas, certamente, serão efetivadas ao longo das etapas de implantação, e outras serão implementadas posteriormente. A melhoria de processos não termina com a elaboração dos procedimentos do processo. É necessário desenvolver outras ações para que as melhorias do processo façam parte da rotina das pessoas envolvidas. Para isso, cabe ao dono do processo, em acordo com os representantes das atividades, estabelecer um plano de ação que garanta a implementação futura das ações propostas. Esse plano também deve ser objeto de acordo entre fornecedores e clientes.

Esses acordos são estabelecidos por meio de reuniões para a obtenção de consenso entre fornecedores e clientes. Na ocorrência de conflitos quanto às necessidades de entradas ou saídas do processo, aos indicadores e ações de melhoria, quando não puderem ser solucionados pelo dono do processo, deverão ser submetidos à alta direção.

### 5.2.1.7 Formalização do processo

A formalização é considerada a última etapa do gerenciamento de processos. Nessa etapa, elaboram-se as normas, fluxogramas, bem como a documentação de apoio (formulários de análise de atividades, indicadores da qualidade, procedimentos operacionais, ações de melhoria etc.), formando o manual do processo. O manual do processo propiciará a operacionalidade do processo.

Todo o trabalho de normatização deve ser feito com a participação efetiva do pessoal que executa o processo, seguindo as regras da organização. Ninguém pode alterar o manual sem a concordância do dono do processo. Cabe a ele a responsabilidade de manter o manual atualizado, aprovar mudanças em relação ao processo e zelar para que a prática seja realizada conforme os procedimentos descritos no manual. Futuras alterações na operacionalização do processo devem ser documentadas.

Com a elaboração do manual do processo termina a implantação do gerenciamento de processo. A partir daí, o importante é operar, acompanhar e realizar a melhoria contínua do processo e de seus resultados. Para isso deve haver investimentos na disseminação das informações e na capacitação das pessoas.

## QUESTÕES PARA DISCUSSÃO

1) O que é o Gerenciamento pelas Diretrizes? Qual a sua relação com o Planejamento Estratégico da organização?
2) O Gerenciamento pelas Diretrizes pode ser usado para fazer com que toda a organização persiga objetivos comuns. Explique essa afirmação.
3) O que é uma diretriz segundo o Gerenciamento pelas Diretrizes?
4) Quais os métodos para desdobramento das diretrizes? Quais as diferenças e similaridades entre eles?
5) O que é e como são executados os *catchballs* no Gerenciamento pelas Diretrizes?
6) Quais as principais etapas de implantação de Gerenciamento pelas Diretrizes numa organização?
7) As organizações são coleções de processos. A partir dessa afirmação, explique o que é um processo e como eles podem ser classificados.
8) Quais as vantagens de aplicação do gerenciamento de processos em relação ao gerenciamento funcional?
9) Quais as principais etapas do gerenciamento de processos?

10) Defina as principais responsabilidades do dono do processo e dos representantes das atividades no gerenciamento de processo.
11) Pense num processo de uma organização que você conhece. Desenhe o fluxograma desse processo e faça a análise de uma das atividades que compõem esse processo.
12) Quais as diferenças entre itens de controle e itens de verificação? Qual a sua importância para o gerenciamento de processo?

# BIBLIOGRAFIA

AKAO, Y. *Desdobramento das diretrizes para o sucesso do TQM*. Porto Alegre: Artes Médicas, 1997.

CAMPOS, V.F. *Gerenciamento pelas diretrizes*. Nova Lima: INDG Editora, 2004.

DAVENPORT, T.H. *Reengenharia de processos*. Rio de Janeiro: Campus, 1994.

GONÇALVES, J.E.L. As empresas são grandes coleções de processos. *RAE - Revista de Administração de Empresas*, v. 40, n. 1, jan./mar. 2000.

KONDO, Y. Hoshin Kanri: a participative way of quality management in Japan. *The TQM Magazine*, v. 10, n. 6, p. 425-431, 1998.

OULD, M.A. *Business process*: modeling and analysis for re-engineering and improvement. New York: Wiley, 1995.

# 6

# Coordenação da Qualidade na Cadeia de Produção

## 6.1 INTRODUÇÃO

Atualmente, não é raro encontrar notícias que relatam problemas oriundos da falta de coordenação da qualidade ao longo de cadeias de produção: um alimento que apesar de bem produzido chega estragado à casa do consumidor, um aparelho de reprodução de DVD que não abre por conter uma correia que quebrou antes do esperado por não ser tão robusta quanto o próprio DVD player.

A crescente preocupação com a segurança e a qualidade dos produtos coloca tais fatores como alguns dos principais fatores competitivos das cadeias de produção, exigindo que tais cadeias busquem mecanismos para melhoria da gestão da qualidade: de um lado, para dar evidência à qualidade de seus produtos, garantindo que estes tenham as qualidades intrínsecas esperadas pelo cliente e incrementando a qualidade percebida pelos consumidor e cliente;[1] de outro, melhorando a qualidade de conformação, buscando reduzir custos de falhas e de perdas ao longo da cadeia.

A qualidade do produto final, bem como a eficiência da cadeia de produção em termos de desperdícios e de custos com perdas e retrabalhos, depende de ações e práticas coordenadas entre segmentos e agentes e nas transações de bens, serviços e informações na cadeia. Nesse contexto, evidencia-se a importância de gerenciar a qualidade de maneira coordenada ao longo das cadeias de produção.

Em geral, os instrumentos tradicionais de gestão da qualidade se limitam a ações no âmbito de empresas. Ao mesmo tempo, observa-se a necessidade do desenvolvimento de métodos e ferramentas de apoio à coordenação da qualidade na cadeia inteira, capacitando seus agentes a definir, receber, processar, difundir e utilizar informações de modo a implantar e gerenciar as estratégias da qualidade.

O presente capítulo pretende introduzir o conceito de coordenação da qualidade em cadeias de produção, além de apresentar um método para auxiliar as cadeias no processo de coordenação da qualidade. Para tanto, primeiramente é apresentada breve discussão sobre a definição de cadeia de produção.

---

[1]Harrington (1995), *apud* Bechtel e Jayaram (1997), diferencia os conceitos de cliente e usuário final: "Um cliente é a área funcional ou grupo seguinte que usará um lote ou serviço; e um cliente pode ser interno ou externo à firma. O usuário final é o último usuário de um produto, o qual é quase sempre externo à empresa" (p. 20).

## 6.2 CADEIA DE PRODUÇÃO: DISCUSSÃO E CONCEITUAÇÃO

Para a boa compreensão do objetivo e resultados deste capítulo, faz-se necessário esclarecer o que se entende por termos como "cadeia", "segmento", "elo" e "agente", amplamente utilizados no decorrer do texto.

Numa análise convergente, ou seja, do ambiente macro para o ambiente micro, tem-se que o termo *cadeia* direciona todos os outros conceitos, sendo esses últimos componentes estruturais do primeiro.

Pode-se encontrar uma grande variedade de definições para o termo cadeia de produção:

- É o sistema organizado de processo de fabricação, numa sequência de operações, compreendendo máquinas, equipamentos, instrumentos, matérias-primas e trabalhadores, em que cada operação só pode ser executada quando a anterior tiver sido concluída.
- É um conjunto de subsistemas de produção no qual os fenômenos, acontecimentos e fatos derivados das operações de um subsistema relacionam-se com os fenômenos, acontecimentos e fatos relativos aos subsistemas a ele adjacentes.
- É o agrupamento de três elementos: uma sucessão de operações de transformação dissociáveis, capazes de serem separadas e ligadas entre si por um encadeamento técnico; um conjunto de relações comerciais e financeiras que estabelecem, entre todas as etapas de transformação, um fluxo de troca, situado de montante a jusante, entre fornecedores e clientes; um conjunto de ações econômicas que presidem a valorização dos meios de produção e asseguram a articulação das operações.

Percebe-se nessas definições de cadeia de produção elementos semelhantes aos abordados no conceito de *cadeia de suprimento*.

A diferença entre eles estaria no fato de que os primeiros conceitos abarcariam somente as atividades envolvidas no processo de fabricação, enquanto os de cadeia de suprimento abarcariam, além das atividades envolvidas no processo de fabricação, as atividades relacionadas à logística entre as unidades produtivas.

São definições de cadeia de suprimento:

- Do SUPPLY CHAIN COUNCIL: o termo cadeia de suprimento abrange todo esforço envolvido na produção e distribuição do produto final, do fornecedor do fornecedor ao cliente do cliente. Esse esforço é definido, de modo geral, por quatro processos básicos: planejamento, compras, fabricação e distribuição, os quais abrangem a gestão de fornecimento e da demanda, a compra de matérias-primas e de produtos intermediários, a fabricação e montagem, a gestão de estoques, a distribuição através de vários canais e a entrega ao cliente.
- De QUINN: cadeia de suprimento é o conjunto de todas as atividades associadas com a movimentação de bens, do segmento de matérias-primas ao usuário final. Isso inclui compras e aquisição, programação da produção, ordem de fabricação, inventário, transporte, armazenamento e serviços ao cliente. Nesse conceito também se incluem os sistemas de informação necessários para monitorar todas essas atividades.

O conceito de cadeia de suprimento teve sua origem na logística, na qual inicialmente a ênfase era dada à facilitação da movimentação de materiais e coordenação da demanda entre fornecedor e cliente. Essa evolução pode ser dividida em quatro etapas evolutivas distintas, chamadas "escolas":

1) *Escola de Percepção da Cadeia Funcional*: esta escola identifica a existência de uma cadeia de áreas funcionais dentro das organizações. Aqui, os conceitos de cadeia de suprimento estão de acordo em que a cadeia de suprimento abarca o fluxo de materiais

em toda a sua extensão, ou seja, desde o primeiro segmento da cadeia até os usuários finais, com este ponto central: otimizar a eficiência do fluxo de materiais entre os diversos agentes da cadeia. A indústria que melhor caracteriza essa escola é a de restaurantes e serviços a ela relacionados. McDonald's e Pepsi são exemplos de firmas que adotam esta definição de cadeia de suprimento.

2) *A Escola da Interligação/Logística*: esta escola adota a existência de uma cadeia partindo dos fornecedores até chegar aos usuários finais, direcionando o fluxo de materiais ao longo dessa cadeia. A escola da interligação/logística desenha as atuais ligações existentes entre áreas funcionais da organização, geralmente incluindo fornecedores, produção e distribuição. Essa escola diferencia-se da anterior no seguinte aspecto: enquanto a escola anterior apenas reconhecia que as áreas de compra, manufatura e distribuição se interligavam sequencialmente, dando origem a uma cadeia de suprimento, a presente escola inicia um processo de pesquisa para identificar *como* essas interligações podem ser exploradas para dotar a empresa de maior vantagem competitiva, especialmente nas áreas de logística e transporte. O principal intuito, segundo os mesmos autores, era o de reduzir a necessidade de inventários entre as citadas áreas funcionais da empresa. A indústria de móveis caracteriza a escola da interligação/logística.

3) *A Escola da Informação*: esta escola enfatiza o fluxo de informações entre os membros da cadeia de suprimento, que é a coluna vertebral de uma efetiva gestão da cadeia de suprimento. Talvez a principal contribuição dessa escola tenha sido a de defender a importância vital tanto do fluxo de informações do fornecedor ao cliente final como do fluxo de informações do cliente final ao fornecedor. A bidirecionalidade do fluxo de informações passa a indicar a necessidade dos fornecedores de saber como os clientes e os usuários percebem seu desempenho. A indústria bancária é o setor que melhor representa a escola da informação, enfocando o investimento que tal indústria vem realizando, desde o início da década de 1990, em tecnologias da informação.

4) *A Escola da Integração/Processo*: esta escola foca a integração das áreas funcionais que caracterizam a cadeia de suprimento dentro de um sistema definido como um *conjunto de processos* que trabalha para conseguir um melhor resultado sistêmico, recaindo em adição de valor ao produto ou serviço gerado. A diferença entre a visão dessa escola e a da interligação é bastante sutil. Enquanto a primeira assume que as áreas funcionais trabalham numa sequência imutável, a escola da integração permite que a cadeia de suprimento seja configurada na maneira que melhor possa atender às necessidades do cliente. A indústria automobilística e seu processo de desenvolvimento de produtos representam a escola da integração/processo.

Entretanto, é importante atentar para o fato de que o conceito de gestão da cadeia de suprimento está se relacionando, cada dia mais fortemente, a outro conceitos tais como parcerias, alianças estratégicas e outras relações cooperativas entre os membros da cadeia de suprimento, resultando no aumento da ênfase dada aos fatores transacionais nela presentes. Os fatores transacionais não são o único elemento importante a ser gerenciado numa cadeia de suprimento. Devido a isso, alguns autores descrevem a inadequação do termo cadeia de suprimento ao sugerir que os 'suprimentos' iniciam e dirigem as atividades da cadeia, sendo que toda cadeia deve iniciar com um cliente, quem demanda um serviço ou produto.

Em outras palavras, a cadeia de suprimentos deve ser entendida como um 'duto contínuo de demanda' em que o usuário final e não a função de fornecimento dirige a cadeia de suprimento. Outras definições de cadeia de suprimento são organizadas no Quadro 6.1.

Apesar da definição do duto de demanda, ainda outros autores afirmam que para muitas empresas a cadeia de suprimento se parece menos com um duto do que com uma árvore

## Quadro 6.1 — Definições de cadeia de suprimento e de sua gestão

| Autor(es) | Definições |
|---|---|
| **Escola de Percepção da Cadeia Funcional** | |
| JONES, RILEY (1985) | "A gestão da cadeia de suprimento trabalha com o fluxo total de materiais, dos fornecedores aos usuários finais." |
| HOULIHAN (1988) | "A gestão da cadeia de suprimento abarca o fluxo de bens do fornecedor ao usuário final, passando pela manufatura e distribuidor." |
| NOVACK, SIMCO (1991) | "A gestão da cadeia de suprimento abarca o fluxo de bens, desde o fornecedor ao usuário final, passando pela manufatura e pelo distribuidor." |
| LANGLEY, HOLCOMB (1992) | "A gestão da cadeia de suprimento enfoca as interações dos membros do canal para produzir um produto/serviço final que proverá um melhor valor comparativo para o usuário final." |
| CAVINATO (1992) | "(...) toda compra, valor adicionado e atividades de *marketing* de todas as ligações da firma ao cliente final." |
| STEVENS (1990) | "O controle do fluxo de materiais dos fornecedores aos clientes, passando pelos processos de adição de valor (produção) e canais de distribuição." |
| LEE, BILLINGTON (1992) | "Redes de manufatura e locais de distribuição que obtêm matéria-prima, transformam-na em produtos intermediários e acabados e distribuem os produtos acabados aos clientes." |
| LAZZARINI, CHADDAD, COOK (2001) | "Cadeias de suprimento são definidas como um conjunto de transações organizadas sequencial e verticalmente, representando estágios sucessivos de criação de valor." |
| **Escola da Interligação/Logística** | |
| SCOTT, WESTBROOK (1991) | "(...) cadeia de suprimento é usado para referir-se à cadeia ligando cada elemento dos processos de produção e distribuição, desde as matérias-primas até o cliente final." |
| TURNER (1993) | "(...) técnica que aborda todas as ligações na cadeia, dos fornecedores de matérias-primas ao cliente final, passando pelos vários níveis de manufatura, armazenamento e distribuição." |
| **Escola da Interligação/Logística** | |
| BEARMON, WARE (1998) | "(...) cadeia de suprimento é um conjunto integrado de funções de negócio, abarcando todas as atividades desde a aquisição de matéria-prima até a entrega ao cliente." |
| HANDFIELD, NICHOLS (1999) | "A cadeia de suprimento é uma série de fornecedores e clientes interligados." |
| ARGAWAL, SHANKAR (2002) | "A cadeia de suprimento é um conjunto interligado de relações que conectam o cliente ao fornecedor, às vezes através de alguns estágios intermediários tais como manufatura, armazenagem e distribuição." |
| **Escola da Informação** | |
| STEVENS (1989) | "Uma cadeia de suprimento é um sistema cujas partes constituintes incluem os fornecedores de materiais, manufaturas, serviços de distribuição e clientes, interligados via alimentação 'para a frente' com fluxo de materiais e realimentação com fluxo de informações." |

*(continua)*

| Quadro 6.1 | Definições de cadeia de suprimento e de sua gestão *(Continuação)* |
|---|---|
| **Autor(es)** | **Definições** |
| **Escola da Informação** | |
| JOHANNSON (1994) | "A gestão da cadeia de suprimento é realmente uma abordagem das operações a ser obtida. Ela requer que todos os participantes da cadeia de suprimento sejam devidamente informados. Com a gestão da cadeia de suprimento, são críticos a ligação e o fluxo de informação entre os vários membros da cadeia de suprimento para o desempenho global." |
| TOWILL, NAIM, WIKNER (1992)[1] | "Uma cadeia de suprimento é um sistema no qual suas partes constituintes (inclusive os fornecedores de materiais, manufaturas, serviços de distribuição e clientes) devem ligar-se via alimentação 'para a frente' de materiais e realimentação pelo fluxo de informações." |
| HARRINGTON (1995) | "Os fluxos de produto e informações abarcam todas as partes, iniciando com os fornecedores dos fornecedores e finalizando com os clientes dos consumidores/clientes finais (...) os fluxos são bidirecionais." |
| **Escola da Integração/Processo** | |
| COOPER, ELLRAM (1990) | "Uma filosofia integrativa para gerenciar o total de fluxos do canal de distribuição, do fornecedor ao usuário final." |
| **Escola da Integração/Processo** | |
| ELLRAM, COOPER (1993) | "A gestão da cadeia de suprimento é uma abordagem por meio da qual toda a rede de produção, dos fornecedores ao usuário final, é analisada e gerenciada com o objetivo de alcançar o 'melhor' resultado para todo o sistema." |
| HEWITT (1992) | "A integração da cadeia de suprimento somente é um resultado natural do rearranjo dos processos de negócio e não o realinhamento de organizações funcionais existentes." |
| O'BRIEN (2001) | "As inter-relações com outras empresas, necessárias para montar e vender um produto, constituem uma rede de relações comerciais que é chamada de cadeia de suprimento." |
| **O Futuro** | |
| CAVINATO (1992) | "O conceito de cadeia de suprimento consiste no gerenciamento ativo dos canais de aquisição e distribuição. Este é o grupo de firmas que adiciona valor ao longo do fluxo de produto da matéria-prima de origem ao cliente final. Concentra-se mais propriamente nos fatores relacionais do que nos fatores transacionais." |
| FARMER (1995) | "Em vez de usar o termo gestão da cadeia de suprimento, nós deveríamos usar a ideia de um duto contínuo de demanda." |

[1] Semelhança com a definição de cadeia de suprimento de Stevens (1989).
Fonte: Elaboração própria, com base em Bechtel, Jayaram (1997).

arrancada "com raiz e tudo", em que as raízes e os galhos são uma rede extensa de fornecedores e clientes, e a gestão da cadeia de suprimento consistiria em responder como muitas dessas raízes e galhos precisam ser gerenciados.

Ao arranjo desse tipo de cadeia de suprimento dá-se o nome *network structure*, que aqui será traduzido como *estrutura de rede de produção*. A ideia principal dessa definição é a de que a cadeia de suprimento não é uma cadeia de negócios formada por relações empresa-empresa ou negócio-negócio, mas uma cadeia de redes de produção, compostas de múltiplos negócios e parcerias (Figura 6.1).

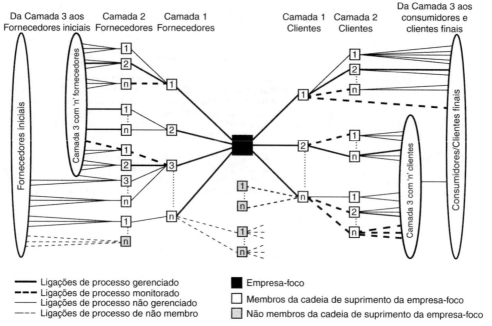

**Figura 6.1** | Estrutura genérica da cadeia de redes de produção. (Fonte: Lambert e Cooper (2000, p. 75).)

Tais redes de produção, ou *networks*, podem ser descritas como "um conjunto ou conjuntos de atores finitos e a relação ou relações definidas por eles".

Outra definição de redes de produção enfoca os mecanismos de alocação de recursos, considerando que nenhuma transação ocorre através de trocas discretas nem sob a luz da administração, mas através de redes de produção ou indivíduos engajados em ações recíprocas, preferenciais e mutuamente encorajadoras. Um pressuposto básico das relações em redes de produção é o de que um grupo é dependente dos recursos controlados por outro, e de que existem ganhos a serem gerados pelo total de recursos compartilhados.

Tais definições são resumidas no conceito de redes de produção[2] descrito como um conjunto de atores ligados por seu desempenho em torno de atividades industriais competitivas ou complementares, empregando ou consumindo recursos econômicos para processar outros recursos.

Porém, a ideia de organização de agentes em cadeias de redes de produção parece ser usada também em outra definição, a de *netchain*.

O principal ponto de discordância entre o conceito de *netchain* e o de *network structure* está na afirmação de que a análise de cadeias de suprimento sugere uma análise sistêmica das interdependências verticais entre firmas, baseando-se no estudo dos fluxos de materiais e de informações, sem, contudo, preocupar-se com as interdependências horizontais, ou seja, com as parcerias entre firmas abordadas pela análise de redes de produção.

---

[2]Assumpção (2002) traduz o termo *network* como *rede industrial*, em vez de redes de produção. Para a manutenção da padronização adotada neste trabalho, optou-se por utilizar *rede de produção* no lugar de rede industrial, também por considerar que o primeiro expressa melhor a explicação encontrada em diferentes trabalhos que tratam do conceito teórico de *network*.

No entanto, em ambos os conceitos pode-se enxergar a cadeia de suprimento como uma cadeia "multicamadas", cada qual se organizando numa intricada rede que se relaciona de trás para a frente, ou seja, do fornecedor inicial ao consumidor final e de um lado ao outro, indicando um relacionamento entre empresas de uma mesma camada (Figura 6.1).

O conceito de *netchain* pode ser descrito como um conjunto de redes de produção que consiste em nós entre firmas e determinado grupo ou indústria, de tal modo que essas redes de produção (ou camadas) estão sequencialmente organizadas, baseadas sobre os nós verticais entre firmas de diferentes camadas.

A Figura 6.2 procura ilustrar a definição de *netchain* e as relações entre firmas por ela abordada.

Comparando-se as Figuras 6.1 e 6.2, percebe-se uma evidente semelhança entre ambos os modelos, não somente estrutural como também conceitual.

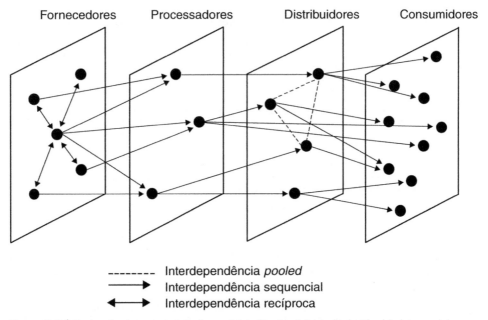

**Figura 6.2** | Ilustração de uma *netchain* genérica. (Fonte: Adaptado de Chaddad, Lazzarini e Cook (2001, p. 8).)

Os dois modelos representam a cadeia de suprimento como uma sequência de "camadas" que se interligam através de relações existentes entre os membros (empresas) de uma camada e os membros (empresas) de outra camada.

Cada camada representaria, em ambos os modelos, um segmento distinto, partindo dos fornecedores iniciais em direção ao segmento dos consumidores finais.

Outro ponto comum entre os modelos é a preocupação de mostrar que a constituição da cadeia de suprimento se baseia em diferentes tipos de relações que os agentes podem manter entre si.

Os relacionamentos entre as empresas se dão através da necessidade de monitorar um determinado processo de negócio, classificando-os em processos gerenciados, monitorados, não gerenciados e processos entre empresas que não são membros da cadeia de suprimentos da empresa-foco (Figura 6.1).

### Quadro 6.2 — Diferentes tipos de relacionamentos entre empresas

**Relacionamentos segundo a *network structure*, ou cadeia de redes de produção**

**Processos gerenciados:** são processos de negócio que a empresa-foco considera importante integrar e gerenciar.

**Processos monitorados:** são processos de negócio que a empresa-foco não considera críticos. O apropriado gerenciamento e a integração desses processos são delegados a outras empresas da cadeia, em que o papel da empresa-foco passa a ser o de simples monitoramento e auditoria de como esses processos estão sendo gerenciados e integrados.

**Processos não gerenciados:** são processos de negócio nos quais a empresa-foco não desempenha um papel ativo, não sendo críticos o bastante para serem monitorados. A empresa-foco confia plenamente no gerenciamento e na integração desses processos na cadeia.

**Processos de não membros:** são processos de negócio realizados entre empresas membros da cadeia de suprimento da empresa-foco e empresas que não são membros dessa cadeia. Tais processos não são considerados da estrutura da cadeia de suprimento da empresa-foco, mas podem e muitas vezes afetam o desempenho da empresa-foco e de sua cadeia de suprimento.

**Interdependências segundo a *netchain***

**Interdependências *pooled*:** ocorrem quando cada empresa individual, dentro de certo grupo de empresas, produz uma discreta e bem-definida contribuição para a realização de determinada tarefa. Nessa interdependência, o relacionamento entre as empresas é esparso e indireto. Essa interdependência se refere à situação em que duas empresas especializadas intercambiam conhecimento direta ou indiretamente, através de produtos ou serviços que o utilizam.

**Interdependências sequenciais:** referem-se ao conjunto de tarefas sequencialmente (serialmente) estruturadas, em que as atividades de uma empresa ou agente precedem as atividades de outra. Essa interdependência descreve uma cadeia de suprimento, e está associada às relações fornecedor-cliente.

**Interdependências recíprocas:** envolvem, simultaneamente, relacionamentos nos quais as entradas de uma empresa dependem das saídas de outras empresas e vice-versa. Nesse caso, o conhecimento de dada empresa é altamente dependente do conhecimento de outra.

Fonte: Elaboração própria, a partir de Lambert e Cooper (2001) e Lazzarini, Chaddad e Cook (2001).

As relações que sustentam a cadeia de suprimento[3] são interdependências que podem ser classificadas em *pooled*, sequenciais e recíproca (Figura 6.2). O Quadro 6.2 resume os conceitos das relações listadas em ambos os conceitos.

Após a apresentação dos vários conceitos de cadeias de suprimento e de produção, entendemos cadeia de produção como **o conjunto multicamada de redes de produção com fluxos multidirecionais de materiais e informação, em que a manutenção de sua estrutura está pautada nas relações entre os agentes de um segmento e deste com outros segmentos ou camadas, podendo ser influenciada pelos ambientes socioeconômico, político, ambiental e tecnológico nos quais a cadeia se relaciona, tendo como objetivo principal a oferta de produtos que satisfaçam plenamente as necessidades do mercado.**

A partir disso, define-se *segmento* de uma cadeia de produção como uma das camadas de redes de produção. Complementarmente, cada segmento é composto por um conjunto de *agentes*, e os segmentos se inter-relacionam através de *elos* existentes entre eles.

O agente é toda empresa ou instituição, pública ou privada, que está envolvida em alguma transação dentro da cadeia de produção, mais o cliente ou consumidor final.

---

[3] Apesar de Lazzarini, Chaddad e Cook (2001) vincularem tais relações ao conceito de *netchain*, preferiu-se atribuí-los ao termo cadeia de suprimento, visando ao melhor entendimento do texto e à padronização da terminologia abordada até o presente momento.

Com relação ao conceito de elo, este será aqui interpretado como o ambiente da realização de transações geradas pela troca contínua de bens, de serviços (fluxo de comunicação) e de informação (fluxo de informação) entre diferentes agentes ou segmentos.

## 6.3 A COORDENAÇÃO DA QUALIDADE EM CADEIAS DE PRODUÇÃO

A motivação para coordenação de cadeias, a fim de ganhar vantagem competitiva, se dá em três fases sequenciais em busca de:

- melhoria na eficiência e redução de custos;
- redução de riscos quanto à qualidade e quantidade; e
- satisfação das necessidades dos consumidores.

As ações de coordenação de cadeias de produção são estimuladas pela necessidade de tornar dada cadeia mais competitiva, quando estruturas de coordenação pressionam os diferentes segmentos e agentes a se organizar.

Exemplos de estruturas de coordenação são os mercados, mercados futuros, programas e agências governamentais, cooperativas, *joint ventures*, integrações contratual e vertical, agências de estatística, *tradings* e firmas individuais.

Com relação às integrações contratual e vertical, estas podem apresentar estruturas de gestão mistas ou contratuais, quando a utilização de contratos e a influência do mercado servem para coordenar negócios de média incerteza e média/elevada especificidade de ativos.

Quando o contrato se realiza via mercado, a coordenação passa a ser mais fundamental, pois, como é abordado mais adiante, fica sujeito a custos de transação tipificados pelo oportunismo, assimetria de informações e custos de monitoramento de tais contratos.

Além disso, contratos de franquia ou contratos de fornecimento de materiais são arranjos de coordenação eficazes para apenas determinados casos; para outros em que existem variações do mercado, padrões de exigência de qualidade e outras especificidades, a coordenação pode ser de difícil aplicação. É para esses últimos casos que o método de coordenação apresentado neste capítulo se torna mais útil.

A parceria entre os agentes de uma cadeia de produção é o fator decisivo no aumento de competitividade dos processos de produção. Além disso, ao se analisar a literatura pertinente, percebe-se uma tendência de se trabalhar com três estruturas de coordenação específicas: mercado, contratos e integrações verticais a montante e a jusante.

Como constante, as ações de tentativa de coordenação de uma cadeia produtiva procuram controlar as três características básicas das transações: frequência das transações, grau de especificidade dos ativos e a incerteza, causada principalmente pela racionalidade limitada dos agentes produtivos.

No entanto, poucos são os autores que trabalham a função qualidade[4] como importante fator de controle das características das transações.

Em geral, os contratos, integrações e mercados são colocados no foco de análise, e em poucos casos parte-se do conceito de qualidade para explicar as formas de contrato, necessidades de integração e comportamento dos mercados.

A elevada importância que a qualidade vem adquirindo nos últimos anos como um dos principais fatores de alavancagem de competitividade gerou iniciativas em todo o mundo

---

[4] A *função qualidade* é aqui entendida como o "conjunto de todas as atividades através das quais é possível obter produtos e/ou serviços que atendam às necessidades e às expectativas de clientes, não importando as áreas da organização que realizem essas atividades" (PRAZERES, 1996, p. 189).

para procurar coordená-la ao longo das cadeias de produção, focando-se a necessidade de se gerar produtos de acordo com as exigências demandadas pelo mercado consumidor, sempre buscando satisfazer ao máximo as necessidades do mercado e tentar eliminar a assimetria informacional.

A partir desse enfoque que prioriza a análise da qualidade, surgem exemplos de estudos teóricos e estudos de caso que buscam propor e/ou descrever ações práticas de coordenação vertical que têm por objetivo a garantia da qualidade do produto a ser comprado pelos consumidores finais.

A incerteza relativa aos atributos de qualidade dos produtos eleva os custos de transação, e *altos custos de transação implicam um grande incentivo para implementar sistemas da qualidade.*

Pode-se dizer que a implantação de sistemas de garantia e de gestão da qualidade pode reduzir os custos de transação, uma vez que a padronização e o gerenciamento da qualidade tendem a gerar um maior controle sobre a incerteza, enquanto característica das transações, e sobre o oportunismo, enquanto característica dos agentes envolvidos nas transações. Entretanto, as fontes de incerteza não se reduzem apenas à qualidade de produto e processo.

Portanto, discute-se a necessidade e características do processo de coordenação das atividades dos agentes ao longo das cadeias de produção, tendo por finalidade a garantia da qualidade do produto final a ser entregue ao mercado.

Tal discussão é feita sob o enfoque de três distintas teorias: a dos custos de transação, a da gestão da cadeia de suprimento enquanto cadeia de redes de produção e a da gestão da qualidade.

Entretanto, não se pretende tratar a coordenação de uma cadeia de produção de modo compartimentado, ou seja, a coordenação segundo a Gestão da Cadeia de Suprimentos (GCS), segundo o enfoque da Economia dos Custos de Transação (ECT), ou segundo o enfoque da Gestão da Qualidade, mas tratar a coordenação como resultado do relacionamento dos três enfoques.

Os três enfoques estão intimamente relacionados: o primeiro focaliza a cadeia de operações produtivas, o seguinte focaliza a cadeia de transações nela efetuadas, e o último focaliza os fluxos de materiais e informações presentes na cadeia de produção.

As relações entre os agentes de uma cadeia de produção devem ser entendidas como formadas por aspectos relacionados a todos esses fatores, uma vez que as suas formas (mercado, integração vertical e formas intermediárias como contratos e arranjos fornecedor-cliente) não podem, individualmente, explicar o comportamento das parcerias interfirmas. Os contratos raramente são a parte mais importante na negociação interfirmas.

Outras disciplinas como o *marketing* também praticam um processo de redefinição dos conceitos de relacionamento interfirmas, aplicando os temas relacionados ao consumidor em situações industriais, presumindo que os compradores industriais são estáticos, enquanto os fornecedores são aptos para controlar todo o processo de troca.

O modelo de interação do Industrial Marketing and Purchasing Group (IMP) coloca tanto o fornecedor como o cliente (ou comprador) dentro de uma "atmosfera" definida como uma combinação de variáveis. A dependência de um comprador em relação ao fornecedor pode ser involuntária, mas o comprometimento mostra-se como um fator positivo para a relação. Isso também sugere que a proximidade do relacionamento com dimensões de controle pode reduzir os custos de transação.

Esse mesmo modelo do IMP classifica o relacionamento interfirma como uma troca social, tendo como função reduzir a incerteza na cadeia de suprimento e sendo visto como um efeito de interligação entre duas firmas, desenvolvendo a confiança entre elas.

Todos esses conceitos podem ser usados para estudar a qualidade total na cadeia de produção, indicando quais são as boas práticas em relações de qualidade total (Quadro 6.3).

## Quadro 6.3 — Boas práticas em relações de qualidade total na cadeia

| Componentes da relação | Função 'o que esse componente faz' | Proposições 'boas práticas existem quando' |
|---|---|---|
| Estratégia | Define uma proposta e um caminho para a relação | É claramente definida na relação, compartilhando a estratégia para desenvolvimento da GQT; a definição é feita pela organização de maior poder para auxiliar a implementação da GQT dentro da relação. |
| Definição-limite | Define o relacionamento como uma quase integração e estabelece sua conexão com as organizações de maior poder | Ambas as partes reconhecem que há uma relação de troca: atividades de longo prazo são compartilhadas distintamente de um contrato de curto prazo governado pelo preço e voltado para sanções legais ou outro tipo de sanção; há colaboração e não simplesmente uma cooperação. Isto é, não há uma relação de poder em qualidade total, embora isso possa não ocorrer em toda relação; na cadeia/rede de suprimento, cada ligação interfirmas influencia as outras ligações. |
| Monitoramento e mensuração do desempenho | Guia e monitora o progresso da relação | Há um comprometimento com as difíceis medidas de desempenho; o relacionamento é criado e mantido através do uso de técnicas e ferramentas apropriadas; as organizações de maior poder são influenciadas/mudadas pelos processos de aprendizado e melhoria contínuos, executados dentro da relação. |
| Desenvolvimento e gestão da cultura dentro da relação | Estabelece e desenvolve as normas de comportamento governando o modo pelo qual a relação funciona | Há colaboração e não simplesmente uma cooperação. Isto é, não há uma relação de poder em qualidade total, embora isso possa não ocorrer em toda relação; possui uma estrutura flexível para relacionar possíveis culturas organizacionais conflitivas, havendo flexibilidade suficiente para mudar isso sempre que necessário: GQT;[a] há demonstrações de altos níveis, abertura, honestidade e interdependência. Esses elementos não são simplesmente praticados, mas são valores profundos. |
| Pessoas e estruturas | Identifica/define as pessoas, a estrutura e os sistemas que possibilitam que a relação funcione e cresça | Existem relacionamentos de suporte dentro de cada organização de maior poder; a relação tem uma estrutura própria: as pessoas, mais que buscando a relação, estão trabalhando nela. Há infraestrutura capacitada para isso. |
| Processos e coordenação | Define o caminho pelo qual a relação opera e como isso é conseguido em conjunto | A coordenação é alcançada via níveis elevados, com o uso extensivo de mútuo ajustamento e compartilhamento ideológico; a relação é criada e mantida através do uso de técnicas e métodos apropriados. |
| Melhoria contínua | Garante o desenvolvimento e aprendizado a longo prazo dentro da relação e nas organizações de maior poder | Há um claro processo de melhoria contínua; a relação é criada e mantida através do uso de técnicas e métodos apropriados; as organizações de maior poder são evidentemente influenciadas e mudadas pelo processo de aprendizagem que ocorre na relação; há uma reconciliação entre a abordagem da GQT e os sistemas baseados na padronização (ISO 9000, BS 5750, sistemas industriais); há um comprometimento com as difíceis medidas de progresso. |

[a] Não há um único caminho "ótimo" para se implementar a Gestão da Qualidade Total. Deve-se realizar a reconciliação entre os sistemas baseados nos padrões de manutenção e os sistemas baseados na melhoria contínua.
Fonte: Bessant *et al.* (1994, p. 12 e 14).

Como é apresentado mais adiante, o MCQ pretende coordenar a qualidade ao longo da cadeia de produção, reduzindo a assimetria informacional entre os seus agentes e segmentos, acarretando a redução dos custos de transação conforme discutido anteriormente, e através da coordenação da qualidade e de propostas de melhoria dos sistemas da qualidade adotados pelos agentes da cadeia.

Essa proposição, que se diferencia das estruturas de gestão tradicionais, é justificada por algumas críticas à abordagem dos custos de transação:

a) Em alguns casos, o controle racional em firmas pode aumentar o sentimento de preconceito, inquietude e injustiça, os quais podem criar formas sutis de oportunismo que não são consideradas na teoria dos custos de transação.

b) A teoria dos custos de transação não considera a eficiência dos controles sociais em que os membros da firma fazem suas as metas da organização, limitando a ameaça da ocorrência de ações oportunistas,

c) A teoria dos custos de transação deixa em segundo plano a "confiança" advinda de normas sociais ou relacionamentos pessoais desenvolvidos dentro da firma e que pode servir de substituto para os controles e contratos formais.

d) O *continuum* mercado-herarquia é uma visão muito simplista para representar as várias formas híbridas de governança.

Essas críticas podem, como dito anteriormente, justificar que a teoria dos custos de transação é uma boa estrutura de análise, mas não a solução para grande parte dos problemas de inter-relação entre firmas. Nesse ponto, propõe-se a agrupação de aspectos da teoria dos custos de transação, a coordenação da qualidade e a gestão da cadeia de suprimentos para gerar uma estrutura de gestão e mecanismos distintos de contratos para o incremento da competitividade e da coordenação das cadeias de produção.

Os custos de transação representam a estrutura para analisar os benefícios e custos dos padrões de qualidade, em que os *custos de transação elevados implicam um grande incentivo para a implementação de sistemas da qualidade*. Isso devido ao fato de que os custos de transação são elevados pela incerteza dos atributos da qualidade e os custos variam de acordo com fatores tais como diferenciação do produto e tamanho da firma.

Já a relação entre a gestão da cadeia de suprimento e a teoria dos custos de transação estaria no fato de que essa última pode ser utilizada para a avaliação de empresas logísticas, bem como de outros mecanismos de coordenação da cadeia de suprimento para comprovar sua efetividade no aumento de sua competitividade.

## 6.3.1 A Coordenação com Base na Gestão da Cadeia de Suprimento

A gestão da cadeia de suprimento pode ser entendida como a integração dos processos comerciais, na cadeia, dos fornecedores originais, que fornecem produtos, serviços e informação (e, portanto, valor agregado) aos clientes e consumidores finais.

A gestão da cadeia de suprimento é um conceito administrativo que integra o gerenciamento de processos da cadeia de suprimento, tendo por objetivos cortar custos, aumentar lucros, melhorar o desempenho nas relações com clientes e fornecedores e desenvolver serviços de valor adicionado que tragam diferencial competitivo para uma empresa, o que pode ser conseguido pelo que é apontado pelo Advanced Manufacturing Council (AMC):

a) Levar o produto certo ao lugar certo pelo menor custo.

b) Manter o estoque o mais baixo possível e oferecer atendimento superior ao cliente.

c) Reduzir os tempos de ciclo, simplificando e acelerando as operações de processamento dos pedidos dos clientes, aperfeiçoando o modo como as matérias-primas são adquiridas e como estas são entregues para o processo de fabricação.

Em outras palavras, a gestão da cadeia de suprimento pode ser entendida como a integração dos processos-chave de negócio, do usuário final ao fornecedor de origem que provê produtos, serviços e informação que agregam valor para os clientes e outros *stakeholders*.[5,6]

Além disso, a gestão da cadeia de suprimento objetiva a integração dos planos de negócio e o balanceamento de fornecimento e demanda ao longo de toda a cadeia.

A coordenação de uma cadeia de produção sob o ponto de vista da gestão da cadeia de suprimento difere da abordagem da economia dos custos de transação por tratar essencialmente do gerenciamento dos fluxos de materiais e informações ao longo da cadeia de produção, buscando a maior eficiência técnica.

A economia dos custos de transação trata dos mesmos fluxos, porém com enfoque nas relações entre firmas individuais com base nas características das transações e no comportamento humano dos agentes, buscando uma maior eficiência das relações de troca.

Novos modelos de gestão da cadeia de suprimento refletem a influência do cliente tanto no fim quanto no início da cadeia que geralmente se inicia com o projeto do produto. O cliente começa a desempenhar o papel de fonte de informação para vários pontos da cadeia de suprimento, facilitado pela adoção de novas tecnologias, tais como EDI,[7] ECR[8] e as rápidas respostas logísticas.

Essas novas tecnologias permitem que o cliente remeta informação diretamente aos fornecedores, distribuidores e manufaturas, que podem utilizá-la para responder instantaneamente, de modo a poder capturar e difundir as tendências do cliente e suas preferências às empresas que constituem a cadeia de suprimento e também permitindo a redução dos custos de transação das operações de troca realizadas ao longo da cadeia. O uso de tecnologias da informação na gestão da cadeia de suprimento tem se tornado bastante comum e até mesmo indispensável, como mostrado no Quadro 6.4.

Efetivamente, a tecnologia de informação já faz parte das cinco áreas abarcadas pela literatura de gestão da cadeia de suprimento, juntamente com o planejamento, a implementação, a estrutura organizacional e a mensuração.

Dentre essas áreas, a de *planejamento* é a mais importante, consistindo no desenvolvimento de um plano de gestão da cadeia de suprimento baseado no conjunto de filosofias fundamentais adotadas pela firma. Quatro delas são a Gestão da Qualidade Total (GQT), os sistemas inteligentes, a modelagem e análise de custos e a reengenharia.

Além das relações entre empresas, os processos, procedimentos, ferramentas, habilidades e estruturas organizacionais também são importantes na implantação de um cenário colaborativo na cadeia de suprimento.

---

[5]"*Stakeholder* é o conceito alternativo de *shareholder* (...), que são pessoas que estão associadas direta ou indiretamente à organização ou que sofrem algum de seus efeitos: clientes, fornecedores, distribuidores, funcionários, ex-funcionários e a comunidade, na medida em que são afetados pelas decisões da administração" (MAXIMIANO, 2000, p. 430).

[6]Referindo-se à definição do Council of Logistics Management (CLM), a "logística é a parte do processo da cadeia de suprimento que planeja, implementa e controla a eficiência, os efetivos fluxo e armazenagem de bens, serviços e a informação relatada, desde o ponto de origem até o ponto de consumo, procurando atender aos requisitos dos clientes" (CLM *apud* LAMBERT e COOPER, 2000, p. 67). Para saber mais sobre essa definição, pode-se visitar o site do CLM (http://www.CLM1.org).

[7]*Electronic Data Interchange* (EDI), ou Troca Eletrônica de Dados, "(...) envolve a troca eletrônica de documentos de transação comercial por redes de computador entre parceiros comerciais (as organizações e seus clientes e fornecedores)" (O'BRIEN, 2001, p. 199).

[8]*Efficient Consumer Response* (ECR), ou Resposta Eficiente ao Consumidor, "(...) é um movimento global no qual empresas industriais e comerciais, juntamente com os demais integrantes da cadeia de abastecimento, (...) trabalham em conjunto na busca de padrões comuns e processos eficientes que permitam minimizar os custos e otimizar a produtividade em suas relações" (ECRBRASIL, 2003). Para saber mais sobre ECR, pode-se visitar o site http://www.ecrbrasil.com.br.

| Quadro 6.4 | A tecnologia de informação na gestão da cadeia de suprimento |
|---|---|

**Administração de fornecedores:** utiliza comércio eletrônico para ajudar a reduzir o número de fornecedores e conseguir que se tornem parceiros nos negócios em uma relação em que todos saem ganhando.

**Gestão de estoque:** reduz o ciclo pedido-remessa-fatura com processos de comércio eletrônico e mantém mínimos os níveis de estoque.

**Administração de distribuição:** utiliza o EDI para movimentar documentos relacionados a remessa (faturas de frete, ordens de compra, notificação de remessa antecipada e assim por diante).

**Administração de canal:** utiliza e-mail, BBS[9] e grupos de notícias para disseminar rapidamente informações sobre mudanças das condições operacionais para parceiros comerciais.

**Administração de pagamento:** utiliza transferência eletrônica de fundos para conectar a empresa e os sistemas dos fornecedores e distribuidores a fim de que os pagamentos possam ser enviados e recebidos eletronicamente.

**Gestão financeira:** utiliza sistemas de comércio eletrônico para possibilitar que as empresas globalizadas movimentem seu dinheiro em várias contas em moeda estrangeira.

**Administração da força de vendas:** utiliza métodos de automação da força de vendas para melhorar a comunicação e o fluxo de informações entre as funções de vendas, atendimento ao cliente e produção.

Fonte: Kalakota e Whinston, *apud* O'Brien (2001, p. 198).

Nesse aspecto, surgem os *sistemas inteligentes*, que representam a evolução de uma subotimização do departamento funcional na cadeia de suprimento para uma otimização holística de toda a cadeia de suprimento. O objetivo dos sistemas inteligentes é saber como uma decisão tomada por determinado agente na cadeia pode afetá-la para a frente e para trás, pois a meta da gestão da cadeia de suprimento não é desenvolver somente uma solução de sistemas, mas também um mecanismo de controle que monitore e corrija os problemas.[10]

A *modelagem e a análise de custos* são outras áreas do conhecimento que podem ser utilizadas na gestão da cadeia de suprimento.

A segunda área fundamental da gestão de cadeia de suprimento é a *implementação*. Problemas de comunicação (e falhas nos sistemas de informação), falta de apoio da alta administração, problemas de implementação, falta de recursos financeiros, falta de conhecimento técnico adequado e de pessoal que saiba e consiga trabalhar com sistemas de informação são as principais barreiras para a integração da cadeia.

A terceira área fundamental da gestão de cadeia de suprimento é a da *tecnologia de informação*, uma vez que a integração de uma cadeia de suprimentos requer fluxos contínuos de informação. Tais fluxos ajudam a criar melhores fluxos de produto e a reduzir os custos de coordenação, diminuindo assim os custos de transação e, consequentemente, o custo total de produção.

O *armazenamento de dados* e a utilização de banco de dados compartilhados são para efetivar a gestão da cadeia de suprimento. Esses bancos de dados compartilhados devem fornecer informações e dados confiáveis para que os gerentes de toda a cadeia possam tomar decisões consistentes.

---

[9] Os *Bulletin Board Systems* (BBS) "(...) permitem aos usuários colocarem mensagens e fazerem download de arquivos de dados e programas a partir de serviços, empresas e operadores individuais de BBS's on-line" (O'BRIEN, 2001, p. 235).

[10] Esses sistemas são conhecidos como *hard systems*, que consistem numa abordagem de engenharia para os sistemas inteligentes em que o problema é identificado e caracterizado, cabendo ao solucionador do problema somente comunicar "como" o problema será solucionado (CHECKLANDO e SCHOLES *apud* BECHTEL e JAYARAM, 1997).

As principais barreiras para a implementação de bancos de dados compartilhados estariam na compatibilidade entre os sistemas de todos os membros da cadeia, a esparsa estrutura interorganizacional e a perda local de dados úteis.

A simulação como a principal *ferramenta de apoio à decisão* utilizada na gestão de cadeias de suprimento é utilizada para que os gerentes possam analisar diferentes cenários ou auxiliá-los na tomada de decisão.

Para simulação, costuma-se usar a modelagem com sistemas dinâmicos ou ferramentas de não simulação que ajudam no desenvolvimento inicial da gestão de cadeias de suprimento:

- Uso de grade para auxiliar os gerentes a avaliar os vários tipos de relacionamentos com fornecedores, e identifica onde são necessárias mudanças.
- Uso de um *pipeline map* para ajudar na identificação de toda a cadeia de suprimento, onde são expostas as oportunidades de melhoria.

Ainda sobre a gestão da cadeia de suprimento, o papel das parcerias e relações colaborativas entre os integrantes da cadeia de suprimento é de fundamental importância para sua gestão, uma vez que uma relação de confiança entre fornecedores e clientes pode gerar ganhos para todos os seus participantes.

As relações colaborativas e parcerias realizadas ao longo da cadeia de suprimento são chamadas de inter-relações funcionais, e são formadas por agentes, atividades que demandam poder, conhecimento e tempo para que atinjam o sucesso desejado.

O *poder* é obtido pelos atores através do controle das atividades e/ou recursos; o *conhecimento* refere-se ao desenvolvimento das atividades e ao uso de recursos relacionados com o conhecimento que os parceiros possuem; e, para que a parceria seja de sucesso, faz-se necessária a soma dos contatos, conhecimentos e experiências que ocorrem durante o *tempo* de parceria, ou seja, quanto de mais longo prazo for a parceria, maiores as chances de seu sucesso.

No entanto, tais interdependências também são afetadas por características dos agentes tais como:

a) a racionalidade limitada;
b) a competência (habilidade para avaliar a relação custo/benefício da parceria);
c) o oportunismo; e
d) a falta de aprendizado organizacional, além de características da estrutura da cadeia produtiva, tal como o equilíbrio de poder, que pode ser assimétrico (o controle da cadeia está sob o poder de um agente dominante) ou simétrico (quando há um equilíbrio no controle da cadeia produtiva).

Além dessas características, a confiança, a comunicação, a cooperação entre agentes, a interdependência, a adaptação de um agente ao outro, a satisfação proporcionada e o mútuo comprometimento são fatores que intensificam as parcerias (Figura 6.3).

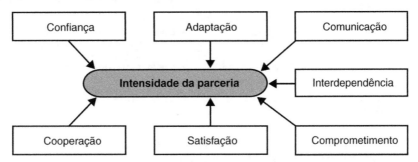

**Figura 6.3** | Fatores que intensificam as parcerias entre agentes da cadeia. (Fonte: Fynes, Búrca, Ennis (2001, p. 113).)

Dentre esses fatores que afetam o sucesso das relações e parcerias entre agentes da cadeia, a incerteza[11] tende a ser o seu principal fator de insucesso. O sucesso das parcerias e o consequente sucesso da integração da cadeia de suprimento passam, necessariamente, pela diminuição da incerteza junto aos agentes da cadeia.

Como fontes de incerteza, além da variação da qualidade, tem-se o *horizonte da previsão de pedidos* (período entre a ordem de produção de um pedido "1" e a entrega de produtos de um pedido "2" seguinte, abarcando o tempo de espera para que a ordem seja cumprida e o tempo necessário para a venda do lote de produtos), a *entrada de dados* e o *processo decisório* (Quadro 6.5).

A integração estaria pautada na busca pelo cumprimento das metas de fornecer ao consumidor produtos de alto valor agregado através do uso apropriado de recursos e da construção de vantagens competitivas à cadeia, o que resultaria em maior desempenho da cadeia.

O desempenho da integração da cadeia estaria relacionado à eficiência ou simetria das relações de interdependência entre os agentes, às *normas de troca*, ou simplesmente *troca*,[12] à confiança e ao conflito entre os agentes (Figura 6.4).

**Quadro 6.5 Fontes e alguns princípios de melhoria da incerteza**

| Fontes de incerteza | Elementos das fontes | Princípios de melhoria |
|---|---|---|
| Horizonte da Previsão de Pedidos | - Tempo de processamento da informação<br>- Tempo de gerenciamento ou de tomada de decisão<br>- Tempo de produção e distribuição<br><br>- Tempos de espera<br>- Período de venda de pedidos | • Usar a Troca Eletrônica de Dados.<br>• Usar sistemas de apoio à decisão, tal como o *Computer Assisted Ordering*, nas vendas de varejo e nos sistemas de planejamento da produção.<br>• Diminuição dos tempos de processo pela criação de processos paralelos, reduzindo tempos de *setup* e tamanhos de lotes e coordenando os processos físicos e administrativos.<br>• Eliminar ou realocar processos.<br>• Coordenar os tempos dos processos, aumentando a frequência e reduzindo o tamanho dos lotes.<br>• Aumentar a frequência dos processos de decisão. |
| Entrada de Dados | - Disponibilidade e transparência da informação<br>- Tempo de processamento da informação<br>- Exatidão dos dados e definições<br><br>- Aplicabilidade dos dados | • Criar novo fluxo de informações dentro e sobre os estágios da cadeia de suprimento (prover informação adicional).<br>• Usar sistemas dinâmicos de gerenciamento em tempo real.<br>• Coordenar as definições de padrões e criar a transparência de informação na cadeia de suprimento.<br>• Usar sistemas de informação para registrar e intercambiar informações.<br>• Diminuir os problemas de interpretação de dados através do fornecimento da informação correta no formato correto. |
| Processo Decisório | - Política de decisão<br><br>- Comportamento humano | • Eliminar ou reprojetar o procedimento de decisão.<br>• Coordenar os procedimentos na cadeia de suprimento.<br>• Eliminar ou reduzir as influências humanas através de um controle central da cadeia ou eliminação do processo de decisão. |

Fonte: Van Der Vorst *et al.* (1998, p. 491).

---

[11]Incerteza: pode ser causada por falta de comunicação adequada, por falta de cooperação e comprometimento dos agentes na parceria e/ou por falha na adaptação de um agente ao outro.

[12]As normas de troca, ou troca, são entendidas como um investimento mútuo dentro da parceria (KEMP e GHAURI, 2001).

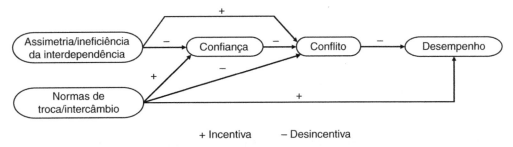

**Figura 6.4** | Fatores de sucesso da integração da cadeia de suprimento. (Fonte: Kemp, Ghauri (2001, p. 104).)

Operar uma cadeia de suprimento integrada requer que esta seja alimentada por fluxos contínuos de informação, com o cliente como foco central de todo o processo (LAMBERT, COOPER, 2000).

Porém, Van der Vorst (1998) e Lambert e Cooper (2000) defendem que, para se conseguir um sistema integrado focado no cliente, é necessário que o processamento da informação seja preciso e realizado no momento certo, com respostas rápidas baseadas na variação de demanda do cliente. Outros tipos de informação, como a de mensuração, devem ser integrados e distribuídos a todos os agentes. Tal tipo de informação diz respeito à utilização de recursos financeiros, custo, tempo, produtividade, características de produção e utilização de ativos. Tais informações devem ser compartilhadas para que a integração da cadeia de suprimento seja viável.

O nível de gestão e integração de um processo de negócio é função do número e nível (baixo ou alto) de componentes agregados às relações entre os agentes.

No Quadro 6.6 são separados os componentes fundamentais para a gestão integrada da cadeia de suprimento, sejam eles técnicos, físicos ou administrativos da gestão. A separação é feita em dois grupos: *componentes físicos e técnicos da gestão* (visíveis, tangíveis, mensuráveis e fáceis de mudar) e *componentes administrativos e comportamentais da gestão* (menos visíveis, menos tangíveis, mais difíceis de serem avaliados e medidos, mais difíceis de serem alterados).

Os componentes fundamentais para a gestão da cadeia de suprimento podem ser vistos como o desdobramento dos conjuntos básicos de ligações entre as atividades de uma rede de produção:

- **Conjunto institucional:** é formado pelas regras que regem as trocas entre os sistemas de produção e os sistemas existentes nos canais de distribuição/fornecimento.

| Quadro 6.6 | Gestão da cadeia de suprimento: componentes fundamentais |
|---|---|
| **Componentes físicos e técnicos da gestão** | **Componentes administrativos e comportamentais da gestão** |
| Planejamento e métodos de controle | Métodos de gestão |
| Estrutura do fluxo/atividade de trabalho | Estruturas de poder e liderança |
| Estrutura organizacional | Estruturas de risco e premiação |
| Estrutura facilitadora do fluxo de informação e comunicação | Cultura e atitude |
| Estrutura facilitadora do fluxo de produtos | |

Fonte: Adaptado de Lambert e Cooper (2000, p. 79).

- **Conjunto tecnológico:** constituído pelos sistemas de produção, ligando recursos e sistemas tecnológicos, segundo i) uma lógica industrial que define a natureza das atividades de produção e de distribuição/fornecimento, ii) o conhecimento da tecnologia do produto, dos métodos de produção e dos recursos trocados entre as empresas.

Fica claro que o sucesso da integração e coordenação de cadeias de suprimento passa pela gestão adequada tanto da dimensão tecnológica quanto da institucional, estando pautado na busca pelos objetivos comuns a todos os agentes que a constituem.

### 6.3.2 A Coordenação com Base na Economia dos Custos de Transação

O controle dos custos de transação não é suficiente para coordenação das interações entre as empresas, e os agentes regem suas interações por meio de convenções estabelecidas com base nos seguintes fatores:

- Construção de confiança e reputação.
- Desenvolvimento de novas habilidades organizacionais para compartilhamento de informação e para aprendizado conjunto para o uso de recursos transformadores.
- Cooperação mútua na definição de objetivos para o compartilhamento de riscos provenientes da variabilidade dos custos, qualidade e quantidade dos produtos; para o desenvolvimento de novos produtos; para a troca de conhecimentos sobre o mercado; para o acesso homogêneo às tecnologias e ao capital.

Outros três fatores influenciam as interações regidas por convenções. Esses fatores são provenientes das normas relacionais, chamadas de *síndrome relacional*. São eles:

- Assistência ou vontade de ajudar o outro membro da relação.
- Supervisão ou ações que as partes envolvidas desenvolvem para que as funções de cada agente sejam realizadas conforme o acordado.
- Expectativas de continuidade ou desejo das partes envolvidas de manter a relação no futuro.

Percebe-se que a teoria das convenções busca explicar as relações de troca entre agentes indo além do escopo da teoria dos custos de transação baseada em trocas transacionais, abordando as trocas relacionais.

As transações discretas puras são manifestadas pela troca de dinheiro por parte de um agente e de mercadoria por parte de um outro agente, não existindo nada mais entre eles antes, durante ou depois da transação. Caracterizam-se por excluírem qualquer elemento a longo prazo e por apresentarem uma comunicação limitada de conteúdo escasso.

Por outro lado, a troca relacional congrega complexas relações contínuas e de longo prazo, nas quais as transações discretas perdem relevância em face da importância do contexto relacional no qual se encontram.

A diferença mais importante entre a troca transacional e a relacional está no fato de que a segunda transcorre ao longo do tempo, de forma que cada transação pode ser examinada a partir de seu histórico e de seu futuro possível.

As diferenças entre ambos os tipos de troca pautadas nos aspectos situacionais estão na duração de suas relações, no número de partes implicadas nas trocas, na importância das promessas e no papel da confiança para a resolução de conflitos.

Já as diferenças pautadas nos aspectos de processo são mais contundentes nas dimensões que se referem aos tipos de relação e comunicação entre os agentes, os mecanismos de regulação do comportamento dos agentes e o tipo de planejamento dos processos das futuras trocas (conjunto ou unilateral). Essas diferenças são reunidas no Quadro 6.7, com a confrontação de características contratuais para transações discretas e trocas relacionais.

## Quadro 6.7 — Diferenças entre as relações transacionais e relacionais

| Elemento contratual | Troca transacional | Troca relacional |
|---|---|---|
| **Características situacionais** | | |
| **Temporalidade da troca** (começo, duração e término) | Começo inequívoco, curta duração e final claro. | O começo segue acordos prévios, a troca é mais longa, refletindo um processo em funcionamento. |
| **Número de partes** (entidades que tomam algum aspecto do processo de troca) | Duas partes. | Frequentemente mais de duas partes implicadas nos processos de administração da relação. |
| *Obrigações* (fontes de conteúdo, fontes de obrigação e especificidade) | As fontes de conteúdo surgem de ofertas e queixas, das obrigações geradas pelas expectativas e dos clientes enquanto imposições externas. | O conteúdo e as fontes de obrigações são promessas feitas na relação junto com costumes e normas legais; as obrigações são individualizadas, detalhadas e administradas dentro da relação. |
| **Expectativas das relações** (conflitos de interesse, perspectiva de união e problemas potenciais) | Cabe esperar conflitos e há pouca união, mas não se esperam problemas futuros, pois acabam com a relação e impedem uma interdependência futura. | Os conflitos de interesse e os futuros problemas são compensados mediante a confiança e os esforços de união. |
| *Relações pessoais* (interação social e comunicação) | Relações pessoais mínimas, predominando a comunicação formal. | Implica importantes satisfações de caráter pessoal, não econômicas, com comunicação formal e informal. |
| **Características do processo de troca** | | |
| **Solidariedade contratual** (regulação do comportamento dos agentes para assegurar os resultados) | Regido por normas sociais, regras, profissionalismo e perspectivas de benefício próprio. | Ênfase nos aspectos legais e na autorregulação; a satisfação psicológica causa ajustes internos aos agentes. |
| **Delegação** (habilidade para transferir ao outro direitos, obrigações e satisfações) | Total delegação; não importa quem cumpre com a obrigação contratual. | Delegação limitada; a troca é muito dependente da identidade das partes. |
| **Cooperação** (unir esforços para o planejamento e a execução) | Não há esforços conjuntos. | Os esforços conjuntos se relacionam com o planejamento e a execução. O ajuste entre as partes é inevitável ao longo do tempo. |
| **Planejamento** (processos e mecanismos para enfrentar mudanças e conflitos) | Concentra-se na substancialidade da troca; o futuro não é antecipado. | Planejam-se os futuros processos de troca dentro dos novos contextos e para satisfazer os objetivos mutáveis; planeja-se com requisitos táticos e explícitos. |
| **Medidas e especificações** (cálculo dos resultados da troca) | Pouca atenção é dada às medidas e especificações; os resultados são óbvios. | Significativa atenção à medida, à especificação e à quantificação de todos os aspectos dos resultados, incluindo questões psicológicas e de benefícios futuros. |
| **Poder** (habilidade para impor a própria vontade a outros agentes) | O poder pode ser exercido, desde que as promessas sejam feitas até quando forem executadas. | Uma maior interdependência incrementa a importância da sensata aplicação de poder. |
| **Divisão dos custos e benefícios** (grau no qual são compartilhados) | Clara divisão de custos em benefícios. | Incluem-se, geralmente, mecanismos de distribuição de custos e benefícios, com ajuste temporal de ambos. |

Fonte: Adaptado de Dwyer, Schurr e Oh (1987).

Também há como diferenciar as relações de troca transacional e relacional, através da análise de alguns fatores tais como natureza temporal, características estratégicas, resultados e princípios éticos[13] (Quadro 6.8).

As formas relacionais de troca, bem como os contratos e os arranjos de fornecimento, são definidas como formas intermediárias entre o mercado e a integração vertical.

Além da Gestão da Cadeia de Suprimento e Economia dos Custos de Transação, outras teorias são relevantes para o entendimento da necessidade de coordenação das relações de troca entre os agentes.

Essas outras teorias são as seguintes:

- **Teoria das relações pessoais** ou da **troca social**: esta teoria postula que as partes mostrarão interesse em manter relações duradouras se o equilíbrio entre seus aspectos positivos e negativos superar as expectativas da relação e de mais alternativas, ou seja, quanto maiores forem as recompensas mútuas e menores os custos envolvidos, melhor será a relação de troca. Além dos aspectos econômicos, os sociais também são importantes, tais como os contatos interpessoais e a estrutura social desenvolvida ao redor do fornecedor e cliente. Os resultados desse tipo de relação dependem de fatores exógenos e endógenos, estando os primeiros relacionados a valores, necessidades, habilidades e predisposições, influindo nas ações que uma parte adota e na avaliação que a outra parte faz dessa ação adotada (a relação somente existirá se houver pre-

### Quadro 6.8 — Características dos tipos de relações de troca

| Elementos da troca | Transacional | Contratual | Relacional |
|---|---|---|---|
| **Dimensão temporal**<br>• Horizonte temporal<br>• Natureza das transações | • Curto prazo<br>• Curta duração. Cada transação tem um início e fim claros | • Médio prazo<br>• Duração mais longa. As transações são ligadas uma nas outras | • Longo prazo<br>• Apresentam a máxima duração. As transações são unidas |
| **Características estratégicas**<br>• Investimento<br>• Custos de Saída<br>• Fim da Troca<br><br>• Ênfase Estratégica | • Pequeno<br>• Baixos<br>• Concreta e de tipo econômico<br><br>• Baixa | • Moderado<br>• Médios<br>• Moderado, com elementos econômicos e sociais, e criação de iniciativas de longo prazo<br>• Moderada | • Grande<br>• Elevados<br>• Amplo, com elementos econômicos e sociais, e criação de iniciativas de longo prazo<br>• Alta |
| **Resultados**<br>• Complexidade<br><br>• Divisão de custos e benefícios | • Simples oferta-demanda<br><br>• Divisão clara | • A complexidade aumenta<br><br>• Compensações e compromissos | • Malha complexa de interdependências funcionais e sociais<br>• Mal definida; feita conforme os objetivos das partes convergem |
| **Importância de princípios**<br>• Éticos<br>• Legais | • Baixa<br>• Alta | • Moderada<br>• Moderada | • Alta<br>• Baixa |

Fonte: Adaptado de Gundlach e Murphy apud Arcas (2001b).

---

[13] Os princípios éticos listados por Gundlach e Murphy (1993) são: confiança, justiça, responsabilidade e compromisso.

disposição à ajuda mútua, similaridade de valores, complementaridade de necessidades); os fatores endógenos referem-se às interferências e efeitos de facilitação dos resultados, estando relacionados ao comportamento incompatível entre as partes envolvidas (interferência) e a melhora dos resultados quando a ação de um agente melhora o resultado (efeito de facilitação dos resultados) do outro agente envolvido na troca.

- **Teoria da agência:** uma relação de troca caracterizada por essa teoria pode ser definida como um contrato pelo qual uma parte, chamada de *principal*, interage com outra parte, chamada de *agente*, para que esta lhe preste algum serviço, o qual supõe delegar algumas decisões ao agente. Para motivar o agente a atuar do modo desejado e reduzir a probabilidade de que se adotem comportamentos oportunistas, o principal pode optar por uma de duas formas de controle: o baseado nos comportamentos e o baseado nos resultados. Na forma de controle baseada nos comportamentos, o principal recolhe informação do agente e o recompensa em função da mesma; no segundo caso, o contrato avalia e recompensa o agente a partir dos resultados que este consiga. Quando a transação envolve riscos associados à qualidade e segurança dos alimentos e o consumidor é o principal, tende-se a optar por contratos baseados nos resultados. No entanto, a teoria da agência analisa qual das duas formas de controle é mais adequada a uma relação de troca baseando-se nas características das partes envolvidas, na incerteza do contexto no qual se realiza a troca, na existente assimetria informacional e na busca pela redução dos custos de transação.[14]

Como teorias complementares, citam-se duas utilizadas pelos pesquisadores de marketing: a teoria do risco percebido e o modelo KMV (*Key Mediating Variables*).

- **Teoria do risco percebido:** o risco percebido abarca dois componentes fundamentais: a incerteza e as consequências adversas. O risco percebido também pode ser entendido como a soma de dois tipos de risco: o risco de categoria do produto (PCR – *Product Category Risk*) é um componente fixo e descreve a percepção do risco, por parte dos consumidores, associado a alguma categoria particular de produto; o outro componente, o risco de produto específico (PSR – *Product Specific Risk*), é um componente variável e diz respeito ao item específico que está sendo considerado pelo consumidor. Uma compra realizada com risco pode ocasionar perdas que se dividem em perdas funcionais, fisiológicas, sociais e monetárias e que também podem ser classificadas em perdas de desempenho, físicas, financeiras, físico-sociais e temporais. O risco percebido e suas consequências podem ser reduzidos com a facilitação de informação aos consumidores. O risco percebido também pode influenciar nas relações interfirmas na medida em que a variação de consumo aumenta ou diminui com a percepção de uma maior ou menor qualidade do produto ofertado. Nesse caso, o risco percebido pode ocasionar dois tipos de perdas para as organizações: financeira e temporal, que podem ser reduzidas a partir de facilitação de informação ao longo da cadeia de suprimento ou elaboração de contratos que penalizem a falta de qualidade do produto;

- **Modelo *Key Mediating Variables* (KMV):** esse modelo estabelece que o compromisso e a confiança são variáveis responsáveis pelo sucesso das relações interfirmas. Segundo os autores, essas variáveis conduzem a comportamentos colaborativos que resultam no incremento da eficiência, produtividade e efetividade, devido ao fato de que 1) estimulam as partes a trabalhar para preservar os investimentos na relação através da

---

[14]Para a teoria dos custos de transação e de acordo com Williamson *apud* Hornibrook e Fearne (2001), a redução dos custos de transação é conseguida por meio da adoção de estruturas de gestão adequadas. A teoria da agência também postula o mesmo princípio, porém a diferença entre ambas as teorias está no fato de que a segunda enfoca o papel dos contratos na tentativa de controlar o comportamento mutável das partes envolvidas durante a relação de troca (THOMPSON *apud* ARCAS, 2000).

+ Incentiva   − Desincentiva

**Figura 6.5** | O modelo *Key Mediating Variables* (KMV). (Fonte: Morgan, Hunt (1994), Arcas (2000) e Arcas, Hernández, Munuera (2001).)

cooperação mútua, 2) fazem com que se resista à aceitação de alternativas de relações de curto prazo diante de alternativas de longo prazo mais vantajosas e 3) permitem praticar ações arriscadas confiando que a outra parte envolvida na transação não atuará de forma oportunista. A Figura 6.5 esquematiza o modelo KMV e as relações entre as variáveis que ele aborda.

Percebe-se, com base nas teorias abordadas, que quanto maiores a variabilidade da demanda e a complexidade do produto a ser elaborado, maior a necessidade de troca de informações ao longo da cadeia de produção.

Essa maior necessidade de troca de informações tem por finalidade reduzir a incerteza, as perdas e os custos de produção, aumentando a competitividade da cadeia com o envolvimento de um maior número de agentes nas etapas de projeto, fabricação e distribuição dos produtos.

Quanto maiores a duração das relações de troca e o número de agentes nelas implicados, quanto maiores a especificidade dos ativos e a incerteza e quanto maior a necessidade da eficiência operacional da cadeia de produção, mais a cadeia tende a assumir uma estrutura de gestão de maior dependência, baseada em trocas relacionais e no maior compartilhamento de informação, conforme dito anteriormente.

Essa evolução se dá a partir das transações puras e evolui à integração vertical, como mostrado no Quadro 6.9, que ainda faz uma comparação entre as estruturas de gestão abordadas pelos autores citados anteriormente.

Entretanto, a coordenação de cadeias de produção é vista como uma estrutura de gestão capaz de proporcionar o gerenciamento integrado das variáveis das relações entre os agentes de uma cadeia de produção, em que a empresa é entendida como o conjunto de empresas inter-relacionadas.

Não chega a ser uma integração vertical, mas se assemelha a uma complexa rede de empresas que aqui, como já mencionado, é chamada de redes de produção.

A coordenação de cadeias de produção pode ser vista como o *gerenciamento integrado* de um conjunto de redes de empresas interdependentes que atuam juntas para agregar valor ao produto final da cadeia. Isso envolve o gerenciamento dos fluxos de produtos, financeiro, de comunicação, de informação e outros que transitam do segmento de insumos ao segmento de consumo final e vice-versa.

A coordenação da cadeia de produção pressupõe que as empresas devam definir suas estratégias competitivas e funcionais a partir de seus posicionamentos (tanto como fornecedores quanto como clientes) dentro das cadeias produtivas nas quais se inserem e alinhadas às estratégias da cadeia.

## 6.4 ENTÃO POR QUE COORDENAR A CADEIA DE PRODUÇÃO, E POR QUE VIA COORDENAÇÃO DA QUALIDADE?

A motivação para coordenação de cadeia, a fim de ganhar vantagem competitiva, se dá em três fases sequenciais:

- **Primeira fase – Eficiência e redução de custos:** o planejamento e a execução de atividades entre os segmentos contribuem para a melhoria na eficiência e a redução de custos homogêneos;
- **Segunda fase – Redução de risco (qualidade, quantidade e segurança do produto):** uma forte coordenação pode ser necessária para se obterem volumes de produção e características específicas de qualidade. Assim, entre os segmentos que procuram reduzir riscos de qualidade, quantidade e segurança do produto, estabelecem-se contratos específicos e até mesmo, dependendo do caso, integração vertical;
- **Terceira fase – Satisfação das necessidades dos consumidores:** a última característica que impulsiona a formação de cadeias coordenadas é a de satisfazer as necessidades dos consumidores, visto que estes estão cada vez mais exigentes quanto à qualidade dos produtos e procuram avaliar se estes estão sendo produzidos conforme o especificado, como no caso de produtos étnicos.

A maior integração dos agentes de uma cadeia de produção, especialmente em direção às atividades desenvolvidas nas etapas iniciais da cadeia, é incentivada quando os fornecedores, especialmente os mais próximos ao segmento de matéria-prima, podem investir em ativos específicos e quando existe alguma matéria-prima com forte influência no custo total do produto; a maior integração também se dá quando da existência de uma forte variedade de demanda e volatilidade dos preços das matérias-primas.

Existem ao menos cinco condições que devem prevalecer para que uma empresa se envolva definitivamente com a cadeia de produção:

- **Custos da operação:** deve existir um equilíbrio entre as economias de produção e os custos da operação produtiva, em que o envolvimento da empresa com a cadeia é incentivado quando as relações de troca entre fornecedor e cliente forem elevadas, as incertezas forem de moderadas a pequenas e a especificidade dos bens for de moderada a elevada.
- **Competência:** as habilidades e os recursos dos fornecedores e clientes devem ser complementares.
- **Competitividade:** tanto o fornecedor quanto o comprador precisam esperar um incremento de suas receitas para poderem se envolver com a cadeia.
- **Relacionamento:** o relacionamento entre fornecedor e cliente deve ser duradouro, baseado na confiança e na obtenção de lucros advindos de seus conhecimentos tácitos.
- **Posição teórica em jogo:** o fornecedor e o comprador, para se envolverem com a cadeia, devem esperar que a estratégia de cadeia de produção lhes proporcione receitas mais elevadas do que se tivessem optado por um comportamento oportunista.

### Quadro 6.9 — Estruturas de gestão para as relações de troca

| Autores | | | |
|---|---|---|---|
| BRICKLEY, SMITH, ZIMMERMAN | BOWERSOX & CLOSS | WEBSTER | |
| Estruturas de gestão das relações de troca | | | Características |
| Mercado | Evento único (*transacional*) | Transação pura | Cada transação é independente de outras, e é unicamente guiada pelo preço estabelecido em dado mercado competitivo, o qual contém toda a informação necessária para que as partes concretizem a troca. |
| Mercado | Canais de distribuição convencionais (*transacional*) | Transação frequente | Implica compras frequentes de bens de consumo de massa e alguns componentes industriais, mas sem que exista um contato direto entre comprador e vendedor. A confiança e a credibilidade, ainda que existentes, são reduzidas e podem ser a base de uma relação. |
| Contrato | Contrato para fornecimento (*neoclássico*) | Relações de longo prazo | Tem um caráter de disputa, em que o cliente enfrenta o fornecedor para conseguir preços mais baixos, uma vez que o cliente procura ter uma ampla lista de fornecedores para aumentar a concorrência, pressionar os preços para baixo e como alternativa para o fornecimento no caso de problemas de entrega ou de qualidade. Existem mais interdependência e cooperação, ainda que na relação permaneçam aspectos competitivos. |
| Integração vertical | Sociedade e alianças (*relacional*) | Associação fornecedor-cliente | Essas relações se baseiam na dependência mútua, na reciprocidade, na confiança e nos compromissos de longo prazo, cuja estabilidade contribui para que as partes compartilhem informação e alcancem objetivos de crescimento elevado a longo prazo. |
| Integração vertical | *Joint Venture* (relacional) | Aliança estratégica | Supõe a criação de uma nova entidade na qual os sócios colaboram e compartilham recursos para alcançar objetivos comuns de longo prazo e de caráter estratégico. |
| Integração vertical | *Joint Venture* (relacional) | Redes de empresas | As redes são organizações complexas formadas de múltiplas alianças estratégicas e associações, baseadas na especialização e coordenação de funções. |
| Integração vertical | ----- | Integração vertical | É o extremo oposto da transação pura realizada no mercado, de forma que as trocas se internalizam numa hierarquia vertical. |

Fonte: Elaboração própria, a partir de Webster (1992), Zylbersztajn (2000), Brickley, Smith e Zimmerman, apud Zylbersztajn (2000), e Bowersox e Closs apud Assumpção (2002).

A coordenação estabelece uma integração entre todos os segmentos da cadeia de produção, permitindo a garantia de padrões de qualidade ao longo de todo o sistema, promovendo melhorias em todos os elos. Ou seja, para esse autor a garantia da qualidade é um resultado da coordenação.

Para a maioria das empresas hoje, não é suficiente apenas otimizar as estruturas e infra-estruturas internas baseadas em estratégias de negócios.

A grande parte das empresas bem-sucedidas é formada por aquelas que têm cuidadosamente estabelecido ligações dos seus processos internos com os fornecedores e clientes externos, considerando uma única cadeia de suprimento.

Quanto mais amplo o grau de integração na cadeia de produção, melhores tendem a ser seus índices de desempenho, reduzindo os custos de produção, a incerteza do ambiente de negócios e as perdas tanto financeiras e temporais quanto as perdas materiais ao longo da cadeia.

Quando as empresas se integram e agem como uma entidade única, há um aumento de desempenho ao longo de toda a cadeia. Outras vantagens da integração são apontadas pela prática da *quase integração vertical*[15] e que poderiam, até certo ponto, ser estendidas ao conceito de coordenação de cadeias:

a) diminui os gastos em marketing;

b) estabiliza as operações;

c) garante o fornecimento de materiais e serviços;

d) melhora o controle sobre a distribuição de produtos;

e) solidifica o controle da qualidade;

f) incentiva a revisão da produção e as políticas de distribuição;

g) melhora o controle sobre inventários;

h) incrementa as margens de lucro ou a habilidade para colocar preços baixos ao produto final.

Assim, pode-se dizer que o aumento da competitividade de uma cadeia de produção pode ser realizado com a coordenação de suas atividades, ou seja, controlando de forma eficiente as variáveis de produção referentes às quantidades produzidas, os custos, os prazos de produção e de distribuição dos produtos ao mercado e a qualidade do produto.

Tais variáveis, como visto anteriormente, podem ser controladas eficazmente adotando-se sistemas de gestão baseados na qualidade total.

Com relação aos custos de produção, estes crescem, especialmente os custos de transação neles envolvidos, na medida em que a incerteza no ambiente de negócio, causada pela variabilidade dos atributos de qualidade dos produtos, também cresce.

A adoção de sistemas de gestão da qualidade e a garantia da qualidade dos produtos elaborados pela cadeia podem reduzir os custos de transação na medida em que diminuem a incerteza causada pela variabilidade da qualidade e diminuem a assimetria de informação existente entre fornecedor-cliente e entre o conjunto de segmentos produtores e o segmento consumidor, contribuindo definitivamente para o incremento da competitividade da cadeia de produção, na medida em que melhor satisfazem as necessidades dos consumidores finais enquanto foco principal de suas atividades.

---

[15]Firmas em *quase integração vertical* são agentes cuja unidade de negócio avança sobre estágios sucessivos de processamento ou distribuição com o intuito de adquirir as vantagens da integração vertical, sem, contudo, assumir os riscos ou a rigidez oriundos do fator propriedade (BLOIS, 1971). Apesar de ser um conceito distinto ao conceito de coordenação, as vantagens adquiridas com a integração vertical parecem ser, com base em trabalhos de diferentes autores, congruentes com as vantagens observadas em cadeias coordenadas de produção.

## 6.4.1 Definição de Coordenação da Qualidade e Sua Importância para o Incremento da Competitividade de Cadeias de Produção

Há três fatores fundamentais que desestimulam a implementação de uma estratégia de cadeia de suprimento, como seria a coordenação de uma cadeia de produção:

- **Falta de confiança:** como visto anteriormente, a falta de confiança entre os agentes desestimula a colaboração entre eles e incrementa a incerteza no ambiente de negócios. A falta de confiança é causada, essencialmente, pela possibilidade de os agentes optarem por comportamentos oportunistas, pela falha na comunicação e pela diferença cultural e de valores existente entre as organizações envolvidas nas relações de troca;

- **Assimetria de poder:** também como visto anteriormente, a concentração de poder na cadeia de produção pode ser um obstáculo à sua coordenação. A assimetria de poder ao longo da cadeia pode estar relacionada a uma distribuição desigual de informações, incentivos, punições ou acesso desigual às fontes de poder;

- **Heterogeneidade cultural:** este fator está relacionado diretamente ao primeiro fator, falta de confiança. Se o fornecedor e o cliente não compartilharem uma linguagem de comunicação básica e normas e valores básicos para modelarem o relacionamento, estabelecerem contratos, monitorá-los e resolverem os conflitos, então a estratégia dessa cadeia poderá ser inibida ou mesmo sequer vir a existir.

A adoção de sistemas padronizados da qualidade pode inibir os fatores mencionados anteriormente ou, ao menos, minimizar seus efeitos. A adoção de padrões de qualidade pela cadeia pode reduzir o ambiente de incerteza com a minimização da variabilidade da qualidade do produto e com a minimização da assimetria informacional entre fornecedor-cliente e destes com o consumidor final.

O requisito básico para se estabelecer uma boa gestão da qualidade na cadeia é o uso de um sistema de informações que digam respeito ao fluxo de informações em relação a: características de produção, características de qualidade, controle de produto e de processo e suporte a atividades de melhoria dentro da cadeia. Existem, em princípio, duas abordagens para o fluxo de informações dentro da cadeia.

A primeira, a abordagem centralizada, ocorre quando o fluxo de informações e as regras de comunicação são coordenados por meio de uma instituição central na cadeia de suprimentos. O fluxo de informação pode também ser gerenciado por um dos segmentos participantes da cadeia, uma abordagem comum em setores com grandes diferenças de poder de mercado (poder de barganha) entre as empresas na cadeia. A outra abordagem é a descentralizada, na qual o fluxo de informações se baseia em consensos estabelecidos entre as empresas individuais.

O processo de coordenação da cadeia de suprimento envolve dois níveis de intensidade dessa coordenação:

- No primeiro nível, as empresas individuais recebem orientação para as melhorias potenciais dos processos, ou de fases dos mesmos, internos à empresa, orientadas para os objetivos da cadeia.

- O segundo nível considera as interdependências entre as características dos processos e das atividades de tomada de decisões no nível das empresas, em relação a uma estrutura organizacional de processo considerada ótima para a cadeia. Tais estruturas ótimas podem resultar de 1) uma união de esforços planejados de todos os participantes da cadeia (abordagem centralizada) ou de 2) um processo de adaptação entre empresas mutuamente dependentes com autoridade de decisão própria (abordagem descentralizada).

Coordenar a qualidade em uma cadeia produtiva implica um agente coordenador fornecer aos segmentos da cadeia e receber destes informações referentes aos requisitos exigidos da qualidade do produto e da gestão da qualidade e ao grau de atendimento desses requisitos em cada agente e na cadeia inteira.

Os requisitos para a qualidade do produto constituem um conjunto formado por requisitos do mercado e do ambiente institucional, ou seja: de mercado ou do cliente/consumidor, legais, de padrões próprios da empresa, de entidades de classe e da sociedade.

Os requisitos do mercado consistem nos desejos e expectativas em relação a um determinado produto a ser entregue ou serviço a ser prestado por um fornecedor.

Os requisitos da sociedade consistem no conjunto de normas, regulamentos, códigos, procedimentos, fatores de saúde, de segurança, do meio ambiente e de conservação de energia, formalizados por legislação ou praticados como valores socioculturais.

Pode-se entender por requisitos legais todo o conjunto de normas, regulamentos, códigos e procedimentos formalizados por legislação e que podem influenciar ou definir as características da qualidade de um produto.

Os requisitos da empresa, e de entidades representativas do setor, expressam as necessidades ou prioridades das mesmas, explicitadas em termos quantitativos ou qualitativos, objetivando definir características que o produto deve conter, alinhadas às estratégias competitivas e de imagem da empresa e da cadeia.

A cadeia produtiva pode atingir um grau mais elevado de competitividade com a coordenação da qualidade ao longo de suas operações, desde que todos os segmentos busquem satisfazer de forma integrada os requisitos da qualidade do produto, sejam os atributos intrínsecos aos produtos, bem como os atributos dos meios de produção. A primeira vez que se divulgou internacionalmente o conceito de coordenação da qualidade, conforme descrita a seguir, foi em Borrás e Toledo (2003).

Entende-se por coordenação da qualidade em cadeias produtivas um conjunto de atividades planejadas e controladas por um agente coordenador, com a finalidade de aprimorar a gestão da qualidade na cadeia e garantir a qualidade dos produtos, por meio de um processo de transação das informações, contribuindo para a melhoria da satisfação dos clientes e para a redução dos custos e das perdas em todas as etapas da cadeia.

Planejar, controlar e aprimorar a gestão da qualidade têm o sentido dos conceitos da Trilogia da Qualidade de Juran, em que planejamento da qualidade consiste em planejar atividades com o objetivo de criar um processo capaz de produzir produtos que satisfaçam os consumidores; controle da qualidade consiste em controlar processos e atividades com o objetivo de avaliar o desempenho real da qualidade e agir caso haja um desvio; e aprimoramento da qualidade é o conjunto de atividades que têm como objetivo melhorar a qualidade dos produtos e processos.

O processo de transação das informações pode ser definido como a aquisição, gestão e distribuição das informações em toda a cadeia de produção.

Especificamente para coordenar a qualidade, as informações transacionadas dizem respeito aos requisitos da qualidade do produto e da gestão da qualidade e ao desempenho em qualidade da cadeia.

A presença de um agente coordenador tem a finalidade de fazer com que as informações relacionadas à qualidade de produto e à gestão da qualidade sejam identificadas, transmitidas e controladas ao longo da cadeia.

O agente coordenador torna-se fundamental para promover o desenvolvimento da coordenação da cadeia.

As estruturas de gestão das cadeias são construídas com o objetivo de incentivar e controlar os agentes que atuam na cadeia. Entretanto, além de uma estrutura de gestão adequada, é de fundamental importância que o agente coordenador disponha de um método que o auxilie na tarefa de gerenciamento da qualidade ao longo da cadeia.

Alguns dos resultados que podem ser alcançados com a garantia da qualidade numa cadeia de produção: aumento da probabilidade de fornecer produtos de qualidade através de monitoramento, ação corretiva e melhoria contínua; habilidade de responder e controlar situações de emergência; habilidade para responder a requisitos de órgãos públicos e de consumidores; aumento da confiança do consumidor em toda a cadeia; adição de valor ao produto e redução de custos nas etapas produtivas da cadeia.

Finalmente, para se atingir os resultados listados anteriormente, práticas para coordenação da qualidade podem ser adotadas por uma empresa *a jusante* na cadeia de produção (sentido fornecedor-cliente) e *a montante* (sentido cliente-fornecedor). Algumas práticas de coordenação da qualidade no sentido indústria-fornecedor podem ser:

a) Relações de parceria entre a indústria e seus fornecedores, para garantia da qualidade na cadeia.

b) Incentivos e ações fornecidos pela indústria para melhorar a qualidade dos produtos recebidos dos fornecedores, tais como: investimentos em treinamento, assistência técnica, ações conjuntas de melhoria, pagamento por qualidade, financiamentos de recursos de produção, prestação de serviços etc.

c) Envolvimento do fornecedor no processo de desenvolvimento de novos produtos.

d) Adoção compartilhada de sistemáticas de gestão da qualidade para garantir a consistência na padronização dos produtos.

e) Diagnóstico conjunto da qualidade (auditorias da qualidade realizadas no fornecedor).

f) Elaboração conjunta de planos de ações de melhorias.

g) Acompanhamento das melhorias implantadas.

h) Medição e análise de indicadores de desempenho em qualidade (redução de custos de falhas e de refugos, melhoria na qualidade do produto e na satisfação dos clientes, redução de não conformidades etc.).

Já as práticas de coordenação da qualidade no sentido indústria-distribuidor/consumidor podem ser:

a) Ações de exigências e orientações para preservação da qualidade do produto final, tais como treinamentos visando assegurar a forma adequada de manuseio, armazenagem, transporte e exposição do produto final.

b) Incentivos fornecidos pela indústria para o distribuidor em termos de desconto nos preços, melhores prazos de pagamento, tratamento preferencial etc., em função da preservação da qualidade do produto.

c) Obtenção da realimentação de informações dos clientes com relação à qualidade do produto e dos serviços oferecidos.

d) Premiação por serviços prestados pelo distribuidor.

e) Levantamento e formulação das necessidades específicas dos clientes.

f) Envolvimento do cliente no processo de desenvolvimento de novos produtos.

g) Adoção compartilhada de práticas de gestão da qualidade para garantir a consistência na padronização dos produtos.

h) Diagnóstico conjunto da qualidade (auditorias realizadas nos distribuidores e varejistas).

i) Elaboração conjunta de planos de ações de melhorias.

j) Acompanhamento das melhorias realizadas.

k) Medição das melhorias por meio de indicadores de desempenho (sobre preservação da qualidade, perdas etc.).

Essas práticas, para serem adotadas pelos agentes da cadeia, devem estar alinhadas com as estratégias competitivas e com as prioridades da empresa e da cadeia. Isso requer a presença de uma infraestrutura adequada, tal como de integração e de tecnologia de informação, e o compartilhamento de objetivos gerais da cadeia.

A importância da gestão da qualidade para a coordenação de cadeias é constatada pelo surgimento de muitos trabalhos que tratam a gestão da qualidade como caminho viável para a coordenação da cadeia de produção.

Há alguns anos que se vem percebendo claramente a preocupação do consumidor com todas as etapas de produção executadas ao longo da cadeia de produção, preocupando-se com a qualidade relativa ao produto em si e também com seu processo de fabricação. Exemplo disso é o mostrado no Quadro 6.10, para os produtos alimentícios frescos.

Eis alguns dos resultados que podem ser alcançados com a coordenação da qualidade numa cadeia de produção:

a) Aumento da probabilidade de fornecer produtos de qualidade por monitoramento, ação corretiva e melhoria contínua.

b) Incremento da habilidade de responder e controlar situações de emergência.

c) Incremento da habilidade para responder a requisitos de órgãos públicos e de consumidores.

d) Aumento da confiança do consumidor com relação a toda a cadeia.

e) Adição de valor ao produto.

f) Redução de custos totais da produção nos segmentos da cadeia.

A seguir, são apresentados a Estrutura para Coordenação da Qualidade (ECQ) e o Método para Coordenação da Qualidade (MCQ), desenvolvidos pelos professores doutores Miguel

**Quadro 6.10 — Principais fatores que afetam a compra dos consumidores**

| Pontos críticos na cadeia Agroalimentar segundo a percepção dos consumidores | Principais fatores de segurança dos alimentos que influenciam a compra de produtos alimentícios |
|---|---|
| **I - Nível primário (produção agropecuária)**<br>1. Uso de hormônios para engorda de gado<br>2. Uso de antibióticos no gado<br>3. Uso de pesticidas e herbicidas<br>4. Composição e utilização de ração | **A – Produtos frescos**<br>1. Boa aparência<br>2. Higiene do estabelecimento de venda<br>3. Preço<br>4. Não utilização de corantes e conservantes<br>5. Marca conhecida<br>6. Rótulo completo<br>7. Categoria comercial "Extra"<br>8. Embalagem do produto |
| **II - Nível secundário (distribuição/serviços)**<br>1. Manipulação e preparação de refeições<br>2. Higiene dos estabelecimentos<br>3. Higiene nos processos de fabricação<br>4. Quebra da cadeia de frio<br>5. Armazenagem de produtos | **B – Produtos industrializados (embalados)**<br>1. Marca conhecida<br>2. Embalagem do produto<br>3. Rótulo completo<br>4. Preço<br>5. Não utilização de corantes e conservantes<br>6. Higiene do estabelecimento de venda<br>7. Boa aparência<br>8. Confiança no estabelecimento de venda<br>9. Categoria comercial "Extra" |

Fonte: Adaptado de Romero e Prieto (2001, p. 129).

Ángel Aires Borrás e José Carlos de Toledo dos cursos de Engenharia de Produção de Sorocaba e de São Carlos da Universidade Federal de São Carlos (UFSCar), e que pretendem auxiliar o agente coordenador na busca pela garantia e melhora da qualidade dos produtos ao longo da cadeia de produção e pela diminuição da assimetria informacional entre os agentes e destes com o consumidor.

As figuras apresentadas neste capítulo foram montadas considerando uma cadeia de produção agroalimentar como exemplo, para a melhor visualização da lógica da ECQ e do MCQ.

## 6.5 A ESTRUTURA, O MÉTODO E O AGENTE PARA COORDENAÇÃO DA QUALIDADE DE CADEIAS DE PRODUÇÃO

A Estrutura para Coordenação da Qualidade (ECQ) apresenta as funções básicas de:

- Identificar e desdobrar os requisitos da qualidade do produto, para satisfazer a qualidade demandada pelo mercado e pelo ambiente institucional.
- Definir, implementar e controlar processos de melhoria da qualidade do produto e de gestão da qualidade.

São quatro os elementos que formam a ECQ (Figura 6.6):

1) A cadeia de produção (CP), seus segmentos e agentes.
2) Os requisitos da qualidade do produto e da gestão da qualidade.
3) O Método para Coordenação da Qualidade (MCQ).
4) O agente coordenador.

Em seguida são caracterizados os elementos constituintes da ECQ listados anteriormente e cuja inter-relação é mostrada na Figura 6.6.

### 6.5.1 Requisitos da Qualidade do Produto e da Gestão da Qualidade

O não atendimento aos requisitos da qualidade do produto (RQP) e da gestão da qualidade (RGQ) pode resultar em perda de competitividade da cadeia, uma vez que o seu produto

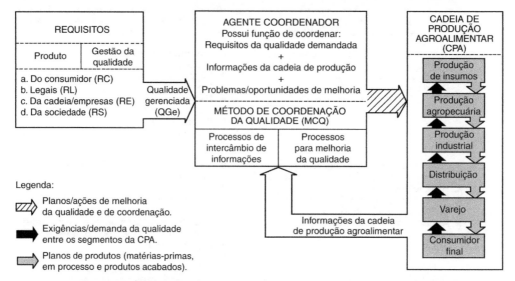

**Figura 6.6** | Elementos da estrutura para coordenação da qualidade (ECQ).

não estaria atendendo da melhor maneira possível o que é exigido pelo mercado, incentivando-o a procurar produtos de outra CP. Garantir que os requisitos sejam atendidos é o principal objetivo da ECQ/MCQ.

Os RQP podem ser traduzidos como o conjunto de requisitos válidos para o produto, ou seja, padrões de qualidade do produto que, ao serem atendidos, seriam capazes de satisfazer ao máximo as necessidades e expectativas dos agentes, das regulamentações e do consumidor final.

Já os RGQ podem ser descritos como o conjunto de requisitos necessários para planejar, executar e controlar atividades que buscam garantir que os projetos, processos, produtos e serviços elaborados pela CP satisfaçam, ao máximo, as necessidades e expectativas do consumidor final e de seus próprios agentes.

Os RGQ dizem respeito às práticas que os agentes da CP podem adotar, tais como Identificação e Rastreabilidade de produtos, Boas Práticas de Fabricação etc. Por sua vez, a Qualidade Demandada (QDe), ponto de partida para a aplicação da ECQ/MCQ, é composta por Requisitos Legais (RL), Requisitos do Consumidor (RC), Requisitos da Cadeia/Empresas (RE) e Requisitos da Sociedade (RS), cujas definições são mostradas no Quadro 6.11.

**Quadro 6.11 Tipos de requisitos da qualidade**

| Requisitos da qualidade | Definição |
| --- | --- |
| Requisitos legais (RL) | Conjunto de normas, regulamentos, códigos e procedimentos formalizados por legislação e que podem influenciar ou definir as características da qualidade de um produto. |
| Requisitos do consumidor (RC) | Consistem nos desejos e expectativas em relação a um determinado produto a ser entregue ou serviço a ser prestado por um fornecedor. |
| Requisitos da cadeia/empresas (RE) | Expressam as necessidades ou prioridades das cadeias/empresas, explicitadas em termos quantitativos ou qualitativos, objetivando definir características que o produto deve conter, alinhadas às estratégias competitivas e de imagem da empresa e da cadeia. |
| Requisitos da sociedade (RS) | Conjunto de normas, regulamentos, códigos, procedimentos, fatores de saúde, de segurança, do meio ambiente e de conservação de energia, formalizados por legislação ou praticados como valores socioculturais. |

A QDe deve refletir os aspectos contratuais e mercadológicos internos e externos à cadeia, abrangendo as necessidades e as expectativas explícitas e implícitas dos consumidores finais, clientes e ambiente institucional.

### 6.5.2 O Método para Coordenação da Qualidade (MCQ)

O instrumento que auxilia no processo de coordenação da qualidade é denominado Método para Coordenação da Qualidade (MCQ), e é capaz de:

a) coordenar o fluxo de receber, armazenar e enviar informações entre os agentes da CP e o agente coordenador;

b) receber e armazenar informações do ambiente institucional;

c) tratar as informações recebidas e gerar diagnóstico a respeito da qualidade de produto e de processo praticada pela CP;

d) disponibilizar informações que possibilitem a tomada de decisões do agente coordenador;
e) capacitar o agente coordenador para a elaboração de planos de ação e controle destes quando implantados junto aos agentes da CP;
f) proporcionar visão holística das ações tomadas pelos agentes da CP quanto às práticas de gestão da qualidade.

Em outras palavras, o MCQ busca auxiliar o agente coordenador a organizar, processar e analisar informações sobre a qualidade dos produtos e sobre a gestão da qualidade praticada pelos agentes dos segmentos da cadeia e estabelecer um fluxo de informações entre o agente coordenador e as empresas, com o intuito de possibilitar um ciclo contínuo de melhoria. O MCQ proposto é formado por oito módulos:

O **módulo 1** tem por principal função identificar e agregar os requisitos da sociedade (RS), legais (RL), do consumidor (RC), da cadeia de produção e empresas que a compõem (RE) e transformá-los em uma "lista" de requisitos demandados. A essa lista é dado o nome Qualidade Demandada (QDe).

No caso dos requisitos contraditórios, a lógica do desdobramento por meio da ferramenta QFD (*Quality Function Deployment*) possibilita eliminar tais contradições na medida em que impede a continuidade daquele que agrega menos valor ao produto ou na medida em que força o encontro de um terceiro requisito que seja o meio-termo entre os outros dois.

Há que se obedecer uma escala de prioridades para fazer tal filtragem. Se houver duplicidade entre um RL e um RE, por exemplo, deve-se eliminar o RE, pois o RL é de cumprimento obrigatório. Em outras palavras, deve-se eliminar o requisito de menor prioridade que obedece a seguinte ordem decrescente de prioridade: Requisito Legal (RL), Requisito do Consumidor (RC), Requisito da Empresa (RE) e Requisito da Sociedade (RS).

Observa-se que tal ordenamento por prioridades dos requisitos tem validade nos dias atuais e num futuro de médio prazo. A maior exigência dos clientes, o incremento do rigor da legislação no que tange ao comércio nacional e internacional, a maior preocupação com o meio ambiente e o acirramento da competitividade farão com que todos os requisitos estejam num mesmo patamar de prioridade, tornando a gestão dos mesmos ainda mais complexa.

Além disso, também é função desse módulo verificar se existem requisitos conflitantes ou se um engloba algum outro. No caso de requisitos idênticos, elimina-se a duplicidade, e em caso de requisitos que abrangem outros mantém-se o mais abrangente. Dos requisitos dessa lista, definem-se quais são os requisitos mais significativos ou as características-chave que serão objetos de coordenação e que, assim, deverão ser desdobrados no módulo 2.

As características-chave ou significativas do produto são tópicos funcionalmente importantes, características de engenharia, críticos para a função e para a qualidade. São requisitos que apresentam um impacto significativo no custo, desempenho e segurança do produto final, e somente tais requisitos-chave serão enviados ao módulo de desdobramento da qualidade, no MCQ. A lista desses requisitos-chave dá origem ao *requisito da qualidade*, ou qualidade demandada (QDe).

Por fim, é também nesse módulo que são medidos os indicadores de desempenho da CP, para posterior reavaliação no módulo 8. A base tecnológica desse módulo seria composta de ferramentas e métodos para pesquisa de mercado, além de mecanismos para obtenção e organização de dados gerenciais.

Em resumo, o módulo 1 do MCQ é composto, basicamente, por bancos de dados, e seu funcionamento se resumiria a três fases: coleta de dados e informações junto às fontes de informação, filtragem e envio das QDe ao módulo 2 do MCQ.

O **módulo 2** é executado em duas etapas. A primeira tem a função de desdobrar a QDe nos requisitos de qualidade de produto (RQP) e da gestão da qualidade (RGQ). Em outras palavras, significa identificar os "o quês" a serem buscados pela CP e "como" esses "o quês" devem ser alcançados e gerenciados. A segunda etapa desse módulo tem a função de identificar e armazenar em diferentes bancos de dados os "o quês" e "comos" a serem empregados em cada segmento da CP e que foram gerados na etapa 1. Uma ferramenta a ser utilizada nesse módulo é o Desdobramento da Função Qualidade, ou *Quality Function Deployment* (QFD). Busca-se que o resultado do módulo 2, conjunto de "o quês" e de "comos" fundamentais, seja comunicado a cada segmento responsável por cumpri-los.

O **módulo 3** consiste num "módulo de ajuste" que tem como função eliminar incompatibilidades entre os "o quês" e "comos" identificados no módulo anterior. Após o envio do resultado do módulo 2 para os segmentos da cadeia de produção, estes devem avaliá-los e indicar quais os válidos e aqueles que não são factíveis de realização, seja por problemas financeiros, técnicos, de pessoal etc. Se necessário, os segmentos da CP podem modificar ou acrescentar os "o quês" e "comos" que forem necessários.

A eliminação ou acréscimo de certos "o quês" e "comos", por um determinado segmento da CP, pode causar problemas de conformidade para um segmento anterior ou posterior a esse. Logo, é função do **módulo 3** indicar os conflitos ao agente coordenador e auxiliá-lo nos contatos com as empresas dos segmentos envolvidos, em busca de um acordo. Após o ajuste, os resultados são enviados aos segmentos responsáveis por cada conjunto de "o quês" e "comos" para nova avaliação, repetindo-se esse processo até se conseguir um conjunto ajustado de "o quês" e "comos" ao longo da cadeia.

Portanto, o resultado do módulo 3 indica qual deve ser o "caminho correto" para satisfazer a QDe, ou seja, indica **o que** deve ser buscado e **como** isso pode ser alcançado pelas empresas de cada segmento da CP.

No entanto, esse "caminho correto" já pode estar sendo praticado ao longo da cadeia. Cabe, então, ao **módulo 4** verificar se os requisitos de qualidade de produto e de gestão da qualidade, já utilizados por cada segmento da cadeia de produção, correspondem ao "caminho correto" indicado pelo módulo 3. Essa verificação é realizada confrontando as características de produto e de gestão que seriam ideais e indicadas pelo MCQ com as características equivalentes, que estão sendo praticadas no momento pelas empresas da CP.

No caso de alguma característica, na prática, apresentar diferença em relação ao ideal, indicaria a existência de um desvio, ou de requisito de produto ou de gestão da qualidade. Tanto o módulo 3 quanto o módulo 4 são constituídos basicamente por bancos de dados, e, nessas etapas, o agente coordenador e as empresas da CP exerceriam uma importante e fundamental função de análise e geração de dados e informações.

O **módulo 5** tem por função "listar" os desvios identificados no módulo 4, identificar suas causas e os segmentos responsáveis por elas e avaliar os itens de verificação e de controle das etapas críticas de produção para cada segmento da CP. Após essa medição, passa-se à informação gerada ao módulo 6 (Figura 6.7).

O módulo 5 é constituído por bancos de dados e faz uso de ferramentas da qualidade como os diagramas de Causa e Efeito, de Relações e de Afinidades.

O **módulo 6** tem por função analisar as causas dos desvios identificados no módulo 4 e listados no módulo 5 e propor planos de ação para a eliminação de tais desvios e de suas causas. Essa análise e geração de planos de melhoria são feitas a partir do uso de métodos e ferramentas da qualidade, aplicados junto aos segmentos causadores dos desvios.

Já o **módulo 7** tem por função comunicar os resultados do módulo 6 aos segmentos da CP, além de executar as funções de controle da implantação dos planos de melhoria da qualidade, pelos segmentos da cadeia envolvidos (Figura 6.8).

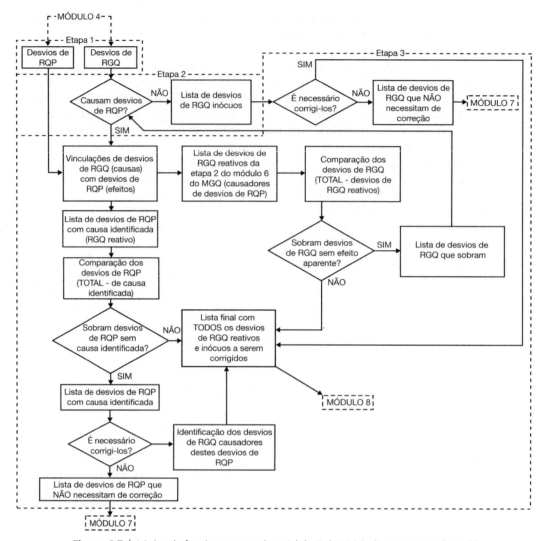

**Figura 6.7** | Lógica de funcionamento do módulo 5 do MCQ. (Fonte: Borrás (2005).)

A avaliação da eficácia dos planos de ação é feita com nova medição dos índices de desempenho da cadeia e de sua confrontação com a primeira medição realizada durante execução do módulo 1, para corroborar os planos propostos ou para transformá-los em processos operacionais padrão.

Se durante tal avaliação forem observadas anomalias, ou seja, variabilidade indesejável nos índices de desempenho da CP, deve-se identificar quais são as possíveis causas responsáveis por essa variabilidade, reiniciando a aplicação dos módulos 6 a 7. Para isso poderia ser utilizado o método PDCA/MASP de análise e solução de problemas.

Finalmente, é função do **módulo 8** a autoavaliação do próprio método de coordenação. Periodicamente, indicadores de desempenho definidos para o MCQ são medidos, sendo passíveis de aprovação ou não. Se houver a plena aprovação de tais fatores, ou seja, se para todos os fatores a resposta for "sim", o MCQ segue sendo utilizado normalmente, caso con-

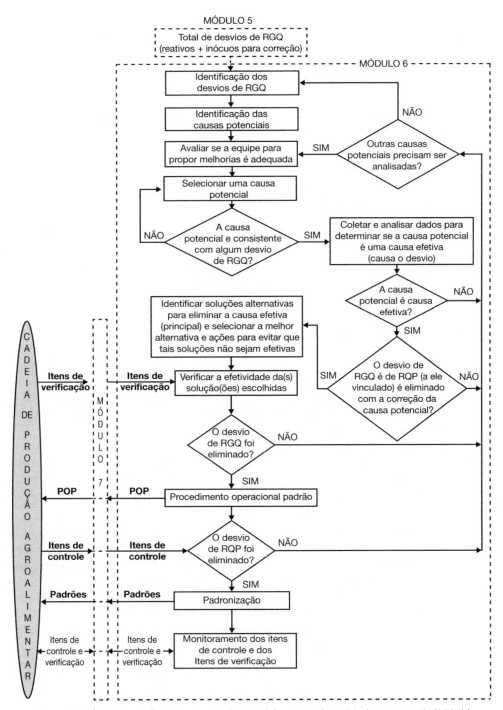

**Figura 6.8** | Lógica de funcionamento dos módulos 6 e 7 do MCQ. (Fonte: Borrás (2005).)

trário, o MCQ é analisado, buscando descobrir as falhas que devem ser sanadas, de modo que o método seja aperfeiçoado até atingir a plenitude de aprovação em sua autoavaliação.

Os módulos do MCQ podem ser classificados como executores de Processos de Intercâmbio de Informações (PII) ou como executores de Processos para Melhoria da Qualidade (PMQ). Os PII, que são os módulos 2 e 7 do MCQ, têm a função principal de estabelecer o intercâmbio contínuo de informações entre o agente coordenador e os agentes dos segmentos da CP. Tais módulos capturam, transformam e transmitem dados e informações entre todos os elementos constituintes da ECQ.

Os demais módulos do MCQ, ou seja, os módulos 2 a 6 e o módulo 8, têm a função de servir como instrumentos de apoio para que o agente coordenador e os agentes da CP possam analisar e utilizar as informações intercambiadas entre os elementos da ECQ.

Esse intercâmbio de dados e informações permite a geração de planos de ações para melhoria da qualidade do produto e de gestão da qualidade a serem implementados pelos agentes da CP e controlados por eles e pelo agente coordenador, tendo a finalidade de reduzir perdas e custos de produção, garantir a qualidade do produto final e incrementar a competitividade de toda a cadeia produtiva.

A composição dos recursos tecnológicos (programas computacionais, bancos de dados, sistemas de informação gerenciais etc.) do MCQ pouco varia de um módulo para outro, mas o grau de utilização desses recursos determina a diferença entre quais seriam os componentes tecnológicos fundamentais para os módulos executores dos PII e para os executores dos PMQ.

### 6.5.3 O Agente Coordenador: Estrutura e Funções

Na Estrutura para Coordenação da Qualidade (ECQ), o agente coordenador poderia ser: uma empresa de um segmento da própria cadeia, um grupo de profissionais constituído por representantes de cada segmento da CP, uma empresa independente organizada e contratada para exercer tal função, uma instituição governamental ou uma associação representativa da cadeia de produção em questão.

Como o Método para Coordenação da Qualidade (MCQ) é um instrumento de apoio à função de gerenciamento do agente coordenador, cabe a ressalva de que é fundamental a definição de uma adequada estrutura de governança para o agente coordenador, para que se consiga integrar o MCQ, o agente coordenador e a CP. As funções do agente coordenador podem ser descritas como:

- **Gerenciamento do sistema de informações:** espera-se que o agente coordenador gerencie o sistema de informações no que tange a: 1) Requisitos da Qualidade do Produto (RQP) final; 2) Requisitos da Qualidade do Produto para cada segmento da cadeia de produção; 3) Requisitos de Gestão da Qualidade; 4) Situação atual do atendimento dos RQP; 5) Situação atual da aplicação das práticas de Gestão da Qualidade; e 6) Indicadores de desempenho da cadeia e de cada segmento.

- **Identificação e comunicação de problemas e oportunidades de melhoria:** o agente coordenador, com base nas informações que gerencia (vide anteriormente), deve identificar a ocorrência de desvios (problemas) e, além disso, deve identificar oportunidades de melhoria. Mas não basta identificá-los, é fundamental compartilhar isso com todos os segmentos da cadeia, de modo a sinalizar para cada um deles onde há problemas e onde há possibilidade de investir em melhorias.

- **Análise de problemas e soluções:** espera-se que o agente coordenador organize reuniões periódicas com os representantes de cada segmento da cadeia de produção, nas quais, a partir da priorização e do detalhamento dos problemas identificados, são

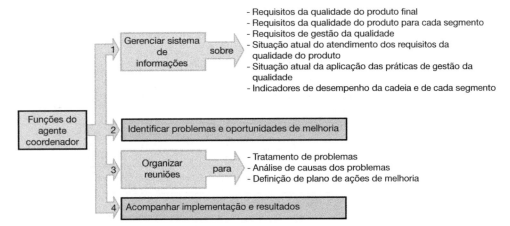

**Figura 6.9** | Ações do agente coordenador na ECQ. (Fonte: Borrás (2005).)

analisadas as causas fundamentais dos problemas e também são planejadas, em conjunto, ações de melhoria tanto para atuar nessas causas, buscando as soluções de tais problemas, como para aproveitar as oportunidades de melhoria levantadas.

- **Acompanhamentos:** mais do que simplesmente propor ações de melhoria, é fundamental que estas sejam efetivamente implantadas e acompanhadas.

Assim, é preciso que o agente coordenador viabilize meios de acompanhar a implantação das ações propostas, verificando se os resultados esperados estão sendo obtidos e, também, se tais ações não estão causando efeitos colaterais nas empresas dos segmentos ou em toda a cadeia de produção. A Figura 6.9 resume as funções que o agente coordenador desempenharia na estrutura para coordenação proposta.

A seguir apresenta-se uma descrição do Procedimento de Implantação da ECQ/MCQ (PIEM).

## 6.6 ATIVIDADES PARA IMPLANTAÇÃO DA ECQ E DO MCQ

Propõem-se as seguintes atividades subsequentes como condições necessárias para a implantação da ECQ/MCQ numa CP:

1) Compreender a ECQ e seus elementos (o que inclui o método para coordenação), ou seja, os agentes pertencentes à cadeia ou ligados a ela devem entender a importância da ECQ, os objetivos, bem como sua dinâmica de funcionamento na CP.

2) Definir e organizar o agente coordenador, identificando sua estrutura e seu perfil de atuação. É ele quem vai liderar as atividades de coordenação da qualidade na CP, e sua indicação adequada é fundamental para o sucesso da implantação da ECQ.

3) Efetuar um diagnóstico da CP, visando analisar as necessidades e desafios do ambiente econômico, tecnológico e institucional da cadeia.

4) Discutir e estabelecer os objetivos da CP, bem como as estratégias competitivas para atingi-los.

5) Definir os objetivos e o escopo da coordenação da qualidade, bem como as características de qualidade a serem coordenadas.

6) Adequar a ECQ/MCQ às especificidades da CP em questão.

7) Definir a capacitação mínima necessária que cada segmento da CP deve ter para participar da fase de implantação da ECQ/MCQ, em termos tanto de ações internas à empresa como de ações comuns à cadeia.

8) Gerar plano de implantação da ECQ, executá-lo, controlá-lo e avaliá-lo junto à CP, o que inclui a aplicação e o gerenciamento do MCQ.

A Figura 6.10 resume as principais etapas aqui descritas.

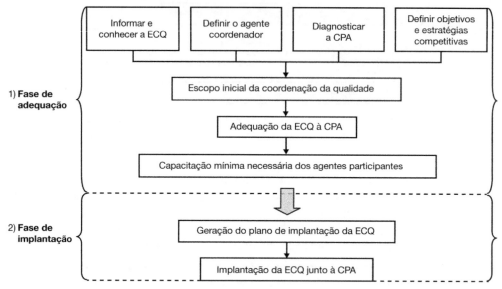

**Figura 6.10** | Fases e etapas do procedimento para implantação da ECQ/MCQ. (Fonte: Borrás (2005) e Borrás e Toledo (2006).)

Uma vez realizadas essas atividades, espera-se que a CP esteja preparada para iniciar o processo de implantação propriamente dito. Dada a heterogeneidade entre os agentes da CP, em termos de conhecimento e de adoção de tecnologias e práticas de gestão da qualidade, sugere-se que a implantação da ECQ e de seus elementos seja planejada segundo "estágios de maturidade", ou nível em que a ECQ se encontra, durante seu processo de implantação na CP, em relação aos seguintes aspectos:

- Escopo da ECQ: definido em termos da quantidade de segmentos da CP e respectivos agentes que participam da implantação, bem como da quantidade de requisitos (RQP e RGQ) que são coordenados.
- Nível de detalhamento das informações trocadas entre o agente coordenador e a CP.
- Nível de organização do agente coordenador (o quão desenvolvida está sua estrutura interna) e o grau de complexidade das atividades de coordenação da qualidade na CP.
- Nível de capacitação demandada, tanto para os segmentos e respectivos agentes da CP como para o próprio agente coordenador.
- Módulos do MCQ que estão implantados no dia a dia da CP.

Ainda durante o processo de implantação, é importante que os agentes participantes realizem, periodicamente, uma avaliação, indicando os pontos positivos e as dificuldades encontradas, de modo a construir um conjunto de lições aprendidas, as quais poderão ser proveitosas, seja para a melhoria da eficácia da implantação em andamento, seja como referência para outros processos de implantação da ECQ em outras cadeias.

Implantar a ECQ em uma CP não é tarefa trivial, podendo-se prever muitas dificuldades, sobretudo aquelas derivadas do desnível existente entre os agentes (entre segmentos distintos ou mesmo dentro de um mesmo segmento da CP) em termos de capacitações e da adoção de tecnologias e práticas de gestão da qualidade.

Os benefícios à CP serão crescentes na medida em que aumentem o tempo de uso do método por seus agentes e o número de agentes da cadeia que se ajustem às exigências mínimas necessárias para sua integração à ECQ e com possibilidade de uso do MCQ.

Com essas evoluções, os agentes da CP passam a tratar a qualidade como fator estratégico para a cadeia e de vantagem competitiva junto ao mercado consumidor. A melhor compreensão da QDe e o comprometimento de todos os segmentos da cadeia em satisfazê-la reduzem as perdas geradas pela não qualidade, notadamente as geradas por falhas de produção, necessidade de retrabalho, subaproveitamento de recursos de transformação e a serem transformados.

Como resultado, os agentes serão capazes de identificar novos nichos de mercado, ao mesmo tempo que aumentariam sua quota de mercado nos quais a CP já atua.

Com relação aos custos de implantação da ECQ e do MCQ, estes podem ser divididos em três categorias: custos de projeto e adequação da ECQ/MCQ à CP, custo de implantação da ECQ/MCQ e custo de operação da ECQ/MCQ. Os custos iniciais de adaptação tecnológica e gerencial da CP são amortizados ao longo do tempo.

O aprendizado organizacional reduz os custos de projeto e adequação e de implantação junto a novos agentes da cadeia, além de reduzir os custos de operação junto a todos os agentes envolvidos.

À medida que a ECQ/MCQ é utilizada, o incremento dos benefícios gerados pela expansão da quota de mercado ou pela redução dos custos da não qualidade deverá compensar os custos de operação e manutenção.

## 6.7 CONSIDERAÇÕES FINAIS

Esta seção de considerações finais está dividida em duas partes: a primeira sobre a forma e ilustração do MCQ, e a segunda sobre aspectos relacionados à aplicabilidade da ECQ/MCQ.

### 6.7.1 Quanto à Forma do MCQ

O MCQ é constituído por módulos organizados de modo que a execução da ECQ/MCQ possa se dar de forma contínua, ou seja, a informação contida ou oriunda de um dado módulo, por exemplo o módulo 7, depende da informação contida no módulo anterior. Neste exemplo, o módulo 6, que, por sua vez, é resultado das informações trabalhadas do módulo 1 ao módulo 5.

O MCQ, então, é composto por "blocos" interdependentes, daí o porquê de cada bloco ser chamado de "módulo". O conjunto desses blocos ou módulos estrutura o MCQ. Alguns desses módulos são executados em etapas, e, como discutido anteriormente, os módulos a serem implantados numa CP dependem do momento ou de circunstância em termos de gerência da produção na qual a cadeia se encontra.

Como discutido anteriormente quando da explicação do PIEM, cadeias num nível mais avançado de organização e gerenciamento da produção poderão ter a ECQ e uma maior quantidade de módulos do MCQ implantados, enquanto uma CP pouco ou mal organizada, e cujos agentes se encontram num nível inicial de capacitação para gerenciamento da qualidade, poderá ter apenas o módulo 1 do MCQ implantado, e seus agentes terão que se submeter a um processo de aperfeiçoamento gerencial para integrar-se à ECQ.

## 6.7.2 Quanto à Aplicabilidade da ECQ e do MCQ

O principal desafio para a coordenação da qualidade ao longo de uma CP está na capacidade de estabelecer uma relação de cooperação entre os agentes da cadeia, a qual pode ser entendida como a reunião de empresas interdependentes que agem juntas para gerenciar os fluxos de produção, de serviços e de informações na cadeia, a fim de satisfazer o consumidor final e minimizar custos.

Discutiu-se a forma de coordenação baseada numa concepção sistêmica da qualidade em que se substitui e complementa o controle interno e individual de cada segmento por uma coordenação por meio de uma estrutura e de um método orientados para a prevenção de falhas e de perdas e, também, para a melhoria da qualidade ao longo da CP.

A estrutura e o método devem ser projetados como um mecanismo de incentivo e controle mais eficiente, para integrar e compartilhar informações e custos sobre a qualidade, contribuindo para a competitividade da cadeia. Busca-se gerar a cooperação e participação na garantia da qualidade de todos os envolvidos na cadeia de produção.

À medida que os padrões de qualidade tendem a ser definidos na própria cadeia ou de forma mista (público e privado), buscam-se mecanismos próprios intracadeia para acompanhamento e avaliação do atendimento a esses padrões, que é o sentido da proposta de estrutura de coordenação aqui apresentada.

Os atributos de qualidade e de gestão que uma cadeia pretende sinalizar para o mercado têm suas especificidades em função das categorias de produtos (bens de procura, de experiência ou de crença).

Entretanto, acredita-se que a aplicação da ECQ/MCQ possa ser devidamente adequada para qualquer tipo de bem transacionado e de estrutura de governança dominante (mercado, mista ou hierárquica). Uma vez que as transações de bens de crença têm uma importância crescente nos sistemas de produção, a ECQ e o MCQ podem ser utilizados para a redução de diferenças entre os atributos de qualidade sinalizados pela cadeia e os efetivamente realizados, incrementando a confiança do consumidor e a competitividade da cadeia.

A aplicação da ECQ/MCQ requer interação constante entre o agente coordenador, os segmentos da cadeia, instituições públicas e entidades de representação e de regulamentação e fiscalização. O envolvimento de diferentes tipos de organização pode dar à gestão da cadeia de produção um aspecto imparcial e de equilíbrio entre os interesses das partes envolvidas na coordenação.

O que diferencia a proposta aqui apresentada de estrutura e método para coordenação de outros modelos encontrados na literatura é o fato de a ECQ/MCQ:

a) focar a coordenação da qualidade;

b) prever condicionar o agente coordenador como um elemento diferenciado na estrutura de coordenação, devendo ser capaz de compreender a CP holisticamente e tomar decisões imparciais, visando ao bem-estar da cadeia;

c) apesar de todos os modelos apresentarem a informação como base para a coordenação da cadeia, a ECQ/MCQ prevê a participação de agentes de todos os segmentos da CP no processo de transmissão, recebimento e gestão de informações advindas tanto dos ambientes mercadológico e institucional quanto de outros segmentos da cadeia, incentivando a simetria informacional e o incremento da integração e participação dos segmentos nas tomadas de decisão da cadeia;

d) é o único modelo que considera os requisitos da qualidade em amplo espectro, abarcando a problemática sociocultural e ecológica;

e) supõe o método inserido no contexto de uma estrutura de coordenação da cadeia.

Apesar de os módulos dos referidos modelos e do MCQ apresentarem algumas funções semelhantes, ainda que não necessariamente implicando ter módulos com um mesmo conjunto de características, o MCQ apresenta o módulo 8 de autoavaliação e aperfeiçoamento, que possibilita indicar necessidades de melhoria do próprio método e da estrutura de coordenação. Além disso, a ECQ, o MCQ e o PIEM representam uma sistemática de aplicação que permite sua adequação a cadeias de diferentes estruturas e tipos de produção.

Reforça-se a importância de que, para a efetivação da estrutura e do método de coordenação e obtenção de seus benefícios, estejam consolidados:

a) a organização da cadeia de produção e seus segmentos;
b) a correta identificação dos requisitos de qualidade e de gestão da qualidade dos clientes e do ambiente institucional;
c) o desdobramento e a comunicação efetiva dos requisitos da qualidade para os agentes participantes;
d) o estabelecimento de um sistema de informações confiável e eficaz;
e) a visão compartilhada de objetivos, indicadores de desempenho, problemas e planos de ações;
f) a atuação equilibrada e constante do agente coordenador com um perfil pró-ativo e integrador dos interesses coletivos.

## QUESTÕES PARA DISCUSSÃO

1) Explique a importância da prática da coordenação da qualidade para uma cadeia de produção de sua escolha. Detalhe as atividades constituintes da definição teórica de coordenação a qualidade.

2) Descreva um possível processo de implantação da ECQ numa cadeia de produção de algum produto agroalimentar. Faça o mesmo para um produto eletrônico e para a cadeia de produção de automóveis. Quais as diferenças encontradas?

3) Repita a atividade da questão 2, agora para a implantação do MCQ.

4) Estude diferentes cadeias de produção e tente identificar a figura do agente coordenador nessas cadeias. Caso não seja identificável, como poderia ser estruturado esse agente?

5) Reflita e descreva a importância da coordenação da qualidade no processo de garantia da qualidade do produto final de dada cadeia de produção. Como seria essa importância para serviços?

## BIBLIOGRAFIA

BORRÁS, M.A.A. *Proposta de estrutura e método para coordenação da qualidade em cadeias de produção agroalimentares*. 2005. 342p. Tese (Doutorado em Engenharia de Produção) – Programa de Pós-Graduação em Engenharia de Produção. Universidade Federal de São Carlos, São Carlos, 2005.

_____; TOLEDO, J.C. de. *A proposal of managerial method to assure the final product quality into agri-food supply chains*. In: 2003 IAMA World Symposium & Forum, 2003, Cancún, México. 13th IAMA World Symposium & Forum: Strategy Developments in Turbulent Times, 2003.

_____. A coordenação de cadeias agroindustriais: garantindo a qualidade e competitividade no agronegócio. In: ZUIN, L.F.; QUEIROZ, T.R. (org.). *Agronegócios*: gestão e inovação. São Paulo: Saraiva, 2006. p. 21-56.

JONES, E.; ZOBEL, C. A decision support system for value-added production in the Mid-Atlantic wheat industry. In: INTERNATIONAL CONFERENCE ON PARADOXES IN FOOD CHAINS AND NETWORKS, 5., 2002, Wageningen. *Proceedings...*, Wageningen: Wageningen Academic Publishers, 2002. p. 870-882.

SCHIEFER, G. Environmental control for process improvement and process efficiency in supply chain management – the case of meat chain. *International Journal of Production Economics*, v. 78, n. 2, p. 197-206, 2002.

ZYLBERSZTAJN, D. *Estruturas de governança e coordenação do agribusiness: uma aplicação da nova economia das instituições*. 1995. 238p. Tese (Livre-Docência em Administração) – Programa de Pós-Graduação em Engenharia de Produção. Universidade de São Paulo, São Paulo, 1995.

# Melhoria da Qualidade

A Melhoria da Qualidade, em princípio, é uma atividade que deve estar presente nas rotinas de todos os processos de todas as empresas e organizações. Isso significa que todos os processos empresariais, sejam produtivos/técnicos ou administrativos e de negócios, podem e devem ser continuamente avaliados e melhorados. A prática de melhoria deve ser compreendida como fazendo parte natural das atividades de trabalho, de gestão e de responsabilidades de todas as pessoas da organização, nos níveis operacional e gerencial.

## 7.1 ASPECTOS GERAIS

Para Slack *et al.* (2002), a habilidade de melhorar continuamente não é algo que ocorre sempre e naturalmente nas empresas. Existem habilidades específicas, comportamentos e ações que precisam ser desenvolvidos conscientemente e gerenciados, para se obter a prática de melhoria contínua sustentável no longo prazo.

Merli (1993) destaca que a melhoria contínua será realmente efetiva nas empresas quando for tratada como prioridade do negócio, difundida em todos os processos da empresa, e contando com o envolvimento de todos os funcionários.

Todas as operações, não importa quão bem gerenciadas já estejam, podem e devem passar por intervenções para melhoria. Existem conhecimentos disponíveis e acumulados, por exemplo, nas áreas de Engenharia de Produção, Administração e Estatística, sobre abordagens e técnicas que podem ser adotadas para melhorar o desempenho dos processos e sistemas de produção.

**Antes de ser melhorado**, o desempenho de qualquer operação **precisa ser medido, compreendido e avaliado**. O desempenho, então, é definido como o grau em que a produção ou operação atende os fatores de competitividade em qualquer momento, de modo a satisfazer seus clientes e as estratégias da empresa. Tais objetivos, ou fatores de competitividade, são, por exemplo: qualidade dos produtos e serviços; velocidade de atendimento do cliente; confiabilidade nos prazos de entrega combinados; flexibilidade de produtos, processos e planejamento da produção; custos de produção e distribuição (e/ou produtividade) e serviços oferecidos aos clientes. Como exemplo de medidas desses objetivos tem-se:

- **para a qualidade:** número de defeitos por unidade de produto, % ou ppm de refugo, % ou ppm de retrabalhos, índices de satisfação dos clientes/consumidores;
- **para a velocidade:** tempo de cotação do cliente, *lead-time* (tempo de ressuprimento) de atendimento do pedido do cliente, taxa de frequência de entregas;
- **para confiabilidade nos prazos:** atraso médio de entrega de pedidos, aderência da produção e entrega real à programação, desvio médio do tempo real em relação à promessa de chegada de uma entrega;

- **para flexibilidade:** escopo, ou portfólio, de produtos ou serviços, tamanho médio do lote, tempo para mudar programações da produção, capacidade de aceitar e assimilar mudanças de prazos, especificações e prazos de entrega solicitados pelos clientes;
- **para custo:** custo por hora de operação, eficiência, valor agregado, custo médio da operação, custo por unidade produzida etc.;
- **para serviços:** quantidade de serviços e apoios oferecidos aos clientes, índice de satisfação dos clientes com os serviços oferecidos, qualidade do serviço oferecido, satisfação do cliente com o serviço, valor agregado pelo serviço ao cliente etc.

Assim, depois de **medido** o desempenho de uma operação, é preciso fazer a **análise** sobre se seu desempenho é bom, mau ou indiferente, comparando-o a um padrão, aos concorrentes e às estratégias e metas da empresa. Os padrões mais utilizados são:

- **Padrões históricos:** comparam o desempenho atual com desempenhos anteriores, podendo julgar se uma operação está melhorando ou piorando ao longo do tempo. Mas esses padrões não dão nenhuma indicação de que o desempenho poderia ser considerado satisfatório.
- **Padrões de desempenho alvos:** são estabelecidos arbitrariamente, ou observando padrões de desempenho de classe mundial, para refletir algum nível de desempenho que é visto como adequado ou razoável.
- **Padrões de desempenho da concorrência:** comparam o desempenho atingido pela produção ou operação com o atingido por um ou mais concorrentes. São bastante úteis no que diz respeito a melhoramento de desempenho estratégico.
- **Padrões de desempenho absolutos:** são os que são tomados em seus limites teóricos. Na prática, talvez esse limite não seja alcançado, mas o padrão ilustra quanto a operação ainda poderia, teoricamente, melhorar.

As principais influências na forma como as empresas decidem em quais objetivos de desempenho, ou prioridades competitivas, focar especial atenção são: **as necessidades e preferências dos consumidores; o desempenho e as atividades dos concorrentes; e o desempenho atual da empresa.** A primeira define a *importância* dentro da operação; a segunda representa a *referência de comparação para avaliação do desempenho*; e a terceira permite quantificar o *grau de melhoria necessário*, considerando o desempenho atual da empresa. Assim, **importância e desempenho** precisam ser considerados juntos para avaliar a priorização de objetivos.

Uma vez determinada a prioridade de melhoria, uma operação precisa considerar a abordagem ou estratégia que ela deseja para levar avante o processo de melhoramento. Existem duas estratégias genéricas básicas que são diferentes e até opostas (Figura 7.1). São elas:

- **Melhoramento revolucionário (maior ou radical):** presume que o principal meio para melhoria é uma mudança de grande magnitude e drástica na forma como a operação trabalha. O impacto desses melhoramentos é relativamente repentino, abrupto. Eles são raramente baratos, usualmente demandam grandes investimentos de capital, com frequência interrompem ou perturbam os trabalhos em curso na operação e frequentemente envolvem mudanças nos produtos e serviços ou na tecnologia do processo.
- **Melhoramento contínuo (menor ou incremental):** adota uma abordagem que presume passos de melhoramento incremental mais frequentes e menores, melhoramentos contínuos envolvendo todos na empresa, administradores e trabalhadores. O foco é extrair mais resultados dos recursos existentes e usando o conhecimento disponível, embora disperso, no pessoal da organização. A probabilidade de que o melhoramento

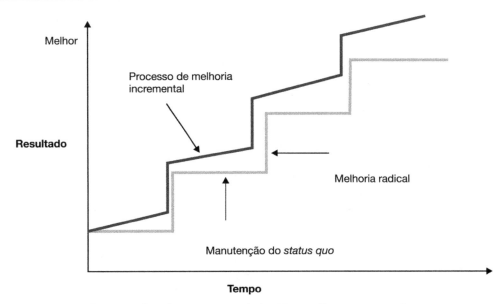

**Figura 7.1** | Melhoramento revolucionário e melhoramento contínuo.

vai continuar, ou seja, o processo de melhoria e a sua continuidade, é mais importante do que "o tamanho de cada passo e a magnitude da melhoria obtida a cada passo".

Melhoramentos grandes e radicais podem ser implementados se e quando eles pareçam significar passos de melhoramentos significativos para as diretrizes da empresa, mas entre os eventos de inovações ou melhorias radicais a operação pode continuar fazendo seus melhoramentos contínuos, discretos e de menor magnitude, sendo essa uma forma de combinar as duas abordagens, em momentos diferentes. Ou seja, qualquer inovação maior pode e deve passar por melhorias após sua implantação. É comum a empresa tratar um melhoramento radical como um projeto específico. Alguns exemplos de melhoria radical são: reengenharia de processos; introdução de uma nova linha de fabricação; reestruturação organizacional; substituição do sistema de informação por tecnologias de nova geração; inovação tecnológica significativa nos processos de produção; entre outros.

É importante chamar a atenção para o fato de que a combinação dessas duas estratégias de melhoria deve ser sempre considerada, pois são complementares. Ou seja, somente a utilização de uma delas leva a resultados inferiores em relação aos das empresas que sempre consideram as duas estratégias para melhoria de seu desempenho de forma integrada.

Normalmente os projetos relacionados ao melhoramento revolucionário são tratados na empresa como um projeto grande, com "nome/apelido" específico (por exemplo: Projeto Alfa, Projeto Columbus etc.), e as atividades de melhoria contínua, incremental, fazem parte do sistema de gestão da qualidade e do gerenciamento rotineiro dos processos.

## 7.2 TIPOS DE MELHORIA CONTÍNUA

Pode-se fazer uma separação entre dois tipos de atividades que envolvem a melhoria de processos: *a sistemática de resolução de problemas e os projetos de melhoria*. Essa separação é importante para o entendimento adequado das atividades de melhoria da qualidade na empresa.

Os projetos de melhoria são atividades iniciadas a partir de necessidades diretamente relacionadas e detectadas a partir de objetivos estratégicos, sejam devido a clientes, concorrentes ou a fatores estratégicos internos à empresa. Esses projetos são priorizados alinhados às prioridades estabelecidas para os fatores de competitividade da empresa. Os métodos e ferramentas utilizados, muitas vezes, são considerados mais avançados e complexos (como, por exemplo, o Método DMAMC – Definir, Medir, Analisar, Melhorar, Controlar e ferramentas como Projeto de Experimentos, Método Taguchi, Análise de Variância etc.), mas também são utilizados métodos relativamente menos complexos, tais como o MASP – Método de Análise e Solução de Problemas e ferramentas como: Diagrama de Causa e Efeito, 5 Por quês, Diagrama de Pareto, Histograma etc.

A melhoria como uma sistemática de resolução de problemas representa o conjunto, ou sequência lógica de raciocínio e de atividades que são desenvolvidas a partir de um problema ocorrido (quando se adota uma abordagem reativa) ou possível de ocorrer (abordagem preventiva).

A melhoria como resolução de problemas pode ser de três tipos básicos: disposição ou controle de processo, melhoria reativa e melhoria proativa.

Existe um modelo conhecido como WV, proposto por Shiba *et al.* (1993), que mostra as diferenças entre esses três tipos de melhoria (Figuras 7.2, 7.3 e 7.4). É importante salientar que nos processos de ação de melhoria existe uma alternância entre atividades de dois níveis diferentes: *nível do pensamento* (reflexão, planejamento, análise, raciocínio etc.) e *nível da experiência* (obtenção de informação do processo real, intervenção no processo real etc.). Isso mostra que as ideias e as opiniões só podem ser desenvolvidas se forem experimentadas ou verificadas e validadas nas operações das empresas.

Essas figuras ilustram os passos básicos desses três tipos de melhoria, que ocorrem separadamente, mas devem sempre ser complementares. Também está implícita nesse modelo a ideia de realimentar a melhoria: voltar no início do ciclo de melhoria para atuar no problema seguinte ou aprofundar a melhoria de um processo já aperfeiçoado.

**Controle de processo ou disposição** é a designação dada ao ciclo que controla ou mantém a operação de um bom processo. Seu funcionamento se baseia no monitoramento de um processo para garantir que ele está funcionando da forma pretendida e trazê-lo de volta à operação correta se ele sair do controle, ou não atender os requisitos ou especificações. Deve-se executar a ação corretiva da forma predeterminada e descrita no manual de procedimentos de manutenção dos padrões dos processos da empresa, para corrigir o problema do processo. Esse ciclo é conhecido como SDCA (sigla em inglês para padronizar, executar, verificar, atuar). Essa atividade pode ser considerada temporária, devendo sempre ser seguida

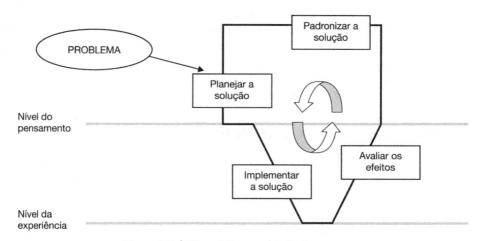

**Figura 7.2** | Disposição ou controle do processo.

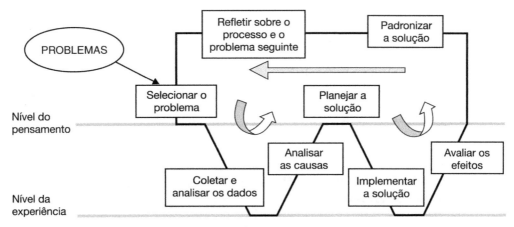

**Figura 7.3** | Melhoria reativa.

de uma análise mais aprofundada sobre as características do processo, por exemplo, a análise de sua variabilidade e das causas fundamentais. A seguir, é descrito um exemplo: "Devido a uma falha na máquina, foi preciso utilizar um conjunto de ferramentas diferente do que estava especificado no plano de processo de fabricação, o que representa um problema. Com o objetivo de recolocar o processo em operação o mais rápido possível, planeja-se uma solução que pode ser implementada e que garanta o funcionamento da máquina de forma a atender as especificações dos desenhos da peça. Essa solução é considerada viável, colocada em operação, e seus efeitos não são prejudiciais. Assim, essa solução é padronizada até que possam ser identificadas as causas para que o processo possa operar de acordo com o padrão anterior. Nota-se que no ciclo da disposição não existe atividade para buscar a causa do problema."

A continuidade das análises decorrentes de uma ação de disposição é a chamada **melhoria reativa**, quando se busca identificar as causas do problema e sua solução. Em relação ao sistema de gestão da qualidade (por exemplo, um SGQ padrão ISO 9000), ela pode ser diretamente associada ao requisito de ação corretiva.

Os métodos fundamentais de **controle de processo** são: a padronização, o controle estatístico de processo e a inspeção. Já a **melhoria reativa** requer que uma sistemática de trabalho e análise, mais estruturada, como o MASP, por exemplo, seja empregada, e podem-se utilizar as tradicionais sete ferramentas estatísticas básicas da qualidade.

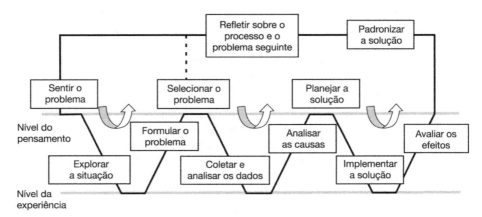

**Figura 7.4** | Melhoria proativa.

A **melhoria proativa** trata de situações em que não se tem uma ideia clara a respeito do problema e de uma melhoria necessária específica. Dessa forma, é preciso escolher uma direção e orientação para a empresa ou para o processo antes de se iniciar uma atividade de melhoria. Não há um processo padrão de raciocínio, ou método, dedicado a ser utilizado na abordagem proativa. Existem alguns processos de raciocínio, ou métodos, que se aproximam da abordagem proativa, como, por exemplo, aplicações de QFD, ações preventivas de sistemas da qualidade (por exemplo, as pertinentes ao SGQ ISO 9000, TS 16949 etc.) e aplicações de análise e revisão da qualidade no processo de desenvolvimento de novos produtos e processos.

## 7.3 HABILIDADES, COMPORTAMENTOS E MATURIDADE PARA MELHORIA CONTÍNUA

Segundo Irani *et al.* (2004), para a implementação da abordagem de melhoria contínua é necessária uma combinação de criatividade, pensamento claro e habilidades para executar as atividades necessárias à melhoria.

Jager *et al.* (2004) destacam a importância de as organizações focarem na implementação da melhoria contínua, desenvolvendo culturas e estruturas internas que fomentem sua prática, em vez de apenas dar ênfase nos métodos e técnicas de solução de problemas, como tradicionalmente se faz em grande parte das empresas.

Bessant *et al.* (2001) sugerem que o desapontamento e o insucesso de alguns programas de Melhoria Contínua nas organizações estão relacionados à falta de entendimento e de valorização da dimensão comportamental das pessoas envolvidas, visto que grande parte da bibliografia e dos manuais sobre melhoria contínua não aborda os aspectos comportamentais para a condução desse processo. Visando contribuir para o tema, esses autores desenvolveram um modelo genérico de comportamento, adaptável às diversas organizações, devido à enorme variedade de comportamentos envolvidos. Esse modelo está baseado no conceito de desenvolvimento de rotinas e de evolução da capacidade estratégica de melhoria e solução de problemas, por meio da consolidação de rotinas comportamentais.

Segundo os autores, a introdução de um novo modelo de comportamento nas organizações, mudando ou adicionando rotinas, deve ser um processo de articulação e reforço dos comportamentos e um ciclo que precisa ser repetido frequentemente por um tempo suficiente até que esse novo modelo crie raízes e passe a fazer parte do comportamento, inerente, e da cultura pessoal e da organização. Enfim, a implantação e consolidação da melhoria contínua envolvem um longo processo de aprendizado.

O Quadro 7.1 relaciona as habilidades, segundo rotinas padrão específicas, para a melhoria contínua, com as demonstrações de comportamentos associados. A primeira coluna apresenta as habilidades básicas que permitem as boas práticas de melhoria contínua. Relacionados a cada uma das habilidades básicas, a segunda coluna apresenta os comportamentos padrão.

De acordo com Bessant *et al.* (2001), o progresso com a introdução de um novo modelo de comportamento vai do comportamento individual a rotinas que constituem habilidades particulares dentro da organização, como, por exemplo, a habilidade de identificar e solucionar problemas sistematicamente ou a habilidade de compartilhar conhecimento entre as fronteiras (departamentais, de processos, na organização como um todo e na cadeia de produção e suprimentos). Por sua vez, essas habilidades convergem para o ponto em que a organização está apta para estabelecer a capacidade estratégica de melhoria contínua.

## Quadro 7.1 — Comportamentos associados à melhoria contínua (Bessant et al., 2001)

### Habilidades e comportamentos para melhoria contínua

| Habilidades | Comportamentos |
|---|---|
| **Entendendo a Melhoria Contínua** – Habilidade de articular os valores básicos da melhoria contínua. | – as pessoas de todos os níveis da organização acreditam no valor de seus pequenos atos, contribuindo e reconhecendo as melhorias;<br>– preocupam-se em encontrar as razões quando o resultado não é o esperado, utilizando o ciclo formal de identificação e resolução de problemas. |
| **Habituando-se à Melhoria Contínua** – Habilidade de se envolver com a melhoria contínua. | – as pessoas utilizam ferramentas e técnicas adequadas para apoiar a melhoria contínua;<br>– participam dos processos, individualmente ou em grupos, desenvolvendo atividades de melhoria contínua. |
| **Focando na Melhoria Contínua** – Habilidade de relacionar as atividades de melhoria contínua aos objetivos estratégicos da empresa. | – a partir dos objetivos estratégicos da empresa são definidos os objetivos dos processos de melhoria, nas diversas áreas da empresa;<br>– as pessoas, individualmente ou em grupo, medem e monitoram os resultados de suas atividades de melhoria e o impacto das mesmas nos objetivos estratégicos das áreas e dos processos;<br>– as atividades de melhoria são entendidas e inseridas como parte integral do trabalho individual ou em equipe, e não como uma atividade paralela ao trabalho. |
| **Liderando o Caminho para Melhoria Contínua** – Habilidade de liderar, dirigir e apoiar a criação e sustentação dos comportamentos da melhoria contínua. | – a gerência apoia e provê os recursos necessários para as atividades de melhoria contínua;<br>– reconhecimento formal, porém não necessariamente financeiro, da contribuição dos funcionários a partir das atividades de melhoria contínua;<br>– a gerência encoraja o aprendizado, uma vez que não pune os possíveis erros. |
| **Alinhando a Melhoria Contínua** – Habilidade de criar coerência entre os valores e comportamentos da melhoria contínua e o contexto organizacional (estruturas, procedimentos etc.). | – avaliação permanente para permitir a coerência entre a estrutura e a infraestrutura da empresa necessárias às atividades de melhoria contínua;<br>– no caso de grandes mudanças na empresa, avaliam-se os impactos potenciais nas atividades de melhoria contínua, implementando os ajustes necessários. |
| **Compartilhando Soluções de Problemas** – Habilidade de ultrapassar as fronteiras da empresa a partir de atividades de melhoria contínua. | – as atividades de melhoria contínua são compartilhadas por departamentos distintos e envolvem representantes de níveis hierárquicos diferentes na empresa;<br>– as atividades de melhoria contínua estão orientadas para atender as necessidades dos clientes internos e externos da empresa, considerando toda a cadeia produtiva. |
| **Melhorando Continuamente as atividades de Melhoria Contínua** – Habilidade de administrar estrategicamente o desenvolvimento da melhoria contínua. | – as pessoas, individualmente ou em grupo, monitoram o sistema de melhoria contínua e medem sua incidência e resultados para revisão e ajuste, em um processo de planejamento cíclico (aprendizado em um único ciclo);<br>– revisão periódica do sistema, avaliando a empresa como um todo (aprendizado em ciclo duplo);<br>– a alta administração apoia e provê os recursos necessários para o desenvolvimento permanente do sistema de melhoria contínua. |
| **Estruturando o Aprendizado** – Habilidade em permitir que o aprendizado ocorra e seja absorvido por todos os níveis da empresa. | – as pessoas aprendem a partir de suas experiências, negativas e positivas, e compartilham os conhecimentos adquiridos;<br>– as pessoas procuram por oportunidades de aprendizado e desenvolvimento pessoal;<br>– o aprendizado é absorvido e compartilhado na empresa a partir dos mecanismos de que ela dispõe. |

## Níveis de Maturidade da Melhoria Contínua

Segundo Bessant e Caffyn (1997), as empresas com bom desempenho relacionam seu sucesso às rotinas de gestão e de melhoria com alto envolvimento de todos, mas o estabelecimento dessas rotinas varia de empresa para empresa, conforme sua capacidade de aprender. Segundo os autores, os programas de melhoria contínua nas empresas são um processo de longo prazo, pois no início tem-se o entusiasmo, poucas habilidades, o aprendizado básico da sistemática de solução de problemas e a utilização de métodos e técnicas relativamente simples e compreensíveis por todos. Para a implementação de programas de melhoria contínua é necessária a integração da geração de ideias com sua implementação, junto às práticas de reconhecimento e premiação, relacionadas à medição e registro dessas melhorias, permitindo identificar os próximos objetivos e capturar a aprendizagem. Isso requer um longo período para adequação e introdução das rotinas necessárias e o aprendizado na empresa.

Os autores sugerem que a cultura para melhoria contínua é desenvolvida ao longo do tempo por meio do estabelecimento das rotinas culturais e de mudanças de comportamento, que podem ser estabelecidas segundo cinco diferentes níveis de melhoria contínua, conforme ilustrado na Figura 7.5.

Segundo Bessant e Caffyn (1997), cada nível descrito na Figura 7.5 está associado à evolução das rotinas e comportamentos, pois a cada nível alcançado a capacidade e o comportamento devem melhorar. A maioria das capacidades utilizadas para categorizar esses níveis está associada a comportamentos específicos de aprendizagem, podendo ser classificados como níveis de aprendizagem. Os autores afirmam que é adequado pensar nos níveis como ciclos, já que um ciclo de aprendizagem depende do outro, e assim sucessivamente, e que as evidências de aprendizagem podem ser encontradas em cada estágio do ciclo.

Cada ciclo do processo de aprendizagem compreende diferentes níveis de desenvolvimento das habilidades para melhoria contínua, e é a absorção desses níveis nas empresas, ao longo dos ciclos, que possibilita a capacidade de melhoria contínua. A classificação dessas habilidades pode ajudar as organizações a compreender em que estágio se encontram, comparar-se com outras organizações e com suas necessidades e desenvolver um plano para aumentar suas habilidades de melhoria contínua. Segundo pesquisa de campo dos autores, identificou-se um número de estágios associados aos níveis de desenvolvimento das rotinas e habilidades de melhoria contínua, conforme Quadro 7.2.

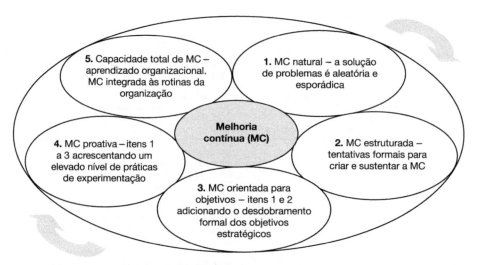

**Figura 7.5** | Ciclo de evolução da melhoria contínua.

## Quadro 7.2 — Estágios da evolução da melhoria contínua (Bessant et al., 2001)

| Níveis de melhoria contínua (estágios evolutivos) | Padrões de características comportamentais |
|---|---|
| **Nível 1 – Pré-melhoria contínua** (iniciativas espontâneas e esporádicas na empresa, segundo experiências anteriores e de curto prazo, sem continuidade). | Os problemas são solucionados fortuitamente; Não existem estrutura e esforço formalizado; Ocorrem algumas melhorias pontuais, porém são ineficazes e sem participação; Soluções que visam benefícios no curto prazo; Sem impacto estratégico em recursos humanos, financeiro ou outros alvos mensuráveis; As gerências não estão sensibilizadas para a melhoria contínua como um processo. |
| **Nível 2 – Melhoria contínua estruturada** (existe o comprometimento formal para construir o sistema de desenvolvimento da melhoria contínua na empresa). | Introdução da melhoria contínua na empresa; Utilização de processos estruturados para solução de problemas; Grande percentual de participação dos funcionários nas atividades de melhoria contínua; Funcionários treinados nas ferramentas básicas de melhoria contínua; Sistema estruturado de gerenciamento de ideias; Sistema de reconhecimento; Atividades de melhoria contínua não estão integradas às operações do dia a dia. |
| **Nível 3 – Melhoria contínua orientada para os objetivos** (existe o comprometimento de ligar e relacionar o comportamento da melhoria contínua às estratégias da empresa). | Tudo o que está descrito nos níveis anteriores adicionando: Estabelecimento formal dos objetivos estratégicos; Monitoramento e medição das atividades de melhoria contínua segundo os objetivos; Melhoria contínua é parte das atividades críticas do negócio; Foco em ultrapassar os limites internos e externos nas análises para solução de problemas. |
| **Nível 4 - Melhoria Contínua Proativa** (existe a tentativa de conceder autonomia e poderes aos indivíduos e grupos para gerenciar e direcionar seus processos, foco em melhoria nos projetos e planejamentos). | Considera o descrito nos níveis anteriores adicionando: As responsabilidades de melhoria contínua são transferidas aos funcionários para solução de problemas; Alto nível de uso de práticas de experimentação. |
| **Nível 5 – Capacidade Total de Melhoria Contínua** (as práticas e comportamentos se aproximam do modelo de aprendizagem organizacional). | Adicionam-se ao descrito nos níveis anteriores: Aprendizado comportamental amplamente disseminado; Sistemática de identificação e solução de problemas e captação e compartilhamento do aprendizado; Experimentações difundidas, autônomas, porém controladas. |

Esses estágios de evolução representam um desenho genérico, pois cada organização passa por experiências específicas, mas o desenvolvimento da capacidade para melhoria contínua passaria por estágios relativamente comuns. A progressão de um estágio para o próximo envolve maturidade das rotinas específicas, assim como a adição de novas rotinas e comportamentos. Ainda segundo os autores, o desenvolvimento e o reforço dos comportamentos e das rotinas podem ser obtidos a partir de várias atividades, tais como treinamentos, estruturas, aplicação de ferramentas, procedimentos, *workshops* de discussão, autoavaliação, reflexão, avaliação assistida (apoiada por agentes externos à organização) etc. Os autores também identificaram que as organizações utilizam diferentes ações ou uma variedade de ações para alcançar o mesmo objetivo: desenvolvimento comportamental que favorece a disciplina, manutenção, evolução e continuidade das práticas de melhoria.

Slack *et al.* (2002) destacam que a melhoria contínua, diferentemente da melhoria revolucionária (melhoramento baseado em inovação radical), consiste em um processo de mais e menores passos de melhorias incrementais. Enquanto a melhoria revolucionária constitui-se em uma grande mudança, requerendo altos investimentos, a melhoria contínua é realizada de forma gradual e constante, geralmente com pequenos investimentos.

Segundo Marshall *et al.* (2003), a base da filosofia da melhoria contínua é representada pelo ciclo PDCA. Este é um método utilizado para a promoção da melhoria contínua segundo suas quatro fases. O PDCA, praticado de forma cíclica e ininterrupta, promove a melhoria contínua e sistemática na empresa, consolidando a padronização de práticas, por meio do ciclo*Plan, Do, Check, Act*.

Segundo Hyland e Boer (2006), mais recentemente o conceito de melhoria contínua tem evoluído para a ideia de inovação contínua. A inovação contínua é a capacidade, em termos de desempenho, de combinar efetivamente a eficiência operacional com a flexibilidade estratégica. Em termos de processos, inovação contínua é a capacidade de combinar satisfatoriamente as inovações radical e incremental, envolvendo as operações, melhorias incrementais, aprendizado e inovações radicais.

## 7.4 MODELOS PARA GESTÃO DA MELHORIA CONTÍNUA

O processo de melhoria contínua é cíclico e abrangente e tem como objetivo responder aos fatores externos e internos e anular as forças contrárias ao desenvolvimento do negócio. Para tanto, as empresas necessitam criar uma estrutura interna capaz de responder a essas expectativas.

Para Poirier e Houser (1993), é necessária a implementação de um modelo para guiar o processo de melhoria contínua e obter o sucesso esperado, modelo este que deve ser adaptado às circunstâncias da organização. O modelo para gestão da melhoria contínua, proposto pelos autores, está estruturado em três fases.

A fase 1, Análise da Cultura da Organização, consiste em analisar as condições atuais e combinar os propósitos e valores da organização com as intenções do processo de melhoria. Representa, portanto, os objetivos e estratégias da empresa determinados pelos gerentes seniores em relação aos três pilares para melhoria: qualidade, produtividade e lucratividade.

Essa fase está dividida em duas seções: a primeira considera a articulação dos objetivos que deve incluir toda a organização, enquanto a segunda destaca a importância do papel desempenhado pelas pessoas, considerando objetivos em termos de qualidade de vida no trabalho.

A fase 2, Desenvolvimento do Plano de Ação, está dividida em quatro etapas de análise, desdobradas dos objetivos e estratégias. São elas:

- **Análise macro:** identificação da situação atual da empresa, comparando o desempenho desejado ao desempenho atual em relação aos três pilares: qualidade, produtividade e lucratividade.
- **Análise micro:** análise dos fatores que permitem direcionar, controlar e/ou restringir a organização em todos os aspectos organizacionais e de desempenho do trabalho.
- **Preparação:** compreende a preparação da empresa para implementar as melhorias planejadas, compreendendo o comprometimento da gerência, treinamento em métodos de solução de problemas, formação de equipes e estabelecimento de uma sistemática que assegure o monitoramento e o reconhecimento do processo de melhoria.
- **Execução:** consiste na maximização do esforço sinérgico para obtenção de resultados positivos por toda a organização e envolve a aplicação dos métodos aprendidos na etapa anterior (técnicas para solução de problemas, trabalho em equipe, listas de prioridades) que, junto aos recursos necessários disponíveis e com sistemática de reconhecimento e recompensa, permitem o alcance das metas desafiadoras. Essa etapa é contínua, seguindo com a repetição dos procedimentos e a identificação de novas oportunidades de melhoria ou o foco em novos problemas.

A última fase do modelo é denominada Análise Crítica e Continuidade. Essa fase consiste na análise crítica do processo de MC, a fim de assegurar sua continuidade. Assim, envolve a análise da evolução do processo de melhoria e a definição de ações que garantam sua viabilidade futura.

Outro modelo para gestão da melhoria contínua é o modelo proposto por Kaye e Anderson (1999). Segundo esses autores, trata-se de um modelo representado por fatores impulsionadores, habilitadores e resultados, que permitem um modelo de análise integrada do *status* da melhoria contínua na empresa.

Os Impulsionadores são representados pela gerência, pois a gerência sênior e a liderança exercida pelos demais gerentes, com foco nas partes interessadas, permitem a sistemática de medição e retorno (*feedback*) e a aprendizagem com os resultados da melhoria contínua. Os autores destacam que a ausência de apoio dos impulsionadores está diretamente relacionada ao insucesso da melhoria contínua no longo prazo. Esses impulsionadores asseguram que a melhoria contínua não é apenas alcançada, mas sustentada ao longo do tempo.

Os recursos Habilitadores são considerados a base nesse modelo e consistem em: cultura para melhoria contínua e inovação, foco nos empregados e nos processos críticos, padronização das melhores práticas e integração das atividades de melhoria contínua.

Ainda segundo os autores, grande parte das empresas possui apenas a visão de resultados financeiros. Entretanto, o modelo proposto considera que os Resultados podem ser vistos em termos de desempenho organizacional, de equipes e individual.

Para os autores, esse modelo permite uma análise integrada do *status* da melhoria contínua na empresa e pode ser classificado como um modelo preparatório ou complementar aos modelos mais complexos e abrangentes de gestão de negócios, como, por exemplo, o modelo Malcolm Baldrige National Quality Award (Prêmio Nacional da Qualidade Malcolm Baldrige dos Estados Unidos).

## 7.5 MASP – MÉTODO PARA ANÁLISE E SOLUÇÃO DE PROBLEMAS

### Introdução

Muitos dos problemas existentes nas empresas não são estruturados o suficiente para serem abordados e resolvidos por meio de uma ferramenta quantitativa específica ou de um *software*. Assim, problemas tais como a combinação ótima dos ingredientes de uma ração ou a programação da produção de um *mix* de produtos são estruturáveis de tal forma que podem ser resolvidos por meio de uma técnica específica, e de um *software*, de programação linear. Por outro lado, problemas tais como peças defeituosas resultantes de um processo, notas fiscais emitidas erroneamente, produtos entregues em clientes errados, falhas sistemáticas no processo de recrutamento e seleção de pessoal etc. não são estruturados o suficiente, e para abordagem dos mesmos não existe uma técnica específica. Esse segundo tipo de problema, do ponto de vista quantitativo, representa a maior parte dos problemas de uma organização.

Esses tipos de problemas são frequentemente atacados, mas normalmente acabam não sendo de fato resolvidos, pois com o passar do tempo o problema e seus efeitos voltam a aparecer. Isso ocorre, em grande parte, por não se utilizar um método sistemático para a resolução do problema. Nesses casos, o máximo que se pode utilizar em termos de abordagem é um método científico para resolver o problema. É o caso do MASP – Método para Análise e Solução de Problemas, pois este é basicamente uma adaptação para o ambiente da produção, do método científico de raciocínio (método cartesiano) para se resolver problemas genéricos e que é, ou pode ser, aplicado por qualquer profissional: um dentista, um médico, um detetive, um psicólogo, um engenheiro etc.

A adoção de um método para solucionar problemas genéricos pode ser muito benéfica para a empresa, pois possibilita que as decisões tomadas sejam baseadas em fatos e dados e não apenas no sentimento pessoal do tomador de decisão. Além disso, ao se adotar um método, há uma padronização a esse respeito na empresa e em toda a corporação, ou seja, todos devem seguir o mesmo método para, por exemplo, tomar ações corretivas ou preventivas.

O MASP pode ser aplicado tanto durante o estado de *rotina* de um processo, quando o problema é detectado por meio de alguma ferramenta de monitoramento, quanto no estágio de busca de *melhoria* do processo, em busca de novas metas de desempenho.

Assim, o ataque aos problemas deve ser planejado e implementado de modo a impedir o reaparecimento dos fatores que os causam.

O método aqui apresentado foi desenvolvido no Japão pela JUSE – Union of Japanese Scientists and Engineers, e é uma das ferramentas mais difundidas no mundo. Esse método, com algumas adaptações, por exemplo, é obrigatório nas atividades de ações corretivas, preventivas e de melhoria previstas nas normas TS 16949. É também conhecido como: Método de Solução de Problemas, Diagnóstico e Solução de Problemas, *QC Story*, Método PDCA de Melhoria, 8 Passos, 8 Disciplinas etc.

De acordo com esse método, esta é a definição de um problema:

***"Um problema é o resultado indesejável de um processo."***

## Etapas ou Passos do MASP

De acordo com o MASP, um problema é resolvido por meio das seguintes etapas:

1) **Identificação do problema:** defina claramente o problema e mostre que o problema em questão é relevante ou de importância maior do que outros problemas pertinentes. Assim, é preciso estabelecer critérios para a seleção de problemas. Por ex., prejuízo causado, risco, insatisfação do cliente, potencial de ganho etc.

2) **Observação:** investigue as características específicas do problema a partir de uma ampla gama de diferentes pontos de vista, quantitativo (dados numéricos) e qualitativo (dados de linguagem). Vá ao local onde ocorre o problema, observe e colete as informações necessárias que eventualmente não podem ser representadas e manifestadas na forma de dados. Tenha um entendimento completo das características e especificidades do problema.

3) **Análise:** levante, discuta e descubra as causas fundamentais (causas básicas, causa raiz) do problema.

4) **Plano de ação:** elabore um plano de ação a fim de bloquear (eliminar, aprisionar) as causas fundamentais identificadas no passo anterior. Nesta etapa pode-se usar o 5W2H para definir o plano de ação, ou seja, defina: o quê, quando, quem, onde, por que será feito, como será feito e o eventual investimento necessário. Defina as metas a serem atingidas e os controles para acompanhamento dos resultados obtidos.

5) **Ação:** atue, implante o plano, para eliminar as causas fundamentais. Nesta etapa é muito importante que exista cooperação de todo o pessoal envolvido. Para isso, é preciso que as pessoas estejam devidamente treinadas e de acordo com as medidas e soluções que estão sendo propostas.

6) **Verificação:** acompanhe e verifique se o bloqueio da causa fundamental do problema foi efetivo, até estar certo de que o problema não ocorrerá novamente. Em caso de resposta negativa, deve-se retornar à etapa 2. Isso significa que é necessário mais observações e conhecimentos para melhorar a compreensão do problema. Observe

se foram gerados efeitos secundários imprevistos e indesejados. Tome os cuidados e as providências necessários em relação a esses efeitos colaterais.

7) **Padronização:** elimine definitivamente a causa do problema para que ele não ocorra outra vez. Padronize a solução e suas eventuais mudanças nos processos e produtos. Identifique e realize as alterações necessárias nos procedimentos de trabalho associados ao processo, para impedir a recorrência do problema. Treine os envolvidos no novo procedimento.

8) **Conclusão:** reflita sobre a experiência de aplicação do método e verifique onde houve dificuldades e discuta o que deve ser aperfeiçoado no método para as próximas aplicações. Também verifique os problemas remanescentes associados ao que foi estudado e que foram percebidos ao longo da aplicação do método sobre o problema inicial, e planeje a abordagem a esses problemas. Enfim, discuta e planeje o que pode ser melhorado no método, no problema estudado e em outros problemas relacionados ao que foi abordado.

Se esses passos forem claramente entendidos e implementados na sequência apresentada, as atividades de melhoria dos processos serão consistentes do ponto de vista lógico e cumulativas ao longo do tempo.

O Quadro 7.3 apresenta uma síntese das etapas do MASP e dos objetivos de cada etapa.

Esse método pode parecer uma maneira relativamente simplista de se resolver um problema, mas, ao longo do tempo, ele demonstra ser a rota mais segura, curta e que permite a aprendizagem para a análise e a solução de problemas, usando uma abordagem mais científica. Ele deve ser internalizado no modo de pensar e de agir das pessoas e nas sistemáticas e procedimentos de trabalho da empresa.

**Quadro 7.3 — Etapas do MASP e seus objetivos**

| Etapas | Objetivo |
| --- | --- |
| 1) Identificação do problema | Definir claramente o problema e reconhecer sua importância. Ou seja, avaliar o que se perde e o que se pode ganhar com a solução do problema. |
| 2) Observação | Investigar as características específicas do problema, com uma visão ampla, sob vários pontos de vista, e de forma participativa. |
| 3) Análise | Identificar as causas mais importantes, a relação de causa e efeito entre elas e, dentre estas, a causa raiz. |
| 4) Plano de ação | Discutir e elaborar um plano de ação, possível, que elimine ou controle a causa raiz. |
| 5) Ação | Eliminar, controlar ou bloquear a causa raiz. |
| 6) Verificação | Acompanhar os resultados do processo e verificar se a ação e o controle da causa foram efetivos. Observar a eventual geração de efeitos colaterais indesejáveis. Se não foram gerados os efeitos desejados, deve-se retornar à Etapa 2. |
| 7) Padronização | Padronizar ou adequar os padrões existentes (de produto e processo) para se prevenir contra o reaparecimento do problema. |
| 8) Conclusão | Revisar e discutir toda a experiência do processo de solução do problema (aplicação do MASP) para gerar e difundir aprendizagens para futuras aplicações do método. Planejar a abordagem de problemas remanescentes, relacionados ao problema estudado, ou ao foco em mais melhorias no problema estudado ou a novos problemas identificados. |

## QUESTÕES PARA DISCUSSÃO

1) Quais as diferenças básicas entre as abordagens da melhoria contínua e da inovação radical?
2) Quais as principais características da abordagem de melhoria contínua?
3) Discuta sobre as habilidades básicas necessárias para a prática efetiva da melhoria contínua em uma organização.
4) Você considera que a capacitação nas técnicas estatísticas básicas e no método de solução de problemas é suficiente para uma implantação efetiva e um bom desempenho em melhoria contínua?
5) Discuta como o conceito de níveis de maturidade pode ser aplicado para se aprimorar a eficácia e a eficiência da melhoria contínua em uma organização.
6) Quais as principais características e elementos necessários à gestão da melhoria contínua em uma organização?
7) Considere um problema recorrente (efeito indesejado de um processo que se manifesta, é abordado, mas volta a ocorrer novamente) na sua atividade profissional ou de sua vida pessoal e tente abordá-lo e solucioná-lo segundo as etapas do MASP.

## BIBLIOGRAFIA

BESSANT, J.; CAFFYN, S. High involvement innovation through continuous improvement. *International Journal of Technology Management*, v. 14, n. 1, p. 7-28, 1997.

_____; _____; GALLAGHER, M. An evolutionary model of continuous improvement behavior. *Technovation*, v. 21, p. 67-77, 2001.

BOER, H.; KUHN, J.; GERTSEN, F. Continuous innovation – managing dualities through coordination. *CINet Working Paper Series*, p. 1-15, 2006.

HYLAND, P.; BOER, H. A continuous innovation framework: some thoughts for consideration. *VII CINet Conference*. Lucca, Italy, p. 389-400, 2006.

IRANI, Z.; BESKESE, A.; LOVE, P.E.D. Total quality management and corporate culture: constructs of organizational excellence. *Technovation*, v. 24, p. 643-650, 2004.

JAGER, B. et al. Enabling continuous improvement: a case study of implementation. *Journal of Manufacturing Technology Management*, v. 15, n. 4, p. 315-324, 2004.

KAYE, M.; ANDERSON, R. Continuous improvement: the ten essential criteria. *International Journal of Quality & Reliability Management*, v. 16, n. 5, p. 485-506, 1999.

MARSHALL, I. et al. *Gestão da qualidade*. 2. ed. Rio de Janeiro: Editora FGV, 2003.

MERLI, G. Eurochallange. *The TQM aproach to capturing global markets*. Oxford, England: IFS, 1993.

POIRIER, C.C.; HOUSER, W.F. *Business partnering for continuous improvement*. San Francisco: Berret-Koehler Publishers, 1993.

SHIBA, S.; GRAHAM, A.; WALDEN, D. *A new american TQM*: four practical revolutions in management. Cambridge: Productivity Press, 1993.

SLACK, N.; JOHNSTON, R.; CHAMBERS, S. *Administração da produção*. 2. ed. São Paulo: Atlas, 2002.

# Qualidade em Serviços

## 8.1 A IMPORTÂNCIA DOS SERVIÇOS

Nas últimas décadas tem-se verificado uma mudança na posição relativa entre os setores econômicos primário, secundário e terciário. Após a Segunda Guerra Mundial, o desenvolvimento industrial foi o principal responsável pela formação e ascensão das grandes potências econômicas. A indústria não era apenas a principal fonte geradora de riqueza, mas também o principal setor absorvedor de mão de obra. Contudo, nos últimos tempos, mudanças socioeconômicas proporcionaram um crescimento maior do setor de serviços. O mundo moderno demanda serviços dos mais variados tipos e de melhor qualidade.

Devido a sua crescente importância, o setor de serviços necessita desenvolver conceitos e metodologias adequados às especificidades de seus sistemas de produção. Um tema recorrente quando falamos em serviços é a baixa qualidade dos serviços prestados de modo geral. Exemplos de má qualidade não são raros, mesmo em organizações mais dinâmicas e modernas, como grandes bancos, supermercados, hospitais, empresas aéreas etc. Por isso, é importante aplicar os conceitos da gestão da qualidade no setor.

O setor de serviços já responde por mais da metade do Produto Interno Bruto e pela maioria dos postos de trabalho em muitos países. Países como Estados Unidos, Canadá, Dinamarca, França, Inglaterra e outros países desenvolvidos são exemplos do papel do setor de serviços na criação da riqueza e do emprego de um país.

No caso da geração de empregos, o setor dos serviços assume uma posição estratégica. Os serviços podem ser caracterizados pelo uso de alta tecnologia e aplicação intensiva de conhecimento em sua prestação, assim como pelo uso intensivo de mão de obra menos qualificada. Enquanto a indústria caracteriza-se pela redução da participação humana em sua atividade, precisamos das pessoas na prestação de muitos serviços. Por exemplo, uma agência de propaganda, uma escola, uma consultoria, uma clínica médica e outros serviços são fortemente dependentes das pessoas que ali trabalham.

Alguns fatores que propiciaram o crescimento do setor de serviços nas economias nacionais são:

- Desejo de melhor qualidade de vida.
- Mais tempo de lazer.
- A urbanização tornando necessários alguns novos serviços.
- Mudanças demográficas aumentam a quantidade de crianças ou idosos, os quais consomem maior variedade de serviços.
- Mudanças socioeconômicas, como o aumento da participação da mulher no trabalho remunerado e pressões sobre o tempo pessoal.
- Aumento da sofisticação dos consumidores, levando a necessidade mais ampla de serviços.

- Mudanças tecnológicas que têm aumentado a qualidade dos serviços ou que vêm criando serviços completamente novos.

O setor de serviços é composto por um conjunto de atividades que não estão diretamente associadas às atividades industriais, de mineração e de agricultura. Uma característica do setor é a sua abrangência e diversidade. A prestação de serviços pode ser feita tanto por prestadores individuais (cabeleireiros, massagistas etc.) como por empresas globais de grande porte.

Segundo a Comissão Nacional de Classificação Econômica (CNAE), que utiliza a metodologia de classificação do setor de serviços definida pela Standard Industrial Classification da Organização das Nações Unidas (ONU), os principais segmentos constituintes do setor são: hospitalidade, transporte, telecomunicações, educação, saúde, comércio, intermediação financeira, administração pública, seguros, lazer etc. O Quadro 8.1 apresenta alguns dos principais segmentos do setor de serviços e as atividades a eles relacionadas.

No Brasil, as estatísticas relativas ao setor de serviços seguem o mesmo padrão apresentado nos países mais industrializados. Segundo dados do Instituto Brasileiro de Geografia e Estatística (IBGE), o setor de serviços é o mais importante da economia brasileira em comparação aos setores agrícola e industrial. No ano de 2009, o setor respondeu por 68,5% do Produto Interno Bruto (PIB) (IBGE, 2010).

A análise da Figura 8.1 permite observar que nas últimas seis décadas a participação do setor de serviços vem se mantendo como preponderante no Produto Interno Bruto. A partir de 2007, o IBGE apresentou uma nova metodologia para contabilização das contas nacionais. Os dados a partir do ano 2000 foram recalculados com base nessa nova metodologia. Com isso, o setor de serviços passou a representar aproximadamente 65% do

| Quadro 8.1 | Principais ramos do setor de serviços |
|---|---|
| Serviço | Atividades relacionadas |
| Comércio | Venda de mercadorias |
| Transporte e distribuição | Distribuição de mercadorias |
| Informação | Geração e disseminação de informação escrita, auditiva e visual, incluindo filmes, softwares e discos |
| Finanças e seguro | Transações financeiras (bancos, financeiras, corretoras de valores etc.) |
| Imobiliário | Transferência temporária de propriedade e transferência definitiva de bens |
| Profissional, científico e técnico | Fornecimento de conhecimento especializado (empresas de consultoria, engenharia, contabilidade, informática etc.) |
| Educação | Fornecimento de instrução e treinamento (escolas e centros especializados de treinamento) |
| Saúde e assistência social | Fornecimento de serviços de saúde e assistência social (clínicas médicas, hospitais, laboratórios etc.) |
| Arte, entretenimento e recreação | Fornecimento de atividade de lazer de modo geral (museus, teatros, cinemas, atividades esportivas etc.) |
| Hospitalidade e alimentação | Fornecimento de meios de hospedagem e alimentação (hotéis, pensões, bares, restaurantes etc.) |
| Administração pública | Governo e órgãos da administração pública direta e indireta |
| Outros serviços | Fornecimento de serviços pessoais, reparos, manutenção e apoio etc. |

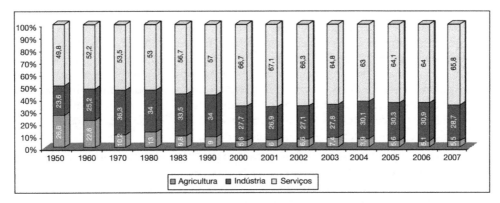

**Figura 8.1** | Composição do PIB por setor de atividade econômica. (Fonte: IBGE.)

valor adicionado do PIB (agregado à economia como um todo), um incremento de mais de 10 pontos em relação ao observado na década de 1990.

O setor de serviços ocupa também uma posição de destaque na geração de empregos no país. Em 1995, o setor de serviços já abrigava mais da metade (52%) da população ocupada do país. No ano de 2009, o setor respondeu por mais de 70% dos empregos formais (IBGE, 2010). Esses números reforçam a importância do setor de serviços na economia brasileira.

## 8.2 OS SERVIÇOS COMO ESTRATÉGIA DAS INDÚSTRIAS

Não é correto categorizar as empresas em prestadoras de serviços ou de manufatura, pois o que se observa é que normalmente uma empresa pode oferecer um pacote que envolve tanto produtos (bens) como serviços aos seus clientes. Mesmo empresas que são tipicamente industriais também buscam incorporar os serviços em suas atividades e negócios.

A incorporação de serviços à oferta de produtos tradicionais (bens físicos) pelas empresas industriais abre a possibilidade de se auferirem vantagens competitivas em relação aos concorrentes. Tais serviços incorporados à oferta ou à produção auxiliam a: a) **aumentar a proposta de valor**, b) **dar suporte às atividades de manufatura** e c) **gerar novos negócios**.

**O primeiro caso significa usar serviços para agregar valor a um bem físico** por meio da oferta de serviços complementares. É uma tentativa de oferecer um "pacote" mais atrativo para os clientes. Por exemplo, quando compramos um carro, além do bem propriamente dito, compramos também serviços como assistência técnica ou proteção contra acidentes. Nesse exemplo, a oferta total corresponde ao pacote formado pelo bem físico (carro) e os serviços associados (assistência e seguro).

Qual a vantagem dessa estratégia? Pode-se afirmar que os produtos estão cada vez mais parecidos, e a profusão de marcas e fabricantes acaba diminuindo as margens de lucro. Isso fez com que muitas empresas investissem na oferta de serviços como elementos de diferenciação. A lógica é que os clientes norteiam suas ações de compra com base na relação entre o valor percebido (vantagens obtidas do produto, serviços, pessoal e imagem) e o preço do produto. Assim, uma maneira de se aumentar a atratividade de produtos da empresa é agregar-lhes serviços (entrega, assistência técnica, garantias, seguros, crédito, distribuição, informação, pós-venda etc.), elevando o valor percebido pelo cliente.

**Os serviços também funcionam como atividades internas de apoio à manufatura.** Nesse caso, a empresa deve ser entendida como uma coleção de processos de negócio nos quais existem fornecedores e clientes internos. Por exemplo, o departamento de recursos humanos de uma empresa é um prestador de serviços de recrutamento e seleção, treinamento, avaliação de desempenho e de recompensa para vários outros departamentos da empresa. A boa gestão dessa cadeia de cliente-fornecedor pode contribuir para aumentar a integração entre os departamentos (integração funcional), porém depende de uma boa gestão dos serviços internos para que as necessidades dos departamentos clientes sejam atendidas e, consequentemente, de toda a empresa.

Por fim, mesmo empresas tipicamente de produtos adotam a **estratégia da oferta de serviços como novos negócios.** Muitos serviços que foram criados para auxiliar a comercialização de bens passaram a representar importantes unidades de negócios para essas empresas. Por exemplo, uma multinacional que fabrica diversos equipamentos eletrônicos, hospitalares e industriais também possui uma unidade de negócio que presta serviços de segurança comercial e residencial. Outros exemplos são a criação de unidades de negócios prestadoras de serviços nas áreas de consultoria, crédito e distribuição por empresas industriais.

## 8.3 MAS O QUE SÃO OS SERVIÇOS?

Entender o conceito de serviços é importante para a compreensão das diferenças entre bens e serviços. Entretanto, é importante antecipar que um serviço é um fenômeno complexo e difícil de ser conceituado. Há diversas definições disponíveis na bibliografia sobre o tema:

- Serviço é qualquer ato ou desempenho que uma parte pode oferecer a outra e que seja essencialmente intangível. Sua produção pode ou não estar vinculada a um bem físico.
- Serviço é todo trabalho feito por uma pessoa em benefício de outra. Já qualidade em serviço compreende-se que é a medida em que uma coisa ou experiência satisfaz uma necessidade, soluciona um problema ou agrega valor em benefício de uma pessoa.

Para Lovelock (2001), serviço é um ato ou desempenho oferecido por uma parte a outra. Embora o processo possa estar ligado a um produto físico, o desempenho é essencialmente intangível e normalmente não resulta em propriedade de nenhum dos fatores de produção. Da mesma forma, os serviços são atividades econômicas que criam valor e fornecem benefícios para o cliente em tempos e lugares específicos, como decorrência da realização de uma mudança desejada no ou em nome do destinatário do serviço.

Para Grönroos (1995), serviço é uma atividade ou um conjunto de atividades de natureza mais ou menos intangível que, normalmente, acontece durante as interações entre clientes e empregados de serviços e/ou com recursos físicos e/ou com sistemas do fornecedor de serviços.

Outra definição importante é dada pela norma NBR ISO 9000:2005 (ABNT, 2005), segundo a qual serviços são os resultados de pelo menos uma atividade desempenhada, necessariamente, pela **interface entre o fornecedor e o cliente** e é, geralmente, intangível. A prestação do serviço pode envolver, entre outros fatores, uma atividade realizada em um produto tangível fornecido pelo cliente; uma atividade realizada em um produto intangível fornecido pelo cliente; a entrega de um produto intangível; e a criação de um ambiente agradável para o cliente.

Como apresentado, são várias as definições possíveis para o termo serviços. Com base nelas, podem-se encontrar alguns elementos comuns:

- Serviço é um ato, uma atividade ou um desempenho.
- Serviço apresenta algum grau de intangibilidade.
- Serviço é realizado por meio da interface entre o fornecedor do serviço e o cliente ou algum bem de sua propriedade.
- Um serviço pode estar vinculado à oferta de um bem físico.

## 8.4 PACOTE DE SERVIÇOS

Vimos que, quer uma organização produza predominantemente produtos físicos ou serviços, a oferta total ao cliente, na maioria dos casos, será um pacote que incorpora tanto serviços como bens físicos.

O pacote de serviços é formado por um **serviço principal** e por **serviços periféricos**. O primeiro corresponde à oferta principal da organização e fator motivador de compra para o cliente. Já os **serviços periféricos** ou auxiliares complementam a oferta e influenciam positivamente as expectativas dos consumidores.

Os principais componentes do pacote de serviços são:

- **Instalações de apoio:** são os recursos físicos que devem estar disponíveis antes de se oferecer o serviço, como as instalações e os equipamentos utilizados. As instalações de apoio são um elemento visível do serviço. Apesar de não representar parte fundamental do serviço, a busca do cliente por vestígios tangíveis ao avaliar a qualidade do serviço faz com que os cuidados com a "aparência" sejam extremamente importantes.
- **Bens facilitadores:** são bens físicos diretamente associados aos serviços e que devem ser consumidos ou utilizados no processo de prestação do serviço. Os bens facilitadores também são visíveis, afetando a avaliação da qualidade do serviço pelo cliente.
- **Serviços explícitos:** correspondem ao serviço principal e proporcionam benefícios facilmente percebidos pelo cliente. São as características essenciais ou intrínsecas dos serviços.
- **Serviços implícitos:** são os benefícios psicológicos que o cliente pode sentir, ou características extrínsecas do serviço. São considerados auxiliares à oferta principal, mas em determinados serviços é difícil separá-los dos explícitos.

A distinção entre serviços explícitos e implícitos nem sempre é clara. Um serviço que em uma situação está facilitando o serviço principal pode se tornar um serviço de suporte em outro contexto. O Quadro 8.2 apresenta o pacote de serviços para diversos tipos de serviços. Analise cada um deles.

Todos esses elementos são notados pelos clientes em maior ou menor grau, e constituem a base para a sua avaliação da qualidade do serviço prestado. Por isso, uma empresa, ao desenvolver um novo serviço, por exemplo, um serviço de entrega de alimentos, deve pensar em todos os componentes do pacote de serviços, pois todos contribuem para a formação da qualidade para o consumidor.

| Quadro 8.2 | Componentes do pacote de serviços |
|---|---|
| **Instalações de apoio** ||
| Hospital - prédio, leitos, equipamentos de radiografia, uniformes dos enfermeiros etc. Empresa aérea - aeronave, terminal, computadores, salas de espera etc. Restaurante - prédio, mesas, equipamentos de cozinha, uniformes dos empregados etc. Escola - prédio, laboratórios, retroprojetor, computadores, *datashows*, lousas eletrônicas etc. Banco - prédio utilizado pela agência, mobiliário, equipamentos de atendimento eletrônico etc. ||
| **Bens facilitadores** ||
| Hospital - refeições, remédios, seringas, ataduras etc. Empresa aérea - bilhete, refeições de bordo, revistas, cartões de fidelidade etc. Restaurante - comida, bebida, brindes, brinquedos para crianças etc. Escola - apostilas, material de aulas práticas, certificado etc. Banco - prédio utilizado pela agência, mesas de atendimento, equipamentos de atendimento eletrônico etc. ||
| **Serviços implícitos** ||
| Hospital - ambiente, informação, alimentação, hotelaria etc. Empresa aérea - segurança, *status*, alimentação etc. Restaurante - ambiente, *status* etc. Escola - *status*, cursos acessórios, atividades de lazer etc. Banco - *status*, comodidade de atendimento etc. ||
| **Serviços explícitos** ||
| Hospital - tratamento e atendimento médico. Empresa aérea - transporte e atendimento. Restaurante - divertimento e fornecimento de comida. Escola - fornecimento de informações, ensino. Banco - atendimento, empréstimos, investimentos, concessão de créditos etc. ||

## 8.5 CARACTERÍSTICAS DOS SERVIÇOS

O termo produto é um termo genérico que se refere tanto a bens físicos quanto a serviços. Os bens são descritos como objetos ou dispositivos físicos; já os serviços, como vimos, são atos, desempenhos ou atividades prestados. As pesquisas sobre serviços costumam buscar diferenças entre os bens físicos e os serviços.

Tradicionalmente, eram apontadas quatro características principais relacionadas aos serviços que os distinguiam dos bens físicos: a **intangibilidade**, a **inseparabilidade**, a **heterogeneidade** e a **perecibilidade**.

Embora essas características ainda sejam enfatizadas, elas têm sido criticadas por simplificarem demais o mundo real. A dicotomia entre bens e serviços nem sempre acontece na prática e pode ser enganosa, já que dificilmente encontraremos serviços ou bens que sejam exclusivamente puros. Como as empresas oferecem aos seus clientes pacotes que incluem bens e serviços, podemos ter serviços que não são exclusivamente intangíveis ou bens físicos que possuem elementos intangíveis. Pense, por exemplo, no caso de uma empresa de ônibus que oferece o serviço de transporte, mas também pode oferecer refeições, jornais ou outros bens associados.

Apesar das limitações, vamos conhecer cada uma dessas características e suas influências na criação e prestação dos serviços.

## 8.5.1 Intangibilidade

Os serviços podem ser caracterizados por possuírem uma natureza intangível. Basicamente, significam uma experiência que, geralmente, não pode ser avaliada pelo consumidor antes da compra, já que não pode ser tocado, provado, ouvido ou cheirado.

Na verdade, o correto é pensar numa escala de intangibilidade, ou seja, existem serviços que são mais intangíveis e outros que estão mais associados a bens físicos. Por exemplo, quando comparamos um serviço de consultoria com uma viagem de avião, temos diferentes níveis de intangibilidade relacionados a cada um desses serviços. A Figura 8.2 demonstra essa situação.

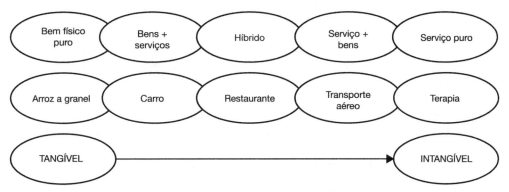

**Figura 8.2** | Escala de tangibilidade.

A seguir são expostas algumas implicações da intangibilidade para os serviços.

Para o marketing, podem ser encontradas algumas dificuldades na avaliação da qualidade dos serviços, já que a intangibilidade torna difícil a demonstração dos benefícios do serviço para o cliente. Uma estratégia para diminuir a incerteza e atitudes conservadoras de compra de novos serviços é por meio do fornecimento de evidências (físicas, informações etc.) que facilitariam a percepção da qualidade do serviço. Por exemplo, muitas instituições de ensino permitem que futuros clientes possam assistir a uma aula antes de se matricularem oficialmente.

A intangibilidade permite que a criação de novos serviços ou a introdução de melhorias nos existentes sejam um processo relativamente fácil, rápido e barato se comparado ao desenvolvimento de novos produtos. Se por um lado isso permite a oferta de serviços mais customizados para cada segmento de mercado, existe também a possibilidade de proliferação de serviços similares (por exemplo, os serviços prestados por uma empresa de telefonia celular ou um banco).

## 8.5.2 Inseparabilidade

A inseparabilidade ou simultaneidade entre produção e consumo é outra característica dos serviços. Geralmente não há uma etapa intermediária entre a produção de um serviço e seu consumo por um cliente.

Como implicações, temos que a presença do cliente ou um bem de sua propriedade é fundamental para desencadear o processo de fornecimento do serviço. O cliente não é apenas um receptor do serviço, mas é ele quem inicia o processo e, em muitos casos, é um ator importante na prestação do serviço prestado (por exemplo, num restaurante *self-service*). Nos serviços, temos a presença e a participação do cliente no sistema de operações de serviços. Veremos a seguir que tanto o grau de contato quanto o grau de participação do cliente no processo de prestação variam de serviço para serviço.

Isso implica que a qualidade do serviço dependerá da própria habilidade do cliente de interagir com o processo, já que ele desempenha papéis específicos dentro do processo de fornecimento. A empresa deve "treinar" o cliente, dando-lhe informações sobre as tarefas que ele deve desempenhar e como realizá-las. Assim, deve evitar que a própria "má atuação" do cliente interfira em seu julgamento da qualidade da empresa.

A gestão da qualidade é também afetada pela dificuldade de realização das atividades de inspeção, tradicionais nas empresas de manufatura. Essa situação é mais evidente nos serviços intensivos de mão de obra, pois a "qualidade do serviço" é criada durante a prestação. Por isso, as empresas de serviços devem investir no controle e na garantia da qualidade dos processos, por exemplo.

Outra consequência é que a qualidade final do serviço não será apenas resultado do serviço propriamente dito, mas também do processo de fornecimento do serviço (atendimento), no qual o cliente julgará seus aspectos físicos, o comportamento e a aparência das pessoas envolvidas. Isso se torna mais evidente nos serviços intensivos no uso de mão de obra. Pense como você avalia a qualidade de um restaurante!

O maior contato do cliente com os empregados da empresa de serviços tem vantagens e desvantagens. Quanto menor for esse contato, maior o potencial do sistema de operações de serviços em operar com maior eficiência. Isso permite a utilização de um estilo de gerenciamento semelhante à manufatura. Alguns setores como telecomunicações, bancos e correios têm usado a tecnologia como alternativa de redução do contato físico com o cliente.

Por outro lado, as empresas podem utilizar-se dessa maior interatividade para customizar o serviço da empresa para atender às necessidades específicas de determinados clientes. O maior contato é também uma oportunidade para a geração de ideias para novos serviços e para a avaliação da qualidade dos serviços prestados. Para isso, nas empresas de serviços, os colaboradores que atendem aos clientes devem exercer tanto atividades operacionais como de *marketing*.

### 8.5.3 Heterogeneidade

Os serviços são altamente variáveis, pois dependem de quem os executa e de onde são prestados. As principais fontes de variações são: as pessoas, o tempo, o próprio processo de fornecimento e o ambiente. A existência da heterogeneidade ou variabilidade em serviços pode dificultar a padronização dos resultados. Por isso, algumas empresas buscam na padronização dos serviços uma forma de aumentar a eficiência, a confiabilidade e a qualidade dos serviços prestados. Nesse caso, temos a "industrialização" de certos tipos de serviços.

Grande parte da variabilidade pode ser atribuída à forte influência do fator humano no processo de produção do serviço. Quando empresas adotam políticas de substituição da mão de obra humana pelo uso de máquinas, a variabilidade diminui. Um exemplo dessa estratégia pode ser observado no setor bancário, já que muitos serviços (saques, depósitos, conferências de saldo e transferências) estão sendo automatizados e executados por caixas automáticos e pela internet.

Além do uso da tecnologia na forma de máquinas, equipamentos e computadores, a "industrialização" dos serviços pode ser alcançada pela utilização de sistemas planejados, organizados e padronizados de atendimento. Por exemplo, algumas empresas de *fast-food* treinam seus empregados para seguirem procedimentos padrões de atendimento.

Algumas empresas de serviços, entretanto, podem se beneficiar da heterogeneidade dos serviços, transformando-a numa vantagem competitiva por meio da customização dos serviços, moldando-os às necessidades de pequenos grupos de clientes ou clientes individuais. Esse é o caso de serviços como os de aconselhamento financeiro, projetos de arquitetura e consultorias.

Portanto, a variabilidade tem um lado positivo: a customização, a personalização, o atendimento diferenciado às expectativas de grupos de clientes. Porém, tem também um lado negativo: a dificuldade do estabelecimento de um padrão de serviço, de um desempenho padronizado, imune a erros. Certamente, as empresas, ao definirem suas estratégias de operação de serviços, devem atentar para essa questão.

### 8.5.4 Perecibilidade

Essa característica dos serviços diz respeito à impossibilidade de os serviços serem estocados depois de produzidos, uma característica que decorre da própria simultaneidade dos serviços. Apesar de essa característica estar presente também em alguns tipos de produtos (por exemplo, um sanduíche), ela é mais comum para os serviços.

Uma implicação dessa característica está na necessidade de se equilibrar a oferta e a demanda do serviço. O grande problema é como administrar a demanda de um serviço. As empresas de manufatura podem administrar a demanda por meio de estratégias como adequar a capacidade de produção (instalações, máquinas, pessoas etc.) à demanda, usar estoques para atender picos de demanda ou adotar estratégias para nivelar a demanda, mantendo-a mais constante ao longo do tempo. Dependendo do tipo de serviço, apenas a primeira e a terceira podem ser usadas por empresas de serviços.

Agora pense neste exemplo. Imagine uma viagem aérea com 100 lugares. Se houver apenas 10 passageiros, o custo do voo será praticamente o mesmo que se o avião estivesse lotado. Na verdade, os lugares que a empresa aérea não vender jamais serão recuperados por ela novamente. Numa outra situação, imagine uma demanda de 150 passageiros para um determinado voo. Como a capacidade é de apenas 100 lugares, a empresa aérea perdeu dinheiro.

Esse exemplo ilustra que, em determinados momentos, uma empresa de serviço pode enfrentar momentos de alta demanda e outros de pequena demanda. Assim, encontrar o ponto ótimo entre oferta e demanda é crucial em serviços para não ocorrer um problema comum em serviços, que tanto pode ser não conseguir atender o excesso de demanda (e perder clientes em função disso) quanto ter que suportar pesados custos operacionais sem a demanda correspondente.

O Quadro 8.3 sintetiza algumas das diferenças entre os serviços e os bens físicos. Essas diferenças não podem ser generalizadas, pois existem contraexemplos que os comprometem. Todavia, a presença e existência dessas características num determinado sistema de operação de serviços deve ser avaliada pelo gerente de operações.

| Quadro 8.3 | Diferenças entre serviços e bens físicos |
|---|---|
| **Serviços** | **Bens físicos** |
| São mais intangíveis | São mais tangíveis |
| É um processo, uma atividade ou uma experiência | É um bem físico |
| São mais heterogêneos | São mais homogêneos |
| Apresentam dificuldades de avaliação antes da compra | Podem ser demonstrados antes da compra |
| Produção e consumo simultâneos | Produção e consumo são etapas distintas |
| Maior participação do cliente no processo de produção do serviço | No geral, o cliente não participa da produção dos bens |
| Maior contato do cliente com algum aspecto da prestação do serviço | Pouco contato entre a empresa e o cliente |
| Avaliação se dá tanto pelo serviço quanto pelo atendimento recebido | Avaliação se concentra principalmente no bem |

## 8.6 TIPOLOGIA DE SERVIÇOS

Cada tipo de serviço merece uma estratégia diferente quanto a sua gestão, de acordo com suas especificidades. O modo tradicional de agrupar serviços é por ramo de atividades (transporte, saúde, hotelaria etc.), mas isso não é muito adequado, pois a forma de prestação do serviço pode diferir ainda que dentro do mesmo ramo. Portanto, são necessárias outras formas de classificação.

Os serviços podem ser classificados a partir das dimensões volume e variedade. A dimensão volume refere-se à quantidade de clientes "processados" por unidade de prestação de serviço, por dia. Já a dimensão de variedade depende dos seguintes fatores:

- **Foco em pessoas ou equipamentos:** depende se os serviços são mais baseados em pessoas ou em equipamentos. Os primeiros são mais flexíveis e sujeitos à variabilidade. Os processos baseados em equipamentos são mais adequados à padronização.
- **Grau de contato com o cliente:** refere-se ao envolvimento do cliente na prestação do serviço. As operações de alto grau de contato estão sujeitas a maior variabilidade, menor produtividade e controle mais difícil. As operações de baixo contato são mais previsíveis e possuem maior controle e produtividade.
- **Grau de personalização do serviço:** depende da possibilidade de adequar ou não o serviço às necessidades específicas de cada cliente.
- **Grau de autonomia:** refere-se à autonomia dos colaboradores em atender as necessidades específicas e resolver problemas dos clientes.
- **Foco no produto ou no processo:** depende se a oferta ao cliente se aproxima mais de um serviço puro ou da manufatura.
- **Ênfase na linha de frente ou retaguarda:** as operações de alto contato com o cliente são chamadas de linha de frente, e as de baixo contato são chamadas de retaguarda, devendo ser gerenciadas de formas diferenciadas. Refere-se a se a prestação do serviço ocorre mais na linha de frente ou na retaguarda.

Com base nessas dimensões, pode-se pensar em três categorias de serviços:

- **Serviços profissionais:** são caracterizados pelo alto grau de contato com os clientes, no processo baseado nas pessoas, e permitem a personalização dos serviços. Possuem maior complexidade, o que resulta num número pequeno de clientes processados. Como exemplos, temos os serviços de consultoria e de assistência médica.
- **Loja de serviços:** são serviços prestados por agências bancárias, restaurantes, hotéis e outras empresas que atendem um número razoável de clientes, utilizando-se tanto de processos baseados no atendimento pessoal (alto contato) quanto em operações padronizadas desempenhadas por equipamentos. Os clientes importam-se tanto com o resultado do serviço quanto com o processo de atendimento.
- **Serviços de massa:** possuem processos com um grande volume de clientes processados por unidade. Em contrapartida, são caracterizados pela baixa personalização dos serviços, pelo baixo contato, pela ênfase nos equipamentos e nas operações de retaguarda. Exemplos são o transporte urbano, os supermercados e os serviços de telecomunicações.

Essa classificação deve ser compreendida de maneira flexível, já que não existem padrões rígidos ao se enquadrar um serviço em um ou outro grupo. Uma mesma empresa pode ter processos de serviços diferentes que apresentam características variadas e, portanto, classificados em grupos diferentes.

## 8.7 O SISTEMA DE PRESTAÇÃO DE SERVIÇOS

Vamos agora imaginar uma agência bancária. O cliente dessa agência tem acesso, por exemplo, a diversas áreas como a gerência, os caixas eletrônicos ou os demais caixas no interior da agência. Entretanto, há locais internos nos quais serviços são processados, mas sem a presença do cliente. Essa situação também é válida para outras organizações de serviços: restaurantes, hotéis, hospitais etc.

Nem sempre o cliente tem contato com todos os aspectos do processo de prestação do serviço. Portanto, podemos dividir o sistema de prestação de serviços em duas partes: uma na qual existe a interação entre o cliente e a empresa, e outra na qual não existe essa interação. Essas duas "partes" são chamadas de:

- **Linha de frente:** também chamada de *front office*, e onde são realizadas as atividades de alto contato entre os clientes e a organização de serviços; e
- **Retaguarda:** também chamada de *back office*, e onde ocorrem atividades sem o contato com os clientes.

A linha de frente e a retaguarda estão intimamente relacionadas. É como se a retaguarda prestasse um serviço interno à linha de frente. A qualidade do serviço ao cliente final (serviço externo) irá depender da qualidade do serviço interno. Da mesma forma, um bom serviço interno da retaguarda pode não ter validade se a linha de frente não tiver um bom desempenho.

Um conceito de grande relevância ao se examinar o sistema de operações de serviços é o de *linha de visibilidade*, que é usado para indicar a separação entre a linha de frente e a retaguarda. Assim, as atividades de linha de frente (que são visíveis para o cliente) estão à frente da linha de visibilidade, e as atividades de retaguarda (que são invisíveis para o cliente) estão atrás da linha. Uma empresa de serviços pode adotar a estratégia de aumentar ou diminuir a linha de visibilidade. O primeiro caso possibilitaria o melhor relacionamento com o cliente e a customização do serviço prestado. Por outro lado, ao reduzir as atividades de linha de frente, a empresa teria a possibilidade de automação dos serviços, maior padronização nos serviços prestados etc.

Vamos agora entender um pouco mais sobre as características da linha de frente e da retaguarda.

Na linha de frente, o cliente interage com outros consumidores, sistemas operacionais e rotinas, pessoas de contato e com recursos físicos e equipamentos. No geral, é na linha de frente que se encontram as maiores complexidades. Isso se deve à presença do cliente. As atividades de linha de frente têm como principais características:

- Baixo grau de estocabilidade dos elementos do pacote de serviços
- Mais alto grau de intensidade entre o cliente e a organização de serviços
- Maior grau de extensão de contato, ou seja, contatos mais duradouros
- Maior dificuldade de padronização do serviço, principalmente em atividades de atendimento
- Maior variabilidade nos serviços prestados
- Maior grau de incerteza, já que se torna difícil padronizar o comportamento humano no atendimento
- Maior dificuldade de controle

A retaguarda é composta por processos de apoio, que dão suporte à linha de frente, sem a presença do cliente. As atividades de retaguarda, muitas vezes, se assemelham aos processos de manufatura, tendo maior facilidade de padronização e adaptação de técnicas utilizadas na indústria. Algumas características dessa parte do sistema de operações em serviços são:

- Alto grau de estocabilidade dos elementos do pacote de serviços
- Menor grau de interação entre o cliente e a organização de serviços
- Possibilidade de padronização do serviço
- Menor variabilidade nos serviços prestados
- Possibilidade de padronização dos serviços
- Maior facilidade de controle

## 8.8 MOMENTOS DA VERDADE E CICLO DE SERVIÇOS

Na linha de frente, a todo instante em que o cliente entra em contato com algum aspecto da prestação do serviço ocorre um **momento da verdade** ou **encontro de serviço**.

A Figura 8.3 apresenta diversos momentos da verdade que ocorrem durante a realização de uma compra num supermercado. Em cada um deles, há um "encontro", que pode ser definido como o período de tempo em que um cliente interage diretamente com um serviço.

O momento da verdade nem sempre envolve necessariamente um contato pessoal. Um momento da verdade pode acontecer quando o cliente entra no estacionamento de uma loja, verificando se existem vagas, se o local está limpo e bem sinalizado. Esses são momentos da verdade, e podem ocorrer, portanto, antes mesmo do contato do cliente com um colaborador da empresa.

É no momento da verdade que o cliente percebe a qualidade do serviço. Durante a prestação do serviço, o cliente vivencia vários momentos da verdade, os quais ocorrem numa sequência específica. O conjunto de momentos da verdade durante a prestação de um determinado serviço forma o **ciclo de serviço**.

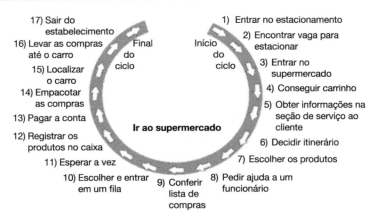

**Figura 8.3** | Ciclo de serviço para um supermercado.

Por isso, o gerente de serviços deve mapear todos os momentos da verdade que ocorrem na prestação de um determinado serviço. Essa ação é importante, pois focaliza os esforços da gestão de serviços nos encontros de serviço. É claro que alguns desses momentos têm uma importância maior. Existem aqueles que são críticos e que influenciam mais a percepção da qualidade do serviço. Por exemplo, no caso de uma consulta médica, os clientes tendem dar maior valor ao diagnóstico do médico do que à disponibilização de revistas na sala de espera.

Geralmente, os primeiros e os últimos momentos da verdade são mais críticos para os clientes. Os primeiros momentos da verdade servem para ajustar as expectativas do cliente em relação a toda a prestação do serviço. Já os momentos finais são importantes porque permanecem mais fortemente na memória dos clientes. Entretanto, nada impede que haja momentos críticos no meio do ciclo de serviços, como no exemplo da consulta médica.

## 8.9 AVALIAÇÃO DA QUALIDADE

A avaliação que o cliente faz de um determinado serviço se dá por meio da comparação entre o que o cliente esperava do serviço e o que ele percebeu do serviço prestado. Essa avaliação se dá durante ou após o término da prestação do serviço prestado.

A Figura 8.4 representa o modelo de avaliação da qualidade do serviço prestado. Na verdade, é um modelo genérico que também pode ser utilizado na avaliação de bens físicos. Contudo, ele é mais adequado aos serviços, principalmente em virtude de sua natureza intangível.

A qualidade do serviço percebida é dada pela relação entre a qualidade esperada (serviço esperado) e a qualidade experimentada (serviço percebido), ou seja, é a diferença entre as expectativas e necessidades do cliente em relação ao serviço e a percepção do serviço pelo cliente.

Para a compreensão correta do conceito da qualidade percebida, precisamos primeiro entender o que são necessidades, expectativas, percepções e satisfação, e como estão relacionadas.

Uma **necessidade** é um estado de desequilíbrio interno do indivíduo, que é resultado de uma privação da satisfação. A Teoria das Necessidades de Maslow classifica as necessidades humanas em cinco categorias: fisiológicas, de segurança, sociais, de estima e de autorrealização.

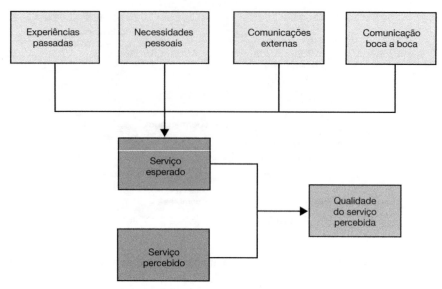

**Figura 8.4** | Avaliação da qualidade do serviço.

As **expectativas** representam o que o cliente espera do serviço, e são geradas a partir das necessidades. Porém, as expectativas podem ser mais ou menos exigentes que as necessidades reais. Por exemplo, um cliente pode ter a necessidade de acomodação. Entretanto, tem a expectativa de se hospedar num hotel luxuoso.

As expectativas do cliente são influenciadas por quatro fatores, a saber:

- **Comunicação boca a boca:** são as informações que os clientes recebem de terceiros e de outros clientes que já experimentaram o serviço. A dificuldade de avaliar o serviço antes da sua prestação leva os clientes potenciais a basear sua decisão de compra em recomendações de terceiros para buscar indicativos da qualidade do serviço. A comunicação boca a boca tem um peso maior nas ações de compra de serviços por clientes novos, ou seja, aqueles clientes que irão se utilizar pela primeira vez de um determinado serviço. As principais fontes de informações são pessoas do próprio relacionamento do cliente (familiares, amigos, colegas de trabalho etc.).
- **Experiências anteriores:** consistem no conhecimento prévio que o cliente tem do serviço em função de uma experiência anterior com a empresa ou o serviço. A recompra de um serviço é o resultado da satisfação do cliente com a experiência anterior. Por exemplo, quando clientes voltam a um restaurante ou compram um pacote turístico em uma mesma agência de viagem, procuram que esse resultado seja consistente com resultados anteriores.
- **Necessidades pessoais:** como vimos, são os principais fatores formadores das expectativas, já que é a partir delas que o cliente inicia o processo de compra.
- **Comunicação externa:** consiste nas formas de comunicação utilizadas pela empresa de serviço para divulgar seus serviços. São realizadas por meio de atividades de publicidade e propaganda desenvolvidas pelas próprias empresas (fontes comerciais) ou informações geradas a partir de fontes públicas (TV, jornais e revistas). A comunicação externa deve ser compatível com a capacidade do sistema de operações. Deve ser tomado cuidado para não gerar uma expectativa elevada que não poderá ser garantida durante a prestação do serviço. Do mesmo modo, não deve deixar de ser atraente, pois não despertaria o interesse do cliente na aquisição do serviço.

As **percepções** são como o cliente enxerga o serviço prestado. As percepções variam de pessoa para pessoa e também de acordo com a situação específica, porém são importantes para determinar a qualidade percebida pelo cliente em relação ao serviço como um todo, tanto o seu resultado como o processo que o gerou.

A empresa de serviços pode tanto atuar ativamente na formação de expectativas como direcionar a percepção da qualidade, de maneira a tornar o resultado dessa equação mais favorável a ela.

O nível de expectativas pode ser influenciado pelas informações divulgadas nas campanhas publicitárias executadas pelas empresas. Além disso, o próprio desempenho da empresa influencia a formação de expectativas por meio da comunicação boca a boca e a formação de experiências anteriores.

Ao atuar no lado da percepção do cliente, a empresa de serviço procura refinar seus processos de comunicação com o cliente para transmitir-lhe mais informações sobre o processo, e pode utilizar o ciclo de serviços para dar ênfase aos momentos da verdade críticos, que agregam maior valor à percepção da qualidade.

A qualidade percebida determina o grau de satisfação do cliente em relação ao serviço prestado. Podemos entender **satisfação** como o resultado da comparação entre o serviço esperado e o serviço recebido (Figura 8.5). Existem três possibilidades nessa comparação:

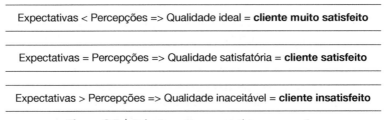

**Figura 8.5** | Relação entre expectativa e percepção.

A avaliação da qualidade está sujeita ao subjetivismo do cliente, tanto na formação das expectativas como na maneira com que ele compreende o desempenho da empresa.

## 8.10 DIMENSÕES DA QUALIDADE EM SERVIÇOS

O conceito de qualidade é subjetivo e de difícil operacionalização para todas as empresas. É subjetivo porque aquilo que é um bom serviço para você pode não ser para outra pessoa. Além disso, qualidade de serviço não deve ser entendida como um conceito único. Pense no seguinte exemplo: ao avaliar os serviços de um hotel, podemos pensar em várias características (cortesia de atendimento, limpeza do quarto, preço etc.) e avaliá-las separadamente. Portanto, o conceito da qualidade envolve uma multiplicidade de características.

As características de qualidade do serviço são muitas e de diversos tipos. Como existem inúmeras características, elas podem ser agrupadas por similaridade em dimensões da qualidade.

Chamaremos, então, de **dimensões da qualidade em serviços** o conjunto de características do serviço que compõem um determinado aspecto da qualidade. As dimensões são formadas em função da similaridade das características do serviço e de sua contribuição para a qualidade do serviço. Por exemplo: diversos aspectos tangíveis na prestação do serviço compõem a dimensão tangível, que procura refletir a qualidade das evidências físicas colocadas à disposição do cliente.

A Figura 8.6 apresenta o conjunto de dimensões para avaliação da qualidade em serviços.

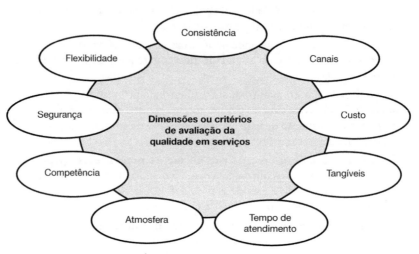

**Figura 8.6** | Dimensões da qualidade em serviços.

Essas dimensões da qualidade em serviços funcionam também como **critérios de avaliação**, pois refletem os fatores que os clientes levam em consideração para a avaliação do serviço, determinando a sua satisfação. Portanto, os clientes utilizam essas dimensões ou critérios de avaliação para fazer julgamentos sobre a qualidade dos serviços.

Devido às especificidades dos serviços, torna-se necessário pensar num conjunto próprio de dimensões. Entretanto, a definição dessas dimensões não é uma tarefa simples. Na verdade, têm sido apresentadas diversas propostas em relação ao conjunto de dimensões da qualidade em serviços.

Descreve-se a seguir cada uma dessas dimensões ou critérios de avaliação.

- **Consistência:** representa a capacidade da empresa em repetir o processo de prestação, e consequentemente seu resultado, isento de grandes variações. Assim, cria-se um padrão de atendimento que resulta na conformidade dos serviços produzidos. É importante relembrar que a consistência é um fator determinante para se conseguir a fidelidade do cliente (expectativa da experiência passada).
- **Tempo de atendimento:** refere-se à habilidade da empresa em atender seus clientes no tempo apropriado. Os clientes são colocados em situações altamente estressantes quando são obrigados a esperar demasiadamente pelo atendimento, o que contribui para a formação de uma imagem negativa. Em contrapartida, para alguns serviços, a rapidez de atendimento pode ser interpretada como um fator negativo.
- **Atmosfera:** esta dimensão não se preocupa com o fator tempo, mas com a cordialidade do atendimento. Nos serviços de alto contato, principalmente, a amabilidade, a educação e a presteza dos empregados são fundamentais para dar segurança e prazer ao cliente.
- **Canais de atendimento:** avaliam a facilidade que o cliente tem para entrar em contato com a empresa de serviço. As possibilidades de acesso são amplas, não se restringindo à própria presença do cliente na empresa, podendo ser efetuadas através de contato telefônico, serviços de entrega e sistemas informatizados (internet, fax, modem, e-mail).
- **Custo:** corresponde ao gasto financeiro do cliente ao adquirir o serviço.

- **Tangíveis:** propiciam o fornecimento de evidências físicas do serviço ou do sistema de operações (instalações físicas, equipamentos, pessoal e outros consumidores).
- **Segurança:** como os clientes sentem um alto risco ao comprar um serviço, essa dimensão representa a capacidade da empresa em baixar essa percepção de risco e a habilidade de transmitir confiança aos consumidores.
- **Competência:** consiste na habilidade e no conhecimento da empresa de serviços. Geralmente, esse critério é bastante valorizado pelo cliente, que busca no fornecedor um *know-how* de que não dispõe. Esse critério tem um peso maior na avaliação dos serviços prestados por consultorias, escritórios jurídicos e assistência médica, oficinas de reparo etc.
- **Flexibilidade:** representa a habilidade de adaptar-se rapidamente a novas configurações ambientais, como mudanças nas necessidades dos clientes, a introdução de inovações tecnológicas no processo e nos estilos de gerenciamento. Um aspecto importante dentro dessa dimensão é a flexibilidade de recuperação de erros.

Mas, afinal, quais dessas dimensões a organização de serviços deve valorizar?

As empresas de serviços não precisam ser as melhores em todas as dimensões da qualidade. Pelo contrário, bens e serviços podem se diferenciar em qualidade por meio do foco em um pequeno conjunto de dimensões, caracterizadas como as mais importantes para um tipo de segmento de mercado.

A priorização das dimensões da qualidade é fundamental para o sucesso da empresa, já que dificilmente existe uma organização de serviços com tantos recursos (financeiros, físicos, humano e gerencial), capaz de executar a excelência em todas as dimensões. Além disso, muitas delas se contradizem, como é o caso da consistência e da flexibilidade.

O importante é que cada empresa pesquise quais são as dimensões de qualidade mais valorizadas pelos clientes e, posteriormente, adote estratégias no sistema de operações de serviços que valorizem essas dimensões. Por fim, a compreensão dessas dimensões é fundamental para o sucesso competitivo da organização de serviço.

## 8.11 MODELO DA QUALIDADE EM SERVIÇOS

O modelo das cinco falhas (ZEITHAML *et al.*, 1990), demonstrado na Figura 8.7, foi desenvolvido a partir de pesquisas e entrevistas junto a diretores, gerentes e consumidores de quatro diferentes ramos do setor de serviços: bancos, seguradoras, empresas de cartão de crédito e empresas de reparo e manutenção de bens.

Considerado por muitos o mais consistente modelo da qualidade em serviço, recebe esse nome por ter identificado cinco falhas ou discrepâncias (*gaps*) entre o sistema de prestação do serviço e a qualidade esperada pelo consumidor, resultando em problemas na percepção da qualidade do serviço prestado.

O GAP 1 consiste numa discrepância entre a expectativa do consumidor e a percepção gerencial dessas expectativas. Demonstra que a gerência não consegue definir bem as expectativas de qualidade do cliente.

Ele surge graças à má interpretação das informações sobre as expectativas, à falta de dados precisos sobre o mercado/demanda e à presença de muitos níveis organizacionais que podem dificultar o fluxo das informações. Suas causas, segundo os autores, residem na insuficiência de pesquisas de mercado, no uso inadequado dos dados coletados e na baixa interação entre a gerência e os clientes. Para tal problemática existem diversas ações; todavia, uma das mais efetivas é a melhoria do conhecimento da área gerencial quanto às dimensões da qualidade mais valorizadas pelo cliente.

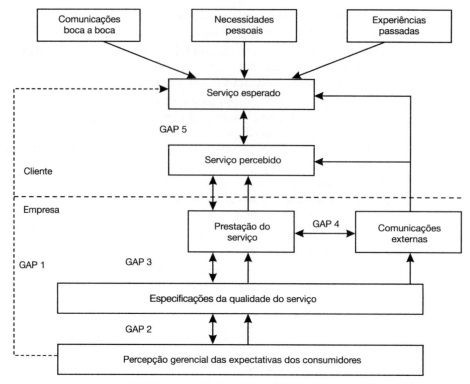

**Figura 8.7** | Modelo das cinco falhas (Zeithaml *et al.*, 1990).

Algumas medidas para se prevenir falhas desse tipo são:

- segmentar os clientes,
- efetuar pesquisas constantes,
- influir na formação das expectativas,
- identificar as dimensões de qualidade consideradas importantes para os clientes do par serviço-mercado,
- promover maior integração entre as áreas de marketing e de operações com a gerência, e
- desenvolver uma cultura de serviços.

O GAP 2 revela uma divergência entre as percepções gerenciais sobre as expectativas dos clientes e as especificações e padrões estabelecidos pela gerência para o serviço.

Sua presença surge devido a falhas no planejamento dos procedimentos, ao mau gerenciamento do planejamento e à falta de metas claramente definidas. Dessa forma, o sistema de prestação de serviço não consegue atender todas as necessidades e expectativas dos clientes, em virtude da escassez de recursos, condições de mercado ou deficiência gerencial.

Entre as causas da ocorrência do GAP 2 estão: a falta de comprometimento da gerência com a questão da qualidade, o uso de sistemas de padronização inadequados e o não estabelecimento de metas para o processo de fornecimento do serviço.

Algumas medidas para se prevenir falhas desse tipo são:

- a análise do pacote de serviço e a verificação se seus elementos respondem satisfatoriamente determinados critérios da qualidade (segurança, competência etc.) exigidos pelos clientes;

- a análise do ciclo de serviço e o mapeamento de todos os encontros entre a empresa e o cliente;
- a aplicação de um maior controle naqueles momentos da verdade fundamentais.

Uma discrepância entre o real desempenho do fornecimento e as especificações previamente estabelecidas caracteriza as falhas do GAP 3. Com isso, as especificações da qualidade do serviço não são atendidas pelo processo de produção e entrega.

Ele surge devido a problemas decorrentes de especificações rígidas, ao mau gerenciamento das operações de serviços, à falta de *endomarketing* e à influência negativa da tecnologia e dos sistemas no desempenho da conformidade.

A solução de tal problema está na criação de condições para que o funcionário possa prestar um bom atendimento, na utilização de ferramentas de análise da qualidade, no estabelecimento de padrões adequados e na valorização do pessoal de contato.

O GAP 4 decorre da discordância entre o conceito do serviço e os sistemas de comunicação. Há uma divergência sobre o que a organização de serviço divulga para o mercado e o que ela efetivamente oferece, ou seja, as informações divulgadas sobre as características e benefícios dos serviços pela mídia ou pelo boca a boca não são condizentes com a realidade do serviço e de seu sistema de prestação.

Tal falha ocorre graças à falta de integração das operações de serviço com o mercado, à coordenação ineficiente entre *marketing* e operações e à propensão da empresa ao exagero.

Uma solução possível para o GAP 4 é a criação de um sistema que consiga alinhar mais satisfatoriamente o planejamento e a execução de campanhas externas.

Os quatro *gaps* funcionam como causas do GAP 5, que deve ser interpretado como uma diferença entre a qualidade esperada e a qualidade experimentada pelo consumidor. Ele afeta negativamente a imagem da empresa, a comunicação boca a boca, e leva muitos negócios a perda. Sua solução está altamente relacionada e dependente das ações tomadas para solucionar os outros problemas.

Nesse sentido, a percepção de qualidade do serviço depende da direção e da magnitude dos outros *gaps*, associados a projeto, *marketing* e entrega dos serviços de uma empresa.

## 8.12 MODELO DE EXCELÊNCIA EM SERVIÇOS DA DISNEY E O MODELO DOS CINCO *GAPs*

Há diversas empresas consideradas possuidoras de um serviço de excelência. Certamente nesse grupo está a Disney, que se destaca por oferecer uma experiência fantástica aos visitantes de seus parques e atrações. Esta seção apresenta alguns elementos do sistema de prestação de serviços da Disney, relacionando-os a conceitos discutidos no modelo dos cinco *gaps*.

A Walt Disney Company é uma multinacional norte-americana fundada pelos irmãos Walt e Roy Disney em 1923. A empresa atua em diversos negócios relacionados ao entretenimento, tais como: criação (TV, cinema e música), veículos de comunicação e parques e *resorts*. Tornou-se um dos maiores estúdios de Hollywood e proprietária e licenciante de 11 parques temáticos e várias redes de televisão, como a ABC e a ESPN.

Os parques temáticos da Disney são visitados por milhões de pessoas por ano. Em 2006, a empresa registrou cerca de 112 milhões de visitantes em seus parques espalhados pelo mundo (Tóquio, Paris, Hong Kong etc.). No caso dos *resorts* e parques temáticos, a Disney tem uma estreita ligação com seus clientes.

O modelo de excelência em produtos e serviços da Disney é um dos elementos do sucesso da empresa. A estratégia da Disney consiste em superar as necessidades e as expectativas dos clientes, fazendo com que eles recebam um tratamento especial e diferenciado. Para isso, segue algumas diretrizes principais: atenção "fanática" aos detalhes; valorização das pessoas; promoção da criatividade, dos sonhos e da imaginação; e, principalmente, conservar a magia de Disney.

Para evitar a ocorrência do GAP 1, demonstrado na seção anterior, existe uma preocupação genuína em atender aos reais desejos de seus clientes. São várias as ações adotadas pela Disney nesse sentido. Uma delas é criar uma orientação estratégica pautada em quatro premissas básicas: segurança, cortesia, *show* e eficiência. Essas premissas compõem o *Disney Courtesy*, um conjunto de práticas e políticas que direcionam as ações do *staff* da empresa.

Os empregados são considerados "atores ou membros do elenco (*cast members*)", usam fantasias e estão no "palco" (parques e *resorts*) representando seu papel no *show* para os "convidados" (clientes). Como se pode ver, até a terminologia utilizada pela empresa reforça a atenção aos detalhes e a preocupação de mergulhar as pessoas num cenário onde cada momento da verdade do ciclo de serviço da Disney seja uma experiência única. Todos os atores devem seguir as premissas básicas, mas também possuem liberdade de atuação para desenvolver sua criatividade e suas ideias para entender e encantar seus clientes.

Outra política interessante da Disney para garantir o real entendimento das expectativas dos clientes é fazer com que todos os seus empregados (dos atores aos seus executivos) tenham que se dedicar algum tempo no mês como uma personagem nos parques e *resorts*. Todos precisam se concentrar em entender aquilo de que o cliente precisa, até mesmo os empregados que nunca entram em contato direto com os clientes.

A Disney também trabalha na formação de expectativas. Ela sabe que cada visitante se comportará como uma referência por meio de comentários, opiniões e informações passadas de pessoa a pessoa. Por isso, enfatiza os atributos tangíveis e intangíveis de seus produtos e serviços a fim de oferecer um serviço de excelência. A Disney injeta recursos em qualquer coisa que afete a experiência de seus convidados, tanto a curto quanto a longo prazo, pois acredita que esses investimentos proporcionam alto retorno. Por exemplo, a empresa utiliza tinta com ouro para pintar os detalhes dourados de muitas de suas atrações (CONNELAN, 1998).

No modelo dos cinco *gaps*, o GAP 2 consiste numa diferença entre as percepções gerenciais sobre as expectativas dos clientes e as especificações e padrões estabelecidos pela gerência para o serviço. A fim de verificar se realmente o que foi definido está sendo efetivamente executado, a Disney mantém diversos mecanismos para ouvir os clientes. São realizadas pesquisas telefônicas pós-visita, além de entrevistas durante o passeio feitas com o auxílio de *notebooks*.

Por meio dessas informações, os produtos e os serviços podem ser corrigidos e melhorados. A Disney tem consciência de que convidados felizes não são fruto de acasos felizes, mas sim de planejamento, treinamento e reforço. O fluxo de informações na empresa é promovido e incentivado por meios de canais formais e informais de comunicação. Com base nas informações coletadas, é possível repensar um produto ou a oferta de um serviço. Mesmo indagações simples dos visitantes referentes à localização e aos horários das atrações são detalhadamente analisadas. Elas podem indicar falhas no modelo de excelência da empresa, tais como falha na disponibilização de informação para o cliente, ou então erro estratégico nas especificações do produto ou serviço.

O GAP 3 caracteriza falhas no fornecimento do serviço. Para evitar que elas ocorram, a Disney enfatiza muito suas ações de treinamento. A empresa criou uma área especializada em treinamentos, a Disney University. É nela que acontece o *Traditions*, um dia de treinamento no qual futuros trabalhadores da Disney conhecem a história, a visão, a missão e as tradições da empresa.

Entre os outros cursos oferecidos pela Disney University estão os programas de Desenvolvimento Profissional, Gerencial, Pessoal e de Carreira, além de treinamento para o uso de tecnologia. A existência de inúmeros e variados programas de treinamento nos mostra a importância que a Disney dá aos seus empregados como peças-chave no alcance da excelência no serviço.

Outro ponto-chave na prática da empresa relacionada ao GAP 3 é garantir que cada "membro do elenco" cumpra os padrões de atendimento que dele são esperados. Os padrões de serviço que a Disney estabelece são:

- fazer contatos diretos e sorrir;
- superar as expectativas dos convidados e buscar contato com eles;
- fazer com que a qualidade de seus serviços seja sempre excelente;
- dar boas-vindas a todo e qualquer convidado;
- manter um padrão pessoal de qualidade em seu trabalho.

Esses padrões de serviços devem ser seguidos pelos membros do elenco. Entretanto, eles têm ainda autonomia para exercer sua criatividade e seu próprio padrão de trabalho, o que possibilita o encantamento dos clientes. Existe um exemplo clássico que ilustra essa situação.

Na Disney University é oferecido um treinamento de duas semanas para os bilheteiros, empregados que recebem os tíquetes na entrada dos parques. O objetivo é repassar as responsabilidades da função e desenvolver múltiplas habilidades nos empregados. Connelan (1998) conta que uma bilheteira, utilizando as práticas e conhecimentos aprendidos na Disney University, tornou especial a visita de uma convidada, fazendo-a se sentir valorizada. Ao entregar o bilhete, a visitante foi saudada nominalmente pela bilheteira. Essa surpreendente saudação foi possível, primeiro, devido à observação do brinco da cliente no qual estava gravado supostamente o seu nome, e, segundo, devido à avançada idade da convidada, em conjunto com a informação de que 70% dos visitantes sempre retornam aos parques e *resorts*. Com esse gesto, a bilheteira conseguiu realmente encantar a convidada. Esse episódio retrata claramente o sucesso da aplicação prática da filosofia Disney.

A Disney possui ainda um programa de recuperação de serviço (*Service Recovery*). Por esse programa, todo empregado tem que se esforçar para reparar um erro ocorrido quando alguma coisa não sai da maneira como o convidado espera. O objetivo é corrigir uma falha, prestar um serviço de qualidade e encantar os clientes. É importante destacar que a empresa possui meios para detectar falhas e, desse modo, analisá-las e realizar as correções e os aprimoramentos necessários. Um exemplo da efetividade desse programa é demonstrado a seguir.

Um dos atores fantasiados de Capitão Gancho ignorou a última menina, que estava na fila para pedir um autógrafo, porque estava na hora da troca de empregados. Devido a alguns problemas internos, o outro Capitão Gancho não apareceu, e com isso a menina começou a chorar, para desespero dos pais. Percebendo a falha, a equipe de atores se movimentou para reparar o erro. A solução encontrada foi que outro ator fantasiado de Peter Pan visitasse a menina em seu hotel, levando um presente e pedindo que ela perdoasse a atitude do Capitão Gancho. Para a garota, Peter Pan era um amigo que havia voado até o seu quarto para falar com ela (CONNELAN, 1998).

O GAP 4 acontece quando há uma divergência sobre o que a organização de serviço divulga para o mercado e o que ela efetivamente oferece. No caso da Disney, os convidados que visitam os parques e *resorts* da Disney têm em média sessenta oportunidades de contato com os membros do elenco. O papel deles é transformar isso em um momento mágico, como prega a filosofia Disney.

A lógica é que, toda vez que um cliente entra em contato com um aspecto da empresa, existe uma oportunidade para se criar valor. Nesses momentos, o sistema de prestação de serviços pode proporcionar o enriquecimento e a valorização da imagem da empresa perante o cliente. Isso é enfatizado nas comunicações externas da empresa e é alcançado e superado nos momentos da verdade. Desse modo, não há a ocorrência do GAP 4.

O caso Disney ilustra bem a importância de se criar um pacote de serviços e, fundamentalmente, um sistema de prestação de serviços que crie valor para os clientes. A gestão da qualidade, como mostrado nesse caso, é estratégica e desdobrada em todos os níveis da empresa.

A escolha da Disney para ilustrar um exemplo de serviço de excelência fornece a possibilidade de aprender com experiências bem-sucedidas. Isso não quer dizer que as demais organizações de serviços devem copiar a Disney. O importante é que as organizações saibam aplicar os conceitos de gestão de serviços e qualidade em serviços ao seu negócio de modo a se tornarem competitivas.

## QUESTÕES PARA DISCUSSÃO

1) Imagine um banco de varejo. Quais características dos serviços estão presentes? Discuta seus impactos e as estratégias utilizadas para gerenciá-las.
2) Por que é importante ter uma classificação dos tipos de processos em serviços?
3) Quais as diferenças principais entre a linha de frente e a retaguarda num sistema de prestação de serviços?
4) Qual é o conceito de linha de visibilidade? Qual a vantagem em se deslocar a linha de visibilidade? Analise as duas situações, ou seja, ampliando as atividades de retaguarda ou ampliando as atividades de linha de frente.
5) Construa um ciclo de serviço para os seguintes serviços:
   - assistir a um filme no cinema
   - atendimento numa agência bancária
6) Após isso, discuta com seus colegas de classe ou amigos quais momentos vocês julgam mais importantes. Justifique sua resposta.
7) Como se dá a avaliação da qualidade do serviço prestado?
8) Quais os fatores que contribuem para a formação das expectativas dos clientes em relação a um determinado serviço?
9) Como a organização de serviço pode influenciar na formação de expectativas?
10) Selecione dois serviços que você conhece bem. Com base na relação de critérios de avaliação, discuta quais são os mais importantes. Justifique.
11) Faça uma descrição dos cinco *gaps* do modelo das cinco falhas. Dê exemplos para cada um deles.

## BIBLIOGRAFIA

CONNELAN, T. *Nos bastidores da Disney:* os segredos do sucesso da mais poderosa empresa de diversões do mundo. São Paulo: Futura, 1998, 176p.

FITZSIMMONS, J.; FITZSIMMONS, M. *Administração de serviços:* operações, estratégia e tecnologia da informação. São Paulo: Bookman, 2000.

GRÖNROOS, C. *Marketing:* gerenciamento e serviços: a competição por serviços na hora da verdade. Rio de Janeiro: Campus, 1995.

LOVELOCK, C.; WRIGHT, L. *Serviços:* marketing e gestão. São Paulo: Saraiva, 2001.

ZEITHAML, V.; BITNER, M. J. *Services marketing:* integrating customer across the firm. New York: McGraw-Hill, 2000.

_____; PARASURAMAN, A.; BERRY, L. L. *Delivering quality service:* balancing customer perceptions and expectations. New York: The Free Press, 1990, 226p.

# Ferramentas Básicas de Suporte à Gestão da Qualidade

## 9.1 INTRODUÇÃO

O uso de ferramentas estatísticas por empresas está associado à visão de que ao identificar e remover as causas dos problemas se obtém maior qualidade e produtividade, a isso acrescentado que o uso de técnicas gráficas e específicas produz melhores resultados do que os processos de análise não estruturados.

De modo geral, tais técnicas, que permitem identificar os problemas e priorizá-los por grau de importância, podem ser assim divididas:

- **Ferramentas e técnicas básicas da qualidade:** Folha de Verificação ou Tabelas de Contagem, Histograma, Diagrama de Dispersão, Estratificação, Diagrama de Causa e Efeito, Diagrama ou Análise de Pareto e Gráficos de Controle.
- **Ferramentas intermediárias da qualidade:** técnicas de amostragem, inferência estatística, métodos não paramétricos.
- **Ferramentas avançadas da qualidade:** Método Taguchi, Projeto de Experimentos, Análises Multivariadas.
- **Ferramentas e métodos de planejamento da qualidade:** Desdobramento da Função Qualidade (*Quality Function Deployment* – QFD) e Análise de Modos de Falhas e Seus Efeitos (*Failure Mode and Effect Analysis* – FMEA).

Neste capítulo serão abordadas as ferramentas e técnicas estatísticas básicas da qualidade e as chamadas novas ferramentas ou ferramentas gerenciais da qualidade (Diagrama de Afinidade, Diagrama de Relação, Diagrama em Árvore, Diagrama de Matriz, Diagrama de Matriz de Priorização, Diagrama do Processo Decisório e o Diagrama de Setas). As ferramentas avançadas da qualidade e as ferramentas e métodos de planejamento da qualidade são abordadas aqui em outros capítulos, e as ferramentas intermediárias da qualidade não são tratadas neste livro.

## 9.2 AS SETE FERRAMENTAS BÁSICAS DA QUALIDADE

As sete ferramentas básicas da qualidade servem para organizar, interpretar e maximizar a eficiência no uso de dados, basicamente de dados do tipo numérico, através do estabelecimento de procedimentos organizados de coleta, apresentação e análise de dados relativos aos processos e produtos de uma organização.

As sete ferramentas básicas da qualidade também são conhecidas como as *ferramentas para melhoria da qualidade*, as sete ferramentas de controle da qualidade (*Seven Quality Control Tools* – SQC Tools). São elas:

1) Folha de Verificação ou Tabelas de Contagem
2) Histograma
3) Diagrama de Dispersão-Correlação
4) Estratificação
5) Diagrama de Causa e Efeito, Diagrama de Ishikawa ou Diagrama Espinha de Peixe ou Diagrama 6M
6) Diagrama ou Análise de Pareto
7) Gráficos de Controle

A essa lista pode-se acrescentar a técnica *brainstorming*, importante para a aplicação conjunta de ferramentas como o Diagrama de Causa e Efeito.

O Quadro 9.1 sintetiza essas ferramentas e técnicas e indica a principal finalidade a que se destinam nos processos de controle e melhoria da qualidade, entendendo-os como áreas de atuação da Gestão da Qualidade.

Neste capítulo são vistas todas essas ferramentas, com exceção dos gráficos de controle, que são detalhados no Capítulo 11. A seguir são apresentadas essas ferramentas e técnicas citadas no Quadro 9.1.

## 9.2.1 Folha de Verificação ou Tabela de Contagem

As Folhas de Verificação ou Tabelas de Contagem são formulários impressos, ou digitais, utilizados para registrar e reunir dados de forma simples e que facilitam o seu posterior uso e análise. Os dados podem ser de vários tipos, por exemplo: dimensionais (cm, metros, litros

**Quadro 9.1 — As sete ferramentas básicas da qualidade e seus objetivos**

| Ferramenta/Técnica da qualidade | Objetivo a que se propõe |
|---|---|
| Folha de Verificação | Registro e agrupamento logicamente organizado de dados e informações a respeito de uma tarefa ou processo estudado. |
| Histograma | Representação gráfica do número de vezes que determinada característica ou fenômeno ocorre (distribuição de frequência) no processo estudado. |
| Diagrama de Dispersão | Estabelecimento da relação ou associação entre dois fenômenos, parâmetros, fatores ou variáveis de um processo estudado. |
| Estratificação | Agrupamento ou organização de dados de um processo em grupos significativos representativos de segmentos (ou estratos) da população de dados do processo. |
| Diagrama de Causa e Efeito | Identificação de fatores ou causas (variáveis de verificação) que geram ou sustentam uma degeneração da qualidade ou determinado problema (variável de controle) ou efeito de um processo ou produto. |
| Diagrama ou Análise de Pareto | Identificação das causas possíveis e mais significativas ou prioritárias de efeitos ou eventos ocorridos num processo. |
| Gráficos de Controle | Sinalização do comportamento, temporal, de variáveis relacionadas à dinâmica de dado processo. |
| *Brainstorming* | Geração rápida de ideias de forma participativa e livre. |

etc.), temporais (segundos, dias etc.), econômicos (reais, euros, dólares etc.), atributos (aprovado, reprovado, conforme, não conforme etc.).

As seguintes etapas devem ser seguidas para a elaboração de uma folha de verificação:

1) **Planejamento da coleta de dados**
    a) Definir o problema que se quer resolver e formular a pergunta ou perguntas, corretas e específicas, que devem ser respondidas para decidir de forma adequada as futuras ações a serem realizadas (por exemplo: sobre as casas identificadas num Diagrama de Ishikawa ou de Causa e Efeito).
    b) Definir as ferramentas apropriadas para a análise dos dados. Segundo o tipo de ferramenta a ser utilizada, deve-se decidir sobre as características dos dados a serem recolhidos (tipo de dado, volume dos dados, exatidão, amostras etc.).
    c) Definir as condições da coleta de dados. Deve-se atentar para que o processo de coleta de dados não distorça o valor dos mesmos, devendo ter em conta: a formação e experiência do pessoal de coleta de dados; o tempo disponível e a dedicação à coleta.
    d) Projetar o formulário, tendo em conta os seguintes pontos: a anotação deve ser simples; será projetado procurando evitar erros de anotação; deve-se incluir um campo para observações; o impresso deve ser autoexplicativo; deve-se levar em conta o aspecto formal.
2) **Coleta dos dados:** os dados devem ser coletados com fidelidade e registrados na folha de modo claro e adequado. É importante que o responsável pela coleta esteja bem treinado com os procedimentos de uso do instrumental de coleta e, fundamentalmente, tenha tempo suficiente para coletar e registrar os dados e informações.
3) **Análise dos dados:** os formulários preenchidos devem ser organizados e guardados organizadamente como, por exemplo, obedecendo a características do objeto medido ou evento observado, local da coleta e ordem temporal da coleta. As folhas devem ser vistas e analisadas por pessoal responsável e capacitado para ler e interpretar os registros.

A Figura 9.1 mostra um exemplo de folha de verificação.

Para que seja completa e, ao mesmo tempo, de fácil preenchimento e leitura, os seguintes campos devem compor uma folha de verificação ou tabela de contagem:

a) *Instruções*: aqui deve ser posto, sucintamente, o procedimento a ser adotado para a coleta dos dados.
b) *Dados adicionais*: devem ser indicados a data da coleta, o nome do responsável pela coleta, a seção, setor ou posto de trabalho onde a coleta foi realizada, a identificação do lote amostrado e o código e nome da peça referenciada no formulário.
c) *Coleta de dados (croqui/quadro de dados)*: este campo pode conter apenas o croqui, apenas o quadro de dados ou ambos, dependendo do objetivo da folha de verificação e a natureza dos aspectos da qualidade a serem observados. Apenas o *uso do croqui* relaciona-se a eventos cuja identificação visual seja suficiente para indicar o tipo de falha do processo e possibilitar a melhoria das atividades de produção sem a exigência de maior precisão descritiva. Deve haver descrição suficiente de indicadores que consigam descrever o tipo de falha do processo e possibilitar a melhoria das atividades de produção a ela relacionadas. O *uso do quadro de dados e do croqui* relaciona-se a eventos para os quais a identificação visual e o uso de dados descritivos não são, sozinhos, suficientes para indicar o tipo de falha do processo e possibilitar a melhoria da atividade de produção.

O exemplo genérico dado na Figura 9.1 pode e deve ser alterado em função das características do produto, processo e posto de trabalho para o qual será usada a folha de verificação.

| INSTRUÇÕES: |
| --- |
| - Como coletar os dados (amostragem, medições, transporte de material etc.). |

| DADOS ADICIONAIS: |
| --- |
| *Data da coleta (dd/mm/aaaa):* 25/09/2009 |
| *Operário:* Miguel Coser Toledo |
| *Setor (seção):* Corte de toco      *Lote (turno):* 253.250909/02 |
| Peça (código da amostra): toco (253-25) |

**COLETA DE DADOS (CROQUI/QUADRO DE DADOS):**

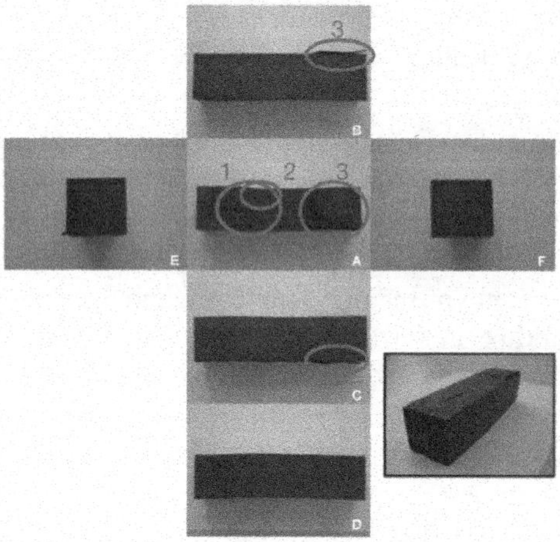

| Nº | Tipo | Valor | Un. |
| --- | --- | --- | --- |
| 1 | Trinca | 54,0 | mm |
| 2 | Trinca | 8,0 | mm |
| 3 | Descolamento | - | - |
|  |  |  |  |
|  |  |  |  |
|  |  |  |  |
|  |  |  |  |
|  |  |  |  |
|  |  |  |  |

**OBSERVAÇÕES:**
- **Temperatura ambiente de 30°C e umidade relativa de 65% no momento da coleta.**
- **Serra de fita recém-ajustada com troca da serra.**

**Figura 9.1** | Exemplo de folha de verificação.

## 9.2.2 Histograma

A função do histograma ou diagrama de barras é indicar a frequência com que ocorre um determinado valor ou grupo de valores de uma variável. Esses valores ou grupo de valores dizem respeito a dados recolhidos ao longo de qualquer processo, e sua análise permitirá avaliar a eficiência do processo.

O histograma é um método de simples elaboração e permite tirar conclusões imediatas da distribuição de valores (dispersão) e quantas vezes um determinado valor ou grupo de valores ocorre (frequência). Para a elaboração de um histograma, devem-se seguir estes passos:

1) coletar os dados (valores);
2) ordenar os valores em escala crescente;
3) calcular a amplitude total da amostra (subtrair o menor valor coletado $X_{min}$ do maior valor coletado $X_{max}$, ou seja, a amplitude total ($A_T$) é dada por $A_T = X_{max} - X_{min}$);
4) definir o número de classes, sua amplitude e limites de cada classe;
5) determinar a frequência absoluta ou relativa de cada valor ou classe;
6) desenhar o histograma, em que cada barra tenha uma altura proporcional à frequência com que esse valor ocorre. Todas as barras devem ser unidas e de larguras (amplitude da classe) iguais.

A utilização de classes ou intervalos de valores é comum quando as variáveis são *contínuas* ou quando a amplitude dos valores é muito grande. No primeiro caso torna-se muito difícil a contagem da frequência com que cada valor ocorre, enquanto no segundo se corre o risco de perder a definição da forma da distribuição devido ao grande número de valores com frequências muito semelhantes. Para que não se perca a definição da forma da distribuição, recomenda-se que o número de intervalos seja no mínimo de sete.

Os intervalos das classes são usualmente de igual amplitude, e deve-se garantir que o limite inferior da primeira classe seja menor ou igual ao menor dos valores observados, da mesma forma que o limite superior da última classe deverá ser maior ou igual ao maior dos valores observados.

Também se deve estabelecer se os limites das classes são inclusivos ou exclusivos, isto é, cada valor só poderá pertencer a um único intervalo "I", razão pela qual se os limites superiores das classes forem fechados, ou seja, o máximo dos valores encontra-se incluído nesse intervalo "I", os limites inferiores das classes que a sucedem deverão ser abertos e vice-versa.

O número de intervalos de classe ou números de classe (NC) é geralmente determinado pelas fórmulas dadas a seguir:

$$NC = 1 + \frac{\log N}{\log 2} \text{ ou } NC = \sqrt{N}$$

em que $N$ é o número total de observações ou dados.

A amplitude de cada classe ($AC$) é dada pela fórmula seguinte:

$$AC = \frac{X_{max} - X_{min}}{NC} \text{ ou } AC = \frac{A_T}{NC}$$

Na Figura 9.2 apresentam-se alguns dos formatos mais comuns de histogramas, bem como possíveis interpretações para a centralidade.

Quanto à centralidade, pode-se considerar os diagramas de tendência central representados na Figura 9.2(a). Nesse tipo de representações, muitas vezes simétricas, a maior frequência corresponde ao valor médio que se encontra centrado relativamente aos demais dados.

Tendências não centrais podem ser observadas nos histogramas representados nas Figuras 9.2(c) e 9.2(d). A primeira apresenta uma tendência assimétrica do tipo negativo (deslocado para a direita), verificando-se que a diminuição da frequência é abrupta para a direita

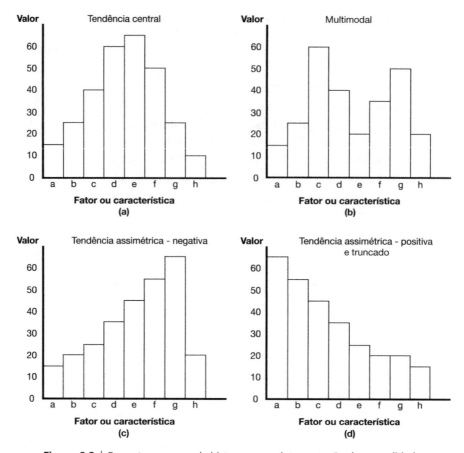

**Figura 9.2** | Formatos comuns de histogramas e interpretação da centralidade.

e mais lenta para o lado esquerdo. Tendências assimétricas do tipo positivo correspondem a histogramas deslocados para a esquerda.

Na Figura 9.2(d) também encontra-se representado um histograma truncado. Nesse tipo de histograma, o valor ou classe ao qual corresponde a maior frequência coincide com uma das extremidades do histograma.

Na Figura 9.2(b) encontra-se representado um histograma multimodal, ou seja, que apresenta mais do que um valor máximo. Esse histograma também é conhecido como histograma tipo pente, e, quando há dois valores máximos, é chamado de histograma tipo camelo. Esses histogramas são particularmente importantes, uma vez que podem representar duas populações distintas, ou seja, provavelmente houve uma mistura de dados de populações com características distintas.

A Figura 9.3 apresenta exemplos de histogramas com interpretações com base na dispersão dos dados.

Em termos de dispersão, os valores podem ser bastante concentrados em torno do valor de maior frequência (Figura 9.3(a)) ou, alternativamente, apresentar uma grande dispersão em torno dele (Figura 9.3(b)).

Esse tipo de análise é particularmente importante quando a característica analisada é um aspecto de produto, pois é importante que o produto apresente características as mais uniformes possíveis como consequência do controle da variabilidade de seu processo de fabricação.

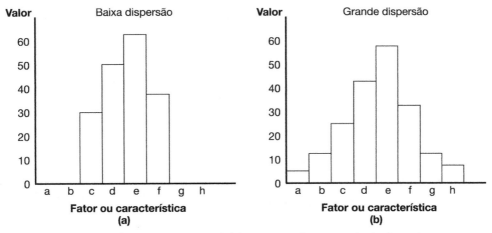

**Figura 9.3** | Formatos comuns de histogramas e interpretação de dispersão.

## 9.2.3 Diagrama de Dispersão-Correlação

O Diagrama de Dispersão ou Diagrama de Dispersão-Correlação é uma ferramenta gráfica que permite demonstrar a relação existente entre duas variáveis e quantificar a intensidade de tal relação.

Utiliza-se essa ferramenta para conhecer se existe efetivamente uma correlação entre dois parâmetros ou variáveis de um problema, e, em caso afirmativo, de qual tipo é a correlação.

Os passos para montar um Diagrama de Dispersão-Correlação são:

1) **Coleta e ordenação de dados:** coletar e ordenar os dados que se julgue como tendo possível correlação. Os dados são colocados em uma tabela, indicando o número de amostras e os valores das características que se quer pesquisar. É conveniente que o número de medições seja de pelo menos 30.

2) **Representar graficamente os dados**
   a) Desenhar, sobre um plano cartesiano, os eixos vertical e horizontal de mesmo comprimento. Observar os valores máximo e mínimo dos grupos de dados, para escolher a escala de representação adequada e, assim, evitar erros de interpretação.
   b) Representar no plano, mediante um ponto para cada par de dados (X, Y), ordenando os valores da classe de dados que se considera independente (causa) sobre o eixo horizontal 'X' e os valores da classe de dados que se considera dependente (efeito) sobre o eixo vertical 'Y'.
   c) Se dois ou mais pares de dados caírem no mesmo ponto, desenhar círculos concêntricos ao redor do ponto individualizado.

3) **Análise do gráfico:** uma vez construído o diagrama, analisa-se a forma que tem a nuvem de pontos obtida, para assim determinar as relações entre os dois tipos de dados. Essa análise pode ser efetuada por técnicas estatísticas que permitem determinar se existe ou não relação e o grau ou intensidade da correlação, se for o caso. As ferramentas utilizadas são a *reta de regressão* e o *coeficiente de correlação linear*.

A reta de regressão é a linha que melhor representa um conjunto de pontos. A função que aproxima a reta é $\hat{y} = a + bx$, em que $\hat{y}$ é a variável dependente (efeito), $a$ é a ordenada na origem, $b$ é a inclinação da reta de regressão e $x$ é a variável independente (causa). A inclinação é encontrada através da expressão:

$$b = \frac{\sum xy - n \cdot \bar{x} \cdot \bar{y}}{\sum x^2 - n\bar{x}^2}$$

em que:

$x$ = valores da variável independente;

$y$ = valores da variável dependente;

$\bar{x}$ = média dos valores de $x$;

$\bar{y}$ = média dos valores de $y$;

$n$ = número de observações ou pares de dados.

A ordenada na origem calcula-se como

$$a = \bar{y} - b\bar{x}.$$

O coeficiente de correlação linear $r$ é determinado pela expressão:

$$r = \frac{(\sum xy - n \cdot \bar{x} \cdot \bar{y})}{\sqrt{(\sum x^2 - n\bar{x}^2) \cdot (\sum y^2 - n\bar{y}^2)}}$$

O $r$ assume valores entre –1 e +1. Quanto mais próximo de 0 o $r$ indica uma fraca relação entre os dados, e quanto mais próximo de |1|, maior será tal relação. O sinal indica se a relação é positiva (+) ou negativa (–) entre as variáveis X e Y.

O quadrado do coeficiente da correlação, ou seja, $r^2$, é chamado de coeficiente de determinação e, portanto, é sempre positivo. Quanto mais próximo de 1,0, mais intensa a correlação entre as variáveis X e Y. Também indica a porcentagem de variação dos valores de Y que são explicados pela ação de X, ou seja, se o coeficiente de determinação for igual a 0,92, significa que, além de uma forte correlação entre X e Y, 92% dos valores de Y são explicados pela ação da variável X.

Na análise de um Diagrama de Dispersão-Correlação, deve-se considerar o seguinte:

- Se existem pontos muito afastados no diagrama, isso pode ser devido a erros na medição ou registro dos dados ou devido a alguma mudança nas condições do processo. De qualquer maneira, devem-se estudar as causas que os originaram e afastá-los da análise.
- É conveniente estratificar os dados, já que isso pode permitir descobrir correlações onde aparentemente não existem e descartar outras que parecem ter correlação mas que não têm.
- Não deve ser esquecido que, de vez em quando, a causalidade faz surgirem correlações onde não existem. Por isso, uma vez que tenhamos encontrado uma correlação, deve-se analisar seus motivos antes de tomar outras medidas.

Na Figura 9.4 são apresentados alguns diagramas que representam tipos específicos de correlação.

Os gráficos da Figura 9.4 podem ser interpretados da seguinte maneira:

- **Correlação positiva:** a Figura 9.4(a) indica que para um crescimento de X (causa) corresponde um crescimento de Y (efeito). Controlando a evolução dos valores de X, controlam-se os valores de Y;
- **Correlação fracamente positiva:** a Figura 9.4(b) indica que para um crescimento de X (causa) observa-se uma tendência crescente de Y (efeito), mas presume-se que existem outras causas de dependência;

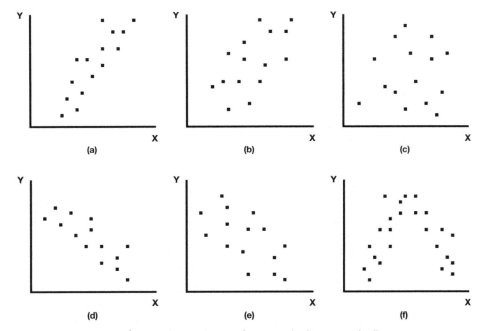

**Figura 9.4** | Tipos de correlação e formatos de diagramas de dispersão.

- **Sem correlação:** a Figura 9.4(c) indica que não existe correlação evidente entre X e Y;
- **Correlação negativa:** a Figura 9.4(d) indica que para um crescimento de X (causa) observa-se uma tendência de queda de Y (efeito);
- **Correlação fracamente negativa:** a Figura 9.4(e) indica que para um crescimento de X (causa) observa-se uma tendência de queda de Y (efeito), mas presume-se que existem outras causas de dependência;
- **Correlação não linear:** a Figura 9.4(f) indica que pode existir uma correlação complexa (não linear) entre X e Y.

## 9.2.4 Estratificação

Consiste em tomar um conjunto de dados e dividi-lo em grupos significativos. A partir dessa divisão, podem-se desenhar Histogramas, Diagramas de Dispersão-Correlação e Diagrama de Pareto para cada grupo significativo.

Por exemplo, se tomarmos os custos com energia elétrica de uma fábrica nos últimos doze meses, podemos entender melhor qual a principal fonte de gasto se estratificarmos esses gastos para os diferentes setores da empresa ou diferentes turnos de trabalho. Desse modo saberemos o histórico de consumo de energia elétrica por setor (produção, estoque final, administrativo etc.), por turno (turno da manhã, turno da tarde, turno da noite) etc., e pode-se desenhar Diagramas de Pareto, Histogramas e Diagramas de Dispersão-Correlação para identificar picos de consumo e suas causas prováveis.

## 9.2.5 Diagrama de Causa e Efeito ou Diagrama de Ishikawa

O Diagrama de Causa e Efeito foi criado por Kaoru Ishikawa na Universidade de Tóquio em 1943 para uso pelos Círculos da Qualidade (CCQs).

Essa ferramenta também é conhecida como espinha de peixe (*fishbone*) devido à forma que adota quando aplicado, e consiste numa representação gráfica que organiza de forma lógica, e em ordem de importância, as causas potenciais que contribuem para um efeito ou problema determinado.

Kaoru Ishikawa propôs oito passos para a confecção desse diagrama:

1) Identificar o resultado insatisfatório que queremos eliminar, ou seja, o problema.
2) Colocar o efeito na parte direita do diagrama, da forma mais clara possível, e desenhar uma seta horizontal que aponte para ele.
3) Determinar todos os *fatores* ou *causas principais* que contribuem para que se produza o efeito indesejado. Para os processos produtivos é comum utilizar alguns fatores principais genéricos chamados de 6M: materiais, mão de obra, métodos de trabalho, maquinaria, meio ambiente e medição. Em problemas típicos de organizações do setor de serviços, são frequentemente utilizados: pessoal, insumos, procedimentos, postos de trabalho e clientes. Esses fatores principais não constituem um elemento imutável e podem ser modificados de acordo com cada caso.
4) Colocar os fatores principais como "galhos" principais ou espinhas da seta horizontal.
5) Identificar as causas secundárias (subcausas ou, ainda, causas de segundo nível), que são aquelas que estimulam cada uma das causas ou fatores principais.
6) Escrever as causas secundárias em "galhos" do galho principal que lhes correspondam. O processo continua descendo a níveis inferiores (terceiro nível, quarto nível, quinto nível etc.), até que se encontrem todas as causas mais prováveis.
7) Analisar a consistência do diagrama, avaliando se foram identificadas todas as causas (sobretudo se são relevantes), e submetê-lo à consideração das pessoas envolvidas quanto às possíveis mudanças e melhorias que forem necessárias.
8) Selecionar as causas mais prováveis e valorar o grau de incidência global que tem sobre o efeito, o que permitirá obter conclusões finais e soluções para resolver e controlar o efeito estudado.

No momento de elaboração de um Diagrama de Causa e Efeito, é importante considerar o seguinte:

- Identificar todos os fatores mediante consulta e discussão entre muitas pessoas, preferencialmente que se caracterize pela multifuncionalidade. Pode-se utilizar o *brainstorming*.
- Expressar o efeito e os fatores tão concretamente quanto possível, pois a abstração pode resultar em resultados pouco úteis.
- Fazer um diagrama para cada característica. Por exemplo, se estudar as falhas na espessura e no comprimento de uma barra de aço, fazer um diagrama para a espessura e outro para o comprimento.
- Escolher efeito e fatores (causas) que sejam mensuráveis.
- Descobrir os fatores sobre os quais seja possível atuar. Descobrir um fator (causa) sobre o qual não seja possível atuar não ajuda a resolver o problema.
- Dar a cada fator (causa) a sua importância devida, registrando em banco de dados.
- Procurar melhorar o diagrama continuamente, enquanto está sendo usado.
- Geralmente, os Diagramas de Causa e Efeito são utilizados em conjunto com os Diagramas de Pareto.

A Figura 9.5 mostra um exemplo de Diagrama de Causa e Efeito já montado:

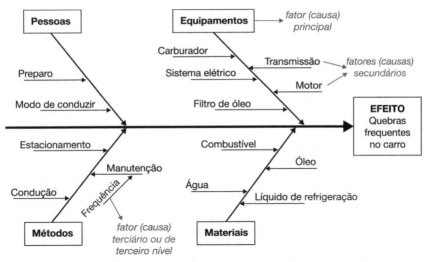

**Figura 9.5** | Exemplo de Diagrama de Causa e Efeito já montado.

Oakland (1994) descreve uma variação na abordagem do Diagrama de Causa e Efeito, chamado Diagrama de Causa e Efeito com Adição de Cartões (*Cause and Effect Diagram with Addition of Cards* – CEDAC).

Essa variação do Diagrama de Causa e Efeito foi desenvolvida na Sumitomo Electric e tem o aspecto clássico de espinha de peixe.

O CEDAC deve começar com padrões e procedimentos já existentes, e sua aplicação é descrita por Oakland (1994) através dos seguintes passos:

1) O líder do projeto é escolhido e estabelece o alvo para melhoria.
2) Planeja-se um método para medir e marcar os resultados no lado dos efeitos do gráfico, possibilitando a visualização do alvo e dos melhoramentos quantificados.
3) Os fatos ou problemas são reunidos em cartões e colocados à esquerda das espinhas do lado das causas do gráfico (Figura 9.6).
4) O pessoal que apresenta os cartões de fatos deve rubricá-los.

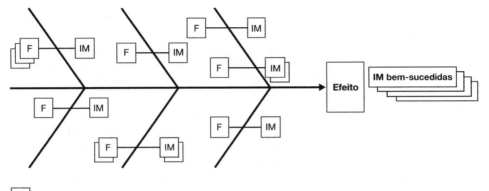

**Figura 9.6** | Diagrama de Causa e Efeito do tipo CEDAC com cartões.

5) Cartões com ideias de melhoramentos são escritos e dispostos do lado direito das espinhas das causas (Figura 9.6).
6) Selecionam-se as ideias quanto ao conteúdo e exequibilidade, e o resultado dessa análise é disposto ao lado do efeito do gráfico.
7) As ideias de melhoria bem-sucedida são adotadas como subsídios para a elaboração de procedimentos-padrão.

## 9.2.6 Diagrama ou Análise de Pareto

O Diagrama ou Análise de Pareto é uma representação gráfica dos dados obtidos sobre determinado problema que ajuda a identificar quais são os aspectos prioritários que devem ser trabalhados.

Ainda que tenha sido criado pelo economista e sociólogo Wilfredo Pareto, quem desenvolveu a Teoria da Escala de Preferências baseando-se na distribuição desigual da riqueza em seu país foi Joseph Moses Juran, que, em 1950, adaptou esse conceito à Teoria da Distribuição Desigual das Perdas em Qualidade, denominando-a "Princípio de Pareto". O Diagrama de Pareto também é conhecido como Diagrama ou Gráfico ABC ou Diagrama 20-80.

Seu fundamento parte da consideração de que uma pequena porcentagem das causas (20%) produz a maioria dos defeitos (80%). Trata-se de identificar essa pequena porcentagem de causas chamadas "vitais" para atuar prioritariamente sobre ela. As demais causas são chamadas de "triviais".

Os passos para montar um Diagrama de Pareto são:

1) Determinar o problema ou efeito a ser estudado.
2) Pesquisar os fatores ou causas que provocam o problema e como recolher os dados referentes a eles.
3) Anotar a ordem de grandeza (por exemplo: reais, dólares, número de defeitos etc.) de cada fator. No caso de fatores cuja magnitude é muito pequena se comparada com a de outros fatores, colocá-los dentro de uma categoria intitulada "outros".
4) Ordenar os fatores de modo decrescente, ou seja, do maior para o menor, em função da magnitude de cada um deles.
5) Calcular a magnitude total do conjunto de fatores.
6) Calcular a **porcentagem total** que representa cada fator, assim como a **porcentagem acumulada**.
7) A primeira porcentagem calcula-se como: % = (tamanho do fator / tamanho total dos fatores) × 100. A porcentagem acumulada para cada um dos fatores se obtém somando as porcentagens de todos os fatores anteriores da lista mais a porcentagem do próprio fator em questão.
8) Desenhar os eixos vertical e horizontal. Situar no eixo vertical esquerdo a frequência de cada fator. A escala do eixo compreende-se entre zero e a frequência total dos fatores. No eixo vertical direito representa-se a porcentagem acumulada dos fatores, e, portanto, tem uma escala de 0 a 100. O ponto que representa o 100% é alinhado com o que mostra a magnitude do valor total dos fatores detectados no eixo esquerdo. Por último, o eixo horizontal mostra os fatores começando pelo de maior importância ou frequência.
9) Traçam-se as barras correspondentes a cada fator. A altura de cada barra representa sua magnitude por meio do eixo vertical esquerdo.

10) Traça-se o gráfico linear que representa a porcentagem acumulada calculada anteriormente. Esse gráfico é regido pelo eixo vertical direito.

11) Escrever junto ao diagrama qualquer informação necessária, seja sobre o diagrama, seja sobre os dados.

A Figura 9.7 mostra um exemplo de Diagrama de Pareto.

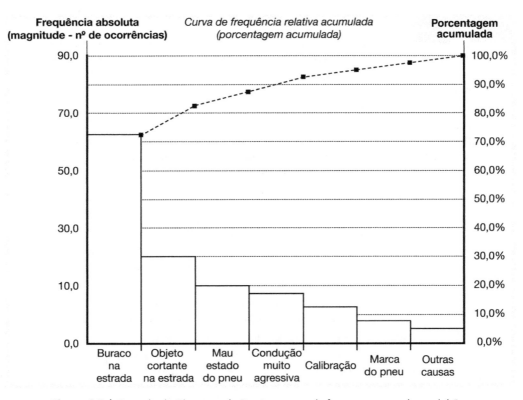

**Figura 9.7** | Exemplo de Diagrama de Pareto: causas de furos em pneus de caminhão.

Existem dois tipos de Diagramas de Pareto: O **Diagrama de Fenômenos** é utilizado para determinar qual é o principal problema que origina o resultado não desejado. Esses problemas podem ser de qualidade, custo, entrega, segurança etc. O **Diagrama de Causas** é empregado para, uma vez encontrados os problemas importantes, descobrir quais são as causas mais relevantes que os produzem.

Para a elaboração do Diagrama de Pareto, faz-se importante prestar atenção nos seguintes detalhes:

- Não é conveniente que a categoria "outros" represente uma das maiores porcentagens. Assim, deve-se realizar um método diferente de classificação.
- É preferível representar os dados (se possível) em valores monetários.
- Se um fator pode ser solucionado facilmente, deve ser solucionado imediatamente, ainda que seja de pouca importância.
- É imprescindível executar um diagrama de causas para a busca de melhoria contínua.

## 9.2.7 Técnica de Brainstorming

O *brainstorming*, ou "tempestade de ideias", é uma técnica geral que pode ser utilizada como suporte a muitas ferramentas de gestão e que busca a geração de ideias por parte de um grupo de pessoas reunidas com tal finalidade.

Essa técnica pretende potencializar a criatividade de todas as pessoas que participam para que expressem, sem temor e de modo espontâneo, sem censura nem crítica, todas as ideias que vão surgindo em suas mentes.

Posteriormente, dentre todas as ideias que foram recolhidas, analisam-se e selecionam-se as mais interessantes ou viáveis. Com o *brainstorming* pretende-se gerar ideias sobre os problemas ou sobre todas as causas possíveis de um problema. Também é aplicável à elaboração de todas as soluções possíveis de um problema.

A ideia consiste em trabalhar com um grupo pouco numeroso, de seis a oito pessoas. É recomendável que haja um "animador externo" ao grupo que verifique se o problema está bem entendido antes de começar, que estimule o grupo e evite qualquer avaliação sobre as ideias que se vão produzindo, além de ajudar a racionalizar as ideias obtidas. As etapas de realização do *brainstorming* são as seguintes:

1) Planejamento prévio: é conveniente definir o enunciado do tema a ser tratado e comunicá-lo aos participantes antes do desenvolvimento da sessão.
2) Realização: a etapa de realização do *brainstorming* divide-se em:
   a) *preparação:* durante 10 minutos se faz algum tipo de exercício de aquecimento que ative o pensamento criativo. No caso de o ambiente ser tenso, pode-se fazer uma tormenta de ideias de "aquecimento" sobre algum tema neutro;
   b) *explicação do problema:* é realizada pelo animador externo;
   c) *produção de ideias – etapa individual:* durante 15 minutos, cada participante anota suas ideias da forma mais resumida possível;
   d) *produção de ideias – etapa de grupo:* por turnos, cada participante comunica suas ideias. Cada participante pode agregar à sua própria lista toda ideia que lhe ocorra escutando as demais. O animador anota de maneira sequencial e visível, para todos, cada ideia que se vai expressando. Não se deve permitir nenhum comentário sobre as ideias expressadas.
3) Racionalização das ideias: as ideias pouco claras são explicadas. A seguir, eliminam-se as ideias duplicadas e, finalmente, procede-se à crítica e à seleção das melhores ideias.

Além do *brainstorming*, Oakland (1994) indica outras três técnicas para apoio ao uso das ferramentas da qualidade:

- **Gráfico de fluxo de processo:** trata-se da construção de um fluxograma que descreve o processo a ser estudado e identifica seus elementos de entrada e saída. Construir um gráfico de fluxo de processo sempre deve ser o primeiro passo para a utilização das ferramentas da qualidade, pois trata da compreensão do processo a ser estudado, analisado e melhorado;
- **Técnica de análise de campo de força:** consiste na identificação de estímulos ou barreiras que se posicionam ante uma mudança que necessita ser feita, sendo importante para planejar a implantação de programas de melhoria; e
- **Técnica da curva de ênfase:** consiste na priorização de fatores relativos a dado evento. A ideia é organizar uma lista grande de fatores de tal modo que se possa compará-los aos pares, até se conseguir identificar os fatores mais relevantes para dado problema ou evento.

Em seguida serão abordadas as Sete Novas Ferramentas da Qualidade, que podem ser usadas em conjunto com o desdobramento da função qualidade (Capítulo 10) para melhorar a eficácia dos processos de inovação de produto e de processo.

## 9.3 AS SETE NOVAS FERRAMENTAS DA QUALIDADE

Como as aplicações de controle da qualidade estão estendidas a várias áreas da organização, surgem tipos de problemas que não podem ser solucionados somente pelas ferramentas básicas da qualidade.

A necessidade de se saber quais são as reais necessidades do cliente, o que é um serviço atraente ao cliente e problemas relacionados com a qualidade de projeto e de serviços, qual visão de futuro motivará os empregados a terem autoiniciativa, como adquirir novos clientes e como estimular atividades de Círculos de Controle da Qualidade, estimulou a criação de ferramentas, sistemas e métodos de documentação usados para incrementar o sucesso das atividades de projeto, de garantia da confiabilidade e da capacidade de manutenção e de melhoria de processos.

Yoshinobu Nayatani, presidente Grupo de Desenvolvimento e Pesquisa da Metodologia de Controle da Qualidade da União Japonesa de Cientistas e Engenheiros (Union of Japanese Scientists and Engineers – JUSE), abordou a necessidade de se criarem novos métodos para sanar essa necessidade, sugerindo os seguintes princípios:

- organização de dados de linguagem;
- obtenção de ideias criativas;
- plano de enriquecimento de ideias e soluções;
- prevenção de omissões;
- pessoas com objetivos claros;
- conseguir cooperação entre pessoas com objetivos claros; e
- motivar as pessoas em posição contrária.

Os novos métodos também devem auxiliar as equipes da qualidade a colocar em prática as seguintes ideias:

I. prática de definição de problemas;
II. ênfase no planejamento;
III. ênfase no processo;
IV. estabelecimento de prioridades; e
V. ênfase em sistemas de orientação para tomada de decisão.

Com essas diretrizes, o grupo de pesquisa investigou os métodos utilizados em Pesquisa Operacional, Engenharia de Valor, Métodos de Criação de Ideias e outras áreas, selecionando sete métodos que seriam úteis na obtenção do sucesso nas atividades de projetação, da garantia da confiabilidade e da capacidade de manutenção e de melhoria de processos:

1) Diagrama de Afinidades
2) Diagrama de Relações ou Digráfico de Inter-relação
3) Diagrama de Árvore
4) Diagrama de Matriz
5) Diagrama de Matriz de Priorização
6) Diagrama do Processo Decisório
7) Diagrama de Setas

A seguir descreve-se cada um desses sete métodos, também conhecidos como as "sete novas ferramentas da qualidade".

## 9.3.1 Diagrama de Afinidades

O diagrama de afinidades é a representação gráfica de grupos de dados verbais (ou dados expressos em linguagem) que guardam entre si alguma relação natural que os distingue dos demais. Esse diagrama é aplicado para reunir dados dispersos ou organizar grupos confusos de dados. O diagrama de afinidades pode ser aplicado para:

- direcionar a solução de problemas;
- organizar as informações necessárias para a solução de um problema;
- organizar as causas de um problema;
- fornecer suporte para a solução de um problema;
- prever situações futuras;
- organizar as ideias resultantes de algum processo de avaliação; e
- planejar a coleta de dados para futura estratificação.

O Diagrama de Afinidades é utilizado para ajudar na solução de problemas ou no esclarecimento de situações confusas.

A Figura 9.8 mostra a ideia básica do diagrama de afinidades. As ideias a1 e a2 formam um grupo afim, o mesmo acontecendo com b1 e b2. Os grupos A e B também formam um grupo afim, e, assim, os dados vão se organizando. Importante que se identifique que o grupo AB abarca os grupos A e B, e o grupo A abarca a1 e a2 e o grupo B, abarca b1 e b2.

São as seguintes as etapas de construção do Diagrama de Afinidades:

1) Definir o tema: a definição de tema deve ser feita de forma vaga para despertar a criatividade. Por exemplo: o que se deve fazer para melhorar o processo ou o que deve ter um suco de laranja para ser gostoso? Não é conveniente que sejam apresentadas maiores explicações, pois estas podem agir como restrições inibidoras no processo de criação de ideias. O que se deseja é uma nucleação nova de ideias e não uma nucleação direcionada, pois essa última restringe o alcance das ideias geradas. Por ser o tema vago, sugere-se para os participantes que qualquer ideia é válida. É isso o que se deseja: estimular para liberar a criatividade em torno do assunto;

2) Coletar os dados: os dados podem ser obtidos através de técnicas como o *brainstorming*, visto anteriormente. Inicialmente deve-se colocar em palavras tudo o que o grupo observou, ouviu, pensou e pesquisou sobre o tema a ser analisado. As informações obtidas são resumidas em fichas chamadas de *fichas de dados*. É conveniente que a quantidade de fichas de dados coletadas seja mantida entre 50 e 100. Caso

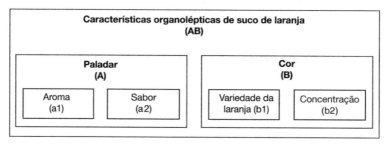

**Figura 9.8** | Exemplo de Diagrama de Afinidades.

sejam coletadas centenas de fichas, estas devem ser subdivididas de modo a se ter vários problemas, cada um com um número máximo de 100 fichas;

3) Organizar os dados coletados: as fichas de dados geradas devem ser organizadas para a construção do Diagrama de Afinidades. Para isso, cada ficha deve ser lida cuidadosamente com o intuito de captar a essência contida em cada ideia registrada. O agrupamento das fichas de dados pode ser feito por uma única pessoa; entretanto, é mais conveniente a participação de todos. Esse agrupamento pode ser feito comparando a primeira ficha com a segunda. Se esses dois dados têm alguma afinidade, são colocados juntos, se não, são colocados separados. Toma-se o terceiro e compara-se com os anteriores, podendo ter afinidade com alguns deles. As fichas de dados são colocadas sobre uma folha de papel grande onde cada um coloca ou muda as fichas de localização independentemente da sua posição hierárquica. Esse trabalho é realizado de forma rápida para privilegiar a intuição. Se alguém não concorda com a posição de uma ficha de dados, simplesmente muda-a de local. Durante a organização, surgem novas ideias que devem ser adicionadas ao conjunto original. Se durante a leitura surgirem ideias que parecem não ter nada em comum com o assunto, elas devem ser separadas para análise posterior. Os dados organizados são chamados de grupos de *primeira ordem*. Para cada grupo de primeira ordem é preciso:

a) selecionar um dos dados que contenha a ideia geral do grupo, para dar nome a ele; ou

b) criar um cartão de dado conciso, denominado *ficha título*, que dará nome ao grupo (situação mais comum).

A etapa de formação de grupos de primeira ordem termina quando todos concordarem com a distribuição dos dados.

Após a formação dos grupos de primeira ordem, inicia-se a fase de formação dos grupos de *segunda ordem*. Os dados dos grupos de primeira ordem são todos presos aos seus cartões títulos. Os cartões títulos se tornam dados para a organização dos grupos de segunda ordem. O procedimento, as regras de formação e de tamanho de grupo são os mesmos que na formação dos grupos de primeira ordem. O processo de organização continua com a formação dos grupos de *terceira ordem*, *quarta ordem* etc. Os cartões títulos de uma ordem são os dados da ordem imediatamente superior. Esse processo continua até que se chegue a um único grupo contendo todos os dados, e cujo cartão título é o tema do diagrama.

4) Desenho do diagrama: após a conclusão da formação dos grupos, desmonta-se o conjunto de fichas, colocando-as no papel com traços. Após a conclusão do Diagrama de Afinidades, o conteúdo das fichas é organizado baseando-se nas fichas afins confeccionadas por último.

## 9.3.2 Diagrama de Relações ou Digráfico de Inter-relação

O Diagrama de Relações é uma ferramenta que procura explicitar a estrutura lógica das relações de causa e efeito, de um tema ou de um problema, pelo pensamento multidirecional.

Enquanto o Diagrama de Afinidades explora o lado subjetivo de um tema, o de Relações explora o seu lado lógico, o emaranhado de ligações de causa e efeito, evidenciando as ligações lógicas pelo reconhecimento de que cada evento não é o resultado de uma única causa, mas de múltiplas causas inter-relacionadas.

Embora seja simples, o Diagrama de Relações é de construção demorada e trabalhosa, e indicado para temas que justifiquem o esforço. Sua utilização é aconselhável quando:

- o tema é complexo, e as ligações de causa e efeito não são de visualização fácil;

- a sequência correta de ações é crítica no desenvolvimento do tema;
- há tempo suficiente para a construção e as revisões necessárias;
- encontrar as causas de um defeito;
- clarear a estrutura do problema;
- proporcionar meios para executar um objetivo;
- investigar afinidades entre causa e efeito ou objetivo e meios em um problema.

A utilização do Diagrama de Relações apresenta as seguintes vantagens: simplifica a solução de problemas do tipo "por quê", resulta na sua divisão em pontos principais, explicita a participação dos diversos departamentos envolvidos na situação-problema e mostra os pontos-chave do problema, bem como apresenta possibilidades para novos desenvolvimentos.

A construção do Diagrama de Relações acompanha a evolução da equipe de trabalho no entendimento do tema estudado. Assim, o diagrama final só será obtido após várias tentativas, razão pela qual é conveniente atentar para a sistemática de construção.

O número de pessoas do grupo deve ficar em torno de cinco ou seis, e que tenham ligação direta com o assunto analisado. Deve-se escolher o líder entre eles, com a participação de todos na atividade, e preparar os materiais para escrever as fichas, estendendo sobre a mesa uma folha de papel grande. São as seguintes as etapas de construção do Diagrama de Relações:

1) Determinar o problema: o problema a ser analisado e o tipo de informação que se deseja obter devem ser expressos de maneira clara. Após a sua determinação, o problema deve ser escrito no centro do papel estendido na mesa, fazendo-se uma linha dupla em torno dele.

2) Refletir sobre o problema: cada membro do grupo deve anotar aquilo que conhece ou pensa sobre as causas do problema. Em algumas ocasiões as causas não surgem com facilidade por não se entender o problema muito bem. Assim, durante a elaboração do diagrama, ocorre uma reanálise do problema abordado ou se muda o ângulo de análise quando surgem dificuldades em relacionar as causas.

3) Confeccionar as fichas de causas: cada membro do grupo deve escolher aquela que julga ser a maior causa do problema, anotando nas fichas chamadas de *ficha de causa*. Em cada ficha de causa deve ser anotada uma única frase curta. O número de fichas não deve ultrapassar o total de 30.

4) Organizar as fichas de causa em torno do problema: as fichas de causas confeccionadas são espalhadas em cima do papel. Lendo as fichas uma a uma, observa-se que algumas possuem relação entre si; estas então devem ser colocadas, agrupadas, ao redor do problema.

5) Definir as causas de primeira ordem: observando as fichas colocadas ao redor do problema, verifica-se que alguns agrupamentos têm relações entre si. Escolhe-se então o que tiver maior relação com o problema. Existem situações em que esse trabalho será facilitado se o problema for dividido em partes (duas ou três). Determinadas as causas de primeira ordem, desenham-se setas que mostram a relação existente com o problema.

6) Traçar a relação de causa e efeito entre as fichas de causa: definidas as causas de primeira ordem, devem-se procurar as causas que as originaram, considerando-as causas de segunda ordem, e assim por diante, traçando setas que indicam as relações existentes entre elas. É possível acrescentar novas fichas quando necessário. Com o preenchimento das partes que faltam, devem surgir as causas dos problemas, ou da estrutura, ou do método que se procura. Exprimindo no papel os dados não numéricos obtidos, pode-se organizar os problemas, livrando-se de ideias fixas.

7) Desenhar o Diagrama de Relações: o Diagrama de Relações deve ser observado atentamente de tal forma que as ligações de causa e efeito devem ser próximas. Se necessário, coloca-se a posição da ficha mais visível. Se a forma de ligação se afasta do problema principal, essa causa deve ser excluída.

8) Ler e analisar o diagrama desenhado: quando o Diagrama de Relações tem como objetivo identificar a causa do problema, deve-se buscar como causa principal aquela que está diretamente ligada ao problema; se essa causa for eliminada, é possível melhorar o resultado. No entanto, as causas de primeira ordem são as que possuem a relação de causa e efeito mais forte, porém não podem ser resolvidas concretamente. Ao percorrer as causas de segunda e terceira ordens pode-se obter as principais causas que têm ligação direta com a solução do problema. Muitas vezes é necessário obter informações mediante métodos numéricos para efetuar avaliações sobre a causa principal.

A Figura 9.9 mostra a organização das fichas de causa, inter-relacionadas conforme a causa disposta numa ficha for sendo o efeito de outra causa e assim por diante.

No método do Diagrama de Relações, as principais causas de um problema são abstraídas em uma série de cadeias de causas e resultados: "a causa de um problema", "a causa da causa" e assim por diante (Figura 9.10).

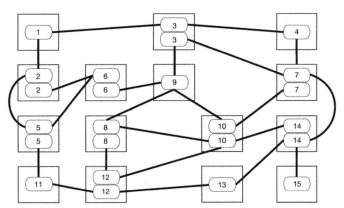

**Figura 9.9** | Definição da cadeia de Causa e Efeito.

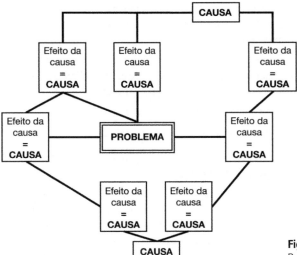

**Figura 9.10** | Desenho do Diagrama de Relações ou Digráfico de Inter-relação.

## 9.3.3 Diagrama de Árvore ou Diagrama de Fluxo de Sistemas

O Diagrama de Árvore é usado para se identificar meios viáveis para a solução de um problema ou para deixar claro o conteúdo de uma área ou tema a ser melhorado, através da ramificação, ou desdobramento, de cada nó ou ponto de vista. A execução do Diagrama de Árvore deve considerar:

- **Encontrar medidas viáveis para a solução de um problema:** primeiramente, é selecionado um objetivo básico relevante para o problema. Ações diretas para atingir esse objetivo devem ser então consideradas. Se os meios num primeiro nível não forem concretos o suficiente para indicar ações práticas, esses meios então são considerados objetivos para os quais meios adequados (segundo nível) são considerados. Em outras palavras meios (ações) viáveis são procurados por meio de uma ramificação dos objetivos e significados nos múltiplos passos. Isso é chamado de Diagrama de Árvore para o desenvolvimento ou desdobramento de ações.

- **Escolher o tipo de Diagrama de Árvore:** há muitos objetos e oportunidades para melhoria numa empresa: produtos, processos de produção, serviços, organização, sistemas de gestão e negócios. Para fazer melhorias nesses itens, deve ser esclarecido o relacionamento entre objetivos e significados ou entre causa e efeito, com consideração aos seus elementos constituintes (por exemplo: as características de qualidade de um produto ou processo etc.). O Diagrama de Árvore que esclarece o relacionamento entre objetivo e significados ou causa e efeito para os elementos constituintes é chamado de Diagrama de Árvore do tipo desenvolvimento de elementos constituintes. Os Diagramas de Árvore do tipo desenvolvimento de elementos constituintes podem ser, ainda, subdivididos em:

    a) *Diagrama de Árvore de Função:* um Diagrama de Árvore de Função esclarece o relacionamento entre as funções básicas e as outras funções que as auxiliam. Ele é usado para encontrar, por exemplo, pontos de vista que reduzam custos, melhorem o desempenho dos produtos, melhorem a eficiência do trabalho e aumentem o controle dos processos de produção. O Diagrama de Árvore de Função provém da família de árvores funcional usada na análise de função do valor.

    b) *Diagrama de Árvore da Qualidade:* um Diagrama de Árvore de Qualidade é usado para esclarecer relacionamentos entre a qualidade requerida de um produto ou serviço por um cliente e as características capazes de atingir aquela qualidade. Ele serve frequentemente para identificar características alternativas que precisem de controle intensivo para produzir a qualidade requerida pelo consumidor ou melhorias para satisfazer o nível requerido.

    c) *Diagrama de Árvore de Causa e Efeito:* um Diagrama de Árvore de Causa e Efeito pode esclarecer os relacionamentos entre causas e efeitos. Com esse tipo de Diagrama pode-se determinar as causas de um determinado efeito.

Na Figura 9.11 mostra-se um exemplo de Diagrama de Árvore.

São as seguintes as etapas de construção do Diagrama de Árvore:

1) Definir clara e sucintamente o objetivo: escrever a ideia numa ficha e colocá-la no lado esquerdo de um quadro, painel ou *flip chart*.

2) Identificar as ideias: sugere-se que se faça a pergunta "Que método ou tarefa é necessário para realizar esta meta ou propósitos?". Pode-se utilizar o Diagrama de Relações para encontrar ideias para responder a essa pergunta, devendo as respostas ser colocadas ao lado direito da ficha que descreve o objetivo, formando a "segunda fileira" do Diagrama de Árvore.

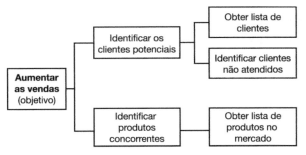

**Figura 9.11** | Exemplo de Diagrama de Árvore.

3) Gerar as fileiras seguintes: fazer a mesma pergunta de "2" para as ideias da "segunda fileira", gerando a "terceira fileira". Fazer o mesmo até que todas as ideias tenham sido consideradas ou até que não se consiga gerar novas ideias pertinentes.

4) Testar o Diagrama de Árvore: ler o diagrama da direita para a esquerda, ou seja, da fileira de última ordem até a ficha de objetivo, verificando se há uma relação lógica de causa e efeito. Para tanto, deve-se perguntar: "Se essa ideia ou ação for feita, isso acarretará/causará a próxima ideia (da próxima fileira)?"

## 9.3.4 Diagrama de Matriz

O Diagrama de Matriz relaciona, com um raciocínio multidimensional, um conjunto de fenômenos decompostos em fatores, podendo facilitar a compreensão da interação entre eles.

Geralmente são considerados três tipos de Diagrama de Matriz:

- **Matriz em "L":** forma mais básica de matriz, nela dois grupos inter-relacionados de itens ou variáveis são apresentados em forma de linha e coluna.
- **Tábua da Qualidade:** apresenta relações entre necessidades e princípios de como atendê-las. Essa matriz é abordada no Capítulo 10, de desdobramento da função qualidade (DFQ), e é a Matriz de Relações do método DFQ, ou *Quality Function Deployment* (QFD).
- **Matriz em "T":** trata-se da combinação de dois diagramas de matriz em "L", baseando-se na premissa de que dois conjuntos separados de itens ou variáveis são relacionados a um terceiro.

O Diagrama de Matriz pode ser usado para:

- distribuir tarefas entre membros da equipe;
- organizar sistemas da qualidade;
- desdobrar a função qualidade;
- identificar causas de problemas; e
- mostrar relações entre as características de qualidade do produto e os respectivos itens de controle.

Esse diagrama organiza grupos de características, funções e tarefas de maneira a mostrar a correlação entre eles. A correlação é mostrada graficamente através de uma matriz.

### 9.3.4.1 Diagrama de Matriz em "L"

A ideia básica de Diagrama de Matriz em "L" pode ser observada no Quadro 9.2, que mostra a o relacionamento entre tipos de defeitos e causas. As causas (linha da matriz) podem se relacionar com um defeito (coluna da matriz). O sentido dessa relação lembra um "L", que, no caso do Quadro 9.2, será espelhado.

### Quadro 9.2 — Exemplo de um Diagrama de Matriz em "L"

| | DEFEITOS | Torto | Amassado | Quebrado | Trincado | Dimensional | Arranhado |
|---|---|---|---|---|---|---|---|
| **CAUSA** | Máquina | ○ | ● | - | ● | ○ | - |
| | Mão de obra | ● | ○ | ○ | ● | - | ○ |
| | Método | - | ● | ◆ | - | ○ | ● |
| | Meio ambiente | - | ◆ | ○ | - | - | - |
| | Medida | - | ● | - | - | ◆ | ◆ |
| | Matéria-prima | ◆ | - | ○ | ○ | ● | ○ |

Graus de correlação: ● (Grande); ○ (Médio); ◆ (Fraco); - (Nulo)

O procedimento para a construção do Diagrama de Matriz segue estes passos:

1) Selecionar dois itens ou duas variáveis que se relacionam entre si: identificar itens como: tarefas e pessoas; funções e problemas; características garantidas e itens de medição; falhas e causas; e outros.

2) Dispor os grupos em forma de linhas e colunas: organizar os grupos conforme o exemplo do Quadro 9.2.

3) Indicar a existência ou não da relação e verificar seu grau de intensidade: neste momento deve ser verificada a existência ou não da relação. O grau de relacionamento entre os itens pode ser feito considerando três níveis (Quadro 9.3).

O grau de relacionamento também pode ser definido em cinco níveis (Quadro 9.4).

### Quadro 9.3 — Grau de relacionamento em três níveis

| Símbolo | Grau de relacionamento | Valor do grau de relacionamento |
|---|---|---|
| ● | Forte | 5 |
| ○ | Médio | 3 |
| ◆ | Fraco | 1 |
| Traço | Não há relação | 0 |

### Quadro 9.4 — Grau de relacionamento em cinco níveis

| Símbolo | Grau de relacionamento | Valor do grau de relacionamento |
|---|---|---|
| ■ | Forte | 9 |
| ◎ | Médio alto | 7 |
| ○ | Médio | 5 |
| □ | Médio baixo | 3 |
| ◆ | Fraco | 1 |
| Traço | Não há relação | 0 |

4) Obter o ponto indicativo: a obtenção do ponto indicativo pode ser realizada de duas formas:

   a) através da interseção dos itens, quando se deve identificar os pontos intersecionais obtidos. Aqueles que possuem relação com o problema são considerados pontos-chave; ou

   b) através do somatório das linhas e colunas, quando o grau de relacionamento é convertido em valor numérico e os valores são somados, tanto das linhas como das colunas. Onde forem identificados os maiores valores, estes serão considerados pontos-chave.

Considerando três níveis para o grau de relacionamento, o Diagrama de Matriz do Quadro 9.2 pode ser analisado no Quadro 9.5. Nesse caso, tem-se a mão de obra e o amassado como pontos-chave.

**Quadro 9.5 — Resultado do Diagrama de Matriz**

| | Torto | Amassado | Quebrado | Trincado | Dimensional | Arranhado | Pontuação |
|---|---|---|---|---|---|---|---|
| Máquina | O | ● | - | ● | O | - | 16 |
| Mão de obra | ● | O | O | ● | - | O | 19 |
| Método | - | ● | ◆ | - | O | ● | 14 |
| Meio ambiente | - | ◆ | O | - | - | - | 4 |
| Medida | - | ● | - | - | ◆ | ◆ | 7 |
| Matéria-prima | ◆ | - | O | O | ● | O | 15 |
| Pontuação | 9 | 19 | 10 | 13 | 12 | 12 | 75 |

### 9.3.4.2 Diagrama de Matriz em "T"

É a combinação de dois Diagramas em "L". A construção é igual à do Diagrama em "L", o mesmo valendo para a análise.

**Quadro 9.6 — Exemplo de Matriz em "T"**

| | | Torto | Amassado | Quebrado | Trincado | Dimensional | Arranhado |
|---|---|---|---|---|---|---|---|
| CAUSA | Projeto | O | ● | - | ● | O | - |
| | Material | - | ● | - | - | ◆ | ◆ |
| | Manuseio cliente | ◆ | - | O | O | ● | O |
| | DEFEITOS | Torto | Amassado | Quebrado | Trincado | Dimensional | Arranhado |
| CAUSA | Máquina | O | ● | - | ● | O | - |
| | Mão de obra | ● | O | O | ● | - | O |
| | Método | - | ● | ◆ | - | O | ● |
| | Meio ambiente | - | ◆ | O | - | - | - |
| | Medida | - | ● | - | - | ◆ | ◆ |
| | Matéria-prima | ◆ | - | O | O | ● | O |

Graus de correlação: ● (Grande); O (Médio); ◆ (Fraco); - (Nulo)

## 9.3.5 Diagrama de Matriz de Priorização

O Diagrama de Matriz de Priorização é uma matriz especialmente construída para ordenar uma lista de itens. Até agora, as ferramentas apresentadas permitiram que se organizasse uma lista de itens de um tema (por exemplo, por meio dos Diagramas de Afinidades e de Relação) e que eles fossem relacionados (Matriz de Relação).

Entretanto, nenhuma delas permite o estabelecimento da ordenação dos itens em função de critérios com pesos diferentes. O Diagrama de Matriz de Priorização reduz e ordena, de forma racional, o número de itens ou ações a serem implementados.

O Diagrama de Priorização deve ser usado quando:

- os pontos-chave de um tema forem identificados, mas sua quantidade tiver que ser reduzida;
- todos concordam com os critérios de solução, mas discordam da ordem ou sequência de implementação;
- existem recursos limitados e, portanto, é necessário ordenar e priorizar;
- existem dificuldades em sequenciar a execução de uma solução.

A técnica para a construção da Matriz de Priorização depende da complexidade do tema, da equipe e do tempo disponível. O método analítico mais abrangente é constituído pelos seguintes passos:

1) Definição do objetivo final: a priorização visa alcançar algum objetivo específico. Assim, é importante a definição dos objetivos, pois esclarece à equipe aonde se quer chegar e orienta todo o trabalho de priorização. Para melhor compreensão do Diagrama da Matriz de Priorização, será adotado um exemplo cujo foco da ação é buscar a melhoria da qualidade do produto. O objetivo é a redução de defeitos. Pretende-se então, ordenar as causas Máquina, Método, Mão de obra e Matéria-prima, segundo suas contribuições para a geração de defeitos. Nessa redução, são considerados três aspectos: a) Importância para o cliente; b) Custo operacional dos defeitos; e c) Matéria-prima consumida. Assim, o objetivo do trabalho de priorização é estabelecer a melhor ordenação das causas para uma redução eficiente de defeitos.

2) Estabelecimento dos critérios: após a definição dos objetivos, são definidos os aspectos específicos que garantem o atendimento ao objetivo. A geração desses aspectos pode ser a partir de uma sessão de tempestade de ideias. Os critérios devem surgir naturalmente em função do objetivo estabelecido. Nesse estágio, é básico que cada um reflita sobre o resultado desejado. Considerando o exemplo anterior, os tipos de defeitos mais importantes são: a*rranhado; amassado e deformado (torto)*. A partir daí, os critérios de priorização serão: 1) Reduzir a quantidade de arranhados, representados por arranhados; 2) Reduzir a quantidade de amassados, representados por amassados; e 3) Reduzir a quantidade de deformados, representados por deformados.

3) Avaliação relativa dos critérios: a importância relativa é definida por um número, o peso do critério. Em algumas situações o peso pode ser obtido a partir da Análise de Pareto. Em outras situações é necessário construir a matriz de avaliação relativa, que permitirá a construção da matriz de julgamento, contendo na sua última coluna os pesos dos critérios. Seguem-se estes passos:

   a) *Construção da matriz de avaliação relativa:* a comparação é feita das linhas para as colunas, respondendo à seguinte pergunta: "Considerando os aspectos de matéria-prima, cliente e custo, qual é a importância relativa do critério arranhado comparado ao deformado?" Deve-se usar a seguinte escala para responder: Extremamente Mais Importante (10); Muito Importante (5); Igualmente Importante (1); Muito Menos Importante (1/5); Extremamente Menos Importante (1/10).

| Quadro 9.7 | Matriz de avaliação relativa de critérios |  |  |
|---|---|---|---|
|  | Arranhado | Deformado | Amassado |
| Arranhado | - | 1/5 | 10 |
| Deformado | 5 | - | 10 |
| Amassado | 1/10 | 1/10 | - |

O Quadro 9.7 mostra as comparações entre os critérios Arranhado, Deformado e Amassado.

De acordo com o Quadro 9.7, tem-se que: 1). o critério Arranhado é muito menos importante que Deformado; 2). o critério Arranhado é extremamente mais importante que Amassado; 3). o critério Deformado é muito menos importante que Arranhado; 4). o critério Amassado é extremamente menos importante que Arranhado.

b) *Construção da matriz de julgamentos de critérios:* essa matriz, mostrada na Tabela 9.1, aponta os resultados convertidos para números decimais.

Os pesos são atribuídos dividindo-se a porcentagem de cada linha por 10. A coluna "pesos usados" se refere a eventuais arredondamentos que se fazem para facilitar o trabalho futuro.

O critério amassado tem peso bem menor que os outros, portanto foi descartado. A eliminação de critérios deve ocorrer apenas quanto existem diferenças significativas.

c) *Avaliação dos itens segundo cada critério selecionado:* deve-se construir uma matriz de avaliação que deverá estabelecer a importância relativa dos itens segundo cada um dos critérios não descartados. As linhas e colunas recebem designação dos itens a serem priorizados. A comparação se faz da linha para as colunas respondendo à seguinte questão: "Segundo o critério _____, qual é a importância do item _____ quando comparado ao item _____?" Por exemplo: "Segundo o critério *Arranhado*, qual é a importância do item *Método* quando comparado ao item *Mão de obra*?" A resposta deve ser um número segundo a escala já apresentada. O número associado é colocado na interseção da linha Método com a coluna Mão de obra. A Tabela 9.2 mostra a matriz de avaliação segundo o critério Deformado.

A Tabela 9.3 mostra a matriz de avaliação segundo o critério Arranhado.

d) *Construção da matriz de avaliação global:* em uma matriz em "L", os critérios compõem as colunas, e os itens avaliados, as linhas. A seguir, transporta-se para cada interseção o resultado da multiplicação do peso do critério pelo índice de importância do item avaliado, segundo aquele critério. A Tabela 9.4 mostra a

| Tabela 9.1 | Matriz de julgamento de critérios |  |  |  |  |  |  |
|---|---|---|---|---|---|---|---|
|  | Arranhado | Deformado | Amassado | Total | % | Pesos | Pesos usados |
| Arranhado | - | 1/5 | 10 | 10,20 | 40,16 | 4,02 | 4 |
| Deformado | 5 | - | 10 | 15,00 | 59,05 | 5,90 | 6 |
| Amassado | 1/10 | 1/10 | - | 0,20 | 0,79 | 0,08 | 0 |
| Totais | 5,10 | 0,30 | 20,00 | 25,40 | 100,00 | 10,00 | 10 |

### Tabela 9.2 — Matriz de avaliação segundo o critério Deformado

|  | Máquina | Método | Mão de obra | Matéria-prima | Totais | Índice de importância |
|---|---|---|---|---|---|---|
| Máquina | - | 0,2 | 10,0 | 1,0 | 11,2 | **2,9** |
| Método | 5,0 | - | 5,0 | 0,1 | 10,1 | **2,6** |
| Mão de obra | 0,1 | 0,2 | - | 5,0 | 5,3 | **1,4** |
| M.-prima | 1,0 | 10,0 | 0,2 | - | 11,2 | **2,9** |
| Totais | 6,1 | 10,4 | 15,2 | 6,1 | 37,8 | **10,0** |

### Tabela 9.3 — Matriz de avaliação segundo o critério Arranhado

|  | Máquina | Método | Mão de obra | Matéria-prima | Totais | Índice de importância |
|---|---|---|---|---|---|---|
| Máquina | - | 10,0 | 5,0 | 10,0 | 25,0 | **4,9** |
| Método | 0,1 | - | 10,0 | 0,1 | 10,2 | **2,0** |
| Mão de bra | 0,2 | 0,1 | - | 0,2 | 0,5 | **0,1** |
| M.-prima | 0,1 | 10,0 | 5,0 | - | 15,1 | **2,9** |
| Totais | 0,4 | 20,1 | 20,0 | 10,3 | 50,8 | **10,0** |

### Tabela 9.4 — Matriz de avaliação global

|  | Arranhado (4) | Deformado (6) | Totais | Fator de importância |
|---|---|---|---|---|
| Máquina | 4 × 4,92 = 19,68 | 6 × 2,96 = 17,76 | 37,44 | **3,74** |
| Método | 4 × 2,01 = 8,04 | 6 × 2,67 = 16,02 | 24,06 | **2,41** |
| Mão de obra | 4 × 0,10 = 0,40 | 6 × 1,41 = 8,46 | 8,86 | **0,89** |
| Matéria-prima | 4 × 2,97 = 11,88 | 6 × 2,96 = 17,76 | 29,64 | **2,96** |
| Totais | 40 | 60 | 100 | **10,00** |

matriz de avaliação global dos itens *Máquinas, Método, Mão de obra e Matéria-prima*, segundo os critérios *Deformado* e *Arranhado*.

De acordo com essa matriz, as causas de defeitos têm a seguinte ordem de importância: a causa Máquina é a primeira mais importante (3,74); a causa Matéria-prima é a segunda mais importante (2,96); a causa Método é a terceira mais importante (2,41); e a causa Mão de obra é a quarta mais importante (0,89) ou significativa.

## 9.3.6 Diagrama do Processo Decisório

O Diagrama do Processo Decisório (DPD), ou, em inglês, *Process Decision Programme Chart* (PDPC), é uma ferramenta que estabelece todos os caminhos possíveis para se alcançar um objetivo mostrando todos os problemas imagináveis (ou possíveis de ocorrer) e as possíveis ações que devem ser tomadas caso ocorram.

O Diagrama do Processo Decisório é útil na fase de planejamento, pois busca responder, antecipadamente, àquelas perguntas fatais que, com frequência, se evita fazer e que quando ocorrem (pela falta de respostas) levam o plano a falhar. O diagrama inclui os seguintes aspectos:

- Atingir a meta através do julgamento durante o desenrolar do processo e da execução do plano. Os objetivos vão sendo atingidos à medida que os problemas, decorrentes da execução do plano, vão sendo resolvidos mediante soluções adequadas e o aperfeiçoamento do plano.
- Elaborar uma estratégia para evitar situações graves, mediante previsões detalhadas do processo que leva aos resultados desejados (ou indesejados). Nesse caso, onde existe a possibilidade de situações graves, evita-se que se torne realidade, prevendo, sob vários ângulos, as possíveis tendências negativas (ou positivas) que o fato poderá tomar.

O DPD pode ser usado para apresentar uma sequência de eventos que levam a um resultado indesejável (ou desejável), e é a construção um plano que conduz à ocorrência deste. As adaptações ficam a cargo dos usuários desse diagrama. A construção do DPD segue estes passos:

1) Definir o ponto de partida e o ponto de chegada: o ponto de partida será definido quando for detectada a oportunidade de solução do problema; já o ponto de chegada será o problema resolvido. Esses dois pontos devem estar bem estabelecidos. O ponto de partida deve ser cercado com um traço simples vermelho ou com um traço de maior espessura e posicionado na parte superior de uma folha grande. O ponto de chegada deve ser cercado com uma linha dupla e posicionado na parte inferior da folha.

2) Traçar um plano otimista: com o intuito de alcançar o ponto de chegada, deve ser estabelecido um plano otimista, idealizando os itens de execução considerando os dados em que os resultados das execuções são favoráveis. Os símbolos utilizados são uma elipse para "Resultados Imaginados", um retângulo para "Itens para Execução" e setas largas para indicar a "Ligação entre os Caminhos". A partir desses símbolos, é possível montar um plano como o da Figura 9.12.

3) Pensar sobre fatos que se imagina não dar certo: a partir do plano estabelecido, deve-se pensar, sob diversos ângulos, nos casos que poderão conduzir a resultados desfavoráveis ao plano estabelecido. Após isso, desenham-se setas simples a partir dos itens para a execução do plano e preenche-se o espaço interior com o resultado

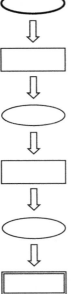

**Figura 9.12** | Representação do plano.

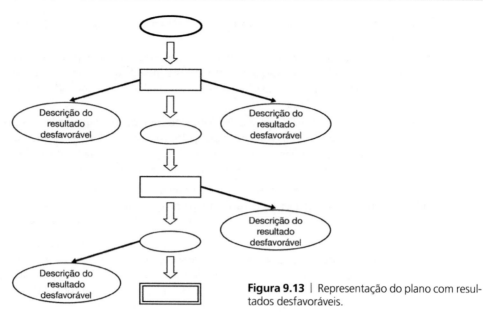

**Figura 9.13** | Representação do plano com resultados desfavoráveis.

negativo que pode acontecer cercando com o círculo como mostra a Figura 9.13. Nunca se deve pensar que uma dada situação é impossível de ocorrer.

4) Montar o plano antes de iniciar a execução: nessa fase devem ser estabelecidas novas saídas para os resultados negativos determinados na etapa anterior, como mostra a Figura 9.14. Essas *saídas* devem garantir a retomada do caminho do plano acrescentando a ele itens de execução. Existe a possibilidade de casos em que a sequência gera incertezas. Nessas situações, pode ser colocado um ponto de interrogação "?".

5) Desenvolver as sequências do plano: entrar na fase de execução do plano. Com o desenrolar do processo, os resultados dos itens executados vão surgindo e as situações se definindo. A partir dessa situação, novas providências são pensadas e acrescentadas à sequência dos itens executados. Nos pontos onde a execução for concluída, deve-se engrossar as setas colocando as datas da sua execução. Ao mesmo tempo que o plano fica pronto, as execuções também serão concluídas.

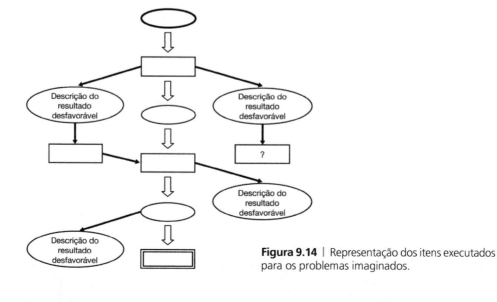

**Figura 9.14** | Representação dos itens executados para os problemas imaginados.

## 9.3.7 Diagrama de Setas

O Diagrama de Setas é uma ferramenta para planejar o cronograma mais conveniente à execução de um trabalho, permitindo, também, o monitoramento da execução das tarefas necessárias para garantir o término do trabalho no tempo previsto.

É uma ferramenta importante na fase de planejamento e acompanhamento de projetos, quando o cumprimento de prazos é crítico. Pode ser conveniente para acompanhar:

- implementação de diretrizes da alta administração;
- desenvolvimento de novos produtos;
- planejamento da produção para atendimento emergencial de clientes; e
- preparação de eventos.

Uma característica importante desse diagrama é a necessidade de conhecer com precisão o tempo de duração de todas as atividades nele mencionadas.

São as seguintes a simbologia e as expressões usadas no Diagrama de Setas:

- Setas em linhas sólidas indicam o trabalho necessário para a execução de um plano. Um trabalho é sempre visto em termos de tempo, mas a extensão da linha não é necessariamente proporcional à extensão de tempo necessário para completar o trabalho.
- Setas em linhas descontínuas indicam uma simulação, como um trabalho imaginário não vinculando tempo ou trabalho, são usados para mostrar trabalhos sucedidos.
- Círculos indicam um nó. É localizado antes e depois de um trabalho ou como junção de trabalhos. O número circundado é o número do nó. Cada trabalho ou simulação pode ser especificado por um par de números de nó, um antes e outro depois do trabalho.
- Retângulo descreve a atividade e o tempo para sua realização.
- Antecessor e Sucessor: se o trabalho B não pode ser executado antes do término de A, ou é na prática começado depois que o trabalho A termina, então o *trabalho A é chamado de antecessor do trabalho B*, e o *trabalho B é chamado de sucessor de A*.
- Trabalhos Paralelos: os trabalhos paralelos são realizados no mesmo período de tempo. Por exemplo, se o *trabalho B e C são trabalhos paralelos*, então o *nó 2 é um nó de explosão*, e o *nó 3 é um nó de submersão*.
- Simulador: um simulador é usado quando setas com linhas sólidas não podem mostrar relações entre atividades. Para três atividades, A, B e C, se as atividades A e B são antecessoras da atividade C, as relações podem ser mostradas usando um simulador. Exemplo: se existem quatro atividades A, B, C e D, e A e B são antecessoras de C, e B é antecessora de D, as relações podem ser mostradas com um simulador. A Figura 9.15 mostra um exemplo de Diagrama de Setas.

Antes de iniciar a construção do Diagrama de Setas, devem ser tomados alguns cuidados para facilitar a construção e a compreensão do diagrama:

- Não desenhe mais de uma atividade para um par de nós.
- O cruzamento de setas dificulta a compreensão, portanto deve ser evitado.
- O diagrama indica a passagem do *tempo* da esquerda para a direita, e, portanto, a indicação das setas deve acompanhar esse sentido.

Como os outros diagramas, a construção do Diagrama de Setas deve ser feita por uma equipe composta por pessoas de diversos setores da organização para garantir a consideração dos diversos pontos de vista da empresa. A construção do Diagrama de Setas segue estes passos:

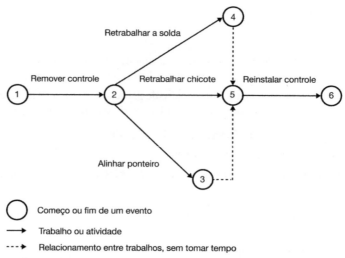

**Figura 9.15** | Exemplo de Diagrama de Setas para tarefa de manutenção de controle elétrico.

1) Organizar a equipe: a equipe deve ser constituída por pessoas que possam dar contribuições efetivas, e capazes de estabelecer as atividades, sua sequência e o prazo de duração. É conveniente que os executores do projeto participem da equipe.

2) Elaborar a lista das atividades necessárias: para iniciar o diagrama, são registradas numa folha as atividades que precisam ser realizadas. Essas atividades podem ser registradas diretamente na folha ou em fichas para facilitar a construção do diagrama.

3) Confeccionar as fichas de atividades: cada atividade deve ser anotada diretamente na folha ou em fichas, que são os retângulos. Essa ficha é denominada ficha atividade, e, dependendo do diagrama, pode ser colorida para diferenciar setores ou áreas da organização.

4) Relacionar as fichas de atividades: sobre uma mesa é estendida uma folha de papel (de tamanho grande o suficiente). À esquerda é posicionada a ficha da primeira atividade a ser executada. Em seguida são posicionadas as demais fichas, sempre no sentido da esquerda para a direita. Existindo alguma ficha desnecessária ou dupla, ela deve ser excluída, e, constatando-se a ausência de alguma atividade, deve ser providenciada uma nova ficha atividade, que será acrescentada às demais.

5) Preparar o diagrama de setas: as atividades são separadas por nós e ligadas por setas para complementarem o diagrama. Desse modo obtém-se a primeira versão do diagrama.

6) Revisar o diagrama de setas: depois de pronta a primeira versão do diagrama, é conveniente que ele seja revisado, respondendo-se as seguintes perguntas:
   a) Esta atividade contribui para o objetivo?
   b) Esta atividade está posicionada corretamente?
   c) Não está faltando alguma atividade para completar o plano?

7) Determinar os tempos: para finalizar o diagrama, é necessário determinar os tempos de início e final da atividade. Essa tarefa inicia-se com a estimativa dos tempos de início *cedo* e término *cedo* de cada atividade. O último nó indicará o prazo previsto de duração do projeto com a indicação do término *cedo*. Esse prazo é colocado como término *tarde* dos nós finais. Partindo-se dos últimos nós, calcula-se o término *tarde* e o início *tarde* de cada atividade. O passo seguinte é identificar e marcar o caminho crítico.

Foram feitos alguns refinamentos e modificações no Diagrama de Setas. Para o planejamento de projetos, essa técnica é conhecida como Análise do Caminho Crítico, ou *Critical Path Analysis Method* (CPM), e levou a outro desenvolvimento nesse sentido, como a Técnica de Avaliação e Revisão de Programa, ou *Programme Evaluation and Review Technique* (PERT).

## QUESTÕES PARA DISCUSSÃO

1) Considere todas as ferramentas vistas neste capítulo e classifique-as em: a) ferramentas para controle da qualidade, b) ferramentas para melhoria da qualidade e c) ferramentas para controle e melhoria da qualidade.

2) Pesquise na internet artigos científicos ou artigos de revistas especializadas em gestão da produção e encontre uma tabela com pelo menos 30 valores para um determinado evento ou variável e elabore um histograma. Com base no histograma plotado, classifique-o quanto à centralidade: se a distribuição é simétrica, assimétrica (negativa ou positiva) e se é ou não uma distribuição truncada; e quanto à dispersão, se é uma distribuição centralizada ou bem dispersa. Interprete os dados e conclua sobre o que sua classificação pode significar.

3) Novamente, pesquise na internet artigos científicos ou artigos de revistas especializadas em gestão da produção e encontre dados que possibilitem correlacionar variáveis causais e seus efeitos. Agora, com base nos dados, elabore e classifique um diagrama de dispersão-correlação classificando a distribuição encontrada (correlação: forte, fraca, positiva, negativa), calcule o coeficiente de correlação e de Pearson e elabore uma análise de Pareto.

4) Junto com colegas de curso, estabeleça um problema a ser resolvido. Por exemplo, a lentidão de trânsito em determinada localidade de sua cidade. Agora, procure achar as causas desse problema utilizando conjuntamente a maior quantidade de ferramentas da qualidade possível.

5) Também juntamente com colegas de curso, procure melhorar a qualidade de algum processo de elaboração de bens ou serviços. Por exemplo, como melhorar a qualidade do processo de fabricação de papel, de modo a reduzir os impactos ambientais. Utilize todas as ferramentas pertinentes, buscando dados e informações sobre esse processo na internet e em fontes de dados especializados. Sugestão: comece com a elaboração de um Gráfico de Fluxo de Processo. Se preferir, pode usar outro processo à sua escolha. Compartilhe os resultados com outros grupos de estudantes.

## BIBLIOGRAFIA

OAKLAND, J. *Gerenciamento da qualidade total*. São Paulo: Novel, 1994, 459p.

# Desdobramento da Função Qualidade (DFQ)

## 10.1 INTRODUÇÃO

O Desdobramento da Função Qualidade (DFQ), mais conhecido como QFD (*Quality Function Deployment*), é um método utilizado para conceber, configurar e desenvolver um bem ou serviço a partir das necessidades e desejos dos clientes, bem como pode ser utilizado como método de resolução de problemas observados dentro de uma organização.

O conceito e o método do QFD foram inicialmente apresentados por Yoji Akao a partir de 1966, época em que no Japão se observou a transição da fase de uso pelas empresas do Controle Estatístico da Qualidade para a implantação do Controle Total da Qualidade, ou *Total Quality Control* (TQC).[1]

A primeira vez que Yoji Akao escreveu sobre desdobramento da qualidade (*quality deployment*, em inglês), foi usando o termo *hinshitsu tenkai*, num artigo publicado em abril de 1972,[2] uma compilação do que Akao havia experimentado em várias companhias na década anterior. Em 1978, Shigeru Mizuno e Yoji Akao apresentaram o termo *kinshitsu kino tenkai*, ou desdobramento da função qualidade (*quality function deployment*, em inglês) em um livro intitulado *Quality Function Deployment: a company-wide quality approach*.[3]

A proliferação do uso do QFD se deu de modo mais contundente na indústria automotiva japonesa, com forte aplicação no processo de desenvolvimento de novos produtos e de projetos-plataforma. No entanto, o uso do QFD foi rapidamente ampliado no Japão, pois foi reconhecido como um método capaz de:

a) auxiliar no processo de projetação da qualidade, de certa maneira preenchendo a lacuna de na primeira metade dos anos 1960 não existirem livros sobre o tema naquele país; e

b) antecipar os problemas de qualidade de novos produtos, pois naquela época as empresas controlavam a qualidade dos produtos desenvolvidos somente após eles já estarem em linha de produção, através de Cartas de Controle (Quality Charts – QC), o que causava perdas financeiras vultosas quando os produtos não se adequavam bem ou totalmente às necessidades dos clientes.

---

[1]AKAO, Y.; MAZUR, G. H. The leading edge in QFD: past, present and future. *International Journal of Quality & Reliability Management*, v. 20, n. 1, 2003, p. 20-35.
[2]AKAO, Y. New Product Development and Quality Assurance: quality deployment system. *Standartization and Quality Control*, v. 25, n. 4, 1972, p. 7-14.
[3]MIZUNO, S.; AKAO, Y. *Quality function deployment*: a company-wide quality approach. Tóquio: JUSE Press, 1978.

A introdução do QFD nas Américas e na Europa teve início no ano de 1983, através de sua aplicação na indústria automotiva pelo American Supplier Institute. Na mesma época, Don Clausing levou ao Massachusetts Institute of Technology (MIT) seus conhecimentos sobre QFD adquiridos na companhia Xerox, quando foi contratado como professor por esse instituto, contribuindo para a difusão do QFD. Em 1994, fundou-se o Quality Function Deployment Institute, o qual instituiu o Prêmio Akao em 1996.

No Brasil, o QFD foi introduzido com a apresentação do trabalho de Yoji Akao e Tadashi Ohfuji[4] na International Conference on Quality Control (ICQC) de 1989, realizada na cidade do Rio de Janeiro. Atualmente, o QFD é utilizado pelos mais variados setores industriais e de serviços em todo o mundo.

## 10.2 CONCEITUANDO O *QUALITY FUNCTION DEPLOYMENT* – QFD

Muitas são as definições de QFD. Feigenbaum o define como um conjunto de procedimentos técnicos e administrativos requeridos para produzir e entregar um produto com características de qualidade específicas. Numa definição menos genérica, define-se o QFD como método para a exposição detalhada e sistemática de cada uma das partes ou operações que conformam a qualidade.

O QFD também pode ser visto como forma de comunicar sistematicamente a informação relacionada com a qualidade e de explicitar ordenadamente o trabalho relacionado com a obtenção da qualidade.

Uma definição que abrange as anteriores e que se aproxima ainda mais da forma de atuação do QFD é a que retrata o *Quality Function Deployment* como procedimento estruturado que permite, de maneira sequencial, observar as necessidades do cliente e projetá-las nas distintas fases de desenvolvimento do produto, convertendo essas necessidades em suas especificações técnicas. O QFD tem como uma de suas funções básicas auxiliar as organizações no processo de garantia da qualidade ao longo de uma cadeia produtiva. Basicamente, o QFD é constituído por dois elementos básicos: o Desdobramento da Qualidade (*Quality Deployment* – QD) e a Tabela de Atividade para a Garantia da Qualidade (*Quality Assurance Activity Table* – QA).

O QD é conceituado como o processo que busca, traduz e transmite as exigências dos clientes em características da qualidade do produto por intermédio de desdobramentos sistemáticos, iniciando-se com a determinação da voz do cliente, passando pelo estabelecimento de funções, mecanismos, componentes, processos e matéria-prima e estendendo-se até o estabelecimento dos valores dos parâmetros de controle dos processos.

Se no QD se efetua o desdobramento da qualidade, na QA a ênfase é no trabalho humano. A lógica da QA[5] é que se o trabalho humano for claramente estabelecido e bem executado, consequentemente se tem a qualidade do produto e da empresa. Consiste a QA num desenvolvimento passo a passo de trabalhos e operações que buscam a garantia da qualidade através da sistematização de objetivos e recursos. Atualmente, a aplicação do QFD inclui o delineamento da QA, dos fluxos do desdobramento da qualidade e engenharia de valor e de cartas de controle. A utilização conjunta do QD e da QA gera o *Broadly Defined Quality Function Deployment*, ou QFD Amplo.

Tais conceitos são o fundamento do QFD dito das quatro fases, que prevê a coleta dos requisitos do consumidor no mercado. Esses requisitos são desdobrados em características

---

[4] AKAO, Y.; OHFUJI, T. Recent aspects of quality function deployment in service industries in Japan. *Proceedings of the International Conference on Quality Control*, Rio de Janeiro, 1989, p. 17-26.
[5] Alguns autores chamam a QA de QFDr (Desdobramento da Função Qualidade no Sentido Restrito ou *Quality Function Deployment in a Restricted Sense* ou, ainda, *Narrowly Defined Quality Function Deployment*).

de controle do produto que, por sua vez, são desdobradas nas características de controle de cada parte do produto ou de seus componentes, identificando os parâmetros-chave de controle. Em seguida, pelas características dos componentes e parâmetros-chave são identificados os parâmetros das etapas críticas do processo, e, a partir dessa identificação, traça-se a metodologia adequada de controle de gestão e da qualidade para o referido produto (Figura 10.1).

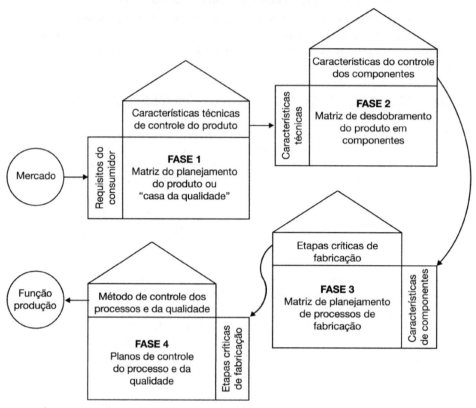

**Figura 10.1** | Sequência das atividades do *Quality Function Deployment* de Quatro Fases. Fonte: Adaptado de Toledo (2001, p. 500) e Gallego, Martínez, Martínez (2003, p. 169).

A aplicação do QFD possibilita às empresas traduzir de forma eficaz as necessidades e expectativas dos clientes; reduzir as reclamações de clientes; reduzir o desperdício de tempo e recursos materiais e financeiros no aperfeiçoamento de produtos; melhorar a comunicação entre departamentos funcionais; e proporcionar o crescimento e o desenvolvimento de pessoas por meio do aprendizado mútuo.

Através da organização e análise de informações, o método QFD também facilita responder a três questões básicas:

Quais requisitos são críticos para o consumidor?

Quais parâmetros do projeto são importantes para satisfazer tais requisitos?

Quais as metas a serem atingidas para cada parâmetro do projeto?

O tipo de objetivo que se pretende com o uso do QFD varia de acordo com o tipo de indústria e de empresa. Geralmente o QFD é utilizado para:

a) projetar e planejar a qualidade, realizar *benchmarking* de produtos;

b) auxiliar no processo de projeto e desenvolvimento de novos produtos;
c) desenvolver e analisar informações das necessidades do cliente, além da identidade da empresa perante o mercado consumidor;
d) auxiliar a manufatura;
e) identificar pontos de controle e potencializar a curva de aprendizagem da empresa;
f) reduzir problemas de qualidade;
g) evitar mudanças desnecessárias de projeto;
h) reduzir o tempo e o custo de desenvolvimento; e
i) aumentar a "fatia de mercado" na medida em que os produtos da empresa se tornam mais competitivos.

As vantagens que o QFD traz com sua aplicação são tanto para os clientes quanto para a própria empresa. Basicamente, são esses benefícios:

- Por ser orientado para o mercado, o QFD cria um forte foco de atenção no consumidor, garantindo a incorporação ao produto dos requisitos considerados mais importantes pelos consumidores.
- Reduz os custos de manufatura, pois assegura a manufaturabilidade desde a concepção do produto.
- Melhora as qualidades de projeto e de conformação do produto.
- Promove o trabalho em equipe e a prática de decisões baseadas no consenso de todos os envolvidos.
- Promove uma visão global da empresa e dos negócios.
- Permite estruturar, e acumular, as experiências e informações tecnológicas da empresa em formato conciso, propiciando um fluxo rápido e seguro dessas informações por toda a empresa e ao longo de cadeias de produção.

Esses e outros benefícios podem levar uma organização a escolher o método QFD para auxiliar no gerenciamento de projetos e desenvolvimento de produtos ou em processos de resolução de problemas (Quadro 10.1).

**Quadro 10.1** | **Alguns benefícios do *Quality Function Deployment***

**Benefícios Tangíveis**

- Redução considerável no tempo para desenvolvimento de produtos
- Virtual eliminação de mudanças tardias de engenharia
- Diminuição de custos iniciais de projeto
- Aumento da confiabilidade de projeto
- Controle de fatores econômicos na fábrica

**Benefícios Intangíveis**

- Aumento da satisfação dos clientes
- Estabilização da atividade de Planejamento da Garantia da Qualidade
- Formação de base de conhecimento para a melhoria de planejamento

**Incremento na Eficácia da Organização**

- Esclarece os objetivos definidos com base no marketing/demandas de negócio
- Proporciona enfoque simultâneo em tecnologias de produto e de processo
- Assuntos básicos permanecem visíveis para priorizar alocação de recursos
- Reforça a dinâmica do trabalho em equipe
- Os produtos atendem às necessidades do cliente e fornecem margem de lucro competitiva

Fonte: Adaptado de Eureka e Ryan (2003, p. 54).

A seguir aborda-se a execução do QFD das Quatro Fases, explicitado anteriormente.

## 10.3 APLICANDO A PRIMEIRA FASE DO *QUALITY FUNCTION DEPLOYMENT*

O desenvolvimento do QFD necessita do estabelecimento dos seguintes elementos:

a) A *definição do objetivo*, que descreve a finalidade, o problema ou o objetivo do esforço da equipe que levará a cabo o seu desenvolvimento.

b) Uma lista de "o quês", contendo as características do produto, gestão ou serviço, tal "como" definidas pelo cliente. Em outras palavras, uma lista contendo as características de qualidade demandadas pelo cliente para certo produto, gestão ou serviço.

c) A *ordem de importância*, ou valores ponderados atribuídos aos "o quês".

d) Uma *matriz de correlações*, que mostra a relação entre os vários meios de produzir esses "o quês".

e) Uma lista de "*comos*", indicando maneiras de produzir os "o quês".

f) Um conjunto de *metas*, que indicam se a equipe deseja aumentar ou diminuir valores de um dos "comos" ou estabelecer determinado valor para eles.

g) Uma *matriz de relações*, que é um meio sistemático de identificar o nível de relacionamento entre uma característica do produto ou serviço ("o quê") e determinada maneira de atingi-la ("como").

h) Uma *avaliação da concorrência feita pelo cliente* (qualidade planejada), analisando as características do produto ou serviço oferecido pela concorrência, em comparação com o produto ou serviço da equipe.

i) Uma *avaliação técnica da concorrência* (*benchmarking* da qualidade projetada), ou uma lista de *quantos*, que mostra as especificações de engenharia da empresa para cada "como" e as especificações do concorrente.

j) *Fatores de dificuldade* ou *fatores de probabilidade* (núcleo da análise comparativa da qualidade projetada), cujos valores indicam a facilidade com que a empresa pode realizar cada "como".

k) O *número absoluto de pontos*, que é a soma dos valores calculados para cada "como" ou coluna da matriz de relações.

l) O *número relativo de pontos*, ou relação sequencial de cada "como" segundo o seu número absoluto de pontos.

A Figura 10.2 mostra a matriz completa do QFD que abarca a conhecida "casa da qualidade", sintetizando o modelo e componentes do QFD. No mundo ocidental, a parte sinalizada em tal matriz recebeu o nome de casa da qualidade devido à presença da matriz de correlações no formato de um "telhado".

O uso mais comum dado ao QFD é a restrita aplicação da "Casa da Qualidade", com sua lista de "o quês", ordem de importância, matriz de relações, matriz de correlações, metas e números relativos e absolutos de pontos.

O primeiro passo da aplicação do QFD é formular a Tabela de Desdobramento da Qualidade Demandada (TDQDe), ou, em outras palavras, a lista de "o quês" desdobrados (Figura 10.3, espaço hachurado). Cada "o quê" consiste numa necessidade básica do cliente, que na maioria dos casos, são bastante genéricas e exigirão maior detalhamento futuro.

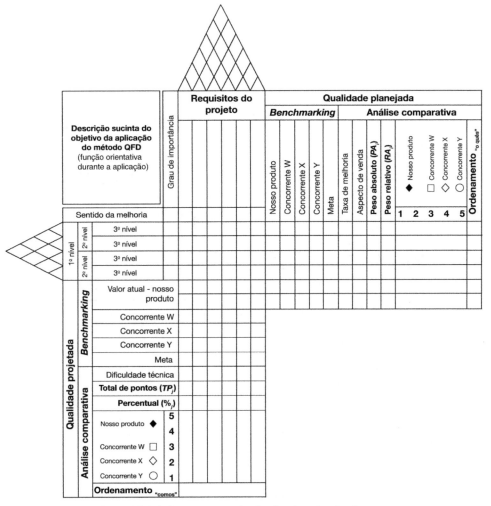

**Figura 10.2** | Componentes do *Quality Function Deployment*.

A formulação da TDQDe deve obedecer aos passos mostrados a seguir:

1) Converter as informações dos consumidores e clientes em informações linguísticas de expressão concisa, sem conter mais de um significado.

2) Reunir todas as informações linguísticas similares e formar conjuntos com essas informações. Determinar uma única linguagem representativa para cada conjunto formado e anotar.

3) Considerar essas linguagens representativas itens de nível terciário e continuar com o agrupamento em conjuntos similares para formar itens secundários e primários, seguindo o método do Diagrama de Afinidades.[6] Colocar a denominação em cada conjunto formado.

---

[6]Também conhecido como Método KJ, o Diagrama de Afinidades é um método utilizado para converter conceitos vagos em específicos, através do uso de linguagens e diagramas apropriados. É, essencialmente, um *brainstorming* em que cada integrante do grupo registra, por escrito, suas ideias, pareceres e sugestões, os quais são, a seguir, agrupados por assuntos correlacionados (PRAZERES, 1996, p. 118).

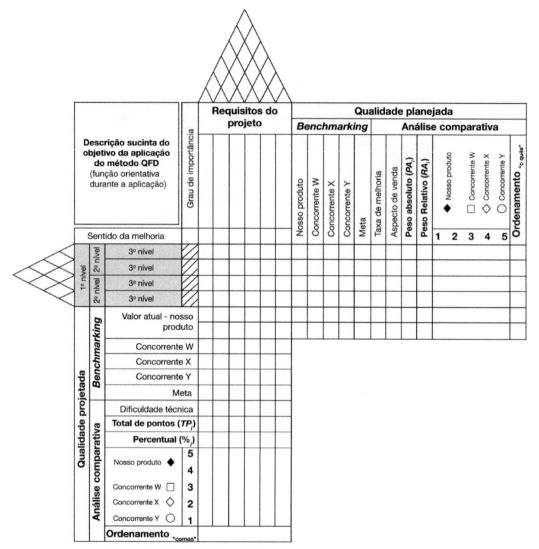

**Figura 10.3** | Tabela de Desdobramento da Qualidade Demandada.

4) Identificar os itens primários de qualidade exigida e fazer um rearranjo, acrescentando convenientemente os itens não incluídos como níveis secundários e primários.

5) Colocar a numeração da classificação, organizar em forma de tabela e considerá-la uma Tabela de Desdobramento da Qualidade Demandada (*Demanded Quality Deployment Chart*).

Em outras palavras, é necessário que se tome a QDe (lista de "o quês") e a organize adequadamente em grupos de níveis primário, secundário e terciário, utilizando para isso o Método KJ ou Diagrama de Afinidades. Tomemos como exemplo o produto "lata de leite integral em pó". Suponhamos que se deseje obedecer à normativa do *Codex Alimentarius* para leite em pó e a um conjunto de requisitos do consumidor levantados e relativos à embalagem do produto.

Para montar a TDQDe, devem-se detalhar todos os requisitos do consumidor e as exigências do *Codex Alimentarius* e agrupar todos os detalhamentos considerados semelhantes utilizando a lógica de aplicação do Diagrama de Afinidades. No entanto, antes é necessário desdobrar os padrões do *Codex Alimentarius*. Por se estar tratando de leite em pó, a norma exigida é a CODEX STAN 207.[7] Aplica-se, para o detalhamento da norma, o Diagrama de Árvore (Figura 10.4) e desdobram-se, para efeito de exemplificação, apenas alguns componentes da CODEX STAN 207.

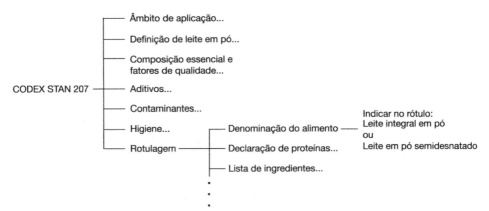

**Figura 10.4** | Desdobramento parcial do CODEX STAN 207. Fonte: A partir da norma CODEX STAN (2003).

Um dos resultados possíveis do Diagrama de Afinidades pode ser visto na Figura 10.5.

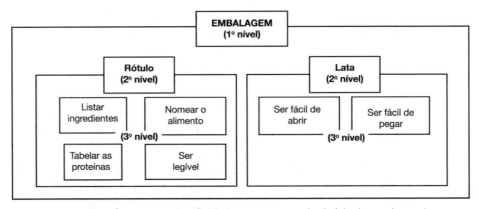

**Figura 10.5** | Diagrama de Afinidades para o exemplo do leite integral em pó.

Após o desenho do Diagrama de Afinidades transcrevem-se os requisitos separando-os por níveis primário, secundário ou terciário, conforme o mostrado na Figura 10.4 e conseguindo, assim, a Tabela de Desdobramento da Qualidade Demandada (TDQDe).

A partir da definição da TDQDe ou listas de "o quês" deve-se estabelecer a ordem de importância de cada "o quê", ou seja, deve-se determinar quais são as qualidades demandadas mais importantes do ponto de vista do consumidor final.

No exemplo do leite integral em pó, se "ser legível" receber uma nota maior que "nome do alimento" significa que para os consumidores finais o fato de a embalagem conter um

---

[7]Norma disponível em <http://www.codexalimentarius.net/web/standard_list.do?lang=en>.

rótulo legível *pode* ser, e não necessariamente é, mais importante do que nele constar o nome ou a denominação do alimento. Isso porque alguns "o quês" podem receber notas muito próximas (nota 4 ou 5), podendo esses "o quês" ter importâncias equivalentes, apesar das notas distintas.

Tradicionalmente, a notas para cada "o quê" seriam dadas por consumidores finais através de *focus groups*.[8] Sugere-se que o *focus group* (ou grupo de foco, ou, ainda, grupo de discussão) seja composto também por representantes administrativos e técnicos das empresas envolvidas e por representantes de instituições públicas e privadas que contemplem as necessidades da sociedade. Entretanto, ressalva-se que o número de consumidores sempre deverá ser maior que a soma dos outros tipos de integrantes do *focus group*, sendo esses de igual número.

Cada "o quê" deve representar apenas um único requisito, e aquele que contiver mais de um requisito deve ser subdividido em itens separados. As perguntas para identificar cada "o quê" devem ser do tipo "Quais são as qualidades importantes de um picolé de limão?" Sugere-se o seguinte modelo para as perguntas que o moderador deve fazer para identificação dos "o quês":

**Quais são os/as (*qualidades/características/elementos/requisitos*) importantes de/para o/a (*nome do produto*)?**

Para cada "o quê" são dadas notas utilizando uma escala de números naturais positivos de 1 a 5 e de sentido crescente, em que a nota 1 representaria "nenhuma importância" e a nota 5 representaria "total importância" ou um "absolutamente importante". Essas notas são dispostas na casa da qualidade conforme mostrado na Figura 10.3, com espaços hachurados em linhas diagonais.

A partir da definição da TDQDe ou listas de "o quês" deve-se estabelecer a ordem de importância de cada "o quê", ou seja, deve-se determinar quais são as qualidades demandadas mais importantes do ponto de vista do consumidor final.

O critério de pesos busca organizar as qualidades demandadas em classes de requisitos, e somando os valores dos pesos e dividindo-os pelo número total de "o quês" ter-se-á um valor numérico que indicará se a TDQDe está obedecendo mais a requisitos legais, do consumidor, da sociedade, da empresa ou se há equilíbrio entre eles. Tomando o exemplo do leite integral em pó, teríamos, conforme o Quadro 10.2, a seguinte classificação dos "o quês" por valores hipotéticos para a classificação da ordem de importância e de pesos.

**Quadro 10.2 — Classificação dos "o quês" por tipo de requisito e pesos**

| Tabela de desdobramento da qualidade demandada ||||
|---|---|---|---|
| 1º Nível | 2º Nível | 3º Nível | Grau de importância |
| 1. Embalagem | 1. Rótulo | 1. Ser legível | 5 |
| | | 2. Nomear o alimento | 2 |
| | | 3. Tabelar as proteínas | 3 |
| | | 4. Listar os ingredientes | 4 |
| | 2. Lata | 5. Ser fácil de abrir | 3 |
| | | 6. Ser fácil de pegar | 2 |

---

[8]"Os *focus groups* são amostragens representativas de clientes que usariam determinado produto ou serviço" (GUINTA e PRAIZLER, 1996, p. 38).

A partir do estabelecimento da ordem de importância dos "o quês", determinam-se os "comos". Nesse primeiro desdobramento os "comos" ou maneiras de se produzir um "o quê" são denominados requisitos do projeto e representam as características de controle do produto, ou seja, indicam quais as características do produto que poderiam estar satisfazendo as exigências demandadas pelos consumidores finais.

O processo de estabelecimento dos "comos" se dá da mesma maneira que o processo de estabelecimento dos "o quês"; entretanto, o *focus group* dá lugar a uma equipe multidisciplinar de técnicos de empresas do segmento de distribuição. Após a definição dos "comos" estes são dispostos na área da casa da qualidade mostrada na Figura 10.6, com espaço hachurado em cinza.

Nesse ponto deve-se lembrar que, juntamente com a definição dos "comos", definem-se as direções de melhoria que indicam se para cada "como" se pode aumentar alguma coisa, reduzir alguma coisa ou atingir um objetivo específico. No primeiro caso utiliza-se uma seta para cima (↑), no segundo caso uma seta para baixo (↓), e, por fim, no terceiro caso, um círculo concêntrico a uma circunferência de raio maior, simbolizando um alvo (⊙).

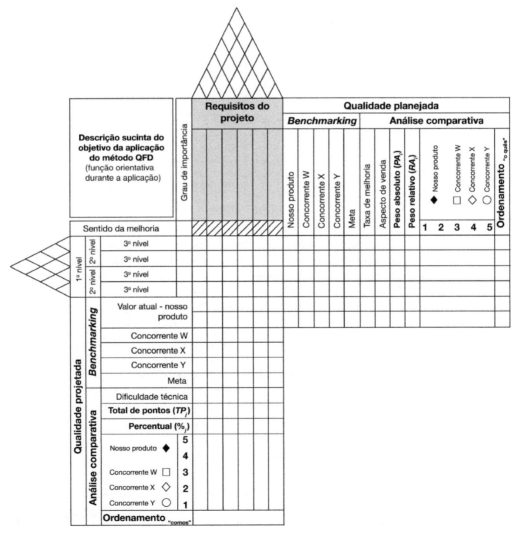

**Figura 10.6** | Tabela de "comos"/requisitos do projeto e metas/direção de melhoria.

Tal "direção das melhorias" deve ser determinada e alocada na casa da qualidade, cada uma abaixo do "como" ao qual se relaciona (espaço hachurado com linhas diagonais na Figura 10.6).

Para o caso da lata de leite integral em pó teríamos como alguns dos "comos" para os "o quês" relacionados à embalagem os que são mostrados na Figura 10.7. Também os "comos" podem ser divididos em primeiro, segundo e terceiro níveis, de acordo com o procedimento mostrado para os "o quês".

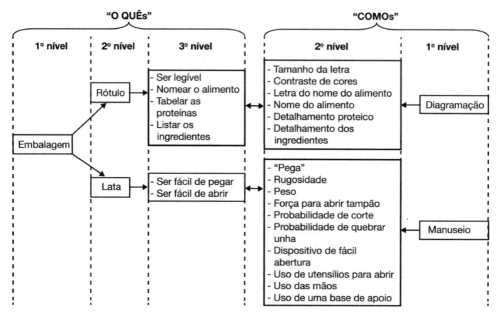

**Figura 10.7** | Lista e relacionamento entre "o quês" e "comos".

O próximo passo do QFD é preencher as matrizes de correlações que são usadas para determinar quando um "como" ou "o quê" está em conformidade com os outros "comos" ou "o quês" (correlações positivas, em que um "como" ou "o quê" potencializa outro(s) "como(s)" ou "o quê(s)"), em que podem ocorrer conflitos entre eles (correlações negativas, em que um "como" enfraquece outro(s) "como(s)" ou "o quê(s)") ou em que não há correlação nenhuma entre os diferentes "comos" e os diferentes "o quês".

A matriz de correlações, ou "telhado" da casa da qualidade, é preenchida utilizando símbolos como "+" (correlação positiva), "++" (forte correlação positiva), "–" (correlação negativa) ou "#" (forte correlação negativa). Por exemplo, quanto maior a necessidade de "Força para Abrir Tampão", certamente maior a "Probabilidade de Quebrar Unha", caracterizando uma relação fortemente positiva e, portanto, devendo receber o símbolo "++".

No caso de não haver correlação deixa-se o campo em branco ou, preferencialmente, preenchido com um 0 (zero), para evitar que se criem dúvidas quanto ao fato de tal correlação ter sido analisada. As matrizes de correlação estão indicadas na Figura 10.8, nos espaços hachurados em cinza.

Após o preenchimento de tais matrizes busca-se preencher a matriz de relações da casa da qualidade, que tem por finalidade fornecer o meio para analisar de que maneira cada "como" irá atender cada "o quê", também identificando o "como" que melhor atende a todos os "o quês".

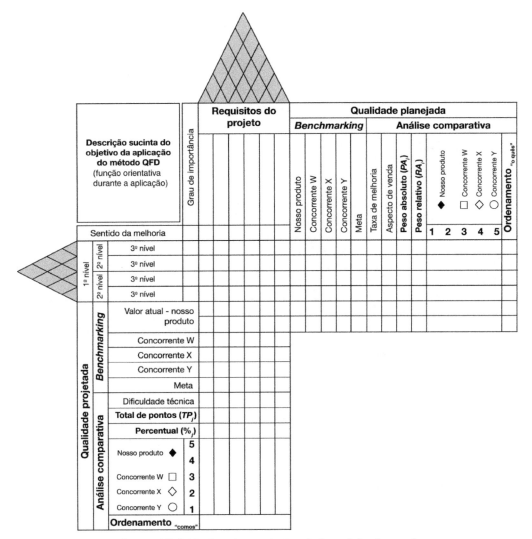

**Figura 10.8** | Matrizes de correlações de "o quês" e "comos".

O preenchimento da matriz de relações (Figura 10.9, espaço hachurado em cinza) pode se dar completando-se a célula de interseção entre uma coluna de "como" e uma linha de "o quê" com o valor 0 (quando não tem nenhuma relação entre o "como" e determinado "o quê"), com o valor 1 (quando a relação entre o "como" e o "o quê" é baixa), com o valor 3 (quando a relação entre o "como" e o "o quê" é moderada) ou com o valor 9 (quando a relação entre o "como" e o "o quê" é alta).

Alguns autores utilizam escalas de 0 a 3 (escola ocidental) ou, ainda, símbolos (escola oriental). Além disso, devem-se determinar os "quantos", ou seja, as medidas para cada "como".

Os itens "quanto" são os meios objetivos para assegurar que os requisitos sejam atingidos e de se progredir no projeto do produto com objetividade, devendo, sempre que possível ser expressos em termos de medidas mensuráveis. Para o exemplo apresentado, uma possível formatação dos elementos da casa da qualidade listados até o momento é apresentada pela Figura 10.10.

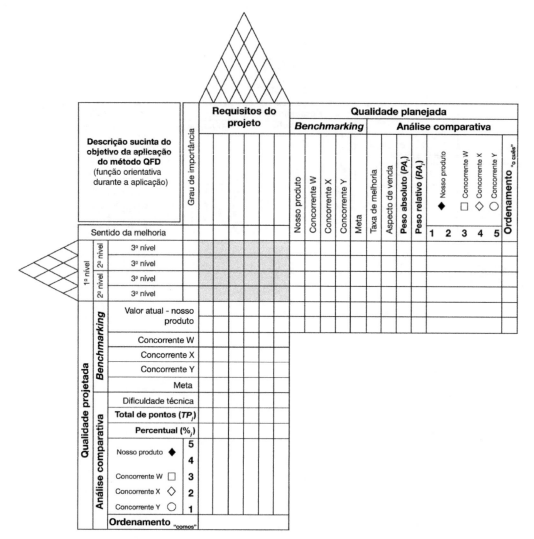

**Figura 10.9** | Matriz de relações entre "o quês" e "comos".

Em seguida, faz-se necessário avaliar a concorrência tanto do ponto de vista do consumidor final (ACC ou *benchmarking* da qualidade planejada) quanto do ponto de vista técnico da empresa (ATC ou *benchmarking* da qualidade projetada).

A primeira avaliação é feita logo após a definição dos "o quês", e a segunda avaliação é feita logo após a definição dos "comos".

A ACC consiste em avaliar o atual produto elaborado pela empresa em relação a produtos concorrentes elaborados por empresas concorrentes. Nessa avaliação o consumidor utiliza uma escala não padronizada, como, por exemplo, a escala Lickert, atribuindo uma nota de 0 a 5, em que 0 é nada a declarar, 1 é ruim e 5 é excelente para o desempenho de cada "o quê" para cada produto analisado, segundo sua percepção. Isso é feito para o produto das empresas e o produto dos concorrentes por todos os integrantes do *focus group* inicial, e a média das notas dadas para cada "o quê" é lançada na matriz QFD.

Por sua vez, a ATC consiste em comparar os padrões técnicos de determinado produto ("comos") com os mesmos de produtos concorrentes. Essa avaliação é feita por técnicos

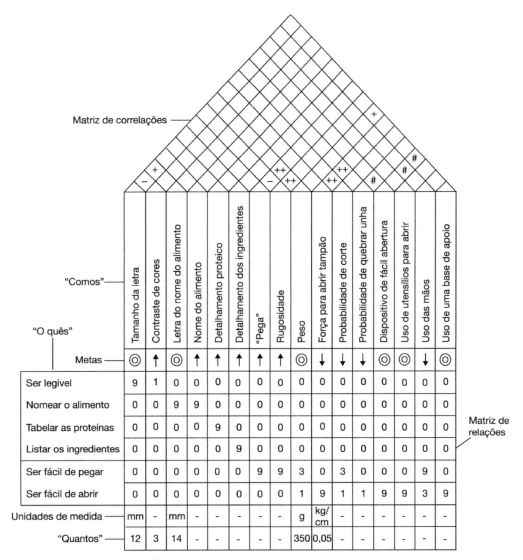

**Figura 10.10** | Formatação possível dos elementos da casa da qualidade.

das empresas e consiste em dar uma nota utilizando a mesma escala anterior de 0 a 5, obedecendo a mesma lógica utilizada pela ACC.

Tanto a ACC quanto a ATC são utilizadas para comparar produtos de uma empresa com os produtos de outra empresa. Outra possibilidade é a utilização conjunta da ACC e ATC comparando os produtos de diversas empresas de uma mesma cadeia de produção com produtos semelhantes aos de outra(s) cadeia(s), novamente tendo mais aplicabilidade para avaliação competitiva com produtos de mercados internacionais. Nesse caso, as avaliações devem levar em conta o valor médio das notas dadas a cada "o quê" de cada produto proveniente de distintas empresas, resultando em ACCs e ATCs médias da cadeia de produção, e não de empresas específicas.

Nesse ponto faz-se necessário dividir a explanação da lógica de aplicação do QFD em duas grandes etapas distintas, seguindo a ordem de execução: definição da Qualidade Planejada e definição da Qualidade Projetada que determinará o cálculo e o ordenamento finais dos requisitos de projeto, ou "comos", dessa primeira fase de aplicação do "QFD das Quatro Fases".

## 10.3.1 Definição da Qualidade Planejada

A Qualidade Planejada é resultado do relacionamento da ACC com a taxa de melhoria desejada para um determinado "o quê" diante de produtos concorrentes e o aspecto de venda, ou seja, se dado "o quê" é fator determinante da venda do produto ou não.

A maneira de estabelecer a ACC já foi descrita anteriormente.

Por sua vez, a taxa de melhoria ($TM$) é determinada pela relação entre a nota dada ao seu produto em relação a dado "o quê" pelo mercado (B) e a meta a ser alcançada pela empresa para esse "o quê" (A), como visto na Figura 10.11.

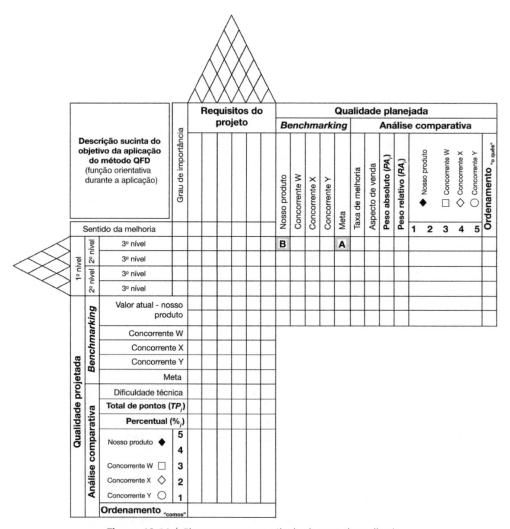

**Figura 10.11** | Elementos para o cálculo da taxa de melhoria.

Tanto "A" quanto "B" variam de 1 (ruim) a 5 (excelente). Tal relação é dada por:

$$TM = \left(\frac{A-B}{B}\right) + 1,0$$

Por exemplo, se para o "o quê" intitulado "ser fácil de pegar" for avaliado pelo mercado com nota 3 e, após comparar com notas dadas a outros produtos concorrentes para esse mesmo "o quê" se deseja atingir uma meta igual a 4,0 (deseja-se, para o "o quê" analisado, que o produto seja avaliado com nota 4 em vez de nota 3), teremos uma taxa de melhoria (*TM*) igual a:

$$TM = \left(\frac{4,0 - 3,0}{3,0}\right) + 1,0 = 1,3$$

Em outras palavras, espera-se que a percepção do mercado para o item "ser fácil de pegar" melhore em 30%.

Após feito esse cálculo para todos os "o quês", calcula-se o aspecto de venda para cada "o quê".

O aspecto de venda pode ser interpretado como a vendabilidade que cada "o quê" confere ao produto, ou seja, o grau de estímulo à compra do produto que cada "o quê" causa no cliente. Quanto maior o grau de estímulo à compra que dado "o quê" causa no cliente, mais crítica para a qualidade é essa qualidade demandada, ou "o quê" do produto.

Esse aspecto foi especialmente estudado pelo Prof. Dr. Noriaki Kano, sugerindo que os fatores de satisfação do consumidor (fatores de desempenho) se situam entre as expectativas básicas e os fatores de excitação de compra do cliente.

Kano procura identificar o equilíbrio entre o nível de suficiência (capacidade que a empresa tem de alcançar os aspectos críticos para a qualidade) e o nível de satisfação do cliente (satisfação que o cliente apresenta como resultado do atingimento pela empresa dos aspectos críticos para a qualidade).

A partir da curva de Kano (Figura 10.12), observamos a presença da curva da qualidade obrigatória (atributos da qualidade que devem estar no produto, conferindo-lhe qualidade mínima ou obrigatória), da curva de qualidade desejada (atributos da qualidade que conferem desempenho mínimo ao produto) e da curva da qualidade atrativa (atributos da qualidade presentes no produto e que surpreendem o cliente).

Os atributos presentes na curva de Qualidade Obrigatória consistem no conjunto de necessidades e desejos não declarados pelos clientes, que são difíceis de descobrir com pes-

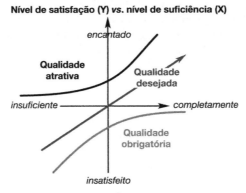

**Figura 10.12** | Curva de Kano.

quisas de mercado, devendo-se utilizar o *benchmarking* de produtos concorrentes para encontrar os atributos que satisfaçam tais necessidades básicas dos clientes. A ausência de qualquer característica básica classificada como qualidade obrigatória do produto causará insatisfação ao cliente.

Os atributos presentes na curva de Qualidade Desejada representam a "voz do cliente" e consistem no conjunto de necessidades e desejos declarados pelos clientes, e são facilmente identificados por pesquisas de mercado. A presença desses atributos esperados pelo cliente aumenta a satisfação do cliente, e sua ausência causará sua insatisfação.

Os atributos presentes na curva de Qualidade Atrativa consistem em conjunto de necessidades e desejos não declarados pelos clientes e que não estão presentes em produtos concorrentes. A presença desses atributos inesperados pelo cliente o encantam, e sua ausência não causa sua insatisfação.

Vale ressaltar que os atributos de Qualidade Obrigatória e Desejada são encontrados em produtos concorrentes e que o segundo é mais facilmente identificado.

Quando um determinado "o quê" é julgado como pertencente à curva de Qualidade Obrigatória, ele recebe nota 1,0. Quanto dado "o quê" é julgado como pertencente à curva de Qualidade Desejada, ele recebe nota 1,2. Quando o "o quê" é julgado como pertencente à curva de Qualidade Atrativa (ganhador de venda ou pedido), ele recebe nota 1,5.

Após a atribuição de tais notas, calcula-se o Peso Absoluto para cada "o quê" ($PA_i$), e esse é o resultado do produto entre o valor do Grau de Importância (D), o valor da Taxa de Melhoria (E) e o valor do Aspecto de Venda (F) para cada "o quê" analisado:

$$PA_i = D \times E \times F$$

A Figura 10.13 mostra os elementos para cálculo do $PA_i$.

Por exemplo, se o "o quê" intitulado "ser fácil de pegar" receber aspecto de venda igual a 1,2, taxa de melhoria igual a 1,3 e grau de importância igual a 2, então esse "o quê" terá um peso absoluto ($PA_i$) igual a 3,12, valor este que deve ser colocado na altura indicada pela seta na Figura 10.11.

Após o cálculo dos pesos absolutos de todos os "o quês", calculam-se os Pesos Relativos ($PR_i$) para cada um deles, que consistem na razão entre o valor do $PA_i$ de dado "o quê" e o valor do somatório de todos os $PA_i$s, tudo isso multiplicado por 100, ou seja:

$$PR_{i_Q} = \left( \frac{PA_{i_Q}}{\sum_{Q=1}^{n} PA_{i_Q}} \right) \times 100$$

Depois disso encerra-se a análise comparativa da qualidade planejada, colocando-se o valor das metas de cada "o quê" do produto avaliado da empresa em um gráfico juntamente com os valores dos produtos concorrentes (Figura 10.14, espaços hachurados em cinza) e, finalmente, montando o *ranking* ou ordenamento em ordem crescente na lista de "o quês", considerando os $PA_i$s anteriormente calculados (Figura 10.14, espaços hachurados com linhas diagonais).

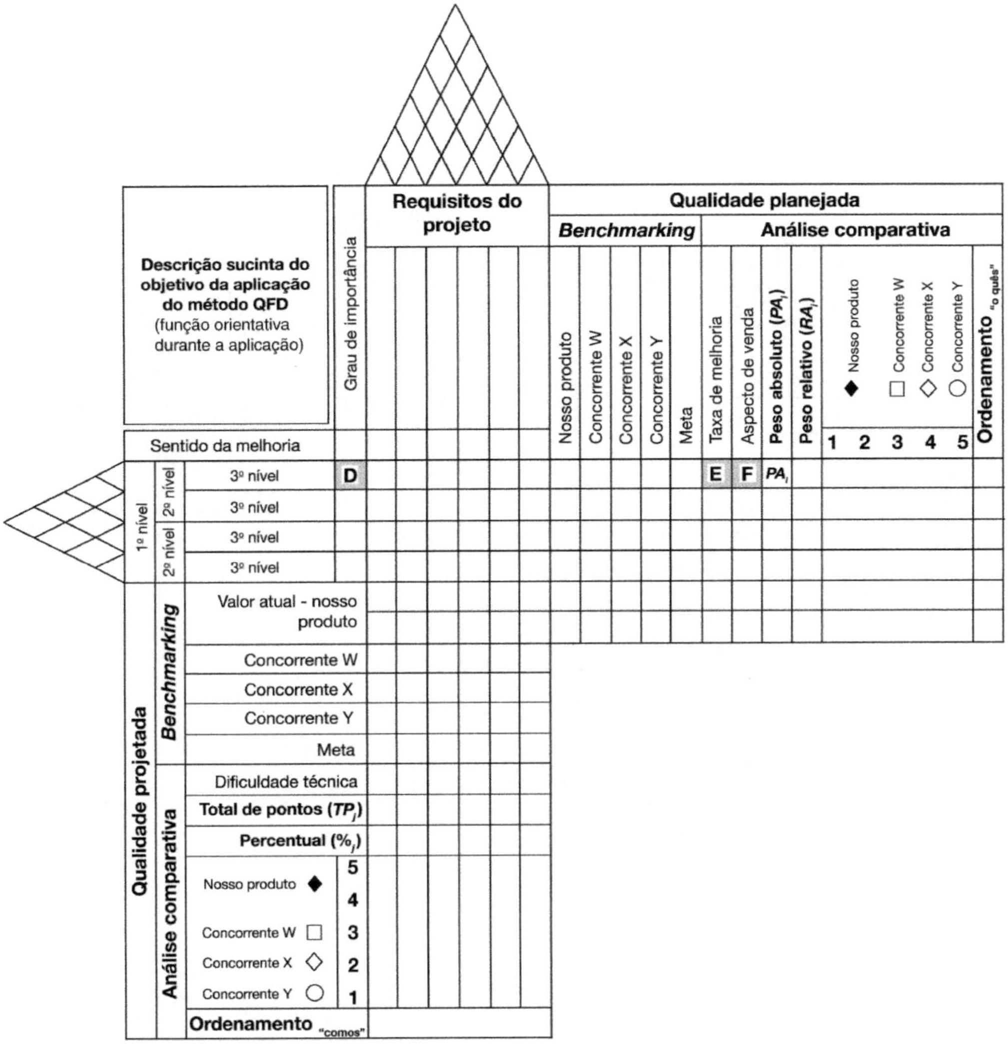

**Figura 10.13** | Elementos para o cálculo do peso absoluto para cada "o quê" ($PA_i$).

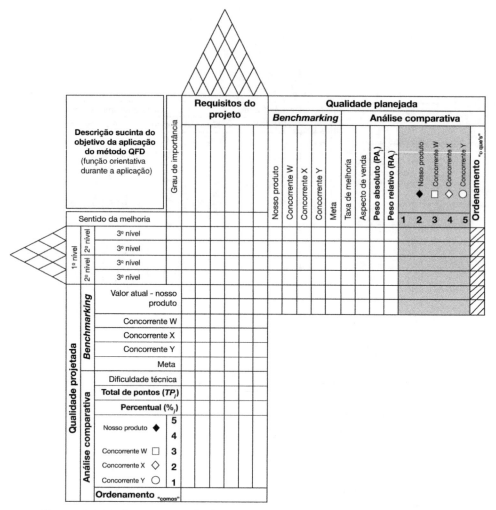

**Figura 10.14** | Elementos para finalizar a análise comparativa da qualidade planejada.

### 10.3.2 Definição da Qualidade Projetada

O modo de estabelecer a ATC já foi descrito anteriormente.

Da ATC extrai-se o valor para cada "como" do produto avaliado da empresa (W, que varia de 1 a 5) e dado por corpo técnico competente.

Também da ATC se extrai o valor das metas para cada "como", ou seja, após análise da concorrência com notas de 1 a 5 dadas aos produtos concorrentes determina-se o valor da meta (Z) que se quer alcançar para o produto da empresa.

Por exemplo, se o "como" intitulado "força para abrir tampão" tiver concorrentes com nota máxima igual a 4 e se deseja ter o melhor produto no mercado nesse quesito, estabelece-se como meta para "força para abrir tampão" a nota igual a 5, ou seja, terá que ser desenvolvido um tampão que exija a menor força para abrir dentre os principais produtos concorrentes presentes no mercado consumidor.

Após a determinação de "W" e de "Z", procede-se ao estabelecimento dos Fatores de Dificuldade, também conhecidos como Fatores de Probabilidade ou Dificuldade Técnica

($\alpha$). Esses fatores têm a finalidade de calcular a probabilidade de que a empresa possa realizar um determinado "como" e são valores inteiros atribuídos pela mesma equipe que estipulou os "comos".

Para cada "como" atribui-se um valor de 1 a 5, em que o valor 1 significa baixa probabilidade ou alta dificuldade técnica de a empresa executar ou alcançar um determinado "como", por outro lado, o valor 5 significa alta probabilidade ou baixa dificuldade técnica de a empresa executar ou alcançar um determinado "como".

Após o estabelecimento de $\alpha$, calcula-se o total de pontos ou peso absoluto para cada como ($TP_j$), cuja fórmula é a seguinte (para saber onde encontrar o valor de cada variável, ver a Figura 10.15):

$$TP_j = \sum_{\substack{c=1 \\ j=m}}^{n} \left( A_{cj} \times \frac{B_{cj}}{100} \right) \times \left[ \left( \frac{Z_j - W_j}{W_j} \right) + 1,0 \right] \times \alpha_j$$

Utiliza-se o resultado do cálculo de cada $TP_j$ para preencher a casa da qualidade na célula indicada por hachura em diagonal na Figura 10.15.

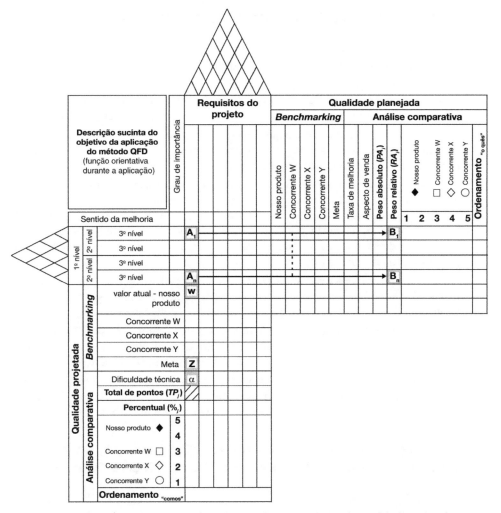

**Figura 10.15** | Elementos para finalizar a análise comparativa da qualidade projetada.

Após o cálculo do Total de Pontos de todos os "comos", calculam-se os pesos relativos ou Percentual para cada um deles (%$_j$), consistindo na razão entre o valor do $TP_j$ de dado "como" e o valor do somatório de todos os $TP_j$s, tudo isso multiplicado por 100, ou seja:

$$\%_j = \left( \frac{TP_j}{\sum_{j=m}^{n} TP_j} \right) \times 100$$

Então, encerra-se a análise comparativa da qualidade projetada, colocando-se o valor das metas de cada "como" do produto avaliado da empresa em gráfico juntamente com os valores dos produtos concorrentes e, finalmente, montando o *ranking* ou ordenamento em ordem crescente da lista de "o quês" considerando os $TP_j$s anteriormente calculados.

A Figura 10.15 mostra os elementos para se trabalhar a Qualidade Projetada.

Como resultado final da aplicação de cada fase do QFD está o ordenamento dos "comos" de cada fase. O "como" ordenado em primeiro lugar é o prioritário para ser implantado, pois seu cumprimento dotará o produto dos "o quês" principais ou características críticas da qualidade mais valorizadas pelo cliente.

## 10.4 AS FASES SUBSEQUENTES DO *QUALITY FUNCTION DEPLOYMENT*

As demais fases de desenvolvimento do QFD de quatro fases seguem a mesma lógica de desenvolvimento da fase 1 da casa da qualidade.

A segunda fase do QFD é a de desdobramento do produto em componentes, e para tal usam-se algumas ferramentas de apoio, como Engenharia de Valor e Análise de Valor, Diagrama de Árvore de Falhas e Análise de Modo e Efeito de Falhas (FMEA).

Os "comos" da fase 1 são os "o quês" da fase 2. Buscam-se, nessa fase 2, a otimização do projeto e do processo e a seleção de componentes para a garantia da confiabilidade (componentes ou características críticas da qualidade).

Na terceira fase, os "comos" da fase 2 são os "o quês" dessa fase. A fase 3 de planejamento dos processos é a transição entre o projeto do produto e as operações de fabricação. Inclui-se nessa fase 3 de desenvolvimento do QFD uma listagem dos processos exigidos para a fabricação de cada componente identificado na fase 2 anterior, especificando-se e desenhando-se uma matriz de relações entre cada processo e as características dos componentes críticos para a garantia da confiabilidade.

Também são incluídos parâmetros de controle dos processos, e o conjunto dessas informações é utilizado para a formatação de cartas de controle de processo para cada componente crítico. Nessa fase 3, a principal ferramenta de apoio é o FMEA.

Na quarta e última fase do QFD de quatro fases os "comos" da fase 3 são os "o quês" dessa fase, que consiste na determinação de planos de controle de processo e da qualidade para a garantia da confiabilidade do produto e dos processos de produção.

O resultado da fase 4 é um conjunto de dados e informações expressos em gráficos e tabelas que vão para o chão de fábrica da empresa, para a fabricação do produto conforme o estipulado por seu processo de planejamento e desenvolvimento.

## 10.5 SUGESTÃO DE ROTEIRO PARA APLICAÇÃO DO *QUALITY FUNCTION DEPLOYMENT*, OU DESDOBRAMENTO DA FUNÇÃO QUALIDADE

A seguir é apresentado um roteiro passo a passo resumido para auxiliar o mediador na aplicação do QFD, iniciando com a identificação dos "o quês". As análises comparativas dos "o quês" e dos "comos" devem ser realizadas conforme o discutido ao longo deste capítulo. A seguir, mostram-se as etapas de identificação dos "o quês":

1) **Fazer breve introdução ao QFD:** com o intuito de minimizar as interrupções durante a aplicação do método e potencializar a participação eficiente do público, deve-se explicar sucintamente o que é o QFD e qual sua utilidade para o planejamento da qualidade e a resolução de problemas.

2) **Definir o objetivo de aplicação do QFD:** deixar claro qual o objetivo da aplicação do QFD, por exemplo, o de definir as características de qualidade de uma broca de ponta de vídea, de modo a superar as vendas do principal concorrente.

3) **Definir os "o quês":** iniciar o levantamento dos "o quês" perguntando "*Quais características/qualidades/atributos (um produto) de qualidade precisa ter?*" Estimular respostas sempre próximas do formato verbo + adjetivo (por exemplo, ter grau de dureza adequado). As respostas devem ser individuais e as mais curtas possíveis, para abordar apenas uma característica em cada uma delas. Definir **15 minutos** como limite de tempo para se escrever as respostas. Não utilize a quantidade de respostas como limite dessa etapa de aplicação do QFD. Finalmente, recolher as respostas e colar na parede ou num quadro de forma aleatória, organizadas em colunas.

4) **Verificar se todos compreenderam as respostas:** ler cada resposta para todos e questionar se há algum tipo de dúvida ("*Todo mundo entendeu?*"). Caso a resposta seja não, verificar quem escreveu a resposta mal compreendida e pedir para que a pessoa a reescreva de forma mais clara. Nessa parte também se verifica a existência de respostas longas e se procede da mesma forma para encurtá-las.

5) **Três "o quês":** perguntar "*O que é 'x'?*", em que "x" é cada resposta afixada na parede ou no quadro. Repetir de **três a cinco vezes** essa pergunta para cada resposta obtida, partindo inicialmente de um "o quê". Trata-se de uma resposta aberta e, portanto, deve-se considerar e escrever no cartão todas as respostas obtidas, indistintamente. Nesse momento não são os participantes que escrevem, e sim o mediador. Caso a resposta seja no formato "*garantir...*", apresentando característica de modo ou forma de solução de problema, não o considerar nessa etapa por se tratar de um "como".

6) **Eliminar equivalências:** reler as respostas obtidas no item anterior e verificar as respostas equivalentes, tomando como critério de decisão escolher a resposta mais significativa e descartando a equivalente para evitar duplicidades de "o quês".

7) **Dispor em níveis:** com o auxílio de canetas coloridas, separar as respostas e agrupá-las em níveis, de acordo com grupos do tipo "aparência", "características organolépticas", com o intuito de categorizar as respostas dadas. Perguntas como "*esta resposta dentro deste grupo?*" ou "*esta resposta significa a mesma coisa que essa outra resposta deste tal grupo?*" podem auxiliar nessa atividade de categorização dos "o quês". Nessa etapa de aplicação do QFD pode acontecer de se identificar "o quês" iguais, mas para causas distintas, levando a categorizações distintas e significando que a resposta deve ser desdobrada para melhorar a eficácia do método. Assim, deve-se reescrever a resposta dada de forma a identificar uma categorização única para cada "o quê". A identificação de cada grupo ou categoria deve ser feita por letras (A, B), enquanto a identificação dos níveis se faz por números ($A_1$, $A_{21}$, $A_{221}$, $A_{23}$). Os últimos níveis devem ser identificados com uma marca como, por exemplo, um círculo ("•"), conforme mostrado na Figura 10.16.

| $A_1$ |||||
|---|---|---|---|---|
| $A_{21}$ • | $A_{22}$ || $A_{23}$ ||
| ~ | $A_{221}$ || $A_{231}$ ||
| ~ | $A_{222}$ • | $A_{2311}$ • | $A_{2312}$ • ||

**Figura 10.16** | Disposição dos grupos/categorias dos "o quês".

8) **Realizar leitura inversa:** como forma de verificação da validade de todos os passos realizados até o momento deve-se realizar a leitura dos "o quês" a partir do último nível em direção ao primeiro. Verificar se "o nível de baixo" apresenta relação causal com o imediato "nível de cima" (*"$A_{221}$" ocasiona ou é causa em/de "$A_{22}$"?*).

9) **Definir a ordem de importância:** identificar o quanto é importante cada "o quê" identificado. Classificar de 1 a 5, com a menor importância recebendo o valor de 1 e à maior importância possível atribuindo-se o valor 5. Deve-se anotar no canto inferior direito de cada cartão contendo cada resposta de "o quê" o valor a ele atribuído.

10) **Limitar a lista de "o quês":** para viabilizar uma melhor aplicação do QFD observa-se a necessidade de limitar o número de grupos de "o quês". Devem-se levantar os principais 20 grupos ou categorias e, a partir dessa etapa, trabalhar somente com eles.

11) **Curva de Kano:** identificar quais "o quês" não são ganhadores de venda, quais garantem a qualidade mínima para o produto e quais são ganhadores de pedido. Atribuir respectivamente os valores "1", "1,2" e "1,5", anotando-os no canto inferior direito do cartão, ao lado do valor da ordem de importância anteriormente atribuído a cada "o quê".

12) **Identificar a correlação entre os "o quês":** preencher a matriz de correlação dos "o quês", conforme descrito no decorrer deste capítulo.

13) Executar os cálculos pertinentes e o ordenamento dos "o quês".

Após a identificação dos "o quês", inicia-se a identificação de todos os "comos" e da relação destes com cada "o quê" anteriormente identificado, cujos passos de execução sugeridos para isso são indicados a seguir:

a) **Identificação dos "comos":** perguntar, para cada "o quê", "*como garantir/viabilizar o alcance/cumprimento de dado 'o quê'?*" Em outras palavras, identificar o que deve ser feito, como obter ou como conquistar determinado "o quê". A partir da discussão das perguntas e da obtenção de consenso, anotar todas as respostas conseguidas conforme o passo 3 para obtenção dos "o quês". Cada resposta será um "como".

b) **Depurar e organizar os "comos":** repetir os passos de 4 a 8 dos "o quês", aplicando a mesma lógica para os "comos" identificados. Ressalte-se que os últimos níveis de categorização dos "comos" devem ter marca diferente da utilizada para os "o quês". Por exemplo, se para os "o quês" se utilizou um "∆", para os "comos" utilizar um "•". Dessa forma, ao arquivar os cartões se saberá quais dizem respeito a "o quês" e quais se referem a "comos".

c) **Definir a meta ou "quanto" de cada "como":** definir o valor da meta ou "quanto" de cada "como", conforme o descrito ao longo deste capítulo.

d) **Definir a relação entre os "o quês" e os "comos":** nesta atividade, trabalhar somente com o último nível dos "o quês" e dos "comos", conferindo para cada célula da matriz de relação uma nota que pode ser um "0" (nenhuma relação entre dados "o quê" e "como"), um "1" (fraca relação entre dados "o quê" e "como"), um "3" (considerável relação entre dados "o quê" e "como") ou um "9" (forte relação entre dados "o quê" e "como"). Em outras palavras, certamente um dado "como" contribui decisivamente na ocorrência do "o quê" em análise.

e) **Identificar o fator de dificuldade para cada "como":** consiste na avaliação técnica de cada "como". Em outras palavras, quanto mais difícil for a execução ou operacionalização de um dado "como", este recebe uma nota maior até um valor máximo de 5, a partir de um valor mínimo de 1 (fácil operacionalização).

f) **Definir a correlação entre os "comos":** preencher a matriz de correlação dos "comos", conforme descrito no decorrer deste capítulo.

g) Executar os cálculos pertinentes e o ordenamento dos "comos".

## QUESTÕES PARA DISCUSSÃO

1) Procure relacionar as fases de desenvolvimento do QFD com as ferramentas estatísticas e gerenciais da qualidade apresentadas neste livro, indicando e justificando em qual fase cada uma dessas ferramentas pode ser utilizada como ferramenta de apoio para o desenvolvimento do QFD.

2) Monte um grupo de estudo de até quatro pessoas. Visite o site do Codex Alimentarius no endereço indicado no texto. Agora, com base no CODEX STAN 207, conclua a "Casa da Qualidade" para o exemplo da "lata de leite integral em pó" utilizado neste capítulo. Agora, tente desenvolver as outras três fases do QFD de quatro fases para o mesmo produto. Discuta os resultados obtidos, indicando os pontos positivos e negativos do uso do QFD para esse produto. Qual seria o impacto desses resultados numa empresa fabricante de leite em pó enlatado?

3) Com o mesmo grupo de "b", procure desenvolver a "Casa da Qualidade" para os seguintes produtos: liquidificador, sessão de cinema em cinema multiplex, caneta esferográfica, calendário.

4) Sintetize a importância do uso do QFD para a garantia da qualidade no processo de projeto e desenvolvimento de novos produtos (bens duráveis, bens de consumo e serviços).

## BIBLIOGRAFIA

AKAO, Y. New product development and quality assurance: quality deployment system. *Standartization and Quality Control*, v. 25, no. 4, 1972, p. 7-14.

_____. *Quality function deployment:* integration customer requirements into product design. Cambridge: Productivity Press, 1990. 369 p.

_____; MAZUR, G. H. The leading edge in QFD: past, present and future. *International Journal of Quality & Reliability Management*, v. 20, no. 1, 2003, p. 20-35.

_____; OHFUJI, T. Recent aspects of quality function deployment in service industries in Japan. *Proceedings of the International Conference on Quality Control*, Rio de Janeiro, 1989, p. 17-26.

CAC – Codex Alimentarius Commission. *Codex Alimentarius*. Disponível em: <http://www.codexalimentarius.net>. Acesso em: 12/07/2006.

EUREKA, W. E.; RYAN, N. E. *QFD*: perspectivas gerenciais do desdobramento da função qualidade. 4. ed. Rio de Janeiro: Qualitymark, 2003. 105p.

GALLEGO, A. R.; MARTÍNEZ, E. C.; MARTÍNEZ, Á. R. L. *Gestión de la calidad*. Cartagena: Universidad Politécnica de Cartagena, 2003. 354p.

GUINTA, L. R.; PRAIZLER, N. C. *Manual de QFD*: o uso de equipes para solucionar problemas e satisfazer clientes pelo desdobramento da função qualidade. Rio de Janeiro: LTC, 1993. 117p.

MIZUNO, S.; AKAO, Y. *Quality function deployment*: a company-wide quality approach. Tóquio: JUSE Press, 1978.

# Controle Estatístico da Qualidade

## 11.1 CEP – CONTROLE ESTATÍSTICO DE PROCESSOS

### 11.1.1 O Método de Controle da Qualidade e o CEP

O controle da qualidade de um processo produtivo envolve a realização das seguintes etapas consecutivas:

- Definição de um padrão a ser atingido para o produto e padronização do processo.
- Inspeção: medir o que foi produzido e comparar com o padrão.
- Diagnóstico das não conformidades: descrição dos desvios entre o que foi produzido e o padrão.
- Identificação das causas das não conformidades.
- Ação corretiva para eliminação das causas.
- Atualização, se necessário, dos padrões do produto e/ou do processo.

O CEP, tradicionalmente, é uma ferramenta com base em conceitos e técnicas da Estatística de auxílio ao controle da qualidade nas etapas de um processo, particularmente no caso de processo de produção repetitivo. A Figura 11.1 mostra um esquema de controle do processo, destacando a presença das técnicas de controle da qualidade, que incluem o CEP.

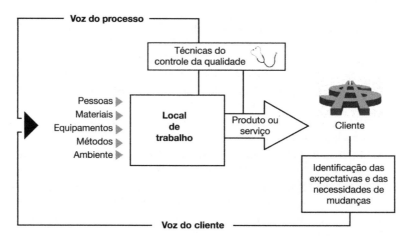

**Figura 11.1** | O sistema de controle do processo.

## A Visão Moderna do CEP

Atualmente, mais do que uma ferramenta estatística, o CEP é entendido como uma abordagem de gerenciamento de processos, ou seja, um conjunto de princípios de gerenciamento, de técnicas e de habilidades originárias da Estatística e da Engenharia de Produção que visam garantir a estabilidade e a melhoria contínua de um processo de produção, seja técnico ou administrativo. Em resumo, visa ao **controle e à melhoria do processo**.

Os **princípios fundamentais** para implantação e gerenciamento do CEP são:

- pensar e decidir com base em dados e fatos;
- pensar separando a causa do efeito, buscar sempre conhecer a causa fundamental dos problemas;
- reconhecer a existência da variabilidade na produção e administrá-la;
- usar raciocínio de prioridade (conceito do Diagrama de Pareto);
- girar permanente e metodicamente os ciclos de controle-padronização (Ciclo SDCA: *Standard, Do, Check, Action*) e de controle-melhoria (Ciclo PDCA – *Plan, Do, Check, Action*), visando à estabilidade e à melhoria contínua do desempenho;
- definir o próximo processo ou etapa ou posto de trabalho como cliente da anterior. O cliente é quem deve definir a qualidade esperada;
- identificar instantaneamente, ou o mais breve possível, os focos e locais onde estão ocorrendo disfunções e corrigir os problemas a tempo e o mais próximo possível de sua origem;
- educar, treinar e organizar a mão de obra visando a uma administração participativa e ao autocontrole dos processos.

As **principais técnicas** de apoio ao CEP são:

- Amostragem (Inspeção por Amostragem, Planos de Amostragem)
- Folha de Verificação
- Histograma
- Gráficos Sequenciais (sequência de comportamento de uma variável em função do tempo)
- Diagrama de Pareto
- Diagrama de Causa e Efeito ou 6M ou Espinha de Peixe ou Diagrama de Ishikawa
- Estratificação
- Gráficos de Controle (ou Cartas de Controle ou Gráficos de Shewhart)
- Diagrama de Correlação

Atualmente a inovação e a visão fundamental em relação ao CEP são que esses princípios e técnicas devem ser compreendidos, e aplicados, por todas as pessoas da organização, para controle e melhoria dos processos em que estão inseridas, sejam processos técnicos ou administrativos, e não apenas pelos técnicos e engenheiros da área de Qualidade.

## Por que Controlar o Processo?

Porque do processo de produção podem resultar itens, produtos, não conformes (ou defeituosos), e a porcentagem e os tipos de defeitos (ou de não conformidades) podem variar ao longo do tempo.

O que causa a produção de itens defeituosos é a existência de variação nos materiais, nas condições do equipamento, nos métodos de trabalho, na inspeção, nas condições da mão de obra, na fonte de energia e em outros insumos ou recursos de produção etc.

A variação que ocorre num processo de produção pode ser desmembrada em duas componentes: uma de difícil controle, chamada de **variação aleatória**; e outra chamada **variação controlável**.

Assim, a equação da **variação total** de um processo pode ser escrita como:

**Variação total = Variação aleatória + Variação controlável**

Se as **variações** forem conhecidas, controladas e reduzidas (ou, se possível, eliminadas), os índices de não conformidades, ou de defeituosos, tendem a se reduzir significativamente. É importante conhecer esses dois tipos de variação, pois cada tipo de variação exige esforços e capacitação, técnica e gerencial, diferenciados para a sua quantificação, compreensão e controle.

O CEP auxilia na identificação e na priorização das **causas de variação** da qualidade, ou seja, a separação entre as poucas causas vitais e as muitas triviais, e tem o objetivo de controlar ou eliminar ou reduzir as causas fundamentais das não conformidades.

Os **defeitos**, ou **itens defeituosos**, resultantes dos processos podem ser separados em:

- defeitos **crônicos:** são inerentes ao próprio processo, estão sempre presentes nos resultados do processo;
- defeitos **esporádicos:** representam desvios em relação ao que o processo é capaz de fazer, são mais facilmente detectáveis.

As **causas de variação**, por sua vez, podem ser separadas em:

- **causas comuns ou aleatórias:** são inerentes ao próprio processo, são relativamente difíceis de se identificar, consistem num número muito grande de pequenas causas mas que, em conjunto, causam a variação aleatória;
- **causas assinaláveis ou especiais:** representam um descontrole temporário do processo, são possíveis de se identificar e corrigir, e as causas e os efeitos são mais facilmente observáveis.

Observe o Quadro 11.1 e a Figura 11.2.

**Quadro 11.1 — Causas comuns ou aleatórias e especiais ou assinaláveis**

| Comuns ou aleatórias | Especiais ou assinaláveis |
|---|---|
| 1) São inerentes ao processo e estão sempre presentes. | 1) São desvios do comportamento "normal" do processo. Atuam esporadicamente. |
| 2) Muitas pequenas causas que produzem individualmente pouca influência no processo. | 2) Uma ou poucas causas que produzem grandes variações no processo. |
| 3) Sua correção exige mudanças maiores no processo. A correção pode ser justificável economicamente, mas nem sempre. | 3) Sua correção é, em geral, justificável e pode ser feita na própria linha de produção. |
| 4) A melhoria da qualidade do produto e do processo, quando somente causas comuns estão presentes, necessita de decisões gerenciais que podem envolver investimentos significativos. | 4) A melhoria da qualidade pode, em grande parte, ser obtida por meio de ações locais que não envolvem investimentos significativos. |
| 5) São exemplos: capacitação inadequada da mão de obra, produção apressada, manutenção deficiente, equipamento deficiente ou não capaz etc. | 5) São exemplos: máquina desregulada, ferramenta gasta, oscilação temporária de energia, falha ocasional do operador etc. |

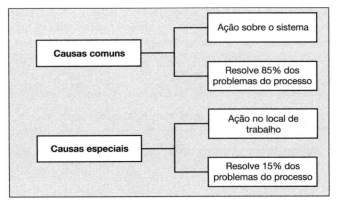

**Figura 11.2** | Causas comuns e causas especiais.

O controle do processo prevê a identificação e a priorização das causas da variação da qualidade e visa à eliminação das causas fundamentais, também conhecidas como causas básicas ou raiz.

Quando a variabilidade de um processo é devida somente a causas comuns ele é suficientemente estável para predizermos sua qualidade, comportamento e resultados. Assim, dizemos que o processo está sob controle e tem um comportamento previsível. Veja Figura 11.3.

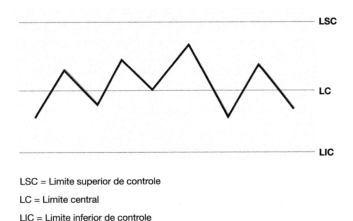

LSC = Limite superior de controle
LC = Limite central
LIC = Limite inferior de controle

**Figura 11.3** | Processo sob controle: presença apenas de causas comuns.

## Controle do Processo e Ciclo PDCA

É importante observar que o conceito tradicional de controle se aproxima de ideias como inspeção, verificação, supervisão, coerção etc. Já o conceito moderno se aproxima de ideias como administração participativa, gerenciamento, aperfeiçoamento e capacitação.

Controlar um processo significa:

- conseguir manter ESTÁVEL o desempenho do processo, ou seja, estabilizar os resultados e as causas de variação do processo; e
- buscar MELHORAR o desempenho do processo, por meio da eliminação de causas que afetam as várias características, ou variáveis, de controle do processo que está sendo gerenciado.

O controle, na sua vertente que busca ESTABILIZAR e manter uma rotina do processo e dos resultados, ou produtos, visa estabelecer e melhorar continuamente um sistema de padrões, atuando nas causas fundamentais de problemas detectados pela observação de características de controle previamente selecionadas. Portanto, visa obter um processo mais estável e previsível.

Na sua vertente de busca de MELHORIA, o controle visa:

- estabelecer um plano e uma meta de aperfeiçoamento voltados para problemas prioritários articulados com os objetivos e as prioridades da empresa;
- implementar o plano de melhoria;
- atuar nos desvios entre a prática e o plano, de forma a garantir que se atinjam as metas de melhoria.

A melhoria visa obter um processo cada vez mais competitivo por meio de atividades de melhoria contínua do desempenho.

### O Ciclo PDCA de Controle e Melhoria

O Ciclo PDCA é um método gerencial auxiliar na busca da estabilização, bem como da melhoria, dos processos em geral.

O controle do processo deve ser realizado de forma sistemática e padronizada. Para tanto, todas as pessoas, de todos os níveis hierárquicos da empresa, podem utilizar o mesmo método gerencial genérico denominado Ciclo PDCA (*Plan, Do, Check, Action*), composto das quatro fases básicas do controle: planejar, executar, verificar e atuar corretivamente. Individualmente nenhuma dessas fases constitui o controle. O controle efetivo é obtido pela sequência e pelo giro metódico dessas quatro fases. É, portanto, um ciclo contínuo que inicia e termina com o planejamento. Para manutenção do desempenho do processo usa-se o Ciclo SDCA (S = *Standardization*/Padronização), e para melhoria usa-se o Ciclo PDCA.

### Benefícios dos Gráficos de Controle

Os gráficos de controle são instrumentos simples que permitem atingir um estado de controle estatístico do processo, ou seja, um estado do processo em que estão presentes, ou agindo, somente causas comuns de variação.

Esses gráficos podem ser aplicados pelos próprios operários, que poderão discutir os problemas do processo com os supervisores, engenheiros e técnicos por meio da linguagem dos dados fornecidos pelos gráficos de controle, obtendo, assim, as informações necessárias para decidirem quando e que tipo de ações podem ser tomadas para se corrigir e prevenir problemas no processo.

Os gráficos de controle auxiliam no monitoramento do processo, mostrando a ocorrência de falta de controle (ou seja, a presença de causas especiais) e/ou a tendência dessa ocorrência, evitando esforços desnecessários e os custos de interferências ou correções inadequadas sobre o processo quando essa intervenção não for efetivamente necessária.

Ao contribuir para melhorar o desempenho do processo, os gráficos de controle permitem:

- aumentar a porcentagem de produtos que satisfaçam as exigências, ou requisitos, dos clientes;
- diminuir os índices de retrabalho dos itens produzidos e, consequentemente, os custos de produção;
- aumentar a produtividade.

## Observações sobre o CEP

O objetivo maior na implantação do CEP é atingir um estado de atitude e comportamento, do pessoal de nível operacional e gerencial, voltado continuamente para a melhoria do processo, o que é conhecido como *KAIZEN*, termo japonês para aperfeiçoamento contínuo, a melhoria contínua: sistemática, permanente e em pequenos saltos de melhoria do desempenho.

Os conceitos e as técnicas estatísticas são importantes para o CEP, mas devem ser vistos apenas como auxiliares. O mais importante é desenvolver uma nova cultura na empresa, a cultura de produzir com qualidade, que permita a motivação e a cooperação de todos na busca da melhoria contínua de todo o processo. Sem essa nova cultura o uso das técnicas tem pouco efeito significativo. É a nova cultura que propiciará as condições básicas para se extrair o máximo da potencialidade das técnicas estatísticas. Essa nova cultura passa fundamentalmente pela melhoria no nível de educação e de motivação da mão de obra.

A falta de visão sobre a necessidade de se criar um novo tipo de comportamento e de relações de trabalho, adequadas ao CEP, explica muitos dos casos de implantação malsucedida nas empresas brasileiras.

Nessa nova cultura, a gerência deve ter como meta delegar o controle rotineiro do processo ao próprio pessoal de linha (isso supõe capacitar, treinar, organizar e oferecer meios e recursos para o pessoal de produção) e procurar se concentrar nos problemas crônicos, nas mudanças de tecnologias, nos projetos de melhorias etc. Ou seja, a gerência não deve ficar apagando incêndios, mas deve estudar formas de eliminar, permanentemente, as causas do incêndio.

Nesse ambiente, a implantação e o uso sequencial dos Ciclos SDCA e PDCA de gerenciamento de processos, em todos os níveis da empresa, seguidos da delegação e descentralização do controle, permitem liberar o tempo das gerências e da alta administração para os projetos mais significativos de melhoria: do processo, da qualidade do produto etc., que tornam a empresa mais competitiva ao longo do tempo. Facilitam também a implementação de novos paradigmas da gestão da qualidade, tais como:

- Fazer certo da primeira vez
- Orientação para a satisfação dos clientes
- Autocontrole
- Melhoria contínua

## 11.1.2 Gráficos de Controle

### 11.1.2.1 Esquema Geral dos Gráficos de Controle

A construção dos gráficos de controle, também chamados de cartas de controle ou gráficos de Shewhart, segue um esquema geral que é adaptado a cada caso específico do parâmetro ou variável do processo que está sendo controlado (Figura 11.4), conforme será visto adiante, neste capítulo. Envolve o registro cronológico regular de valores ou parâmetros de características de qualidade, do produto ou processo, calculados a partir de amostras obtidas da produção do processo em estudo. Esses valores são plotados, na ordem cronológica, em um gráfico que possui uma linha central e dois limites, chamados limites de controle superior e inferior. Esses limites representam os limites de variação estatística, ou aleatória, do processo, e são definidos conforme se segue.

Os valores de $\mu$ e $\sigma$ se referem ao verdadeiro valor, ou à estimativa, respectivamente, da média e do desvio padrão da característica de qualidade que está sendo controlada. Uma característica de qualidade pode ser, por exemplo, o diâmetro de um eixo mecânico, a dureza de uma peça, o pH de um alimento, o peso ou volume de uma embalagem de alimento etc.

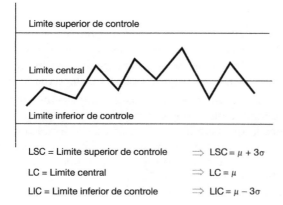

Figura 11.4 | Esquema geral dos gráficos de controle.

## 11.1.2.2 Tipos de Gráficos de Controle

Existem dois tipos básicos de gráficos de controle:

- gráficos de variáveis
- gráficos de atributos

Dentro de cada tipo básico também são utilizadas algumas variantes, em função do tipo de característica de qualidade que se pretende controlar. A seguir são apresentados os principais tipos de gráficos de controle.

### Gráficos de Variáveis

São utilizados quando as amostras das características de qualidade avaliadas podem ser representadas por unidades quantitativas de medida (peso, altura, comprimento, dureza, rugosidade superficial, pH etc.). Os valores pertencem ao conjunto dos números reais, resultam de uma forma de medição, e a interpretação de um valor assumido pela variável é que ele se refere a uma aproximação que depende da precisão do instrumento de medição utilizado.

Os **gráficos de controle de variáveis** podem ser:

$(\bar{X} \text{ e } R)$: são os gráficos da média e da amplitude. São os mais usados na prática. Os gráficos de $\bar{X}$ e de $R$ se complementam, devendo ser implementados simultaneamente. O gráfico $\bar{X}$ objetiva controlar a variabilidade, ao longo do tempo, no nível médio do processo e qualquer mudança que ocorra nele. É importante também acompanhar a dispersão de um processo que pode sofrer alterações devido à presença de causas assinaláveis. O aumento da dispersão, por exemplo, pode ser detectado pelo gráfico $R$ das amplitudes.

$(\tilde{X} \text{ e } R)$: são os gráficos da mediana e da amplitude. Em algumas circunstâncias práticas o gráfico $\bar{X}$ pode ser substituído pelo gráfico de $\tilde{X}$ ou gráfico das medianas, quando for mais fácil ou conveniente considerar a mediana em alternativa à média. Assim como o gráfico de $\bar{X}$, o gráfico das medianas deve ser aplicado juntamente com o gráfico de $R$ para as amplitudes. O gráfico $(\tilde{X} \text{ e } R)$ é uma alternativa ao gráfico de $(\bar{X} \text{ e } R)$. Por sua facilidade de aplicação pode ser usado para amostras pequenas ($n = 5$), mas não é recomendado para amostras consideradas grandes ($n > 7$), para as quais é considerado ineficiente, além de apresentar risco de erro no cálculo das medianas amostrais.

$(X, R)$: gráficos de valores individuais e da amplitude. Em alguns casos pode ser mais conveniente controlar o processo com base em leituras e valores individuais do que em amostras. Isso ocorre particularmente quando a inspeção e a medida são caras, o ensaio for destrutivo ou quando a característica que está sendo examinada for relativamente homogênea, no lote ou batelada em produção ou processo, como, por exemplo, o pH de uma solução química.

**Gráficos de pré-controle**: esse gráfico tem seus limites de controle definidos com base nos limites de especificação do produto. Com esse tipo de gráfico de controle o objetivo é detectar, de forma rápida, mudanças significativas no processo por meio de um sistema ágil, econômico e que pode ser utilizado pelo próprio operador, capacitando-o e enriquecendo o conteúdo de seu trabalho.

Entretanto, a aplicação do gráfico de pré-controle não é imediata. Ela exige *a priori* que o processo atenda obrigatoriamente alguns requisitos, como será visto mais adiante, tais como uma elevada capacidade do processo e estabilidade.

### Gráficos de Atributos

Existem situações em que as características da qualidade não podem ser medidas numericamente. Por exemplo, uma lâmpada inspecionada pode ser classificada como "funciona" ou "não funciona", ou como "conforme" ou "não conforme". Ou seja, existem casos em que as características da qualidade são mais bem representadas pela presença ou ausência de um atributo, e não por alguma medição da característica de qualidade.

Em geral, os gráficos de atributos são utilizados nas seguintes situações:

a) quando o número de características de qualidade a controlar em cada unidade de produto é muito grande, e é conveniente e suficiente classificar o produto, por exemplo, em "conforme" ou "não conforme".

b) em lugar de mensurações de características, é mais conveniente empregar calibradores do tipo "passa não passa", quando apenas se observa se a característica está ou não dentro de um padrão.

c) o custo de mensuração da característica é elevado em relação ao custo da peça.

d) a verificação da qualidade pode ser feita por simples inspeção visual.

Os principais tipos de gráficos de atributos são:

- **gráficos de p**: para o controle da proporção (ou porcentagem ou partes por milhão) de unidades não conformes, ou defeituosas, em cada amostra;
- **gráficos de np**: para o controle do número de unidades não conformes por amostra;
- **gráficos de c**: para o controle do número de não conformidades, ou de defeitos, por amostra;
- **gráficos de u**: para o controle do número de não conformidades, ou defeitos, por unidade de produto.

Para a utilização dos gráficos de atributos devem-se escolher as características principais ou mais significativas como geradoras de não conformidades, ou de defeitos, no produto. É recomendada a aplicação de gráficos de Pareto para determinação das características mais importantes.

### 11.1.2.3 Construção dos Gráficos de Controle

Independentemente do tipo de gráfico que será utilizado é necessário seguir etapas preparatórias para sua aplicação, ou seja, é necessário criar as condições básicas para uso, que são:

1) Conscientização e treinamento das pessoas envolvidas no processo.
2) Definição do processo e sua interação com as demais operações ou processos.
3) Padronização do produto, dos insumos e do processo.

4) Escolha das características da qualidade a serem controladas.
5) Definição de um sistema de medição, e sua capacidade, para as características.
6) Escolha das etapas, ou atividades, do processo em que serão efetuadas as medições.

Uma vez realizada a fase preparatória, a elaboração dos gráficos segue estes passos:

1) Escolha do *tipo de gráfico* a ser utilizado e dos parâmetros a serem controlados;
2) Coleta dos *dados*;
3) Escolha do *padrão para os limites de controle*;
4) Cálculo da *linha central e dos limites de controle*;
5) Observação do estado, ou seja, da *estabilidade* do processo, por meio da interpretação da distribuição temporal dos pontos nos gráficos;
6) Determinação da *capacidade do processo* após ser atingido o estado de controle;
7) Identificação da necessidade e implantação das *correções necessárias no processo e no gráfico*, antes de iniciar seu uso rotineiro como ferramenta de suporte ao controle do processo.

### Escolha do tipo de gráfico a ser utilizado

A escolha do tipo de gráfico a ser utilizado depende da característica a ser analisada e controlada. Por ser essa característica uma magnitude (peso, altura, largura, comprimento etc.), os gráficos utilizados poderão ser os gráficos ($\bar{X}$ e $R$), ($\tilde{X}$ e $R$), ($\bar{X}$ e $S$) ou o gráfico para valores individuais. $R$ e $S$ são parâmetros que indicam a variabilidade do processo, respectivamente, a amplitude e o desvio padrão da amostra.

Quando a característica da qualidade não pode ser medida numericamente, por exemplo, quando se utilizam dispositivos calibradores do tipo "passa não passa", essas características são denominadas atributos, uma vez que passam a ser avaliadas como atributos que estão presentes ou não no produto controlado.

Se a característica da qualidade for um atributo, os gráficos **p** ou **np** e **c** ou **u** devem ser utilizados, conforme a característica de interesse para controle.

O fluxograma da Figura 11.5 mostra um esquema com alternativas para a escolha do gráfico mais adequado a ser utilizado.

### Coleta de dados

Antes de se realizar a coleta de dados é necessário definir o tamanho da amostra, também chamada de subgrupos racionais, que teoricamente representam conjuntos de produtos que foram manufaturados ou processados sob as mesmas condições de causas de variação, assim como a frequência, ou intervalo de tempo, de coleta das amostragens e o número de amostras a serem coletadas. Deve-se mencionar que essa coleta de dados está ocorrendo na fase de cálculo e análise do gráfico de controle, antes de sua aprovação para uso rotineiro como ferramenta para controle do processo.

A escolha depende do tipo de gráfico, da fase de aplicação, da maturidade do controle do processo, da capacidade do sistema de medição da característica de qualidade, da capacitação da mão de obra, de considerações econômicas etc.

Na amostragem é fundamental escolher amostras que representem subgrupos de itens que sejam o mais homogêneos possível, visando ressaltar diferenças entre os subgrupos e não internamente aos grupos. Isso objetiva, caso estejam presentes, fazer com que as causas assinaláveis ou especiais se manifestem por intermédio das diferenças entre os subgrupos.

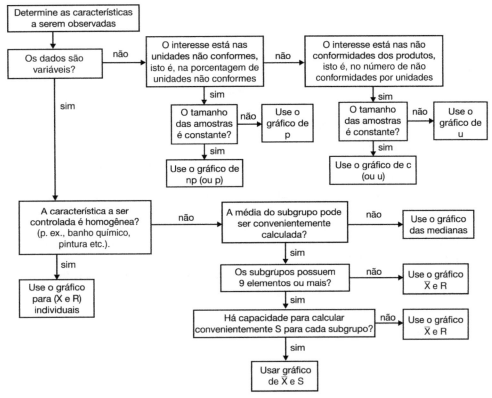

**Figura 11.5** | Procedimento para escolha do gráfico de controle.

### 11.1.2.4 Formação de Subgrupos Racionais

Em alguns gráficos de controle, como, por exemplo, nos gráficos da média, normalmente os pontos plotados são valores representativos de uma amostra e não de observações individuais, isso porque:

- as médias têm naturalmente menor dispersão, ou seja, menor variabilidade, que as observações individuais, indicando assim perturbações no processo com um maior grau de discriminação que no caso das observações individuais;
- muitas vezes a distribuição das observações individuais, da característica de qualidade, não segue uma distribuição normal ou gaussiana, mas a distribuição da média se aproxima da distribuição normal à medida que o número de elementos da amostra aumenta (para $n \geq 4$ já começa a se aproximar da distribuição normal), conforme assegurado pelo Teorema do Limite Central.

As amostras devem ser formadas, conforme já mencionado, pelo que se chama de subgrupos racionais. Isso permite que:

- dentro de cada amostra as variações possam ser atribuídas ao acaso;
- entre as amostras as causas de variação sejam identificáveis.

Para tanto, alguns cuidados devem ser tomados:

- As observações dos subgrupos racionais deverão ser do mesmo lote de produção, com matéria-prima do mesmo fornecedor ou produzidos na mesma máquina, apenas por um funcionário, e no menor intervalo de tempo possível em função da tecnologia do processo. Garante-se, assim, que os valores das amostras sejam homogêneos quanto à origem.

- Obedecer à ordem cronológica da produção das unidades de produto a serem medidas; assim consegue-se obter informações do processo ao longo do tempo.
- As observações devem ser feitas junto à linha de produção, o mais próximo possível da ocorrência da produção das unidades medidas.

### Escolha dos limites de controle

A decisão sobre os limites de controle deve ser tomada com base, essencialmente, em fatores econômicos. Os limites 3S são bastante usados, mas há situações em que é necessário aplicar outros critérios. Por exemplo: quando ocorre um sinal de falta de controle em um processo que de fato está sob controle e é difícil ou caro investigar as causas, ou mesmo parar o processo, seria mais viável ampliar os limites para, por exemplo, 3,5S ou 4S se for necessário. Por outro lado, se a investigação for rápida e economicamente viável e o custo de produção de itens defeituosos for alto, limites mais estreitos, como, por exemplo, 2S, poderão ser utilizados.

O cálculo dos limites deverá ser considerado caso a caso, para cada tipo de gráfico e suas variantes, conforme será visto a seguir.

## 11.1.3 Gráficos de Atributos

### 11.1.3.1 Gráfico de p

A fração de não conformes $p'$ (% de não conformes numa amostra; $p'$ é uma estimativa de $p$) é definida como:

$$p' = \frac{\text{número de itens não conformes da amostra}}{\text{número de itens da amostra}}$$

Teoricamente, o gráfico de p só deve ser empregado para amostras com um número $n$ de elementos maior que $10/\bar{p}$, para assegurar que a variável controlada, $p'$, siga uma distribuição de probabilidade aproximadamente normal. Na prática é comum se adotar $n > 5/\bar{p}$. Devem-se tomar pelo menos $K = 25$ amostras para definir e calcular os limites do gráfico de controle. $K$ se refere à quantidade ou número de amostras, e $n$ ao tamanho de cada amostra. $K \cdot n$ representa o número total de unidades de produtos (itens) medidos, ou inspecionados, distribuídos em $K$ amostras, para se calcular e analisar os limites do gráfico de controle a ser adotado. Admite-se que a variável $p$ segue uma distribuição Binomial.

### Cálculo dos Limites de Controle do Gráfico de p

$$\bar{p} = \frac{\sum_{i=1}^{k} p'_i}{k}$$

$$\text{LSC} = \bar{p} + 3\sqrt{\frac{\bar{p}(1-\bar{p})}{n}}$$

$$\text{LM} = \bar{p}$$

$$\text{LIC} = \bar{p} - 3\sqrt{\frac{\bar{p}(1-\bar{p})}{n}}$$

em que:

$\bar{p}$ = fração média de produtos, ou itens, não conformes na amostra

$n$ = tamanho da amostra

$K$ = número de amostras

O exemplo que se segue mostra um caso de construção do gráfico de p. Para tamanho de amostra $n = 50$ foram tomadas $K = 30$ amostras, as quais foram inspecionadas, registrando-se o número de unidades não conformes por amostra.

| Amostra | Número de não conformes | Fração de não conformes |
|---|---|---|
| 1 | 12 | 0,24 |
| 2 | 15 | 0,30 |
| 3 | 8 | 0,16 |
| 4 | 10 | 0,20 |
| 5 | 4 | 0,08 |
| 6 | 7 | 0,14 |
| 7 | 16 | 0,32 |
| 8 | 9 | 0,18 |
| 9 | 14 | 0,28 |
| 10 | 10 | 0,20 |
| 11 | 5 | 0,10 |
| 12 | 6 | 0,12 |
| 13 | 17 | 0,34 |
| 14 | 12 | 0,24 |
| 15 | 22 | 0,44 |
| 16 | 8 | 0,16 |
| 17 | 10 | 0,20 |
| 18 | 5 | 0,10 |
| 19 | 13 | 0,26 |
| 20 | 11 | 0,22 |
| 21 | 17 | 0,34 |
| 22 | 16 | 0,36 |
| 23 | 24 | 0,48 |
| 24 | 15 | 0,30 |
| 25 | 9 | 0,18 |
| 26 | 12 | 0,24 |
| 27 | 7 | 0,14 |
| 28 | 13 | 0,26 |
| 29 | 9 | 0,18 |
| 30 | 8 | 0,12 |

Para obtenção dos limites de controle, realizam-se os seguintes cálculos:

$$\bar{p} = \frac{\sum_{i=1}^{30} p'_i}{30} = \frac{6,94}{30} = 0,213$$

Para verificação sobre a adequação do tamanho da amostra, calcula-se:

$$n\bar{p} = 50\,(0{,}213) = 11{,}565 > 5$$

Portanto, o tamanho de amostra inicialmente definido atende, aproximadamente, à condição de aproximação para uma distribuição Normal. Os limites de controle são:

$$LC = \bar{p} = 0{,}213$$

$$LSC = \bar{p} + 3\sqrt{\frac{\bar{p}(1-\bar{p})}{n}}$$

$$LSC = 0{,}213 + 3\sqrt{\frac{(0{,}213)\cdot(0{,}787)}{50}} = 0{,}387$$

$$LIC = \bar{p} - 3\sqrt{\frac{\bar{p}(1-\bar{p})}{n}}$$

$$LIC = 0{,}213 - 3\sqrt{\frac{0{,}213\cdot 0{,}787}{50}} = 0$$

O gráfico de p, para as 30 amostras, se encontra na Figura 11.6. Os valores de $p$ das amostras 15 e 23 assumiram valores acima do LSC, o que evidencia que no intervalo de tempo no qual os produtos dessas amostras foram produzidos estavam atuando no processo causas especiais, além das causas comuns. Como os limites do gráfico de controle devem conter somente a variabilidade devido a causas comuns, ou aleatórias, os dados dessas duas amostras devem ser descartados, e os cálculos dos limites devem ser refeitos com base nos dados das 28 amostras remanescentes.

Os limites de controle revisados, descartando as amostras 15 e 23, são:

$$\bar{p} = \frac{\sum_{i=1}^{28} p'_i}{28} = \frac{6{,}02}{28} = 0{,}215$$

$$LC = \bar{p} = 0{,}215$$

$$LSC = 0{,}215 + 3\sqrt{\frac{0{,}215\cdot 0{,}785}{50}}$$

$$LSC = 0{,}215 + 0{,}174$$

portanto,

$$LSC = 0{,}389 \quad \text{e,}$$
$$LIC = 0{,}215 - 0{,}174 \;\Rightarrow\; LIC = 0{,}041$$

Agora, caso os valores de $p$ das 28 amostras estejam situados dentro desses limites eles podem ser utilizados como os limites para o controle rotineiro do processo. Caso algum valor caia acima do LSC ou abaixo do LIC, os cálculos e os limites devem ser refeitos até que todos os valores de $p$ considerados estejam dentro dos limites. O gráfico reformulado se encontra na Figura 11.7.

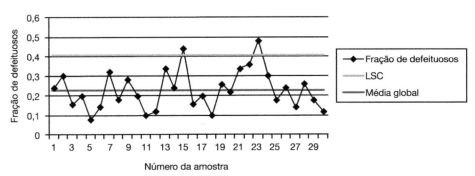

**Figura 11.6** Gráfico de controle de p para as 30 amostras.

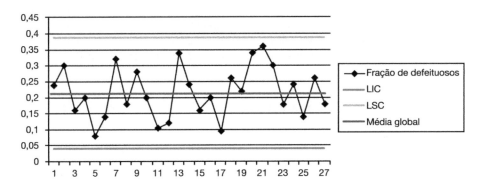

**Figura 11.7** Gráfico de controle de p para as 28 amostras.

## 11.1.3.2 Gráficos de np

Os limites de controle são calculados por:

$$\text{LSC} = n\bar{p} + 3\sqrt{n\bar{p}(1-\bar{p})}$$
$$\text{LM} = n\bar{p}$$
$$\text{LIC} = n\bar{p} - 3\sqrt{n\bar{p}(1-\bar{p})}$$

O procedimento para os cálculos é o mesmo do caso do gráfico de p, com a diferença de que agora a variável controlada é a frequência absoluta, e não a porcentagem, de defeituosos por amostra.

## 11.1.3.3 Gráficos de c

Em certas situações práticas, uma unidade do produto pode apresentar mais de um defeito, ou tipos de defeito, e há interesse em controlar o número de defeitos ou não conformidades por amostra. Essa variável, número de defeitos por amostra do produto, é aqui representada pela letra "c". Esse controle é conveniente quando as amostras têm o mesmo tamanho. Alguns exemplos são as não conformidades físicas, tais como o número de irregularidades de uma superfície de um produto, falhas ou orifícios em produtos contínuos ou extensos como fios de cobre, áreas de papel, de produtos têxteis, de materiais laminados etc. A variável c segue uma distribuição de Poisson, que representa um caso-limite da distribuição Binomial, para os casos em que o número de possibilidades de defeito em uma unidade de produto é muito grande e a probabilidade de ocorrer defeito, em cada possibilidade, é baixa.

Nesse caso os limites de controle são calculados como:

$$\bar{c} = \frac{\sum_{i=1}^{k} c_i}{k}$$

$$\text{LSC} = \bar{c} + 3\sqrt{\bar{c}}$$

$$\text{LM} = \bar{c}$$

$$\text{LIC} = \bar{c} - 3\sqrt{\bar{c}}$$

em que $c$ = número de defeitos por amostra e $k$ = quantidade de amostras.

Vejamos o exemplo a seguir. Suponha que tenhamos levantado dados referentes a 25 amostras de $n$ = 100 computadores do tipo laptop no final da linha de montagem. Cada amostra, de 100 laptops, é inspecionada, e soma-se o total de defeitos em cada amostra, conforme a tabela a seguir. Por exemplo, na primeira amostra de 100 laptops foi observado um total de 21 defeitos, tais como: 3 riscos em telas + 2 manchas na tampa superior + ausência de 4 etiquetas + 3 teclados defeituosos + 2 falhas de fixação da tampa superior + 3 HDs defeituosos + 3 fontes defeituosas + 1 defeito na entrada para USB.

| Amostra | Nº de defeitos na amostra |
|---|---|
| 1 | 21 |
| 2 | 24 |
| 3 | 16 |
| 4 | 12 |
| 5 | 15 |
| 6 | 05 |
| 7 | 28 |
| 8 | 20 |
| 9 | 31 |
| 10 | 25 |
| 11 | 20 |
| 12 | 24 |
| 13 | 16 |
| 14 | 19 |
| 15 | 10 |
| 16 | 17 |
| 17 | 13 |
| 18 | 22 |
| 19 | 18 |
| 20 | 39 |
| 21 | 30 |
| 22 | 24 |
| 23 | 16 |
| 24 | 19 |
| 25 | 17 |

O número total de defeitos é = 21 + 24 + 16 + ... + 17 = 501

$\bar{c} = \dfrac{501}{25} = 20,04$, ou seja, foram observados 20,4 defeitos por amostra de 100 laptops.

Os limites do gráfico de controle são:

$$\text{LSC} = 20{,}04 + 3\sqrt{20{,}04} = 33{,}47$$
$$\text{LIC} = 20{,}04 - 3\sqrt{20{,}04} = 6{,}61$$

Esse gráfico de $c$ pode ser observado na Figura 11.8. Observa-se que as amostras 6 e 20 tiveram uma quantidade de defeitos respectivamente abaixo e acima dos limites de controle. Isso significa que quando os produtos dessas duas amostras de 100 unidades foram montados o processo estava na presença, além das causas comuns, também de causas especiais, as quais não devem influir nos valores dos limites do gráfico de controle. Portanto, os dados dessas duas amostras devem ser descartados, e deve-se proceder como no exemplo anterior, até que se obtenham todas as amostras consideradas dentro dos limites calculados.

Os limites de controle e o gráfico, recalculados, encontram-se na Figura 11.9. Esses limites, que contêm todos os valores de $c$ considerados, seriam os limites a serem utilizados como padrão de referência para controle rotineiro do processo.

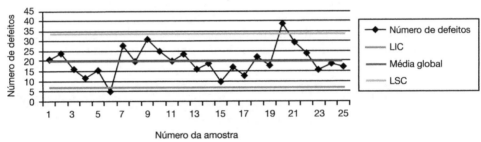

**Figura 11.8** Gráfico de $p$ para as 25 amostras.

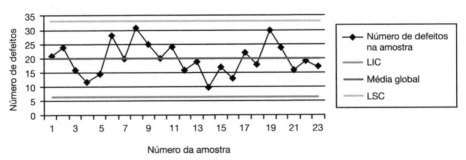

**Figura 11.9** Gráfico de $p$ para 23 amostras.

### 11.1.3.4 Gráficos de u

O gráfico do número de defeitos, ou não conformidades, por unidade de produto ($u$) é adequado quando várias não conformidades, independentes, podem ocorrer em uma mesma unidade do produto e se tem o interesse em controlar o número de defeitos por unidade de produto, e não por amostra. É provável que isso ocorra em produtos que resultam de montagens complexas, tais como automóveis, televisores, máquinas-ferramentas, colheitadeiras, computadores etc. Nesses casos é pouco provável que se tenha uma unidade de produto, que resulta da linha de montagem, sem nenhum defeito, e se tem interesse em controlar a qualidade do processo de montagem, entre outros indicadores, por meio do número médio de não conformidades das unidades de produto que resultam da montagem. A estimativa do número médio de defeitos por unidade de produto é:

$$\bar{u} = \frac{\text{número de não conformidades em todas as amostras}}{\text{número total de itens observados}}$$

$n$ = tamanho da amostra utilizada para estimar o número médio de defeitos por unidade do produto.

A variável **u** segue uma distribuição de Poisson, e assim os limites dos gráficos de controle para o número médio de não conformidades são os seguintes:

$$\text{LSC} = \bar{u} + 3\sqrt{\bar{u}/n}$$
$$\text{LM} = \bar{u}$$
$$\text{LIC} = \bar{u} - 3\sqrt{\bar{u}/n}$$

Os cálculos e as interpretações são equivalentes aos casos anteriores, até se chegar a um gráfico-padrão que possa ser utilizado para controle rotineiro do processo.

Um exemplo: em uma linha de montagem de televisores deseja-se controlar o número de não conformidades por unidade de televisor que resulta da linha de montagem. Inspeciona-se um tamanho de amostra de 10 televisores. A Tabela 11.1 apresenta o número de não conformidades identificadas em 20 amostras de 10 televisores cada.

**Tabela 11.1 — Número de não conformidades em televisores**

| Número da amostra | Tamanho da amostra (n) | Nº de não conformidades na amostra | Nº de não conformidades por unidade |
|---|---|---|---|
| 1 | 10 | 20 | 2,0 |
| 2 | 10 | 24 | 2,4 |
| 3 | 10 | 16 | 1,6 |
| 4 | 10 | 28 | 2,8 |
| 5 | 10 | 20 | 2,0 |
| 6 | 10 | 32 | 3,2 |
| 7 | 10 | 22 | 2,2 |
| 8 | 10 | 10 | 1,0 |
| 9 | 10 | 22 | 2,2 |
| 10 | 10 | 16 | 1,6 |
| 11 | 10 | 8 | 0,8 |
| 12 | 10 | 20 | 2,0 |
| 13 | 10 | 10 | 1,0 |
| 14 | 10 | 14 | 1,4 |
| 15 | 10 | 18 | 1,8 |
| 16 | 10 | 18 | 1,8 |
| 17 | 10 | 16 | 1,6 |
| 18 | 10 | 22 | 2,2 |
| 19 | 10 | 24 | 2,4 |
| 20 | 10 | 12 | 1,2 |
| Somatório | | 372 | 37,2 |

$$\bar{u} = 37{,}2/20 = 1{,}86$$
$$\text{LSC} = \bar{u} + 3\sqrt{\bar{u}/n} = 1{,}86 + 3 \cdot \sqrt{1{,}86/10} = 3{,}15$$
$$\text{LM} = \bar{u} = 1{,}86$$
$$\text{LIC} = \bar{u} - 3\sqrt{\bar{u}/n} = 1{,}86 - 3 \cdot \sqrt{1{,}86/10} = 0{,}57$$

## 11.1.4 Gráficos de Variáveis

### 11.1.4.1 Gráfico ($\bar{X}$ e R)

Para o cálculo dos limites de controle dos gráficos ($\bar{X}$ e $R$) é necessário coletar 20 ou 25 subgrupos (amostras) de 5 ou 4 itens, respectivamente. Ou seja, aproximadamente 100 dados. Calculam-se a média e a amplitude de cada amostra. Em seguida devem-se calcular a média das médias amostrais ($\bar{X}$) e a média das amplitudes ($R$):

$$\bar{\bar{X}} = \frac{\text{soma das médias amostrais}}{\text{número de amostras}}$$

$$\bar{R} = \frac{\text{soma das amplitudes amostrais}}{\text{número de amostras}}$$

Os limites de controle para as médias são:

$$\text{LSC}_{\bar{X}} = \bar{\bar{X}} + A_2 \bar{R}$$
$$\text{LM}_{\bar{X}} = \bar{\bar{X}}$$
$$\text{LIC}_{\bar{X}} = \bar{\bar{X}} - A_2 \bar{R}$$

$A_2$ é igual $3/(d_2 \cdot \sqrt{n})$. Nesse caso o desvio padrão amostral é estimado por $\bar{R}/d_2$.

Os limites de controle para o gráfico das amplitudes são:

$$\text{LSC}_R = D_4 \bar{R}$$
$$\text{LM}_R = \bar{R}$$
$$\text{LIC}_R = D_3 \bar{R}$$

Os valores de $A_2$, $D_4$, $D_3$ já existem previamente calculados e podem ser observados na Tabela 11.2.

| Tabela 11.2 | Valores dos parâmetros para cálculos dos limites dos gráficos de controle, em função do tamanho da amostra | | | |
|---|---|---|---|---|
| Tamanho da amostra | $A_2$ | $d_2$ | $D_3$ | $D_4$ |
| 2 | 1,880 | 1,128 | 0 | 3,267 |
| 3 | 1,023 | 1,693 | 0 | 2,575 |
| 4 | 0,729 | 2,059 | 0 | 2,282 |
| 5 | 0,577 | 2,326 | 0 | 2,114 |
| 6 | 0,483 | 2,534 | 0 | 2,004 |
| 7 | 0,419 | 2,704 | 0,076 | 1,924 |
| 8 | 0,373 | 2,847 | 0,136 | 1,864 |
| 9 | 0,337 | 2,970 | 0,184 | 1,816 |
| 10 | 0,308 | 3,078 | 0,223 | 1,777 |

Observe o exemplo a seguir de um gráfico ($\bar{X}$ e $R$). Suponha que foram levantados dados de um processo referentes ao diâmetro de uma peça, em um total de 25 ($K$) amostras de tamanho ($n$) igual a 5 peças cada. Por exemplo, na inspeção, ou medição, da primeira amostra de 5 peças obtiveram-se os seguintes 5 valores de diâmetro: 54,030; 54,002; 54,019; 53,992; 54,008; a média dessa amostra é 54,010 e a amplitude é 0,038.

| Nº da amostra | Observações | | | | | $\bar{X}$ | $R$ |
|---|---|---|---|---|---|---|---|
| 1 | 54,030 | 54,002 | 54,019 | 53,992 | 54,008 | 54,010 | 0,038 |
| 2 | 53,995 | 53,992 | 54,001 | 54,011 | 54,004 | 54,001 | 0,019 |
| 3 | 53,998 | 54,024 | 54,021 | 54,005 | 54,002 | 54,008 | 0,036 |
| 4 | 54,002 | 53,996 | 53,993 | 54,015 | 54,009 | 54,003 | 0,022 |
| 5 | 53,992 | 54,007 | 54,015 | 53,989 | 54,014 | 54,003 | 0,026 |
| 6 | 54,009 | 53,994 | 53,997 | 53,985 | 53,993 | 53,996 | 0,024 |
| 7 | 53,995 | 54,006 | 53,994 | 54,000 | 54,005 | 54,000 | 0,012 |
| 8 | 53,985 | 54,003 | 53,993 | 54,015 | 53,988 | 53,997 | 0,030 |
| 9 | 54,008 | 53,995 | 54,009 | 54,005 | 54,004 | 54,004 | 0,014 |
| 10 | 53,998 | 54,000 | 53,990 | 54,007 | 53,995 | 53,998 | 0,017 |
| 11 | 53,994 | 53,998 | 53,994 | 53,995 | 53,990 | 53,994 | 0,006 |
| 12 | 54,004 | 54,000 | 54,007 | 54,000 | 53,995 | 54,001 | 0,011 |
| 13 | 53,983 | 54,002 | 53,998 | 53,997 | 54,012 | 53,998 | 0,029 |
| 14 | 54,006 | 53,967 | 53,994 | 54,000 | 53,984 | 53,990 | 0,039 |
| 15 | 54,012 | 54,014 | 53,998 | 53,999 | 54,007 | 54,006 | 0,016 |
| 16 | 54,000 | 53,984 | 54,005 | 53,998 | 53,996 | 53,997 | 0,021 |
| 17 | 53,994 | 54,012 | 53,986 | 54,005 | 54,007 | 54,001 | 0,026 |
| 18 | 54,006 | 54,010 | 54,018 | 54,003 | 54,000 | 54,007 | 0,016 |
| 19 | 53,984 | 54,002 | 54,003 | 54,005 | 53,997 | 53,998 | 0,021 |
| 20 | 54,000 | 54,010 | 54,013 | 54,020 | 54,003 | 54,009 | 0,020 |
| 21 | 53,988 | 54,001 | 54,009 | 54,005 | 53,996 | 53,996 | 0,033 |
| 22 | 54,004 | 53,999 | 53,990 | 54,006 | 54,009 | 54,002 | 0,019 |
| 23 | 54,010 | 53,985 | 53,990 | 54,009 | 54,014 | 54,002 | 0,025 |
| 24 | 54,015 | 54,008 | 53,993 | 54,000 | 54,010 | 54,005 | 0,022 |
| 25 | 53,982 | 53,984 | 53,995 | 54,017 | 53,996 | 53,998 | 0,035 |

$$\sum \bar{X} = 1350{,}024 \qquad \sum R = 0{,}581$$
$$\bar{\bar{X}} = 54{,}001 \qquad \bar{R} = 0{,}023$$

**Gráfico $\bar{X}$**

$$\text{LINHA CENTRAL: } \bar{\bar{X}} = 54{,}001$$
$$\text{LSC} = \bar{\bar{X}} + A_2\,\bar{R} = 54{,}001 + 0{,}577 \cdot 0{,}023 = 54{,}014$$
$$\text{LIC} = \bar{\bar{X}} - A_2\,\bar{R} = 54{,}001 - 0{,}577 \cdot 0{,}023 = 53{,}988$$

O gráfico de $\bar{X}$ para este exemplo é apresentado na Figura 11.10.

**Gráfico da média**

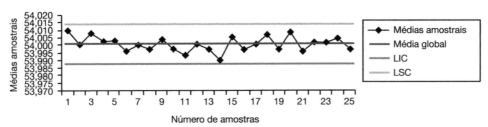

**Figura 11.10** Média amostral para as 25 amostras.

**Gráfico R**

$$\text{LINHA CENTRAL: } \bar{R} = 0{,}023$$
$$\text{LSC} = D_4\bar{R} = 2{,}114 \cdot 0{,}023 = 0{,}049$$
$$\text{LIC} = D_3\bar{R} = 0 \cdot 0{,}023 = 0$$

Do mesmo modo, a partir desses valores o gráfico de $R$ é apresentado conforme consta na Figura 11.11.

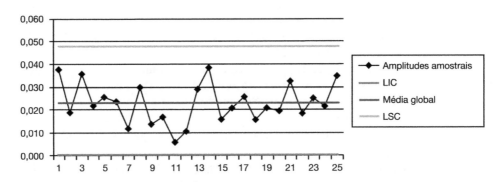

**Figura 11.11** Amplitude amostral para as 25 amostras.

### 11.1.4.2 Gráfico ($\tilde{X}$ e R)

Para o cálculo dos limites de controle dos gráficos ($\tilde{X}$ e $R$) é necessário calcular a média das medianas amostrais e a média das amplitudes:

$$\bar{\tilde{X}} = \frac{\text{soma das medianas amostrais}}{\text{número de amostras}}$$

$$\bar{R} = \frac{\text{soma das amplitudes amostrais}}{\text{número de amostras}}$$

Os limites do gráfico de controle para $\tilde{X}$ são:

$$\text{LSC} = \bar{\tilde{X}} + \tilde{A}_2\bar{R}$$
$$\text{LM} = \bar{\tilde{X}}$$
$$\text{LIC} = \bar{\tilde{X}} - \tilde{A}_2\bar{R}$$

Os valores de $\tilde{A}_2$ podem ser obtidos na tabela a seguir, para **n** entre 2 e 10.

| n | 2 | 3 | 4 | 5 | 6 | 7 | 8 | 9 | 10 |
|---|---|---|---|---|---|---|---|---|---|
| $\tilde{A}_2$ | 1,88 | 1,19 | 0,80 | 0,69 | 0,55 | 0,51 | 0,43 | 0,41 | 0,36 |

Os limites de controle para o gráfico da amplitude são:

$$\text{LSC} = D_4 \overline{R}$$
$$\text{LM} = \overline{R}$$
$$\text{LIC} = D_3 \overline{R}$$

## 11.1.5 Gráficos de Pré-controle

Os gráficos de pré-controle são aplicados e recomendados nos casos em que o processo é altamente capaz e estável, podendo-se adotar como limites de controle do processo os próprios limites de especificação de projeto para a característica de qualidade a ser controlada.

As principais **vantagens** do uso do gráfico de pré-controle são:

- indica mudanças na centralização do processo, ou seja, na média do processo;
- indica mudanças na dispersão do processo;
- assegura que a porcentagem de não conformidades não ultrapasse níveis predeterminados, pois, em princípio, assim que uma unidade não conforme é identificada no gráfico, o processo é paralisado, se possível, para se providenciarem as correções e ajustes necessários no processo;
- não requer o registro, o cálculo ou a marcação em gráfico dos valores dos dados observados, apenas se registra no gráfico a região em que o ponto se encontra (região de aceitação/continuação da produção, região de alerta ou região de rejeição/paralisação do processo);
- pode ser empregado na fabricação de lotes de pequenas ou grandes quantidades;
- utiliza diretamente os limites de tolerância da especificação de projeto como os limites de controle, não sendo necessário o cálculo desses limites "ouvindo a voz" do processo (coletando dados do processo), como nos demais tipos de gráficos;
- as instruções de uso, e os registros, são simples e facilmente assimiláveis pelo pessoal da produção;
- apresenta uma rapidez maior na tomada de decisões sobre o processo e uma redução no custo do controle.

Entre as **desvantagens** estão:

- deve-se ter certeza de que a tolerância natural do processo, ou variação natural do processo, é menor que a tolerância da especificação de projeto. Além disso, deve-se ter conhecimento de que a distribuição dos valores individuais é Normal;
- a presença de causas especiais de variação, indicando uma condição do processo fora de controle ou evoluindo para isso, não é detectada, a não ser que sejam gerados produtos fora da especificação de projeto;
- é muito mais uma forma de inspeção de produto do que um controle do processo propriamente dito.

### 11.1.5.1 Requisitos para a Aplicação do Pré-controle

A aplicação do pré-controle não é imediata, exigindo os seguintes requisitos:

- O processo deve estar sob controle estatístico, ou seja, só apresentar variações aleatórias, devidas a causas comuns.
- O processo deve apresentar um índice de capacidade $Cp$ ou $Cpk$ maior que 1,33. O Quadro 11.2 mostra alguns critérios para esse tipo de consideração.

**Quadro 11.2 — Requisitos para a aplicação do pré-controle**

| Classe do processo | A<br>$Cp$ ou $Cpk$ maior que 1,33 | B<br>$Cp$ ou $Cpk$ entre 1 e 1,33 | C<br>$Cp$ ou $Cpk$ entre 0,75 e 0,99 | D<br>$Cp$ ou $Cpk$ menor que 0,75 |
|---|---|---|---|---|
| Capacidade | Excelente | Capaz | Relativamente incapaz | Totalmente incapaz |
| Frequência de medição pelo operador | Normal | Normal | Frequente | 100% |
| Frequência de medição pelo inspetor | Rara | Normal | Frequente | Muito frequente |
| Gráfico de controle | Opcional | Opcional | Necessário | Necessário |
| Pré-controle | Recomendado | Recomendado | Não utilizado | Não utilizado |

Além desses requisitos básicos, é necessário criar outras condições gerais para se obterem os resultados pretendidos, visando à adequação ao autocontrole que se pratica com os gráficos de pré-controle:

a) A possibilidade de aplicar o pré-controle considerando as especificidades da tecnologia do processo. O processo precisa ser de natureza tal que permita a clara definição dos critérios e das responsabilidades para a tomada de decisões. Geralmente os processos mais simples são os mais indicados para se aplicar o pré-controle, como, por exemplo, os processos mecânicos de tornear, furar etc.

b) O processo deve se encontrar em condições de autocontrole pelo próprio operador. O processo deve conter os meios e as condições para que o operador possa:
- saber o que deve fazer no seu trabalho e quais os resultados esperados;
- conhecer os resultados do que ele está fazendo;
- ajustar o processo quando houver divergências, ou não conformidades, que sejam relevantes.

c) Treinamento do operador. O operador deve estar capacitado tanto para o controle do processo como para a tomada de decisões no caso de o gráfico indicar que o processo está fora de controle.

d) Deve existir confiança mútua entre a gerência, o supervisor e os operadores. Essa confiança é necessária para a delegação ao operador da importante responsabilidade de decidir sobre a qualidade do produto e do trabalho e providenciar os ajustes necessários no processo.

## 11.1.5.2 Procedimento para Utilização do Pré-controle

### Construção do gráfico de pré-controle

Consiste em dividir a amplitude da tolerância de especificação do projeto, para a característica de qualidade a ser controlada, em três regiões, traçando as linhas de pré-controle, conforme a Figura 11.12. Devido à divisão em regiões (de Aceitação, Alerta e Rejeição), esse gráfico é conhecido também como gráfico do farol.

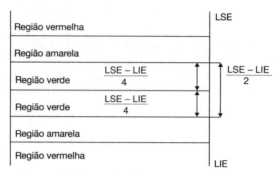

**Figura 11.12** | Gráfico de pré-controle ou do farol.

A região central, de aceitação, ou região verde, compreende metade da tolerância total e representa 86% da área da curva da distribuição Normal. Ou seja, caso o processo esteja em presença apenas de causas aleatórias, 86% das unidades produzidas terão o valor da característica de qualidade dentro desses limites. Em outras palavras, a probabilidade de um valor qualquer cair na zona de aceitação é de 0,86. Consequentemente, a chance de se ter um valor caindo nas regiões laterais (região de alerta ou de rejeição), que compreendem juntas a outra metade da tolerância total de especificação, será de 0,14.

### Critérios para utilização

Procedimento de *ajustagem ou preparação do processo*. Primeiramente, deve-se ajustar a máquina (*set-up* da máquina) e inspecionar as primeiras unidades (por exemplo: peças) que estão sendo produzidas. A *ajustagem ou preparação* só é considerada correta quando 5 peças consecutivas tiverem os valores da característica de qualidade na região de aceitação (verde).

O procedimento de utilização do gráfico de pré-controle, *durante a produção*, ou seja, após iniciar a produção e já ter sido aprovada a preparação do processo, deve seguir estes passos:

1) Inspecione 2 peças (ou unidades do produto) produzidas consecutivamente. Se ambas estiverem na região de aceitação (verde), continue normalmente a produção.
2) Se pelo menos uma peça estiver na região de rejeição (vermelha), é necessário tomar providências de ações corretivas. Selecione as peças já produzidas no intervalo de tempo entre a inspeção anterior e a atual. Quando as correções forem realizadas, seguindo procedimento de preparação de ajustagem do processo, volte ao passo (1).
3) Se uma ou duas peças estiverem na região de alerta (amarela), inspecione mais 3 peças produzidas consecutivamente. Siga os seguintes critérios:
    a) se as 3 peças estiverem na região de aceitação, continue normalmente a produção;
    b) se as 3 peças estiverem na região de alerta, providencie as ações corretivas. Quando os devidos ajustes forem feitos, segundo procedimento de ajuste do processo, volte ao passo (1);

c) se uma ou mais peças estiverem na região de rejeição, devem-se realizar novos ajustes do processo de acordo com o procedimento de ajuste. Após o ajuste, volte ao passo (1).

A determinação da frequência, ou intervalo de tempo, de medição segue este procedimento: inspecione 6 pares de itens, ou peças, entre cada ocorrência de ajuste ou correção ou revisão planejada do processo. O tempo entre medições (TM), em minutos, é igual ao tempo entre ajustes em horas (TA) multiplicado por 10. Ou seja:

$$TM_{minutos} = TA_{horas} \times 10$$

Por exemplo, se o intervalo de tempo planejado para realizar ajustes na ferramenta de uma determinada máquina, durante o processo, for a cada 2 horas, então o tempo entre medições, ou inspeções, de peças seria TM = 2 × 10 = 20 minutos. Ou seja, a cada 20 minutos seria inspecionada uma amostra de 2 peças, cujos valores seriam inseridos no gráfico de pré-controle. Portanto, durante o intervalo de 2 horas (intervalo de tempo entre ajustes na ferramenta) seriam realizadas 6 inspeções de amostras de 2 peças, portanto haveria 6 momentos de oportunidade de detecção de desvios no processo.

O fluxograma da Figura 11.13 ilustra, de forma esquemática, a sequência de ações para a utilização do gráfico de pré-controle.

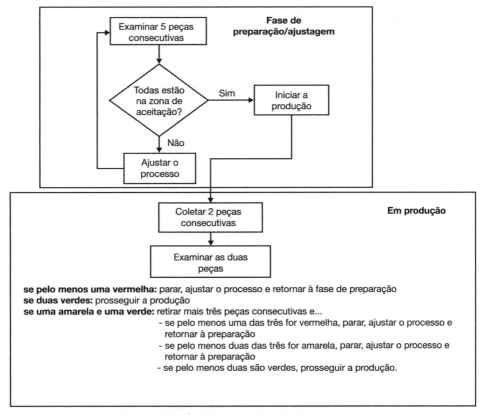

**Figura 11.13** | Critérios de decisão do pré-controle.

Em todos os casos em que for indicada, pelo gráfico, a necessidade de ajuste no processo, devem-se selecionar, por meio de inspeção e separação, as peças ou unidades já produzidas no período para facilitar a análise do processo, ou seja, a análise das peças produzidas, da matéria-prima, das ferramentas, dos procedimentos etc., para identificar as causas do desvio e tomar ações corretivas.

### 11.1.5.3 Gráficos para Valores Individuais e Amplitude (X-R)

As principais vantagens do uso dos gráficos (X-R) são:

- Não há necessidade de se efetuarem cálculos, pois se registra no gráfico o próprio valor da leitura da característica de qualidade inspecionada.
- Não há necessidade de registro dos valores obtidos em documento à parte, pois todos eles são registrados diretamente no gráfico.

As desvantagens do gráfico de (X-R) são:

- É menos sensível a mudanças substanciais na média do processo.[1]
- A marcação dos valores é mais complicada, já que todos os valores devem ser plotados, aumentando assim o risco de erros.
- Continua existindo a necessidade de utilização de um segundo gráfico, de variabilidade (no caso usa-se a amplitude R, representada pela diferença entre o valor da medida atual e o valor da medida anterior), para controle da dispersão do processo.
- Não fornece claras evidências da presença de causas especiais de variação, como ocorre com maior intensidade no gráfico da média.
- A distribuição dos valores da característica de controle tem que ser Normal.

O cálculo dos limites de controle é o seguinte:

$$\text{LSC} = \bar{X} + 3\frac{\bar{R}}{d_2}$$
$$\text{LM} = \bar{X}$$
$$\text{LIC} = \bar{X} - 3\frac{\bar{R}}{d_2}$$

em que $\frac{\bar{R}}{d_2}$ representa a estimativa do desvio padrão de $X$ (valores individuais da variável sob controle).

Os limites de controle para o gráfico das amplitudes continuam a ser calculados como nos demais gráficos de variáveis, ou seja:

$$\text{LSC} = D_4 \cdot \bar{R}$$
$$\text{LM} = \bar{R}$$
$$\text{LIC} = D_3 \cdot \bar{R}$$

Os valores de $d_2$, $D_3$ e $D_4$ podem ser encontrados na Tabela 11.2. A seguir, no Quadro 11.3, é apresentada uma síntese das fórmulas para cálculo dos gráficos de controle.

---

[1]*Observação*: essa desvantagem pode ser minimizada estreitando-se os limites de controle, ou seja, utilizando 2S em vez de 3S, por exemplo. No entanto, agindo dessa forma aumenta-se a probabilidade de ocorrerem falhas na indicação de falta de controle do processo.

# CONTROLE ESTATÍSTICO DA QUALIDADE

**Quadro 11.3** — Síntese das fórmulas dos gráficos de controle

| Tipo de gráfico | Limites de controle |
|---|---|
| Gráfico da média (estimando o desvio padrão por meio da amplitude) | $LSC = \bar{\bar{X}} + A_2 \bar{R}$ <br> $LM = \bar{\bar{X}}$ <br> $LIC = \bar{\bar{X}} - A_2 \bar{R}$ |
| Gráfico da amplitude | $LSC = D_4 \bar{R}$ <br> $LM = \bar{R}$ <br> $LIC = D_3 \bar{R}$ |
| Gráfico da mediana | $LSC = \bar{\bar{x}} + \tilde{A}_2 \bar{R}$ <br> $LM = \bar{\bar{x}}$ <br> $LIC = \bar{\bar{x}} - \tilde{A}_2 \bar{R}$ |
| Gráfico de p | $LSC = \bar{p} + 3\sqrt{\dfrac{\bar{p}(1-\bar{p})}{n}}$ <br> $LM = \bar{p}$ <br> $LIC = \bar{p} - 3\sqrt{\dfrac{\bar{p}(1-\bar{p})}{n}}$ |
| Gráfico de np | $LSC = n\bar{p} + 3\sqrt{n\bar{p}(1-\bar{p})}$ <br> $LM = n\bar{p}$ <br> $LIC = n\bar{p} - 3\sqrt{n\bar{p}(1-\bar{p})}$ |
| Gráfico de c | $LSC = \bar{c} + 3\sqrt{\bar{c}}$ <br> $LM = \bar{c}$ <br> $LIC = \bar{c} - 3\sqrt{\bar{c}}$ |
| Gráfico de u | $LSC = \bar{u} + 3\sqrt{\bar{u}/n}$ <br> $LM = \bar{u}$ <br> $LIC = \bar{u} - 3\sqrt{\bar{u}/n}$ |
| Gráfico de valores individuais | $LSC = \bar{X} + 3\dfrac{\bar{R}}{d_2}$ <br> $LM = \bar{X}$ <br> $LIC = \bar{X} - 3\dfrac{\bar{R}}{d_2}$ |

## 11.1.6 Análise de Processos: Estabilidade e Capacidade

Quando se pretende introduzir o uso de um gráfico de controle, ou controlar um processo, deve-se analisar previamente *a estabilidade e a capacidade do processo*. A *estabilidade* diz respeito à análise da variabilidade do processo quanto a seu comportamento Normal, e a *capacidade* consiste em avaliar se o processo é capaz de atender a uma determinada especificação de projeto, ou seja, em que grau o processo consegue atingir e reproduzir a especificação de projeto do produto.

### 11.1.6.1 Estabilidade de Processos

Para a explicação desse conceito será considerado o caso de características de qualidade que podem ser representadas por meio de variáveis contínuas, e o uso do gráfico de variáveis.

Para a análise da estabilidade de um processo devem ser elaborados pares de gráficos de controle, como, por exemplo, da média e da amplitude ou do desvio padrão, para cada característica de controle gerada ou modificada pelo processo.

Os critérios usuais de análise, apresentados pela bibliografia da área de Controle Estatístico da Qualidade, podem ser resumidos na seguinte frase: *o processo é considerado estável quando os seus gráficos de controle não indicarem sinais de anormalidade ou presença de causas especiais*. Dessa forma, os processos sob controle apresentam gráficos com comportamento normal, seguindo um padrão previamente conhecido.

O modelo de distribuição de probabilidade assumido para as variáveis representadas nos gráficos de controle de variáveis contínuas é a distribuição Normal. Logo, as condições de estabilidade do processo são aquelas esperadas do ponto de vista estatístico para esse tipo de distribuição. Mesmo se tendo consciência de que alguns comportamentos não esperados poderiam ocorrer sem que isso signifique que houve uma mudança no processo, como a sua probabilidade *a priori* de ocorrência é muito baixa sempre que esses comportamentos aparecerem isso será interpretado como uma indicação de instabilidade, ou seja, de que o processo está fora de controle ou instável.

Sempre devem ser analisados os pares de gráficos (da média e da amplitude, ou da média e do desvio padrão) para analisar se existem indicações de anormalidade, tais como tendências ou comportamentos cíclicos.

As características de um padrão natural Normal, estável, de um gráfico de controle podem ser resumidas em:

- A maioria dos pontos está próxima da linha média ou limite central (cerca de 68% dos pontos encontram-se no intervalo de $\pm 1S$ em torno da média), sem, no entanto, existir concentração excessiva nesse intervalo.
- Cerca de 95% dos pontos (o que significa, por exemplo, 19 em 20 pontos) estão contidos no intervalo $\pm 2S$ em torno da média.
- Nenhum ponto cai fora dos limites de controle, ou seja, nenhum está acima ou abaixo de 3 desvios padrões em relação à média, pois a probabilidade dessa ocorrência é de apenas 0,27%.
- A sequência temporal dos pontos se distribui mais ou menos igualmente acima e abaixo da média.
- Não se configuram tendências de aumento ou de diminuição sistemática de pontos. Por exemplo, a probabilidade de ocorrência de 7 pontos consecutivos acima da média é de 0,78%. Logo, quando isso ocorrer interpreta-se como uma tendência ao aumento, por exemplo, da média da característica de qualidade que está sendo controlada.
- Não existem oscilações cíclicas, ou seja, comportamentos cíclicos na distribuição temporal dos pontos.

O Quadro 11.4 apresenta as principais regras que indicam condições de instabilidade do processo. Sempre que um processo apresentar algumas das situações representadas ele deve ser considerado instável. Assim, causas especiais de variação devem estar presentes e devem ser controladas ou eliminadas antes de se analisar a capacidade do processo e definir os limites do gráfico de controle a ser usado. Alguns autores sugerem o uso de teste de hipótese de sequências para verificar se houve aleatoriedade no processo de amostragem. Entretanto, o detalhamento desse método não faz parte dos objetivos deste texto.

As condições apresentadas no Quadro 11.4 se aplicam tanto à análise do processo na fase de preparação do gráfico de controle quanto à própria fase de uso rotineiro do gráfico para controle do processo. A fase de preparação envolve atividades de análise da estabilidade e da capacidade do processo, buscando-se chegar ao padrão do gráfico de controle que representa o comportamento normal da variabilidade do processo, e a fase de utilização é quando um gráfico de controle está definido e disponível para monitoramento rotineiro do processo.

Quando um processo já foi analisado e considerado estável e capaz, e adotou-se um gráfico para monitorar uma ou mais características de qualidade, diz-se que o processo está "sob controle estatístico". Ou seja, existe um gráfico de controle, determinado com base na

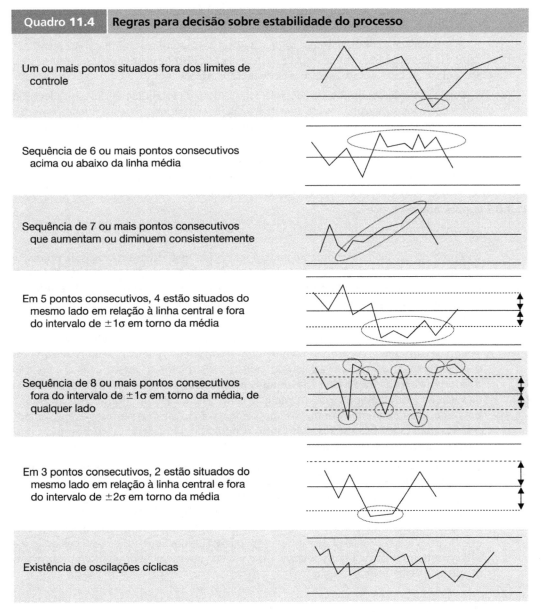

Quadro 11.4 Regras para decisão sobre estabilidade do processo

Um ou mais pontos situados fora dos limites de controle

Sequência de 6 ou mais pontos consecutivos acima ou abaixo da linha média

Sequência de 7 ou mais pontos consecutivos que aumentam ou diminuem consistentemente

Em 5 pontos consecutivos, 4 estão situados do mesmo lado em relação à linha central e fora do intervalo de $\pm 1\sigma$ em torno da média

Sequência de 8 ou mais pontos consecutivos fora do intervalo de $\pm 1\sigma$ em torno da média, de qualquer lado

Em 3 pontos consecutivos, 2 estão situados do mesmo lado em relação à linha central e fora do intervalo de $\pm 2\sigma$ em torno da média

Existência de oscilações cíclicas

*Outras:*
*10 em 11; 12 em 14; 14 em 17; 16 em 20 pontos consecutivos estão do mesmo lado da linha média*

variabilidade do processo e na teoria da estatística e probabilidade, e se poderá perceber nele um comportamento de instabilidade do processo quando da presença de causas especiais, indicando que ações corretivas devem ser tomadas no local de trabalho.

Sempre que um processo mudar para melhor ou piorar, de forma consistente no tempo, os limites de controle existentes, calculados com os dados anteriores à mudança, deixam de ser representativos do novo estado, ou nível de maturidade, do "novo processo". Dessa forma, os limites devem ser recalculados e atualizados usando-se apenas os novos dados levantados, com amostras retiradas do processo já modificado. Esse novo gráfico, após sua análise e aprovação, conforme critérios apresentados anteriormente, passa a representar os novos limites de controle do processo.

A estabilidade é condição inicial imprescindível para se utilizar o CEP em sua plenitude. O estudo da capacidade do processo não deve ser levado à frente se essa condição não for atendida, e ela deve ser avaliada com as devidas restrições.

Para se calcular os limites de controle, para estudo da estabilidade, devem-se levantar dados do processo, agrupá-los em amostras e calcular os parâmetros estatísticos, conforme já visto anteriormente. Esses passos foram detalhados quando do estudo dos gráficos de controle.

Após o cálculo dos limites dos gráficos plotam-se os dados referentes a cada gráfico e avalia-se o comportamento dos pontos para analisar a estabilidade.

### 11.1.6.2 Capacidade do Processo

#### Considerações Iniciais

Um produto de qualidade somente poderá ser obtido quando os processos de produção forem capazes de satisfazer, de forma consistente, os objetivos e metas especificados, basicamente as especificações do produto e do processo. Quando os processos não satisfazem essas exigências o produto tem seu custo aumentado por meio de perdas, retrabalhos e concessões.

Uma vez que o processo seja considerado estável, sua capacidade pode ser avaliada. O estudo da capacidade do processo requer que as condições operacionais normais do processo sejam mantidas durante a coleta de dados, ou seja, nenhuma intervenção não prevista de ocorrência rotineira deve ser feita durante o estudo. Esse cuidado garante uma avaliação da variação natural do processo, inerente ao processo, usando um mínimo de amostras e um consequente mínimo período de tempo. A variação natural do processo é representada pela variabilidade observada nos produtos produzidos, considerando como variáveis as medidas individuais da característica de qualidade.

O conceito de capacidade do processo tem uma associação com a especificação do produto que o processo deve atender, ou seja, é a capacidade de o processo produzir unidades do produto, e sua repetibilidade, dentro das especificações de projeto do produto. Assim, a capacidade do processo mede a relação entre a variabilidade natural do processo para produzir determinado produto e a tolerância de especificação do projeto desse produto, que é representada pela faixa de valores entre o LSE (Limite Superior de Especificação) e o LIE (Limite Inferior de Especificação). Com essa comparação pode-se avaliar numericamente a capacidade do processo.

#### O Caso dos Atributos

Nesse caso o estudo da capacidade de processo consiste na comparação do valor considerado aceitável, ou seja, a especificação (% aceitável ou tolerada para as não conformidades) para o atributo em estudo com a média calculada para o atributo no processo que está sendo analisado. Por exemplo, no caso dos gráficos de controle da fração defeituosa (gráfico de p) o valor da média corresponde à média da porcentagem de itens defeituosos gerados pelo processo. Essa porcentagem média do processo seria comparada com o valor de p especificado para o produto ou lote de produção. Essa comparação só pode ser realizada quando o processo estiver sob controle, ou seja, em estado de controle estatístico. É possível calcular também a probabilidade de se ter no processo uma fração de defeituosos maior do que a especificada, ou seja, a probabilidade de se produzir um lote com uma taxa de defeituosos superior à eventual tolerada ou aceita pelo cliente, obtendo-se, assim, mais informações sobre a capacidade do processo. Essa probabilidade seria, por exemplo: Probabilidade de ($P_{do\ processo} > P_{especificado}$). Por exemplo, um processo que produz rotineiramente lotes de uma determinada peça pode produzi-los com uma taxa média de não conformidades de 1,0%. Caso a especificação do cliente que recebe esses lotes seja de aceitar lotes que tenham em média até 2,0% de defeituosos, então o processo seria capaz de atender à especificação do cliente.

### Determinação dos Limites Naturais de Tolerância de um Processo: O Caso de Variáveis

A partir deste tópico, dentro do item Capacidade do Processo, estamos supondo o caso em que as características de qualidade são representadas por variáveis contínuas. Os parâmetros serão calculados com base em procedimentos para variáveis contínuas, pois o caso dos atributos se resume ao que foi comentado no item anterior.

O desvio padrão natural de um processo é a unidade de referência para a determinação do que pode ser chamado de tolerância natural de um processo, ou **os limites naturais de tolerância de um processo**. O valor numérico, e o cálculo dessa tolerância, não é uma constante em função do tempo, mas em um universo estático ou parcialmente estático ela pode ser calculada com facilidade por meio de duas maneiras apresentadas a seguir.

A primeira maneira consiste na retirada de um número determinado de elementos, itens ou unidades de produto para compor uma amostra. Em seguida calculam-se os valores estimados para a média ($\hat{\mu}$) e o desvio padrão ($\hat{\sigma}$). Esse método apresenta uma questão, que é o fato de $\hat{\sigma}$ e $\hat{\mu}$ variarem ao longo do tempo. Isso faz com que, após certo período de produção, se tenha um desvio padrão que não representa mais o que foi chamado de desvio padrão natural do processo, pois pode ter havido variações de causa assinalável que não foram descobertas pelo operador ou inspetor, o que geraria um desvio padrão maior que o calculado inicialmente. Assim, ao longo do tempo seria melhor utilizar uma estimativa do desvio padrão que considerasse essas possíveis variações.

O segundo método consiste na determinação do desvio padrão natural a partir das amplitudes das amostras que vêm sendo coletadas na produção. A relação entre o desvio padrão e a média das amplitudes é dada por $\hat{\sigma} = \bar{R}/d_2$ em que $d_2$ é um fator de correção que depende exclusivamente do tamanho ($n$) das amostras e já existe previamente calculado e apresentado em tabelas (ver Tabela 11.2). Esse estimador do desvio padrão, por meio da amplitude média, é mais adequado para tamanhos de amostra considerados pequenos, por exemplo, para $n$ no máximo igual a 4 ou 5.

Obviamente os resultados obtidos pelos dois métodos poderão ser idênticos. Porém, em um ambiente produtivo o segundo método é mais aconselhável por se eliminar a possibilidade de que influências de variabilidade assinalável possam surgir e ser inseridas no cálculo da variação natural do processo.

A variabilidade natural ou o limite natural de tolerância do processo será o equivalente a $6\hat{\sigma}$, ou seja, ao valor do intervalo ($\hat{\mu} - 3\hat{\sigma}$ a $\hat{\mu} + 3\hat{\sigma}$), o qual contém 99,73% dos valores possíveis de serem produzidos, ou do total produzido, na prática para a característica de qualidade. Isso significa que, mantido o valor do desvio padrão do processo, a cada 10.000 unidades de produto produzidas apenas 27 teriam valores da característica de qualidade fora desse intervalo. Por exemplo: 13 poderiam estar abaixo do limite de variação inferior do processo e 14 acima do limite de variação superior do processo.

### Índice de Capacidade de um Processo

Como já comentado, a capacidade de um processo pode ser expressa em um número que traduz o quanto um processo é capaz de atender a uma determinada especificação. O índice de capacidade do processo é calculado como a razão entre a tolerância da especificação e a tolerância que ocorre na prática do processo:

$$Cp = \frac{\text{tolerância de especificação}}{6\sigma}$$

Assim, um processo será considerado capaz quando o $Cp$ for maior que 1, ou seja, quando a variabilidade natural do processo ($6\sigma$, ou $6S$) for menor que a tolerância admissível pela especificação. Como é utilizado o $\sigma_R$ (desvio padrão estimado a partir das amplitudes amostrais), alguns autores consideram a necessidade de que o $Cp$ seja maior que 1,33, como uma forma de se ter maior segurança e correr menos riscos de perda de controle do processo.

O Quadro 11.5 mostra uma orientação básica para a interpretação da capacidade do processo em função dos valores de $Cp$.

| Quadro 11.5 | Interpretação do índice de capacidade do processo | |
|---|---|---|
| **$Cp$ ou $Cpk$** | **Nível** | **Conceito/Interpretação** |
| Maior que 1,33 | A | CAPAZ – Confiável, os operadores do processo exercem completo controle sobre ele, pode-se utilizar o pré-controle. |
| Entre 1 e 1,33 | B | RELATIVAMENTE CAPAZ – Relativamente confiável, os operadores do processo exercem controle sobre as operações, mas o controle da qualidade deve monitorar e fornecer informações para evitar a deterioração do processo. |
| Entre 0,75 e 0,99 | C | INCAPAZ – Pouco confiável, requer controle contínuo das operações, pela fabricação e pelo controle da qualidade, visando evitar descontroles e perdas devido a refugos, retrabalhos, paralisações etc. |
| Menor que 0,75 | D | TOTALMENTE INCAPAZ – O processo não tem condições de atender às especificações ou padrões, por isso são requeridos o controle, a revisão e a seleção de 100% dos produtos ou resultados do processo. |

Para análise da capacidade do processo é importante avaliar a centralização do resultado do processo em relação aos limites de especificação, ou seja, o distanciamento entre a média do processo (o ponto central da tolerância natural do processo) e o Valor Nominal da especificação de projeto. Assim, uma pequena descentralização pode levar a uma interpretação incorreta da capacidade, ou seja, do valor de $Cp$. Por isso recomenda-se utilizar o índice de capacidade $Cpk$. Esse índice considera a diferença que possa existir entre a média do processo e o valor nominal (ou valor central da especificação), ou seja, considera a descentralização do processo. Trata-se de um cálculo simples, feito a partir da comparação entre a tolerância de especificação e a variação natural do processo em duas partes, assim distribuídas:

$Cpk$ = Min [$Cpk$ inf; $Cpk$ sup]

$Cpk$ sup = (LSE − média do processo) / 3 × desvio padrão do processo

$Cpk$ inf = (média do processo − LIE) / 3 × desvio padrão do processo

A interpretação dos valores também segue o que está indicado no Quadro 11.5.

### Relação entre Capacidade e Controle do Processo

Na análise do processo podem-se constatar quatro situações possíveis, conforme mostrado no Quadro 11.6. Cada situação exigirá ou possibilitará uma forma específica de controle da qualidade. Por exemplo, se o processo é capaz e estável então tudo indica que há um bom grau de controle do processo por parte dos envolvidos, e é suficiente controlar o processo por meio de autocontrole pelos operadores, utilizando-se, por exemplo, gráficos de pré-controle. O Quadro 11.6 mostra as relações entre capacidade e controle do processo.

**Quadro 11.6 — Relações entre capacidade e controle do processo**

| Capacidade | Controle |  |
|---|---|---|
|  | Sob Controle/Estável (causas comuns) | Fora de Controle/Instável (causas comuns e especiais) |
| Capaz | Caso A – Situação desejável. Utilizam-se autocontrole e gráficos de pré-controle. | Caso C – O processo parece adequado quanto a atender às especificações, mas é preciso melhorar seu controle. A qualquer momento pode sair de controle e não atender às especificações. |
| Incapaz | Caso B – Processo estável, mas não tem capacidade de produzir no padrão de qualidade requerido. | Caso D – Pior situação possível, causadora de elevados índices de problemas e perdas. É necessário eliminar causas especiais, preparar melhor o processo e refazer a análise. Exige inspeção completa do que for produzido. |

Resumidamente, a implantação do CEP deve seguir estes três passos básicos e suas atividades:

1) **Preparar as condições básicas**
   - Conscientização e treinamento do pessoal
   - Definição do processo, organização e padronização de produto e processo
   - Definição das características de qualidade a serem controladas (p. ex., o diâmetro de uma peça)
   - Definição dos parâmetros (média, amplitude etc.) a serem controlados
   - Definição e análise da adequação do sistema de medição das características de qualidade (definição e análise do sistema de medição)
   - Definição dos pontos do processo a serem medidos e controlados

2) **Preparar o gráfico de controle**
   - Escolher o tipo de gráfico a ser utilizado
   - Preparar o processo para a coleta inicial de dados do processo

- Coletar dados (variáveis: $K = 20$ amostras de $n = 5$, atributos: $K = 25$ de $n > 5/p$)
- Calcular os limites dos gráficos de controle
- Plotar os pontos levantados, nos gráficos gerados a partir dessas amostras, e interpretar o comportamento
- Eliminar as amostras cujos valores caem fora dos limites dos respectivos gráficos de controle
- Recalcular os limites e interpretar novamente a estabilidade

**Observação:** Se necessário (ou seja, se muitos pontos caírem fora dos limites ou se observar uma configuração dos pontos que denota forte presença de causas especiais), corrigir o processo e coletar todas as $K$ amostras novamente.

**3) Uso do gráfico para controle rotineiro**
- Coletar uma amostra a cada intervalo predefinido de tempo ou de volume de produção
- Medir os valores da característica de qualidade
- Calcular e plotar no gráfico os parâmetros correspondentes
- Se o ponto cair fora, há indicação de que o processo deve estar sob a influência também de causas especiais
- Investigar a causa especial e corrigir o processo, se necessário selecionar o que foi produzido no respectivo intervalo de tempo
- Verificar o efeito da ação de correção por meio de novas amostras e de seu posicionamento no gráfico de controle.

## 11.2 INSPEÇÃO DA QUALIDADE E PLANOS DE AMOSTRAGEM

### 11.2.1 Inspeção

Os objetivos da Inspeção da Qualidade são:
- Determinar se há ou não conformidade de um produto, ou lote, já produzido, em relação às especificações de projeto.
- Gerar informações que permitam tomar ações corretivas sobre o lote e/ou sobre o processo que o gerou.

A inspeção pode ocorrer nas seguintes fases da Produção:

#### 11.2.1.1 Inspeção de Recebimento

A extensão e a profundidade da inspeção em produtos (matéria-prima ou produto acabado) recebidos de terceiros dependem da capacidade do fornecedor, avaliada previamente e continuamente acompanhada.

Em um extremo tem-se a inspeção utilizando o conceito de "auditoria da decisão", em que o comprador (o cliente) compara os dados obtidos por sua inspeção com os dados recebidos do fornecedor. Quando os dados recebidos do fornecedor forem e continuarem a ser confiáveis, a inspeção de recebimento se transforma em apenas uma identificação e validação do produto ou lote recebido.

No outro extremo a inspeção de recebimento se torna um controle da qualidade do fornecedor, uma vez que se inspeciona e avalia o lote recebido, registram-se as informações pertinentes e essas informações são repassadas ao fornecedor.

### 11.2.1.2 Inspeção Durante a Fabricação

A inspeção durante a fabricação tem o objetivo de fornecer informações para a tomada de decisão sobre o produto, isto é, se o produto ou lote está ou não conforme à especificação e para a tomada de decisão sobre o processo, isto é, se o processo deve prosseguir ou não. A frequência de inspeção pode ser mais facilmente estabelecida se o processo é relativamente estável. As decisões tomadas após a inspeção de um lote em processo, antes de o mesmo ser encaminhado ao cliente interno (próximo processo), podem ser: aprovar e encaminhar o lote, segregar o lote para avaliação e providência de ajustes e adequações etc.

### 11.2.1.3 Inspeção de Produto Acabado

A inspeção de produtos acabados, também conhecida como inspeção final, pode ser executada tanto no final da linha de produção (nos pontos de inspeção no final da própria linha de produção) como em áreas de inspeção específicas e separadas.

Muitas vezes a inspeção é feita em 100% dos produtos acabados, simulando as condições de uso ou realizando uma checagem completa no produto por meio de *check lists*. O objetivo principal é avaliar se o lote de produto acabado, a ser enviado ao cliente, atende aos critérios de aceitação dos clientes, e utilizam-se nessa avaliação os mesmos procedimentos e critérios que foram acordados entre cliente e fornecedor.

### 11.2.1.4 Tipos de Inspeção

*Inspeção 100%*

A inspeção 100% é conveniente quando a característica de qualidade inspecionada é crítica ou a capacidade do processo é inerentemente insuficiente (processo incapaz) para alcançar os requisitos das especificações. Entretanto, o excesso de inspeção pode ser tão custoso quanto a falta de inspeção. A experiência mostra que a inspeção 100% não garante resultados em termos de produtos e lotes sem não conformidades, isto é, não há garantias de identificação e segregação de todos os itens defeituosos. Alguns estudos já demonstraram que o inspetor encontra aproximadamente 80% dos defeitos presentes nos produtos ou lotes inspecionados.

*Inspeção por amostragem*

Os objetivos principais dessa inspeção são de aceitação (ou rejeição) de um lote por meio de uma amostra representativa e de auxílio no controle do processo.

A inspeção por amostragem é conveniente para reduzir os custos da inspeção, manter a área de produção informada a respeito da qualidade dos produtos ao longo do processo, em tempo hábil, e em situações em que a avaliação da conformidade se dá por meio de um ensaio destrutivo.

Para que a inspeção por amostragem tenha eficácia, alguns cuidados devem ser observados:

- Procedimentos adequados para seleção da amostra.
- Representatividade da amostra (aleatoriedade e estratificação, quando aplicável).

*Inspeção Sensorial*

A qualidade sensorial é aquela para a qual há dificuldade de se ter instrumentos tecnológicos de medição, sendo utilizada a sensibilidade humana como instrumento de medição, ainda que venham sendo desenvolvidos dispositivos e softwares que oferecem resultados aproximados de tal tipo de avaliação. As características normalmente avaliadas por inspeção sensorial são:

- sabor
- odor
- ruído
- aparência

As formas de padrões para a inspeção sensorial são:

- amostras para comparação
- fotografias
- sons gravados
- amostras com cheiro ou sabor

A característica visual é uma categoria especial de qualidade sensorial. O resultado de uma inspeção visual é bastante influenciado por certas condições: iluminação do local (tipo, cor e intensidade), ângulo de visão do inspetor, distância da observação etc. Devem-se padronizar essas condições para assegurar maior uniformidade nos resultados.

### Outros tipos de inspeção de conformidade

- Inspeção automatizada (inspeção utilizando robôs, software, leitor óptico etc.).
- Inspeção auxiliada por computador (aplicável, por exemplo, na inspeção de peças produzidas por máquinas de maior precisão, tecnologia mecatrônica etc.).
- Inspeção de preparação antes da produção. Em processos estáveis: se a preparação estiver correta, em princípio a porção do lote produzida em sequência à preparação também deverá estar. No caso do uso de gráficos de pré-controle para controle do processo, usa-se estrategicamente a preparação do processo e/ou da máquina antes do início da produção normal.
- Inspeção volante (periódica), para processos que não permanecem estáveis durante a produção de um lote.

### 11.2.1.5 Considerações Gerais sobre a Inspeção da Qualidade

As atividades básicas de inspeção são:

- Interpretação da especificação
- Medição da característica de qualidade
- Julgamento ou análise da conformidade
- Tratamento dos casos conformes
- Tratamento dos casos não conformes
- Registros dos dados obtidos

Os conhecimentos básicos necessários para se realizar uma atividade de inspeção são:

- Que características da qualidade do produto devem ser inspecionadas e analisadas?
- Como determinar se um produto está ou não conforme aos padrões requeridos?
- Qual o critério de aceitação de lotes de produtos?
- O que fazer com os produtos conformes e com os não conformes?
- O que registrar, ou seja, quais informações devem ser registradas?

O perfil desejado de um inspetor deve considerar o domínio dos seguintes conhecimentos:

- Regulamentos e procedimentos da empresa
- Produtos produzidos e processos realizados
- Características e práticas de medição de precisão
- Matemática e estatística básica aplicada a atividades de produção
- Sistemas de unidades de medida
- Teorias sobre erros de medição
- Organização da gestão e do controle da qualidade e suas funções
- Eventuais conhecimentos básicos de física, química, matemática etc.
- Capacidade para elaboração e redação de relatórios técnicos
- Controle estatístico da qualidade básico
- Habilidades para encontrar, perceber e identificar defeitos ou não conformidades
- Habilidades para interpretar especificações do produto, do processo e parâmetros estatísticos do processo
- Controle emocional, paciência, atenção e concentração
- Visão de prevenção
- Aptidão para medição e interpretação

### 11.2.2 Planos de Amostragem

#### 11.2.2.1 Introdução

A inspeção da qualidade faz-se em produto já existente, ou seja, já produzido, que pode ser uma matéria-prima, um produto em processo ou um produto acabado com a finalidade de verificar se a qualidade do lote atende aos padrões ou especificações de aceitação.

Os Planos de Amostragem são aplicados na Inspeção de Recebimento, na Inspeção Final (de Produto Acabado) ou na passagem de uma etapa para outra de um processo de produção (por exemplo, na passagem de um produto da seção A para a seção B; da produção para a linha de montagem; da produção para uma câmara de resfriamento; da produção para o almoxarifado etc.).

A inspeção não impede a produção de itens defeituosos, mas permite separar os lotes bons, ou conformes, dos defeituosos ou não conformes (lotes com problemas, que não cumprem os requisitos mínimos de qualidade definidos entre o cliente e o fornecedor). Ou seja, possibilita segregar e diferenciar os lotes conformes dos não conformes.

A inspeção pode ser de dois tipos básicos, quanto às decisões tomadas sobre o lote:

1) **Inspeção para aceitação:** nesse caso os lotes aprovados serão aceitos, contendo, eventualmente, alguns itens defeituosos, mas que, em princípio, estão dentro do combinado e considerado aceitável. Os lotes rejeitados são devolvidos ao fornecedor.

2) **Inspeção retificadora:** nesse caso os lotes rejeitados passam por uma inspeção completa, e todos os itens defeituosos encontrados são substituídos por itens bons, e aí o lote é aceito. Portanto, um lote que inicialmente foi reprovado acaba sendo aceito num estado de zero itens defeituosos.

#### 11.2.2.2 Níveis de Qualidade, Risco do Produtor e Risco do Consumidor

Define-se $P_1$ como o Nível de Qualidade Aceitável (NQA) e $P_2$ como o Nível de Qualidade Inaceitável (NQI). $P_1$ e $P_2$ se referem às porcentagens de defeituosos de um lote. $P_1$ seria a porcentagem de defeituosos que se aceita no lote e para a qual se pretende que os lotes submetidos à inspeção por amostragem, que tenham essa % ou um valor inferior, tenham grande chance de ser aprovados na inspeção. Para lotes que tenham uma porcentagem de defeituosos igual ou maior que $P_2$ deseja-se que a chance de o lote ser aceito/aprovado, pelo plano de amostragem, seja a mínima possível.

Um plano de amostragem consiste na definição de um tamanho de amostra e de um critério de decisão para aceitar, ou não, um lote: **n** é o tamanho da amostra, **d** é a quantidade de defeituosos na amostra e **a** é a quantidade máxima de defeituosos aceitável na amostra para se poder aprovar o lote.

Como se trabalha com amostras, existe o risco de se tirarem conclusões erradas sobre o lote. O Quadro 11.7 apresenta um exemplo.

| Quadro 11.7 | Exemplo de níveis de qualidade, risco do produtor e risco do consumidor |
|---|---|

Imagine um lote de N = 100, o qual contém, sem se saber, 5 itens defeituosos e 95 bons.
Suponha que o Plano de Amostragem seja: n = 5 e a = 1, para $P_1$ (NQA) = 6%. Ou seja, o lote pode ser considerado bom, atendendo ao que foi especificado, pois ele contém 5% de defeituosos e o NQA, ou a% de defeituosos aceitável, é de 6%.
Entretanto, nesse caso existe o *risco* de a amostra retirada conter, por exemplo, exatamente os 5 itens defeituosos e, portanto, de se rejeitar o lote mesmo sendo bom, pois tem 5% de defeituosos e o NQA é de 6%.
Imagine agora um lote N = 100, o qual contém 95 itens defeituosos e 5 bons. Suponha o uso do mesmo plano de amostragem anterior. Portanto, trata-se de um lote "ruim", que se espera que seja rejeitado.
Entretanto, nesse caso existe o risco de a amostra conter exatamente os 5 itens bons e, portanto, de se aceitar um lote "ruim".
O produtor deseja uma proteção contra a rejeição de lotes bons, e o consumidor, ou cliente, deseja proteção contra a aceitação de lotes de má qualidade.
Para tanto se distinguem dois tipos de riscos:
Risco do produtor ($\alpha$): é a probabilidade de que um lote de boa qualidade (com $P < P_1$) seja rejeitado.
Risco do consumidor ($\beta$): é a probabilidade de que um lote de má qualidade (com $P > P_2$) seja aceito.
OBS.: P = porcentagem de defeituosos no lote.

### 11.2.2.3 CCO – Curva Característica de Operação

A porcentagem de itens defeituosos nos lotes, e nas amostras, é uma variável que segue uma distribuição Binomial. Assim, a probabilidade de aceitação de um lote para um dado plano de amostragem, com **n** e **a** definidos, é dada a seguir. Ou seja, a probabilidade de o lote ser aceito é a probabilidade de se ter na amostra um número de defeituosos menor ou igual a **a**.

$$F(a) = \text{Prob}\left(0 \leq d \leq a\right) = \sum_{d=0}^{a}(n,d)\, p^d \cdot (1-p)^{n-d}$$

A probabilidade de rejeição é: $1 - F(a) = \text{Prob}\,(d > a)$.

Define-se Função Característica de Operação como a função $L(p) = F(a)$, em que $L(p)$ é a probabilidade de aceitação de um lote em função de $p$, ou seja, em função da fração de defeituosos do lote.

A CCO é o gráfico da função $L(p)$, representado pela Figura 11.14, para um dado plano: **n** e **a**.

$$L(p) = \text{Probabilidade } (0 \leq d \leq a\,/\,p \text{ e } n)$$

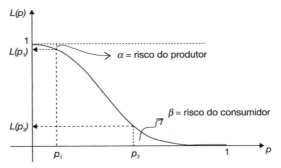

**Figura 11.14** | Gráfico da função $L(p)$, ou CCO.

Um bom plano é aquele que tem um bom poder de discriminação, ou seja, uma boa capacidade de discriminar e separar os lotes bons dos "ruins", o que é dado pela inclinação da curva CCO. A Figura 11.15 mostra como seria a CCO ideal. Ou seja, se o lote tiver uma porcentagem de defeituosos menor ou igual a $P_1$, o plano sempre aprovaria o lote. E se o lote tiver uma porcentagem de defeituosos maior que $P_1$, o lote seria sempre rejeitado. Portanto, os riscos do produtor e do consumidor/cliente seriam zero, pois nunca se erraria. À medida que se aumenta o tamanho da amostra a CCO vai ficando mais inclinada, até se chegar a esse formato de CCO ideal, em que a probabilidade de se tomarem decisões erradas sobre o lote é igual a zero, mas isso só poderia ocorrer se fosse feita uma inspeção completa e livre de erros, ou seja, quando $n = N$.

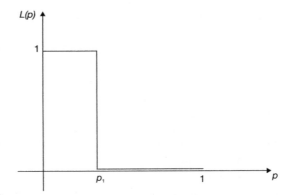

**Figura 11.15** | Gráfico da CCO ideal.

A CCO deverá passar por dois pontos, conforme pode ser observado na Figura 11.14:

$(P_1, L(P_1))$ e $(P_2, L(P_2))$, com $L(P_1) = 1 - \alpha$ e $L(P_2) = \beta$.

Tendo-se fixado previamente esses quatro valores $(P_1, P_2, L(P_1), L(P_2))$, determina-se o Plano de Amostragem (**n** e **a**) por meio das equações:

$$L(P_1) = 1 - \alpha = \sum_{d=0}^{a} (n,d)\, p_1^{\,d} \cdot (1-p_1)^{n-d}$$

$$L(P_2) = \beta = \sum_{d=0}^{a} (n,d)\, p_2^{\,d} \cdot (1-p_2)^{n-d}$$

Entretanto, procedendo-se assim não se tem controle sobre o tamanho da amostra, e pode-se chegar a um tamanho que não seja conveniente ou aceito pela empresa.

Para tanto já existem planos de amostragem tabelados, previamente calculados e avaliados, que fixam os valores de **n** e de **a** considerados mais convenientes e se fixa apenas um ponto da CCO, perdendo-se assim o controle do outro ponto da CCO. Assim, nesse caso, por exemplo, se se fixa o ponto ($P_1$, $1 - \alpha$) perde-se o controle sobre o ponto ($P_2$, $\beta$).

### 11.2.2.4 Tipos de Planos de Amostragem

Existem três tipos de planos de amostragem, conforme a quantidade de amostras que se toma: simples, duplo e múltiplo.

*Planos de amostragem simples*

A quantidade de unidades de produto inspecionada deve ser igual ao tamanho da amostra dada pelo plano. Se o número de unidades defeituosas encontradas na amostra for igual ou menor do que o número de aceitação (Ac), o lote deverá ser considerado aceito. Se o número de unidades defeituosas for igual ou maior do que o número de rejeição (Re), o lote deve ser rejeitado.

*Planos de amostragem dupla*

Nesse caso pode-se inspecionar uma primeira amostra, e, se a quantidade de defeituosos for suficientemente baixa, o lote já é aceito sem se recorrer à segunda amostra. Caso o número de defeituosos na primeira amostra seja suficientemente alto, já se rejeita o lote sem recorrer à segunda amostra. E se o número de defeituosos na primeira amostra não for nem suficientemente alto e nem suficientemente baixo, significa que ainda não há informações suficientes para se aceitar ou rejeitar o lote. Assim, é dada uma segunda chance ao lote, tomando-se uma segunda amostra. Com o resultado dessa amostra, tendo um valor único de **a** fixado, toma-se a decisão definitiva sobre a aceitação ou não do lote.

A quantidade de unidades de produto inspecionada deve ser igual ao primeiro tamanho de amostras dado pelo plano. Se o número de unidades defeituosas na primeira amostra for igual ou menor do que o primeiro número de aceitação (Ac), o lote deve ser considerado aceito. Se o número de unidades defeituosas na primeira amostra for igual ou maior do que o primeiro número de rejeição (Re), o lote será rejeitado. Se o número de unidades defeituosas encontrado na primeira amostra for maior do que o primeiro número de aceitação, porém menor do que o primeiro número de rejeição, uma segunda amostra de tamanho dado pelo plano será retirada.

As quantidades de unidades defeituosas encontradas na primeira e na segunda amostras devem ser acumuladas (somadas). Se essa quantidade acumulada for igual ou menor do que o segundo número de aceitação, o lote será aceito. Se a quantidade acumulada for igual ou maior do que o segundo número de rejeição, o lote deve ser rejeitado.

*Planos de amostragem múltipla*

Nesse caso procede-se conforme o plano de amostragem dupla, observando-se, porém, que o número de amostras sucessivas para decisão deve ser maior do que dois. Assim, é possível elaborar planos de amostragem tripla, quádrupla etc.

À medida que se passa do plano simples em direção ao múltiplo diminui-se, ao longo do tempo, a quantidade média de itens amostrados e, portanto, o custo de inspeção, porém aumenta-se a complexidade no uso do respectivo plano. Ou seja, o plano simples seria aquele no qual ao longo do tempo se espera inspecionar uma quantidade maior de itens nos lotes apresentados para inspeção; por outro lado, esse seria o plano de menor complexidade e maior rapidez na aplicação.

### 11.2.2.5 Classificação dos Planos de Amostragem

Os planos de amostragem podem ser agrupados em duas categorias, segundo o tipo de proteção que oferecem:

1) Planos que especificam os riscos do produtor e do consumidor, ou seja, os dois pontos da CCO. Esses planos podem ser obtidos por meio do conjunto de equações mencionado anteriormente.
2) Planos que especificam um ponto da CCO e impõem uma ou mais condições independentes.

O ponto da CCO poderá ser:

- NQA (ou: $P_1$, $L(P_1)$)
- NQI ou FDT – Fração Defeituosa Tolerável, ou o ponto: $(P_2, L(P_2))$
- QMRL (Qualidade Média Resultante Limite), aplicado no caso em que se adota inspeção retificadora.

As condições independentes da CCO impostas ao plano de amostragem referem-se em geral à quantidade mínima de inspeção (valor de **n** o mínimo possível) ou à substituição dos defeituosos encontrados, ou seja, ao uso de inspeção retificadora. Em ambos os casos são motivos de ordem econômica que impõem a adoção de planos com quantidade mínima de inspeção ou com inspeção retificadora.

Nessa segunda categoria os planos são classificados em quatro tipos:

### Planos classificados pelo NQA

O NQA deve ser entendido como a máxima porcentagem de defeituosos que, para fins de inspeção por amostragem, possa ser considerada satisfatória como média de um processo fornecendo diversos lotes ao longo do tempo. Supõe-se que as unidades do produto são produzidas em lotes que se repetem no tempo, e a proteção oferecida pelo NQA se refere à qualidade média dos lotes inspecionados.

### Planos classificados pelo NQI ou FDT

A FDT deve ser entendida como a pior qualidade que pode ser tolerada em um único lote, ou lote isolado. Assim, o plano oferece proteção para lotes isolados, de qualidade não inferior ao FDT.

### Planos classificados pela QMRL

Esses planos supõem inspeção retificadora para os lotes rejeitados. A QMRL não é um ponto da CCO, mas sim a qualidade média resultante (porcentagem média de defeituosos), a longo prazo, quando se aplica inspeção por amostragem, considerando-se todos os lotes aceitos e todos os lotes rejeitados após terem sido inspecionados em 100% e todas as unidades defeituosas terem sido substituídas.

Ou seja, esse plano assegura que ao longo da inspeção de diversos lotes:

$$\frac{\sum d}{\sum \text{inspecionado}} \leq QMRL$$

$\sum d$ = soma de todos os defeituosos dos lotes aceitos

$\sum$inspecionado = soma de todos os itens dos lotes inspecionados.

Na prática, no Brasil se adotam os planos já estabelecidos e que constam na norma brasileira NBR 5426, editada em 1985, adaptada da norma militar americana MIL STD 105D.

Os planos apresentados preveem três categorias de inspeção:

- **Inspeção comum:** para o caso de os diferentes lotes manterem sua qualidade média ao longo do tempo.
- **Inspeção severa:** quando a qualidade dos lotes piorar ao longo do tempo.
- **Inspeção atenuada:** para o caso em que a qualidade dos lotes melhorar.

O que diferencia esses tipos de inspeção é o tamanho da amostra e a rigidez do plano. Existem condições preestabelecidas para se mudar de uma categoria de inspeção para outra, e a inspeção comum geralmente é empregada no início do fornecimento e da relação entre um fornecedor e um cliente industrial.

Uma regra para uso é a sistemática de comutação entre as categorias, descrita a seguir.

**Comum para severa**

Quando a inspeção comum estiver sendo aplicada será necessário passar para inspeção severa se, dentre 5 lotes consecutivos, 2 tiverem sido rejeitados na inspeção original.

**Severa para comum**

Quando estiver sendo aplicada a inspeção severa, a normal deve substituí-la se 5 lotes consecutivos tiverem sido aprovados na inspeção original.

**Comum para atenuada**

Estando em aplicação a inspeção comum, a inspeção atenuada deve ser usada desde que sejam satisfeitas as seguintes condições:

- que os 10 lotes precedentes (ou mais) tenham sido submetidos à inspeção comum e nenhum tenha sido rejeitado;
- quando o número total de unidades defeituosas encontrado nas amostras dos 10 ou mais lotes precedentes, submetidos à inspeção comum e não rejeitados, for igual ou menor do que o número limite dado numa tabela de valores limites para introdução de inspeção atenuada;
- quando a produção do lote se desenvolve com estabilidade e regularidade;
- se a inspeção atenuada for considerada apropriada pelos responsáveis.

Se amostragens duplas ou múltiplas estão sendo aplicadas deve ser computado o número total de unidades defeituosas encontrado em todas as amostras, para efeito de comparação com os números previstos na tabela mencionada anteriormente.

**Atenuada para comum**

Estando em aplicação a inspeção atenuada deve-se passar para a normal se qualquer uma destas condições ocorrer:

- um lote rejeitado;
- a produção se torna irregular;
- há ocorrência de condições adversas que justifiquem a mudança para a inspeção normal.

Também são previstos três níveis de inspeção para uso geral:

Nível I: usado quando Planos de Amostragem com menor discriminação podem ser utilizados ("planos com menor poder de discriminar um lote bom de um ruim").

Nível II:  usado no início de um fornecimento de lotes.

Nível III:  usado quando forem necessários planos com maior poder de discriminação, ou seja, com maior capacidade de diferenciar os lotes conformes dos não conformes.

São previstos quatro outros níveis especiais para os casos em que amostras relativamente pequenas forem necessárias (por exemplo, no caso de ensaios destrutivos e/ou de alto custo e/ou de difícil realização) e/ou riscos grandes podem ser tolerados. Esses níveis são: S1, S2, S3, S4.

A seguir tem-se um exemplo de codificação de amostras, em função do tamanho do lote, para planos de amostragem simples, supondo inspeção comum, para aceitação. A cada letra está associado um tamanho de amostra previamente definido, em função do tamanho do lote. À medida que as letras avançam, do A em direção ao Z, aumenta-se o tamanho da amostra.

**Tabela 11.3 Exemplo de código (tamanho) das amostras em função do tamanho do lote**

| Tamanho do lote (itens ou peças) | Níveis gerais de inspeção | | | Níveis especiais de inspeção | | | |
|---|---|---|---|---|---|---|---|
| | I | II | III | S1 | S2 | S3 | S4 |
| 281 a 500 | F | H | J | B | C | D | E |
| 501 a 1200 | G | J | K | C | C | E | F |

Para exemplos de plano de amostragem simples, inspeção comum (ou normal), severa e atenuada, as tabelas disponibilizadas na Norma MIL STD 105D apresentam planos de amostragem, em função do código (letra) da amostra, previamente identificado na tabela de codificação, e em função do NQA, nível de qualidade média assegurada, com certo risco definido/tabelado, para uma média de lotes de mesmo tipo de produto, que se apresentam para inspeção por amostragem ao longo do tempo. Esse seria o caso do fornecimento de lotes em produção em série de um mesmo fornecedor para um mesmo cliente industrial.

**Tabela 11.4 Exemplo de plano de amostragem simples, inspeção comum**

| Código da amostra | Tamanho da amostra | NQA (% de não conformidades) | | | |
|---|---|---|---|---|---|
| | | 1,0% | 1,5% | | 2,5% |
| | | | Aceitação | Rejeição | |
| H | 50 | | 2 | 3 | |
| J | 80 | | 3 | 4 | |

Por exemplo: para lotes de 500 unidades de um determinado item, produzido em série, que se apresentarão rotineiramente para inspeção, adotando-se um NQA de 1,5% e supondo um nível de geral de inspeção II, para inspeção comum, o código da amostra é H. Assim, levanta-se uma amostra de 50 unidades (dentre 500 do lote), as quais são inspecionadas. Se na amostra houver 0 ou 1 ou 2 itens não conformes, aceita-se o lote, conforme Tabela 11.4. Caso a amostra contenha 3 ou mais itens não conformes, o lote é rejeitado. No caso da inspeção severa (Tabela 11.5) aceita-se no máximo 1 item não conforme na amostra de 50. E no caso da inspeção atenuada (Tabela 11.6), do lote de 500 levanta-se uma amostra de 20 unidades, se houver até 1 unidade não conforme o lote é aceito. Se houver 3 ou mais unidades

### Tabela 11.5 — Exemplo de plano de amostragem simples, inspeção severa

| Código da Amostra | Tamanho da Amostra | NQA (% de não conformidades) | | | |
|---|---|---|---|---|---|
| | | 1,0% | 1,5% | | 2,5% |
| | | | Aceitação | Rejeição | |
| H | 50 | | 1 | 2 | |
| J | 80 | | 2 | 3 | |

### Tabela 11.6 — Exemplo de plano de amostragem simples, inspeção atenuada

| Código da amostra | Tamanho da amostra | NQA (% de não conformidades) | | | |
|---|---|---|---|---|---|
| | | 1,0% | 1,5% | | 2,5% |
| | | | Aceitação | Rejeição | |
| H | 20 | | 1 | 3 | |
| J | 32 | | 1 | 4 | |

não conformes o lote é rejeitado. Se houver 2 unidades não conformes o lote é aceito, mas o próximo lote apresentado passará por inspeção comum. Ou seja, será restabelecida a inspeção comum.

#### 11.2.2.6 Observações Gerais

Na prática, nas empresas são utilizados principalmente os planos de amostragem simples e classificados pelo NQA.

É comum o uso de programas chamados *skip lot*, por meio dos quais as empresas acompanham o desempenho, lote a lote, dos fornecedores e vão, de forma dinâmica, ajustando o plano conforme muda, melhorando ou piorando, o desempenho do fornecedor. Pode-se mudar o rigor do plano aplicado, bem como se pode deixar de inspecionar alguns lotes. Nesse programa é previsto, por exemplo, que em função de um bom desempenho e consistente no tempo o fornecedor seja considerado de **qualidade assegurada**. Isso traz ao fornecedor uma série de vantagens, como, por exemplo, ser fornecedor preferencial de clientes, o que pode representar vantagem competitiva relativa nas concorrências para fornecimentos de novos itens ao mesmo cliente ou a novos clientes.

## EXERCÍCIOS PROPOSTOS

1) Amostras de 5 peças são tomadas de um processo a intervalos de tempo (ou de volume de produção) regulares. A média amostral ($\bar{X}$) e a amplitude amostral ($R$) são calculadas para cada amostra para uma característica de qualidade $X$, o diâmetro externo da peça. As somatórias de $\bar{X}$ e de $R$ para as 25 primeiras amostras são: Somatória de $\bar{X}$ = 360,30 e somatória de $R$ = 9,30. Pede-se:

   a) Calcule os limites de controle para o gráfico da média e para o da amplitude.

   b) Estime o valor do desvio padrão supondo que o processo está sob controle. Qual o significado, ou seja, qual a interpretação desse valor do desvio padrão?

   c) Assumindo que o processo está sob controle, quais são os limites naturais de tolerância do processo? Explique o significado prático desses limites.

d) Se os limites de especificação para o diâmetro externo da peça são 14,30 + ou − 0,35, quais conclusões você pode obter sobre a capacidade do processo em atender a essa especificação? Qual o valor da capacidade do processo?

e) Qual porcentagem da produção que se estima que será rejeitada, por não atender aos limites de especificação de projeto?

f) Se ocorrer um problema no processo (p. ex., por meio da atuação de uma causa especial) que faz com que a média do mesmo sofra uma alteração de 0,2 unidade para mais, qual é a probabilidade de essa ocorrência no processo ser detectada pelo gráfico de controle?

2) Os dados a seguir se referem a amostras de produtos coletados em um processo para o qual se pretende utilizar um gráfico de controle do número de defeituosos por amostra. Foram tomadas 25 amostras de tamanho $n = 5$.

Amostra: 1 2 3 4 5 6 7 8 9 10 11 12 13 14 15 16 17 18 19 20 21 22 23 24 25
Defeituosos: 1 2 5 4 3 5 2 1 1 2 4 1 3 1 2 2 1 0 3 1 1 3 2 2 1

a) Pode-se considerar que o processo está sob controle? Por quê? Explique.

b) Se o cliente aceita lotes com no máximo 1 defeituoso por amostra, o processo atual permite atender a essa exigência? Qual a porcentagem de lotes produzidos que se estima que será aceita pelo cliente? Explique o significado desse valor na prática.

3) Indique e comente as condições básicas necessárias para se usar gráficos de pré-controle. Como são calculados os limites do gráfico de pré-controle? Dê um exemplo (desenhe no papel ou em um computador) de um gráfico de pré-controle e explique o seu funcionamento considerando as duas fases: de preparação inicial da produção e de produção rotineira do produto.

4) Da variação total de um processo, uma parcela se deve à variação aleatória (que é explicada pela presença de causas comuns no processo) e outra parcela se deve à variação controlável (que é explicada pela presença de causas especiais no processo). Explique o que você entende por variabilidade de um processo. Dê exemplos. O que são causas comuns e causas especiais, e qual a diferença básica entre elas? Dê exemplos de cada tipo de causa nos seguintes processos: transformação mecânica de uma peça; montagem de um equipamento; atendimento a cliente em um banco.

5) Explique a finalidade dos gráficos de controle de processo. Se durante *a fase de construção do gráfico*, ou de definição dos limites de um gráfico de controle, cair um ponto fora dos limites de controle, como isso deve ser interpretado? Qual a providência a ser tomada?

6) E se ocorrer um ponto fora durante *a fase de controle do processo*, como isso deve ser interpretado? Qual providência a ser tomada?

7) Sobre Planos de Amostragem:

a) Em que consiste a ferramenta "planos de amostragem", e qual sua finalidade?

b) Em quais situações ou casos, em uma cadeia de produção e suprimentos, se aplicam os planos de amostragem?

c) Imagine um plano de amostragem simples para um lote de 2000 unidades de produto e com amostra de tamanho 50. Defina, de sua imaginação, mas de modo coerente, todos os demais parâmetros necessários associados a esse plano de amostragem e explique o significado de cada um desses parâmetros e o funcionamento do plano.

d) Nesse caso, explique o significado do risco do consumidor e do risco do produtor (a partir do exemplo que você apresentou em (c)). Indique como esses riscos poderiam ser calculados, por meio das equações de probabilidade necessárias para esse cálculo.

## BIBLIOGRAFIA

JURAN, J. M.; GRYNA, F. M. Métodos estatísticos clássicos aplicados à qualidade (v. vi). In: JURAN, J. M.; GRYNA, F. M. *Controle da qualidade:* Handbook. São Paulo: Makron Books, 1993.

KUME, H. *Statistical methods for quality improvement.* Tokyo: AOTS, 1989.

LOURENÇO FILHO, R. C. B. *Controle estatístico de qualidade.* Rio de Janeiro: LTC, 1984.

MONTGOMERY, D. C. *Introdução ao controle estatístico da qualidade.* 4. ed. Rio de Janeiro: LTC, 2004.

# 12

# Análise de Modos e Efeitos de Falhas (FMEA)

## 12.1 INTRODUÇÃO

O método de Análise de Modos e Efeitos de Falhas, conhecido como FMEA (do inglês *Failure Mode and Effect Analysis*), é um método que busca, em princípio, evitar, por meio da análise das falhas potenciais e de propostas de ações de melhoria, que ocorram falhas no produto decorrentes do projeto do produto ou do seu processo de manufatura.

Esse é o objetivo básico do FMEA e, portanto, pode-se dizer que se está, com sua utilização, buscando diminuir as chances de o produto ou processo falhar durante sua operação ou uso, ou seja, busca-se aumentar a **confiabilidade do produto**, que é a probabilidade de o produto desempenhar sua função especificada, durante certo intervalo de tempo e sob determinadas condições de uso. Uma forma prática, e mais rápida, de se medir a confiabilidade de um produto é pelo complementar da probabilidade de funcionar, particularmente por meio da sua taxa de falhas.

Essa dimensão da qualidade dos produtos, a **confiabilidade**, tem se tornado cada vez mais importante para os consumidores, pois a falha de um produto, mesmo que prontamente reparada pelo serviço de assistência técnica e totalmente coberta por termos de garantia, causa, no mínimo, uma insatisfação ao consumidor ao privá-lo do uso do produto por determinado período de tempo. Além disso, cada vez mais são lançados novos produtos no mercado em que determinados tipos de falhas podem ter consequências drásticas para o consumidor, tais como aviões e equipamentos médico-hospitalares, nos quais o mau funcionamento pode significar até mesmo um risco de vida para o usuário.

Apesar de ter sido desenvolvido originalmente com um enfoque durante o projeto de novos produtos e processos, o FMEA, por sua grande utilidade, passou a ser aplicado de diversas maneiras. Assim, atualmente o método também é utilizado para reduzir as falhas de produtos e processos já existentes e reduzir a probabilidade de falhas em processos administrativos e de serviços. Tem sido empregado também, com as devidas adaptações, em aplicações específicas, tais como análises de fontes de risco em engenharia de segurança e de fontes de contaminação na indústria e nas cadeias de distribuição de alimentos. Esse último é o caso, por exemplo, dos sistemas chamados APPCC – Análise de Perigos e Pontos Críticos de Controle.

Assim, uma definição básica de FMEA é:

Análise FMEA (*Failure Mode and Effect Analysis*) é um método que objetiva avaliar e minimizar riscos por meio da análise das possíveis falhas (determinação das causas, dos efeitos e dos riscos de cada tipo de falha) e do planejamento e da implantação de ações de melhoria para aumentar a confiabilidade do produto.

Após o início de sua aplicação, o FMEA deve se transformar num documento vivo que deverá ser atualizado e revisto sempre que necessário, uma vez que, ao longo do tempo, mudam os critérios de percepção e avaliação da qualidade pelos clientes, mudam os fornecedores de componentes e insumos, mudam as aplicações e usos do produto e aprende-se, por meio de dados da área de Assistência Técnica, sobre novas falhas que anteriormente não eram conhecidas e previstas. Isso confere a este método um grande dinamismo e utilidade nas mais diversas áreas de negócios.

Atualmente, por exemplo, a análise FMEA faz parte da lista de métodos e documentos exigidos pela norma ISO/TS 16949, sobre sistemas de gestão da qualidade em empresas do setor automotivo: a norma TS 16949 especifica o FMEA como uma das práticas e documentos necessários para um fornecedor submeter uma peça ou produto à aprovação da montadora. Esse é um dos principais motivos da ampla divulgação e difusão desse método, tendo em vista a visibilidade e o poder de difusão dos novos conhecimentos e métodos adotados pela indústria automotiva. Deve-se, no entanto, implantar o FMEA nas empresas dos mais diversos setores industriais, visando aos seus resultados (melhoria da confiabilidade) e à aprendizagem obtida pelos grupos de aplicação, e não simplesmente para atender de forma burocrática a uma exigência da montadora ou de outro tipo de cliente.

O FMEA foi desenvolvido no meio militar americano no final da década de 1940. O procedimento original, MIL-P-1629, intitulado "Procedimentos de Segurança, Análise de Modos de Falha, Efeitos e sua Criticidade", de foi usado como meio para uma avaliação técnica de segurança para determinar as falhas e defeitos dos sistemas, equipamentos, subsistemas e componentes. Por esse procedimento as falhas eram classificadas de acordo com o seu impacto no sucesso da missão e na segurança do pessoal e do equipamento. Na década de 1960, a NASA passou a utilizar o FMEA juntamente com as demais indústrias aeroespaciais durante o programa APOLLO.

Na década de 1970 a indústria automotiva passou a utilizar esse método, com bons resultados. Para garantir a qualidade de seus produtos a indústria automotiva desenvolveu normas para seus fornecedores, como, por exemplo, os procedimentos Chrysler's Supplier Quality Assurance Manual, Ford's Q-101 Quality System Standards e General Motors' NAO Target for Excellence. A existência de inúmeras normas gerava, para os fornecedores, esforços desnecessários para atender a todos esses requisitos, dadas algumas diferenças específicas. Por exemplo, muitas vezes duas normas exigiam praticamente o mesmo documento, porém com diferente formatação. Em outros casos algumas empresas exigiam procedimentos extremamente burocráticos, enquanto outras já utilizavam soluções mais eficientes e ágeis.

Em 1988, durante a conferência da Divisão Automotiva da ASQC (American Society for Quality Control), atualmente ASQ, foi criada uma equipe de trabalho para discutir as preocupações dos fornecedores com relação à duplicação de esforços e de documentação necessária para satisfazer às exigências das três maiores companhias automotivas norte-americanas. Esse grupo trabalhou na harmonização dos procedimentos de qualidade das companhias Chrysler, Ford e GM e desenvolveu a norma QS-9000 como uma interpretação e adequação da ISO-9000 para o setor automotivo.

A QS 9000 evoluiu para a ISO TS-16949, que é uma especificação técnica que combina e une os atuais, modernos e principais requisitos mundiais da indústria automotiva, possibilitando uma padronização mundial para o modelo de sistemas e ferramentas da qualidade no setor.

## 12.2 TIPOS E APLICAÇÕES DE FMEA

Para compreender o FMEA devem-se entender duas definições básicas:

- **Falha:** representa a falta de capacidade de um item em atender a sua função (funcionar). Perde a função principal (ou função secundária ou de estima).
- **Defeito:** causa um grau elevado de insatisfação, pois se refere a uma não conformidade do produto em relação aos requisitos do cliente; normalmente está associado a um problema (ou deficiência) no projeto do produto.

Esse método pode ser aplicado tanto no desenvolvimento do projeto do produto, e do projeto do processo como durante a manufatura. As etapas e a maneira de realização das análises são as mesmas, em todos os tipos de aplicação, diferenciando-se somente quanto ao objetivo, ao foco e ao escopo da análise. Assim, as análises FMEA são classificadas em dois tipos:

- **FMEA de produto ou de projeto:** na qual são consideradas as falhas que poderão ocorrer num produto, quando o mesmo está dentro das especificações do projeto. O objetivo dessa análise é evitar falhas no produto ou no processo decorrentes ou originadas no projeto do produto. É comumente denominada FMEA de projeto.
- **FMEA de processo:** são consideradas as falhas que o produto pode apresentar, originadas no planejamento e/ou na execução do processo, ou seja, o objetivo desta análise é evitar falhas do processo, tendo como base as não-conformidades do produto com as especificações do projeto.

Há ainda um terceiro tipo, menos comum, que é o FMEA de procedimentos administrativos. Nela analisam-se as falhas potenciais de cada etapa do processo (administrativo ou de serviço) com o mesmo objetivo das análises anteriores, ou seja, diminuir os riscos de falhas.

Pode-se aplicar a análise FMEA nas seguintes situações:

- para diminuir a probabilidade da ocorrência de falhas em projetos de novos *produtos ou processos*;
- para diminuir a probabilidade de falhas potenciais, ou seja, que ainda não tenham ocorrido em produtos ou processos já *em operação*;
- para aumentar a confiabilidade de produtos ou processos já *em operação*, por meio da análise das falhas que já ocorreram;
- para diminuir os riscos de erros e melhorar a qualidade em procedimentos administrativos.

## 12.3 FUNCIONAMENTO BÁSICO E FORMULÁRIOS PARA O FMEA

A base para a aplicação desse método é o formulário FMEA (ver Figura 12.1). As definições de cada termo são apresentadas na Figura 12.2.

### Funcionamento Básico

O princípio do método é o mesmo, independentemente do tipo de FMEA e da aplicação, ou seja, se é **FMEA de produto**, de **processo** ou de **procedimento** e se é aplicado para produtos e processos **novos** ou para produtos e processos já **em operação**. A análise consiste basicamente na formação de um grupo de pessoas, com conhecimentos complementares sobre o produto, o processo, aplicações do produto, manufatura, assistência técnica etc.,

**Análise de Modos e Efeitos de Falhas**

Código da peça:
Nome da peça:
Data:
Folha: Nº ________ de ________

❑ FMEA de Processo
❑ FMEA de Produto

| Descrição do produto ou processo | Função (ões) do produto ou processo | Tipo de falha potencial | Efeito de falha potencial | Causa da falha em potencial | Controles Atuais (detecção e prevenção) | Índices atuais | | | | Ações de melhoria | | | | | | |
|---|---|---|---|---|---|---|---|---|---|---|---|---|---|---|---|---|
| | | | | | | S | O | D | R | Ações recomendadas | Responsável e prazo | Ações implantadas | Índices após a melhoria | | | |
| | | | | | | | | | | | | | S | O | D | R |
| | | | | | | | | | | | | | | | | |

Figura 12.1 | Formulário FMEA genérico (S = Severidade, O = Ocorrência, D = Detecção, R = Riscos).

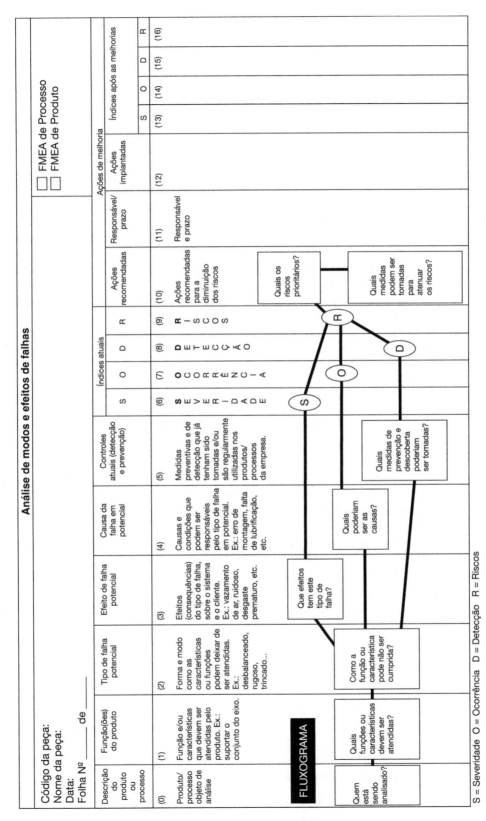

Figura 12.2 | Formulário FMEA (S = Severidade, O = Ocorrência, D = Detecção, R = Riscos).

que identificam para o produto ou processo em questão suas funções, os tipos de falhas que podem ocorrer, os efeitos e as possíveis causas dessas falhas. Em seguida são estimados e avaliados os riscos de cada causa de falha por meio de índices, e com base nessa avaliação são planejadas e implementadas as ações necessárias para diminuir esses riscos, aumentando a confiabilidade do produto.

A Figura 12.2 ilustra o funcionamento da análise FMEA. Ela consiste, na prática, em uma representação da discussão e no preenchimento de um formulário FMEA. Na figura pode-se observar a definição do conteúdo de cada coluna. Na parte inferior da figura há um fluxograma que mostra a sequência de preenchimento do formulário, baseada em perguntas que devem ser formuladas, discutidas e respondidas pelo grupo multidisciplinar em cada etapa. A discussão realizada pelo grupo segue a ordem do fluxograma, ou seja, o grupo segue respondendo cada uma dessas perguntas e preenche as colunas do formulário com as respostas encontradas por meio de consenso sobre o conhecimento técnico multidisciplinar existente. Deve-se ter em mente que a análise FMEA é muito mais do que apenas preencher um formulário: seu verdadeiro valor está na discussão, na reflexão e na aprendizagem dos membros do grupo em relação às falhas potenciais do produto ou processo e às ações de melhoria propostas pelo grupo.

Para aplicar a análise FMEA em um determinado produto/processo, portanto, forma-se um grupo de trabalho que irá definir a função ou característica daquele produto ou processo, relacionar todos os tipos de falhas potenciais que possam ocorrer, descrever, para cada tipo de falha, suas possíveis causas e efeitos, relacionar as ações existentes na empresa que permitem a prevenção e/ou a detecção das falhas que estão sendo ou já foram tomadas, e, para cada causa de falha, atribuir índices para avaliar os riscos e, por meio desses riscos, discutir prioridades e ações de melhoria. Esses índices dizem respeito à *Gravidade* ou *Severidade* da falha, à chance de *Ocorrência* da falha (por meio da manifestação de sua causa) e às *Ações de Prevenção e/ou de Detecção* existentes na empresa.

Portanto, deve-se iniciar com os Efeitos Potenciais de Falha, que são a descrição das consequências do modo de falha, isto é, o que o cliente sofre quando ocorre o modo de falha definido no elemento anterior.

Sempre que possível, a descrição dos efeitos resultantes de um modo de falha deve refletir a experiência dos clientes através dos sentidos. Isso minimizará o risco de se subestimar a severidade do efeito. Deve-se lembrar de que o cliente pode ser um cliente interno ou o cliente final (externo).

Essas experiências podem vir das áreas de Marketing ou da Assistência Técnica, e talvez possam ser encontradas nos bancos de dados históricos de projetos semelhantes já desenvolvidas pela empresa.

Geralmente os modos de falha apresentam uma cadeia de causas e efeitos. Todos os efeitos devem ser escritos de forma sequencial, desde a ocorrência da falha até o efeito final mais grave.

Para o Modo de Falha deve-se atentar ao que pode acontecer de errado, como:

- Função Não Realizada
- Função Parcial
- Função Intermitente
- Função Degradada
- Função Exagerada

Se a função de um dispositivo mecânico é manter a porta de um automóvel fechada, ele pode assumir os seguintes Modos de Falha:

- Não mantém a porta travada

- Com o tempo deixa de manter a porta travada
- Mantém a porta travada intermitentemente

Existem dois tipos de abordagem para o Modo de Falha: a funcional, como apresentada neste exemplo, e a física, em que os Modos de Falhas são expressos em termos físicos como, por exemplo: fraturado, corroído, quebrado, oxidado etc.

Diante disso atenta-se para os Efeitos, organizando-os de acordo com:

- Pequena Insatisfação do Cliente
- Insatisfação Significativa do Cliente
- Não Atendimento de Regulamentações governamentais e/ou segurança

Os efeitos são classificados através da tabela de Severidade. Prevalecerá a classificação maior entre todos os Efeitos resultantes de um Modo de Falha. A Severidade é normalmente medida em uma escala de 1 a 10. O número 1 indica que o efeito não é sério aos olhos do cliente ou que o cliente talvez nem perceba o efeito, e o número 10 reflete os piores efeitos e consequências resultantes do modo de falha.

As definições correspondentes aos números na escala de Severidade que aparecem na Figura 12.4 servem como um guia para o desenvolvimento de uma escala específica para cada empresa. Uma redução do índice de Severidade ocorre somente com a revisão do projeto.

As Causas Potenciais da Falha são as deficiências do projeto que podem resultar no modo de falha em questão e devem ser listadas de forma a permitir ações preventivas para cada uma delas.

Devem-se buscar e identificar todas as causas, independentemente da origem, que contribuem para o modo de falha. A origem das causas pode ser:

- O projeto
- O fornecedor
- O processo
- O cliente
- O ambiente
- Qualquer etapa entre o projeto e o uso pelo cliente

Um mesmo modo de falha poderá ter causas distintas. Assim, temos que considerar algumas suposições:

1) Assumir que a peça será fabricada e/ou montada conforme especificações de Engenharia.
2) Assumir que o projeto da peça pode incluir uma deficiência que causa uma variação/dificuldade inaceitável no processo de fabricação ou de montagem.

Assim, busca-se a Causa Raiz, que é a causa básica de um Modo de Falha; por outro lado, pode haver causas de primeiro grau, que são aquelas analisadas imediatamente após a falha ser notada. Devemos determinar a Causa Raiz de uma falha quando uma das seguintes condições for verdadeira:

1) A classificação de Severidade for 9 ou 10.
2) A classificação da Severidade vezes a de Ocorrência for a maior desse estudo de FMEA.
3) A classificação do Risco for a maior desse FMEA.

Se for possível eliminar o Modo de Falha, então não é necessário chegar até a Causa Raiz.

Vamos admitir que o conjunto ou sistema falhou (Modo de Falha – abordagem funcional) e notamos que um componente do conjunto estava quebrado (Modo de Falha – abordagem física). A causa de primeiro grau pode ser a má especificação do material do componente, e a Causa Raiz pode ser a falta de atualização de documentos correspondentes à especificação do material em questão (Controle de Documentos).

Para facilitar a estimativa da Ocorrência podem ser feitas as seguintes perguntas:

- O componente é novo ou semelhante a outro existente?
- Qual a experiência com componentes ou sistemas similares?
- Quão significativas são as modificações feitas?
- O componente é completamente diferente dos já existentes e conhecidos?
- Quais são as modificações já feitas em componentes similares?
- Qual é o histórico de peças semelhantes em campo?

A Ocorrência é estimada através de uma escala de 1 a 10. O número 1 indica uma chance remota de o modo de falha ocorrer, e o número 10 reflete a ocorrência certa do modo de falha. Vários são os critérios de medição utilizados para definir a escala de ocorrência. As definições que aparecem na Figura 12.4 guiam o desenvolvimento de uma escala específica a cada organização.

Uma redução no índice de Ocorrência ocorre somente quando uma ou mais das causas do modo de falha são removidas ou controladas.

Para a prevenção e detecção de cada modo de falha utilizam-se controles ao longo do processo, nesse caso o processo de desenvolvimento de produto. Esses controles são estrategicamente posicionados no processo de desenvolvimento do projeto do produto a fim de detectar possíveis problemas que foram previstos pela equipe e impedir que eles evoluam para as fases subsequentes.

Existem dois tipos de controles do projeto a serem considerados:

- **Prevenção:** previne a ocorrência da causa ou do modo de falha, ou reduz a frequência de ocorrência.
- **Detecção:** detecta a causa ou o modo de falha por métodos analíticos ou físicos.

Obter informações e conhecimentos sobre os tipos de controles atualmente utilizados dentro da organização ajuda no preenchimento desse parâmetro no formulário FMEA. Alguns exemplos de controles de projeto (métodos ou testes) são:

- Testes de rodagem
- Revisões do projeto
- Estudos matemáticos (por exemplo: Elementos Finitos)
- Testes de laboratório
- Simulações
- Testes em protótipo etc.

As inspeções, que fazem parte do processo de manufatura, não são aceitas como Controles de Projeto, pois estes são aplicáveis depois de a peça ser liberada para a produção.

É necessário identificar os controles de projeto para aquelas combinações de Modo de Falhas e Causas que obtiveram as maiores classificações de Severidade e Ocorrência.

Os Controles Atuais também são classificados através de tabelas que orientam a pontuação do grau de Detecção (ver Figura 12.4). Quando há mais de um Controle para uma mesma Causa ou Modo de Falha prevalece o mais eficiente, ou seja, o de menor classificação de Detecção.

A Detecção é entendida com uma estimativa da "probabilidade" de se detectar o modo de falha ou a causa, no ponto previsto e com a precisão e exatidão necessárias, com base nas formas de controle previstas.

Algumas perguntas ajudam na estimativa dos valores da pontuação sobre o grau de Detecção:

- A verificação do modo de falha ou causa é barata?
- O modo de falha ou causa é óbvio?
- A verificação do modo de falha ou causa é fácil?
- A verificação do modo de falha ou causa é conveniente?

A detecção é estimada através de uma escala de 1 a 10. O número 1 sugere que esse modo de falha ou suas causas certamente serão detectados antes de os produtos chegarem ao cliente ou à operação seguinte, e o número 10 sugere que a forma mais provável de a organização tomar conhecimento do problema ocorre somente a partir da reclamação do cliente.

A escala para estimar o índice de Detecção, que consta na Figura 12.4, serve como um guia e deve ser ajustada a cada situação e tipo de negócio ou produto, a fim de se adequar a cada organização. Para alcançar um índice de detecção menor, o planejamento do controle e revisões do projeto tem de ser melhorado.

Com base nessas informações e suas respectivas correlações quantitativas, apuradas com apoio das tabelas de Severidade, Ocorrência e Detecção, pode-se calcular o nível de Risco:

**Nível de Risco = Nível de Severidade × Nível de Ocorrência × Nível de Detecção do modo de falha ou causa.**

Dentro do escopo do FMEA, esse valor ficará entre 1 e 1000 e poderá ser usado para priorizar, para melhoria, as deficiências do projeto e as ações de melhoria a serem desenvolvidas.

O próximo passo é determinar as ações que devem ser tomadas para eliminar o que pode dar errado. Essas ações são recomendadas para prevenir os problemas potenciais, reduzir a severidade ou a consequência (efeito) e aumentar a probabilidade de detecção desses problemas.

O objetivo primário das ações recomendadas é reduzir os riscos e aumentar a satisfação do cliente por meio do aperfeiçoamento do projeto. A prioridade é a eliminação do Modo de Falha.

As ações de melhoria devem ser primeiramente direcionadas aos casos de altas Severidades (9 ou 10), mesmo sendo o Nível de Risco de prioridade menor, pois nesses casos o efeito do modo de falha pode colocar o usuário final em perigo, com consequências drásticas para a imagem da empresa e de sua marca. Esse é o caso, por exemplo, dos itens e produtos sujeitos a rigorosas regulamentações governamentais e de segurança.

Todas as ações recomendadas devem ser implementadas e adequadamente acompanhadas. Deve-se atribuir adequadamente a responsabilidade à pessoa, equipe ou organização que executará a ação recomendada, no elemento anterior, dentro do prazo estabelecido pela equipe do projeto. Devem-se também registrar os resultados das ações realizadas, com a data de sua efetivação e os novos índices resultantes (Severidade, Ocorrência, Detecção e Nível de Risco).

## 12.4 IMPORTÂNCIA DO FMEA

A aplicação do FMEA é importante porque pode proporcionar para a empresa:

- uma forma sistemática de catalogar informações sobre as falhas dos produtos e processos;

- aumento do conhecimento sobre os problemas nos produtos e processos;
- discussão e planejamento de ações de melhoria no projeto do produto, ou no processo, baseados em fatos e dados e devidamente monitorados, o que contribui para a melhoria contínua;
- redução de custos, por meio da prevenção da ocorrência de falhas;
- o benefício de incorporar, dentro da organização, a atitude de prevenção de falhas, a atitude de cooperação multidisciplinar e de trabalho em equipe, com a preocupação e o foco na satisfação dos clientes.

## 12.5 ETAPAS PARA APLICAÇÃO DO FMEA

### i) Planejamento

Esta fase pode ser conduzida pelo responsável pela aplicação do método, e compreende atividades como:

- **descrição dos objetivos e abrangência da análise FMEA:** em que se identificam qual(ais) produto(s) e ou processo(s) será(ão) analisado(s).
- **formação dos grupos de trabalho:** em que se definem os integrantes do grupo, que deve ser preferencialmente pequeno (entre 4 e 6 pessoas) e multidisciplinar (contando com pessoas de diversas áreas, tais como qualidade, desenvolvimento de produto, manufatura, assistência técnica e manutenção).
- **planejamento das reuniões:** as reuniões devem ser agendadas com antecedência e com o consentimento de todos os participantes para evitar paralisações que geram conflitos, além de se providenciar as informações e documentos necessários para o bom andamento da reunião.
- **preparação da documentação:** a Figura 12.3 apresenta um exemplo de lista de documentação conveniente para um grupo de análise de FMEA.

| FMEA de produto | FMEA de processo |
|---|---|
| • Lista de peças | • Lista de peças |
| • Desenhos | • FMEA de produto da peça |
| • Resultados de ensaios | • Desenhos de fabricação |
| • FMEAs de produtos similares | • Planos de inspeção |
| • FMEAs já realizadas para o produto | • Estatísticas de falhas do produto |
| • Estatísticas de falhas do produto | • Estatísticas de falhas do processo |
|  | • Estudos de capacidade da máquina e do processo |

**Figura 12.3** | Exemplos de documentos necessários para análise FMEA.

### ii) Análise de Falhas em Potencial

Essa fase é realizada pelo grupo de trabalho que discute e preenche o formulário FMEA, definindo:

- função(ões) e característica(s) do produto ou processo (coluna 1 na Figura 12.2);
- tipo(s) de falha(s) potencial(is) para cada função (coluna 2);
- efeito(s) do tipo de falha (coluna 3);

- causa(s) possível(eis) da falha (coluna 4);
- controles atuais (coluna 5).

### iii) Avaliação dos Riscos

Nessa fase são definidos, pelo grupo, os índices de Severidade (S, ou Gravidade), Ocorrência (O) e Detecção (D) para cada causa de falha, de acordo com critérios previamente definidos. Um exemplo genérico de critérios que podem ser utilizados é apresentado na Figura 12.4, mas o ideal é que a empresa tenha os seus próprios critérios adaptados à sua realidade específica. Em seguida são calculados os coeficientes de prioridade de risco (R) por meio da multiplicação dos outros três índices.

Duas observações importantes:

- Quando o grupo estiver avaliando e discutindo um determinado índice os demais não podem ser levados em conta, ou seja, a avaliação de cada índice deve ser independente. Os índices (S, O, D) devem ser tratados como variáveis independentes. Por exemplo, se estamos avaliando o índice de Severidade de uma determinada causa de falha cujo efeito é significativo ou crítico para o usuário/cliente não se pode atribuir um valor mais baixo a esse índice somente porque a probabilidade de Detecção é considerada alta, ou seja, porque se considera que aquela falha é de fácil detecção com os mecanismos de controle existentes na empresa. Nesse caso, o comportamento viciado de reduzir o valor de S em função de um valor de D poderia levar a subestimar o verdadeiro valor do Risco.
- No caso de análise FMEA de processo podem-se utilizar as informações sobre os índices de capacidade da máquina ou do processo, por exemplo, os índices Cpk, para se estimar o índice de Ocorrência.

### iv) Melhorias

Nessa fase o grupo, utilizando os conhecimentos acumulados nas pessoas e existentes na empresa, a criatividade e outras técnicas, como *brainstorming*, lista todas as ações que podem ser realizadas para diminuir os riscos. Essas ações podem ser de:

- prevenção total ao tipo de falha;
- prevenção total de uma causa de falha;
- ações que dificultam a ocorrência ou manifestação das falhas;
- ações que limitem o efeito do tipo de falha;
- ações que aumentam a probabilidade de detecção do tipo ou da causa de falha.

Essas ações propostas são analisadas quanto a sua viabilidade técnica e econômico-financeira, sendo então definidas as que serão implantadas. Uma forma de se fazer o acompanhamento e o controle da implementação e dos resultados dessas ações é pelo próprio formulário FMEA, por meio das colunas onde ficam registradas as ações recomendadas pelo grupo, o nome do responsável e o prazo para as atividades, bem como as ações que foram efetivamente implementadas, bem como pela nova avaliação e cálculo dos índices e riscos, após a efetivação das ações de melhoria.

### v) Continuidade da Análise FMEA

O formulário FMEA deve ser visto como um documento "vivo", ou seja, uma vez realizada uma análise para um produto ou processo esta deve ser revisada sempre que ocorrerem

## SEVERIDADE

| Índice | Severidade | Critério |
|---|---|---|
| 1 | Mínima | O cliente mal percebe que a falha ocorreu |
| 2<br>3 | Pequena | Ligeira deterioração no desempenho com leve descontentamento do cliente |
| 4<br>5<br>6 | Moderada | Deterioração significativa no desempenho de um sistema, com descontentamento do cliente |
| 7<br>8 | Alta | Sistema deixa de funcionar, com grande descontentamento do cliente |
| 9<br>10 | Muito Alta | Idem ao anterior, porém afeta a segurança e apresenta risco de vida |

## OCORRÊNCIA

| Índice | Ocorrência | Proporção | Cpk |
|---|---|---|---|
| 1 | Remota | 1:1.000.000 | $Cpk > 1,67$ |
| 2<br>3 | Pequena | 1:20.000<br>1:4.000 | $Cpk > 1,00$ |
| 4<br>5<br>6 | Moderada | 1:1.000<br>1:400<br>1:80 | $Cpk < 1,00$ |
| 7<br>8 | Alta | 1:40<br>1:20 | |
| 9<br>10 | Muito Alta | 1:8<br>1:2 | |

## DETECÇÃO

| Índice | Detecção | Critério |
|---|---|---|
| 1<br>2 | Muito Grande | Certamente será detectado |
| 3<br>4 | Grande | Grande probabilidade de ser detectado |
| 5<br>6 | Moderada | Provavelmente será detectado |
| 7<br>8 | Pequena | Provavelmente não será detectado |
| 9<br>10 | Muito Pequena | Certamente não será detectado |

**Figura 12.4** | Exemplo genérico de critérios para se atribuir os índices de Severidade, Ocorrência e Detecção.

alterações nesse produto ou processo específico. Além disso, mesmo que não haja alterações deve-se regularmente revisar a análise confrontando as falhas potenciais consideradas e previstas pelo grupo com as que realmente vêm ocorrendo no dia a dia do processo e com o uso do produto em campo, de forma a permitir a incorporação de falhas não previstas, bem como a reavaliação, com base em dados objetivos, das falhas já previstas pelo grupo.

A prevenção é um dos benefícios do FMEA, e um dos pontos mais importantes para o sucesso na implantação de um programa de FMEA é realizá-la no momento adequado. Isso significa "agir antes de o evento acontecer" e não como um exercício "pós-fato". Para colher os resultados positivos da ferramenta o FMEA deve ser desenvolvido antes que o Modo de Falha, de projeto ou de processo, seja incorporado ao produto. Um FMEA desenvolvido no momento apropriado fará com que os gastos com mudanças no produto e no processo sejam bem menores e as modificações necessárias, no projeto do produto ou no processo, sejam identificadas o mais cedo possível e sejam mais fáceis de ser implementadas. Um FMEA pode reduzir ou eliminar a chance de implementação de uma modificação corretiva (por exemplo, um *recall* de produto), que poderia criar até uma situação mais grave e de maior custo para a empresa. Aplicado corretamente este deve ser um processo interativo sem fim, gerando a melhoria contínua do produto, particularmente numa dimensão crítica da qualidade: a confiabilidade.

É importante que a equipe determine um escopo apropriado para o FMEA. Se for muito abrangente, o FMEA pode acabar confundindo os envolvidos ou consumir muito tempo para compreensão, definição e consenso sobre o foco de atuação. A falta de um escopo é um dos principais inibidores do sucesso da equipe. O escopo deve ser estruturado graficamente, testando a inclusão ou exclusão dos itens em consideração. Também é importante identificar os principais elementos do sistema (produto) de forma lógica e organizada, a fim de conectar as informações apropriadamente, com setas, indicando como os elementos interagem e onde ocorrem as interfaces.

## QUESTÕES PARA DISCUSSÃO

1) O que é FMEA? Qual o objetivo principal desse método/ferramenta?
2) Quais os dois tipos principais de FMEA? Explique cada um deles.
3) Explique os conceitos de Severidade, Ocorrência e Detecção na análise FMEA.
4) Como é estimado o valor do Risco de uma Falha?
5) Dê exemplos de práticas para controle de falhas na fase de projeto de um novo produto.
6) Dê exemplos de práticas de controle para detectar falhas no produto durante o processo de manufatura.
7) Discuta sobre potencial de aplicação da análise FMEA em organizações de serviços tais como hospitais, seguradoras, bancos etc.

## BIBLIOGRAFIA

BERGAMO FILHO, V. *Confiabilidade básica e prática*. São Paulo: Editora Edgard Blücher, 1997.

HELMAN, H.; ANDERY, P. R. P. *Análise de falhas* - aplicação dos métodos FMEA e FTA. Belo Horizonte: Fundação Christiano Ottoni, 1995.

INSTITUTO DA QUALIDADE AUTOMOTIVA. *Análise de Modo e Efeitos de Falha Potencial FMEA*: Manual de Referência. 3. ed. São Paulo: IQA, 2006.

INSTITUTO DA QUALIDADE AUTOMOTIVA. *Processo de Aprovação de Peça de Produção PPAP*: Manual de Referência. 4. ed. São Paulo: IQA, 2006.

NOGUEIRA, M. A. *FMEA*: implantação e resultados na manutenção preventiva em máquinas de abatedouro de frango. Dissertação de Mestrado. Engenharia de Produção – Universidade Federal de São Carlos, 155p., 1998.

PALADY, P. *FMEA - Análise dos modos de falha e efeitos:* prevendo e prevenindo problemas antes que ocorram. 3. ed. São Paulo: Instituto IMAM, 2004.

TOLEDO, J. C.; NOGUEIRA, M. A. Uma abordagem para o uso do FMEA. *Revista Banas Qualidade.* São Paulo, novembro, p. 62-66, 1999.

# Programa Seis Sigma

Este capítulo contextualiza o Programa Seis Sigma em termos do seu surgimento; destacando as perspectivas pelas quais ele pode ser definido, os principais indicadores de desempenho que o compõe, sua estrutura de treinamento e capacitação e características de projetos Seis Sigma. O capítulo apresenta o programa Seis Sigma como composto por sua gestão e pelos projetos Seis Sigma, que, por sua vez, possuem equipes de projetos que se utilizam do método DMAIC para conduzir tais projetos Seis Sigma.

## 13.1 HISTÓRICO

O Seis Sigma surgiu na Motorola na década de 1980 e teve seu desenvolvimento atribuído ao engenheiro da área de confiabilidade Bill Smith, que procurou minimizar os efeitos da elevada complexidade dos processos produtivos nos resultados desses processos em termos de produtos defeituosos. Sua estratégia foi procurar aumentar de forma expressiva o nível da qualidade interna das várias etapas dos processos produtivos, para que ao final a qualidade dos produtos também fosse melhorada. O *Chief Executive Officer* (CEO) da Motorola daquela época, Robert Galvin, foi convencido pela proposta de Bill Smith e forneceu seu comprometimento para que a estratégia fosse difundida corporativamente com a denominação Seis Sigma.

A partir da década de 1980, diversas outras organizações, como General Electric,[1] Honeywell, Texas Instruments, entre outras, começaram a atribuir ao Seis Sigma ganhos financeiros anuais da ordem de milhões de dólares. Esse é um dos fatores principais para a elevada difusão do Seis Sigma na prática das organizações.

O Seis Sigma tem passado por constantes modificações desde sua concepção na década de 1980 até os dias atuais. Ele evoluiu de uma simples meta de desempenho de processos que produzam apenas 3,4 defeitos por milhão de oportunidades de defeitos, ou de produtos, para uma abordagem estratégica com foco no cliente que procura atingir a melhoria contínua dos processos por meio do alinhamento destes com os requisitos dos consumidores, buscando identificar e eliminar as causas da variabilidade e dos defeitos dos processos. Isso conduz à necessidade de analisar o Seis Sigma sob duas perspectivas: a estatística e a do negócio. Elas são complementares na medida em que a perspectiva estatística contribui para que os objetivos do negócio sejam alcançados.

Com a finalidade de que isso seja alcançado, alguns elementos inerentes ao Seis Sigma precisam ser entendidos. Entre eles podem-se citar os princípios estatísticos e do negócio, os principais indicadores de desempenho, o treinamento e a estrutura hierárquica, os projetos Seis Sigma e seus componentes e aspectos relacionados à implementação dessa abordagem de melhoria da qualidade.

---

[1] Destaque para Jack Welch, que, como CEO da General Electric, contribuiu amplamente na divulgação do Seis Sigma como uma abordagem de melhoria com ganhos financeiros expressivos.

## 13.2 PERSPECTIVA ESTATÍSTICA

O termo sigma é uma letra do alfabeto grego, e, no contexto do programa Seis Sigma, é utilizada para descrever a variabilidade. A variabilidade está associada ao fato de que sucessivas observações de um processo ou fenômeno não produzem exatamente o mesmo resultado. Nesse sentido, a seguinte definição de qualidade pode ser apresentada:

"qualidade é inversamente proporcional à variabilidade" (Montgomery, 2004, p. 3).

Ou seja, à medida que a variabilidade nas características importantes de um produto decresce, a qualidade do produto aumenta.

Um processo de produção pode ser representado por um sistema com entradas e saídas (Figura 13.1). As entradas podem ser classificadas fatores controláveis ($x_1, x_2, ..., x_n$) e não controláveis ($z_1, z_2, ..., z_m$). O processo de produção transforma essas entradas em um produto acabado que tem várias características da qualidade. A variável $y$ representa uma medida da qualidade do processo. As saídas podem ser produtos ou resultados e também podem ser entradas de outro processo.

Na Figura 13.1 o resultado de um processo foi apresentado em termos da variável $y$, e as várias causas que atuam sobre ele são variáveis $x_n$, logo o resultado de um processo pode ser representado por $y = f(x_1, x_2, ..., x_n)$. O objetivo do Seis Sigma, em termos estatísticos, é o de reduzir a variabilidade nos resultados dos processos ($y_s$) de modo que cada limite de especificação de projeto esteja a seis desvios padrões da média do processo. Isso resultaria apenas em 2 defeitos por bilhão de peças produzidas (0,002 ppm). No entanto, quando o conceito foi desenvolvido na Motorola, com base nos dados de campo dessa organização, foi observado que a média do processo estava sujeita a perturbações que poderiam fazer com que ela se deslocasse até 1,5 desvio padrão para longe da meta. Com isso, um processo Seis Sigma produziria cerca de 3,4 defeitos por milhão de peças produzidas (3,4 ppm) (Figura 13.2), o que é equivalente a 4,5 desvios padrões.

O Quadro 13.1 apresenta um comparativo da taxa de defeituosos e o nível sigma considerando o deslocamento de 1,5 desvio padrão.

O deslocamento da média de um processo pode ocorrer devido a algumas situações, tais como:

a) processos que são ajustados manualmente pelos operadores, em que peças são produzidas até se acreditar que o processo está suficientemente centrado para que a produção seja iniciada;

b) processos em que o esperado é o deslocamento da média de maneira previsível devido a fatores conhecidos, tais como desgaste da ferramenta ou mudanças na temperatura ambiente; e

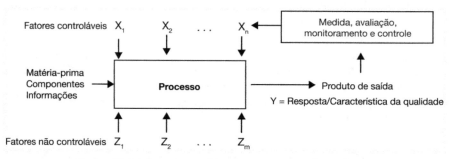

**Figura 13.1** | Entradas e saídas de um processo de produção.

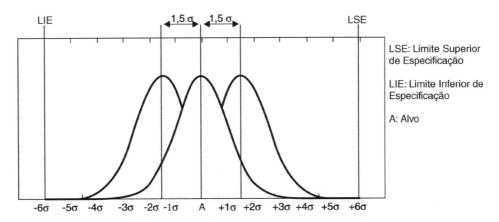

Figura 13.2 | Deslocamento de 1,5 desvio padrão.

| Quadro 13.1 | Escala Sigma (Montgomery, 2004, p. 16) | |
|---|---|---|
| Limites de especificação | Porcentagem dentro da especificação | ppm defeituosos |
| ± 1 Sigma | 30,23 | 697.700 |
| ± 2 Sigma | 69,13 | 308.700 |
| ± 3 Sigma | 93,32 | 66.810 |
| ± 4 Sigma | 99,3790 | 6.210 |
| ± 5 Sigma | 99,97670 | 233 |
| ± 6 Sigma | 99,999660 | 3,4 |

c) processos que não são monitorados com gráficos de controle ou que usam tais gráficos com subgrupos amostrais pequenos, que impedem a identificação de grandes deslocamentos da média.

Apesar de não existir um consenso sobre o deslocamento de 1,5 desvio padrão, diversos autores afirmam que considerá-lo é aceitável devido aos fatores apresentados e ao próprio erro dos métodos estatísticos utilizados para calcular as estatísticas do Seis Sigma.

Convém destacar que o Seis Sigma é uma meta e nem todos os processos precisam operar nesse nível de qualidade. O nível apropriado dependerá da importância estratégica do processo e da relação custo/benefício para melhorá-lo. Se um processo possui nível sigma de dois ou três é relativamente fácil, a um custo aceitável, elevá-lo para nível sigma de quatro. Contudo, para alcançar nível sigma de cinco ou seis, os esforços requeridos costumam ser muito maiores, envolvendo métodos estatísticos mais sofisticados. O esforço e a dificuldade exigidos na melhoria de um processo aumentam exponencialmente em função do nível sigma que se deseja obter. Nesse sentido, o retorno sobre o investimento para um dado esforço de melhoria e a importância estratégica dessa melhoria sobre um processo irão determinar se o processo precisa ser melhorado e qual será a meta do nível sigma para ele.

## 13.3 PERSPECTIVA DO NEGÓCIO

Sob o ponto de vista do negócio, o Seis Sigma pode ser definido como:

> "um processo de negócio que permite às organizações melhorarem seus resultados financeiros por meio do desenvolvimento e monitoramento constantes das atividades do negócio, minimizando os desperdícios e os recursos enquanto aumenta a satisfação dos clientes" (Harry e Schroeder, 2000, p.vii).

De acordo com essa perspectiva, ao contrário do que muitos acreditam, o objetivo principal do Seis Sigma não é somente alcançar níveis sigma de qualidade, mas sim melhorar a lucratividade, embora a melhoria da qualidade e eficiência sejam consequência disso.

Com esse enfoque, o Seis Sigma procura implementar uma estratégia baseada na medição de desempenho que foca a melhoria e a redução da variabilidade dos processos de negócio apoiado nas características críticas do cliente e no gerenciamento por processos.

Outro destaque do Seis Sigma é o fato de ele promover a ligação dos esforços de melhoria nas áreas consideradas estratégicas com os benefícios financeiros, promovendo um maior comprometimento da alta administração. Para alcançar isso, o Seis Sigma se utiliza de métodos para analisar a demanda dos clientes e para selecionar os problemas que têm maior prioridade. Virtualmente, ele engloba todas as técnicas que foram desenvolvidas pela estatística industrial, dos gráficos de controle até o projeto de experimentos, do projeto robusto até o projeto das tolerâncias. O programa é estruturado de maneira a poder ser aplicado a várias áreas, desde manufatura a serviços.

As organizações podem ter diferentes visões sobre o programa e, consequentemente, enfatizar aspectos distintos em maior ou menor grau. As duas perspectivas, bem como as várias definições do Seis Sigma, apontam para interpretações diferentes sobre o programa, as quais, em vez de serem mutuamente excludentes, podem ser complementares, porque as medidas de desempenho estratégicas podem direcionar o desenvolvimento dos projetos Seis Sigma mais importantes para a organização.

## 13.4 INDICADORES DE DESEMPENHO DO SEIS SIGMA

O programa Seis Sigma utiliza alguns indicadores de desempenho para quantificar os resultados de uma organização, e tais indicadores podem ter diferentes classificações.

A escolha do indicador de desempenho está fortemente associada ao tipo de dado que um processo gera em termos de característica crítica para a qualidade (ou, em inglês, *Critical To Quality* – CTQ). Entre os dados tem-se os quantitativos, que podem ser contínuos (assumem qualquer valor num intervalo contínuo) e discretos (assumem valores inteiros), e os qualitativos, que podem ser nominais e ordinais.

Uma organização não precisa utilizar todos os indicadores de desempenho que são comuns ao Seis Sigma, mas precisa escolher os mais adequados ao seu contexto.

### 13.4.1 Terminologia

O cálculo dos indicadores de desempenho comumente utilizados dentro de uma organização que implementa o Seis Sigma requer que algumas nomenclaturas sejam conhecidas. A seguir, elas são apresentadas:

- **unidade:** é um produto (ou serviço) que está sendo processado para ser entregue a um cliente. Por exemplo, um carro, uma caneta, uma estadia em um hotel, a entrega de uma carta etc.;

- **defeito:** é uma falha em atender a uma exigência do cliente. Por exemplo, um cárter com vazamento, uma caneta falhando, uma reserva de apartamento perdida, uma carta não entregue etc.;
- **defeituoso:** uma unidade que tenha ao menos um defeito. Por exemplo, um carro com um único defeito é classificado da mesma forma que um carro com 30 defeitos; e
- **oportunidade para defeitos:** são as várias características do produto (ou serviço) importantes para o cliente, ou seja, as características críticas para qualidade (CTQs) que têm a possibilidade de sofrer uma falha. Por exemplo, um carro pode ter mais de 500 oportunidades para defeitos.

No que diz respeito aos indicadores de desempenho do Seis Sigma, eles podem ser classificados em três grupos: baseados em defeituosos, baseados em defeitos e os índices de capabilidade.

Os indicadores de desempenho relacionados a defeitos e defeituosos apresentam as seguintes vantagens: simplicidade, consistência e comparatividade. A simplicidade está no fato de que todos podem ter a compreensão do que é bom ou ruim. Além disso, o cálculo das medidas baseadas em defeitos pode ser efetuado com habilidades matemáticas básicas. A consistência demonstra que medidas de defeitos podem ser aplicadas a qualquer processo para o qual exista um padrão de desempenho, servindo para dados contínuos ou discretos, processos de manufatura ou serviços. A comparatividade está no fato de que, com esses tipos de indicadores, é possível comparar o desempenho de áreas muito diferentes numa empresa. No entanto, as desvantagens estão relacionadas ao fato de que apenas a análise do bom e do ruim é menos rica em termos de informações para melhoria do que no caso de dados contínuos.

## 13.4.2 Indicadores de Desempenho Baseados em Defeituosos

A categoria dos defeituosos não leva em consideração o número de defeitos. Os indicadores de desempenho baseados em defeituosos são mais utilizados em situações nas quais qualquer defeito é sério para um dado resultado de um processo. Por exemplo, qualquer erro tipográfico em uma revista irá prejudicar sua credibilidade. A seguir são apresentados os indicadores de desempenho:

- **Proporção de defeituosos ($p$):** refere-se à fração de amostras de um item que possuem um ou mais defeitos.

$$p = \frac{D}{n}$$

em que:

$D$: número de defeituosos; e

$n$: número total de unidades do produto (ou serviço) avaliadas.

Por exemplo, 30 canetas de 300 avaliadas contêm defeitos, logo $p = 0,10$.

- **Rendimento final ($Y_{final}$):** representa a fração das unidades totais produzidas que estava sem nenhum defeito.

$$Y_{final} = 1 - p$$

em que:

$p$: proporção de defeituosos.

Por exemplo, 30 canetas de 300 avaliadas contêm defeitos, logo $Y_{final} = 0,90$.

- *First Throughput Yield* (**FTY**): É o rendimento pontual do processo. Representa a probabilidade de todas as oportunidades para defeitos produzidos em uma etapa específica do processo estarem dentro das especificações. O FTY corresponde à probabilidade de se encontrar zero defeito ao se inspecionar uma amostra que advém do processo, ou seja:

$$\text{FTY} = P(X=0) = e^{-\frac{d}{n}}$$

em que:

*d*: número de defeitos; e

*n*: número total de unidades do produto (ou serviço) avaliadas; $e = 2{,}718$.

Por exemplo, 30 canetas de 300 avaliadas contêm defeitos, logo FTY = 0,9048.

- *Rolled Throughput Yield* (**RTY**): É o rendimento final do processo. Representa a probabilidade de um único produto passar por vários processos e sair livre de defeitos. O RTY considera o impacto do refugo e também do retrabalho, podendo ser classificado como um indicador de eficiência do processo.

$$\text{RTY} = \prod_{1}^{n} \text{FTY} = 1 - \frac{\text{unidades refugadas} + \text{unidades retrabalhadas}}{\text{unidades de entrada}}$$

O RTY também pode ser obtido pela multiplicação dos rendimentos de cada uma das etapas do processo. Com isso, em processos com diversas etapas, mesmo que o rendimento de cada etapa seja elevado, o RTY pode ser baixo.

Por exemplo, um processo de duas etapas com uma entrada de 2.000 unidades apresenta na sua primeira etapa 20 unidades refugadas e 30 retrabalhadas; e na segunda etapa, 40 unidades refugadas e 50 retrabalhadas. Isso ocasionará $Y_{final} = 1 - ((20+40)/2.000) = 0{,}97$, enquanto o RTY = $1 - ((20+40)+(30+50))/2.000 = 0{,}93$. Isso significa que 93 em cada 100 unidades passam por todo o fluxo sem serem refugadas ou retrabalhadas. Nota-se também que o $Y_{final}$ não considera os defeitos retrabalhados ao longo do processo, enquanto o RTY os considera.

### 13.4.3 Indicadores de Desempenho Baseados em Defeitos

Esses indicadores levam em consideração o número de defeitos. Seguem as medidas de desempenho:

- **Defeitos por unidade (DPU):** é uma medida que reflete o número médio de defeitos, de todos os tipos, sobre o número total de unidades da amostra.

$$\text{DPU} = \frac{d}{n}$$

em que:

*d*: número de defeitos; e

*n*: número total de unidades do produto (ou serviço) avaliadas.

Por exemplo, 40 defeitos em 300 canetas avaliadas, sendo 30 o número de defeituosas, logo DPU = 0,133. Além disso, um valor de DPU = 5 indica que é esperado que cada unidade do produto apresente em média cinco defeitos. No entanto, alguns itens podem ter mais defeitos e outros menos. Por outro lado, um valor de DPU = 0,5 indica que é esperado que uma em cada duas unidades do produto apresente um defeito.

- **Defeitos por oportunidade (DPO):** expressa a proporção de defeitos em relação ao número total de oportunidades no grupo.

$$\text{DPO} = \frac{d}{n \times O} = \frac{\text{DPU}}{O}$$

em que:

$d$: número de defeitos;

$n$: número total de unidades do produto (ou serviço) avaliadas;

$O$: número de oportunidades de defeito; e

DPU: número de defeitos por unidade.

Por exemplo, 40 defeitos em 300 canetas avaliadas, sendo 10 as oportunidades de defeito por caneta, logo DPO = 0,0133.

- **Defeitos por milhão de oportunidades (DPMO):** representa o número total de defeitos em um milhão de unidades produzidas dividido pelo número total de oportunidades de defeito.

$$\text{DPMO} = \text{DPO} \times 1.000.000$$

Por exemplo, 40 defeitos em 300 canetas avaliadas, sendo 10 as oportunidades de defeito por caneta, logo DPMO = 13.333.

## 13.4.4 Indicadores de Desempenho Baseados em Capabilidade

O conceito de capabilidade de um processo está relacionado à comparação da variabilidade natural de um processo com as especificações ou exigências para um determinado produto. Com isso, o índice de capabilidade fornece uma estimativa de como o processo se comportará em relação às falhas. Convém destacar que a análise de capabilidade pressupõe que o processo tenha distribuição normal e esteja sob controle estatístico, e essa última suposição significa que não podem existir causas especiais de variação atuando sobre o processo.

Os indicadores de desempenho tradicionais mais utilizados pelas empresas são $C_p$, $C_{pk}$, $P_p$ e $P_{pk}$. Tanto o $C_p$ quanto o $P_p$ não consideram a posição, ou desvio, da média do processo em relação às especificações. Nesse sentido, serão apresentados a seguir os indicadores de desempenho que mais se assemelham ao índice de capabilidade Seis Sigma.

- $C_{pk}$: é um índice de capabilidade muito utilizado, pois leva em conta onde a posição da média do processo está localizada em relação às especificações.

$$C_{pk} = \text{mínimo}\left(\frac{\text{LSE} - \mu}{3\sigma}; \frac{\mu - \text{LIE}}{3\sigma}\right)$$

em que:

LSE: limite superior de especificação;

LIE: limite inferior de especificação;

$\mu$: média do processo; e

$\sigma$: desvio padrão do processo, que pode ser estimado por $\hat{\sigma}$.

- $P_{pk}$: sua utilização é mais adequada quando o processo não está sob controle estatístico. No entanto, desde que isso seja considerado, as suas propriedades estatísticas não são determináveis, o que, consequentemente, impossibilita que seja feita qualquer inferência válida sobre seus valores populacionais.

$$P_{pk} = \text{mínimo}\left(\frac{\text{LSE} - \bar{x}}{3s} ; \frac{\bar{x} - \text{LIE}}{3s}\right)$$

em que:

LSE: limite superior de especificação;

LIE: limite inferior de especificação;

$\bar{x}$: estimativa da média do processo; e

s: estimativa do desvio padrão do processo.

- **Nível sigma:** o índice utilizado para determinar a capabilidade Seis Sigma consiste em medir a distância da média à especificação mais próxima (LSE ou LIE) em quantidade de desvios padrões (sigmas), utilizando a distribuição normal reduzida ($z$).

$$z_s = \frac{\text{LS} - \mu}{\sigma}; \quad e \quad z_i = \frac{\mu - \text{LIE}}{\sigma}$$

em que:

$z_s$: índice de capacidade superior

$z_i$: índice de capacidade inferior

A relação entre $C_{pk}$ e $z$ é a seguinte:

$$z_s = 3 \cdot C_{pks} \quad e \quad z_i = 3 \cdot C_{pki}$$

Em função do deslocamento de 1,5 desvio padrão, já discutido anteriormente, a capabilidade assume duas formas: de longo prazo ($z_{lp}$) e de curto prazo ($z_{cp}$). A primeira é calculada com os próprios dados obtidos do processo. Já o cálculo da segunda é feito considerando o deslocamento, que conduz à seguinte equação:

$$z_{cp} = z_{lp} + 1,5$$

Logo, um processo com nível sigma igual a 6 quer dizer que sua capabilidade de curto prazo ($z_{cp} = 6$) é seis sigma; porém esse processo se deslocou no decorrer do tempo, gerando 3,4 partes por milhão de defeituosos, o que corresponde a uma capabilidade de longo prazo ($z_{lp} = 4,5$).

Os indicadores de desempenho apresentados sobre capabilidade são aplicáveis apenas a variáveis contínuas, pois para variáveis do tipo atributo (defeitos ou defeituosos) a média e o desvio padrão não são aplicáveis. Porém, existem alternativas, com certa inconsistência estatística, de se chegar a equivalentes sigma ($z_{cp}$ ou $z_{lp}$) de desempenho para variáveis do tipo atributo, pois dados como fração de defeituosos podem ser convertidos em DPMO, e, com isso, o caminho inverso pode ser efetuado por meio de uma tabela de conversão.

## 13.4.5 Considerações sobre os Indicadores de Desempenho Seis Sigma

Como referência são apresentados alguns processos e suas possíveis Características Críticas para Qualidade, que podem ser avaliadas de acordo com os indicadores do programa Seis Sigma:

a) desenvolvimento de novos negócios (propostas no momento oportuno);

b) melhoria dos fornecedores (qualidade dos materiais);

c) engenharia (redução dos erros nos documentos e mudanças nos projetos);

d) desenvolvimento de *softwares* (confiabilidade e compatibilidade);

e) manufatura (redução do refugo e retrabalho);

f) todos os processos (diminuição do tempo de ciclo);

g) financeiro (contas abertas e recebidas);

h) serviço ao cliente (controle das reclamações);

i) recursos humanos (fornecimento de pessoal e rotatividade dos funcionários); e

j) funcionários (melhoria da satisfação com o trabalho e do moral).

Em processos de serviços, a ênfase das medidas de desempenho precisa estar em características que envolvem o tempo (por exemplo, tempo de entrega) e não conformidades (por exemplo, proporção de reclamações de clientes, número de erros de fatura etc.).

As oportunidades para defeitos aumentam à medida que a complexidade de um produto aumenta. Com isso, os indicadores DPMO e sua conversão para o nível sigma permitem que processos diferentes com diferentes níveis de complexidade possam ser comparados. Tais indicadores são mais focados no processo, porque por um único processo podem passar produtos com diferentes números de oportunidades de defeito. Com isso, tal indicador de desempenho uniformiza a medição, deixando de focar apenas o produto para focar o processo que o produz.

Os indicadores DPMO e nível sigma, apesar de apresentarem tais vantagens, têm como ponto fraco a identificação do número realista de oportunidades de defeitos para cada produto. Essa tarefa envolve um julgamento que pode conter subjetividade e arbitrariedade em demasia. Por exemplo, o responsável pelo indicador poderá "melhorá-lo" apenas aumentando o valor do denominador – número de oportunidades de defeito. Visando minimizar problemas como esse, é aconselhado que as organizações criem regras para avaliação das oportunidades de defeitos de um produto. Numa simplificação, sugere-se que seja considerado que cada produto tenha apenas uma oportunidade de defeito, ou seja, o foco fique sobre os defeituosos.

## 13.5 TREINAMENTO E ESTRUTURA HIERÁRQUICA DO SEIS SIGMA

A implementação do Seis Sigma requer o estabelecimento de uma estrutura de liderança que exerce papel crucial no desenvolvimento dos projetos de melhoria Seis Sigma. Os participantes dessa estrutura recebem diferentes níveis de treinamento. O treinamento é considerado um fator crítico de sucesso do Seis Sigma. Além disso, a estrutura hierárquica e a ênfase no treinamento são características que distinguem o Seis Sigma de iniciativas de melhoria anteriores.

As pessoas envolvidas com o programa Seis Sigma recebem denominações de acordo o sistema *Belt*. Ele contempla o perfil, treinamento e papel característicos a cada tipo de envolvimento com o programa Seis Sigma (Quadro 13.2).

O sistema *Belt* visa garantir que todos na organização falem a mesma linguagem para que o desenvolvimento dos projetos Seis Sigma possa fluir melhor. E o sistema *Belt*, que é inspirado no sistema japonês de artes marciais, faz com que as pessoas se aprimorem, tornando-as diferentes com a aquisição do conhecimento.

O currículo do sistema *Belt* pode variar de organização para organização e de consultor para consultor. Embora apenas algumas pessoas recebam o treinamento *Belt*, isso não significa que sejam apenas elas as detentoras da cultura Seis Sigma. As demais pessoas na organização também precisam se familiarizar com os conceitos do programa, pois elas contribuem com a qualidade dos produtos e serviços.

### Quadro 13.2 — Sistema *Belt* (Coronado e Antony, 2002, p. 96)

| | Green Belts | Black Belts | Champions |
|---|---|---|---|
| **Perfil** | Embasamento técnico<br>Respeitado pelos colegas de trabalho<br>Habilidoso com as técnicas e métodos estatísticos e da qualidade | Formação técnica<br>Respeitado pelos colegas de trabalho e pela alta administração<br>Habilidoso com as técnicas e métodos estatísticos e da qualidade | Gerente sênior<br>Líder respeitado e mentor das questões relacionadas ao negócio<br>Forte impulsionador do programa Seis Sigma |
| **Papel** | Conduzir as equipes de melhoria de processos<br>Treinar nas técnicas e métodos e acompanhar a análise<br>Auxiliar os *Black Belts*<br>Dedicar-se parcialmente aos projetos Seis Sigma | Conduzir projetos de melhoria de alto impacto para a empresa e ligados à estratégia<br>Agir como um agente de mudanças<br>Ensinar e liderar membros das equipes multifuncionais<br>Dedicar-se integralmente ao Seis Sigma<br>Transformar os projetos de melhoria em benefícios financeiros | Prover os recursos e forte liderança para os projetos Seis Sigma<br>Inspirar e compartilhar a visão do Seis Sigma<br>Estabelecer planos e criar infraestrutura<br>Desenvolver indicadores de desempenho<br>Converter os resultados em benefícios financeiros |
| **Treinamento** | Duas sessões de três dias com um mês para a aplicação dos conceitos<br>Revisão do projeto na segunda sessão | Quatro sessões de uma semana com três semanas para aplicação dos conceitos<br>Revisão do projeto nas sessões dois, três e quatro | Uma semana de treinamento especial para *Champions*<br>Elaboração do plano de desenvolvimento e implementação do Seis Sigma |
| **Número** | Cerca de 5% do total de funcionários | Entre 1 e 2% do total de funcionários | 1 por unidade de negócio |

Apesar de o sistema *Belt* oferecer um amplo conhecimento sobre o Seis Sigma, ele não é suficiente. É necessário que outras habilidades e conhecimentos sejam incorporados para sustentar o programa no longo prazo. Nesse sentido, as organizações precisam evoluir de treinadas para organizações de aprendizagem.

Outra característica do Seis Sigma é o relacionamento, em termos de níveis hierárquicos, entre as pessoas do sistema *Belt*. Na Figura 13.3, pode ser observada uma opção para a disposição da estrutura hierárquica das pessoas que compõem o sistema *Belt*.

O papel do *Black Belt* é crítico e considerado a espinha dorsal na implementação e no suporte do programa Seis Sigma. Apesar de os métodos estatísticos e as técnicas da qualidade não serem novos, a maneira como o programa é implementado e devidamente suportado é nova.

O treinamento *Black Belt* pode ser agrupado em sete categorias principais:

1) **métodos estatísticos elementares:** estatística básica, pensamento estatístico, teste de hipótese, correlação e regressão simples;

2) **métodos estatísticos avançados:** projeto de experimentos, análise de variância e regressão múltipla;

3) **projeto de produtos e confiabilidade:** *Quality Function Deployment* (QFD) e *Failures Modes and Effects Analysis* (FMEA);

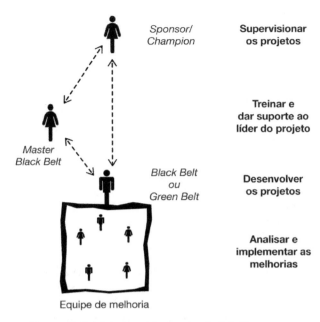

**Figura 13.3** | Estrutura hierárquica do Seis Sigma.

4) **medição:** capabilidade de processos e análise do sistema de medição;

5) **controle de processo:** planos de controle e Controle Estatístico de Processo (CEP);

6) **melhoria de processo:** planejamento da melhoria de processos, mapeamento de processos e *poka-yoke*; e

7) **implementação e equipes de trabalho:** efetividade organizacional, avaliação de equipes, técnicas de facilitação e desenvolvimento de equipes.

Além do treinamento, outro fator que tem contribuído para o sucesso do Seis Sigma é a ligação dos resultados alcançados pelos *Black Belts* com o plano de carreira das pessoas que desempenham esses papéis. Em algumas empresas, todos que almejam minimamente algum tipo de promoção necessitam ao menos receber o treinamento de *Green Belt*. Com isso, o suporte aos *Black Belts* em termos de pessoal qualificado (*Green Belts*) pode ser garantido. Além disso, o papel do *Black Belt* não é visto como uma carreira permanente, mas sim como um meio para ascensão profissional. Isso gera maior motivação e comprometimento com o programa.

Enfim, os métodos estruturados abordados no treinamento Seis Sigma possibilitam que as melhorias possam ser alinhadas de forma mais coerente com os objetivos de desempenho da organização.

## 13.6 PROJETOS SEIS SIGMA

Um projeto Seis Sigma pode ser definido como:

"um problema agendado para solução com os correspondentes indicadores de desempenho que podem ser usados para selecionar os objetivos do projeto e monitorar seu progresso" (Snee, 2001, p. 66).

Existem duas categorias para os problemas: de solução conhecida e de solução desconhecida (o Seis Sigma deveria ser direcionado para esse tipo). Um problema de solução conhecida pode ter por objetivo instalar uma bomba d' água, fixar um telhado ou introduzir um produto mais efetivo no mercado. Em cada uma dessas situações é conhecido o que será feito. O projeto é completado com a nomeação de um gerente do projeto, provendo os recursos necessários e usando técnicas de gerenciamento de projetos. As técnicas do Seis Sigma não são necessárias aqui, embora os projetos possam ser beneficiados pelo pensamento por processo e pelas técnicas de medição e monitoramento usadas pelo Seis Sigma. No segundo caso, problemas de solução desconhecida, o Seis Sigma precisa de indicadores que quantifiquem a magnitude do problema e possam ser usados para selecionar metas e monitorar o progresso dos projetos. É essencial que seja identificado o processo que contém o problema. O processo provê o foco e o contexto para o trabalho de melhoria do Seis Sigma.

Os projetos de melhoria lidam diretamente com as características críticas para a qualidade (ou, em inglês, *Critical To Quality* – CTQ). Nesse sentido, um problema da qualidade pode ser entendido como uma ou mais CTQs que não alcançam seus requerimentos. A solução de um projeto de melhoria consiste em buscar os fatores que influenciam os resultados dessas CTQs.

Os projetos Seis Sigma procuram estruturar os problemas por meio do mapeamento do processo, definição das variáveis-chave de entrada do processo (ou, em inglês, *key process input variables* – KPIVs), que são os $x_i$, e das variáveis-chave de saída do processo (ou, em inglês, *key process output variables* – KPOVs), que são os $y_i$, ou, simplesmente, as CTQs. Além disso, os $y_i$ precisam estar claramente definidos em termos das expectativas-chave que serão entregues. Estas são tipicamente apresentadas em termos dos indicadores de desempenho do Seis Sigma (nível Sigma, DPMO, RTY etc.).

Os projetos Seis Sigma podem ser de dois tipos: *top-down* ou *bottom-up*. O primeiro costuma apresentar um alinhamento maior com os objetivos organizacionais e com os requisitos dos clientes, porém pode apresentar um escopo muito amplo. O segundo é elaborado pelos *Black Belts* e, por isso, costuma apresentar um escopo mais bem definido, porém pode não atender tão bem aos objetivos organizacionais e, consequentemente, à demanda da alta administração.

Enfim, o fato de o Seis Sigma ser um programa bem estruturado que utiliza projetos para realização das atividades de melhoria é preferível a outras abordagens que buscam soluções de forma aleatória. Isso confere ao Seis Sigma um diferencial na busca pelas causas fundamentais dos problemas.

### 13.6.1 Escopo

O escopo dos projetos Seis Sigma é uma parte vital do projeto. Alguns treinamentos em Seis Sigma costumam abordar superficialmente esse estágio, e, com isso, ele acaba sendo realizado na base da tentativa e erro. Para que o escopo do projeto seja realizado de forma adequada, alguns dados podem ser analisados inicialmente, pois isso ajudará proporcionando uma perspectiva inicial das possíveis variáveis envolvidas. Outro aspecto é que, à medida que o conhecimento sobre o projeto aumenta, pode-se identificar que o projeto precisa de outro recorte. A seguir são apresentadas algumas barreiras ao desenvolvimento dos projetos Seis Sigma:

a) estipular metas financeiras elevadas pode conduzir o *Black Belt* a definir um escopo muito abrangente para tentar alcançá-las, e isso pode comprometer o término do projeto Seis Sigma;

b) a falta de *Master Black Belts* dentro da organização pode gerar dificuldades, pois eles, por serem mais experientes no Seis Sigma, podem administrar os conflitos entre os *Black Belts* e os *Champions* sobre a estipulação das metas;

c) em função de os *Champions* também serem responsabilizados pelo resultado dos projetos, é necessário que eles conheçam mais a fundo o Seis Sigma, caso contrário escopos muito abrangentes podem ser definidos por eles;

d) os projetos do tipo *top-down* costumam ser muito abrangentes, necessitando de um desdobramento mais complexo;

e) os projetos do tipo *bottom-up* podem não apresentar uma ligação coerente com os objetivos organizacionais nem com os requisitos dos clientes. Isso pode fazer com que a alta administração não apoie devidamente o Seis Sigma; e

f) alguns *Black Belts* podem querer conduzir projetos muito ambiciosos em termos de escopo para obter ganhos elevados, porém a soma de vários projetos menores num mesmo período de desenvolvimento pode apresentar um ganho total maior.

A duração dos projetos Seis Sigma também é algo que precisa ser controlada, porque, quando o tempo estimado do projeto se estende para além do planejado, os custos tangíveis (mão de obra e materiais) e intangíveis (frustração e divisão de poder) aumentam. Por isso, projetos com escopos muito abrangentes e com metas muito ambiciosas podem conduzir ao descrédito do programa Seis Sigma. Nesse sentido, convém destacar que organizações que incentivam um maior número de projetos menores oferecem uma maior probabilidade de sucesso e retorno financeiro, porém podem não conduzir a uma melhoria sistêmica da empresa.

## 13.6.2 Seleção e Priorização

Para o entendimento da seleção e priorização dos projetos Seis Sigma é necessário entender que um problema é o desvio de algo esperado. Um dos mais difíceis desafios do Seis Sigma está na seleção dos projetos com problemas apropriados para serem atacados.

A seleção dos projetos Seis Sigma precisa levar em conta os seguintes fatores, independentemente do tamanho e do setor da organização:

a) retorno financeiro, como os custos associados com a qualidade e o desempenho dos processos, e o impacto nas vendas e na participação de mercado;

b) impacto nos clientes e na efetividade organizacional;

c) adequação à estratégia organizacional e vantagem competitiva;

d) probabilidade de sucesso;

e) impacto nos funcionários; e

f) objetivos claros, sucintos, específicos, atingíveis, realistas e mensuráveis.

Cada organização precisa balancear esses fatores de acordo com suas especificidades, e, além deles, considerar que existem estágios de maturidade no processo de seleção dos projetos Seis Sigma.

Existem três estágios pelos quais as organizações costumam passar na seleção dos projetos Seis Sigma: (1) seleção dos projetos oportunistas; (2) associação dos projetos às questões estratégicas; e (3) utilização de um sistema de gerenciamento de projetos. O primeiro é o de seleção dos projetos oportunistas em que a gerência, baseada em problemas que estão afetando o desempenho da organização, propõe os projetos. O segundo retrata a associação dos projetos às questões estratégicas em que eles são selecionados com base nos objetivos estratégicos da empresa. O último trata da utilização de um sistema de gerenciamento de projetos em que a organização se preocupa com a integração entre os processos, procurando identificar áreas-chave de melhorias para realização dos projetos. Destaca-se que, no primeiro estágio, o Seis Sigma pode trazer resultados para a organização, porém a forma como é colocado torna-o insustentável no longo prazo.

### 13.6.3 Contabilização dos Ganhos

Uma forma de avaliar os ganhos de um projeto de Seis Sigma é considerar os benefícios econômicos que ele traz, o que é um dos motivos da elevada popularidade do Seis Sigma.

Os estudos dos ganhos financeiros podem ocorrer num projeto Seis Sigma em dois momentos: na fase inicial e após o término do projeto para comparar o programado e o realizado e, com isso, aperfeiçoar futuras estimativas dos ganhos.

Uma boa fonte de informação que auxilia a contabilização dos ganhos financeiros de um projeto Seis Sigma são os custos da qualidade, que consistem nos custos de prevenção, avaliação, falhas internas e falhas externas. Eles permitem converter o aumento da qualidade em termos financeiros.

Outra fonte de informação é a estrutura de custos totais da organização, que pode servir para estimar ganhos financeiros no contexto da qualidade. Com isso, os *Black Belts* e os *Green Belts* podem falar a linguagem da alta administração, que é a financeira.

Nesse sentido, os projetos Seis Sigma precisam apresentar seus resultados em termos financeiros e não apenas em termos técnicos. Para isso, são apresentadas algumas maneiras de relacionar os indicadores de desempenho do Seis Sigma aos resultados financeiros:

- **custos variáveis associados às falhas internas:** ao se considerar um mesmo volume de vendas, a diminuição da taxa de refugo e do retrabalho dos processos produtivos proporcionará a diminuição do ponto de equilíbrio econômico (*break-even point*), pois custos variáveis menores para um preço fixo promoverá uma margem de contribuição maior, reduzindo assim o ponto de equilíbrio. Isso ocasionará uma maior proteção para a organização nos períodos de recessão, já que o ponto de equilíbrio diminuiu;
- *soft savings* **associados às falhas internas:** são uma consequência do anterior, pois os processos tornam-se mais eficientes, ou seja, existem menos retrabalho e refugo. Isso conduz a um aumento da capacidade produtiva real, a qual, se absorvida pelo mercado, pode ser considerada um investimento em equipamentos que foi economizado, ou seja, os *soft savings*;
- **custos variáveis associados às falhas externas:** se parte dos produtos com defeito sair da empresa, isso ocasionará custos devido à assistência técnica e reclamações de clientes. Esses produtos promovem um acréscimo aos custos variáveis ao se considerar que esse tipo de falha é proporcional à quantidade vendida;
- **despesas associadas às falhas externas:** os produtos que saem da empresa com problemas podem, além de causar aumento nos custos variáveis ao voltarem, exigir que a empresa tome medidas para evitar a depreciação da sua imagem perante o público, o que pode gerar gastos adicionais; e
- **preço prêmio:** uma organização que entrega produtos com qualidade superior à oferecida pelos concorrentes pode cobrar mais por isso, pois os clientes podem estar dispostos a pagar mais por ela, o que recairá diretamente no lucro da empresa, pois a margem de contribuição também aumentará.

Uma recomendação na condução dos projetos Seis Sigma é que as estimativas financeiras geradas sobre os indicadores de desempenho do Seis Sigma sejam validadas pela contabilidade da organização para dar maior credibilidade aos resultados alcançados, pois em alguns casos recompensas estão associadas aos ganhos financeiros.

Ao lado disso, as organizações podem aproveitar melhor o potencial dos contadores e analistas financeiros no contexto do Seis Sigma. Estes passariam da simples verificação da integridade das estimativas financeiras dos projetos Seis Sigma para uma atuação mais integrada em todo o projeto de melhoria, pois eles podem atuar procurando oportunidades de melhoria, avaliando as medidas de desempenho, monitorando os custos e ganhos, verificando as melhorias e mantendo o controle.

Considerando que as melhorias promovidas pelo Seis Sigma sejam convertidas de forma direta ou indireta (*soft savings*), pode-se considerar também que os gastos com o Seis Sigma são um investimento, não um custo.

### 13.6.4 Método de Resolução de Problemas DMAIC

O objetivo de um projeto Seis Sigma é identificar e resolver um problema por meio da procura analítica pela solução, preferivelmente ao uso da intuição. Para isso, os projetos Seis Sigma são direcionados pelo método DMAIC.

Os *Belts* aplicam o DMAIC (*Define Measure Analyse Improve* e *Control* ou, em português, Definir, Medir, Analisar, Melhorar e Controlar). Esse ciclo funciona como um roteiro de execução de cada etapa de um projeto Seis Sigma. Além disso, cada fase do DMAIC requer a aplicação de métodos estatísticos e ferramentas de gestão da qualidade, que não são novos, mas são revitalizados quando aplicados dentro do DMAIC. No Quadro 13.3, é apresentado um resumo do método DMAIC.

**Quadro 13.3** — Fases do método DMAIC (Adaptado de Henderson e Evans, 2000)

| Fase | Descrição |
|---|---|
| *Define* | A equipe identifica os melhores projetos Seis Sigma com base nos objetivos estratégicos. Após isso, a equipe determina o que é crítico para a qualidade (do inglês, *Critical To Quality* – CTQ) para os clientes. |
| *Measure* | A equipe define os processos ligados com a CTQ, e eles medem o desempenho dos processos selecionados. |
| *Analyse* | Aplicando métodos estatísticos, a equipe procura identificar as principais causas da variação do processo que geram não conformidades por meio de análises do desempenho do processo. Após isso, a equipe determina a(s) variável(eis) a ser(em) melhorada(s). |
| *Improve* | A equipe conduz experimentos para estabelecer o melhor nível das variáveis identificadas na fase anterior e estabelece um plano para implementar as mudanças. |
| *Control* | A equipe aplica técnicas e métodos estatísticos e da qualidade para garantir a estabilidade estatística do processo dentro de limites aceitáveis. |

A Figura 13.4 representa o DMAIC e suas fases. É possível observar que as fases perfazem um ciclo e que, depois de uma determinada fase ter sido iniciada, pode ser necessário retornar a outra fase anterior para que novas análises sejam feitas, novos dados sejam coletados ou mesmo o escopo seja redefinido.

O método DMAIC é análogo a um funil (Figura 13.5), pois ao longo do seu desenvolvimento, mediante a aplicação dos adequados métodos estatísticos e técnicas da qualidade, as várias causas são filtradas de forma a evidenciar as poucas causas ($x_i$) que mais influenciam o resultado de um processo ($y$). Em outras palavras, um problema é simplificado até que possa ser entendido e, com isso, uma solução adequada para ele seja implementada.

Nos itens a seguir apresenta-se uma descrição mais detalhada do método DMAIC, bem como seus estágios.

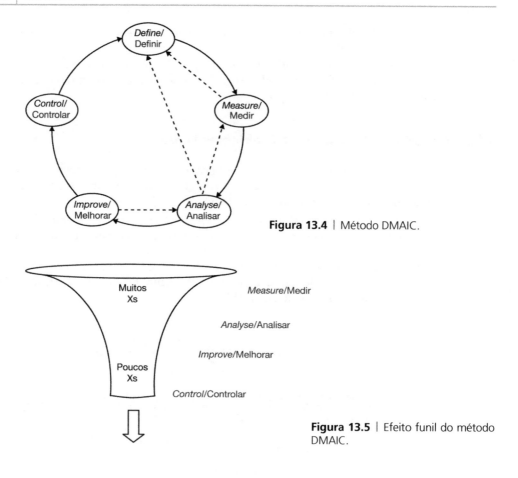

Figura 13.4 | Método DMAIC.

Figura 13.5 | Efeito funil do método DMAIC.

### 13.6.4.1 *Define*

A fase *Define* consiste em identificar os clientes e suas prioridades; identificar um projeto Seis Sigma satisfatório alinhado aos objetivos do negócio bem como aos requisitos dos clientes; e identificar as características críticas para a qualidade (CTQs) que os clientes consideram ter maior impacto na qualidade. De forma mais abrangente, os clientes podem ser entendidos como todos os interessados no projeto, ou seja, os *stakeholders*. A fase *Define* pode ser dividida nas seguintes etapas:

a) identificação dos projetos em potencial;

b) avaliação e seleção dos projetos;

c) elaboração do *Project Charter*;

d) desenvolvimento do mapa global do processo.

Na etapa *identificação dos projetos em potencial* é efetuada uma análise informal do projeto e dos seus potenciais benefícios. O foco precisa ser na identificação das oportunidades que estejam ligadas aos requisitos do cliente, aos objetivos de desempenho e à missão da qualidade da organização.

É necessário que a organização seja vista por processos, pois mesmo um departamento ou função serve a clientes internos e, com isso, é possível desenhar os processos críticos procurando identificar os que têm relação com as CTQs estabelecidas e que estão gerando resultados ruins.

Várias fontes de dados podem ser utilizadas nessa etapa, por exemplo: dados internos da empresa, custos da qualidade, altos custos de mão de obra, padrões de qualidade impostos pelo mercado, estudos de satisfação dos clientes, lacunas entre as metas de desempenho e o desempenho atual, entradas de todos os níveis hierárquicos, estudos de *benchmarkings*, regulamentações governamentais e outras formas de avaliação.

Depois de identificado em meio às várias fontes de dados, o problema do projeto precisa ser traduzido em termos das características críticas para a qualidade (CTQs) que possam ser medidas. A escolha delas precisa ser baseada nos requisitos dos clientes, e não nas considerações internas.

A etapa *avaliação e seleção dos projetos* trata da realização de um exame mais formal que considera vários fatores. Por exemplo, as seguintes questões podem ser investigadas: "Podemos atuar? Podemos analisar? Existem dados disponíveis? Eles são mensuráveis? Quais áreas serão afetadas? Qual é o nível de controle?"

A seleção de um projeto de melhoria envolve três análises de viabilidade: a técnica, a financeira e a econômica. A técnica está relacionada ao risco de o projeto não obter a melhoria de desempenho planejada. A financeira depende do fato de a organização possuir recursos suficientes para financiar o projeto. A econômica envolve a relação custo/benefício.

A avaliação dos benefícios financeiros iniciais de um projeto pode ser realizada avaliando-se os custos de retrabalho, ineficiência, clientes insatisfeitos ou perdidos. O passo seguinte seria fazer uma estimativa da amplitude da possibilidade de redução de tais perdas. Por exemplo, se for usada uma medida de defeitos por milhão de oportunidades (DPMO) para um dado processo, poderia ser determinado o custo médio de cada defeito (levando-se em consideração os custos variáveis envolvidos), e, com isso, uma economia total de uma redução de defeitos poderia ser estimada. A decisão dos projetos que serão desenvolvidos também tem influência da alta administração.

Na etapa *elaboração do Project Charter*, é preparada uma espécie de resumo do projeto Seis Sigma, o qual tem por objetivo demonstrar o propósito do projeto bem como manter a equipe alinhada aos seus objetivos. O *Project Charter* possui os seguintes itens:

- **Business case:** trata de uma breve descrição do motivo de realização do projeto, por que ele tem prioridade sobre os demais e quais os impactos do projeto nos objetivos estratégicos do negócio;
- **Descrição do problema:** é uma curta e mensurável declaração do problema, evidenciando há quanto tempo ele vem ocorrendo e descrevendo a lacuna entre o estado atual e o desejado. Nessa etapa, medidas da CTQ podem ser convertidas para DPMO e depois para a escala sigma;
- **Escopo:** refere-se ao recorte do problema, ou seja, aos limites de atuação da equipe;
- **Definição dos objetivos e metas:** especifica os novos limites de desempenho a serem atingidos e também o tempo para que isso seja alcançado;
- **Cronograma detalhado:** é uma programação do tempo a ser despendido para cada etapa do método DMAIC pela equipe; e
- **Papéis e responsabilidades da equipe do projeto:** são definidos os membros (*Champion*, *Black Belt* e *Green Belts*) que formarão a equipe do projeto Seis Sigma e também como cada uma atuará ao longo do desenvolvimento do método DMAIC.

Na etapa de *desenvolvimento do mapa global do processo* é realizado um mapeamento do processo principal envolvido no projeto. Esse mapeamento precisa ser elaborado com fidelidade ao momento em que o processo se encontra. Para isso, podem ser utilizadas ferramentas de mapeamento de processo.

#### 13.6.4.2 *Measure*

A fase *Measure* consiste em determinar como medir o processo; identificar os processos-chave que influenciam as CTQs; e medir os defeitos gerados pelo processo.

Essa fase é muito importante para o Seis Sigma, pois um dos diferenciais dele em relação a tantos outros programas é a ênfase na tomada de decisões baseada em fatos e dados e não em opiniões. A fase *Measure* também serve para ajustar o projeto Seis Sigma quando se percebe pelas medições que ele é muito ambicioso e necessita ser dividido em projetos menores. Isso quer dizer que um problema pode ser reduzido a dois problemas menores. Enfim, essa fase pode ser dividida nas seguintes etapas:

a) mapeamento detalhado;
b) estruturação para a coleta de dados;
c) implementação e validação da coleta de dados; e
d) medição da capabilidade do processo.

Na etapa do *mapeamento detalhado*, o processo é mapeado detalhadamente, e os sub-processos são evidenciados para que se definam suas entradas e saídas. Com isso e com outras informações sobre o processo é possível relacionar inicialmente os $x_i$ (KPIVs) com os $y_i$ (KPOVs). Ou seja, estabelecer a relação de causa e efeito do tipo $y = f(x_1, x_2,..., x_n)$.

Existem três momentos em que o processo pode ser medido: na entrada (eficácia do fornecedor); na execução do processo (sua eficiência); e na saída (sua eficácia).

A etapa da *estruturação para a coleta de dados* serve para orientar o processo de coleta de dados, e os seguintes aspectos precisam ser considerados:

- **o que medir:** a partir do mapeamento do processo, os dados a serem medidos podem ser medidas de resultado ($y_i$) ou fatores causais ($x_i$) que poderão ajudar nas fases posteriores. Eles precisam estar relacionados ao problema e também às CTQs relacionadas aos clientes;
- **tipo de medida:** o que está sendo medido pode ser classificado como medida de entrada, processo ou resultado;
- **tipo de dados:** pode ser classificado como atributo (conforme / não conforme, bom/ruim etc.) ou variável (tempo, diâmetro etc.);
- **unidade de medida:** (mm, cm, m, segundos, minutos, horas, dias etc.);
- **definição operacional:** é a descrição de algo que será medido, em que todas as partes envolvidas possuem uma compreensão comum e não existe nenhuma ambiguidade sobre aquilo que está sendo medido;
- **alvo ou especificação:** o alvo é o valor ideal de uma característica da qualidade para o cliente, e a especificação é uma faixa de valor aceitável para a característica da qualidade;
- **fonte de dados:** deve-se fazer a opção por utilizar dados históricos ou coletar novos dados. A escolha é feita em função da facilidade de acesso aos dados; do formato em que os dados estão disponibilizados; da confiabilidade dos dados existentes; e dos esforços necessários (custo e parada da produção) para a coleta de novos dados; e
- **plano de coleta de dados:** consiste basicamente em três elementos: formulários, estratificação e amostragem. Os formulários servem para registrar os dados de uma maneira clara. A estratificação permite explorar informações relevantes sobre os dados, tais como: quem (indivíduo A ou B), o quê (defeito A ou B), quando (turno A ou B), onde (máquina A ou B). No caso da necessidade de novos dados, a amostragem pode tor-

nar-se necessária e, com isso, a frequência e o tamanho da amostra tornam-se fatores importantes para garantir a representatividade.

A etapa de *implementação e validação da coleta de dados* refere-se ao treinamento das pessoas que coletarão os dados e à verificação da confiabilidade dos dados que foram obtidos. Nesse processo, a equipe também pode refletir sobre eventuais problemas encontrados durante a coleta dos dados com a finalidade de aprimorar o processo para os próximos projetos Seis Sigma.

Destaca-se que caso existam dados, eles sejam confiáveis e as medições cubram a maior parte dos processos fundamentais focados nos clientes, os *Belts* poderão procurar as áreas mais críticas para que as ações de melhoria possam ser conduzidas. Isso também propicia que os projetos Seis Sigma sejam iniciados com mais rapidez, porque os dados já estarão disponíveis.

A etapa relativa à *medição da capabilidade do processo* está associada à determinação da habilidade do processo em atender com relativa folga os limites de especificação de um determinado produto. Na fase *Measure*, a capabilidade inicial do processo é calculada para que possa servir de comparação ao término do projeto, para verificar o quanto as ações de melhoria foram eficazes. Em vez da capabilidade do processo, o nível sigma ou DPMO também pode ser usado para comparação.

### 13.6.4.3 Analyse

A fase *Analyse* consiste em determinar as causas mais prováveis dos defeitos e entender por que os defeitos são gerados, identificando as variáveis-chave que têm maior impacto na variação do resultado do processo. O objetivo dessa fase é determinar quais os diversos $x_i$, ou causas, do processo que mais contribuem com o desempenho, ou efeito, de $y$. Para isso, nessa etapa, as ferramentas da qualidade e os métodos estatísticos servem para evidenciar as causas óbvias e não óbvias que influenciam o resultado do processo.

Existem basicamente dois caminhos ou fontes de dados, que podem ser combinados, para se chegar às principais causas do desempenho inadequado de um processo: porta dos dados e porta do processo. O primeiro é por meio da análise dos dados coletados na fase *Measure* e é mais indicado quando o objetivo é melhorar a eficácia do processo (melhorar a satisfação do cliente, por exemplo). O segundo procura analisar o fluxo do processo e é mais adequado quando o objetivo é a melhoria da eficiência do processo (redução do ciclo de tempo, por exemplo).

A fase *Analyse* pode ser representada por um ciclo que é impulsionado por meio da geração e da validação de hipóteses quanto à causa do problema. A Figura 13.6 representa esse ciclo.

O ciclo pode ser iniciado no ponto (a), examinando o processo e os dados para identificar causas possíveis, ou no ponto (b), começando com a suspeita de uma causa e procurando confirmá-la ou rejeitá-la mediante uma análise. Quando é encontrada uma hipótese que não seja correta, é necessário que o ciclo seja reiniciado, mas vale destacar que, mesmo as causas estando incorretas, elas são uma oportunidade para refinar a explicação sobre o problema. No entanto, é importante ressaltar que as equipes que executam um projeto podem ter uma noção preconcebida do problema e acabam passando pela fase *Analyse* superficialmente, propondo soluções precipitadas.

Um destaque relativo a essa fase está na utilização de *softwares* estatísticos, pois eles facilitam os cálculos e desenham os gráficos necessários para auxiliarem os *Belts* na identificação das causas dos problemas.

**Figura 13.6** | O ciclo de hipótese/análise da causa raiz.

### 13.6.4.4 *Improve*

A fase *Improve* procura identificar meios para remover as causas dos efeitos indesejados no processo; confirmar as variáveis-chave e quantificar seus efeitos nas CTQs; identificar os limites de variação aceitáveis das variáveis-chave e criar um sistema para medir os desvios dessas variáveis; e modificar o processo para que fique dentro dos limites de variação aceitáveis. Essa fase pode ser dividida nas seguintes etapas:

a) confirmar as principais causas;
b) avaliar as alternativas de solução;
c) testar as soluções propostas;
d) tratar da resistência à mudança; e
e) implementar as soluções.

A primeira etapa trata da *confirmação das principais causas* e nela são levantadas várias causas ($x_i$) que influenciam o desempenho ($y$) do processo. No entanto, quando necessário, é preciso identificar aquelas que mais afetam o resultado do processo para que a melhoria possa ser direcionada adequadamente.

Na etapa de *avaliação das alternativas de solução*, a equipe propõe e discute as possíveis soluções para remover ou atenuar as principais causas que conduzem à variação do desempenho do processo. Vários fatores podem ser considerados para a escolha da ação de melhoria mais adequada, por exemplo: relação custo/benefício, resistência à mudança, tempo de implementação, incerteza sobre a efetividade etc.

A etapa de *teste das soluções propostas* desdobra-se em dois passos que precisam ser seguidos para que a efetividade das ações implementadas seja garantida: (1) avaliação preliminar da ação de melhoria sob condições que simulam o mundo real; e (2) avaliação final sob condições do mundo real.

*Tratar da resistência* à mudança é outra etapa da fase Improve. As objeções à mudança podem vir de várias partes, da gerência, da força de trabalho ou de grupos. A mudança consiste em duas partes: tecnológica e as consequências sociais da mudança tecnológica.

Existem diferentes tipos de resistência, e a equipe precisa identificá-las junto aos grupos de interesse, para que seus efeitos sejam atenuados. Precisa ser feita uma análise sobre as pessoas que serão afetadas pela solução, pois elas poderão ter um papel importante para que os resultados sejam implementados e consolidados.

A última etapa dessa fase refere-se à *implementação das soluções*. A implementação da melhoria pode incluir revisões nos procedimentos operacionais; mudanças de responsabilidades; equipamentos e materiais adicionais; e extensivo treinamento. Um cronograma com tarefas e datas pode ajudar nesse estágio.

Outros fatores nessa fase que podem prejudicar os resultados de um projeto Seis Sigma são falta de criatividade, falha em examinar as soluções do início ao fim, implementação aleatória e resistência organizacional.

Após a implementação da solução, a equipe precisa avaliar se o impacto dela foi adequado, e também se produziu efeitos indesejáveis. Caso isso aconteça, a equipe precisará retornar à fase *Measure*.

### 13.6.4.5 Control

A fase *Control* tem por objetivos determinar como manter as melhorias e usar métodos que garantam que as variáveis-chave permaneçam dentro dos limites de variação aceitáveis para o processo modificado.

Um sistema de medição e controle precisa ser estabelecido para medir continuamente o processo, pois também pode servir para orientar futuras melhorias. Essa fase pode ser dividida nas seguintes etapas:

a) desenvolver formas de controle; e

b) implementar e monitorar os controles do processo.

A primeira etapa dessa fase é *desenvolver formas de controle*. Caso não exista um controle adequado sobre o processo, ele poderá voltar às condições iniciais antes da melhoria ou, até mesmo, em condições piores. O controle pode ser discutido em dois níveis: tático (ou de projeto) e estratégico.

O tipo de controle tático dependerá da extensão da padronização do processo e do nível de processamento. Deve incorporar ao processo mecanismos que garantam a adequada realização da atividade, evitando prováveis erros. Esses mecanismos são conhecidos como dispositivos à prova de erros (*poka-yoke*). Os gráficos de controle são exemplos de meios que podem ser utilizados para alertar quando o processo estiver fora de controle estatístico. Tal abordagem serve tanto para prevenir a ocorrência de defeitos como também para melhorar a capabilidade do processo à medida que a equipe ganha um melhor entendimento sobre ele. Também é recomendado que se crie documentação adequada para servir de suporte ao novo processo.

A segunda forma de controle é a estratégica, que pode ser entendida como parte da gestão do processo de negócio. Esta trata das responsabilidades periódicas da alta administração de proporcionar educação continuada, *benchmarking* do desempenho de outras empresas, seleção dos projetos Seis Sigma e criação e manutenção de sistemas e estruturas na empresa que ofereçam apoio ao programa Seis Sigma como uma filosofia de gestão de negócios.

Na última etapa, *implementar e monitorar os controles do processo*, as formas de controle são incorporadas ao processo para que as ações necessárias possam ser tomadas em função dos resultados desse controle.

Para que isso possa acontecer com efetividade, os envolvidos precisam entender que estarão gerindo processos. Nesse sentido, o método DMAIC possui elementos-chave da gestão de processos (identificar os processos centrais e clientes-chave; definir as exigências dos clientes; e medir o desempenho atual). Com isso, para que os ganhos sejam consolidados, responsabilidade e autoridade precisam ser delegadas aos donos dos processos. A utilização de *process scorecards* (indicadores-chave do desempenho do processo) pode ser efetuada para controlar e melhorar os processos.

Conforme foi mostrado, o programa Seis Sigma apresenta características em termos de infraestrutura, uso das técnicas e métodos associados a cada fase do método DMAIC. Essas características com a forte orientação ao cliente, por meio das CTQs, o diferenciam dos programas de melhoria anteriores.

## QUESTÕES PARA DISCUSSÃO

1) Quais tipos de projetos Seis Sigma podem ser considerados na melhoria das atividades de uma organização que apresenta vendas e *marketing*, gestão da cadeia de suprimentos, gestão da tecnologia da informação e gestão de pessoas como processos-chave de seu negócio?

2) Liste alguns processos comuns desempenhados por estudantes. Como esses processos podem ser melhorados usando a abordagem do Seis Sigma?

3) Resistência à mudança é um tema comum em ciências comportamentais. Quais aspectos desse tema influenciam negativamente a adoção do Seis Sigma em uma organização?

4) Qual o seu posicionamento sobre a associação de recompensas e de planos de carreira em função dos projetos Seis Sigma que são desenvolvidos por uma organização?

## BIBLIOGRAFIA

CORONADO, R. B.; ANTONY, J. Key ingredients for the effective implementation of Six Sigma program. *Measure Business Excelence*, 6, n. 4, 2002, p. 20-27.

ECKES, G. *Six sigma for everyone*. New Jersey: John Wiley & Sons, 2003, 143p.

HARRY, M.; SCHROEDER, R. *Six sigma*: the breakthrough management strategy revolutionising the world's top corporations. New York: Currency Publishers, 2000, 301p.

HENDERSON, K.; EVANS, J. Successful implementation of six sigma: benchmarking General Electric Company. *Benchmarking and International Journal*, 7, n. 4, 2000, p. 260-281.

MONTGOMERY, D. C. *Introdução ao controle estatístico da qualidade*. 4. ed. Rio de Janeiro: LTC, 2004, 513p.

_____; RUNGER, G. C. *Estatística aplicada e probabilidade para engenheiros*. 2. ed. Rio de Janeiro: LTC, 2003.

PANDE, P. S.; NEUMAN, R. P.; CAVANAGH, R. R. *Estratégia Seis Sigma*: como a GE, a Motorola e outras grandes empresas estão aguçando seu desempenho. Qualitymark: Rio de Janeiro, 2002, 472p.

ROTONDARO, R. G. *Seis Sigma*: estratégia gerencial para a melhoria de processos, produtos e serviços. São Paulo: Atlas, 2002.

SNEE, R. D. Dealing with the Achilles' hell of six sigma initiatives – Project selection is key to success. *Quality Progress*, March 2001, p. 66-72.

WERKEMA, M. C. C. *Criando a cultura Seis Sigma*. Rio de Janeiro: Qualitymark, 2002, 253p.

# Método de Taguchi e Delineamento de Experimentos

A qualidade no desenvolvimento de produtos pode ser alcançada com um conjunto de sistemas, programas, abordagens e métodos. Existem diversas ferramentas da qualidade e métodos estatísticos que procuram melhorar o desempenho dos processos e produtos. Entre eles, o Método de Taguchi e o do Delineamento de Experimentos podem ser de grande importância. Isso porque eles fazem uso de métodos estatísticos poderosos que buscam, de forma sistemática, a otimização de variáveis do ambiente produtivo.

Esses dois métodos são abordagens voltadas para a melhoria dos processos, visando predominantemente à otimização do processo, para que trabalhe em níveis ótimos ou próximos dos ótimos.

No contexto da melhoria contínua, o Método de Taguchi e o Delineamento de Experimentos possibilitam que os processos nos mais diversos setores alcancem desempenhos superiores, contribuindo assim para que a organização aumente sua competitividade, desde que as melhorias sejam direcionadas pela estratégia da empresa.

## 14.1 MÉTODO TAGUCHI

Uma abordagem na área de controle da qualidade é o chamado Método Taguchi, autor considerado o criador do conceito de *qualidade robusta*, uma abordagem para a garantia da qualidade com enfoque no projeto do produto e do processo.

Sua premissa básica é bastante simples: em vez de se concentrar os esforços constantemente no processo de produção (nos equipamentos, ferramentas etc.) para assegurar uma qualidade consistente, deve-se procurar projetar um produto que seja robusto o suficiente para assegurar alta qualidade a despeito de flutuações que venham a ocorrer no processo de produção bem como no ambiente de uso do produto. A estratégia tradicional predominante em termos de controle da qualidade é a de buscar controles mais rígidos (mais apertados) para o sistema de produção. Essa estratégia teria limitações que são dadas pelos custos crescentes associados a uma busca de controles mais rígidos e que levam a um ponto onde o retorno econômico passa a ser decrescente.

A proposta de Taguchi caminha no sentido de se reverter essa tendência, voltando-se para o projeto do produto e do processo.

Antes de entrarmos nas técnicas e métodos propostos por Taguchi, é preciso ficar claro qual o conceito de qualidade utilizado por ele e também qual o tipo de problema que se pretende resolver, relembrando o abordado no Capítulo 2 deste livro, sobre conceituação da gestão da qualidade.

Taguchi analisa e define qualidade (ou falta de qualidade) em associação à variabilidade do produto e suas consequências. Ele define qualidade como a perda que um produto causa à sociedade após sua venda, com exceção das perdas causadas por sua função intrínseca, ou seja, com exceção das perdas impostas pelo desempenho da função natural e tradicional do produto.

Tradicionalmente, a qualidade é vista como valor. Entretanto, valor é um conceito subjetivo que a teoria econômica define como utilidade marginal. A demanda para um produto, a um dado preço, está relacionada ao número de pessoas que consideram o valor do produto igual ou maior que seu preço. A utilidade marginal seria dada pelo valor atribuído ao produto pela última pessoa dentre as dispostas a adquiri-lo. Na visão de Taguchi, a definição e quantificação da qualidade em associação a esse valor subjetivo não são um problema pertinente à área de Engenharia, mas sim um problema de Marketing e de Planejamento do Produto. Nesse sentido, considera impreciso e difícil tratar as questões da qualidade como uma questão de valor e propõe, ao contrário, que a qualidade seja avaliada em relação às perdas impostas pelo produto à sociedade.

No âmbito dessa definição, as perdas se restringem a dois tipos:

a) Perdas causadas pela variabilidade da função intrínseca do produto.

b) Perdas causadas pelos efeitos nocivos do produto.

O primeiro refere-se às perdas causadas pela variabilidade da função do produto, durante a sua vida útil. Os estudos de efeitos nocivos (colaterais) de um produto tradicionalmente são mais conhecidos na Medicina. A "talidomida", por exemplo, era considerada um excelente sedativo, mas causava terríveis efeitos colaterais ao usuário.

Um motor que operasse sempre a uma velocidade constante, sem variabilidade, a despeito da variação das condições ambientais e do desgaste dos componentes, seria considerado perfeito em relação à qualidade funcional. Entretanto, se em funcionamento gerasse grande quantidade de barulho e vibração, seria classificado como de baixa qualidade no que diz respeito aos efeitos colaterais nocivos.

Assim, Taguchi define produto de boa qualidade como aquele que desempenha sua função sem variabilidade e que causa poucas perdas através de seus efeitos nocivos. O controle da qualidade, portanto, deveria estar voltado para a redução dos dois tipos de perdas que o produto impõe à sociedade após sua venda, não devendo se ocupar com a redução das perdas associadas à função intrínseca (função natural) do produto. O autor remete à discussão sobre as funções que a sociedade deveria permitir ou não aos produtos para o âmbito cultural e legal, cabendo à Engenharia o papel meramente de execução de produtos, com funções definidas em outras instâncias, que assegurassem as menores perdas possíveis.

Assim, melhorar a qualidade de um produto existente significaria fornecer a mesma utilidade (função) com menos perdas para o consumidor. A substituição de válvulas por transistores e, em seguida, por circuito integrado representou avanços da qualidade, uma vez que nesse processo evolutivo cada novo componente era de qualidade superior ao anterior, em termos de menor taxa de falhas, menos perda de energia e maior durabilidade.

Com vistas a imprimir seu sentido bastante pragmático à qualidade de um produto, Taguchi procura diferenciá-lo do conceito de variedade, conforme veremos a seguir.

Os bens são adquiridos em função de sua utilidade e preço. A utilidade inclui a aparência externa e a função do produto e determina, portanto, a variedade de produto que está sendo vendida. As propriedades valoradas subjetivamente tais como cor, padrão (função) etc. servem para classificar os produtos em variedades. Por outro lado, propriedades como consumo/perda de energia, taxa de falhas, vida útil, espaço ocupado pelo produto etc., que produzem as perdas experimentadas pelo consumidor, são itens associados à qualidade do produto.

Do ponto de vista da empresa, é preciso ter bem equacionados tanto o problema da variedade de produtos a oferecer ao mercado como a qualidade de cada variedade.

A não disponibilidade de determinada variedade de produto seria um problema de qualidade (falta de qualidade), do ponto de vista do consumidor.

Taguchi discute o problema do tamanho de camisas oferecido ao mercado (tamanhos 40, 41, 42 etc.) para verificar se ele é uma questão de variedade ou de qualidade e conclui que aumentar o número de tamanhos disponíveis (por exemplo, passar a oferecer também o número 41,5) é uma questão de aumentar a variedade. Entretanto, para os consumidores que necessitam de um tamanho de camisa entre 41 e 42, essa é uma medida que também se opõe ao problema da qualidade (falta de qualidade), em termos das perdas causadas a eles pela não disponibilidade do seu tamanho exato. Nesse caso, haveria uma redução da perda associada ao produto, uma vez que uma parcela de pessoas passaria a dispor de um tamanho de camisa mais próximo de suas necessidades.

Quando o consumidor adquire um produto, a variedade associada a ele é conhecida e está previamente decidida, uma vez que se está conhecendo a cor, o padrão, o tamanho e o preço no ato da escolha. Entretanto, embora a função e o preço sejam transparentes quando o bem é adquirido, a qualidade tende a ser incerta, uma vez que muitas das características do produto se tornarão claras somente após o seu uso e quando a experiência obtida com o produto for avaliada em comparação a outros concorrentes substitutos.

De modo geral, poderíamos dizer que a função do produto é uma questão de variedade enquanto a variabilidade associada à função é uma questão de qualidade.

### 14.1.1 Fontes de Ruído e Controle da Qualidade *Off-Line*

Os fatores que causam a variabilidade da função do produto recebem o nome de *ruídos* ou fatores de *perturbação*. Os ruídos podem ser enquadrados em três tipos:

- **Ruídos externos:** esses fatores estão relacionados tanto com as condições de uso do produto quanto com o ambiente. Exemplos: falha na operação do produto, umidade do ar, tensão da rede de energia, poeira, temperatura do ambiente etc.
- **Ruídos internos ou ruídos degenerativos:** esses fatores estão associados aos parâmetros (características) do produto que se alteram durante o uso ou a estocagem.
- **Variações na produção:** correspondem à variabilidade entre unidades do produto manufaturados sob as mesmas especificações.

Tendo em vista objetivos de eficácia econômica, o produto e o processo de produção devem ser projetados de modo que o seu desempenho seja o menos sensível a todos os tipos de ruídos. Essa resistência ou robustez deve ser interpretada no sentido de que as características funcionais do produto sejam insensíveis a variações nos ruídos.

Para se atingir essa robustez, os esforços de controle da qualidade devem ser iniciados durante a fase de projeto do produto. O Quadro 14.1 mostra, para cada estágio do ciclo de desenvolvimento de produto, as possibilidades (ou não) de se prevenir contra as fontes de ruídos.

Taguchi define como objetivo principal da Engenharia da Qualidade a obtenção de produtos que sejam resistentes aos ruídos ou fatores de perturbação.

| Quadro 14.1 | Possibilidade ou não de se prevenir contra fontes de ruídos |||
|---|---|---|---|
| Estágios de desenvolvimento do produto | Fontes de variação |||
| | Variáveis ambientais (*ruídos externos*) | Variáveis do produto (*ruídos degenerativos*) | Variações na produção (*ruídos entre unidades*) |
| Projeto do produto | 0* | 0 | 0 |
| Projeto do processo | X* | X | 0 |
| Produção | X | X | 0 |

(*) 0 = é possível contramedida.
X = *não* é possível contramedida.

Para fazer frente aos ruídos, a Engenharia da Qualidade deve atuar em três níveis, descritos a seguir.

### 14.1.1.1 Controle da qualidade durante o projeto do produto

Esse controle teria por finalidade estudar e buscar eliminar as variações no desempenho ou nas funções do produto, causadas por todos os tipos de ruídos.

O projeto do produto se desenvolve em três etapas consecutivas de otimização:

- **Projeto do sistema:** aqui, a partir dos recursos e da tecnologia disponíveis, desenvolve-se o projeto básico do produto que atenda às necessidades do mercado.
- **Projeto dos parâmetros:** nessa segunda etapa, procura-se otimizar o desempenho do sistema (produto) através da experimentação, definindo-se valores para os parâmetros de todos os componentes do sistema que tornem o seu desempenho o mais uniforme possível e que minimizem o **efeito dos ruídos**.
- **Projeto de tolerâncias:** nessa etapa, procura-se remover as **causas para os ruídos**, levando-se em consideração tanto a perda na qualidade por desvios em relação a valores nominais fixados na fase de projeto como o custo das diferentes classes de componentes disponíveis. Aqui, examinam-se, por exemplo, as possibilidades de melhoria do desempenho através da utilização de matérias-primas melhores e mais caras. Portanto, procura-se controlar as fontes de ruídos atuando sobre as causas, geralmente aumentando os custos associados ao produto.

As etapas Projeto dos Parâmetros e Projeto de Tolerâncias são desenvolvidas utilizando-se como ferramenta principal as técnicas de delineamento de experimentos (*Design of Experiments* – DOE).

### 14.1.1.2 Controle da qualidade durante o projeto do processo

O objetivo aqui é buscar as especificações do processo de produção que assegurem a obtenção de produtos uniformes e em nível econômico. Para tanto, deve-se recorrer às três etapas já mencionadas:

1) Projeto do sistema: escolha do processo.
2) Projeto dos parâmetros: otimização de parâmetros do processo, de modo a minimizar o efeito dos ruídos que surjam durante a produção.
3) Projeto de tolerâncias: remoção das causas para os ruídos.

### 14.1.1.3 Controle da qualidade durante a produção

Mesmo com o processo de produção e as condições de operação previamente determinados, ainda persistem algumas fontes de variabilidade no dia a dia, tais como: variabilidade da matéria-prima, falha de máquina, desgaste de ferramentas, erro humano etc. Essas fontes de variabilidade são acompanhadas pelo controle da qualidade durante a produção, através de três formas de atuação:

a) Diagnóstico do processo e ajustagem, tradicionalmente conhecido como *controle do processo*.

b) Predição e correção, também conhecido como controle por *retroalimentação*.

c) Medição e ação, conhecida como *inspeção*.

A "medição e ação" é dirigida para o *produto*, enquanto "diagnóstico de ajustagem" e "predição e correção" são voltados para o *processo*.

O controle da qualidade durante o projeto do produto e durante o projeto do processo definem o que Taguchi chama de controle da qualidade *off-line*, enquanto o controle da qualidade durante a produção seria o controle da qualidade *on-line*.

O controle da qualidade *off-line* consiste num método sistemático para otimização do projeto do produto e do processo de produção, com vistas a se obterem produtos de alta qualidade (dentro do âmbito da definição de qualidade de Taguchi) e de baixo custo.

As etapas do controle da qualidade *off-line* são:

a) Identificação dos fatores de produto (ou processo) importantes que possam ser manipulados, bem como os níveis potenciais de atuação.

b) Realização de experimentos fatoriais fracionais no produto (processo) utilizando-se matriz ortogonal.

c) Análise dos resultados do experimento para determinar o nível ótimo de operação dos fatores (consideram-se nessa análise tanto a média como a variância do desempenho).

d) Realização de um experimento adicional para se certificar de que o novo nível do fator de fato melhora a qualidade.

A característica principal do controle da qualidade *off-line* é o projeto de experimentos utilizando-se matriz ortogonal e a análise da relação sinal/ruído. O delineamento de matriz ortogonal permite uma maneira econômica de se estudar simultaneamente o efeito de muitos fatores sobre a média e a variância do desempenho do produto e do processo. A razão sinal/ruído é uma medida da variabilidade do desempenho.

Segundo Taguchi, com a otimização com base na razão sinal/ruído, assegura-se que as condições ótimas do projeto do produto (processo) obtidas são robustas ou estáveis, significando que elas permitem variação mínima.

## 14.1.2 Função de Perda, Delineamento de Experimento e Razão Sinal/Ruído

A seguir são explicados, de modo sucinto, os conceitos de Função de Perda, Projeto de Experimentos e a Razão Sinal/Ruído.

### 14.1.2.1 Função de perda

Taguchi define perda na qualidade como o valor esperado da perda monetária causada por desvios em relação ao desejado (ou ao especificado), para todas as funções de interesse e durante toda a vida útil do produto considerado.

A função utilizada para representar a perda na qualidade é uma *função de perda quadrática*. A ideia subjacente é a seguinte: qualquer variação em uma característica de desempenho de um produto, em relação ao valor nominal, implica uma perda para o consumidor. Essa perda pode ser desde uma mera inconveniência até uma perda monetária ou um dano físico.

Chamamos de $Y$ o valor real da característica de interesse de um certo produto e $m$ o valor nominal para essa mesma característica. $L(Y)$ representa a perda na qualidade, em valores monetários, devido ao desvio de $Y$ em relação a $m$. De modo geral, quanto maior o desvio da característica ($Y$) em relação ao seu valor nominal ($m$), maior é a perda para o consumidor. Entretanto, é difícil determinar a forma da função $L(Y)$. Taguchi propõe a aproximação de $L(Y)$ por uma função quadrática. A função de perda quadrática mais simples é:

$$L(Y) = k\,(Y - m)^2$$

em que

$k$ = constante e para a qual a perda é mínima quando $Y = m$.

O valor de $k$ poderá ser determinado se conhecermos o valor de $L(Y)$ para um particular valor de $Y$.

Supondo que a tolerância para a característica de qualidade seja $m + \Delta$ e que o produto tem um desempenho não satisfatório quando $Y$ ultrapassa esse intervalo, e ainda que o custo para se reparar ou descartar o produto nesse caso é de $A$ unidades monetárias, temos que:

$$A = k \cdot \Delta^2 \text{ e, portanto, } k = \frac{A}{\Delta^2}s.$$

Essa versão da função de perda é particularmente útil quando um valor nominal específico é o melhor para a característica de desempenho e a perda aumenta simetricamente na medida em que $Y$ se desvia do valor nominal. A Figura 14.1 ilustra esse tipo de função de perda.

A perda média para o consumidor devido à variação de desempenho é dada pelo valor esperado da função de perda quadrática $L(Y) = k(Y - m)^2$ para todos os possíveis valores de $Y$. A perda média é proporcional ao desvio médio quadrático $\sigma_*^2$ de $Y$ em relação ao valor nominal $m$.

Além do caso visto anteriormente, em que o valor nominal é o melhor para a característica, tem-se dois casos especiais.

O primeiro é o caso em que quanto menor o valor da característica, em relação ao valor nominal, melhor é a situação. Por exemplo, quando a característica em questão é a quantidade de impurezas num produto.

O segundo é o caso em que quanto maior o afastamento, melhor a situação. Por exemplo, quando a característica é a resistência de uma peça mecânica.

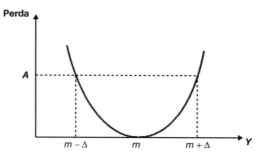

**Figura 14.1** | Função de perda quadrática.

Resumidamente, a função de perda quadrática é:

$$L(Y) = \frac{A}{\Delta^2} \cdot \sigma_*^2$$

O elemento $\sigma_*^2$ assume os seguintes valores conforme o caso:

- Característica melhor quando no valor nominal:

$$\sigma_*^2 = \frac{1}{n}\,[(Y_1 - m)^2 + \ldots + (Y_n - m)^2]$$

- Característica melhor quando menor:

$$\sigma_*^2 = \frac{1}{n}\,(Y_1^2 + \ldots + Y_n^2)$$

- Característica melhor quando maior:

$$\sigma_*^2 = \frac{1}{n}\left(\frac{1}{Y_1^2} + \ldots + \frac{1}{Y_n^2}\right)$$

### 14.1.2.2 Projeto de experimentos e razão sinal/ruído

Taguchi propõe uma nova abordagem de projeto de experimentos para o projeto de parâmetros do produto (ou processo). Ele classifica as variáveis que afetam as características de desempenho em dois tipos: parâmetros do projeto e fontes de ruído.

Parâmetros do projeto são os parâmetros do produto (ou processo) cujo valor nominal define as especificações de projeto.

As fontes de ruído compreendem todas as variáveis que fazem com que a característica de desempenho se desvie de seu valor nominal. Obviamente, nem todas as fontes de ruído podem ser incluídas em um projeto de experimentos para os parâmetros.

As fontes de ruído que podem ser variadas sistematicamente em um experimento são chamadas de *fatores de ruído*, incluindo-se no experimento os fatores de ruído mais significativos.

O objetivo do projeto de experimentos proposto por Taguchi é encontrar os valores para os parâmetros de projeto para os quais o efeito dos fatores de ruído na característica de desempenho é mínimo. Esses valores para os parâmetros de projeto são previstos variando-se sistematicamente os valores dos parâmetros no experimento e comparando-se o efeito dos fatores de ruído para cada teste realizado.

Assim, o delineamento de experimentos de Taguchi é desenvolvido em duas etapas:

1) Uma matriz de parâmetros de projeto.
2) Uma matriz de fatores de ruído.

A *matriz de parâmetros de projeto* especifica os níveis de teste dos parâmetros de projeto. As colunas representam os parâmetros de projeto, e as linhas representam diferentes combinações de níveis de teste.

A *matriz de fatores de ruído* especifica os níveis de teste dos fatores de ruído. As colunas representam os fatores de ruído, e as linhas representam diferentes combinações de níveis de ruído.

O experimento de Taguchi consiste na combinação das duas matrizes. Cada teste realizado na matriz de parâmetros de projeto é seguido de teste com todas as linhas da matriz de fatores de ruído. A característica de desempenho do produto (ou processo) é avaliada para cada uma das tentativas da matriz de fatores de ruído para cada teste de parâmetros.

No caso de características de desempenho contínuas (variável contínua), as diversas observações para cada teste são usadas para se computar uma *estatística de desempenho*. A *estatística de desempenho* estima o efeito dos fatores de ruído. A partir dos valores dessa estatística, preveem-se as melhores definições para os parâmetros do projeto. O melhor valor previsto é, em seguida, verificado através de um experimento de confirmação.

Taguchi recomenda o uso de projeto ortogonal de experimentos para se construir as matrizes de parâmetros de projeto e dos fatores de ruído, e sugere o uso de um parâmetro chamado *razão sinal/ruído* como estatística de desempenho. Em sua forma elementar, a razão sinal/ruído representa a razão entre a média e o desvio padrão, medida em decibéis. Essa relação representa o inverso do coeficiente de variação. A maximização da razão sinal/ruído para os parâmetros de projeto garantiria a *qualidade robusta*.

Supondo que $Y_1, Y_2, ..., Y_n$ representem valores para a característica de desempenho, a razão sinal/ruído (S/R) de Taguchi, para cada caso, é a seguinte:

- Característica melhor quando no valor nominal (N):

$$S/R\ N = 10 \cdot \log\left(\frac{\overline{Y}}{S^2}\right)$$

em que

$$\overline{Y} = \frac{\sum Y_i}{n} \text{ e } S^2 = \frac{1}{n-1} \cdot \sum (Y_i - \overline{Y})^2$$

- Característica melhor quando menor (Me):

$$S/R\ Me = -10 \cdot \log\left(\frac{1}{n} \cdot \sum Y_i^2\right)$$

- Característica melhor quando maior (Ma):

$$S/R\ Ma = -10 \cdot \log\left(\frac{1}{n} \cdot \sum \frac{1}{Y_i^2}\right)$$

Dessa forma, Taguchi faz uma analogia entre a relação sinal/ruído e o sistema de audição.

### Observações Gerais

Poderíamos resumir a filosofia de qualidade de Taguchi nos sete pontos a seguir:

1) Uma importante dimensão da qualidade de um produto manufaturado é a perda total gerada por esse produto à sociedade.
2) Em uma economia competitiva, o contínuo aperfeiçoamento da qualidade e a redução de custos são fatores fundamentais para a estabilidade dos negócios.
3) Um programa de melhoria contínua da qualidade inclui incessante busca de redução na variação das características de desempenho do produto em relação ao seu valor nominal.
4) A perda do consumidor devido à variação do desempenho do produto é, de modo geral, aproximadamente proporcional ao desvio quadrático da característica de desempenho em relação ao valor nominal.
5) A qualidade final e o custo de um produto manufaturado são determinados em grande extensão pela Engenharia de Projeto do Produto e de seu processo de produção.

6) A variação de desempenho de um produto (ou processo) pode ser reduzida pelo estudo dos efeitos não lineares dos parâmetros do produto (ou processo) sobre as características de desempenho.

7) Experimentos planejados estatisticamente podem ser usados para identificar os níveis dos parâmetros do produto (ou processo) que reduzem a variação do desempenho.

O Método Taguchi procura resolver os problemas de qualidade por uma perspectiva não ortodoxa, removendo mais o efeito das causas do que a causa dos efeitos. Essa perspectiva, considerada de menor custo, parte do pressuposto de que as condições de variabilidade e a adversidade do ambiente sempre existirão, afetando o desempenho tanto do produto quanto do processo. Consequentemente, o objetivo do Método Taguchi é otimizar a qualidade do produto tendo em vista a existência de condições adversas no seu uso.

Do ponto de vista das técnicas estatísticas, o trabalho de Taguchi tem recebido algumas críticas, particularmente em relação à medição e ao uso da razão sinal/ruído. Alguns autores sugerem a maior eficiência de se estudarem a média e a variância do desempenho separadamente, em vez da combinação sinal/ruído.

Um mérito incontestável dos trabalhos de Taguchi é o despertar e a familiarização das áreas de Engenharia e de Controle da Qualidade com a potencialidade do uso do ferramental estatístico disponível sobre Projeto de Experimentos.

Quanto à definição de qualidade de Taguchi, poderíamos lembrar que ela não considera as perdas que o produto impõe à sociedade durante o seu processo de produção. Na realidade, Taguchi considera que as perdas ocorridas durante a produção estão embutidas no preço do produto.

O objetivo subjacente à proposta de Taguchi é a busca da máxima homogeneidade, reduzindo a variabilidade em direção ao valor nominal. Esse objetivo de não apenas cumprir as especificações, como tradicionalmente se faz, mas de se alcançar o valor nominal, a fim de se reduzir as perdas, obviamente exige e leva a um contínuo aperfeiçoamento da qualidade.

Os investimentos em projetos de melhoria da qualidade, a partir da proposta de Taguchi, se tornam muito mais atrativos à medida que se tem como referência um espectro de preocupações mais abrangente e um horizonte de longo prazo. Pode-se dizer que a aplicação do Método Taguchi supõe que a empresa possua uma capacidade de pesquisa e experimentação em termos de mão de obra qualificada, laboratórios, conhecimento científico e tecnológico, informações sobre desempenho do produto e processo etc. Obviamente, essa condição é preenchida, principalmente, pelas empresas multinacionais, e, no caso do Brasil, pelas grandes empresas nacionais de alguns setores.

A abordagem de Taguchi demonstra a estreita relação que deve existir entre as áreas de Pesquisa & Desenvolvimento, Projeto do Produto, Projeto do Processo e Controle da Qualidade.

As técnicas de Taguchi vêm sendo incorporadas nos sistemas CAE (*Computer Aided Engineering*, ou Engenharia Assistida por Computador) e *Design for Six Sigma*, com vistas a assegurar robustez, confiabilidade e manufaturabilidade do produto desde as fases iniciais do projeto.

## 14.2 DELINEAMENTO DE EXPERIMENTOS

O Delineamento de Experimentos (ou, em inglês, *Design of Experiments* – DOE) também conhecido como Projeto de Experimentos foi desenvolvido por R. A. Fisher antes de 1920. É um método usado para testar e otimizar o desempenho de um produto, serviço ou processo. O DOE permite testar, de forma planejada, várias entradas (fatores ou variáveis controladas) para determinar quais delas são importantes para explicar e entender como elas influenciam determinada saída (ou resposta) a fim de que o desempenho de um produto, serviço ou processo seja otimizado (RAMOS, 2002; PANDE et al., 2001).

## 14.2.1 Planejamento Experimental

O planejamento experimental consiste em promover testes em que são feitas mudanças propositais nas entradas de um processo para que se possam identificar as mudanças na saída desse processo.

Um processo pode ser entendido como uma combinação de máquinas, mão de obra, matéria-prima e métodos que transformam entradas (**fatores**) em saídas (**resposta**). A saída pode ser representada por uma ou mais características da qualidade. Entre os fatores, têm-se os controláveis e os não controláveis. Os fatores controláveis podem ser modificados nos experimentos a fim de se testar o efeito deles na resposta. Já os fatores não controláveis são chamados de ruídos por apresentarem impossibilidade técnica ou financeira de serem modificados. No entanto, são considerados nas análises. A Figura 14.2 apresenta um processo com suas entradas, saídas e fatores.

Os fatores podem assumir valores específicos durante um experimento. Esses valores específicos são chamados de **níveis** (ou tratamentos). Com isso, um fator pode apresentar tantos níveis quanto o planejado no experimento. Os objetivos do experimento podem ser:

a) determinar quais fatores (Xs) mais influenciam a resposta (Y);
b) determinar os valores dos Xs influentes para que Y atinja o valor desejado;
c) determinar os valores dos Xs para que a variabilidade de Y seja reduzida ao máximo;
d) determinar os valores de Xs para que os efeitos dos fatores não controláveis (Zs) sejam minimizados (MONTGOMERY, 2004).

O Planejamento de Experimental é um método ativo, pois testes são executados no processo, enquanto o Controle Estatístico de Processos é um método passivo, pois espera-se que as informações conduzam a alguma mudança.

## 14.2.2 Procedimentos para o Planejamento de Experimentos

Para que o Planejamento de Experimentos ocorra de maneira adequada, é necessário que sejam seguidos alguns procedimentos (RAMOS, 2002). São eles:

- **Reconhecimento e definição do problema:** nesse momento, reconhecer a existência do problema é de suma importância, e informações advindas do processo bem como

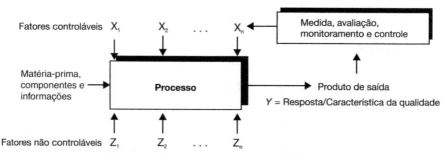

**Figura 14.2** | Entradas e saídas de um processo.

análises podem ser úteis, além da participação de equipes multidisciplinares para o refinamento do problema.

- **Escolha dos fatores e níveis:** Os fatores (Xs) que irão variar, bem como os níveis em que eles irão variar, precisam ser estabelecidos. A combinação da experiência prática e teórica é fundamental para definição dos Xs, bem como de qual a faixa da variação de cada um. Escolhas inadequadas, tanto dos fatores como dos níveis, podem implicar o uso demasiado de recursos, além de comprometer os resultados do experimento.

- **Seleção da variável resposta (Y):** é a característica da qualidade que se pretende melhorar, seja em termos de medida de posição (por exemplo, o valor médio) ou de dispersão (por exemplo, o desvio padrão). Em todos os casos em que ocorre medição de variáveis, o uso de equipamentos de medição adequados e confiáveis é uma condição necessária para que no final as análises sejam efetuadas sobre bons dados, fornecidos com qualidade.

- **Escolha do planejamento experimental:** envolve o número de replicações, seleção da ordem adequada de rodadas para as tentativas experimentais, ou se a formação de blocos e outras restrições de aleatoriedade estão envolvidas.

- **Execução do experimento:** é executada de acordo com o planejamento da etapa anterior. Cabe ressaltar que todos os recursos envolvidos precisam estar disponíveis no momento da execução do experimento.

- **Análise dos dados:** consistem na determinação, por meio de métodos estatísticos, dos fatores influentes na resposta estudada. Softwares estatísticos podem ser úteis nesse momento.

- **Conclusões e recomendações:** Consistem nas conclusões práticas do experimento e em recomendações de ações para que o resultado desejado seja alcançado.

### 14.2.2.1 Experimentos fatoriais

Na experimentação científica sempre existe um erro, chamado de erro experimental, que é originado de várias causas, tais como: variação do instrumento de medição; variação do analista; variação do material de prova; variação das condições de teste; e outros. Dentro da experimentação, dois princípios podem ser trabalhados para minimizar as perturbações dessas causas: são eles a repetição e a aleatorização (RAMOS, 2002).

Um experimento realizado com repetições permite avaliar melhor a influência de determinado fator sobre a resposta porque a magnitude do erro experimental pode ser estimada pelas repetições desse experimento. A repetição de determinada combinação de níveis de fatores por diversas vezes permite a separação da variação intrínseca associada ao processo de experimentação das diferenças associadas ao efeito que um fator (X) tem sobre a resposta (Y).

A aleatorização consiste em definir a ordem dos tratamentos mediante sorteios aleatórios para que se possa avaliar melhor a influência ou efeito de dado fator. Com isso, os experimentos são definidos ao acaso.

O efeito de um fator é definido como a mudança na resposta produzida por uma mudança no nível do fator. Isso é chamado de **efeito principal**, porque se refere aos fatores principais no estudo.

No entanto, quando se examina o efeito principal em níveis diferentes para mais de um fator, observa-se que, por exemplo, um fator A pode depender dos níveis do fator B. Logo, o conhecimento da **interação** AB é mais útil do que o conhecimento do efeito principal. Quando o resultado da combinação de efeitos de fatores não é aditivo, mas sim multiplicativo, tem-se uma interação. Uma interação significativa pode mascarar a significância dos efeitos principais. Destaca-se que o número de fatores implica o número de interações que podem existir, cabendo testes estatísticos para avaliar a significância dessas interações. Por exemplo, para três fatores (A, B e C), podem ocorrer interações até de terceira ordem (ABC).

Para avaliar interações de até segunda ordem, é possível fazer um gráfico mostrando os resultados obtidos. Quando existe certo grau de paralelismo entre as retas é provável a inexistência de interação entre os fatores. A Figura 14.3 apresenta três gráficos (a), (b) e (c). Uma análise sobre eles permite supor que é provável que exista interação apenas nos gráficos (a) e (b). Esse tipo de análise é aplicável a experimentos com e sem repetição.

Um método utilizado em experimentos com ou sem repetição é o Diagrama de Pareto. É um método de simples avaliação, porém menos conclusivo. Nele os efeitos são calculados e ordenados do maior para o menor em valores absolutos e relativos, sob a forma de porcentagem acumulada (Figura 14.4).

A partir da Figura 14.4, observa-se que os três primeiros efeitos (A, B e a interação BC) são bem maiores que os demais e, provavelmente, significativos. No entanto, como se trata de uma análise visual, certa subjetividade está implícita, e com isso precisam ser tomados os devidos cuidados sobre as considerações.

Um método quantitativo para se avaliar esses efeitos de interação é o da análise de variância. Ele se aplica a experimentos em que ocorrem repetições. Na Tabela 14.1, esse método é apresentado para o caso de experimentos $2^2$, e na Tabela 14.2 tem-se para o caso de experimentos $2^3$.

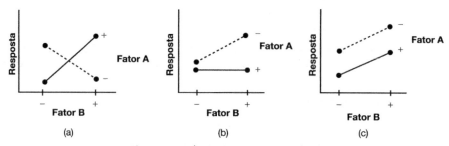

**Figura 14.3** | Diagramas de interações.

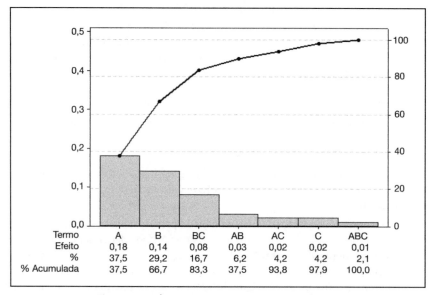

**Figura 14.4** | Diagrama de Pareto para os efeitos.

### Tabela 14.1 — Análise de variância para projetos $2^2$

| Fonte de variação | Soma de quadrados | Graus de liberdade | Quadrado médio | $F_{calculado}$ | $F_{tabelado}$ |
|---|---|---|---|---|---|
| A | $SQ_A = n \cdot (Efeito\ A)^2$ | $(a-1)$ | $S_A^2 = SQ_A$ | $F_A = \dfrac{S_A^2}{S_E^2}$ | |
| B | $SQ_B = n \cdot (Efeito\ B)^2$ | $(b-1)$ | $S_B^2 = SQ_B$ | $F_B = \dfrac{S_B^2}{S_E^2}$ | |
| AB | $SQ_{AB} = n \cdot (Efeito\ AB)^2$ | $(a-1)\cdot(b-1)$ | $S_{AB}^2 = SQ_{AB}$ | $F_{AB} = \dfrac{S_{AB}^2}{S_E^2}$ | |
| ERRO | $SQ_E = SQ_T - SQ_A - SQ_B - SQ_{AB}$ | $a\cdot b\cdot(n-1)$ | $S_E^2 = \dfrac{SQ_E}{2^2 \cdot (n-1)}$ | | |
| TOTAL | $SQ_T = (a\cdot b\cdot n - 1)\cdot S_T^2$ | $a\cdot b\cdot n - 1$ | | | |

em que:
 $n$ é o número de repetições;
 $a, b$ são os fatores que apresentam dois níveis;
 $S_T$ é o desvio-padrão amostral de todas as observações no caso em que existe repetição.
Se $F_{calculado} > F_{tabelado}$ → o efeito correspondente é significativo. $F$ é um parâmetro estatístico da distribuição F-Snedecor.

### Tabela 14.2 — Análise de variância para projetos $2^3$

| Fonte de variação | Soma de quadrados | Graus de liberdade | Quadrado médio | $F_{calculado}$ | $F_{tabelado}$ |
|---|---|---|---|---|---|
| A | $SQ_A = 2 \cdot n \cdot (Efeito\ A)^2$ | $(a-1)$ | $S_A^2 = SQ_A$ | $F_A = \dfrac{S_A^2}{S_E^2}$ | |
| ... | ... | ... | ... | ... | |
| C | $SQ_B = 2 \cdot n \cdot (Efeito\ C)^2$ | $(c-1)$ | $S_C^2 = SQ_C$ | $F_C = \dfrac{S_C^2}{S_E^2}$ | |
| AB | $SQ_{AB} = 2 \cdot n \cdot (Efeito\ AB)^2$ | $(a-1)\cdot(b-1)$ | $S_{AB}^2 = SQ_{AB}$ | $F_{AB} = \dfrac{S_{AB}^2}{S_E^2}$ | |
| ... | ... | ... | ... | ... | |
| ABC | $SQ_{ABC} = 2 \cdot n \cdot (Efeito\ ABC)^2$ | $(a-1)\cdot(b-1)\cdot(c-1)$ | $S_{ABC}^2 = SQ_{ABC}$ | $F_{ABC} = \dfrac{S_{ABC}^2}{S_E^2}$ | |
| ERRO | $SQ_E = SQ_T - SQ_A - SQ_B - SQ_{ABC}$ | $a\cdot b\cdot c\cdot(n-1)$ | $S_E^2 = \dfrac{SQ_E}{2^3 \cdot (n-1)}$ | | |
| TOTAL | $SQ_T = (a\cdot b\cdot c\cdot n - 1)\cdot S_T^2$ | $a\cdot b\cdot c\cdot n - 1$ | | | |

em que:
 $n$ é o número de repetições;
 $a, b, c$ são os fatores que apresentam dois níveis;
 $S_T$ é o desvio-padrão amostral de todas as observações no caso em que existe repetição.
Se $F_{calculado} > F_{tabelado}$ → o efeito correspondente é significativo. $F$ é um parâmetro estatístico da distribuição F-Snedecor.

Uma prática que ajuda na análise dos experimentos fatoriais é a construção das tabelas experimentais, pois elas ajudam a simplificar os cálculos a serem realizados para determinar os efeitos dos fatores e as eventuais interações entre eles.

Experimentos fatoriais completos são chamados de delineamentos do tipo $L^k$, em que $k$ representa a quantidade de fatores em avaliação e $L$ é o número de níveis testados para cada fator. Supõe-se que em um experimento $L$ seja constante (RAMOS, 2002). Os níveis de cada fator são representados por sinais, que assumem os valores "baixo" ou "−"; e "alto" ou "+".

A construção da Tabela Experimental obedece as seguintes regras: cada coluna tem o mesmo número de sinais positivos e negativos; a soma dos produtos de sinais de quaisquer duas colunas é zero; cada coluna é dada por $L^{i-1}$, em que $i$ é o número da coluna; iniciar a primeira linha da primeira coluna por −1 e alternar o sinal conforme a coluna $L$ em que se está; o produto de quaisquer duas colunas resulta numa outra coluna da tabela.

A Tabela 14.3 representa um exemplo de Tabela Experimental, num experimento do tipo $2^3$ elaborado a partir das regras apresentadas.

A Tabela Experimental – Tabela 14.3 – permite chegar ao efeito principal e ao efeito da interação de cada fator e interação, respectivamente. O cálculo é feito pela multiplicação da resposta pelo sinal da coluna, depois se calcula o total da coluna e divide-se o resultado pelo número de vezes em que os níveis foram alternados (dois, no caso).

**Tabela 14.3  Tabela experimental**

| Rodadas | Ordem | A | B | C | AB | AC | BC | ABC | Resposta |
|---|---|---|---|---|---|---|---|---|---|
| 1 | | − | − | − | + | + | + | − | |
| 2 | | + | − | − | − | − | + | + | |
| 3 | | − | + | − | − | + | − | + | |
| 4 | | + | + | − | + | − | − | − | |
| 5 | | − | − | + | + | − | − | + | |
| 6 | | + | − | + | − | + | − | − | |
| 7 | | − | + | + | − | − | + | − | |
| 8 | | + | + | + | + | + | + | + | |
| Total | | | | | | | | | |
| Efeito | | | | | | | | | |

A análise dos resíduos de um experimento fatorial desempenha um papel importante na validade do modelo. Os resíduos de um experimento são definidos como a diferença entre os valores obtidos e as medidas de cada combinação de níveis de fatores.

Uma forma de avaliar os resíduos é por meio da sua normalidade. Quando os resíduos apresentam pontos muito fora do esperado (*outliers*) ou não se comportam de forma normalmente distribuída, é sinal de que outros fatores influenciaram a resposta e não foram desconsiderados pela aleatorização da sequência de experimentos.

### 14.2.2.2 Planejamento fatorial ($2^k$)

Existem alguns tipos de experimentos fatoriais que são muito utilizados e úteis na melhoria dos processos, em especial o planejamento fatorial com $k$ fatores, em que cada fator possui dois níveis. A base 2 representa o número de níveis na operação de potenciação. Com isso, cada replicação completa do planejamento tem $2^k$ rodadas.

Apesar de esse tipo de configuração ser incapaz de explorar completamente uma grande região do espaço de possíveis valores dos fatores, ela fornece informações úteis com poucos ensaios por fator.

### Planejamento fatorial (2²)

O tipo mais elementar de planejamento $2^k$ é o experimento fatorial de dois fatores e dois níveis (2²).

**Exemplo 1:** Um engenheiro de produção de uma empresa fabricante de pipocas de micro-ondas decidiu verificar se os tempos e potência recomendados para o preparo estavam adequados. Para verificar isso, ele utilizou um planejamento fatorial completo 2² considerando o tempo baixo ou alto ($A_0$ ou $A_1$) e a potência do micro-ondas ($B_0$ ou $B_1$). Ele queria verificar o comportamento desse processo com relação ao número de pipocas estouradas.

A partir disso, foi construída a Tabela 14.4 e foram calculados o Total e o Efeito sem repetições.

O experimento realizado permitiu visualizar que alterar o fator A (tempo) de baixo para alto fez com que o número de pipocas estouradas aumentasse em média 12,5 unidades. Alterar o fator potência de baixa para alta fez com que o número de pipocas estouradas aumentasse em média 22,5 unidades. A Figura 14.5 representa o efeito desses fatores no

**Tabela 14.4 Experimento das pipocas**

| Rodadas | Ordem | Fatores A | Fatores B | Interações AB | Resposta |
|---|---|---|---|---|---|
| 1 | 4 | − | − | + | 150 |
| 2 | 2 | + | − | − | 170 |
| 3 | 1 | − | + | − | 180 |
| 4 | 3 | + | + | + | 185 |
| Total | | −150 + 170 − 180 + 185 = 25 | −150 − 170 + 180 + 185 = 45 | +150 − 170 − 180 + 185 = −15 | |
| Efeito | | 25/2* = 12,5 | 45/2 = 22,5 | −15/2 = −7,5 | |

*Número de fatores

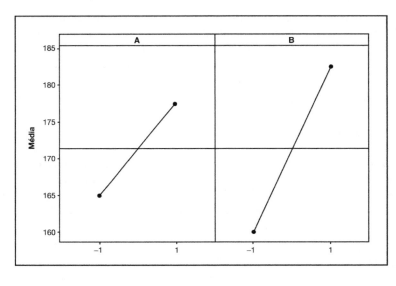

**Figura 14.5** | Principais efeitos na resposta do DOE da pipoca.

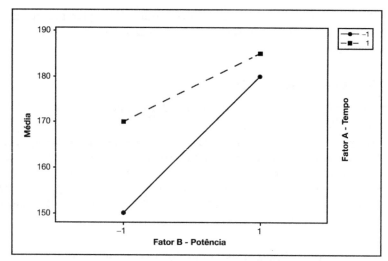

**Figura 14.6** | Gráfico de interações do DOE da pipoca.

número de pipocas estouradas. Observa-se que o fator potência é mais acentuado que o fator tempo e, com isso, parece influenciar mais positivamente o número de pipocas estouradas que o tempo.

O valor da interação encontrado foi $-7,5$, e o gráfico da Figura 14.6, por não sugerir um paralelismo na análise, indica que esse fator é relevante, existindo assim uma interação entre os fatores tempo e potência na obtenção do número de pipocas estouradas.

## Planejamento fatorial ($2^k$) para $k \geq 3$ fatores

Os métodos apresentados para planejamentos fatoriais com $k = 2$ fatores, com dois níveis cada, são facilmente estendidos a mais de dois fatores (MONTGOMERY, 2004).

Um planejamento fatorial $2^3$ tem oito combinações. Em termos geométricos, esse planejamento é um cubo em que as oito rodadas formam os vértices do cubo. Nele três efeitos principais são estimados (A, B e C), três interações de segunda ordem (AB, AC e BC) e mais uma interação de terceira ordem (ABC).

**Exemplo 2:** Pilhas alcalinas podem ser montadas por linhas de montagem automática ou semiautomática ($A_0$ ou $A_1$), utilizando-se hidróxido de potássio ou hidróxido de índio ($B_0$ ou $B_1$) como eletrólito e eletrodos planos ou cilíndricos ($C_0$ ou $C_1$). Esses fatores podem impactar na impedância (em ohms) da pilha, comprometendo sua vida útil (RAMOS, 2002).

Cada combinação de níveis dos fatores foi repetida seis vezes, e foram obtidos os resultados da Tabela 14.5.

A partir do experimento realizado, é possível obter algumas conclusões a respeito da impedância da pilha. Destaca-se que valores maiores de impedância promovem uma menor vida útil, ou seja, não é desejável considerando-se apenas a diminuição da vida útil. Alterar o fator A (linha de montagem) de semiautomática para automática fez com que a impedância da pilha aumentasse em média 1,57 ohm. Alterar o fator hidróxido de potássio para índio fez com que a impedância subisse 0,87. A mesma sistemática pode ser aplicada aos demais fatores dos efeitos principais e interações.

A Figura 14.7 representa o efeito desses fatores na impedância da pilha. Observa-se que a linha de montagem é o fator que mais afeta a impedância da pilha.

## Tabela 14.5 — Experimento das pilhas

| Rodadas | Ordem | Fatores |   |   | Interações |   |   |   | R1 | R2 | R3 | R4 | R5 | R6 | RM |
|---|---|---|---|---|---|---|---|---|---|---|---|---|---|---|---|
|   |   | A | B | C | AB | AC | BC | ABC |   |   |   |   |   |   |   |
| 1 |   | − | − | − | + | + | + | − | −0,1 | 1,0 | 0,6 | −0,1 | −1,4 | 0,5 | 0,08 |
| 2 |   | + | − | − | − | − | + | + | 0,6 | 0,8 | 0,7 | 2,0 | 0,7 | 0,7 | 0,92 |
| 3 |   | − | + | − | − | + | − | + | 0,6 | 1,0 | 0,8 | 1,5 | 1,3 | 1,1 | 1,05 |
| 4 |   | + | + | − | + | − | − | − | 1,8 | 2,1 | 2,2 | 1,9 | 2,8 | 2,8 | 2,27 |
| 5 |   | − | − | + | + | − | − | + | 1,1 | 0,5 | 0,1 | 0,7 | 1,3 | 1,0 | 0,78 |
| 6 |   | + | − | + | − | + | − | − | 1,9 | 0,7 | 2,3 | 1,9 | 2,1 | 2,1 | 1,83 |
| 7 |   | − | + | + | − | − | + | − | 0,7 | −0,1 | 1,7 | 1,2 | 1,1 | −0,7 | 0,65 |
| 8 |   | + | + | + | + | + | + | + | 2,1 | 2,3 | 1,9 | 2,2 | 2,5 | 2,5 | 2,25 |
| Total |   | 4,71 | 2,61 | 1,19 | 0,93 | 0,59 | −2,03 | 0,17 |   |   |   |   |   |   |   |
| Efeito |   | 1,57 | 0,87 | 0,40 | 0,31 | 0,20 | −0,68 | 0,06 |   |   |   |   |   |   |   |

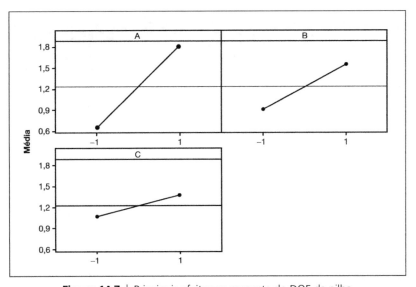

**Figura 14.7** | Principais efeitos na resposta do DOE da pilha.

O maior valor em módulo de interação encontrado foi −0,68 ohm, proveniente da interação entre BC, representado por hidróxidos e eletrólitos. Os gráficos da Figura 14.8, por não sugerirem um paralelismo na análise, indicam que esse fator é relevante, existindo assim uma interação.

A Tabela 14.6 apresenta a análise de variância do projeto $2^3$ da pilha. A partir dela é possível verificar que existem três fatores significativos: os fatores A (linha de produção), B (hidróxido) e a interação entre B e C (hidróxido e eletrólito, respectivamente).

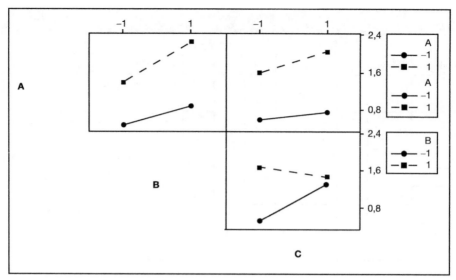

**Figura 14.8** | Gráfico de interações do DOE da pilha.

| Tabela 14.6 | Análise de variância do projeto $2^3$ da pilha | | | | |
|---|---|---|---|---|---|
| Fonte de variação | Soma de quadrados | Graus de liberdade | Quadrado médio | $F_{calculado}$ | $F_{tabelado}$ |
| A | 16,5675 | 1 | 16,5675 | 49,62 | 4,08 |
| B | 5,0700 | 1 | 5,0700 | 15,18 | 4,08 |
| C | 1,0800 | 1 | 1,0800 | 3,23 | 4,08 |
| AB | 0,6533 | 1 | 0,6533 | 1,96 | 4,08 |
| AC | 0,2700 | 1 | 0,2700 | 0,81 | 4,08 |
| BC | 3,1008 | 1 | 3,1008 | 9,29 | 4,08 |
| ABC | 0,0208 | 1 | 0,0208 | 0,06 | 4,08 |
| ERRO | 13,3567 | 40 | 0,3339 | | |
| TOTAL | 40,1192 | 47 | | | |

em que:
   $n$ é o número de repetições;
   $a, b, c$ são os fatores que apresentam dois níveis;
   $S_T$ é o desvio-padrão amostral de todas as observações no caso em que existe repetição.
Se $F_{calculado} > F_{tabelado} \rightarrow$ o efeito correspondente é significativo, $F$ é da distribuição F-Snedecor.

A Figura 14.9 apresenta o histograma dos resíduos, e, a partir da análise desse histograma, tudo indica que os resíduos seguem uma distribuição bem próxima de uma normal, o que valida o modelo estudado para as pilhas.

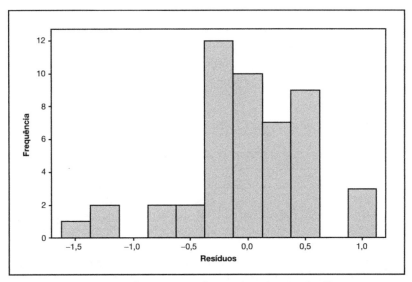

**Figura 14.9** | Histograma dos resíduos do DOE da pilha.

## 14.3 CONSIDERAÇÕES FINAIS

O projeto de experimentos é um importante método de melhoria do desempenho que pode contribuir para que as organizações atinjam níveis de desempenho superiores.

Devido a sua natureza estatística, existe certa dificuldade na difusão desse método, que tem seus benefícios já comprovados. Nesse sentido, é essencial investir na capacitação de pessoal para que alcancem as competências para desenvolverem projetos de experimentos no contexto de programas de melhoria ou mesmo de forma isolada.

Por ser um método de melhoria voltada a fatos e dados, o DOE necessita que o sistema de medição de desempenho do negócio aponte os problemas que precisam ser solucionados e também forneça o suporte adequado para o desenvolvimento dos experimentos. Isso se reflete em informações úteis, confiáveis e em tempo hábil.

Os exemplos em processos de manufatura são muitos, porém, quando se trata de serviços, as aplicações são modestas. No entanto, é uma oportunidade enxergar problemas dessas áreas e procurar atuar sobre eles com abordagens poderosas como a do projeto de experimentos, pois o sistema que forma a organização não é constituído por processos só de manufatura, mas também de suporte, que muitas vezes envolvem serviços. Com isso, para que o sistema seja otimizado, é necessário que a melhoria seja abrangente.

## QUESTÕES PARA DISCUSSÃO

1) Por que, de acordo com Taguchi, a chave para reduzir as perdas de qualidade está na redução da variação da característica de qualidade em relação ao alvo e não na conformidade com as especificações?

2) Refaça o exemplo do planejamento de experimentos do exemplo da pipoca de micro-ondas considerando três fatores (tempo, potência e marca) e dois níveis para cada fator. Faça três réplicas e analise todos os resultados encontrados. Considere agora que o resultado esperado é o número de pipocas estouradas boas, exclua as queimadas e as que não estouraram por completo.

3) Quais as vantagens de se fazer um planejamento de experimentos completo seguindo todas as recomendações da teoria em relação à alternativa de se buscar uma solução aceitável pelo uso da tentativa e erro?

4) Quais as finalidades e contribuições da análise das interações de fatores em estudos de projetos de experimentos e que informações essa análise agrega ao estudo?

## BIBLIOGRAFIA

KACKAR, R. N. Taguchi's Quality Philosophy: analysis and commentary. *Quality Progress*. December, 1986, p. 21-29.

MONTGOMERY, D. C. *Introdução ao controle estatístico da qualidade*. 4. ed. Rio de Janeiro: LTC, 2004, 513p.

PANDE, P. S.; NEUMAN, R. P.; CAVANAGH, R. R. *Estratégia Seis Sigma*: como a GE, a Motorola e outras grandes empresas estão aguçando seu desempenho. Rio de Janeiro: Qualitymark, 2002, 472p.

RAMOS, A. W. Melhorando o processo: delineamentos de experimentos. In: ROTONDARO, R. G. (Coord.) *Seis Sigma*: estratégia gerencial para a melhoria de processos, produtos e serviços. São Paulo: Atlas, 2002, p. 234-263.

# 15
# Medição de Desempenho em Qualidade

Em função da concorrência cada vez mais acirrada, as organizações precisam atuar de maneira rápida e certeira. Para que isso aconteça, as decisões tomadas, desde o nível estratégico até o operacional, precisam ser baseadas em fatos e dados e não somente em opiniões e percepções subjetivas. Isso fornece à medição de desempenho um importante papel na busca por melhores resultados internos e externos na medida em que a medição de desempenho fornece as informações necessárias para que um dos princípios da gestão pela qualidade total seja alcançado: o da melhoria contínua.

Este capítulo apresenta conceitos importantes sobre a medição de desempenho em qualidade juntamente com a proposta de categorias e temas de uso de indicadores de desempenho. Ao final são apresentados enfoques para o desenvolvimento e uso de tais indicadores de desempenho.

## 15.1 DESEMPENHO

O desempenho é um termo que varia em sua definição de acordo com a perspectiva pela qual é observado. Ele pode significar rendimento, durabilidade, ou retorno sobre investimento, em relação a certas metas. Não deve estar focado apenas sobre realizações passadas, mas também sobre o potencial para realizações futuras (LEBAS, 1995).

Para que o desempenho possa ser mensurado, existem os chamados "sistemas de medição de desempenho do negócio". De acordo com Neely (1998), um Sistema de Medição de Desempenho do negócio é formado por uma estrutura e atividades como coleta, exame, classificação, análise, interpretação e disseminação dos dados adequados para que decisões e ações sejam tomadas com base em informações, uma vez que ele quantifica a eficiência e a eficácia das ações passadas.

## 15.2 INDICADORES DE DESEMPENHO EM QUALIDADE

Os indicadores de desempenho são o menor elemento de um sistema de medição de desempenho. Eles procuram representar deficiências e características de uma realidade ou fenômeno que pode ser mensurado.

Existem indicadores quantitativos e qualitativos. Os primeiros são mais objetivos e de mensuração relativamente mais fácil, enquanto os últimos são mais subjetivos e de mensuração mais difícil.

Seguindo essa lógica, Juran (1997) destaca que os indicadores de desempenho podem ser classificados em duas categorias: uma para deficiências de produtos e outra para suas características.

- **Deficiências de produtos**

Comumente a unidade de medida para deficiência de produtos pode ser descrita pela fórmula genérica:

$$\text{Qualidade} = \frac{\text{Frequência das deficiências}}{\text{Oportunidade para deficiências}}$$

Nessa fórmula o numerador assume formas, como, por exemplo, número de defeitos, número de falhas, horas de retrabalho e custos que os defeitos geram interna e externamente. Já o denominador assume formas como número de unidades produzidas, total de horas trabalhadas, receitas totais e número de unidades em serviço.

Logo, as unidades de medida resultantes assumem formas como porcentagem e custos financeiros. Alguns exemplos são apresentados no Quadro 15.1.

**Quadro 15.1 — Exemplos de unidades de medida**

| Departamento | Exemplos de unidades de medida |
|---|---|
| Desenvolvimento de produtos | Porcentagem de desenhos revisados mensalmente<br>Custo de ensaios repetidos devido à má preparação do ensaio |
| Compras | Porcentagem de entregas fora do prazo<br>Custo das perdas oriundas da baixa qualidade da matéria-prima comprada |
| Produção | Porcentagem de defeitos por lote produzido<br>Custo total da má qualidade por turno de trabalho |
| Vendas | Porcentagem de pedidos cancelados mensalmente<br>Custo das vendas perdidas por atraso na negociação |

- **Características de produtos**

No caso de deficiências de produtos, foi apresentada uma fórmula geral, porém no caso de características de produtos isso não é conveniente, pois a variedade das características é muito grande. Cada característica de um produto requer seu próprio indicador.

No entanto, uma forma de resolver esse impasse é perguntar aos clientes quais são os indicadores de desempenho convenientes para avaliação da qualidade desses produtos. Alguns exemplos de indicadores de desempenho desse tipo são a temperatura em graus Celsius e a potência em watts. No entanto, podem existir indicadores de desempenho menos objetivos, tais como maciez de uma carne e outras características organolépticas. Nesses casos, o uso do Desdobramento da Função Qualidade, abordado no Capítulo 10, para obtenção desses indicadores e seu desdobramento pode ser de grande ajuda.

## 15.2.1 Controle de Processo

Um sistema de controle tem por objetivo garantir que os resultados de um processo atinjam determinadas metas estabelecidas para atender às expectativas dos consumidores. Juran (1987) destaca que o controle de processo consiste em três atividades básicas:

1) Medir o desempenho do processo.
2) Comparar o desempenho com as metas.
3) Tomar providências a respeito da diferença.

Essas atividades são sistematizadas pelo fluxo de informações da Figura 15.1.

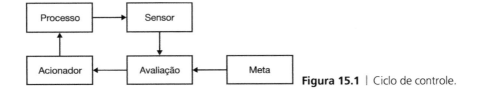

**Figura 15.1** | Ciclo de controle.

De acordo com a Figura 15.1, o fluxo inicia-se com a escolha da característica da qualidade que será controlada. Um sensor ligado ao processo de operação mensura a característica da qualidade em termos de unidade de medida. Por exemplo, um sensor pode ser um termômetro para medir a temperatura com unidade de medida em °C. Uma avaliação compara o desempenho da característica da qualidade com a meta e adverte se a medida de desempenho é aceitável ou não. Caso seja, o processo segue como se encontra; caso não seja, um acionador procura restaurar a característica da qualidade para que atinja a meta estabelecida.

### 15.2.2 Criação de Indicadores de Desempenho

O processo de formulação de uma medida de desempenho é importante e precisa levar em conta alguns aspectos. O primeiro deles é a definição do título da medida de desempenho, da fórmula de cálculo do índice e da frequência da coleta, compilação e disseminação dos índices. Outro passo é a determinação da fonte de dados, bem como a verificação de sua confiabilidade (NEELY, 1998).

Uma abordagem simples utilizada para o desenvolvimento de medidas de desempenho e indicadores de boa qualidade é conhecida como SMART (*Simple, Measurable, Actionable, Related* e *Timely*, ou, em português, Simples, Mensuráveis, Realizável, Pertinente (aos requisitos do cliente) e em Tempo hábil). As medidas e indicadores são avaliados considerando esses cinco aspectos.

## 15.3 CATEGORIAS DE INDICADORES DE DESEMPENHO EM QUALIDADE

Nesta seção, são apresentados conceitos básicos sobre alguns indicadores de desempenho relacionados à medição de desempenho em qualidade.

### 15.3.1 Indicadores de Satisfação de Clientes

A satisfação do cliente é um estado em que o cliente sente que suas expectativas foram atendidas pelas características do produto, e a insatisfação do cliente é o estado do cliente em que as deficiências dos bens ou serviços resultam em aborrecimento, reclamações, reivindicações e assim por diante (JURAN, 1998).

Convém destacar que, ainda segundo Juran (1998), satisfação e insatisfação dos clientes não são opostos. A satisfação do cliente vem daquelas características que induzem os clientes a comprar o produto, enquanto a insatisfação tem sua origem em deficiências, e é por isso que os clientes reclamam. Alguns produtos têm potencial para gerar pouca ou nenhuma insatisfação, pois fazem o que o produtor disse que fariam. No entanto, eles podem não ser vendáveis porque alguns produtos concorrentes têm características que proporcionam maior satisfação do cliente.

**Figura 15.2** | Grupos de indicadores de desempenho de satisfação de clientes.

Os indicadores de desempenho de satisfação de clientes precisam refletir a empresa e seus esforços para agregar valor ao cliente. Nesse sentido, o processo de gestão dos clientes deve ajudar a empresa a conquistar, sustentar e cultivar relacionamentos rentáveis e duradouros com os clientes-alvo (KAPLAN e NORTON, 2004). Os indicadores de desempenho de satisfação de clientes podem ser representados, segundo Kaplan e Norton (2004) e Gupta e Zeithaml (2006), nas categorias a seguir, que também estão representados na Figura 15.2.

- **Conquista de clientes:** visa atrair clientes potenciais novos ou advindos de concorrentes. É um processo complexo e dispendioso, e, por isso, é necessário que se avaliem impactos de curto e longo prazo. Algumas estratégias como preços baixos aumentam a probabilidade de conquista, mas só isso pode reduzir a duração do relacionamento caso tais clientes não tenham sido selecionados de modo a aumentarem a agregação de valor para o negócio. Os clientes que estão propensos a reiniciar um relacionamento podem não ser os melhores para serem mantidos. Exemplos de temas de indicadores de desempenho associados a essa categoria:
    - Número de clientes estratégicos
    - Taxa de sucesso das propostas
    - Porcentagem de clientes não lucrativos
    - Taxa de resposta na campanha
    - Participação de mercado
    - Rentabilidade dos clientes
    - Satisfação do distribuidor

- **Retenção de clientes:** trata da probabilidade de um cliente estar ativo para a empresa, repetindo compras. É muito menos dispendioso reter clientes do que conquistar novos clientes para substituir os desertores. É preciso que a empresa garanta a qualidade dos seus serviços e forneça meios eficazes para resolver problemas quando surgirem. Clientes fiéis estão propensos a fornecer *feedback* valioso para melhoria dos serviços.

Em ambientes contratuais (por exemplo, algumas operadoras de telefonia), as empresas sabem quando os clientes vão terminar o relacionamento. Contudo, em ambientes não contratuais (por exemplo, compra de livros) as empresas precisam inferir se um cliente ainda está ativo. Nesse sentido, programas de lealdade podem melhorar a retenção. A lealdade dos clientes é caracterizada quando o cliente mantém um relacionamento com a empresa. Além disso, existe uma relação positiva entre a satisfação do cliente e a retenção dos clientes. Exemplos de temas de indicadores de desempenho associados a essa categoria:

- Prestação de serviços prêmios ao cliente
- Formação de parcerias de fornecimento exclusivo
- Garantia de excelência nos serviços
- Desenvolvimento de clientes vitalícios
- Redução da migração dos clientes
- Porcentagem de receita oriunda de contratos de fornecimento exclusivo
- Prazo de atendimento aos clientes de elevado valor agregado
- Número de questões resolvidas para os dez principais clientes
- Boletim do cliente

- **Valoração de clientes:** procura aumentar a participação da empresa nas atividades de compra dos clientes-alvo que propiciem lucros futuros ao longo da vida do relacionamento desses clientes com a empresa. Pode ser tratada de forma individual ou por segmento, reconhecendo que alguns clientes são mais rentáveis que outros. A valoração de clientes também precisa identificar aqueles clientes recém-adquiridos que trarão rentabilidade de longo prazo; para tanto, é preciso considerar a personalização do marketing para eles. Indicadores de desempenho de nível estratégico são úteis nesse sentido. Outro destaque é para o potencial das vendas cruzadas, que, em vez de tentar vender novos produtos a novos clientes, procura vender produtos novos a clientes já existentes, o que é menos dispendioso. Por exemplo, em serviços financeiros, os clientes podem começar com uma conta corrente e, com o tempo; podem ser oferecidos produtos mais complexos como empréstimos e ações. Enfim, exemplos de temas de indicadores de desempenho associados a essa categoria:
  - Vendas cruzadas
  - Venda de soluções
  - Parcerias/gestão integrada
  - Educação do cliente
  - Aumento do retorno financeiro por cliente
  - Disponibilidade de novo sistema de gestão
  - Horas dedicadas aos clientes de elevado valor agregado
  - Porcentagem de clientes de elevado valor agregado com mais de três produtos

- **Insatisfação:** A insatisfação é um descontentamento do cliente com os serviços e pode gerar três respostas comportamentais diretas e uma indireta: comutação, reclamação, comunicação e inércia, respectivamente (ZEELENBERG e PIETERS, 2004). Elas podem servir de temas para o desenvolvimento de indicadores de desempenho e são apresentadas a seguir:
  - Comutação: refere-se ao final de um relacionamento com o fornecedor de serviços. Essa rescisão tanto pode ser seguida pelo início de um relacionamento com outro fornecedor ou quando o cliente se abstém do serviço por completo.
  - Reclamação: o cliente comunica seu descontentamento explicitamente à empresa ou a terceiros, tais como a uma associação de defesa do consumidor ou a órgão ou agência governamental.
  - Comunicação em massa: abrange todos os meios de comunicação do cliente com membros da sua rede social e profissional.

– Inércia: os clientes não reagem quando experimentam uma falha. Existe um perigo maior nesse caso, pois uma proporção expressiva dos clientes pode estar insatisfeita, mas não faz nada, ou seja, não se manifesta.

A partir dessas dimensões, é possível desenvolver indicadores de desempenho para avaliar a qualidade dos serviços.

No setor de serviços existem peculiaridades que fazem com que os indicadores de desempenho relacionados a eles precisem de uma abordagem diferenciada. Tais peculiaridades são:

a) perecibilidade: se ele não for usado, é perdido;
b) heterogeneidade: em que a ideia sobre o que é o serviço varia de acordo com cada cliente;
c) simultaneidade: em que os serviços são simultaneamente criados e consumidos.

Nesse sentido, Parasuraman e Zeithaml (1988) desenvolveram um instrumento denominado SERVQUAL, que tem como objetivo medir a qualidade dos serviços, basicamente avaliando a diferença entre a expectativa e a percepção do cliente em relação a um serviço por meio de cinco dimensões:

1) Tangibilidade: instalações físicas, equipamentos e aparência de pessoal.
2) Confiabilidade: habilidade para executar o serviço prometido de forma confiável e precisa.
3) Prontidão: disposição para ajudar os clientes e fornecer um serviço rápido.
4) Segurança: conhecimento e cortesia dos funcionários e capacidade para inspirar confiança.
5) Empatia: cuidado e atenção individualizada que a empresa fornece aos seus clientes.

Os indicadores de desempenho de satisfação dos clientes são muito importantes, pois possuem forte correlação com a lucratividade ou efetividade de uma organização. A força dessa relação varia de setor para setor e de negócio para negócio. Por isso, é necessário que abordagens como a do SERVQUAL e outras como a do *Quality Function Deployment* sejam utilizadas para captar os indicadores de desempenho que possuem maior relevância para os clientes e para a estratégia do negócio.

### 15.3.2 Indicadores de Não Conformidades

A conformidade é o cumprimento de um requisito, e a não conformidade é o descumprimento de um requisito. Em muitos casos, é possível usar o termo não conformidade como sinônimo de defeito, porém isso deve ser feito com cautela, pois existem conotações legais, relacionadas a questões de responsabilidade do produto ao se usar o termo defeito.

Alguns indicadores de desempenho relacionados a não conformidades são apresentados no Capítulo 13, sobre Seis Sigma, tais como: Proporção de defeituosos (p); *First Throughput Yield* (FTY); *Rolled Throughput Yield* (RTY); Defeitos por unidade (DPU); Defeitos por oportunidade (DPO); Defeitos por milhão de oportunidades (DPMO); Nível sigma.

As não conformidades podem ser tratadas por meio de ações corretivas ou ainda pelas ações preventivas. Uma ação corretiva busca eliminar a causa da não conformidade detectada ou outra situação indesejável de forma que ela não volte a ocorrer. Já uma ação preventiva busca eliminar a causa de uma potencial não conformidade.

Ao se tratar de não conformidades, os termos refugo e retrabalho são importantes, pois têm conotações diferentes, e indicadores distintos podem ser elaborados a partir de sua caracterização. De acordo com Gryna (1998), refugo é quando um produto defeituoso não pode ser reparado devido a gastos financeiros com trabalho, material e até horas extras não compensarem o reparo. Já retrabalho é quando a correção de defeitos em bens ou serviços é viável. Alguns exemplos de indicadores de desempenho sobre eles são:

- Índice de refugo mensal = Número de componentes refugados / Número de componentes fabricados
- Índice de retrabalho mensal = Número de componentes retrabalhados / Número de componentes fabricados

### 15.3.3 Indicadores de Custos da Qualidade

O conceito surgiu na bibliografia internacional, da área de Qualidade, na década de 1950, por meio do autor americano J.M. Juran. Foi lançado e difundido no Brasil na década de 1970 por algumas empresas multinacionais.

As organizações, tradicionalmente, contabilizam e utilizam os dados de custos envolvidos na condução e no desempenho de suas várias áreas funcionais e processos, porém, até a década de 1950, esse conceito não se estendia à função Qualidade, com exceção dos custos de atividades como Inspeção e Testes (JURAN e GRYNA, 1991).

Essa abordagem surgiu como um novo suporte à gestão da qualidade, possibilitando quantificar e analisar as categorias de custos especificamente associados a investimentos e perdas nos processos de obtenção da qualidade. Os objetivos dos Custos da Qualidade são:

- Medir o progresso das melhorias em termos de eficiência.
- Analisar os problemas de desempenho em qualidade.
- Analisar os orçamentos de produtos e componentes, para verificar se estes estão adequadamente definidos.
- Servir como um guia gerencial para orientar a implementação de melhorias.
- Assegurar que cada tipo de despesa com qualidade seja mantido dentro de limites predeterminados ou aceitáveis.
- Assegurar que a ênfase correta seja alocada em cada uma das categorias de Custos da Qualidade, possibilitando a identificação de áreas de ação que devem ser abordadas prioritariamente, visando minimizar os custos totais.

#### 15.3.3.1 Categorização dos custos da qualidade

Os custos da qualidade podem ser desdobrados, separados e classificados de acordo com a natureza de seus elementos, para melhor compreensão e análise. Dessa forma, tem-se os custos da qualidade inevitáveis, que estão associados a atividades necessárias, logo são diferentes de zero, e os custos evitáveis, que decorrem de falhas ou não conformidades identificadas após a produção de um produto ou após a realização de uma atividade (por exemplo: falhas identificadas após a concepção e o projeto de um produto) e são definidos como os custos da não qualidade. Destaca-se que os custos evitáveis podem ser reduzidos, idealmente, em direção ao valor zero e tornam a abordagem dos Custos da Qualidade fundamental para melhoria de desempenho e aumento de competitividade e de lucratividade.

A qualidade não custa e deve ser vista como um investimento com retorno assegurado à empresa. O que custa à empresa, e pode ser causa de significativos prejuízos, é a "não qualidade", ou seja, a falta de um nível de qualidade aceitável no mercado. Para não correr o risco de passar a ideia de que a qualidade acarreta à empresa um custo adicional, e que poderia ser desnecessário, muitas vezes é mais conveniente utilizar a expressão "custos da não qualidade". Todavia, por se tratar de um termo consagrado e usualmente empregado em Normas e Modelos Internacionais de Gestão, opta-se por manter a expressão "Custos da Qualidade".

De acordo com Mattos e Toledo (1998), os Custos da Qualidade consistem na medida dos custos especificamente associados ao sucesso e ao fracasso nos processos de obtenção da qualidade, e são representados pelo somatório dos custos de quatro categorias de atividades: custos de prevenção, custos de avaliação, custos de falhas internas e custos de falhas externas. A Figura 15.3 esquematiza esse somatório de custos.

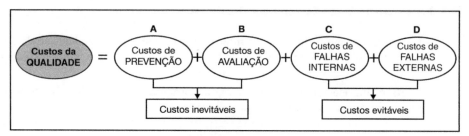

**Figura 15.3** | Custos da qualidade.

Os chamados custos de prevenção e de avaliação são "custos inevitáveis", e os custos de falhas internas e externas são "custos evitáveis". Tendo em vista que esses últimos poderiam ser drasticamente reduzidos ao se investir na melhoria da qualidade, Juran considerava esses custos o "ouro da mina", anteriormente mencionado. Ou seja, o conhecimento, a gestão e a melhoria desses custos seriam um caminho com grande potencial para se reduzir os custos de produção.

Os Custos da Qualidade devem abranger todas as atividades que, direta ou indiretamente, influenciam a qualidade dentro da empresa, e a sua cadeia de fornecedores e de clientes, fornecendo informações para comparar os investimentos em qualidade (*inputs*) com os resultados (*outputs*). Os *inputs*, no caso, são os investimentos em prevenção e avaliação da qualidade, e os *outputs* são os custos referentes às falhas internas e às falhas externas.

Os Custos da Qualidade tradicionalmente são classificados nas seguintes categorias:

- **Custos da prevenção:** são os custos com recursos humanos e materiais que têm por objetivo prevenir falhas, defeitos e anomalias, com a finalidade de permitir que tudo saia bem à primeira vez. Exemplos: capacitação da mão de obra; manutenção do equipamento; investimentos em projetos de melhoria; revisão de projetos; desenvolvimento de fornecedores; sistemas de informação usados na coleta de dados de medição.

- **Custos da avaliação (ou de detecção):** são os custos com recursos humanos e materiais relacionados a ensaios e inspeções destinados a verificar a conformidade com as especificações. Podem ser: da detecção interna – avaliação da qualidade/detecção de falhas em bens, serviços e processos, no interior da organização e manutenção dos equipamentos de medição; da detecção externa – avaliação da qualidade/detecção de falhas em *inputs* (matérias, mercadorias e serviços) recebidos pela organização.

- **Custos das falhas internas:** são resultantes da incapacidade de um produto para satisfazer as exigências da qualidade ou são os custos adicionais que a organização tenha e os proveitos que deixe de ter por causa da incapacidade de um produto satisfazer as exigências de qualidade, antes do seu fornecimento; por exemplo, reparação de defeituosos e inspeção dessa reparação.

- **Custo das falhas externas:** resultantes da incapacidade de um produto para satisfazer as exigências de qualidade, após o seu fornecimento; por exemplo, pagamento de indenizações devido a um serviço mal prestado ao cliente; custos de *recalls* ou custos de reparos ou substituição dentro do período de garantia, ou perda de um cliente por sua insatisfação em face do bem vendido ou serviço prestado pela empresa.

Além desses, existem custos adicionais ou proveitos perdidos, decorrentes do fator qualidade, cujo cálculo é mais exigente em relação ao sistema de informação organizacional, tais como: ações no âmbito da Qualidade executadas ocasionalmente por trabalhadores não pertencentes ao Departamento da Qualidade; repartição de salários referentes a mão de obra indireta; perda de clientes efetivos; perda de clientes potenciais, devido a falta de prestígio dos produtos ou a atraso na colocação dos bens nos pontos de venda; custos financeiros adicionais ou proveitos financeiros perdidos devido a disponibilização insuficiente, excessiva ou obsoleta, por erros na previsão da demanda; a créditos excessivos, por incapacidade de selecionar os clientes; horas extraordinárias, motivadas por falhas; recursos técnicos em excesso, em decorrência do mau planejamento da atividade.

É importante atentar para os seguintes aspectos: não são considerados custo de detecção (avaliação) os ensaios integrados no processo normal de fabricação; assim como a pesquisa de defeitos em lotes rejeitados, a qual integra o custo das falhas; não é considerado custo das falhas o custo dos defeituosos que sejam tecnologicamente impossíveis de suprimir; assim como o custo das reparações imputáveis aos fornecedores; deve-se deduzir do custo das falhas o valor do material incluído nos bens defeituosos que possam ser reaproveitados.

A análise dos valores absolutos dos Custos da Qualidade fornece informações pouco significativas. A análise deve ser relativa, portanto os custos da qualidade devem ser relacionados a outras medidas básicas que indiquem, de maneira dinâmica e adequada a cada caso, o desempenho da empresa sob diferentes pontos de vista ou perspectivas.

### 15.3.3.2 Relacionamento dos custos da qualidade

O relacionamento básico entre as quatro categorias de Custos da Qualidade demonstra que investimentos em prevenção (A) e avaliação (B) podem reduzir os custos de falhas internas (C) e externas (D). O Custo Total da Qualidade (CTQ) é a soma das quatro categorias, ou seja:

$$CTQ = A + B + C + D$$

A estratégia de gestão consiste em investir em (A + B) para reduzir (C + D). Espera-se que o investimento em (A + B) seja inferior à redução em (C + D), reduzindo o custo total. Uma questão objetiva que surge nessa gestão é saber até que ponto é economicamente viável investir em prevenção e avaliação. Segundo Juran e Gryna (1980), as categorias dos custos da qualidade se relacionam conforme apresentado na Figura 15.4. A aplicação da lógica tradicional da relação entre custos e volume de produção, com as necessárias adaptações, aos custos da qualidade traduz-se na construção de um gráfico em que, a um acréscimo da curva representativa do somatório dos custos de prevenção e de avaliação, corresponde um decréscimo da curva representativa do custo das falhas. Atendendo à inclinação dessas curvas, num determinado ponto, verifica-se o valor mínimo do custo total da qualidade. Na perspectiva dos custos, esse ponto corresponde ao nível ótimo de qualidade.

Pela Figura 15.4 observa-se que quando os custos de Prevenção (A) e de Avaliação (B) forem zero, ou muito baixos, o produto, pensando-se, por exemplo, num lote, será 100% não conforme, e o custo de Falhas (C + D) tende a ser muito elevado, o que seria pelo menos o custo total de produção. Basicamente seria todo o custo de produção mais as implicações legais e de mercado para esse nível de qualidade. Por outro lado, quando o produto (ou lote) está totalmente (100%) dentro dos padrões de qualidade, não há não conformidades

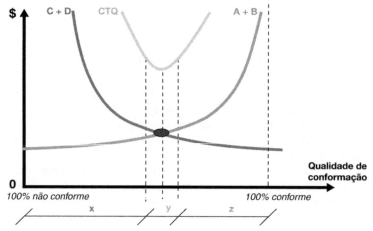

**Figura 15.4** | Comportamento geral dos custos da qualidade em função do nível da qualidade de conformação.

(falhas), porém os custos de Prevenção e de Avaliação (A + B) para se atingir esse nível zero de não conformidade tenderiam a ser muito altos. Ou seja, por essa lógica, para se obter índices de não conformidade iguais ou bastante próximos de zero somente seria possível a um elevado custo de intensas atividades de prevenção e de avaliação.

Para os autores, as faixas, ou regiões, básicas do nível de qualidade e do valor do CTQ são:

x = região de melhoria (por exemplo: CF > 70% do CTQ)
y = região de indiferença (CF ~ 50% do CTQ)
z = região de perfeccionismo (CF < 40% do CTQ)
CF = Custo de Falhas
CTQ = Custo Total da Qualidade

A região de melhoria é caracterizada por altos custos de falhas associados a uma má qualidade, e é onde a empresa identificará os projetos de melhorias e de aperfeiçoamento.

A região de perfeccionismo é caracterizada por altos custos de prevenção e avaliação associados a uma excelente qualidade. Nesse ponto, a empresa deve reavaliar o custo por defeito detectado, verificando se há necessidade de manter os rigorosos níveis de inspeção e testes.

Na região de indiferença, a relação entre os custos de prevenção e de avaliação e os custos de falhas é relativamente equilibrada, portanto ideal. É nessa região que se situaria o ponto ótimo, citado anteriormente, e sugerido por Juran e Gryna (1980).

O conceito do ponto ótimo é alvo de várias críticas, já que representa um momento específico de um processo, com determinadas condições fixas e pode, portanto, não incorporar o aperfeiçoamento da qualidade e a consequente redução de custos, por meio de mudanças no processo de fabricação ou de execução de um serviço.

### 15.3.3.3 Implantação de um sistema de custos da qualidade

A implantação de uma sistemática de coleta e avaliação dos custos da qualidade exige:

- Forte dedicação inicial, particularmente no sentido de especificar corretamente os requisitos de qualidade para o produto. Não se consegue obter qualidade se esta não for especificada.
- Definição rigorosa dos procedimentos de trabalho e acompanhamento quantitativo dos desvios da rotina estabelecida.

- Postura preventiva, baseada no esforço constante de cada participante, no sentido de atender rigorosamente aos procedimentos acordados e de evitar a inclusão de erros no produto. A meta deve ser o zero defeito.

- Acompanhamento do processo de melhoria não apenas pela redução do número de erros no produto (que deve ser zero), mas pela redução dos custos da qualidade (CROSBY, 1994).

A implantação pode ser inicada em projetos piloto de interesse para a empresa, que possibilitem reduções de custos significativas, ou em atividades tradicionais e bem conhecidas, nas quais as análises de causas sejam mais compreensíveis.

### 15.3.3.4 Importância dos sistemas de custeio

O avanço das tecnologias de produção e o aumento da complexidade do sistema de produção fazem com que os custos diretos, tais como a mão de obra direta e a matéria-prima, não representem mais a maior parte dos custos gerenciais, que são compostos pelos custos diretos mais os custos indiretos de fabricação. Com isso, os custos indiretos de fabricação, tais como materiais de consumo, mão de obra indireta, depreciação, energia elétrica, telefone e água, ganham maior destaque na análise dos custos, que, por sua vez, se torna mais complexa.

Nesse cenário, os custos indiretos são predominantes na subjetividade presente nos rateios, fazendo com que os sistemas contábeis tradicionais não sejam capazes de capturar importantes informações que ajudam a calcular os custos da qualidade.

O custeio baseado em atividades (*Actived Based Costing*) procura minimizar essa deficiência dos sistemas de custeio tradicionais, na medida em que trabalha com os direcionadores de custos, que visam alocar custos aos produtos por meio das atividades (MARTINS, 2003). Isso torna o sistema de custeio baseado em atividades mais adequado no cenário em que os custos indiretos são predominantes, fornecendo assim mais confiabilidade aos custos da qualidade.

### 15.3.3.5 Considerações sobre custos da qualidade

O conceito tradicional da existência de um ponto ótimo para os custos da qualidade difere da visão japonesa do TQC (*Total Quality Control*), que prega a busca permanente da melhoria contínua e do zero defeito. Por essa visão, é possível se chegar próximo ao zero defeito (por exemplo, em índices de desempenho da qualidade de conformação em torno de 3 defeitos por milhão de oportunidades) com custos de prevenção e de avaliação da qualidade que não inviabilizam um custo competitivo para o produto. Existem empresas industriais, como, por exemplo, na produção de componentes eletrônicos *commodities*, cujo desempenho se aproxima do zero defeito e com custos de produção somados aos com custos de prevenção, competitivos e que não inviabilizam o produto do ponto de vista econômico. É importante esclarecer que esse desempenho se deve à tecnologia do processo de obtenção desses produtos, à tecnologia de controle do processo e à boa gestão da produção, qualidade, manutenção, mão de obra etc.

Os custos da qualidade ocorrem em todo o ciclo de vida do produto (do projeto ao uso e descarte), e a incidência desses custos é muito ampla e recai não somente sobre os produtores, mas também sobre distribuidores, comerciantes, serviços pós-venda e usuários. E esses custos se tornam cada vez maiores quanto mais tarde for identificada uma não conformidade no produto, seja originada do projeto ou da produção.

São necessárias informações suficientes para demonstrar à gerência que a redução dos custos da qualidade é, de fato, uma oportunidade para aumentar os lucros sem aumento de vendas, compra de novos equipamentos ou contratação de novos funcionários; o importante é que o valor econômico-financeiro seja algo que a gerência possa utilizar para compreender e comunicar o valor do conceito (CROSBY, 1994).

É conveniente compilar e analisar os custos da qualidade para cada linha de produção e/ou família específica de produto. Após a escolha da linha de produto que será analisada, o próximo passo é definir e levantar os elementos de custo que serão focados.

A natureza dos custos difere entre serviços e manufatura. Os custos das falhas externas associados à garantia e ao suporte de campo são menos relevantes em serviços do que em manufatura; por outro lado, reclamações e perda de clientes são mais relevantes. Os custos das falhas internas não são tão evidentes em serviços como em manufatura; além disso, organizações de serviços que têm um elevado grau de contato com o cliente têm pouca oportunidade de corrigir essas falhas antes que elas alcancem os clientes. Com isso, essa falha interna se torna uma falha externa. Medições no trabalho e amostragens são frequentemente utilizadas para capturar os custos das falhas internas. As medições no trabalho podem estar associadas ao tempo gasto pelos funcionários desempenhando atividades relacionadas à qualidade do serviço. A proporção de tempo gasto multiplicado pelo salário do indivíduo fornece uma estimativa de custo da qualidade da atividade. A natureza intangível dos resultados em serviços torna difícil a contabilização dos custos da qualidade (EVANS e LINDSAY, 2008).

O Diagrama de Pareto, ou o conceito de classificação ABC, pode ser utilizado para se identificar os elementos mais importantes, ou de maior participação, nos custos da qualidade, assim como os produtos com problemas mais críticos.

A princípio, o custo das falhas deve ser imputado ao setor da organização no qual foram detectadas e reparadas essas falhas. Paralelamente, há que identificar a causa das anomalias e o setor da organização responsável por elas. Se o setor ou processo que detecta as anomalias devolver os bens defeituosos para o responsável por esses defeitos, então é a esse último setor da organização que se deve imputar o custo.

A qualidade é mais bem compreendida na linguagem dos acionistas da empresa em termos de investimentos e retorno. A implantação e uso de um Sistema de Custos da Qualidade requer que a empresa tenha um Sistema de Gestão da Qualidade e um Sistema de Custos, devidamente implantados e com um nível mínimo adequado de maturidade, pois, sem se conhecer as atividades de Qualidade que são realizadas e seus custos, não há como apurar os custos da qualidade.

Os custos da qualidade não oferecem resultados de curto prazo. Como a maioria das ferramentas de gestão, demanda um tempo de maturação, que é maior que o tempo de ciclo das operações da empresa, para que os resultados possam ser analisados de forma consistente. Em compensação, se revelam uma fonte segura de dados para a tomada de decisões gerenciais.

### 15.3.4 Indicadores de Desempenho de Auditorias da Qualidade

A auditoria da qualidade é um processo sistemático e documentado para avaliar ações relativas à qualidade de produtos, processos e sistemas. Ela tem uma abordagem corretiva e preventiva na medida em que busca apontar problemas existentes e futuros.

Segundo O'Hanlon (2006), as auditorias da qualidade podem ser divididas em:

- Externas: são executadas por outras organizações e costumam ser divididas em:
  a) de segunda parte: em que um cliente audita um fornecedor em algum ponto da cadeia de suprimentos; e
  b) de terceira parte: são executadas geralmente com a finalidade de certificações por representantes de organizações independentes.

- Internas: também conhecidas como auditorias de primeira parte, são executadas por membros da própria organização, e costumam ser subdivididas em:
  a) auditoria de sistemas: examina a eficácia do sistema da qualidade;
  b) auditoria de processos: avalia se existe lacuna entre métodos e procedimentos estabelecidos e os praticados; e
  c) auditoria de itens (produtos e/ou serviços): avalia a conformidade de bens e/ou serviços com as especificações técnicas.

Os resultados das auditorias podem apontar para alguns eventos que podem ser transformados em indicadores de desempenho. Entre os eventos podem-se citar os pontos fortes encontrados, não conformidades e oportunidades de melhoria.

Uma não conformidade indica que determinado requisito não foi atendido. As não conformidades podem ser classificadas em maiores ou menores. De maneira reducionista, segundo O'Hanlon (2006), uma não conformidade maior ocorre quando o sistema não assegura que produtos e serviços estejam conformes com os requisitos especificados. Já uma não conformidade menor representa lapsos insignificantes no sistema e que não têm impacto sobre o produto. Enfim, as não conformidades maiores impedem a recomendação para certificações, enquanto as menores não impedem.

Para responder às não conformidades, são executadas ações corretivas para determinar a causa raiz do problema e iniciar o processo de correção para que o problema não ocorra novamente. Convém destacar que em uma abordagem pró-ativa, sem ter ocorrido uma não conformidade, as ações corretivas tomam forma de ações preventivas na medida em que são executadas para padronizar pontos fortes encontrados e atuam sobre oportunidades de melhoria. Para auxiliar esse processo, as auditorias internas são uma importante fonte de informações, pois elas podem fazer uso de questionários criados a partir dos requisitos do objeto alvo da auditoria como, por exemplo, os requisitos da ISO 9001. Esses questionários podem ser utilizados num processo de autoavaliação, em que as questões podem possuir um caráter quantitativo, como, por exemplo, escalas *likert* de 1 a 5, para captar o grau de atendimento a determinado requisito. Isso possibilita que os requisitos possam ser operacionalizados em questões e quantificados de modo que uma avaliação temporal desses requisitos ao longo das autoavaliações internas aponte para a melhoria contínua do sistema da qualidade. A seguir, apresentam-se exemplos propostos de indicadores de desempenho relacionados ao sistema da qualidade oriundos do processo de auditorias:

- Prazo implantação / Prazo programado.
- Percentual de ações corretivas eficazes.
- *Payback* da ação implementada.
- Número de visitas externas de acompanhamento para determinada ação corretiva proveniente de não conformidade maior.
- Percentual de ações corretivas aproveitadas como preventivas em outros setores.
- Percentual de ações corretivas replicadas em outros setores.
- Número de ações preventivas provenientes de auditoria interna.
- Percentual de aprimoramento dos requisitos do sistema da qualidade em determinado período.

A ISO 9001:2002 ainda propõe indicadores de desempenho para o processo de auditoria (ABNT, 2002), tais como:

- Habilidade da equipe de auditoria em implementar o plano de auditoria.
- Conformidade com o programa de auditoria e as programações.
- Realimentação dos clientes de auditoria, auditados e auditores.

As auditorias precisam ir para além de um único sistema, precisam ser integradas com outros para que não haja sobreposição de trabalhos e gasto desnecessário de recursos. Com isso, precisa ser buscada a integração de sistemas da qualidade, ambientais, de saúde e segurança do trabalho e outros, de forma que sejam desenvolvidos indicadores de desempenho que atendam mutuamente vários sistemas.

### 15.3.5 Indicadores de Desempenho de Fornecedores

Os fornecedores exercem um papel importante na competitividade das empresas na medida em que entregam as entradas para o processo produtivo e assim podem afetar o desempenho das saídas desse processo. Além disso, o fato de as empresas estarem voltadas cada vez mais para a terceirização faz com que o processo de seleção dos fornecedores tenha também importância estratégica.

De fato, as empresas não competem apenas entre si sem considerar as cadeias de suprimentos às quais pertencem. Logo, tem-se uma competição entre cadeias de suprimentos, e as empresas que estão inseridas nessa cadeia são tão fortes quanto o elo mais fraco da cadeia.

A seleção de fornecedores é um problema de tomada de decisão. Existem duas correntes relacionadas à seleção de fornecedores: uma qualitativa e outra quantitativa. A primeira foca a orientação estratégica da empresa nesse processo. A segunda trata a questão como um processo de otimização matemática a fim de auxiliar na tomada de decisões baseadas em fatos e dados. No entanto, é preciso existir um equilíbrio entre as duas abordagens e indicadores de desempenho que reflitam essa decisão que envolve multicritérios (HUANG e KESKAR, 2006).

A proposta dos mesmos autores organiza os indicadores de desempenho dos fornecedores em sete categorias (Figura 15.5).

1) Confiabilidade: indicadores que refletem o desempenho do fornecedor em entregar os componentes encomendados no lugar certo, no tempo acordado, nas condições exigidas, incluindo embalagem e na quantidade necessária. Eis alguns exemplos:
   - porcentagem de encomendas recebidas livres de danos;
   - porcentagem de encomendas recebidas completamente;
   - porcentagem de encomendas recebidas no tempo prometido;

**Figura 15.5** | Indicadores de desempenho de fornecedores.

- porcentagem de encomendas recebidas no tempo requerido;
- porcentagem de encomendas recebidas livres de defeitos;
- porcentagem de encomendas recebidas com documentação de transporte correta;
- porcentagem de fabricação agendada;
- proporção de tempo de ciclo real com o teórico;
- despesas com sucata;
- taxa de falhas no processo;
- rendimentos durante a fabricação;
- porcentagem de erros durante a liberação de produtos acabados;
- qualidade do material de entrada;
- precisão do inventário;
- porcentagem das instalações sem falhas;
- perfil da encomenda consolidada;
- porcentagem de ordens previstas para atender o cliente; e
- média de dias por alteração de engenharia.

2) Capacidade de resposta: engloba indicadores relacionados à velocidade com que o fornecedor entrega os produtos para o cliente. Eis alguns exemplos:
   - tempo de ciclo para entrega;
   - tempo médio de entrega entre o pedido e a entrega ao cliente;
   - velocidade de retorno do produto para substituição;
   - tempo de ciclo para implementar mudanças pelo número de mudanças;
   - tempo total do ciclo da fabricação até a estocagem;
   - tempo de ciclo do produto pronto;
   - tempo de ciclo do processo de lançamento do produto;
   - tempo de ciclo de instalação do produto no consumidor;
   - tempo de ciclo para organizar os recursos para uma encomenda;
   - tempo de ciclo para reorganizar os recursos de um produto para outro;
   - tempo de ciclo interno de replanejamento da produção;
   - tempo médio entre o produto pronto até sua disponibilidade para venda; e
   - tempo médio entre a geração dos desenhos (projetos).

3) Flexibilidade: trata de indicadores que refletem a agilidade do fornecedor em responder a mudanças na demanda. Eis alguns exemplos:
   - tempo para despachar a entrega e trocar os processos;
   - custo de despachar a entrega e trocar os processos;
   - habilidade de aumentar a capacidade de rapidez;
   - flexibilidade em situações de encomendas aumentando;
   - flexibilidade de encomendas diminuindo;
   - flexibilidade de produção aumentando;
   - flexibilidade de produção diminuindo;
   - flexibilidade de entrega aumentando;
   - flexibilidade de entrega diminuindo;
   - flexibilidade das instalações aumentando;

- flexibilidade das instalações diminuindo;
- flexibilidade de embarque aumentando;
- flexibilidade de embarque diminuindo; e
- tempo de ciclo de mudanças dos requisitos dos consumidores até a produção.

4) Custos e finanças: são indicadores relativos a aspectos de custos e financeiros da aquisição do fornecedor. Eis alguns exemplos:
   - giros de estoque;
   - condições de pagamento;
   - política de retorno;
   - custos de garantia;
   - custo de desembarque;
   - taxa de desconto;
   - estabilidade financeira;
   - custos de embalagem;
   - custo de estoque;
   - custo de entrega das encomendas;
   - frete;
   - custo por unidade lançada;
   - tendência de redução de custos;
   - controle de preços local; e
   - tarifas e taxas alfandegárias.

5) Ativos e infraestrutura: indicadores que tratam da efetividade do fornecedor em gerenciar os ativos para suportar a demanda. Eis alguns exemplos:
   - estabilidade de emprego;
   - receita do produto bruto total dividido pelo total de ativos líquidos;
   - tamanho da empresa;
   - sistema de certificação da qualidade e avaliação de auditorias;
   - adequação estratégica;
   - negociabilidade;
   - reivindicações legais;
   - subcontratação de processos críticos;
   - nível de estoque disponível (por exemplo, medido em dias) para abastecimento;
   - utilização da capacidade;
   - capacidade de gestão funcional e dos processos de negócios;
   - padrões éticos;
   - capacidade para concepção e desenvolvimento de produtos;
   - capacidade para desenvolvimento de processos;
   - capacidades de troca de informações eletrônica com os fornecedores;
   - capacidade de fabricação e variabilidade dos processos;
   - participação percentual das vendas do fornecedor em comparação com outros compradores;
   - estabilidade política; e
   - similaridade cultural.

6) Segurança: indicadores relacionados à segurança do trabalho nas instalações do fornecedor. Eis alguns exemplos:
   - quantidade de tempo perdido com acidentes;
   - taxa de acidentes registrados;
   - gastos com indenizações e compensações aos funcionários;
   - treinamento de segurança; e
   - auditorias de segurança.

7) Meio ambiente: indicadores relacionados aos esforços do fornecedor na busca pela produção ambientalmente correta. Eis alguns exemplos:
   - poluentes lançados na água;
   - poluentes lançados no ar;
   - porcentagem de resíduos perigosos em relação ao total de resíduos;
   - poluentes químicos lançados;
   - gases responsáveis pelo aquecimento global;
   - poluentes químicos que afetam a camada de ozônio;
   - biopoluentes acumulativos;
   - emissões ambientais internas;
   - consumo de recursos (materiais, energia e água);
   - consumo de recursos não renováveis;
   - porcentagem de materiais que podem ser reciclados;
   - potencial de desmontagem do produto;
   - durabilidade do produto; e
   - reutilização de componentes.

Os indicadores de desempenho apresentados abordam sete categorias que auxiliam as organizações na busca de um modelo de negócio que, segundo Huang e Keskar (2006), precisa ser baseado no ambiente de mercado e na demanda dos clientes, que são fortemente influenciados pelas características do produto e seu estágio de ciclo de vida.

Para atender às exigências externas, as empresas podem adicionar novos indicadores de desempenho às categorias apresentadas, ou mesmo criar novas categorias e não se esquecer de que os indicadores e categorias estão condicionados a fatores externos e internos, o que confere um caráter evolutivo ao sistema. A chave é configurar um conjunto de indicadores de desempenho orientados pela estratégia de negócios da empresa e que também possuam critérios quantitativos para seleção dos fornecedores.

## 15.3.6 Indicadores de Deméritos

No controle da qualidade, a especificação é fundamental para o processo de avaliação, e ela o incorpora os valores mínimo e máximo de determinada característica da qualidade. Essa abordagem tende a ignorar, por exemplo, aspectos visuais. Esses aspectos podem ser tratados como indicadores de desempenho subjetivos. Segundo Redman (1998), tais indicadores são criticados por serem baseados em opiniões e consequentemente serem imprecisos e sujeitos a mudanças. Contudo, existem vantagens que fazem com que esses indicadores não sejam abandonados. Uma delas é que a opinião do cliente é decisiva na gestão da qualidade. Outra está no fato de que existem requisitos que não podem ser medidos de forma objetiva.

No contexto apresentado, a utilização de técnicas que consigam captar parte da subjetividade implícita na avaliação da qualidade é fundamental, e os indicadores de demérito podem ser utilizados nesse sentido porque conseguem refletir, em parte, a objetividade e subjetividade de algumas características da qualidade.

Os indicadores de demérito estão associados à classificação de severidade. Esta leva em consideração informações de várias fontes de informação como: especificação, necessidades e expectativas dos clientes, experiência na produção do produto, testes funcionais e de vida falhos durante o uso. A classificação da severidade dos deméritos envolve as seguintes etapas:

- **Determinação do número de classes:** O número de classes pode ser grande, de 1 a 1.000. No entanto, a prática mostra que três ou quatro classes são suficientes para uma variedade de situações.
- **Definição de cada classe:** A definição de cada classe varia com fatores relacionados à organização como, por exemplo, produto, processo e assim por diante. O Quadro 15.2 apresenta um exemplo de classes.
- **Classificação de cada defeito em uma das classes:** recomenda-se que equipes multidisciplinares com acompanhamento de especialistas executem essa tarefa para que os vários pontos de vista subjetivos possam ser confrontados na tentativa de se chegar a um consenso em que o grau de imprecisão seja minimizado. Uma abordagem que pode ajudar na classificação dos defeitos é tratar o impacto deles nas características funcionais (propósito final de uso) ou não funcionais (meio para se atingir o propósito de uso) dos produtos. Por exemplo, em produtos como joias, a característica funcional é a aparência. Convém destacar que a gravidade dos defeitos visuais não

**Quadro 15.2 — Exemplo de classes para indicadores de demérito**

| Classes | Definição |
|---|---|
| A<br>Gravidade elevada<br>Valor de demérito = 100 | Certamente causará uma falha de funcionamento da unidade em serviço que não poderá ser corrigida facilmente em campo;<br>Certamente causará problemas intermitentes, difíceis de serem localizados em campo;<br>Torna a unidade totalmente inapta para o serviço; e<br>Passível de causar ferimentos pessoais ou danos materiais em condições normais de uso. |
| B<br>Grave<br>Valor de demérito = 50 | Provavelmente causará uma falha de funcionamento da unidade em serviço que não poderá ser facilmente corrigida em campo;<br>Certamente causará uma falha de funcionamento da unidade em serviço que poderá ser facilmente corrigida em campo;<br>Certamente causará problemas de natureza menos grave do que uma falha operacional, como desempenho abaixo do padrão;<br>Certamente causará aumento da manutenção ou diminuição da durabilidade;<br>Pode causar grande aumento nos esforços de instalação pelo cliente; e<br>Defeitos da aparência ou acabamento que são extremos de intensidade. |
| C<br>Gravidade moderada<br>Valor de demérito = 10 | Pode causar falha de funcionamento da unidade em serviço;<br>Suscetível de causar problemas de natureza menor que uma falha operacional, tais como o desempenho abaixo do padrão;<br>Suscetível de implicar o aumento de manutenção e a diminuição da durabilidade;<br>Causará pequeno aumento no esforço de instalação pelo cliente; e<br>Grandes defeitos de aparência, de acabamento ou de fabricação. |
| D<br>Sem gravidade<br>Valor de demérito = 1 | Não afetará a operação, a manutenção ou a durabilidade da unidade em serviço (incluindo pequenos desvios dos requisitos de engenharia); e<br>Pequenos defeitos na aparência, no acabamento e na fabricação. |

depende apenas da avaliação do inspetor, mas também da avaliação do consumidor sobre determinado defeito.

Enfim, os indicadores de demérito podem auxiliar na escolha de fornecedores, na priorização das atividades de melhoria de processos, entre outras finalidades em que a medida de descumprimento de regras impostas (demérito) possa ser aplicada.

### 15.3.7 Indicadores para o Processo de Desenvolvimento de Produtos

O processo de desenvolvimento de produtos para algumas empresas é fundamental para sua sobrevivência. De acordo com Rozenfeld et al. (2006), esse processo consiste em atividades que vão desde o planejamento estratégico do produto até a descontinuidade do produto já desenvolvido no mercado. A seguir são apresentados exemplos de indicadores utilizados por empresas que consideram o processo de desenvolvimento de produtos fundamental para seu negócio.

- Porcentagem dos gastos em desenvolvimentos / Receitas
- Total de patentes registradas
- Porcentagem das vendas resultantes de novos produtos nos últimos cinco anos
- Quantidade de produtos lançados no ano
- Crescimento de gastos em desenvolvimento de novos produtos
- Quantidade de projetos de desenvolvimento ativos
- Vendas no primeiro ano resultantes de novos produtos
- Retorno de investimento das inovações
- Porcentagem de recursos / investimento em sustentabilidade
- Faturamento sobre pessoal de desenvolvimento
- Porcentagem de Produtos / Projetos (aceitos ou rejeitados)
- Média de produtos lançados por pessoa de desenvolvimento

Os autores destacam que as empresas devem definir os indicadores mais apropriados, segundo a sua estratégia e outras restrições relacionadas à obtenção de dados e integração com os demais indicadores de gestão da empresa.

## 15.4 FOCO NOS PROCESSOS

As organizações são grandes coleções de processos, nem todos de igual importância. Por isso, determinar indicadores de desempenho com enfoque nos processos é conveniente.

Inicialmente identificam-se os processos importantes por meio da cadeia de valor que afeta a satisfação dos consumidores. Com isso, é possível classificar esses processos em duas categorias: processos de criação de valor e processos de suporte (EVANS e LINDSAY, 2008).

Os processos de criação de valor são aqueles mais importantes para o negócio funcionar e manter ou alcançar vantagem competitiva. Eles conduzem à criação de produtos e serviços, são críticos para atingir as necessidades dos clientes e têm maior impacto nos objetivos estratégicos da organização. São dirigidos pelas necessidades dos clientes externos. Exemplos desses processos são: processo de desenvolvimento de produtos, processo de manufatura, processo de abertura de contas num banco, processo de diagnóstico num hospital.

Os processos de suporte proveem infraestrutura para os processos de criação de valor e, geralmente, não agregam valor ao produto ou serviço de forma direta. São geralmente dirigidos pelas necessidades dos clientes internos. Exemplos desses processos são: contabilidade/ finanças, recursos humanos, manutenção, gestão do sistema de informação, compras e almoxarifado.

Um processo deve apresentar duas características: repetibilidade e mensurabilidade. A repetibilidade significa que o processo deve ser cíclico. A mensurabilidade é a habilidade que o processo tem de permitir que importantes indicadores de desempenho sejam coletados para análise. Outra característica dos processos é que eles atravessam as estruturas organizacionais funcionais e hierárquicas.

Os processos são caracterizados por terem entradas, transformação e saídas. Ao longo dessas etapas, pode-se fazer uso dos indicadores de resultado (*lagging indicators*) e dos direcionadores dos resultados (*leading indicators*). Os indicadores do tipo *lagging* retratam o resultado atingido, e os indicadores do tipo *leading* são os direcionadores dos indicadores do tipo *lagging* (EVANS e LINDSAY, 2008).

O problema dos indicadores *lagging* é que, quando algo sai errado, já é muito tarde. Nesse sentido, muitas vezes é conveniente monitorar os indicadores do tipo *leading* para que se possa ter uma previsibilidade do comportamento do processo antes que algo saia errado.

## 15.5 FOCO NA ESTRATÉGIA

Os indicadores de desempenho precisam ser vistos de forma sistêmica e estar alinhados à estratégia empresarial. Caso contrário, se vistos isoladamente, podem criar a falsa imagem de que a otimização das partes promove a otimização do todo, e isso nem sempre é verdade.

Isso cria a necessidade de um sistema de medição de desempenho que garanta melhor controle do desempenho das empresas, visualizando tanto indicadores individuais quanto o relacionamento destes com a estratégia. A *Performance Pyramid* é uma proposta de Cross e Lynch (1990) que promove o desdobramento vertical e horizontal dos indicadores de desempenho, servindo como orientação na tomada de decisões e ações do negócio, conforme Figura 15.6.

**Figura 15.6** | *Performance Pyramid.*

De acordo com a Figura 15.6, a *Performance Pyramid* propõe o desdobramento da visão da corporação, em termos de objetivos de mercado (externa) e financeiros (interna), para o sistema operacional do negócio, em termos de satisfação do cliente (externa), flexibilidade e produtividade (interna), e para os departamentos e centros de trabalho, em termos de qualidade e entrega (externa) e tempo de ciclo e perda (interna).

As medidas de desempenho externas focam a eficácia, enquanto as internas focam a eficiência. Além disso, essas medidas estão inter-relacionadas verticalmente pelos níveis hierárquicos (a própria pirâmide transmite essa ideia) e horizontalmente entre os departamentos e os centros de trabalho.

A frequência com que ocorrem as etapas da sistemática da medição de desempenho precisa ser adequada às necessidades de cada usuário. Além disso, os resultados precisam ser divulgados de forma simples e com apelo visual para que o entendimento e a consequente tomada de decisão ou ação sejam facilitados. Outro destaque é que o sistema de controle operacional precisa estar preparado para lidar com os *trade-offs* dos indicadores de desempenho.

As relações causais necessitam ser entendidas via desdobramento vertical e também horizontal, e isso pode ser uma dificuldade quando os processos não são claros. Por isso, a padronização dos processos parece ser uma condição necessária para que a *Performance Pyramid* seja implementada e usada de forma efetiva (CROSS e LYNCH, 1990).

## 15.6 *BENCHMARKING*

O *benchmarking* é um método para a medição da competitividade da organização. Ele é definido como um processo contínuo e sistemático de avaliação de companhias reconhecidas como líderes para identificar os processos que representem boas práticas com o estabelecimento de objetivos racionais de desempenho dentro da organização. Podem ser identificados três tipos de *benchmarking*:

- **benchmarking de processo:** identifica as práticas mais efetivas em uma organização que desempenha funções similares. Uma organização pode fazer *benchmarking* dentro dela mesma naquelas áreas em que tem desempenho superior, para que as demais áreas também possam se igualar à de desempenho superior;
- **benchmarking competitivo:** compara competidor contra competidor estudando produtos, processos, preços, qualidade técnica e outras características de desempenho de uma empresa que não precisa ser do mesmo setor de atuação;
- **benchmarking estratégico:** examina como uma organização compete e procura as estratégias vencedoras que conduzam a uma vantagem competitiva e ao sucesso de mercado.

## 15.7 QUALIDADE DOS DADOS E DAS INFORMAÇÕES

A informação é derivada da análise dos dados no contexto da organização. Boa informação permite aos gestores tomar decisões baseadas em fatos e dados, não em opiniões. Algumas práticas das organizações líderes acerca da obtenção de dados apropriados e da sua confiabilidade são apresentadas a seguir, segundo Evans e Lindsay (2008):

a) desenvolvimento de um conjunto de indicadores de desempenho abrangente que refletem requisitos dos clientes internos e externos e dos fatores-chave que dirigem a organização;

b) uso de dados e informações comparativos para melhorar o desempenho global e a posição competitiva;

c) refinamento contínuo das origens e dos usos da informação dentro da organização;

d) uso de métodos analíticos para conduzir análises e uso desses resultados para apoiar o planejamento estratégico e a tomada de decisão rotineira;

e) envolvimento de todos nas atividades de medição para garantir que as informações de desempenho sejam amplamente visíveis por toda a organização;

f) garantir dados e informações precisas, confiáveis, no tempo adequado, seguras e confidenciais, quando apropriado;

g) garantir que softwares e hardwares sejam confiáveis e amistosos, e que as informações sejam acessíveis para todos que precisam delas; e

h) gerenciar o conhecimento e identificar as melhores práticas para que sejam compartilhadas.

## 15.8 CONSIDERAÇÕES FINAIS

Os indicadores de desempenho são utilizados como fonte de informação para que as organizações possam melhorar sua competitividade.

É possível que os processos atinjam os requisitos, enquanto a organização não atinja os objetivos de longo prazo. Logo, o alinhamento entre o nível dos processos e o nível estratégico é vital para que a medição de desempenho da organização seja efetiva.

Foram apresentadas várias categorias de indicadores de desempenho para qualidade. Esses indicadores desempenham um papel dinâmico e precisam ser revistos continuamente para acompanhar mudanças como novas tecnologias, novos concorrentes, alterações sociais, ameaças e oportunidades, pois isso possibilitará que a organização esteja alinhada na busca de seus objetivos e metas, de curto e longo prazos.

## QUESTÕES PARA DISCUSSÃO

1) Como seria uma proposta de indicadores de desempenho para qualidade conforme as categorias abordadas no capítulo para o controle e a melhoria das operações diárias de uma universidade?

2) Quais indicadores de desempenho associados aos custos da qualidade poderiam ser utilizados para o acompanhamento de uma empresa do setor de serviços?

3) Na fabricação de queijo algumas empresas testam o leite contando as células somáticas a fim de prevenir doenças. Elas também fazem testes para a presença de algumas bactérias no leite e ainda fazem um teste de ponto de congelamento para verificar se o leite foi diluído com água (leite com água congela a menores temperaturas; isso aumenta os custos de produção porque todo o excesso de água precisa ser extraído). Finalmente, o produto queijo é submetido a testes como peso, presença de elementos estranhos ou químicos e de características organolépticas como sabor e cheiro. Quais os indicadores de desempenho de clientes podem estar interligados aos indicadores de desempenho dos processos internos?

## BIBLIOGRAFIA

ASSOCIAÇÃO BRASILEIRA DE NORMAS TÉCNICAS. NBR ISO 19011 - Diretrizes para auditorias de sistema de gestão da qualidade e/ou ambiental. Rio de Janeiro, 2002.

CROSBY, P. B. *Qualidade e investimento*. 6. ed. Rio de Janeiro: Jose Olympio, 1994.

CROSS, K. F.; LYNCH, R. L. Managing the corporate warriors. *Quality Progress*, v. 23, n. 4, 1900, p. 54-59.

EVANS, J. R.; LINDSAY, W. M. *The management and control of quality*. 7. ed. Cincinnati, Ohio: South Western College Publishing, 2008.

FEIGENBAUM, A. V. *Controle da qualidade total*: gestão e sistemas. São Paulo: Makron Books, 1994. v. 1.

GRYNA, F. M. Market research and marketing. In: JURAN, J. M.; GODFREY, A. B. (Coord.) *Juran's Quality handbook*. 5. ed. New York: McGraw-Hill, 1998, p. 18.2-18.30.

GUPTA, S.; ZEITHAML, V. Customer metrics and their impact on financial performance. *Marketing Science*, v. 25, n. 6, 2006, p. 718-739.

HUANG, S. H.; KESKAR, H. Comprehensive and configurable metrics for supplier selection. *International Journal of Production Economics*, v. 105, 2007, p. 510-523.

JURAN, J. M. *A qualidade desde o projeto*: novos passos para o planejamento da qualidade em produtos e serviços. 3. ed. São Paulo: Pioneira, 1997.

_____. How to think about quality. In: JURAN, J. M.; GODFREY, A. B. (Coord.) *Juran's Quality Handbook*. 5. ed. New York: McGraw-Hill, 1998, p. 2.1-2.18.

_____; GRYNA, F. M. *Controle da qualidade handbook*: conceitos, políticas e filosofia da qualidade. São Paulo: Makron Books, 1991. v. 1.

KAPLAN, R. S.; NORTON, D. P. *Mapas estratégicos*: convertendo ativos intangíveis em resultados tangíveis. Rio de Janeiro: Campus, 2004.

MATTOS, J. C.; TOLEDO, J. C. Custos da qualidade: diagnóstico nas empresas com certificação ISO 9000. *Revista Gestão & Produção*, São Carlos, v. 5, n. 3, 1998.

NEELY, A. *Measuring business performance*. London: The Economist Books, 1998.

O'HANLON, T. *Auditoria da qualidade*. São Paulo: Saraiva, 2006.

PARASURAMAN, A.; ZEITHAML, V. A. SERVQUAL: a multiple-item scale for measuring consumer perceptions of service quality. *Journal of Retailing*, v. 64, n. 1, 1988, p. 12-40.

REDMAN, T. C. Second-generation data quality systems. In: JURAN, J. M.; GODFREY, A. B. (Coord.) *Juran's Quality Handbook*. 5. ed. New York: McGraw-Hill, 1998, p. 34.1-34.13.

ROZENFELD, H. et al. *Gestão de desenvolvimento de produtos*: uma referência para a melhoria do processo. São Paulo: Saraiva, 2006.

ZEELENBERG, M.; PIETERS, R. Beyond valence in customer dissatisfaction: a review and new finding on behavioral responses to regret and disappointment in failed services. *Journal of Business Research*, n. 57, 2004, p. 445-455.

# Tendências da Gestão da Qualidade

## 16.1 INTRODUÇÃO

Como visto no Capítulo 2, a gestão da qualidade evoluiu ao longo do século XX, passando por quatro estágios marcantes: a inspeção do produto, o controle do processo, os sistemas de garantia ou de gestão da qualidade e a gerência da qualidade total ou gestão estratégica da qualidade. Pode-se dizer que alguns princípios da moderna gestão da qualidade, tais como "a orientação para a satisfação de todos os clientes, de todas as fases do ciclo de vida do produto, envolvidos no negócio" e a "melhoria contínua de produtos, processos e sistemas de gestão", são eternos (atemporais) e universais, tendo em vista sua racionalidade econômica e potencial de contribuição positiva para o aumento da capacidade competitiva da empresa.

Nas próximas décadas, os requisitos de qualidade dos produtos tendem a mudar num ritmo cada vez maior, tendo em vista as *mudanças frequentes nas exigências dos clientes* diversos (compradores, usuários, sociedade etc.), dos consumidores e dos órgãos setoriais e governamentais de regulação da qualidade e *o ritmo intenso das inovações tecnológicas*, impondo novos atributos aos produtos e serviços. Essas mudanças impõem um dinamismo e um gerenciamento de informações, complexo e cada vez maior à gestão da qualidade.

Ao longo do tempo, muda o que se considera o melhor enfoque e prática para a gestão da qualidade, mas as questões centrais dessa gestão, a saber, a identificação do nível de qualidade necessário e exigido para o bem ou serviço; o planejamento do produto, do processo e dos sistemas de gestão para se obter essa qualidade; a gestão, o controle e a melhoria dos produtos e processos, são questões permanentes de qualquer tipo de sistema de produção e, pode-se dizer, sempre irão fazer parte do conteúdo de qualquer abordagem "moderna" para gestão e garantia da qualidade.

Se a qualidade tradicionalmente se sustenta em elementos como gestão de pessoas, gestão de processos, estrutura de gestão da unidade de negócio, uso de ferramentas da qualidade, desenvolvimento de fornecedores e atividades direcionadas ao cliente, o futuro fortalecerá a necessidade de aplicação de outros quatro elementos no processo de gestão da qualidade:

1) Necessidade de gerenciamento integrado da inovação e da melhoria contínua.
2) Foco no meio ambiente e na sociedade.
3) Compreensão do macroprocesso de geração do produto.
4) Enxergar o cliente como um parceiro.

Todos esses elementos, atuais e novos, formam o alicerce para discussão sobre o futuro da qualidade, conforme consta na Figura 16.1.

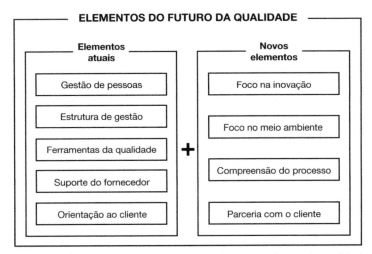

**Figura 16.1** | Conjunto de elementos que alicerçam o futuro da qualidade.

O conjunto desses elementos, que serão explicados a seguir, forma as bases que potencializarão as tendências da gestão da qualidade. A gestão da qualidade, como sistema de suporte, envolve as seguintes áreas de atuação: Controle da Qualidade, Engenharia da Qualidade, Sistemas de Gestão da Qualidade e Melhoria da Qualidade de Produtos e Processos (Figura 16.2).

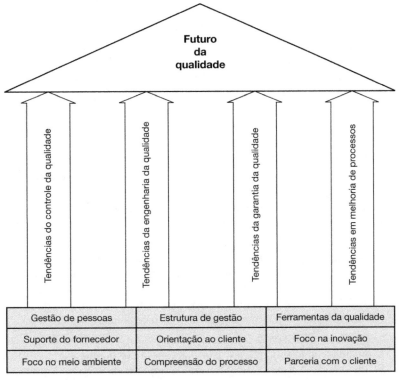

**Figura 16.2** | Alicerce e pilares do futuro da qualidade.

A partir deste ponto do texto, serão apresentadas duas seções: a primeira traz uma breve descrição dos elementos do alicerce do futuro da qualidade, e a segunda trata dos pilares ou tendências das áreas da gestão da qualidade que resultarão no cenário futuro da qualidade.

O Controle da Qualidade se refere às atividades e técnicas operacionais usadas para monitorar um processo visando atender aos requisitos de qualidade do produto.

A Engenharia da Qualidade envolve as atividades de planejamento da qualidade do produto durante o desenvolvimento deste, antes de se iniciar a produção propriamente dita. Já os Sistemas de Gestão da Qualidade se referem a um conjunto de atividades espalhadas pelos processos da empresa (Projeto, Suprimentos, Fabricação, Armazenagem, Movimentação etc.) que tem por finalidade assegurar a qualidade dos produtos e processos, ao menor custo possível, com o objetivo de assegurar a qualidade do produto final e a consequente satisfação dos clientes. A Melhoria da Qualidade é o conjunto de atividades orientadas para a análise e a melhoria dos produtos e processos existentes, a fim de aumentar a eficácia e a eficiência destes, proporcionando competitividade aos processos e à empresa.

## 16.2 ELEMENTOS QUE ALICERÇAM O FUTURO DA QUALIDADE

### 16.2.1 Foco na Gestão de Pessoas

A qualidade da formação e do desenvolvimento das pessoas impacta positivamente os programas da qualidade desenvolvidos nas empresas.

A natureza cada vez mais complexa dos problemas que as organizações enfrentam hoje e enfrentarão no futuro passa a exigir um profissional com formação multidisciplinar. Ao mesmo tempo, exige-se que esse profissional tenha um conhecimento aprofundado de determinadas áreas do conhecimento, cernes dos problemas a serem por ele enfrentados. Isso também se aplica ao profissional da qualidade.

Como é quase impossível fazer com que o profissional tenha uma formação profunda em todas as áreas do conhecimento necessárias para a resolução dos problemas cada vez mais complexos, o trabalho em equipe ou em times se fará cada vez mais presente, passando sua adoção a ser prática obrigatória pelas organizações.

O tipo de equipe a ser instituída deve variar conforme o tipo de trabalho que se desenvolve. Por exemplo, as equipes de trabalho autogeridas exigem que seus membros tenham uma formação bastante aprofundada sobre os fatores, conhecimento e variáveis envolvidos e que deverão ser considerados e aplicados em dado problema.

Paralelamente a esse direcionamento no modo de atuação da gestão de pessoas, há o sistema de gratificação e recompensa, cada vez mais baseado em sistemas de recompensa por equipe, em detrimento do modelo de recompensa individual. Outro fator importante da gestão de pessoas é o grau de capacitação do pessoal da organização.

A necessidade de se trabalhar em equipes para resolver problemas complexos e multidisciplinares exigirá, cada vez mais, que habilidades como capacidade de resolução de problemas, capacidade de relacionar-se com outras pessoas, capacidade de comunicação oral e escrita, ética, moral, capacidade de manter-se calmo em situações-problema, bem como o domínio de ferramental matemático e estatístico, estejam presentes na formação e capacitação dos profissionais das organizações, especialmente os dedicados à área da qualidade.

Por outro lado, haverá cada vez mais presente a necessidade da capacitação dos gestores da qualidade, não somente em aspectos específicos da qualidade, como o aprendizado da documentação e sistema de obtenção de uma certificação ou ferramenta específica, mas também nas interfaces com outros sistemas de gestão, e também com a alavancagem das habilidades e maturidade para melhoria contínua, fazendo com que esse profissional compreenda, de fato, a complexidade e as diversas facetas da gestão da qualidade.

A tendência é a de estimular um maior grau de qualidade das tarefas desenvolvidas por equipes através de recompensas e de remuneração em função da produtividade, com qualidade, das equipes de trabalho, bem como praticar atividades de reconhecimento das melhores práticas, estimulando a motivação e a participação dos trabalhadores no desenvolvimento de soluções para os problemas da organização.

## 16.2.2 Estrutura de Gestão

A estrutura de gestão das empresas deve promover a aquisição e disseminação de conceitos e práticas da qualidade por toda a empresa e à cadeia de produção e de suprimentos. O envolvimento da alta gerência continuará sendo fundamental para facilitar o desenvolvimento de programas da qualidade dentro das organizações, especialmente para definir e indicar prioridades, bem como para a liberação de recursos materiais, humanos e financeiros.

Além disso, o envolvimento da alta gerência sinaliza aos empregados a importância que a organização reputa ao programa a ser desenvolvido e facilita a difusão de conhecimento essencial para o desenvolvimento de tarefas no âmbito da gestão da qualidade, capacitando os trabalhadores a tomar as decisões necessárias para a operacionalização de programas de planejamento, controle e melhoria da qualidade.

Particularmente quanto ao planejamento da qualidade, a estrutura de gestão deve propiciar mecanismos para coordenar atividades dentro e fora da organização. A eficácia de programas da qualidade passa pela prática de melhoria contínua, cada vez menos de departamentos individuais e cada vez mais entendendo a organização de modo holístico: de um conjunto de departamentos e setores individualizados, a organização passa a ser vista como um conjunto de processos interdependentes, em contraposição à visão de busca de metas e prioridades setoriais.

## 16.2.3 Ferramentas da Qualidade

O desempenho dos processos e produtos de uma organização passa, necessariamente, pela adoção da prática de utilização das ferramentas da qualidade.

Para um cenário futuro, desenha-se uma gestão da qualidade mais pautada no uso das ferramentas, especialmente quantitativas. A prática da gestão pura e o uso do conhecimento tácito tendem a ser utilizados apenas como apoio na área da qualidade.

Espera-se que as ferramentas e métodos de planejamento, controle e melhoria da qualidade sejam usados no dia a dia das organizações, destacando-se o uso das práticas de controle estatístico de processos, de projeto de experimentos e de simulação.

De modo geral, o uso de ferramentas estatísticas e de estabelecimento e a medição de indicadores de desempenho tendem a ser valorizados, especialmente num futuro de problemas e soluções complexos que exigem precisão na interpretação da realidade e na tomada de decisão. Essa maior precisão exigida para a tomada de decisão estimulará a prática de se planejar a qualidade, ou seja, qualquer programa da qualidade deverá, desde sua concepção, ter suas diretrizes e seus objetivos alinhados à estratégia da organização.

Nesse cenário, mais uma vez, a capacitação dos recursos humanos e, especialmente, dos profissionais da qualidade torna-se fator-chave para o desenvolvimento da gestão da qualidade nas organizações.

Os indicadores de desempenho continuarão sendo determinados para medição da satisfação de clientes, satisfação dos funcionários, tempo de ciclo e custos da qualidade e, particularmente, das ações de melhoria contínua.

No entanto, o número de horas gastas em treinamento de pessoal, o número de reuniões realizadas por equipe e o número de problemas e programas da qualidade resolvidos e implantados com o apoio de ferramental adequado deverão ser mais bem utilizados como forma de se compreender e avaliar se a organização está melhorando continuamente na busca da excelência da qualidade de seus processos e produtos.

### 16.2.4 Apoio de e aos Fornecedores

O desenvolvimento de soluções em produtos para atender a um mercado cada dia mais complexo, dinâmico e exigente requer que as empresas tratem a qualidade não mais como elemento intrínseco a uma firma, resultado de exclusiva cultura organizacional, mas como resultado de seu relacionamento com os demais agentes das cadeias de produção em que estão inseridas.

Efetivamente, a melhoria da qualidade de produtos e processos tornou-se fruto de parcerias entre empresa e seus principais fornecedores e clientes: a qualidade passa a ser relacional.

A necessidade de se adotarem parcerias mais duradouras entre comprador e fornecedor, criando confiança entre ambos, de modo a permitir o desenvolvimento de soluções conjuntas para produtos e processos, estimula o surgimento de fornecedores dedicados a atender a uma específica relação empresa-cliente.

A prática da coordenação da qualidade passa a ser paulatinamente mais necessária para o bom desempenho das empresas, e o entendimento de conceitos da área econômica, tais como coordenação, integração e quase integração vertical, terá cada vez mais significância para a gestão da qualidade.

### 16.2.5 Orientação para o Cliente

Todo processo é projetado e executado para gerar um bem ou serviço, que, por sua vez, precisam atender a necessidades do mercado para que sejam vendáveis e, portanto, úteis a determinada empresa. Nada mais evidente: não se pretende que algo sem utilidade para o mercado possa ser atrativo e adquirido por clientes e consumidores.

Assim, o foco na satisfação de clientes e o atendimento às suas principais necessidades continuarão sendo elementos de relevante importância na gestão da qualidade, especialmente nos processos de planejamento da qualidade para o desenvolvimento e a melhoria de produtos e processos.

Para tanto, as ferramentas novamente assumem função importante na gestão da qualidade, especialmente métodos de apoio ao planejamento da qualidade, como o *Quality Function Deployment* (QFD), Pesquisas de Mercado, CRM - *Customer Relationship Management*, e práticas de melhoria de produtos e processos como o *Benchmarking*.

### 16.2.6 Foco na Inovação

Entender, atender e satisfazer os novos mercados, clientes e consumidores exigirá que as empresas embasem sua melhoria contínua de produtos e processos em atividades de inovação e de criação, transferência e aquisição de conhecimento.

Por inovação não se entende apenas a inovação tecnológica tradicional, a saber, inovação de produto e de processos. Todos os tipos de inovação tendem a ser praticados: de mercado (estabelecimento de novos nichos de mercado e formas de vender e distribuir seus produtos), organizacional (estabelecer novas formas de incentivo à produtividade e à criatividade dos trabalhadores) e sociocultural (entender e contribuir para o desenvolvimento de novos padrões de comportamento e novas práticas sociais, como, por exemplo, a recente nova forma de consumo: as compras coletivas).

O maior esforço estará em fazer com que todos os parceiros da empresa (trabalhadores em todos os níveis hierárquicos, fornecedores e clientes) pratiquem a inovação numa mesma direção, alinhados com as estratégias competitivas e dos negócios. A maior complexidade dos problemas de qualidade e as demandas mais exigentes de melhorias nos produtos e processos exigirão mais inovações e a adoção de novos conhecimentos e tecnologias.

### 16.2.7 Foco no Meio Ambiente e na Sociedade

Cada vez mais importantes, os requisitos sociais e legais serão fundamentais no planejamento e na melhoria da qualidade de produtos e processos.

As pressões da sociedade por um mundo ambientalmente menos agredido e mais justo, na busca por maior qualidade de vida, estabelecem a busca por produtos menos poluentes, passíveis de serem reciclados ou reutilizados, que exigem processos de fabricação de baixo impacto ambiental e na saúde física e mental. O foco no meio ambiente e nas demandas socioculturais, na maioria dos casos, encontra-se intrínseco nos elementos de parceria e atividades orientadas ao cliente.

A solução para esses problemas tende a ser baseada na inovação e geração de novos conhecimentos capazes de desenvolver produtos e processos menos agressivos ambientalmente e, ao mesmo tempo, garantindo-se um elevado grau de atendimento às necessidades do mercado e às restrições sociais e legais, especialmente quanto aos atributos de qualidade dos produtos.

### 16.2.8 Parcerias com os Clientes

A orientação da qualidade para o cliente deve evoluir para uma parceria com o cliente. A maior exigência por qualidade de produtos e, principalmente, a exigência de conhecimento dos impactos que o produto e seu processo de fabricação podem causar ao meio ambiente e à saúde de quem o adquire e consome exigirão da empresa um melhor entendimento do cliente e de suas reais necessidades.

Muitos autores indicam que as empresas devem compartilhar com o cliente suas ideias, ações e planos de atuação. Isso significa que a necessidade de coordenação da qualidade ao longo da cadeia de produção se intensificará no futuro da gestão da qualidade. A boa coordenação do fluxo de informações entre cliente e empresas, abrangendo todos os segmentos da cadeia de produção, bem como o estabelecimento de parcerias entre os agentes dessa cadeia, passa a ser crucial para o futuro sucesso de um negócio.

A empresa deve passar a se ver como elemento integrante de um "organismo contínuo", sem interrupções, do cliente final ao fornecedor de insumos, e deve perceber que o correto atendimento às necessidades do mercado é de responsabilidade de todos os integrantes desse organismo, ou seja, de todos os agentes de uma dada cadeia de produção. A gestão da qualidade deve passar a ser vista como a capacidade de gerenciar parcerias e mudanças globais com qualidade.

## 16.2.9 Compreensão da Natureza do Processo

A futura gestão da qualidade deverá continuar trabalhando com a visão de que uma empresa é composta por processos interdependentes. No entanto, a compreensão do que são esses processos tende a passar por mudanças significativas.

Os processos devem ser entendidos como entidades dinâmicas, e com especificidades. Alguns processos, como, por exemplo, os orientados para a inovação e o desenvolvimento de capacidades dinâmicas da empresa e do negócio, devem conviver com sua natureza intrínseca e estratégica de fonte de variabilidades desejadas. Portanto, a padronização e o gerenciamento, específico para esses processos, devem ser devidamente adequados.

O entendimento do dinamismo dos processos leva à necessidade de enxergá-los não como um sistema simples de entradas, processamento e saídas, mas como um conjunto de elementos que interagem e se moldam em virtude de suas influências mútuas: as pessoas como principais atores para o estabelecimento de relações entre clientes e fornecedores internos e externos, a capacidade técnica para materializar a satisfação dos clientes e a capacidade financeira capaz de apoiar relacionamentos duradouros entre fornecedores e clientes e de possibilitar a geração da inovação e a transferência de conhecimento.

O conjunto dos elementos descritos até este ponto do capítulo fornece a base para a concretização das tendências que se observam na Gestão da Qualidade e suas principais dimensões: o controle da qualidade, a engenharia da qualidade, os sistemas de gestão da qualidade e a melhoria de produtos e processos.

## 16.3 TENDÊNCIAS EM RELAÇÃO AO CONTROLE DA QUALIDADE

Em relação às atividades de controle da qualidade observam-se duas tendências gerais e marcantes: uma de intensificação do uso de recursos de tecnologia de informação, pautada no alicerce da inovação, principalmente nas atividades de inspeção, controle do processo e gerenciamento de dados; e outra de intensificação do autocontrole, ou seja, de transferência de responsabilidade das atividades de controle da qualidade, principalmente de inspeção e de ajuste do processo, para o pessoal dos níveis operacionais (produção e processos administrativos), baseada no alicerce do foco na gestão de pessoas.

A responsabilidade pela inspeção se movendo do Departamento da Qualidade para o pessoal da linha de frente da produção requer uma equipe de trabalho com maiores habilidades e uma maior aceitação e uso das técnicas de controle estatístico do processo, como visto anteriormente. As equipes dos tradicionais inspetores de qualidade analisando minuciosamente as peças na produção tendem a se extinguir. Os operadores das máquinas, e os próprios equipamentos, por meio dos dispositivos de controle automatizado e de dispositivos à prova de erros, passam a ser totalmente responsáveis pela garantia de atendimento às especificações e assumem o poder de decisão de parar a produção.

Com isso os operadores se tornam mais capacitados e podem participar com maior frequência das equipes de melhoria da qualidade.

As técnicas de controle estatístico de processo (CEP) tendem a ser mais amplamente utilizadas pelos operadores da produção, com base no alicerce das ferramentas da qualidade. Contribuirão para isso a redução nos custos dos microcomputadores e a maior disponibilidade e variedade dos aplicativos/softwares. Mudanças em tecnologias de informação também simplificarão o uso de técnicas estatísticas mais avançadas para controle de processo.

As novas tecnologias também permitirão que as pessoas tenham uma visão completa e mais integrada do processo, mesmo com a crescentemente complexa divisão do trabalho. Intranet, internet e sistemas integrados de gestão empresarial permitirão que se tenha uma visão mais ampla e se possam coordenar as atividades de qualidade em todo o processo, nas interfaces departamentais e em toda a cadeia de valores, dos fornecedores aos clientes. Consequentemente, a resolução de qualquer problema de qualidade tem que ser vista como envolvendo múltiplos setores e departamentos das empresas de uma cadeia de produção. Isso exigirá maior confiança na coordenação compartilhada e na cooperação do que em regras e procedimentos formais.

A tecnologia tornará a coleta de dados e a análise e a divulgação de informações sobre controle do processo mais rápidas e integradas do que nunca. Ações de controle do processo como, por exemplo, o ajuste automático de ferramentas de uma máquina poderão ser conduzidas de forma remota e em instalações distribuídas pelo mundo.

## 16.4 TENDÊNCIAS EM RELAÇÃO À ENGENHARIA DA QUALIDADE

As atividades de Engenharia da Qualidade serão mais fortemente integradas com o processo de desenvolvimento de novos produtos. O planejamento da qualidade dos novos produtos terá as suas atividades tradicionais mais integradas e alinhadas com as atividades de identificação e satisfação das necessidades do cliente e com as possibilidades e capacidade de produção. Aqui se visualiza a base da orientação e parceria com o cliente alicerçando a Engenharia da Qualidade.

Assim, tende a se intensificar e expandir o escopo de aplicação de ferramentas e métodos tais como o CRM (*Customer Relationship Management*) e o QFD (*Quality Function Deployment*), para incorporar, mais efetivamente, no desenvolvimento dos produtos, os requisitos do cliente e assegurar que os produtos projetados e fabricados atendam a esses requisitos. O CRM é uma estratégia de negócio e gestão voltada ao atendimento e à antecipação das necessidades dos clientes atuais e potenciais de uma empresa. Do ponto de vista tecnológico, o CRM é a infraestrutura montada para capturar e consolidar dados e informações dos clientes e usar essa informação ao interagir com os clientes, implementando a filosofia de relacionamento individualizado com os clientes (*marketing 1 to 1*).

Essa também é a tendência em relação ao uso de técnicas de Análise da Variabilidade, Capacidade do Processo, Projeto de Experimentos, Projeto para Manufatura e Montagem (DFMA) e Análise de Modos e Efeitos de Falhas (FMEA), para assegurar, a partir do projeto do produto e do processo, a capacidade de obter na fábrica, com eficiência, as especificações que asseguram a satisfação do cliente.

Um grande desafio na área é obter a integração dessas ferramentas, para o seu uso conjunto pela Engenharia da Qualidade e durante o desenvolvimento do produto. Cada uma dessas ferramentas tem suas funcionalidades específicas, e são muitas as interfaces e possibilidades de troca e integração de dados.

## 16.5 TENDÊNCIAS EM RELAÇÃO AOS SISTEMAS DE GESTÃO DA QUALIDADE

Ainda que criticada em alguns aspectos, como, por exemplo, a relativa facilidade de obtenção de certificação dos sistemas de gestão da qualidade, é inegável a importância que as normas ISO de sistemas de gestão da qualidade tiveram, especialmente na década de 1990, não só como condição básica para entrar no mercado global mas também como elemento impulsionador da cultura e da prática de gestão da qualidade. Acredita-se que essa tendência de adoção de sistemas de gestão da qualidade normalizados deva continuar, ainda que em ritmo menos acelerado e com adaptações a cada setor de negócio. Entretanto, pesquisas apontam uma tendência à estabilidade e saturação do número de certificados ISO 9000 nos diversos continentes e países.

No que se refere aos Sistemas de Gestão da Qualidade, as tendências mais marcantes são de diversificação e de integração. A diversificação é evidenciada pela grande proliferação dos sistemas voltados para setores econômicos específicos, como, por exemplo, a TS16949 para o setor automotivo, a TL9000 para o setor de telecomunicações e a AS9100 para o setor aeroespacial, que introduzem critérios específicos aos sistemas da qualidade. A integração é percebida na busca de integração dos sistemas normalizados de gestão tais como: da qualidade, da segurança e saúde ocupacional, do meio ambiente e da responsabilidade social. Essa integração resulta nos chamados Sistemas Integrados de Gestão, que buscam harmonizar diferentes perspectivas de gestão e desempenho e reduzir custos de gestão e certificação desses sistemas, além de alinhar as estratégias específicas de cada uma dessas perspectivas de gestão.

Com as revisões 2000 e 2008 da série ISO 9000 e séries correlatas, espera-se a expansão do escopo de aplicação das normas para segmentos de mercado cada vez mais diversificados, principalmente nas organizações prestadoras de serviços.

De outro lado, percebe-se a tendência de integração dos sistemas de gestão da qualidade com a visão da empresa como um complexo de processos de negócio com ênfase na medição de resultados dos sistemas, da empresa e na satisfação do cliente final. Nesse ponto, observa-se a consolidação da visão dos sistemas de gestão da qualidade como alicerce da estrutura de gestão e melhoria da qualidade.

Desde a revisão, realizada no ano 2000, da norma ISO 9001, foram incorporados princípios fundamentais da gestão da qualidade total, tais como foco no cliente, melhoria contínua, liderança e envolvimento das pessoas e visão por processos.

## 16.6 TENDÊNCIAS EM RELAÇÃO À MELHORIA DA QUALIDADE

A melhoria de produtos e processos é uma questão permanente nas empresas, tendo em vista a natureza dinâmica e cada vez mais complexa dos requisitos de qualidade a serem satisfeitos.

Destacam-se as tendências no sentido de as atividades de melhoria não se limitarem aos tradicionais requisitos de ação corretiva e preventiva do sistema da qualidade, com a Melhoria Contínua adquirindo uma abordagem e destaque próprios na empresa. São cada vez mais comuns o desenvolvimento e a implantação de processos de melhoria contínua customizados à empresa, ou seja, uma abordagem e método de melhoria de uso interno abrangente e adequado à empresa. Basicamente, investe-se na criação de uma estrutura para Melhoria Contínua, no seu gerenciamento, no desenvolvimento das habilidades e competências necessárias e na gestão da evolução da maturidade da Melhoria Contínua, até o ponto em que a melhoria seria autossustentada, inerente à gestão de qualquer processo, e sem a necessidade da estrutura *ad hoc* para conduzi-la.

Novas tecnologias de informação aplicadas aos sistemas de produção e operações permitem a transmissão e o compartilhamento simultâneos de dados entre diversas instalações, independentemente de sua localização. Isso permite que atividades de melhoria de processo possam ser conduzidas por pessoas situadas em diferentes locais e usando habilidades, conhecimentos e experiências pessoais que estão geograficamente espalhados, trazendo maior aprendizagem e resultados à organização.

O fluxo livre de informações pelas redes mundiais de comunicação permite o fluxo livre de ideias de melhoria da qualidade entre diferentes empresas. Observam-se aqui os alicerces da maior e melhor compreensão da natureza dos processos e do apoio e da colaboração das cadeias de fornecedores e clientes.

À medida que se eleva o grau de controle dos processos e se avança nos resultados das ações de melhoria contínua, serão necessárias abordagens de melhoria, bem como ferramentas estatísticas de maior sofisticação, para se conseguirem ganhos marginais em patamares cada vez mais próximos do zero defeito. Um exemplo já em evidência tem sido a rápida proliferação dos programas Seis Sigma para melhoria de processos. O Seis Sigma é um dos sinais de retorno aos conceitos básicos de melhoria de processos, com forte embasamento em estatística, em *benchmarking* e na busca de proporção ínfima de não conformidades.

Os programas de melhoria também estão sendo integrados com o pensamento sistêmico para alavancar e acelerar o aprendizado organizacional. Para ser duradouro e significativo, o aprendizado organizacional deve avançar tanto no nível operacional quanto no conceitual, no que diz respeito aos conceitos e concepções dos modelos e processos de gestão.

Buscam-se mudanças e melhorias não só em comportamentos e atitudes das pessoas e nos métodos aplicados, mas também nos modelos mentais sobre como o processo é operado e interage com os demais processos e com o ambiente externo à organização. Isso é possível por meio da integração das abordagens de melhoria com o pensamento sistêmico e com a incorporação dos conceitos de dinâmica de sistemas e de aprendizagem organizacional.

## 16.7 TENDÊNCIAS EM RELAÇÃO À GESTÃO DA QUALIDADE TOTAL (TQM)

Como filosofia de gerenciamento, a Gestão da Qualidade Total (GQT, ou TQM, sigla internacionalmente adotada) avançou, nas últimas décadas, para além das áreas produtivas e dos seus sistemas de apoio direto, atingindo as áreas administrativas, como, por exemplo, o setor financeiro e de contabilidade da empresa, e as áreas e setores de negócios de serviços. Esse movimento levou também a um amplo processo de delegação da responsabilidade sobre a qualidade e sobre os processos de melhoria da organização.

Sob esse ponto de vista, é certo que o movimento da qualidade total ocorrido no Brasil e no mundo nas últimas décadas foi bastante benéfico, não só pela melhoria da qualidade dos produtos e serviços, mas também pela transformação cultural pela qual essas empresas passaram em decorrência da adoção de novos modelos de gestão.

Entretanto, ao longo da década de 1990, muitas das empresas que adotaram programas da qualidade total como panaceias para todos os problemas relataram casos de insucesso na implementação desses programas.

Ainda que a onda inovadora da qualidade total tenha passado, a prática futura dos modelos de gestão das empresas certamente será influenciada pela cultura da melhoria contínua das operações. Entretanto, percebeu-se que simplesmente melhorar a manufatura, adotando a GQT ou qualquer outro modelo equivalente, não é uma estratégia para usar a manufatura a fim de se obter vantagem competitiva.

Uma das principais razões é que as empresas falham na identificação do que estão precisando mudar e conseguir com essa implementação. É necessário um esforço no sentido de desenvolver instrumentos para identificação de tais fatores, de forma que os recursos necessários e disponibilizados, as ações e o comprometimento requerido não estejam distorcidos da realidade. Ou seja, as empresas estão percebendo que é preciso identificar mais claramente as necessidades e oportunidades de mudança.

Assim, o cenário que se antevê é que as empresas, menos atreladas a programas de melhoria "de modismo", tenderão a priorizar ações de melhoria das operações que de fato tenham o potencial de gerar vantagem competitiva para o negócio, privilegiando uma maior integração e coerência entre os princípios, as ferramentas e as abordagens da GQT. Com isso, as organizações irão perceber, cada vez mais, o valor dos princípios e métodos da qualidade dentro de toda a sua estrutura.

A evolução do comércio eletrônico traz um novo ambiente de negócios e um novo cenário para as organizações em que a GQT adquire importância em função de sua contribuição para a confiabilidade, segurança, integração e para a consolidação de uma cultura colaborativa nas organizações.

## 16.8 CONSIDERAÇÕES FINAIS

São diversas as forças em movimento que evidenciam e contribuem para a evolução e a consolidação da gestão da qualidade. A primeira força diz respeito às mudanças nas expectativas e nos critérios de decisão de compra dos consumidores. Influenciada pelo rápido e dinâmico aumento na variedade e mudança dos requisitos de qualidade dos produtos e serviços, criado pela incessante superação da tecnologia em uso, a qualidade passou a ser considerada pelo mercado uma referência básica, e em muitos casos a principal, para escolha do produto.

Provas disso são a consolidação de parcerias de qualidade nas redes de suprimentos e o aperfeiçoamento dos sistemas de medição de desempenho em qualidade, e particularmente da satisfação do cliente.

Outra orientação diz respeito à mudança comportamental das pessoas, envolvendo pensamentos, aprendizados e ações, acreditando que elas próprias podem e devem melhorar a qualidade de seus trabalhos, de forma contínua, e que podem criar e participar de times para melhorar os resultados.

Outra tendência marcante é o aperfeiçoamento e a disseminação dos instrumentos de quantificação e avaliação econômica dos custos e benefícios micro e macroeconômicos da qualidade. Isso facilita as análises, justificativas e investimentos em melhoria.

Em termos de ferramentas de apoio à gestão da qualidade, as tendências são no sentido do desenvolvimento de ferramentas mais dedicadas a problemas específicos e de menor grau de controle, como são os casos dos problemas de identificação e tradução das necessidades dos clientes e de medição do seu grau de satisfação.

Nesse sentido, metodologias como o QFD tendem a ser desdobradas em ferramentas específicas para a resolução mais eficiente de partes do problema maior, difícil de ser resolvido pelo QFD da forma abrangente como se apresenta hoje. Também é fundamental a busca de integração no uso das diversas ferramentas, bem como das ações de melhoria dispersas na empresa e presentes nas mais diversas abordagens de apoio à gestão da produção, tais como Sistemas Integrados de Gestão, Manufatura Enxuta, MPT – Manutenção Produtiva Total, Gestão da Qualidade Total etc.

Ainda em relação às ferramentas de suporte, continua sendo um desafio a evolução no sentido da adequação de ferramentas específicas a cada setor industrial, principalmente no caso dos setores de prestação de serviços.

Assim como o Japão exportou seus princípios e ferramentas de gestão da qualidade nas décadas de 1970 e 1980, novas ferramentas da qualidade, já em consolidação e em estágio de comprovação de melhores práticas, serão difundidas por outras nações, como os EUA, países europeus e alguns países em desenvolvimento, tendo em vista a maturidade que a gestão da qualidade já atingiu e que vem sendo experimentada nos mais diversos países e setores da economia, tornando-se uma linguagem universal.

> **O FUTURO DA QUALIDADE NAS EMPRESAS**
>
> A EMPRESA TEM AVANÇADO E ADOTADO AS MELHORES PRÁTICAS PARA IDENTIFICAÇÃO E ACOMPANHAMENTO DA SATISFAÇÃO DO CLIENTE COM A QUALIDADE DO PRODUTO? HÁ CONSCIÊNCIA DA NECESSIDADE DE MANTER O PADRÃO DE QUALIDADE DO PRODUTO ATUALIZADO COM OS PADRÕES MUNDIAIS E DE EXPANDIR E EVOLUIR OS SERVIÇOS ASSOCIADOS AO PRODUTO QUE SÃO OFERECIDOS AO CLIENTE?

Como obstáculos para a evolução da gestão da qualidade, podemos destacar: o imediatismo que privilegia os resultados de curto prazo e a cultura da descontinuidade que dificulta a consolidação de programas e ações; as dificuldades de integração da gestão da qualidade com outros programas e ações gerenciais; o risco de desequilíbrio entre a abordagem econômica da produtividade e a visão holística da qualidade, favorecendo a primeira; e a não implementação efetiva da distribuição dos benefícios, lucros e resultados das ações de melhoria.

No caso de países em desenvolvimento, podem-se destacar ainda as dificuldades para disseminação da cultura da qualidade junto à população, em linguagem acessível, e o baixo nível educacional e a insuficiente qualificação dos recursos humanos. O uso da qualidade como um modismo ou, até mesmo, como um instrumento de marketing também é um fator que impõe dificuldades à compreensão e ao uso dos princípios e ferramentas de melhoria, e à própria evolução da gestão da qualidade.

Em relação aos atributos intrínsecos dos produtos industrializados, tipicamente os produtos das indústrias de eletroeletrônicos e automobilística, a qualidade tende a ser padronizada, transformando-se numa espécie de *commodity*. Portanto, a diferenciação em relação à qualidade do produto tende a se dar nos atributos associados a ele, e daí a importância dos serviços associados ao uso do produto e ao seu descarte.

De qualquer forma, a qualidade, no futuro, se manifestará de forma diferenciada, conforme o tipo de setor econômico e a própria empresa. Para algumas empresas, o futuro pode ser a consolidação de um simples programa 5S ou de padronização etc. Já para outras será a consolidação da gestão da qualidade nas fases mais a montante do ciclo de produção, ou seja, no pré-desenvolvimento de novos produtos, na maior integração com os clientes e na coordenação em toda a cadeia de produção e consumo.

## QUESTÕES PARA DISCUSSÃO

1) Monte um diagrama que indique um possível relacionamento causal entre os elementos que alicerçam a evolução da Gestão da Qualidade.

2) Tente indicar a contribuição dos elementos de alicerce da evolução da GQ com o novo panorama da Gestão da Qualidade Total.

3) Levante informações sobre as práticas da qualidade em três empresas de diferentes setores industriais. Com base nessas informações, faça uma análise crítica das tendências expostas no capítulo e das ações praticadas pelas empresas pesquisadas.

4) Correlacione as áreas de Engenharia da Qualidade, Sistemas de Gestão da Qualidade, Controle da Qualidade e Melhoria da Qualidade, indicando as funções de cada uma e como o resultado das ações de uma área influencia o resultado das outras.

5) Quais as tendências da gestão da qualidade quanto ao relacionamento da empresa com seus fornecedores?

6) Quais as tendências da gestão da qualidade quanto ao relacionamento da empresa com seus clientes?

7) Discuta e faça um mapa das relações entre inovações em tecnologias da informação e os impactos nas áreas de foco do conteúdo da gestão da qualidade.

## BIBLIOGRAFIA

BURCHER, P. G.; LEE, G. L.; WADDELL, D. The challenges for quality managers in Britain and Australia. *The TQM Journal*, v. 20, n. 1, 2008, p. 45-48.

FOSTER, D.; JONKER, J. Third generation quality management: the role of stakeholders in integrating business into society. *Managerial Auditing Journal*, 18, n. 4, 2003, p. 323-328.

LEE, T. Y. The development of ISO 9000 certification and the future of quality management: a survey of certified firms in Hong Kong. *International Journal of Quality and Reliability Management*, v. 15, n. 2, 1998, p. 162-177.

MCADAM, R.; HENDERSON, J. Influencing de future of TQM: internal and external driving factors. *International Journal of Quality and Reliability Management*, v. 21, n. 1, 2004, p. 51-71.

MEHRA, S.; HOFFMAN, J. M.; SIRIAS, D. TQM as a management strategy for the next millennia. *International Journal of Operations & Production Management*, v. 21, n. 5/6, 2001, p. 855-876.

PATTON, F. Oops, the future is past and we almost missed it: integrating quality and behavioral methodologies. *Journal of Workplace Learning*: Employee Counselling Today, v. 11, n. 7, 1999, p. 266-277.

RAHMAN, S.; SOHAL, A. S. A review and classification of total quality management research in Australia and an agenda for futures research. *International Journal of Quality & Reliability Mangement*, v. 19, n. 1, 2002, p. 46-66.

SANDERSON, M. Future developments in Total Quality Management: what can we learn from the past? *The TQM Magazine*, v. 7, n. 3, 1995, p. 28-31.

WOLL, R. Tendencies in quality management. *Co-Mat-Tech*, 2004, p. 1-6.

# Índice

## A

Adequação ao uso, 3, 4, 7, 10, 11, 13, 20, 26
Agente coordenador, 143-149, 152-157
    na ECQ, 152, 153
        estrutura, 152, 153
        funções, 152, 153
Ambiente institucional, 52, 53, 59, 143, 146, 147, 157
Análise
    comparativa, 230, 235-238, 242, 244-246
    crítica e continuidade, 169
    da cultura da organização, 168
    de Modos e Efeitos de Falhas (FMEA), 295-308.
        *Ver também* FMEA
        aplicações, 297
        formulários para a, 298, 299
        tipos, 297
    de Pareto, 196, 206, 207.
        *Ver também* Diagrama de Pareto
    macro, 168
    micro, 168
Atividades
    interdependentes, 106, 114
    pós-venda, 12
Atributos
    caso dos, 278, 279
    de qualidade, 126, 156, 242, 379
    do produto, 5, 7, 12, 22
    gráficos de, 257, 260
    intrínsecos, 143, 385
Auditoria(s)
    da decisão, 282
    da qualidade, 362, 373
        externas, 362
        indicadores de desempenho, 362-364
        internas, 363
    de itens, 363
    de primeira parte, 112, 363
    de processos, 363
    de segunda parte, 90, 362
    de sistemas, 78, 363
    de terceira parte, 78, 362
    externas, 86, 363
    internas, 86, 93, 363
    ISO 9001:2002, 363, 364
    processos de, 363

## B

*Benchmarking*, 27, 56, 59, 66, 235-238, 330, 371, 378, 383
    competitivo, 64, 371
    da qualidade
        planejada, 238, 239
        projetada, 238, 239
    de processo, 371
    estratégico, 371
*Brainstorming*, 196, 208, 305
    explicação do problema, 208
    planejamento, 208
    preparação, 208
    produção de ideias, 208
    racionalização de ideias, 208

## C

Cadeia(s)
    de produção, 117-126, 128, 138, 142, 146, 157, 229, 378
        boas práticas em relações de qualidade, 127
        competência, 139
        competitividade, 139
        coordenação da qualidade, 117-157
            agente, 152, 153
            estrutura, 146, 147
            fases sequenciais, 125
            método, 147-152
        custos da operação, 139
        definição, 118
        motivação para a coordenação, 139
        posição teórica em jogo, 139
        relacionamento, 139
        segmento, 124, 125
    de rede de produção, 122
    de suprimento, 48, 118, 119, 123, 126, 128, 130, 142, 330, 362
        coordenação com base na gestão da, 128-134
        definições de, 120, 121
        fatores
            de sucesso da integração, 133
            que intensificam as parceiras, 131
        gestão, 129, 130
            componentes fundamentais, 133
        tecnologia da informação na, 130
Capabilidade, 313, 315, 316, 319, 326, 327, 329
    conceito de, 315
    de um processo, 315, 319, 326, 327, 329
    indicadores de desempenho, 315, 316
    índices de, 313, 315
        Seis Sigma, 315, 316
Característica(s)
    crítica para a qualidade, 312
    de estratégias para a qualidade, 57-59
        ambiente
            *in-line*, 57, 58
            *off-line*, 59
            *on-line*, 59
Causas de variação, 252, 258
    assinaláveis ou especiais, 252
    comuns ou aleatórias, 252
CEDAC (*Cause and Effect Diagram with Addition of Cards*), 205, 206
CEO (*Chief Executive Officer*), 309
Ciclo
    de produção, 5, 10-13, 28, 385
        atividades pós-venda, 10

desenvolvimento
    do processo, 10
    do produto, 10
    etapas do, 10-13
    produção propriamente
        dita, 10
    de serviço, 184, 185, 187, 191,
        192, 194
    PDCA, 27, 97, 99, 100, 103,
        104, 168, 251, 253, 254
    de controle e melhoria, 254
    SDCA (*Standard, Do, Check,
        Action*), 251, 254
Classificação dos planos de
    amostragem, 289-292
Cliente
    expectativas do, 185, 186
    necessidades do, 3, 33, 40, 56,
        58, 59, 119, 185, 209, 227,
        229, 381
    percepções do, 187
Coeficiente de correlação, 201,
    202, 225
Comportamentos para melhoria
    contínua, 165
Condições de contorno, 100,
    101, 103
Confiabilidade, 16, 17, 295
    aspectos, 17
    do produto, 14, 21, 246, 295,
        296, 300
    engenharia da, 17, 32, 33
    garantia da, 209, 246
    melhoria da, 33, 296
    parâmetros de
        quantificação, 17
    teoria da, 17, 21
Conformidade com requisitos,
    3, 4, 42
Consumidores
    expectativas dos, 177, 352
    finais, 123, 126, 128, 141, 147,
        233-235
    necessidades dos, 40, 51, 125,
        139, 141
    principais fatores que afetam a
        compra, 145
    requisitos dos, 309, 366
Controle
    da qualidade
        durante a produção, 335
        durante o projeto, 334, 335
        *off-line*, 333-335
        por toda a Empresa, 34, 64
        tendências em relação ao,
            380, 381
    do processo(s), 162, 163, 253,
        254, 352, 353
        relação entre capacidade e,
            281, 282

estatístico
    da qualidade, 28-31, 66, 67,
        226, 250-294
    de processos (CEP), 30,
        250-285, 340, 377
        causas de variação, 252
        observações sobre o, 255
        principais técnicas de
            apoio, 251
        princípios
            fundamentais para
            implantação, 251
        visão moderna, 251
    Total da Qualidade (CTQ),
        32-38, 39, 226
        Armand Feigenbaum, 39, 40
Coordenação
    com base
        na economia dos custos de
            transação, 134-139
        na gestão da cadeia de
            suprimentos, 128-134
    da qualidade
        cadeia(s) de produção,
            146-153
            importância para
                o incremento da
                competitividade de,
                142-146
            resultados alcançados
                numa, 145
        definição, 142
        elementos da estrutura
            para, 146
        práticas de, 144, 145
            indústria-distribuidor/
                consumidor, 144, 145
            indústria-fornecedor,
                144
CRM (*Customer Relationship
    Management*), 381
CTQ (*Critical to Quality*), 312
Curva
    característica de
        operação, 286-288
    de Kano, 241, 248
    de qualidade
        atrativa, 241, 242
        desejada, 241, 242
        obrigatória, 241
Custo(s)
    da avaliação (ou de
        detecção), 358
    da prevenção, 358
    da qualidade, 8, 32, 39, 41,
        322, 325, 357-362, 372,
        373, 378
        categorização, 357-359
        considerações sobre,
            361, 362

implantação de um sistema
    de, 360, 361
indicadores de, 357-362
quantificação dos, 32
relacionamento
    dos, 359, 360
sistema de, 360, 362
das falhas
    externas, 359, 362
    internas, 358, 362
de aquisição, 14, 23
de descarte, 23, 24
de manutenção e reparo, 23
de operação, 23, 155
do ciclo de vida do produto
    para o usuário, 14, 23
importância dos sistemas de
    custeio, 361

## D

Defeito(s), 252, 297, 313-315
    crônicos, 252
    esporádicos, 252
    indicadores de desempenho
        baseados em, 314
    oportunidade para, 313
    por milhão de oportunidades
        (DPMO), 309, 315, 325,
        356, 361
    por oportunidade (DPO),
        315, 356
    por unidade (DPU), 159, 257,
        265, 266, 314, 315, 356
    zero, 32, 33, 43, 58, 314,
        361, 383
Defeituosos, itens, 251, 252, 260,
    279, 283, 285, 286, 313
    indicadores de desempenho
        baseados em, 313
    proporção de, 313
Delineamento de experimentos,
    331, 334, 337, 339-349
    planejamento
        experimental, 340
*Demand-pull*, 52
Deméritos
    classificação da severidade
        dos, 368
    indicadores de, 367-369
Desdobramento da função
    qualidade (DFQ), 149, 215,
    226-249
    conceituando, 227-230
    desdobramento da
        qualidade, 227
    identificação dos "o quês",
        247, 248
    identificar "comos", 248, 249

relação entre "o quês" e
"comos", 248, 249
sugestão de roteiro para
aplicação, 246-249
tabela de atividade para a
garantia da qualidade, 227
Desempenho, 15, 351
análise do, 74, 160
padrões
absolutos, 160
alvos, 160
da concorrência, 160
históricos, 160
criação de indicadores de, 353
de fornecedores, 71, 364-367
ativos e infraestrutura, 365
capacidade de resposta, 365
confiabilidade, 364, 365
custos e finanças, 365
flexibilidade, 365, 366
meio ambiente, 367
segurança, 366
em qualidade, 351
características de
produtos, 352
deficiências de
produtos, 352
indicadores de, 351-353
categorias, 353-369
medição do, 351-373
medida do, 12, 159, 160
Desenvolvimento
do processo, 10-13
do produto, 10-13, 45, 59, 227,
334, 381
engenharia do produto, 10
geração e escolha do
conceito, 10
identificação das
necessidades do
mercado, 10
planejamento do
produto, 10
Diagrama(s)
de afinidades, 209-211,
232, 233
coletar os dados, 210, 211
definir o tema, 210
exemplo, 210
organizar dados
coletados, 211
de árvore, 209, 214, 215,
233, 246
da qualidade, 214
de causa e efeito, 214
de função, 214
do tipo desenvolvimento
de elementos
constituintes, 214

encontrar medidas viáveis
para a solução de um
problema, 214
escolher o tipo de, 214
etapas de construção,
214, 215
exemplo, 215
de causa e efeito, 45, 149, 162,
195, 196, 203-206, 251
com adição de cartões
(CEDAC), 205, 206
considerações, 204
exemplo, 205
passos para confecção, 204
de dispersão-correlação, 196,
201-203
análise do gráfico, 201
coleta e ordenação de
dados, 201
correlação
não linear, 203
negativa, 203
fracamente, 203
positiva, 202
fracamente, 202
representar graficamente os
dados, 201
sem correlação, 203
de fluxo de sistemas, 209,
214, 215
de Ishikawa, 196, 203-206. *Ver*
Diagrama de causa e efeito
de matriz, 195, 209, 215-217
de priorização, 209,
218-220
em "L", 215-217
em "T", 215, 217
grau de relacionamento, 216
passos para construção,
216, 217
tábua da qualidade, 215
de Pareto, 162, 196, 203, 206,
207, 251, 342, 362
de causas, 207
de fenômenos, 207
exemplo, 207
passos para montar, 206, 207
porcentagem
acumulada, 206
total, 206
de relações, 209, 211-214
cadeia de causa e efeito, 213
desenho do, 213
etapas de construção,
212, 213
utilização, 211, 212
de setas, 195, 209, 223-225
exemplo, 224
passos para a construção,
223, 224

simbologias e expressões
usadas, 223
do processo decisório (DPD),
195, 209, 220-222
Digráfico de inter-relação, 209,
211-213
cadeia de causa e efeito, 213
desenho do, 213
etapas de construção,
212, 213
utilização, 211, 212
Dimensão(ões)
da qualidade
de produto, 14, 23, 24
custo do ciclo de vida
do produto para o
usuário, 14
da interface do produto
com o meio, 14
de características
funcionais
intrínsecas, 14
funcionais temporais, 14
subjetivas associadas
ao produto, 14
de conformação, 14
dos serviços associados
ao produto, 14
em serviços, 187-189
total do produto, 13-24
objetiva, 2
subjetiva, 1, 2
Diretriz(es), 100, 101
condições de contorno, 100
desdobramento das, 99-103
método
horizontal, 101, 102
vertical, 101
elementos, 100
exemplos, 101
implantação do gerenciamento
pelas, 102, 103
medidas, 100
meta, 100, 101
Disponibilidade, 14, 16-19
alcançada ou atingida, 18
inerente, 18
operacional, 18
Disposição, 162, 163
DMAIC (*Define Measure Analyse
Improve e Control*), 323
DOE (*Design of Experiments*),
334, 339-349
Durabilidade, 7, 19

E

Efeito principal, 341
Encontro de serviço, 184

Enfoque
  baseado
    na fabricação, 6-9, 13
    no produto, 6, 7
    no usuário, 6, 7, 8, 13
    no valor, 6, 9, 10
    transcendental, 6
Engenharia
  assistida por computador, 339
  da confiabilidade, 17, 32, 33
  da qualidade, tendências em relação à, 381
Entradas mensuráveis, 106
Equação da variação total, 252
Era(s)
  da garantia da qualidade, 31, 32, 36, 48
  da inspeção da qualidade, 28, 29
  da qualidade, 37, 38
  do controle da qualidade do processo, 29-31
  do gerenciamento estratégico da qualidade, 31, 32, 35, 36, 50
Escala Sigma, 311
Escola
  da informação, 119-121
  da integração/processo, 119, 121
  da interligação/logística, 119, 120
  de percepção da cadeia funcional, 118-120
Especificação técnica (ISO/TS), 78
Estética, 22
Estratégia(s)
  da organização, 53
  foco na, 370, 371
Estratificação, 196, 203, 326
Estrutura(s)
  de gestão para as relações de troca, 140
  de mercado, 52
  de rede de produção, 121
  para a coordenação da qualidade (ECQ), 146, 147
    agente coordenador, 152, 153
    considerações, quanto à aplicabilidade, 156, 157
    elementos, 146
    fases do procedimento de implantação, 154
    funções básicas, 146
Evolução da melhoria contínua, 166, 167
Excelência nata, 6
Execução, 168, 341
Experimentos fatoriais, 335, 341-344

## F

Facilidade e conveniência de uso, 15, 16, 21
  características funcionais secundárias, 15, 16
Falha(s), 297, 298, 304, 322, 358
  detecção, 305, 306, 358
  externas, 322, 358, 359, 362
  índices de severidade ou gravidade, 305, 306
    ocorrência, 305, 306
  internas, 41, 322, 358, 359, 362
Fase(s)
  *analyse*, 327, 328
  *control*, 329, 330
  *define*, 324, 325
  do procedimento de implantação da ECQ/MCQ, 154
  *improve*, 328, 329
  *measure*, 326, 327, 329
    estruturação para a coleta de dados, 326
    implementação e validação da coleta de dados, 327
    mapeamento detalhado, 326
    medição da capabilidade do processo, 327
Ferramenta(s)
  da qualidade
    avançadas, 195
    básicas, 195-209
    diagrama(s)
      6M, 196
      de afinidades, 209-211
      de árvore, 209, 214, 215
      de causa e efeito, 196, 203-206
      de dispersão-correlação, 196, 201-203
      de Ishikawa, 196, 203-206
      de matriz, 209, 215-217
        de priorização, 209, 218-220
      de Pareto, 196, 206, 207
      de relações, 209, 211-213
      de setas, 209, 223-225
      do processo decisório, 209, 220-222
      espinha de peixe, 196
    estratificação, 196, 203
    folha de verificação, 196-198
    histograma, 196, 198-201
    novas, 209-225, 384
    tabela de contagem, 196-198
    gráficos de controle, 196
    e métodos de planejamento da qualidade, 195
    e técnicas básicas da qualidade, 195
    intermediárias da qualidade, 195
    para melhoria da qualidade, 195
    QFD (*Quality Function Deployment*), 149
FMEA (*Failure Mode and Effect Analysis*), 27, 195, 295-308, 381
  análise de falhas em potencial, 304
  avaliação dos riscos, 304, 305
  continuidade da análise, 305-307
  de processo, 297
  de produto ou de projeto, 297
  etapas para aplicação, 304, 307
  formulários para a, 297-303
  funcionamento básico, 297-303
  importância do, 303, 304
  melhorias, 305
  planejamento, 304
Foco
  na estratégia, 370, 371
  no cliente, 51-53, 64
  no processo, 369, 370
*Focus group*, 234, 235, 238
Folha de verificação, 195-198, 251
  análise dos dados, 197
  coleta de dados, (croqui/quadro de dados), 197
  dados adicionais, 197
  exemplo de, 197, 198
  instruções, 197
  planejamento e coleta de dados, 197
Formação, 56
Fração defeituosa tolerável (FDT), 289
Função de perda, 9, 335-337
  quadrática, 9, 336, 337

## G

Gerência
  estratégica
    de qualidade (GEQ), 34
    financeira (GEF), 34, 49
    hierarquia de metas, 34, 49
    infraestrutura, 34, 49
    linguagem comum, 34, 49
    metodologia formalizada, 34, 49
    participação universal, 34, 49

processo de controle, 34, 49
provisão de recompensa,
    34, 49
treinamento, 34, 49
por processos, 105
Gerenciamento
    de processos, 96, 104-115
        acordos entre fornecedores
            e clientes, 114, 115
        análise das atividades,
            112, 113
            formulário, 112
        definição da equipe,
            109-111
            requisitos, 110, 111
        desvantagens, 104, 105
        estabelecimento de
            indicadores da qualidade,
            113, 114
        etapas, 108
        formalização do
            processo, 115
        mapeamento do processo,
            111, 112
        metodologia para o,
            108-115
        seleção do processo,
            108, 109
        vantagens, 104
    de rotina, 96, 100, 113
    estratégico da qualidade, 31,
        48-62
    funcional, 10, 96, 100
    interfuncional, 96, 100
    pelas diretrizes (GPD), 96-104
        gerenciamento
            funcional, 100
            interfuncional, 100
        implantação, 103
            acompanhamento, 104
            apropriação, 104
            definição das metas
                anuais, 103
            desdobramento das
                diretrizes, 103
            diagnóstico da
                presidência, 104
            diretriz anual do
                presidente, 103
            execução, 103, 104
            preparação, 103
        planos
            de curto prazo, 98
            de longo prazo, 98
            de médio prazo, 98
        relacionamento entre o
            planejamento estratégico
            e o, 98
Gestão
    baseada em fatos e dados, 57

da cadeia de suprimentos,
    128-134
    conjunto
        institucional, 133
        tecnológico, 134
da qualidade, 63
    abordagens tradicionais, 39
    conceitos básicos, 27
    evolução, 28, 29
        era do controle
            da qualidade do
            processo, 29-31
    ferramentas básicas de
        suporte, 195-225
    gerenciamento
        de processos, 96
        de rotina, 96
        funcional, 96
        interfuncional, 96
        pelas diretrizes, 96
    Kaoru Ishikawa, 45, 46
    modelos, 63
    Norma ISO 9000, 76-94
    sistema(s), 63-95
        de gerenciamento de
            apoio, 96-116
        japonês de, 45, 46
    tendências da, 374-386
    total (GQT), 26, 27, 34, 63,
        64, 129, 383
        abordagem(ns), 64
        de processo, 65
        factual, 65
        envolvimento das
            pessoas, 65
        foco no cliente, 64
        liderança e apoio da alta
            administração, 65
        melhoria contínua, 65
        problemas na
            aplicação, 65
        relação com os
            fornecedores, 65
        tendências em relação
            à, 383, 384
de negócios, 27, 39, 65-76
    modelos de excelência,
        65-76
    estratégica da qualidade,
        48-50, 60, 374
        características, 48-50
        considerações finais, 60, 61
        elementos, 50-57
    por processos, 108
        adaptabilidade, 108
        eficácia, 108
        eficiência, 108
Gráfico(s)
    de atributos, 256, 257, 260-267
    de c, 257, 263-265

de np, 257, 263
de p, 257, 260-263
de u, 257, 265-267
de controle, 255-260, 271, 281
    benefícios, 254
    coleta de dados, 258
    construção dos, 257-259
    esquema geral dos, 255, 256
    formação de subgrupos
        racionais, 259, 260
    limites de controle, 260
    procedimento para escolha
        do, 259
    síntese das fórmulas, 275
    tipos de, 256, 257, 258
de fluxo de processo, 208
de pré-controle, 257, 270-275
    amplitude (X-R), 274
    construção, 272
    critérios para utilização,
        272-274
    desvantagens, 270
    gráficos para valores
        individuais, 274, 275
    procedimentos para
        utilização, 272-274
    requisitos para a
        aplicação, 271
    vantagens, 270
de variáveis, 256, 257,
    267-270, 275

## H

Habilidades para melhoria
    contínua, 165, 166
Heterogeneidade, 142, 180, 181
Histograma, 196, 198-201
    formatos comuns, 200, 201
    interpretação
        da centralidade, 200
        de dispersão, 201
    intervalos de valores, 199, 200
    passos para a elaboração, 199
Hoshin, 97, 100, 116

## I

Imagem da marca, 22
Implantação
    da ECQ, 153-155, 157
    do MCQ, 153-155, 157
Indicador(es)
    da qualidade, 113, 114
        itens de controle, 113
    de custos da qualidade,
        357-362
    de deméritos, 367-369
        exemplo de classes, 368

de desempenho
baseados
em capabilidade, 315, 316
em defeitos, 314, 315
em defeituosos, 313, 314
de auditorias da qualidade, 362
de fornecedores, 364-367
defeitos
por milhão de oportunidades (DPMO), 315
por oportunidade (DPO), 315
por unidade (DPU), 315
em qualidade
categorias de, 353-369
criação de, 353
*First Throughput Yield* (FTY), 314
proporção de defeituosos, 313
rendimento final, 313
*Rolled Throughput Yield* (RTY), 314
de não conformidades, 356, 357
de qualidade, itens de verificação, 113
de satisfação de clientes, 353-356
conquista de clientes, 354
insatisfação, 355, 356
retenção de clientes, 354, 355
variação de clientes, 355
para o processo de desenvolvimento de produtos, 369
Inovação(ões)
na qualidade
de processos, 51-53
de produtos, 51-53
ambiente institucional, 52
estrutura de mercado, 52
inovações tecnológicas, 52
requisitos legais, 52
tecnológicas, 52
Inseparabilidade, 178, 180
Inspeção, 100%, 283
atenuada, 290
para comum, 290
comum, 290-292
para atenuada, 290
para severa, 290
da qualidade, 282-285

considerações gerais, 284, 285
de conformidade, 284
de produto acabado, 283
de recebimento, 282, 285
durante a fabricação, 283
para aceitação, 285
por amostragem, 283
retificadora, 285
sensorial, 283, 284
severa, 290, 292
para comum, 290
tipos de, 283, 284, 290
Intangibilidade, 178, 179
Interação, 341
Interdependências, 124
*pooled*, 124
recíprocas, 124
sequenciais, 124

## J

Jusante, 118, 125, 144

## L

Liderança, 53, 65, 72, 73
Limite
inferior de especificação (LIE), 278
superior de especificação (LSE), 278, 315
Linha de visibilidade, 183

## M

Manutenibilidade (mantenabilidade), 17, 18
tempo
inativo médio, 18
máximo de manutenção, 18
médio
de manutenção corretiva ativa, 18
preventiva ativa, 18
para reparar (TMPR), 18
Mapa global do processo, 324, 325
Matriz
de avaliação
dos itens segundo cada critério selecionado, 219, 220
global, 219, 220
relativa, 218, 219
de critérios, 219
de fatores de ruído específico, 337

de julgamento de critério, 219
de parâmetros de projeto, 337
de relações do método QFD, 215
em "L", 215-217, 219
em "T", 215, 217
Maturidade da melhoria contínua, 166-168, 382
Medição de desempenho em qualidade, 351-373, 384
Medidas, 43, 100
Melhoramento
contínuo, 160, 161
maior ou radical, 160
menor ou incremental, 160, 161
revolucionário, 160, 161
Melhoria
contínua, 53-55, 65, 127
capacidade total de, 167
ciclo de evolução, 166
comitê da qualidade, 55
comportamentos, 164-168
desenvolvimento da experiência-piloto, 54
diretor do programa, 55
estágios da evolução, 167
estruturada, 167
extensão do processo, 54
grupos de trabalho, 55
habilidades, 164-168
maturidade, 164-168
modelos para gestão, 168, 169
orientada para os objetivos, 167
planejamento do processo, 54
pré-, 167
preparação do processo, 54
proativa, 167
requisitos básicos, 54
tipos de, 162-164
da qualidade, 159-172, 382
aspectos gerais, 159-161
tendências em relação à, 382, 383
de processo, 110, 115, 161, 209, 318, 319, 330, 350, 369, 383
projetos de melhoria, 161, 162
sistemática de resolução de problemas, 161
proativa, 162, 163, 164
reativa, 162, 163
Meta, 100
Método
de Análise e Solução de Problemas (MASP), 27

de controle da qualidade,
  250-255
de resolução de problemas
  DMAIC, 323-330
    fase(s), 323
      *analyse*, 327, 328
      *control*, 329, 330
      *define*, 324, 325
      *improve*, 328, 329
      *measure*, 326, 327
  de Taguchi, 331-339
  DMAMC, 162
  horizontal, 101, 102
  KJ, 232, 331
  para análise e solução de
    problemas (MASP), 169-171
  para coordenação da
    qualidade (MCQ), 147-152
      considerações
        quanto à aplicabilidade,
          156, 157
        quanto à forma, 155
      fases do procedimento de
        implantação, 154
  Taguchi, 27, 331
  vertical, 101, 103
Modelo(s)
  da qualidade em serviços,
    189-191
  das cinco falhas, 189, 190, 194
  de excelência
    da gestão (MEG), 71, 72
      aprendizado
        organizacional, 72
      conhecimento sobre o
        cliente e o mercado, 73
      cultura de inovação, 72
      desenvolvimento de
        parcerias, 73
      geração de valor, 72
      liderança e constância
        de propósitos, 72
      orientação por
        processos e
        informações, 72
      pensamento
        sistêmico, 72
      responsabilidade
        social, 73
      valorização das
        pessoas, 72
      visão de futuro, 72
    em serviços da Disney,
      191-194
  dos cinco GAPs, 191-194
  *Key Mediating Variables*
    (KMV), 137, 138
  para gestão da melhoria
    contínua, 168, 169
Modo de falha, 300-307

detecção, 302
prevenção, 302
Momento da verdade, 184, 192
Montante, 144
Motivação, 56

## N

*Netchain*, 122-124
  ilustração, 123
  interdependências
    segundo a, 124
*Network structure*, 121-124
  relacionamentos
    segundo a, 124
Nível(is) de qualidade, 40,
  285, 286
  aceitável (NQA), 285
  inaceitável (NQI), 285
Norma ISO 9000, 4, 76-94, 104
  aquisição, 90, 91
  certificados emitidos, 77
  controle de equipamento
    de monitoramento e
    medição, 92, 93
  família, 78
  gestão de recursos, 86, 87
  ISO 9001:2008, 80
    requisitos, 80, 81
  medição, análise e melhoria,
    93, 94
  planejamento da realização do
    produto, 88
  produção e fornecimento de
    serviço, 91, 92
  projeto e desenvolvimento,
    89, 90
  realização do produto, 87-93
  requisitos, 84-94
    adicionais considerados
      necessários pela
      organização, 88
    declarados pelo cliente,
      88, 89
    estatutários e
      regulamentares aplicáveis
      ao produto, 88
    não declarados, 88
    pós-venda, 88
  responsabilidade da
    direção, 85, 86
  sistema
    de gestão da qualidade,
      84, 85
    documental, 82-84
      hierarquia, 82
      instruções de
        trabalho, 83
      manual da qualidade, 83

objetivos da qualidade, 83
política da qualidade, 83
procedimentos, 83
registros, 83, 84

## P

Pacote de serviços, 177, 178
  bens facilitadores, 177, 178
  componentes do, 178
  explícitos, 177, 178
  implícitos, 177, 178
  instalações de apoio, 177, 178
Padrões
  de desempenho
    absoluto, 160
    alvos, 160
    da concorrência, 160
    históricos, 160
Parâmetros da qualidade de
  produto, 14
Parceria com fornecedores, 56
Participação das pessoas, 46, 56,
  60, 111
Perecibilidade, 181, 356
Perfeição técnica, 2-4
*Performance Pyramid*, 370, 371
Planejamento,
  estratégico da qualidade, 34,
    49, 55, 56
  experimental, 340, 341
    procedimentos para,
      340-349
    fatorial, 344-349
Plano(s)
  de ação, 69, 101, 103, 148, 149,
    150, 168, 170
    análise
      macro, 168
      micro, 168
    desenvolvimento do, 168
    execução, 168
    preparação, 168
  de amostragem, 251, 282,
    285-292
    classificação dos, 289-292
    classificados
      pela QMRL, 289
      pelo NQA, 289
      pelo NQI ou FDT, 289
    dupla, 288
    inspeção
      atenuada, 290
      comum, 290
      para aceitação, 285
      retificadora, 285
      severa, 290
    sistemática de
      comutação entre as
      categorias, 290

múltipla, 288
simples, 288, 291, 292
tipos de, 288
Pontos ideais, 7
Prêmio(s)
da qualidade, 62, 65-76
objetivos, 66
Deming, 65-68
aplicação, 67
estrangeiro, 67
indivíduos, 67
itens de avaliação, 68
Japonês de Qualidade, 67
Malcolm Baldrige
(MBQNA), 69, 70
categorias de premiação, 69
foco no cliente, 69, 70
força de trabalho, 69, 70
liderança, 69, 70
medição análise e gestão
do conhecimento, 69, 70
modelo conceitual, 70
objetivos, 69
operações, 69, 70
perfil organizacional, 69, 70
planejamento estratégico,
69, 70
pontuação dos critérios de
excelência, 70
resultados, 70
Nacional da Qualidade, 71-76
clientes, 73
critérios e itens de
avaliação, 74
destaque por critério, 71
empresas ganhadoras,
75, 76
estratégias e planos, 73
finalista, 71
informações e
conhecimento, 73
liderança, 73
Modelo de Excelência da
Gestão (MEG), 71, 72
pessoas, 73
premiada, 71
processos, 73
resultados, 73, 74
sociedade, 73
Nikkei de Literatura sobre
Controle de Qualidade, 67
Preparação
desenvolvimento do plano de
ação, 168
do processo, 54
implantação do gerenciamento
pelas diretrizes, 103
Prevenção, 56, 57, 168
Processo(s), 106-108
análise de, 275-282

atividades interdependentes,
106
capacidade do, 275-278,
280, 381
controle de, 162, 352, 353
de produção
defeitos
crônicos, 252
esporádicos, 252
variação
aleatória, 252
controlável, 252
entradas mensuráveis, 106
esquema de, 106
estabilidade de, 275-278
regras para decisão
sobre, 277
foco nos, 105, 369, 370
formalização do, 108, 115
gerenciais, 74, 75, 107
hierarquia de, 107
índice de capacidade de um,
280, 281
limites naturais de tolerância
de um, 279, 280
mapeamento do, 108, 111, 112,
320, 325, 326
matriz para a priorização
de, 109
primários ou chaves, 107
repetição, 106
saídas mensuráveis, 106
seleção do, 108, 109
suporte ou de apoio, 107
transformação, 106
Produção
cadeia de, 117-125, 139
coordenação da qualidade,
117-157
definição, 118
estrutura de rede de, 121
propriamente dita, 10-12,
20, 376
Produto
engenharia do, 10, 32
geração e escolha do conceito
do, 10
parâmetros da qualidade do,
14-25
planejamento do, 10
qualidade de, 1-25, 94, 332, 374
Programa
Seis Sigma, 309-330
perspectiva do negócio, 312
perspectiva estatística,
310, 311
Zero Defeito, 33, 34
*Project Charter*, 324, 25
Projeto(s)
da qualidade, 51, 56, 57

de experimentos, 337, 338
do processo
de tolerância, 334
do sistema, 334
dos parâmetros, 334
do produto
de tolerância, 334
do sistema, 334
dos parâmetros, 334
Seis Sigma, 319-330
*bottom-up*, 320
contabilização dos ganhos,
322, 323
custos variáveis associados
às falhas, 322
despesas associadas às
falhas, 322
escopo, 320, 321
método de resolução de
problemas DMAIC,
323-330
preço prêmio, 322
resultados financeiros, 322
seleção e priorização, 321
*soft savings* associados às
falhas internas, 322
*top-down*, 320

## Q

QA (*Quality Assurance Activity
Table*), 227
amplo, 227
QD (*Quality Deployment*), 148,
149, 155, 227
QFD (*Quality Function
Deployment*), 27, 148, 195, 215,
226, 227, 246
benefícios
intangíveis, 229
na eficácia da
organização, 229
tangíveis, 229
componentes do, 231
das quatro fases, 227, 228,
230-249
sequência das
atividades, 228
elementos, 230
fases subsequentes, 246
identificação dos "o quês",
247, 248
identificar "comos", 248, 249
objetivos, 228, 229
passos para formulação,
231, 232
primeira fase, 230
relação entre "o quês" e
"comos", 248, 249

sugestão de roteiro para
aplicação, 246-249
tabela de desdobramento
da qualidade demandada
(TDQDe), 230, 232
vantagens, 229
Qualidade
adequação ao uso, 3
assegurada, 31, 32, 292
características
confiabilidade, 16, 17
de estratégias para a, 57-59
ambiente
*in-line*, 57, 58
*off-line*, 59
*on-line*, 59
desempenho, 15
disponibilidade, 18, 19
durabilidade, 19
estética, 22
facilidade e conveniência
de uso, 15, 16
funcionais
intrínsecas, 14-16
temporais, 14, 16-19
imagem da marca, 22
manutenibilidade
(mantenabilidade), 17, 18
qualidade percebida, 22
subjetivas associadas ao
produto, 14, 22, 23
conceito, 1-5
conformidade com
requisitos, 3
controle
tendências em relação ao,
380, 381
estatístico da, 250-294
coordenação na cadeia de
produção, 117-157
custo do ciclo de vida do
produto para o usuário,
14, 23, 24
da interface do produto com o
meio, 14, 21, 22
com o meio ambiente,
14, 21, 22
com o usuário, 14, 21, 22
da pesquisa de mercado, 10
das informações, 371, 372
de concepção, 11
de conformação, 14, 19, 20
grau de conformidade do
produto, 19, 20
de especificação, 11
de produto, 1-25, 51-56, 375
conceitos básicos, 1-25
definição, 5
de projeto de produto, 11,
12, 19

Deming, 3
desdobramento da função,
226-249
desempenho em
indicadores de, 351-353
medição do, 351-373
dimensão
objetiva, 2
subjetiva, 2
do planejamento, 11
do produto, 146, 147
requisitos
da cadeia/empresa
(RE), 147
da sociedade (RS), 147
do consumidor
(RC), 147
legais, 147
dos dados, 371, 372
dos serviços associados ao
produto, 14, 20
assistência técnica, 14,
20, 21
instalação e orientações de
uso, 14, 20, 21
em serviços, 173-194
enfoques para a, 5-10
baseado
na fabricação, 7-9
no produto, 6, 7
no usuário, 7
no valor, 9, 10
transcendental, 6
engenharia da, 2, 333, 334,
375, 375, 380
tendências em
relação à, 381
estabelecimento de
indicadores da, 108, 113, 114
Feigenbaum, 3
ferramentas básicas de suporte
à gestão da, 195-225
futuro da, 374-376, 384
alicerce e pilares do, 375
apoio de e aos
fornecedores, 378
compreensão da natureza
do processo, 379
elementos que alicerçam,
376-380
estrutura de gestão, 377
ferramentas da qualidade,
377, 378
foco
na gestão de pessoas,
376, 377
na inovação, 378, 379
no meio ambiente, 379
orientação para o
cliente, 378

parcerias com os
clientes, 379
gerenciamento estratégico da,
31, 35, 48-62
gestão, 26-47
estratégica da, 60, 61
tendências da, 374-386
Ishikawa, 3
ISO 9000, 4
Juran, 3
média resultante limite
(QMRL), 289
melhoria da, 159-172
método para coordenação da,
147-152
na administração, 42, 43
no processo, 43-45
novas ferramentas, 209-225
obrigatória, 241
percebida, 22
Philip Crosby, 4
planejada, 235-238, 240-244
prêmios da, 39, 65-76
primária, 2
principais autores, 39-46
projetada, 235-238, 240,
244, 246
definição, 244-246
dificuldade técnica, 244
fatores
de probabilidade, 244
dificuldade, 244
robusta, 46, 331, 336
Genichi Taguchi, 46
satisfação total do cliente, 3
secundária, 2
sistemas
de gerenciamento de apoio
à gestão da, 96-116
de gestão da, 39, 63-95,
381, 382, 385
Taguchi, 5
total
boas práticas em relações
na cadeia de produção,
127
do produto, 13-24
dimensões, 13-24
parâmetros, 13-24
Quantificação
da confiabilidade, 17
da manutenibilidade, 18
do custo da qualidade, 32
Quase integração vertical,
141, 378

R

Razão Sinal/Ruído, 335, 337-339

Relação(ões)
  de troca, 129, 134, 136, 138-140, 142
    estruturas de gestão, 140
    relacionais, 135
    transacionais, 135
  entre produto e usuário, 3
Relatório técnico (ISO/TR), 78
Repetição, 106
Requisito(s)
  da gestão da qualidade, 146, 147
  da qualidade do produto, 146, 147
  legais, 52, 147
Reta de regressão, 201, 202
Risco
  do consumidor, 285, 286, 293
  do produtor, 285, 286, 293
Ruídos
  degenerativos, 333, 334
  externos, 333, 334
  fontes de, 333, 334
  internos, 333

## S

Saídas mensuráveis, 106
Satisfação total do cliente, 3, 24, 64
Segmento de uma cadeia de produção, 124, 125
Seis Sigma
  defeito, 313
  defeituoso, 313
  estrutura hierárquica, 317-319
  indicadores de desempenho, 312-317
    baseados
      em capabilidade, 315, 316
      em defeitos, 314, 315
      em defeituosos, 313, 314
    considerações, 316, 317
    defeitos
      por milhão de oportunidades (DPMO), 315
      por oportunidade (DPO), 315
      por unidade (DPU), 315
    *First Throughput Yield* (FTY), 314
    proporção de defeituosos, 313
    rendimento final, 313
    *Rolled Throughput Yield* (RTY), 314
  oportunidade para defeitos, 313
  treinamento, 317-319
    unidade, 312
Série ISO 9000, 26, 40, 46, 78-82, 382
  documentos normativos e auxiliares, 81, 82
Serviço(s)
  avaliação da qualidade, 185-187
  características dos, 178-181
    heterogeneidade, 180, 181
    inseparabilidade, 179, 180
    intangibilidade, 178, 179
    perecibilidade, 181
  ciclo de, 184, 185, 187, 191, 192, 194
  como atividades internas de apoio à manufatura, 176
  como estratégias das indústrias, 175, 176
  como novos negócios, 176
  conceito, 176, 177
  de massa, 183
  dimensão(ões)
    da qualidade, 187-189
      atmosfera, 188
      canais de atendimento, 188
      competência, 189
      consistência, 188
      custo, 188
      flexibilidade, 189
      segurança, 189
      tangíveis, 189
      tempo de atendimento, 188
    de variedade, 182
    volume, 182
  fatores que propiciaram o crescimento do setor, 173, 174
  importância dos, 173-175
  loja de, 183
  pacote de, 177, 178
  para agregar valor a um bem físico, 175
  principais ramos do setor, 174
  profissionais, 183
  qualidade em, 173-194
  sistema de prestação de, 183, 184
  tipologia de, 182, 183
SIPOC, 112
Sistema(s)
  *Belt*, 318, 319
  CAE (*Computer Aided Engineering*), 339
  da qualidade, 35, 41, 42
  de gerenciamento de apoio à gestão da qualidade, 96-116
  de gestão da qualidade
    Norma ISO 9000, 76-94
      tendências em relação aos, 381, 382
  de prestação de serviços, 183, 184, 193, 194
    linha de frente, 183
    retaguarda, 183

## T

Tabela
  de contagem, 196-198
    análise dos dados, 197
    coleta dos dados, 197
    dados adicionais, 197
    instruções, 197
    planejamento, 197
  de desdobramento da qualidade demandada (TDQDe), 230, 232, 233, 234
Tábua da qualidade, 215
Taxa de melhoria (TM), 240-242
Técnica(s)
  da curva de ênfase, 208
  de análise de campo e força, 208
  de *brainstorming*, 206, 208, 209
    explicação do problema, 208
    planejamento, 208
    preparação, 208
    produção de ideias, 208
    racionalização de ideias, 208
Tendências
  controle da qualidade, 380, 381
  da gestão da qualidade, 374-386
  engenharia da qualidade, 381
  gestão da qualidade total (GQT ou TQM), 383, 384
  melhoria da qualidade, 382, 383
  sistemas de gestão da qualidade, 381, 382
Teorema do Limite Central, 259
Teoria
  da agência, 137
  da confiabilidade, 17, 21
  da distribuição desigual das perdas em qualidade, 206
  da escala de preferências, 206
  da troca pessoal, 136, 137
  das necessidades de Maslow, 185
  das relações pessoais, 136, 137
  do risco percebido, 137

dos custos, 128, 134, 137
TQM (*Total Quality Management*), 26, 27, 46
Transformação, 106
Treinamento
    *Black Belt*, 318, 319
        controle de processo, 319
        implementação e equipes de trabalho, 319
        medição, 319
    melhoria de processo, 319
    métodos estatísticos
        avançados, 318
        elementares, 318
    projeto de produtos e confiabilidade, 318, 319
    Green Belt, 318, 319
    Seis Sigma, 319
Trilogia da Qualidade, Moses Juran, 40-42

## V

Variações na produção, 333, 334
Velocidade de aperfeiçoamento, 56, 57

## Z

Zero defeito, 32, 33, 43, 58, 314, 361, 383

Soluções Gráficas Digitais Personalizadas
Impresso com arquivos fornecidos
www.formacerta.com.br